普通高等教育农业农村部"十三五"规划教材
全国高等农林院校"十三五"规划教材
国家精品资源共享课配套教材
国家精品在线开放课程配套教材

家畜育种学

第二版

刘 榜 主编

中国农业出版社
北京

图书在版编目（CIP）数据

家畜育种学 / 刘榜主编. —2 版. —北京：中国农业出版社，2019.8（2024.6重印）
普通高等教育农业农村部"十三五"规划教材　全国高等农林院校"十三五"规划教材
ISBN 978-7-109-24788-8

Ⅰ.①家… Ⅱ.①刘… Ⅲ.①家畜育种-高等学校-教材 Ⅳ.①S82

中国版本图书馆 CIP 数据核字（2018）第 249638 号

家畜育种学　第二版
JIACHU YUZHONGXUE DIERBAN

中国农业出版社出版
地址：北京市朝阳区麦子店街 18 号楼
邮编：100125
责任编辑：何　微
版式设计：王　晨　责任校对：刘丽香
印刷：北京通州皇家印刷厂
版次：2007 年 8 月第 1 版　2019 年 8 月第 2 版
印次：2024 年 6 月第 2 版北京第 3 次印刷
发行：新华书店北京发行所
开本：787mm×1092mm　1/16
印张：24.5
字数：580 千字
定价：58.50 元

版权所有·侵权必究
凡购买本社图书，如有印装质量问题，我社负责调换。
服务电话：010-59195115　010-59194918

第二版编审人员名单

纸质教材

主　编　刘　榜（华中农业大学）

副主编　李学伟（四川农业大学）

　　　　　赵书红（华中农业大学）

参　编（按姓名汉语拼音排序）

　　　　　常国斌（扬州大学）

　　　　　陈国宏（扬州大学）

　　　　　陈宏权（安徽农业大学）

　　　　　樊　斌（华中农业大学）

　　　　　黄炳堂（武汉天龙饲料有限公司）

　　　　　李长春（华中农业大学）

　　　　　李发弟（兰州大学）

　　　　　李加琪（华南农业大学）

　　　　　彭中镇（华中农业大学）

　　　　　孙金海（青岛农业大学）

　　　　　唐国庆（四川农业大学）

　　　　　徐学文（华中农业大学）

　　　　　赵艳红（内蒙古农业大学）

　　　　　朱猛进（华中农业大学）

主　审　彭中镇（华中农业大学）

第二版编审人员名单

数字资源

收(采)集者 李加琪（华南农业大学）
张 哲（华南农业大学）
孙德林（《猪业科学》编辑部）
常国斌（扬州大学）
赵艳红（内蒙古农业大学）
王维民（甘肃农业大学）
陈宏权（安徽农业大学）
赵书红（华中农业大学）
魏述东（济南市农业农村局）
徐三平（通城县农业农村局）
殷宗俊（安徽农业大学）
刘小磊（华中农业大学）
马云龙（华中农业大学）

制 作 者 刘 榜（华中农业大学）
刘小磊（华中农业大学）
马云龙（华中农业大学）
周 翔（华中农业大学）
刘望宏（华中农业大学）
王维民（甘肃农业大学）

第一版编审人员名单

主　编　刘　榜（华中农业大学）
副主编　李学伟（四川农业大学）
　　　　樊　斌（华中农业大学）
编　者（按姓氏笔画排序）
　　　　朱猛进（华中农业大学）
　　　　孙金海（青岛农业大学）
　　　　李加琪（华南农业大学）
　　　　陈宏权（安徽农业大学）
　　　　陈国宏（扬州大学）
　　　　赵书红（华中农业大学）
主　审　彭中镇（华中农业大学）

第 二 版 前 言

《家畜育种学》自 2007 年出版以来，一共印刷了 8 次，得到全国高等农林院校师生和畜牧科技工作者的普遍使用和肯定。该教材经过十余年的使用，虽然主要内容能基本满足师生和科技工作者的需要，但随着解决畜禽种业"卡脖子"问题、打好种业翻身仗的需要，急需将畜禽育种新技术、新方法引入教材，基于此开展了《家畜育种学》（第二版）的编写工作。

《家畜育种学》（第二版）共计九篇、二十三章。在基本保持第一版结构框架和发扬第一版写法特点的基础上，本教材各章均进行了不同程度的修订，特别是进行了以下重要的更新和补充。

1. 新编一篇一章学习家畜育种学必不可少的内容——"家畜生长发育规律"，强调了生长发育规律在实践中有三方面意义，特别是可为选种工作提供不可或缺的参考依据，为后续的选种篇打下必要的基础；引证了许多依据，将家畜生长发育衡量指标之一——"分化生长（或相关生长）"改为"异速生长"；在"家畜生长发育的不平衡性"中，综合分析了各家的表述法，通俗地归纳成若干点，系统地进行阐述。

2. 重编"配套系培育及其利用"一章，"配套系"的概念更加明确，从理论到实践进一步论证了畜禽配套系的培育属于杂种优势利用范畴，是杂种优势的深入，是杂种优势利用的高级形式这一基本概念，澄清了一些认识误区；设计了配套系培育工作流程图，使培育方法更具操作性。

3. 重编"我国家畜育种工作的组织"一章：在遗传改良工作方面，围绕畜禽遗传改良计划逐步深入，着重针对当前存在的问题从理论到实践强调了用好和提高遗传力、精细管控测定环境；在保种工作方面，对畜禽品种资源管理方式上 4 个方面的改革创新进行了探析，特别提出了"急需结合大数据处理技术建立国家级保护品种濒危风险监测与防控信息管理体系"。

另外，本教材还以二维码形式融合了很多数字资源，读者可以用智能移动通信终端扫描观看其中的图片、视频等教学资源，便于读者加深对家畜育种学相关知识的认知。

本教材编写分工如下：刘榜编写绪论、第十一、十二、十三章及第四、九篇

第二版前言

的篇头语；陈国宏、常国斌编写第一、二章中除羊之外的内容和第一篇的篇头语；李发弟编写第一、二章中羊的内容；赵艳红编写第三章的第一、三节和第二节中除异速生长之外的内容；徐学文编写第三章的第四、五节和第二节的异速生长及第二篇的篇头语，并参与第三章的修改、制图和统稿，彭中镇进行全面修改；陈宏权编写第四、五章；李加琪编写第六章；李学伟、唐国庆编写第七、八、九章和第三篇的篇头语；朱猛进编写第十章和第二十章的第二、三、六节；孙金海编写第十四、十六、十七章和第六篇的篇头语；彭中镇编写第十五章及第五篇的篇头语；赵书红编写第十八、十九章和第二十章的第一、四、五节及第七篇的篇头语；李长春在樊斌编写第二十一、二十二章和第八篇的篇头语的基础上进行更新和补充；彭中镇、刘榜编写第二十三章的大部分内容；武汉天龙饲料有限公司董事长黄炳堂编写第二十三章第二节中的"二、拓宽地方品种特色畜产品市场开发路径一例：'互联网+'土猪肉开发产业"。

在数字资源建设过程中，李加琪、张哲、孙德林、常国斌、赵艳红、王维民、陈宏权、赵书红、魏述东、徐三平、殷宗俊、刘小磊、马云龙参与了资源的收（采）集工作；刘榜、刘小磊、马云龙、周翔、刘望宏、王维民参与了资源的制作工作。

在本教材编写过程中，主审彭中镇先生不仅参与了部分内容的编写，还对大纲编写到书稿定稿的各个环节都进行了认真指导，对书稿进行了审阅，提出许多宝贵的修改意见。如果没有彭先生的帮助，本教材很难取得今天的成果，在本教材完成之际，谨向彭先生表示最诚挚的谢意。

同时还要感谢参与纸质教材文献整理、绘图和索引核对等工作的研究生们，包括博士研究生吴清清、李秀领、张宇、王文君、付明、刘祖红、苏秋菊，硕士研究生陈曦、王腾飞、谌阳、徐航、徐国强、王媛、孟向阁、王小康、高国丽等。此外，华中农业大学彭克美教授、刘小磊副研究员、项韬副研究员对纸质教材的编写给予了指导，一并表示感谢。

本教材的编写历经四年，但由于水平有限，不妥之处在所难免，诚望读者与专家批评指正。

编　者
2019年7月于武汉

第 一 版 前 言

"家畜育种学"是动物科学专业必修的重要专业基础课,是畜牧生产类课程的重要基础,是研究从遗传上改良家畜群体,提高平均生产性能水平,培育新的品系和品种,并通过杂交利用杂种优势,高效地生产量多质优的畜产品,从而取得最大经济效益的理论和方法的一门学科。为适应信息时代科技发展日新月异的新形势以及教材多样化的客观需要,由华中农业大学倡导,联合四川农业大学、华南农业大学、青岛农业大学、西北农林科技大学、安徽农业大学、扬州大学进行了全国高等农林院校"十一五"规划教材《家畜育种学》的编写工作。本教材的编写首先由主编提出全书的体系、布局与章节大致安排,在经过主审审阅修改后,发到各编写人员征求书面意见并细化所分工编写的部分,集中归纳后形成编写大纲初稿,再先后两次召开编写组会议进行充分讨论修改,形成了编写大纲修改稿。经过全体编写人员的共同努力,终于完成了本教材的编写任务。

本教材的体系与结构力求突出家畜育种工作的重点与主要环节,基于此安排了8篇共22章。本教材的编写分工是:刘榜编写绪论,第十、十一、十二、二十二章及第三篇、第八篇的篇头语;李学伟编写第六、七、八章和第二篇的篇头语;孙金海编写第十三、十五、十六章和第五篇的篇头语;陈国宏编写第一、二章和第一篇的篇头语;李加琪编写第五章;陈宏权编写第三、四章;赵书红编写第十七、十八章和十九章的第一、四、五节及第六篇的篇头语;樊斌编写第二十、二十一章和第七篇的篇头语;朱猛进编写第九章和第十九章的第二、三节;彭中镇编写第十四章及第四篇的篇头语。

本教材在体系、内容和取材上,力求反映国内外家畜育种学科和育种实践的新进展,吸取国内外教材的特长,并尽可能从我国家畜育种的实际情况出发。在写法上,力求适合教学特点与本科水平,写清楚概念、基本原理和方法。另外,对必要的学科术语附注英文,各章设置习题。为便于学生对各章知识的复习和巩固,在教材的最后设有附录Ⅰ和附录Ⅱ,分别为习题答案和汉英对照名词索引。因此,本书可作为高等学校动物科学或动物遗传育种本科专业的基本教材,并可供高等学校有关专业师生、科研院所研究人员和从事动物遗传改良实践的科学技术人员参考。

第一版前言

值得提到的是，主审彭中镇教授从本教材的大纲编写到定稿的各个环节都参与了大量工作，不仅对全部书稿进行了认真审阅，提出许多宝贵的修改意见，而且亲自动笔进行了修改，还应主编的邀请编写了第十四章，在本教材完成之际，谨向彭教授表示最诚挚的谢意。同时，也要特别提到一直给予关心、支持的动物科技学院程国富教授、伍晓雄副院长和本系的李奎教授，还有在本教材编写过程中参与了大量的打字、排版、校对工作、付出了辛勤劳动的本实验室博士研究生许晓玲、彭勇波、徐学文、邱海芳、周全勇、孙玲、周平，硕士研究生李勇、张定校、何小平、刘雪颖等，表示深深的感谢。最后还要特别提到西北农林科技大学的耿社民教授，在本教材编写大纲的讨论过程中和即将正式编写时，他都作为编者提出过宝贵的修改意见，非常遗憾耿教授却不幸因病辞世，未能参与本教材的编写，在此对耿教授表示深切的谢意和怀念。

本教材的编写历经3年，但由于经验不足，水平有限，加上科学的发展迅猛，学科间的相互渗透不断加强，因此本教材存在不妥乃至错误之处在所难免，诚望读者与专家批评指正。

编　者

2007年3月于武汉

目 录

第二版前言
第一版前言

绪论 ·· 1
 一、家畜育种的概念 ·· 1
 二、家畜育种学的主要研究内容 ·· 1
 三、家畜育种发展简史 ·· 2
 四、家畜育种对提高畜群生产水平的作用与贡献 ·· 6
 五、我国家畜育种工作展望 ·· 7
习题 ·· 7

第一篇 育种对象

第一章 家畜的品种 ·· 10

第一节 家畜起源与动物驯化 ·· 10
 一、家畜的概念与种类 ·· 10
 二、家畜在动物分类学上的地位 ·· 10
 三、家畜的起源及野祖 ·· 12
 四、动物的驯化 ·· 13

第二节 家畜品种的概念与分类 ··· 15
 一、家畜品种的概念 ·· 15
 二、家畜品种的形成 ·· 16
 三、家畜品种的分类 ·· 17
 四、国内外主要家畜品种名录 ··· 18
习题 ··· 28

第二章 家畜的性状 ·· 30

第一节 经济性状 ··· 30
 一、猪 ··· 30

二、奶牛 32
　　三、肉牛 33
　　四、绵羊 34
　　五、山羊 35
　　六、马 36
　　七、鸡 37
　第二节　生物学性状 38
　　一、体表特征 38
　　二、体型 43
　　三、体质 44
　　四、行为学性状 45
　第三节　抗病性 47
　　一、抗病性的遗传基础 47
　　二、抗病性的遗传力 47
　　三、抗病育种的途径 48
　第四节　基因组印记性状 49
　习题 52

第二篇　生长发育规律

第三章　家畜生长发育规律 54

　第一节　生长与发育的概念 54
　第二节　家畜生长发育常用的衡量指标 54
　　一、累积生长 54
　　二、绝对生长 55
　　三、相对生长 55
　　四、异速生长 58
　第三节　家畜生长发育的一般规律 60
　　一、家畜生长发育的阶段性 60
　　二、家畜生长发育的不平衡性 63
　第四节　影响家畜生长发育的主要因素 67
　　一、遗传因素 67
　　二、母体大小 67
　　三、饲养因素 68
　　四、性别因素 69
　　五、生态环境与生物因素 70

第五节 家畜生长发育规律在实践中的意义 ························· 70
一、可以为正确、经济地组织饲养工作，挖掘畜群当代生长潜力提供科学依据 ······ 70
二、改变生长期不同阶段的营养条件配合选择有可能获得所需体格类型
（生产力方向）的群体 ··· 70
三、生长发育规律可为选种工作提供不可或缺的参考依据 ····················· 71
习题 ··· 72

第三篇 选 种

第四章 选择的作用 ··· 76
第一节 选种的理论依据：自然选择与人工选择 ······························ 76
一、自然选择 ·· 76
二、人工选择 ·· 77
三、自然选择与人工选择的比较 ·· 78
四、人工选择时需要考虑自然选择的作用 ································ 78
第二节 选择的作用 ··· 79
一、选择的实质 ·· 79
二、人工选择的作用与目的 ·· 79
习题 ··· 80

第五章 数量性状选择的效果与方法 ······································· 81
第一节 影响选择反应与改良速度的因素 ·································· 81
一、基本概念：选择反应、改良速度 ······································ 81
二、选择反应公式 ·· 82
三、影响选择反应与改良速度的基本因素 ································ 83
四、选择反应的预测 ·· 85
五、其他因素 ·· 86
第二节 提高选择反应与改良速度的措施 ·································· 88
一、主选遗传力高或中等的性状 ·· 88
二、缩小环境方差，提高遗传力 ·· 89
三、选用适当的选择方法 ·· 89
四、缩小留种率 ·· 89
五、检查与扩大性状的变异度 ·· 89
六、缩短世代间隔 ·· 90
第三节 遗传进展和遗传趋势的估计 ······································ 90
一、实现遗传力 ·· 90

二、设立对照群，估计遗传进展 …………………………………………………… 91
　　三、遗传进展常用分析法 …………………………………………………………… 91
　　四、遗传趋势分析 …………………………………………………………………… 92
第四节　数量性状选择的基本方法 …………………………………………………… 93
　　一、表型值选择法与育种值选择法 ………………………………………………… 93
　　二、个体选择法与依据亲属信息的选择法 ………………………………………… 94
　　三、多个性状的选择法 ……………………………………………………………… 99
　　四、间接选择法 ……………………………………………………………………… 100
第五节　数量性状选择技术的基本环节 ……………………………………………… 101
　　一、科学测定 ………………………………………………………………………… 101
　　二、准确评估 ………………………………………………………………………… 103
　　三、严格选留（强度选择） ………………………………………………………… 104
　　四、适速更新 ………………………………………………………………………… 105
习题 …………………………………………………………………………………………… 105

第六章　种畜生产性能测定 …………………………………………………………… 106

第一节　种畜生产性能测定的种类 …………………………………………………… 106
　　一、测定站测定与场内测定 ………………………………………………………… 106
　　二、个体测定、同胞测定与后裔测定 ……………………………………………… 107
第二节　组织实施种畜生产性能测定的主要过程 …………………………………… 108
　　一、测定体系的确立 ………………………………………………………………… 108
　　二、测定性状的选择 ………………………………………………………………… 109
　　三、测定方法的选用 ………………………………………………………………… 109
　　四、测定的实施 ……………………………………………………………………… 110
习题 …………………………………………………………………………………………… 110

第七章　种畜的遗传评估（一）：单性状育种值估计 ……………………………… 111

第一节　个体育种值 …………………………………………………………………… 111
　　一、基本概念 ………………………………………………………………………… 111
　　二、估计个体育种值的基本公式 …………………………………………………… 112
第二节　利用一种信息估计个体育种值 ……………………………………………… 113
　　一、个体本身信息 …………………………………………………………………… 113
　　二、系谱信息 ………………………………………………………………………… 114
　　三、同胞信息 ………………………………………………………………………… 115
　　四、后裔信息 ………………………………………………………………………… 116
　　五、利用一种信息估计个体育种值示例 …………………………………………… 117

第三节 利用多种亲属信息估计个体育种值 ·············· 118
  一、估计原理 ·············· 118
  二、利用多种亲属信息估计个体育种值示例 ·············· 121
 第四节 相对育种值 ·············· 123
 习题 ·············· 123

第八章 种畜的遗传评估（二）：多性状育种值估计——选择指数 ·············· 125

 第一节 选择指数概述 ·············· 125
  一、选择指数的类别 ·············· 125
  二、选择指数与育种值 ·············· 126
 第二节 普通综合选择指数 ·············· 126
  一、经典选择指数 ·············· 126
  二、通用选择指数 ·············· 130
 第三节 约束选择指数与最宜选择指数 ·············· 134
  一、约束选择指数与最宜选择指数的概念 ·············· 134
  二、约束选择原理 ·············· 134
  三、约束选择指数选择效果的预估与计算示例 ·············· 135
 习题 ·············· 137

第九章 种畜的遗传评估（三）：BLUP 育种值估计 ·············· 138

 第一节 有关预备知识 ·············· 138
  一、分块矩阵、逆矩阵和广义逆矩阵 ·············· 138
  二、随机向量、期望向量、方差-协方差矩阵和正态分布 ·············· 139
  三、线性模型 ·············· 140
 第二节 BLUP 的基本原理 ·············· 142
  一、BLUP 的由来 ·············· 142
  二、BLUP 的基本理论 ·············· 143
  三、混合模型方程组 ·············· 144
 第三节 BLUP 育种值估计模型 ·············· 148
  一、动物模型 ·············· 148
  二、公畜模型 ·············· 149
  三、公畜-母畜模型 ·············· 149
  四、外祖父模型 ·············· 150
 第四节 单性状的 BLUP 育种值估计 ·············· 150
 第五节 多性状的 BLUP 育种值估计 ·············· 152
 第六节 BLUP 育种值的准确性与重复率 ·············· 156

第七节 BLUP育种值估计软件 ·················· 157
    一、PEST ·················· 157
    二、PIGBLUP ·················· 158
    三、GBS/GPS ·················· 158
    四、NETPIG ·················· 159
    五、Herdsman ·················· 159
习题 ·················· 160

第十章 质量性状与阈性状的选择 ·················· 161

第一节 家畜质量性状与阈性状的概念 ·················· 161
第二节 质量性状的选择 ·················· 162
    一、为固定隐性性状的选择法 ·················· 162
    二、为固定显性性状的选择法 ·················· 163
    三、对伴性性状的选择法 ·················· 169
    四、质量性状基因型的分子生物学检测 ·················· 170
第三节 阈性状的选择 ·················· 171
    一、阈性状的特点 ·················· 171
    二、阈性状的选择法 ·················· 171
习题 ·················· 173

第四篇 交配系统

第十一章 近交 ·················· 177

第一节 近交的概念与近交程度 ·················· 177
    一、近交的概念 ·················· 177
    二、近交程度 ·················· 177
    三、近交的标准 ·················· 179
第二节 近交的遗传效应 ·················· 180
    一、近交使纯合子的比例增加 ·················· 180
    二、近交使群体产生分化 ·················· 181
    三、近交使群体均值下降 ·················· 181
第三节 近交衰退 ·················· 182
    一、近交衰退表现 ·················· 182
    二、近交衰退原因 ·················· 182
    三、近交衰退的表现规律 ·················· 182

第四节　近交的用途与注意事项 ··· 183
　一、近交的用途 ··· 183
　二、近交注意事项 ·· 185
第五节　亲缘系数 ·· 185
　一、直系亲属亲缘系数的计算 ·· 185
　二、旁系亲属亲缘系数的计算 ·· 187
习题 ··· 188

第十二章　品质选配 ·· 190

第一节　同质交配 ·· 190
　一、概念 ·· 190
　二、适用时机 ·· 190
　三、评价 ·· 191
第二节　异质交配 ·· 191
　一、概念 ·· 191
　二、适用时机 ·· 191
　三、评价 ·· 192
第三节　品质选配的运用 ··· 192
习题 ··· 192

第十三章　种群选配——杂交繁育与纯种繁育 ·· 193

第一节　杂交繁育 ·· 193
　一、杂交繁育的概念与作用 ··· 193
　二、杂交的遗传效应 ··· 193
　三、杂交繁育的种类 ··· 193
第二节　纯种繁育 ·· 195
　一、纯种繁育的任务 ··· 195
　二、纯种繁育的方法 ··· 196
　三、纯种繁育的目的和用途 ··· 198
习题 ··· 198

第五篇　杂种优势利用

第十四章　杂种优势的表现规律及其在商品畜禽生产中的利用 ································ 200

第一节　利用杂交法生产商品畜禽的意义 ··· 200
　一、杂交能获得杂种优势 ·· 200

二、杂交有可能获得亲本性状的互补性……………………………………………… 204
第二节　杂种优势的表现规律…………………………………………………………… 205
　　一、杂交亲本间的遗传差异越大，杂种优势越明显…………………………………… 205
　　二、杂交亲本越纯，后代优势越明显…………………………………………………… 206
　　三、同类型杂种互交，杂种优势量逐代下降…………………………………………… 207
　　四、不同类性状的杂种优势程度不同…………………………………………………… 207
　　五、环境对杂种优势表现的影响………………………………………………………… 207
第三节　利用杂种优势与互补性的措施………………………………………………… 208
　　一、选用适宜的杂交方式，提倡品系间杂交…………………………………………… 208
　　二、确定最佳杂交组合…………………………………………………………………… 212
　　三、搞好杂交亲本的选优提纯，提高二亲本的特殊配合力…………………………… 215
　　四、建立科学的杂交繁育体系…………………………………………………………… 217
习题………………………………………………………………………………………… 221

第十五章　配套系培育及其利用……………………………………………………… 222

第一节　配套系的概念…………………………………………………………………… 222
　　一、配套系的定义………………………………………………………………………… 222
　　二、配套系一词的来历及与之对应的英语表达词……………………………………… 224
第二节　为何要培育配套系……………………………………………………………… 224
　　一、配套系商品畜禽比一般商品畜禽具有更大的优越性……………………………… 224
　　二、配套系的商业应用更适合于产业化经营，有助于畜禽业的产业化发展………… 225
　　三、培育我国自己的禽猪配套系有其必要……………………………………………… 225
第三节　畜禽配套系的培育方法………………………………………………………… 226
　　一、应参照国家相关技术规范执行……………………………………………………… 226
　　二、培育步骤……………………………………………………………………………… 226
　　三、工作流程……………………………………………………………………………… 228
　　四、培育工作中当前存在的主要问题…………………………………………………… 229
第四节　配套系推广利用的特点………………………………………………………… 230
习题………………………………………………………………………………………… 230

第六篇　新品系与新品种的培育

第十六章　新品系的培育……………………………………………………………… 232

第一节　品系的概念与类别……………………………………………………………… 232
　　一、品系的概念…………………………………………………………………………… 232
　　二、品系的类别…………………………………………………………………………… 232

第二节　培育新品系的意义 …………………………………………………… 234
第三节　系祖建系法 ……………………………………………………………… 235
第四节　群体继代选育法 ………………………………………………………… 236
　一、建系方法 …………………………………………………………………… 236
　二、群体继代选育法的优缺点 ………………………………………………… 239
　三、群系的保持 ………………………………………………………………… 240
　四、应注意和值得讨论的问题 ………………………………………………… 241
第五节　品种内专门化母系的培育 ……………………………………………… 243
　一、确定主选性状 ……………………………………………………………… 243
　二、个体选择难于改良初生窝仔数的原因 …………………………………… 243
　三、采用超常法培育专门化母系 ……………………………………………… 244
　四、注意事项 …………………………………………………………………… 245
第六节　特定突变个体的发现与扩群 …………………………………………… 246
习题 ………………………………………………………………………………… 246

第十七章　新品种的培育 ……………………………………………………… 247

　一、培育新品种的目的 ………………………………………………………… 247
　二、培育新品种的方法 ………………………………………………………… 248
　三、育成杂交法的分类 ………………………………………………………… 249
　四、育成杂交法培育新品种的三个阶段 ……………………………………… 252
习题 ………………………………………………………………………………… 254

第七篇　育种新技术

第十八章　胚胎生物技术与育种 ……………………………………………… 256

　一、胚胎的冻存与移植 ………………………………………………………… 256
　二、体外受精 …………………………………………………………………… 256
　三、胚胎的性别鉴定 …………………………………………………………… 256
　四、动物克隆技术 ……………………………………………………………… 258
　五、胚胎生物技术对家畜改良的作用 ………………………………………… 259
习题 ………………………………………………………………………………… 259

第十九章　转基因动物技术与育种 …………………………………………… 260

第一节　转基因动物技术 ………………………………………………………… 260
　一、常规技术 …………………………………………………………………… 260

二、转基因克隆动物技术 ………………………………………………………… 261
　　三、转基因动物新技术 …………………………………………………………… 261
第二节　转基因动物技术的意义 …………………………………………………… 263
　　一、改良经济性状 ………………………………………………………………… 264
　　二、改良抗病性 …………………………………………………………………… 264
　　三、转基因动物作为生物反应器生产重组蛋白 ………………………………… 264
　　四、用转基因动物生产移植用器官 ……………………………………………… 264
习题 …………………………………………………………………………………… 264

第二十章　分子育种 ………………………………………………………………… 265

第一节　遗传标记 …………………………………………………………………… 265
　　一、理想的遗传标记的特征 ……………………………………………………… 266
　　二、遗传标记的种类 ……………………………………………………………… 266
　　三、DNA 标记的类型 ……………………………………………………………… 267
　　四、DNA 标记的选用 ……………………………………………………………… 269
第二节　数量性状基因的鉴别与定位 ……………………………………………… 270
　　一、数量性状基因概念的发展 …………………………………………………… 270
　　二、数量性状基因的鉴别方法 …………………………………………………… 270
　　三、QTL 定位的必备条件 ………………………………………………………… 273
　　四、畜禽主基因、候选基因与 QTL 研究进展 …………………………………… 273
第三节　DNA 标记在选种中的应用——标记辅助选择 …………………………… 275
　　一、标记辅助选择的概念与前提 ………………………………………………… 275
　　二、影响标记辅助选择进展的因素 ……………………………………………… 275
　　三、标记辅助选择的方法 ………………………………………………………… 278
第四节　DNA 标记在杂交中的应用 ………………………………………………… 281
　　一、标记辅助渗入 ………………………………………………………………… 281
　　二、杂种优势预测 ………………………………………………………………… 281
第五节　DNA 标记在近交和遗传多样性评估中的应用 …………………………… 283
　　一、DNA 标记在近交中的应用 …………………………………………………… 283
　　二、DNA 标记在遗传多样性评估中的应用 ……………………………………… 283
第六节　全基因组关联分析与基因组选择 ………………………………………… 283
　　一、从基因组扫描到全基因组关联分析 ………………………………………… 283
　　二、全基因组关联分析 …………………………………………………………… 285
　　三、基因组选择 …………………………………………………………………… 288
　　四、基因组选择应用于畜禽育种实践的几点讨论 ……………………………… 291
习题 …………………………………………………………………………………… 292

第八篇 地方畜禽遗传资源

第二十一章 地方畜禽遗传资源的评估 … 294

第一节 种质特性的评估 … 294
一、种质特性的概念与研究意义 … 294
二、种质特性评估的内容 … 294

第二节 遗传多样性的评估 … 296
一、遗传多样性的概念与研究意义 … 296
二、度量遗传多样性不同水平的标记及其检测方法简述 … 296
三、遗传多样性的评估指标 … 297

习题 … 302

第二十二章 地方畜禽遗传资源的保护 … 303

第一节 遗传资源保护的概念、任务和意义 … 303
一、保种的概念与实质 … 303
二、保种的任务、目的和意义 … 303

第二节 保种的必要性 … 304
一、全球面临品种资源危机 … 305
二、我国地方畜禽品种的遗传变异即遗传多样性在缩小 … 306
三、我国地方品种是宝贵的遗传资源库 … 306

第三节 保种的目标 … 307
一、总要求 … 307
二、品种内保种目标 … 307

第四节 小群体活畜保种的基本原理 … 309
一、活畜保种在小群体里进行是必然趋势 … 309
二、小群体繁殖将带来等位基因的丢失 … 310
三、遗传漂变与近交是导致等位基因丢失、关系保种成败的主要因素 … 310
四、有效群体含量与近交增量 … 310

第五节 小群体活畜保种的关键与措施 … 313

第六节 生物技术保种 … 314
一、种质冻存保种 … 315
二、核移植技术保种 … 315

第七节 地方畜禽品种保护的途径 … 316
一、原地保护 … 316

二、异地保护 · 317
　　三、离体保护 · 317
第八节　中国地方畜禽的遗传资源保种单位 · 317
第九节　活畜保种新理论的探索 · 318
第十节　《中华人民共和国畜牧法》中关于"畜禽遗传资源保护"的规定 · 319
习题 · 320

第九篇　育种工作的组织

第二十三章　我国家畜育种工作的组织 · 324

第一节　全国畜禽遗传改良计划 · 324
　　一、全国畜禽遗传改良计划的总体目标与主要任务 · 324
　　二、制订与实施全国畜禽遗传改良计划的意义与亮点 · 325
　　三、全国畜禽遗传改良计划实施中需要明确的重点、难点与抓手 · 326
　　四、深入组织好全国畜禽遗传改良计划实施的几个问题 · 328

第二节　改革创新地方畜禽品种资源管理方式 · 334
　　一、急需结合大数据处理技术建立国家级保护品种濒危风险监测与
　　　　防控信息管理体系 · 334
　　二、拓宽地方品种特色畜产品市场开发路径一例："互联网＋"土猪肉开发产业 · 341
　　三、改革种质评价方法：按地域建立地方品种种质特性同期群比较测定站 · 342
　　四、本品种选育管理方式可辟新蹊径：面向全县创办地方品种公猪性能测定站 · 344

第三节　提高自主创新能力，培育具本国特色的中国品牌畜禽新品种，
　　　　赢得国际竞争优势 · 345
　　一、引进外种成效明显，但要防范有违构建自主育种体系的风险 · 345
　　二、以创新和发展理念培育具有中国特色的自主品牌新品种 · 346
　　三、成功培育具有中国特色畜禽新品种的几点认识与期望 · 347
习题 · 348

附录 · 349
　附录Ⅰ　习题答案 · 349
　附录Ⅱ　汉英对照名词索引 · 353
主要参考文献 · 365

绪　　论

本章主要阐述家畜育种的概念、家畜育种学的主要研究内容、家畜育种发展简史，以及家畜育种对提高畜群生产水平的作用与贡献。通过本章的学习，读者对家畜育种学有一个概括的了解，认识家畜育种学在动物科学中的重要地位。

一、家畜育种的概念

家畜育种（animal breeding）是一种从遗传上逐代改进家畜群体重要性状从而提高经济效益的技术和方法。这一概念强调四点：一是着力于遗传上的即遗传结构和遗传组成上的改进，而非由于非遗传因素带来的改进，故育种又称为遗传改良（genetic improvement）；二是期望产生优良后裔，期望下一代有所提高，而饲养等措施旨在挖掘当代的生产潜力；三是着眼于群体（畜群、品系、品种等）的重要性状平均水平的遗传改进，而且是大群体的遗传改进；四是强调育种的重要目的之一是为了求得最大的经济效益。

育种又称选育、繁育。生产上多称为品种改良。品种改良这一名称已约定俗成，成为了社会上的一种习惯叫法。

二、家畜育种学的主要研究内容

家畜育种学的主要研究内容如下。

（1）改良各类性状（如质量性状，遗传力高、中、低的数量性状，经济性状与生物学性状）的原理和方法。

（2）遗传改良基本技术（手段）的原理和方法。遗传改良的基本技术是选种、近交和杂交。

（3）改良现有品种或畜群的原理和方法。

（4）培育新品系或新品种的原理和方法。

（5）商品畜群遗传改良的原理和方法。

（6）育种的新技术。

（7）地方畜禽遗传资源的评估、保护的原理和方法。

（8）育种工作的组织。

由此可见，家畜育种学的研究范围不只限于新品种的育成，家畜育种的含义不应局限于其字面意义。通过本课程的学习，学生应掌握各类性状的遗传特点及其改良、种畜的测定、评估与选留、家畜的交配系统、纯种繁育、杂种优势利用、新品系和新品种的培育、遗传资源的评估与保护、育种工作的组织等问题的基本理论、方法和有关知识，并了解家畜育种中新技术的应用现状。

三、家畜育种发展简史

（一）古代家畜育种

家畜育种的开端可追溯到有文字记载的历史之前，也就是野生动物被驯化成家养动物（即家畜）后不久，就有了家畜育种的技术和实践，距今 5 000~10 000 年。世界文明古国之一的中国是家畜育种历史悠久的国家之一，现仅举有文字记载以来的例子加以说明：①早在商代（前 1600—前 1046 年），韦豕即能根据对外形的观察来判断猪的生产性能，成为最早的猪外形选种专家。②春秋时期（前 770—前 476 年）就有了许多有名的相畜（鉴别家畜外形）学家和能手，最著名的当数这个时期卫国的宁戚，他著有《相牛经》，其宝贵经验一直在民间流传，对后来牛的改良起到了很大作用。当时相马的成就更大，出过不少相马学家，最著名的是春秋时期秦穆公时人伯乐（孙阳，字伯乐），他能从许多马匹中鉴别出千里马来，他所写成的《相马经》奠定了我国相畜学的基础，在这本专著中，他总结了过去和当时相马学家的丰富经验与自己的实践体会。他们的相牛、相马技术名扬当地与东邻各国。③在秦汉以后（公元前 221 年以后），历代的祖先相继在猪、牛、羊、马、驴、鸡、鸭等畜种中，培育出了许多名贵品种，其中有一些在世界上做出过重要贡献。譬如：中国猪种在 2 000 年前就被罗马帝国引入，以改良其本地猪，并培育出罗马猪；18 世纪华南猪出口到英国，它是培育巴克夏和约克夏猪（开始被称为大中国猪）的主要品种。在汉代（前 202—公元 220 年），我国已有完整的相六畜书问世。

（二）近代家畜育种

近代家畜育种的历史公认以英国贝克维尔（Robert Bakewell，1725—1795）为起点。他提出"最好的配最好的（breed the best to the best）"的育种法，并把这作为自己畜群的改良效果比一般的畜群都要好的原因。他提出的育种法包括以下具体措施：①凭借肉眼进行外形鉴别以选出幼年种畜。他富于观察力，在家畜外形鉴别上颇有独到之处。②他广为搜集优良种畜并采用出租公畜的方法，待观察完它们的后裔性能后即收回出租公畜中的优秀者。③他不顾宗教观念的束缚，将近亲交配应用于家畜改良，只要具有优良性能者，便让它们彼此交配，结果出乎意料，获得很大成功。

由于他使用了强度选择和近交法，结果育成了长角（Longhorn）牛、莱斯特（Leicester）绵羊和夏尔（Shire）马。

贝克维尔提出的育种法相继为欧美不少育种家所仿效，以至从这个时期（18 世纪）开始到 19 世纪中叶，多种家畜新品种纷纷育成。仅英国一地就育成了 10 个牛、20 个猪、6 个马和 30 个羊的新品种。在一些育种教科书中，贝克维尔被称为家畜育种的奠基人。但这个时期的育种工作只能说是一种艺术（靠育种者的经验），而且育成一个品种需要许多年（60~70 年）。由贝克维尔开始培育的有些品种，最终不得不靠他的门生柯林（Colling）兄弟等来完成。

（三）现代家畜育种

现代家畜育种是从 1900 年孟德尔遗传定律被重新发现时开始的。因为从此时起，育种工作才得以按遗传规律来进行，从而一改过去育种工作只靠经验的状态，逐步转变为更靠科学，提高了育种的效率和预见性，收到事半功倍之效。下面从几个方面来说明现代家畜育种与近代家畜育种的不同点。

1. 性状改良有规律可循，使之具有预见性　首先，体现在揭示了质量性状的遗传规律。孟德尔遗传定律被重新发现后不久，英国的贝特森（William Bateson）第一个证明家畜的质量性状呈孟德尔式遗传。1902年他完成了鸡的冠形遗传的著述，并与合作者发表了关于牛的无角和有角亦呈孟德尔式遗传的论文。之后其他学者相继在各种家畜的许多质量性状的遗传上发现有规律可循，或呈完全显性，或呈不完全显性，或呈共显性，或呈各种形式的互作，或呈伴性显性、伴性隐性等。连锁定律被提出后，遗传方式就更加多样化。没有孟德尔遗传定律的出现，许多质量性状的遗传规律是无法揭示的，对质量性状的选择就缺乏有效性和预见性。

其次，体现在揭示了数量性状的遗传规律，使数量性状的改良也有规律可循。畜禽的经济性状一般都是数量性状，如牛的泌乳量和乳脂率，鸡的蛋重和产蛋数，绵羊的剪毛量、毛长和毛的细度等。这些性状的遗传是否也遵循孟德尔定律和连锁定律呢？遗传基本定律是否也适用于这些性状呢？怎样运用遗传规律来改良数量性状呢？20世纪初是不清楚的。1937年正式诞生数量遗传学后，上述问题有了答案，改良家畜群体的工作获得了新的生命力。数量遗传学把数量性状的表型变异（用方差表述）剖分为由遗传因素引起的部分和由非遗传因素引起的部分，由此引出了遗传力的概念，从而能够有效地指导选择工作。比如，主要选择的性状应是遗传力高和中等的性状，性状测定时应缩小环境方差等；而对遗传力低的性状（如繁殖力）的改良，则宜采用杂交法，或者采用特殊的选择法。

阿克（D. C. Acker）等在1987年总结近100年畜牧研究的五项重大成就中就有两项涉及数量遗传学及其应用，其中一项是遗传力的概念、估计与应用，另一项是杂种优势利用与杂交育种的发展。

2. 育种效率大为提高

（1）在质量性状改良方面：19世纪以前对于质量性状的改良基本上无能为力，而有了遗传学作为理论基础后就大不一样了。例如，湖北白猪Ⅳ系为固定白毛色，在杂交阶段〔旨在获得长白、大白（均为白毛色）与通城猪（两头乌毛色）的理想型杂种〕即开始进行毛色测交并根据测交结果进行毛色的基因型选择。结果从零世代至第四世代，全部仔猪均为白毛，未出现过毛色分离窝；在各世代的世代公猪中，100%的为显性纯合子，非白毛基因频率每个世代均为零；在世代母猪中，显性纯合子的比例由零世代的24.5%逐步提高到第四世代的97.7%，至第四世代时，44头母猪只1头未知其基因型，第四世代的非白毛基因频率仅为0.46%。可见，利用毛色的遗传规律开展的测交与基因型选择取得了快速的改良效果。

（2）在数量性状改良方面：数量遗传学在育种上的应用使得家畜的主要经济性状所获得的遗传进展和所带来的经济效益比过去任何时候都要大。仅通过选择这一种途径，家畜遗传力中等和高的一些主要性状的遗传进展即可每年以0.5%~3.0%的速度提高（遗传进展速度因性状不同而有差别）。举例说明：根据CCSI（加拿大猪改良中心）2012年和2018年年报对猪育种工作进行的小结，长白、大白、杜洛克三品种在生长速度（达上市体重日龄）、活体背膘厚度、产仔数三个性状上都取得了遗传进展（表0-1、表0-2），对1994—2014年近20年来更多性状遗传潜能变化的分析也表明遗传进展的持续性与有效性（表0-3）；从表0-1和表0-2可见，达上市体重日龄的年平均遗传进展2005—2011年为−0.7~−1.4 d，

2011—2017 年为 -0.58～-0.87 d。品种核心群的这种有利的遗传变化也使商品猪受益，从商品群得到回报，两次分析（表 0-4、表 0-5）结果表明，上市肉猪即杜×（大×长）商品猪，在上市时间上分别提前 7.5 d 和 5.3 d；上万个商品猪场分析结果显示（表 0-6），1994—2014 年以来，胴体重、出口猪肉量、出口售价均有增长，商品猪群的生产水平与收益得到明显提高。

表 0-1　加拿大各品种猪核心群 2005—2011 年重要性状的遗传变化

（引自 CCSI 2012 Annual Report）

性状	品种	2005 年		2011 年		平均每年的遗传进展（2005—2011 年）
		猪数	平均 EBV	猪数	平均 EBV	
达上市体重日龄	大白	27 817	5.5	37 424	-0.5	-0.9
	长白	21 499	4.4	23 705	-0.2	-0.7
	杜洛克	10 273	7.7	12 299	-0.5	-1.4
背膘厚度（mm）	大白	27 817	0.15	37 424	0.00	-0.02
	长白	21 499	0.47	23 705	-0.02	-0.10
	杜洛克	10 273	0.92	12 299	0.00	-0.19
产仔数	大白	27 817	-0.35	37 424	0.60	0.15
	长白	21 499	-0.58	23 705	0.44	0.17
	杜洛克	10 273	0.22	12 299	0.26	0.01

注：EBV，estimated breeding value，估计育种值。

表 0-2　加拿大各品种猪核心群 2011—2017 年重要性状的遗传变化

（引自 CCSI 2018 Annual Report）

性状	品种	2011 年		2017 年		7 年的总变化（2011—2017 年）	平均每年的遗传进展（2011—2017 年）
		猪数	平均 EBV	猪数	平均 EBV		
达上市体重日龄	大白	25 567	+3.60	33 155	-0.90	-4.50	-0.75
	长白	19 109	+3.13	22 392	-0.34	-3.50	-0.58
	杜洛克	10 373	+4.70	11 890	-0.50	-5.20	-0.87
背膘厚度（mm）	大白	25 567	+0.18	33 155	-0.01	-0.29	-0.05
	长白	19 109	-0.02	22 392	-0.14	-0.12	-0.02
	杜洛克	10 373	+0.46	11 890	-0.18	-0.64	-0.11
产仔数	大白	25 567	+0.27	33 155	+0.78	+0.51	+0.08
	长白	19 109	-0.24	22 392	+0.40	+0.64	+0.11
	杜洛克	10 373	+0.12	11 890	+0.37	+0.25	+0.04

注：EBV，estimated breeding value，估计育种值。

绪　论

表 0-3　加拿大 1994—2014 年近 20 年猪性状遗传潜能的变化

（引自 CCSI 2015 Annual Report）

项　目	1994 年	2014 年	2014 年/1994 年
实施 CSIP* 猪群数	287 个	90 个	−69%
核心群每年测定猪数	11.6 万头	9.1 万头	−22%
平均每群测定猪数	403 头	1 006 头	+150%
达 100 kg 日龄的平均遗传潜能	166 d	147 d	提早 19 d
达 100 kg 背膘厚度的平均遗传潜能	13.6 mm	10.6 mm	降低 22%
总产仔数的平均遗传潜能	11.4 头	14.3 头	提高 25%
每年每头母猪提供的仔猪数	21.9 头	27.5 头	提高 25%

* CSIP 即加拿大猪改良计划。

表 0-4　加拿大 2003—2009 年由核心群遗传改良导致 F_1 母猪和上市肉猪的变化

（引自 CCSI 2010 Annual Report）

性　状	父系 杜洛克	母系 大白	母系 长白	母系 F_1	上市肉猪
达上市体重日龄（d）	−8.8	−6.6	−5.8	−6.2	−7.5
背膘厚度（mm）	−1.45	−0.28	−0.84	−0.56	−1.00
产仔数（头）		1.45	1.17	1.31	
父系指数（美元/窝）	28.30				
母系指数（美元/窝）		27.20	22.80	50.0	

注：限于篇幅，表中省略了四个性状；表中的父系指数和母系指数已转换成经济效益。

表 0-5　加拿大 2008—2014 年由核心群遗传改良导致商品群的母猪（F_1）与上市肉猪的变化

（引自 CCSI 2015 Annual Report）

性　状	父系 杜洛克	母系 大白	母系 长白	母系 F_1	上市肉猪
达上市体重日龄（d）	−6.50	−4.50	−3.70	−4.10	−5.30
背膘厚度（mm）	−0.43	−0.04	−0.04	−0.04	−0.24
产仔数（头）		+0.81	+0.79	+0.80	
父系指数（美元/窝）	19.80				
母系指数（美元/窝）		23.50	19.00	42.50	

表 0-6　加拿大 1994—2014 年近 20 年商品猪群生产水平与收益的变化

（引自 CCSI 2015 Annual Report）

项　目	1994 年	2014 年	2014 年/1994 年
商品猪场数	约 25 000 个	近 7 000 个	−62%
总头数	1 070 万头	1 310 万头	+22%
平均每场头数	428 头	1 871 头	+337%

(续)

项　目	1994 年	2014 年	2014 年/1994 年
上市头数	1 640 万头	2 630 万头	+61%
平均胴体重	82.6 kg	99.4 kg	+20%
出口仔猪与肉猪头数	90 万头	490 万头	+435%
出口猪肉量	28.9 万 t	115.3 万 t	+299%
出口售价	9 亿美元	42 亿美元	+363%

（3）在育成新品种的速度方面：育成新品种过去需要数十年乃至上百年，而现在只需十几年甚至七八年。近年来性状的改良在方法上又有了新的发展。主要是因为分子生物学、遗传工程、繁殖新技术、生物信息学、生物数学、系统工程、经济学等学科的发展与渗透以及数量遗传学、分子数量遗传学和育种的紧密结合，正酝酿形成一些育种新技术、新方法和新理论。可以相信，所有这些将会把现代家畜育种学的理论与实践推向新的发展阶段。

四、家畜育种对提高畜群生产水平的作用与贡献

我国家畜育种工作与畜牧业发达国家相比尚有较大距离，畜牧业生产水平还比较低。首先应该看到，根据联合国粮食及农业组织（FAO）2010 年世界畜牧业生产统计资料（表 0-7、表 0-8 和表 0-9），我国肉和鸡蛋的总产量居世界首位，但人均产量与畜牧业发达国家相比还有很大距离。我国肉猪出栏率、每头母猪年产商品猪头数与生产的猪肉量仍不高；肉牛、肉用犊牛的平均胴体重和奶牛单产也不高。

表 0-7　2010 年世界和各国肉产品、鸡蛋、牛奶总产量（×10³ t）

	世界	中国	印度	美国	日本	德国	法国	加拿大	丹麦	新西兰
肉产品	296 107	80 926	6 180	42 168	3 234	8 220	5 745	4 458	1 997	1 326
鸡蛋	69 092	28 015	3 378	5 412	2 515	662	844	433	76	56
牛奶	719	41	117	87	8	30	24	8	5	17

表 0-8　2010 年世界和各国人口总数（×10⁶ 人）

世界	中国	印度	美国	日本	德国	法国	加拿大	丹麦	新西兰
6 909	1 372	1 225	310	127	82	63	34	5.5	4.4

表 0-9　2010 年世界和各国肉产品、鸡蛋、牛奶人均产量（kg/人）

	世界	中国	印度	美国	日本	德国	法国	加拿大	丹麦	新西兰
肉产品	42.86	58.98	5.04	136.03	25.46	100.24	91.19	131.12	363.09	301.36
鸡蛋	10.00	20.42	2.76	17.46	19.80	8.07	13.40	12.74	13.82	12.73
牛奶	0.10	0.03	0.10	0.28	0.06	0.37	0.38	0.24	0.91	3.86

要提高畜牧业生产水平，从科技方面看，固然有赖于家畜所处环境的改善、管理水平的提高，但家畜群体本身的遗传改良、遗传组成的改变才是从根本上起作用的。正如常言：饲

料是基础，防疫是保证，品种是关键。

美国农业部 1996 年的统计说明了这个问题。在影响家畜生产效益的几大科技因素中，遗传育种与繁殖的科技贡献率占 50%，饲料营养占 20%，疾病控制占 15%，环境占 10%，其他占 5%。

再以猪为例，Chesnais（1997）的分析更为具体、更有说服力：1980—1995 年的 15 年间，加拿大约克夏品种猪达 100 kg 体重的日龄，1995 年较 1980 年约缩短 20 d，在此 20 d 的表型进展中，7 成（14 d）得益于遗传进展，即由遗传因素所造成，而其他因素（健康、营养、管理）仅占 3 成（6 d）；在 100 kg 活体背膘厚度同一时期的表型进展（降低 4.4 mm）中，88.6%（3.9 mm）属遗传进展。其他品种结果类似。可见，畜群的遗传进展即畜群遗传组成的有利变化是迅速改变畜群面貌的根本手段，它对提高畜群生产水平的贡献是最大的。

五、我国家畜育种工作展望

中华人民共和国成立以来，特别是改革开放 40 多年来，我国畜牧业取得了举世瞩目的成就。家畜育种工作面貌也得到了根本改观，育种科技在理论和实践上都蒸蒸日上。国家实时推出改革举措和政策法规支持，编制与实施遗传改良计划，促进了家畜育种的发展并已取得显著成效。党的十八大以来，农业农村部围绕建设现代种业，服务农业供给侧结构性改革这个目标，重点抓品种创新、企业发展、供种保障和依法监管等工作。种业是国家战略性、基础性核心产业。党中央对种业发展高度重视，中央一号文件和政府工作报告相继提出深入实施种业振兴行动，从中央到地方为促进种业发展先后出台了系列政策保障和措施激励，为种业发展开辟了新机遇。尽管目前我国畜群的整体生产水平与畜牧业发达国家相比尚有较大差距，但也说明畜群的遗传改良还有很大潜力和加速空间。只要我们继续加强顶层设计，充分发挥种畜禽企业和育种工作者在遗传改良工作中的创新作用，坚持走自主育种、培育中国特色品种之路，结合适度引进，改造创新，利用好具有独特优势（如繁殖性能好、抗逆性强、耐粗放管理、肉质上乘等）的我国地方畜禽遗传资源，我国的家畜育种工作与产业一定能做强，对此应抱有信心。

遗传改良工作难以在短期内评估其绩效，一定要深刻认识家畜育种工作的长期性与艰巨性，避免短期行为，克服急功近利思想。

习 题

1. 简述家畜育种的含义。
2. 家畜育种学的主要研究内容有哪些？

第一篇　育种对象

　　品种与性状均为家畜育种工作的对象，故有必要在讨论家畜的生长发育规律、育种的三大基本技术措施（选种、近交和杂交）及其综合运用于新品系与新品种培育之前，简要地进行介绍。

第一章 家畜的品种

家畜遗传资源是人类自身文明发展的产物，与人类生活休戚相关。所有家畜品种都反映了家畜驯养历史的长短和驯化程度的高低。正确理解家畜的概念，了解家畜在动物分类学中的地位及其起源，掌握家畜品种的形成过程与发展趋势，对于正确评价、科学保存和合理利用家畜品种资源、培育新品种和新品系以及利用杂种优势等，都有重要的理论研究意义和实际应用价值。

第一节 家畜起源与动物驯化

一、家畜的概念与种类

家畜（domestic animal，livestock）是人类文明的产物，是人类赖以生存的重要生活资源。事实上，首先家畜是人类长期辛勤劳动的产物。远古时代，人类为了生存，将野生动物逐渐驯化为家养动物，今天人类所从事的全部动物育种活动，仍然是过去动物驯化工作的继续和发展。其次家畜是与人类休戚相关的生活资源，它不仅为人类生产肉、蛋、奶、毛、绒、皮、裘等产品，还为农业生产提供役力和肥料。

家畜育种实践是一个永无止境的事业，因此家畜的内涵也在不断延伸。家畜一般有广义与狭义之分。广义的家畜是指人类已经驯化的哺乳纲与鸟纲的动物，包括猪、牛（黄牛、水牛、牦牛和瘤牛）、羊（绵羊和山羊）、马（马、驴）、骆驼（单峰驼、双峰驼）、兔、鸡、鸭、鹅等，还包括犬、猫、鹿、象、驯鹿、羊驼、鸽、火鸡、珠鸡、番鸭、鹌鹑和鱼鹰等。狭义的家畜则仅指哺乳纲的驯化动物。在畜牧学中，通常将哺乳纲中已驯化的动物称为家畜，鸟纲中已驯化的动物称为家禽（domestic fowl）。到目前为止，人类已先后驯化了60多种野生动物。随着生产力和科学技术的不断发展，家畜的种类还有可能进一步增加。

值得注意的是，那些被人类捕获和饲养的尚未完全驯化且数量不多的野生动物不能称为家畜。这些动物的野性依旧，不能像家畜那样大量地任意饲养，通常称之为特种养殖动物或特种经济动物，例如动物园中的大多数动物多属此类。

二、家畜在动物分类学上的地位

在动物界中，家畜一般属于脊索动物门（Chordata），脊椎动物亚门（Vertebrata），有羊膜类（Amiota）。主要家畜在动物分类学中的地位见表1-1。

表1-1 主要家畜在动物分类学中的地位

（引自张沅，2001；陈国宏，2004）

纲	目	科	属	种
哺乳纲 Mammalia	偶蹄目 Artiodactyla	猪科 Suidae	猪属 *Sus*	猪 *S. scrofa domestica*
		牛科 Bovidae	牛属 *Bos*	普通牛（黄牛）*B. taurus* 瘤牛 *B. indicus* 牦牛 *B. grunniens*
			水牛属 *Bubalus*	水牛 *B. bubalis*
			绵羊属 *Ovis*	绵羊 *O. aries*
			山羊属 *Capra*	山羊 *C. hircus*
		骆驼科 Camelidae	骆驼属 *Camelus*	双峰驼 *C. bactrianus* 单峰驼 *C. dromedarius*
		鹿科 Crevidae	驯鹿属 *Rangifer*	驯鹿 *Rangifer tarandus*
			鹿属 *Cervus*	马鹿 *C. elaphus* 梅花鹿 *C. nippon*
哺乳纲 Mammalia	奇蹄目 Perissodactyla	马科 Equidae	马属 *Equus*	马 *E. caballus* 驴 *E. asinus*
	兔形目 Lagomorpha	兔科 Leporidae	穴兔属 *Oryctolagus*	兔 *O. cuniculus*
	食肉目 Carnivora	犬科 Canidae	犬属 *Canis*	犬 *C. familiaris*
		猫科 Filidae	猫属 *Felis*	猫 *F. libyca domestica*

(续)

纲	目	科	属	种
鸟纲 Aves	鸡形目 Galliformes	雉科 Phasianidae	原鸡属 *Gallus*	鸡 *G. gallus domesticus*
			鹌鹑属 *Coturnix*	鹌鹑 *C. coturnix*
			鹧鸪属 *Francolinus*	鹧鸪 *F. pintadeanus*
			石鸡属 *Alectoris*	石鸡 *A. chukar*
		吐绶鸡科 Meleagrididae	吐绶鸡属 *Meleagris*	火鸡 *M. gallopavo*
		珠鸡科 Numididae	珠鸡属 *Numida*	珠鸡 *N. meleagris*
	鸵形目 Struthioniforme	鸵科 Struthionidae	鸵鸟属 *Struthio*	鸵鸟 *S. camelus*
	雁形目 Anseriformes	鸭科 Anatidae	鸭属 *Anas* 雁属 *Anser*	鸭 *A. domestica* 鹅 *A. anser domestica*
	鸽形目 Columbiformes	鸽科 Columbidae	鸽属 *Columba*	鸽 *C. livia domestica*
	鹈形目 Pelecaniformes	鸬鹚科 Phalacrocoracidae	鸬鹚属 *Phalacrocorax*	鸬鹚 *P. carbo*

三、家畜的起源及野祖

现代各种家畜的祖先均来自野生动物，根据考古学、比较解剖学、细胞遗传学、生化遗传学和分子遗传学等多方面的知识，一般都能够追溯到每种现存家畜的祖先。

1. 猪的祖先 家猪的祖先主要是印度野猪（*Sus cristatus*）和欧洲野猪（*Sus scrofa ferus*）。

2. 牛的祖先 普通牛的祖先为原牛（*Bos primigenius*），原牛又有长头原牛（*Bos primigenius*）、短角原牛（*Bos brachyceros*）、大额原牛（*Bos frontosus*）和短面原牛（*Bos brachycephalus*）等变种。巴厘牛的祖先是爪哇牛（*Bos jivanicus*），印度牛的祖先是黄野牛（*Bos gaurus*），家牦牛的祖先是野牦牛（*Bos mutus*），家水牛的祖先是野水牛（*Bubalus arnee*）。

3. 绵羊的祖先 家绵羊的祖先包括摩弗伦羊（*Ovis orientalis*）与羱羊（*Ovis ammon*）。摩弗伦羊中与家绵羊血缘最近的有欧洲的撒地尼亚摩弗伦羊（*Ovis musimon*），阿卡尔摩弗伦羊（*Ovis orientalis arcar*），撒地尼亚摩弗伦羊可能是短尾羊的祖先，阿卡尔摩弗伦羊可能是长尾羊和脂尾羊的祖先。我国绵羊可能源自羱羊或它的较小的变种。

4. 山羊的祖先 家山羊的祖先主要是野生角羯羊（*Capra aegagrus*），部分源自羯羊（*Capra falconeri*），极少部分源自塔尔羊（*Capra jemalaica*）。

5. 马的祖先 现代马的祖先为蒙古野马（*Equus ferus przewalskii*）与太盘野马（*Equus ferus tarpan*）。太盘野马在 19 世纪时还出现在黑海附近草原，现已绝迹。我国马可能源自蒙古野马。

6. 驴的祖先 一般认为非洲野驴（*Equus africannus*）是驴的野生祖先之一。

7. 骆驼的祖先 骆驼的祖先是中亚野骆驼（*Camelus bactrianus ferus*）。

8. 兔的祖先 兔的祖先是欧洲穴兔（*Orytologus cuniculus*）。

9. 犬的祖先 犬的祖先是澳洲野犬（*Canis lupus dingo*）。

10. 猫的祖先 猫的祖先是非洲野猫（*Felis silvestris lybica*）。

11. 鸡的祖先 家鸡的主要祖先是红色原鸡（*Gallus gallus*），也有学者认为家鸡起源于锡兰原鸡（Ceylonese jungle fowl）、灰色原鸡（Grey jungle fowl）和黑或绿色原鸡（Black or green jungle fowl）。这些原鸡主要栖息于南亚和东南亚地区。

12. 鸭的祖先 家鸭主要起源于绿头野鸭（*Anas platyrhynchos*）和斑嘴鸭（*Anas poecilorhynho*）。绿头野鸭广泛分布于欧亚大陆及美洲西北部，斑嘴鸭主要分布在亚洲。

13. 鹅的祖先 家鹅的祖先主要是鸿雁（*Anser cygnoides*）、灰雁（*Anser anser*）和真雁（*Anser albifrous*），其中鸿雁和灰雁分别是我国两大系统中国鹅和伊犁鹅的直系祖先，而灰雁和真雁则是欧洲各品种的直系祖先。

14. 火鸡的祖先 家养火鸡的祖先是墨西哥野火鸡（*Meleagris callopavo*）。

15. 鹌鹑的祖先 家鹌鹑的祖先是东亚野生鹌鹑（*Coturnix coturnix*），但究竟是日本鹌鹑还是来自中国或朝鲜的野生鹌鹑，目前尚无定论。

16. 鸽的祖先 家鸽的祖先是野生原鸽（*Columba livia*）或岩鸽（*Columba rupestris*）。

17. 鸵鸟的祖先 鸵鸟的祖先是非洲与澳洲的鸵鸟（*Struthio camelus ostrich*）。

18. 鸬鹚的祖先 鸬鹚的祖先是亚洲和欧洲野鸬鹚（*Phalacrocorax carbo ferus*）。

四、动物的驯化

野生动物的驯化是人类文明史上的重要一页，与人类社会经济发展水平有着密切关系。人类把野生动物逐渐驯化成家养动物，经历了漫长的过程，使其更适应和习惯于人类干预下的生活，野性逐渐消失，更加便于人类使役和食用。尽管没有确凿的资料证明这一复杂过程，但可以推断，人类把野生动物驯化成家畜，大致经历了驯养和驯化两阶段。

（一）驯养与驯化的概念

随着人类社会的进步，人类的劳动工具有了很大的改进，在古人类历史的晚期，就已能利用网罟、陷阱、围栏、弓箭和火等通过狩猎捕捉活的野生动物，由于暂时食用不完或其他原因，这些活的动物被暂时留养起来，供以后利用，因此出现了驯养动物。

驯养（tameness）是指野生动物由野生逐渐转为人工饲养的过程。驯养动物不能称为真正的家畜，它们的野性尚未完全失去，不易逮捕，有机会时容易逃脱。在驯养过程中，有些动物可正常繁殖，而有的繁殖力却很低甚至不繁殖。

驯化（domestication）则是指将驯养动物置于人为的饲养管理条件下繁育，使其能在家养条件下生活、累代繁衍并为人类利用的过程。

驯化动物是指动物经过人类数千年甚至上万年的饲养、选择与培育后，体型发生巨大变化，完全失去野性，生活习性发生根本改变，并能在人工条件下繁殖，对人类有很大依赖性的家养动物。这类动物性情温顺，易于驯服，便于管理，具有良好的肉用、毛用、蛋用或役用性能，成为人类重要的生活和生产资料。

（二）动物驯化的时间与地点

各种家畜起源于不同的祖先，它们野生的远祖也分布在世界上不同的区域。此外，由于人类文化发展历史和生活需要的差异，人类对于各种动物的驯化年代也有所不同。根据现有的考古资料可证明或推断的家养动物驯化年代与地区见表1-2。

表1-2　家养动物的驯养年代与地区

（编译自https：//wiki.groenkennisnet.nl/display/TAB/Chapter+1.3+Domestication+animal+breeding）

畜种	拉丁名	驯化年代	驯化地区
犬	Canis lupus familiaris	>30 000 BC	欧亚大陆
绵羊	Ovis orientalis aries	11 000~9 000 BC	西南亚
山羊	Capra aegagrus hircus	8 000 BC	伊朗
猪	Sus scrofa domestica	9 000 BC	东亚、中国与德国
普通牛	Bos primigenius Taurus	8 000 BC	印度、中东和北美
瘤牛	Bos primigenius indicus	8 000 BC	印度
火鸡	Meleagris gallopavo	500 BC	墨西哥
水牛	Bubalus bubalis	4 000 BC	印度、中国
牦牛	Bos grunniens	2 500 BC	中国
马	Equus ferus caballus	4 000 BC	欧亚草原地区
单峰驼	Camelus dromedaries	4 000 BC	阿拉伯半岛
双峰驼	Camelus bactrianus	2 500 BC	中东
羊驼	Vicugna pacos	1 500 BC	秘鲁
驯鹿	Rangifer tarandus	3 000 BC	俄罗斯
猫	Felis catus	7 500 BC	塞浦路斯、地中海区域
鸡	Gallus gallus domesticus	6 000 BC	东南亚、印度
鸭	Anas platyrhynchos domesticus	4 000 BC	中国
鹅	Anser anser domesticus	3 000 BC	埃及
鹌鹑	Coturnix japonica	1 100~1 900 s	中国、日本
岩鸽	Columba livia	3 000 BC	地中海盆地
鸵鸟	Struthio camelus	1 990 s	南非、澳大利亚
蜜蜂	Apis	4 000 BC	多个地区
蚕	Bombyx mori	3 000 BC	中国
鲤鱼	Cyprinus carpio	不详	东亚
金鱼	Carassius auratus auratus	不详	中国

从表1-2可见，亚洲文化发源最早，驯化的动物也最多；文化发展较晚的美洲、大洋洲，驯化的动物最少。家畜驯化的顺序大致是犬最早，羊、猪次之，水牛、马较晚。值得一

提的是，非洲是许多物种的起源地，但却不是驯化地，这主要是由于驯化动物的时间与人类社会发展的历史阶段相适应。

(三) 动物在驯化下的变异

研究动物在驯化过程中的变异规律，对于改良家畜或培育新品种等都具有重要意义。家畜在驯化之初，不论在形态、生理还是解剖结构上与野生状态下相比，差别并不大，但是，随着人类的长期饲养管理，家畜按照人们的选择目标，在形态结构、生理机能等方面都发生了许多变化。如重型马的体重高达 1 000 kg 以上，而小型观赏马仅有 50 kg 左右。但是有些家畜的生活条件和野生时相差不大，因而体重与体尺几乎没有变化，如骆驼、驯鹿。总之，家畜在驯化下的变异总是由适应自然向依赖人类方向发展，向适应人类需求的方向发展。

第二节 家畜品种的概念与分类

一、家畜品种的概念

(一) 物种和品种

1. 物种（species）　简称种，是生物分类系统的基本单位，指具有一定形态、生理特征和自然分布区域的生物类群。在自然条件下，物种之间相互生殖隔离，即一个物种的个体一般不与其他物种的个体交配，即使交配也不能产生有生殖能力的后代。此外，各个物种的二倍体染色体数目和基本形态也互不相同。长期的地理隔离或基因突变等因素导致物种内各个群体的基因库发生遗传漂变，从而形成亚种或变种，在育种学上则为品种。

2. 品种（breed）　家畜品种是家畜物种在长期的人工干预，如饲养、选种选配等条件下发生内部分化，形成表型一致并具有稳定遗传的生态、生理特征，在产量和品质上比较符合人类要求的群体。在品种内部，一些有突出优点的并能稳定遗传的亲缘个体所形成的类群称为品系（line，strain）。有些品种是从某一品系开始逐渐发展形成的。一些历史悠久、分布较广的品种，也会由于迁移、引种和隔离等，形成区域性的地方品系。

据 FAO（2014）统计，全世界目前有种群数据记录的家畜品种 7 075 个，其中牛（含水牛）1 142 个，猪 543 个，绵羊 1 155 个，山羊 576 个，兔 236 个，马 694 个，鸡 1 514 个，鸭（番鸭）277 个，鹅 182 个，火鸡 92 个。

(二) 品种应具备的条件

作为一个品种的家畜，应具备以下条件。

1. 具有共同的来源（遗传起源）　同一品种的家畜，应该具有基本相同的血统来源，即个体间有着血统联系，因而彼此的遗传基础比较相似。这也是构成一个"基因库"的基本条件。

2. 具有能稳定遗传的、有别于其他品种的共同表型标志和相似生产性能　同一品种的家畜的表型标志（如毛色、角形、耳形等）应比较一致，生产性能能相对相似，并且这种表型标志与生产性能能与其他品种相区别，这种相似性能一代代稳定地遗传下去。

3. 具有一定的、现实或潜在的经济价值和文化价值　作为一个独立品种应有其特色，其产品的产量或品质在某一方面能为人们的生活或人类的经济活动所利用，或者供作观赏、娱乐等用。这是各类特色的品种之所以能从家畜种中分化出来的主要原因。

4. 具有一定的结构　这里所谓的"结构"，是指一个品种由数个各具特点的类群（如品系、地方类群、育种场类群）所构成。这些类群可以是自然隔离形成的，也可以是人工培育而成的，它们构成了品种内的遗传异质性。

5. 具有足够的数量 一个品种必须拥有相当数量的合格个体，只有当品种内个体数量足够多时，才能保持品种所固有的特征、特性，才能避免过高的近亲交配，才能保持品种的生命力、较广泛的适应性、品种内的异质性和广泛的利用价值。

以家禽为例：地方品种，鸡、鸭不少于5 000只，其他禽种不少于3 000只，稀有珍禽的数量可适当减少；培育品种，鸡、鸭不少于20 000只，其他禽种不少于10 000只。

6. 被社会、政府或国家畜禽遗传资源委员会认可 作为一个品种必须在社会生产实践中被生产者所接受，得到较大范围的推广。其名称及反映它独立存在的特征和特性要由政府认可或由国家畜禽遗传资源委员会审定。

二、家畜品种的形成

家畜的品种历史悠久，不是有了家畜，就很快有了品种。品种最初在不同生态条件下，由于人们无意识的选育而逐渐形成，速度很慢且质量差，后来随着人们饲养经验的积累和饲养技术的改善，数量逐渐增多，分布也越来越广，许多小群体迁移到不同的地方，由于地理隔离，加上各地的自然生态条件和社会经济条件的差异，许多地方的小群体在体型外貌、适应性、经济用途等方面出现差异，形成各自的基本特征，从而出现最初的家畜品种，这些品种一般称为原始品种或地方品种。

一个品种不是固定不变的，它会随着人工选择方向的变化而发生变化，所以有些品种在不同时代无论是体型外貌还是生产性能都有很大差别。品种的形成主要受下列两个重要客观因素的制约。

（一）社会经济条件

社会经济因素在品种的形成和发展过程中起着决定性的作用。市场需要、生产水平、集约化程度无不制约着品种的形成或发展。例如，在工业革命之前，农业和军事的需要促进了养马业的发展，我国的蒙古马和国外的阿拉伯马都是这个时代的产物。又如肉用家畜品种的出现也是适应社会需求的结果。这主要由于欧洲的工业化兴起早、城市规模大、人口集中且劳动强度大，因而对肉的需求量大，对肉的品质要求也高，从而促进了新的肉用品种的培育。仅英国在18~19世纪的100多年中，就培育出60多个优良家畜品种。

任何一个品种"变"是绝对的，都有一个形成、发展和消亡的过程。在人们有目的的选育下，品种的外形、生产性能或生产方向都在发生变化。例如黑白花牛，原产于荷兰北部的西弗里斯兰省（West-Friesland）和德国的荷斯坦省（Holstein），最初为乳肉兼用型，自19世纪70年代被世界各国引进后，被培育为产奶量更高的纯乳用型黑白花牛。此外，育成后的黑白花奶牛在体型外貌上也有很大变化，现代的黑白花牛与18世纪的黑白花牛相比，有着明显区别。又如约克夏猪原产于约克夏郡，近年来由于市场对瘦肉需求增加，瘦肉多的新型大约克夏猪得到发展，成为当今世界流行的母系猪种之一。

（二）自然环境条件

自然环境对品种的形成虽不起主导作用，但也有重要影响，这是因为各个地方的自然条件相对稳定，对家畜的作用比较恒定持久，对品种特性的形成也有深刻的影响。例如，在高温干燥、植被稀疏的地区只能形成轻型马（如阿拉伯马）；而在低温湿润、植被茂盛的地区则多为重型马（如法国阿尔登马和波雪龙马等）。实际上每个品种都是在特定区域的自然环境条件下育成的,有明显的地域适应性,如果将它们迁移到另一个自然环境条件完全不同的地方,则可能会引起品种的不良生理反应,如将秦川牛引入西藏拉萨,强烈的高原反应使其丧失了繁殖能力;同样将湖北白猪、二花脸猪引入西藏林芝后,繁殖力也明显降低,甚至丧失。

影响品种形成的自然因素主要包括光照、海拔、温度、湿度、降水量、空气、水质、土质、植被、食物结构等,其中温度、湿度、降水量不仅可直接影响家畜的体格和体型,还可通过影响植被的数量、质量和生长季节间接影响家畜。例如,瑞士的山地气候与地形,促进西门塔尔牛形成了宽深的胸部,结实的骨骼和后肢较直的肢势;而在平原条件下形成的荷斯坦牛则骨骼、皮肤细致,背线平直。

三、家畜品种的分类

各个畜种驯化后经过自然和人工的长期选择形成了成千上万的品种,并且每个品种都各具特点。因此,合理地将各个家畜品种进行归类,将有利于更好地掌握各类品种的特性,便于育种工作的组织与开展。

视不同的分类标准,可将同一家畜分为不同类型。如根据鸡的羽速,可分为快生羽品种和迟生羽品种;根据猪的瘦肉率,可分为脂肪型品种和瘦肉型品种。总之,品种的分类标准很多,但在畜牧学中比较通用的分类方法主要有两种,即按品种的改良程度和经济类型来划分。

(一)按改良程度分类

根据改良程度可将品种分为原始品种和培育品种。

1. 原始品种(primitive breed) 指在农业生产力较低的情况下,长期处于粗放式饲养管理状态,未受到系统而严格的人工选择,选育水平低下的品种。例如,蒙古马、蒙古牛、天祝白牦牛、哈萨克羊、藏猪、仙居鸡等都属于这类品种。原始品种虽然生产力低下,晚熟且个体相对较小,但耐粗饲,体质健壮,抗病力强,尤其具有很强的适应自然的能力,这是培育能适应当地条件而又高产的新品种所必需的原始材料。原始品种多按其原产地或自身特征命名。

值得注意的是,原始品种一般都为地方品种,但地方品种并非都是原始品种。因为有些地方品种是在原始品种基础上经过较高程度的系统培育而成的,例如金华猪、秦川牛、湖羊、伊犁马、北京鸭等,一般称这些地方品种为地方良种。

2. 培育品种(developed breed) 指在遗传育种理论与技术指导下,经过较系统的、有目的的选择和培育而形成的品种。这类品种一般都具有优良基因,在某些性状上的表现明显优于原始品种,其生产力高且产品比较专门化,具有更高的经济价值。但这类品种适应性与抗病力、抗逆性均不如原始品种,并且对饲养管理条件要求较高,同时还需要较高的选种选配等技术条件来维持。如新疆细毛羊、中国荷斯坦牛都属于培育品种。

此外,有些品种虽不完全符合培育品种要求,但比原始品种的培育程度高,育种学上通常称其为过渡品种(transitional breed)。过渡品种往往很不稳定,如能进一步选育,即可成为培育品种。

当然,上述品种的划分是相对的,并且是有一定条件的。

(二)按经济类型分类

由于现代培育品种多为定向培育而成的,故多用此法分类,一般分为专用品种和兼用品种。

1. 专用品种(special-purpose breed) 由于人们的长期选择和培育,品种的某些特性获得显著发展,或某些组织器官产生了突出的变化,从而能够专门生产某一种畜产品或具有某种特定能力的品种。专用品种一般生产性能高,饲养管理要求严。如羔皮用的湖羊、裘皮用的滩羊。

2. 兼用品种(dual-purpose breed)　指具有两种或多种用途的品种。兼用品种一般体质结实,适应性强,生产力较高。如肉乳兼用的草原红牛、毛肉兼用的新疆细毛羊、肉蛋兼用的浦东鸡。

这种品种分类法也是相对的,因为随着时代的变迁,人类需求的变化,有些品种的主要用途将发生一些变化。例如,短角牛本以肉用著称,但后来有些地方形成了乳用短角牛和兼用短角牛品种。

四、国内外主要家畜品种名录

(一)地方品种

2000年,农业部公布了78个国家级畜禽品种资源保护品种,其中猪19个,牛15个,羊14个,鸡11个,鸭8个,鹅6个,马2个,驴1个,骆驼1个,蜜蜂1个。2006年,农业部又公布了138个国家级畜禽品种资源保护品种(内含2000年农业部公布的78个品种),其中猪34个,牛21个,羊21个,鸡23个,鸭8个,鹅10个,马6个,驴5个,骆驼1个,犬1个,兔2个,蜜蜂3个,其他3个。2014年,农业部第3次公布了159个国家级畜禽品种资源保护品种,其中猪42个,鸡28个,鸭10个,鹅11个,牛、马、驴、驼共34个,羊27个,鹿2个,蜜蜂3个,兔2个。2016年,农业部以表格形式总结了总共159个国家级重点保护和260个省级保护的畜禽品种(表1-3)。限于篇幅,下面只简述第一批78个国家级畜禽保护品种简况,159个品种的名称将在后面列出。由于有些品种还包括几个类群,不能把所有类群都作为国家级保护对象,故对于这些品种而言受到国家级保护的其实是品种内的类群。下面简述品种将把这些受到国家级保护的类群放在品种名称后面的括号内。

表1-3　中国地方畜禽遗传资源的数量

[引自《全国畜禽遗传资源保护和利用"十三五"规划》(农办牧〔2016〕第43号)]

畜种	地方品种(个)	其中		
		国家级保护品种(个)	省级保护品种(个)	其他品种(个)
猪	90	42	32	16
牛	94	21	47	26
羊	101	27	52	22
家禽	175	49	97	29
其他	85	20	32	33
合计	545	159	260	126

1. 猪

八眉猪(Bamei pigs):属脂肉兼用型品种,又称泾川猪、西猪,包括互助猪,主要分布于甘肃、宁夏、陕西、青海、新疆、内蒙古等省、自治区。因额有纵行八字皱纹,故名八眉,分大八眉、二八眉和小伙猪3种类型。被毛黑色,生长发育慢。该品种1999年被列为濒临灭绝资源。

码1　中国地方品种——猪

大花白猪(Large Black-White pigs)(广东大花白猪):属脂肉兼用型

品种，包括大花乌猪、广东大花白猪、金利猪、梅花猪、梁村猪、四保猪、波陂猪，产于广东省珠江三角洲一带。体型中等，额部多有横行皱纹，被毛黑白花，头部和臀部有大块黑斑，腹部、四肢为白色。

黄淮海黑猪（Huang-huai-hai Black pigs）（马身猪、淮猪）：包括淮河两岸的淮猪（江苏省的淮北猪、山猪、灶猪，安徽的定远猪、皖北猪，河南的淮南猪等）、山东的莱芜猪、河北的深州猪、山西的马身猪、内蒙古的河套大耳猪。以下介绍以淮猪为例，体型较大，耳大下垂、超过鼻端，背腰平直、狭窄，被毛黑色，皮厚，毛粗密，冬季密生棕红色绒毛。

内江猪（Neijiang pigs）：属脂肉兼用型品种，产于四川省内江市。体型大，嘴筒短，额面横纹深陷成沟，额皮中部隆起成块，称盖碗，腹大不拖地，臀宽稍后倾，成年种猪体侧及后腿皮肤有深皱褶，俗称瓦沟或套裤。被毛全黑。该品种1999年被确认为濒临灭绝资源。

乌金猪（Wujin pigs）（大河猪）：属肉脂兼用型品种，包括柯乐猪、威宁猪、大河猪、凉山猪，分布于四川、云南、贵州三省接壤的乌蒙山和大小凉山地区。头长，嘴筒粗而直，额部多有旋毛，背腰平直，后躯较前躯略高，腿臀较发达，大腿下皮肤有皱褶，俗称穿套裤。被毛多为黑色，有部分棕褐色。

五指山猪（Wuzhishan pigs）：又称老鼠猪，主产于海南省。体型小，头小而长，耳小直立，嘴尖，嘴筒微弯。被毛大部为黑色，腹部与四肢内侧为白色，鬃毛呈黑色或棕色。该品种1999年被列为濒临灭绝资源。

太湖猪（Taihu pigs）（二花脸猪、梅山猪）：属肉脂兼用型品种，包括二花脸猪、梅山猪、枫泾猪、嘉兴黑猪、横泾猪、米猪、沙乌头猪，主要分布于长江下游江苏、浙江和上海交界的太湖流域。梅山猪体型较大，骨骼较粗壮；米猪的骨骼较细致；二花脸猪、枫泾猪、横泾猪和嘉兴黑猪则介于二者之间。被毛黑或青灰。

民猪（Min pigs）：属肉脂兼用型品种，原称东北民猪，含大民猪、二民猪、荷包猪，分布于黑龙江、吉林、辽宁、河北等省。头中等大，体躯扁平，臀部倾斜，四肢粗壮，全身被毛黑色，冬季密生绒毛。抗寒能力强。

两广小花猪（Liang Guang Small Spotted pigs）（陆川猪）：属脂肪型品种，包括陆川猪、福绵猪、公馆猪、广东小耳花猪；广东小耳花猪又包括黄塘猪、中垌猪、塘猪、桂墟猪。分布于广东省与广西壮族自治区相邻的寻江、西江流域的南部。体型较小，有头短、颈短、耳短、身短、脚短和尾短"六短"特征，额较宽，有菱形皱纹，中间有白斑三角星，腹大拖地。

里岔黑猪（Licha Black pigs）：产于山东胶州市里岔镇。具有杂食、耐粗、多胎、高产等特点。头中等大，嘴筒长直，额有纵纹，身长体高，后躯较丰满，被毛全黑色。

金华猪（Jinhua pigs）：属腌肉型品种，又名两头乌猪、金华两头乌猪，原产于浙江省金华市东阳市，分布于浙江省义乌、金华等地。体型中等偏小，颈粗短，背微凹，腹大微下垂，臀部倾斜。毛色中间白两头乌。

荣昌猪（Rongchang pigs）：属脂肉兼用型品种，产于重庆市荣昌区和四川省隆昌市。体型较大，头大小适中，额面皱纹横行、有旋毛，体躯较长，除两眼四周或头部有大小不等的黑斑外，绝大部分被毛为白色，少数在尾根及体躯有黑斑，按毛色特征分为金架眼、黑眼瞠、黑头等。

香猪（Xiang pigs）（含白香猪）：属瘦肉型品种，包括从江香猪、环江香猪，主产于贵州省。体躯矮小,腹大丰圆触地,后躯较丰满,四肢短细,后肢多卧系。被毛多全黑,也有"六白"。公猪生长较慢。

华中两头乌猪(Huazhong Two-end-black pigs):包括通城猪、监利猪、沙子岭猪、赣西两头乌猪、东山猪,分布于湖北、湖南、江西、广西和长江中游及江南的广大地区。头短宽,额部皱纹多呈菱形,皱纹粗深者称狮子头;头长直,额纹浅细者称万字头或油嘴筒。毛色为中间白、两头乌,即头颈和臀尾为黑色,躯干四肢为白色。

清平猪(Qingping pigs):属脂肉兼用型品种,产于湖北省清平河沿岸。体型中等,额窄,有细浅而清晰的纵向皱纹,嘴筒长直、个别略翘,大腿欠丰满,骨骼较细,后肢多卧系,被毛黑色。

滇南小耳猪(Diannan Small-ear pigs):属肉脂兼用型品种,包括德宏小耳猪或景颇猪、傈乜猪、勐腊猪或爱尼猪、文山猪或阿尼猪,产于云南勐腊、瑞丽、盈江等地。体躯短小,被毛以纯黑为主,其次为"六白"和黑白花,还有少量棕色的。按体型分大、中、小3种。

槐猪(Huai pigs):产于福建省的漳平、上杭、兰溪及平和,分布于福建省闽西山区的龙岩、三明、龙溪和晋江等地。头短而宽,额部有明显的横行皱纹,耳小竖立,体躯短,胸宽而深,背宽而凹,腹大下垂,多卧系,被毛黑色,分大骨和细骨两个类型。该品种1999年被列为濒危资源。

蓝塘猪(Lantang pigs):产于广东省。头大小适中,额部有三角形和菱形皱褶,耳小直立,体躯宽深短圆,腹大,臀部较平,四肢较矮。体侧下半部、腹部和四肢均为白色,整个体躯黑白各占一半,黑白分界线比较平整,接近水平直线。该品种1999年被列为濒危资源。

藏猪(Tibetan pigs):属肉脂兼用型品种,分布于四川省阿坝、甘孜,西藏的山南、昌都地区,云南的迪庆,甘肃的甘南等地。体小,耳小直立,体躯较短,胸较狭,后躯较前躯高,臀部倾斜,鬃毛长而密。

2. 牛

九龙牦牛(Jiulong yak):属肉绒兼用型品种,产于四川省的九龙、康定等地。有高大和多毛两个类型,多毛型产绒量比一般牦牛高5~10倍。额毛丛生、卷曲,公母有角,角间距大。四肢、胸前、腹侧裙毛着地,全身被毛多为(3/4)黑色,少数黑白相间。

码2 中国地方品种——牛

天祝白牦牛(Tianzhu White yak):属兼用型品种,产于甘肃省天祝藏族自治县。全身被毛白色,皮肤粉红色。前躯发育良好,后躯发育差,尻多呈屋脊状。

青海高原牦牛(Qinghai-tibet Plateau yak):分布于青海省南、北部的高寒地区。该牦牛由于混有野牦牛的遗传基因,带有野牦牛的特征。前躯发达,后躯较差。乳房小,呈碗碟状,乳头短小。

延边牛(Yanbian cattle):属役肉兼用型品种,包括延边牛、朝鲜牛和沿江牛,分布于吉林、黑龙江、辽宁三省。被毛长而密,皮厚有弹性,毛色呈浓淡不同的黄色。公牛角基粗大;母牛角细长,多为龙门角。

复州牛(Fuzhou cattle):产于辽宁省复州、金州和新金等地。被毛浅黄或浅红,鼻镜多呈肉色。公牛角短粗,向前上方弯曲,有雄性;母牛角较细,多呈龙门角。

南阳牛（Nanyang cattle）：属役肉兼用型品种，南阳市、唐河县、邓州市等地为中心产区。体质结实，肌肉发达，公牛肩峰高 8～9cm，角以萝卜角为主。毛色有黄、红、黄白3种。

秦川牛（Qinchuan cattle）：属役肉兼用型品种，产于陕西省关中地区，分布于关中平原 27 个县、市。毛色分紫红、红、黄 3 种。公牛垂皮发达，鬐甲高而宽；母牛鬐甲较低而薄，角短而钝，多向外下方或向后稍弯。

晋南牛（Jinnan cattle）：属役肉兼用型品种，产于山西运城市和临汾市诸县。体型高大结实，毛色以枣红为主。公牛顺风角，颈较粗短，垂皮较发达，前胸宽阔；母牛头清秀，乳头较细小。

渤海黑牛（Bohai Black cattle）：属役肉兼用型品种，产于山东省滨州市。低身广躯，胸围大，身筒较长，全身被毛黑色，角细短。

鲁西牛（Luxi cattle）：属役肉兼用型品种，产于山东省西南部的菏泽、济宁两市。体躯细致紧凑。被毛从浅黄到红棕，以黄色为主，多数有完全或不完全"三粉"（眼圈、口轮、腹下与四肢内侧色淡）。公牛多平角或龙门角，母牛以龙门角较多。公牛体躯呈前高后低形。母牛鬐甲较低平，背腰短平直。尾细长。根据体型分高辕型、抓地虎型和中间型。

温岭高峰牛（Wenling Humped cattle）：产于浙江省温岭市。肩峰高耸，前躯发达，肌肉结实，骨骼粗壮。公牛角粗壮呈横担或龙门形，肉垂发达；母牛角细短，多向前上方伸展。被毛黄色或棕黄色。

蒙古牛（Mongolian cattle）：属兼用型品种，包括乌珠穆沁牛、安西牛，产于内蒙古，分布于黑龙江、新疆、河北、山西、陕西、宁夏、青海、吉林、辽宁。头短宽、角长，向上前方弯曲。肉垂不发达，鬐甲低下。胸扁深，后躯短窄，尻斜。四肢短，毛色一般为黑色或黄色，也有狸色、烟熏色。

雷琼牛（Leiqiong cattle）：包括徐闻牛和海南牛，产于广东徐闻县和海南海口市琼山区等地。公牛角长，略弯曲或直立稍向外弯曲，母牛角短或无角。垂皮发达，肩峰隆起。被毛黄色居多，黑色次之。

中国水牛：含山区水牛、西林水牛、富钟水牛等。山区水牛（Mountainous buffalo）产于江苏省南京、镇江、扬州一带的丘陵山区。被毛石板青或瓦灰色。角大后弯呈箩筐形或簸箕形。鬐甲高长，前胸宽，尻部倾斜，尾根低而粗，尾长不过飞节。善走山路。西林水牛（Xilin buffalo）产于广西壮族自治区的西林、隆林、田林等地。体躯较高，四肢粗壮。被毛多为灰黑色。角形有近圆形、半圆形、禾叉形和直角形 4 种，个别有垂角。鬐甲显露，尻宽大而倾斜，部分牛呈尖尻。乳房不发达。前肢距离宽，稍呈弧形，后肢飞节内弯，蹄圆大。富钟水牛（Fuzhong buffalo）产于广西壮族自治区的富川和钟山。体型高大，毛色有黑灰和石板青 2 种，颈下胸前有条新月形的白带。角根粗，呈四方形，向后弯曲成半月形。母牛后躯发达，尻略斜，乳头呈圆柱状。

3. 羊

乌珠穆沁羊（Ujumqin sheep）：属肉脂兼用型品种，主产于内蒙古自治区锡林郭勒盟东部的乌珠穆沁草原，主要分布于内蒙古东、西乌珠穆沁旗及锡林浩特市部分地区。属短脂尾羊，乌珠穆沁羊毛色以黑头居多，体躯以白色为主，为优良的肉脂粗毛羊，具有生长快、成熟早和肉质细嫩、

码3 中国地方品种——羊

色味鲜美等优点。

同羊（Tong sheep）：属肉脂型品种，产于陕西省渭南、咸阳两市，属大脂尾羊。以肉质肥美、被毛柔细而驰名。所产羔皮洁白，具有珍珠样卷曲。早熟，产肉力高，毛质好，但产毛量低，繁殖力低。

西藏羊（Tibetan sheep）：属高原型短瘦尾羊，主产于西藏自治区，分布于青海省，甘肃省甘南，四川省甘孜、阿坝、凉山及云贵高原。为我国三大粗毛绵羊品种之一。以草地型羊较优，羊毛是优质地毯原料。西藏羊被毛异质，头肢为杂色，体躯有白色、黑色和花色。对高原牧区气候有较强的适应性，终年放牧。

小尾寒羊（Small-tailed Han sheep）：属裘皮肉兼用品种，分布于河北省南部、东部和东北部，山东省西南及皖北、苏北一带，属短脂尾羊。小尾寒羊全身被毛白色、异质，少数个体在头部及四肢有黑褐色斑块。身躯高大，繁殖力强，生长快，产肉性能好，是以繁殖力高而著称的我国著名的地方优良品种。

贵德黑裘皮羊（Guide Black Fur sheep）：属裘皮用型品种，是草地型西藏羊主要品种，主产于青海省海南藏族自治州的贵南、贵德、同德等县，属短瘦尾型羊。以生产黑色二毛裘皮为主要特性，具有皮板坚韧、柔软、毛色油黑、光泽悦目、花穗紧实美观、保暖性强等特点。体格中等，体质结实，对当地的生态环境有很好的适应性。

湖羊（Hu sheep）：属羔皮用型品种，主要产于浙江和江苏的部分地区，属短脂尾羊。具有生长快、成熟早、四季发情、多胎率高等特点，以所产羔皮花纹美观而著称，为世界上少有的白色羔皮品种。湖羊对潮湿、多雨的亚热带产区气候和常年舍饲的饲养管理方式适应性强。

滩羊（Tan sheep）：属裘皮用型品种，主产于宁夏回族自治区贺兰山东麓。属短脂尾羊，是我国珍贵的裘皮羊品种，所产二毛裘皮独具一格。羊毛富光泽和弹性，为纺织提花毛毯的原料。滩羊被毛绝大多数为白色，头部、眼周围和两颊多有褐色、黑色、黄色斑块或斑点，两耳、嘴端、四蹄上部也有类似的色斑。滩羊体格较小，体质结实，耐粗放管理，适应荒漠、半荒漠地区条件。

辽宁绒山羊（Liaoning Cashmere goat）：属肉绒兼用型品种，产于辽东半岛。具有产绒多、体大、耐粗饲、适应性强等特点，是我国产绒量多、质量好的绒用山羊品种。被毛为全白色。

内蒙古绒山羊（Inner Mongolia Cashmere goat）：属绒肉兼用型品种，产于内蒙古西部鄂尔多斯市、阿拉善盟、巴彦淖尔市。根据产区不同特点，分为阿尔巴斯型、阿拉善型和二狼山型；根据毛的长短，又分为长毛型和短毛型2种。具有产绒、板皮和裘皮品质好的特性。绒细而柔软、丝光强、伸度大、净绒率高，是国际上纺织羊绒精品的主要原料。

中卫山羊（Zhongwei goat）：属裘皮用型品种，分布于宁夏中卫及甘肃、内蒙古部分地区。该品种体格中等，具有善攀登悬崖、一般抗病力强、耐粗饲等特性。该品种所产羔皮（出生后1月龄左右、毛长7.5 cm左右的羔羊皮）、羊毛及羊绒是珍贵衣着原料，在国内享有较高声誉。以产花穗美丽的裘皮为主要特性，是山羊品种中珍稀资源。

长江三角洲白山羊（Yangtse River Delta White goat）：属毛用型品种，分布于长江三角洲地区。体格中等偏小、性成熟早、产羔多，耐高温高湿、耐粗饲、适应性强。肉质好，板皮质优，羊毛挺直有峰、弹性好。属肉、皮、毛俱优的山羊，尤以生产笔料毛而著称。

西藏山羊（Tibetan goat）：属毛皮肉乳兼用型品种，主要分布在西藏，青海玉树、果洛，甘肃甘南以及四川甘孜、阿坝，是高原、高寒地区的一个古老品种。该品种体格较小，发育较慢，性成熟较晚，羊绒细长柔软，肉质鲜美，对高寒牧区的生态环境有较强的适应能力。

济宁青山羊（Jining Grey goat）：属羔皮用型品种，产于山东省菏泽和济宁，是具有独特毛色和花形的羔皮用山羊品种，青猾子皮是其主要产品。该品种被毛由黑白两色组成，外形特征为"四青（背、唇、角、蹄）一黑（前膝）"。体格较小，生长速度慢，性成熟早，肉质好，繁殖力高。

雷州山羊（Leizhou goat）：属肉皮兼用型品种，分布于广东省湛江市及海南省，是热带地区的主要肉用品种。具有肉质和板皮品质好、繁殖力强的特性。被毛黑色、短而粗，体型分高脚和矮脚2种。

4. 鸡

浦东鸡（Pudong chicken）：又称九斤黄，属肉蛋兼用型品种，产于上海市南汇、奉贤、川沙等地。由于产地在黄浦江以东故名浦东鸡。体型较大，慢羽。公鸡羽色有黄胸黄背、红胸红背和黑胸红背3种；单冠直立。母鸡全身黄色，有深浅之分，羽片端部或边缘有黑色斑点，形成深麻色或浅麻色；鸡冠较小。该品种于1999年被列为濒临灭绝资源。

码4 中国地方品种——鸡

大骨鸡（Dagu chicken）：属蛋肉兼用型品种，又名庄河鸡，主产于辽宁省庄河市，吉林、黑龙江、山东、河南、河北、内蒙古等省、自治区也有分布。体型魁伟，腿高粗壮。以体大、蛋大、口味鲜美著称。觅食力强。

河南斗鸡（Henan Fighting chicken）：属观赏型品种，又名打鸡、咬鸡、军鸡、英雄鸡，产于河南省开封、郑州、洛阳、南阳、漯河、新乡、安阳、商丘等市县。体型分粗糙疏松型、细致型、紧凑型、细致紧凑型4种。骨骼比一般鸡种发达。胸骨长，脚趾间距比普通鸡宽。

白耳黄鸡（Baier Buff chicken）：属蛋用型品种，又名白耳银鸡、江山白耳鸡、上饶白耳鸡，主产于江西上饶市广丰区、上饶县、玉山县和浙江江山市。为我国稀有的白耳蛋用早熟鸡品种。以"三黄一白"（黄羽、黄喙、黄脚，白耳）为外貌标准。

仙居鸡（Xianju chicken）：属小型蛋用型鸡品种，产于浙江省仙居及邻近的临海、天台、黄岩等地。分黄、花、白等毛色，体型紧凑。

北京油鸡（Beijing You chicken）：属肉蛋兼用型品种，产于北京朝阳区的大屯和洼里，邻近的海淀、清河也有分布。以肉味鲜美、蛋质优良著称。生长速度较慢。该品种于1999年被列为濒临灭绝资源。

丝羽乌骨鸡（Silkies）：属观赏型品种，又称泰和鸡、武山鸡、白绒鸡、竹丝鸡，产于江西泰和县，福建省泉州市、厦门市和闽南沿海亦有分布。体态小巧轻盈。标准丝羽乌骨鸡具有十大特征，又称"十全"：桑葚冠、缨头、绿耳、胡须、丝羽、五爪、毛脚、乌皮、乌肉、乌骨。

茶花鸡（Chahua chicken）：属肉蛋兼用型品种，产于云南德宏、西双版纳、红河、文山4个自治州和临沧市,体型矮小,好斗性强。外貌似红色原鸡。

狼山鸡(Langshan chicken):属蛋肉兼用型品种,产于江苏省如东境内。体型分重型和轻型2种。羽色分为纯黑、黄色和白色。现主要保存了黑色鸡种,该鸡头部短圆,脸部、耳叶及肉垂鲜红色,皮肤白色,胫黑色。部分鸡有凤头和毛脚。

清远麻鸡(Qingyuan Partridge chicken):属肉用型品种,产于广东清远市。有"一楔""二细""三麻身"的体型特征。"一楔"指母鸡体型像楔形,前躯紧凑,后躯圆大;"二细"指头细、脚细;"三麻身"指母鸡背羽面主要有麻黄、麻棕、麻褐3种颜色。

藏鸡(Tibetan chicken):属肉蛋兼用型品种,分布于我国的青藏高原。体型长而低矮,呈船形,好斗。翼羽和尾羽发达,善于飞翔。公鸡大镰羽长达40~60cm。冠多呈红色、单冠,喙多呈黑色,耳叶多呈白色,胫黑色者居多;母鸡羽色较复杂,主要有黑麻、黄麻、褐麻等色。

5. 鸭

北京鸭(Beijing duck):属肉用型品种,全国各地均有饲养,其中以北京、天津、上海、广东和辽宁饲养较多。体型硕大、丰满,体躯呈长方形。全身羽毛丰满,羽色纯白并带有奶油光泽;胫、喙、蹼橙黄色或橘红色。

码5 中国地方品种——鸭

攸县麻鸭(Youxian Partridge duck):属小型蛋用品种,产于湖南攸县境内的洣水和沙河流域。公鸭颈上部羽毛呈翠绿色,颈中部有白环,颈下部和前胸羽毛赤褐色,翼羽灰褐色,尾羽和性羽黑绿色;母鸭全身羽毛呈黄褐色麻雀羽。胫、蹼橙黄色,爪黑色。

连城白鸭(Liancheng White duck):主产于福建连城县。是中国麻鸭中独特的白色变种,蛋用型。体型狭长,公鸭有性羽2~4根,喙黑色,颈、蹼灰黑色或黑红色。

建昌鸭(Jianchang duck):属偏肉用型鸭种,主产于四川凉山。体躯宽阔,头大、颈粗。公鸭头颈上部羽毛呈墨绿色,有光泽,颈下部多有白色颈圈。母鸭浅褐麻雀色居多,有少量白羽和白胸黑羽。

金定鸭(Jinding duck):属蛋用型品种,主产于福建龙海市,是适应海滩放牧的优良品种。公鸭喙黄绿色,虹彩褐色,胫、蹼橘红色,头部和颈上部羽毛具翠绿色光泽,前胸红褐色,背部灰褐色,翼羽深褐色,有镜羽;母鸭喙古铜色,胫、蹼橘红色,羽毛纯麻黑色。

绍兴鸭(Shaoxing duck):属蛋用型品种,原产于浙江绍兴、萧山、诸暨等地。体躯狭长,分2种类型:一是带圈白翼梢,母鸭以棕黄色麻雀羽为主,颈中部有白羽圈,公鸭羽色深褐,头、颈墨绿色,主翼羽白色,喙黄色,胫、蹼橘红色;二是红毛绿翼梢,母鸭以棕红色麻雀羽为主,颈部白羽圈不明显,公鸭羽毛深褐色,头颈羽墨绿色,喙、胫、蹼橘红色。

莆田黑鸭(Putian Black duck):属蛋用型品种,主产于福建莆田市。全身羽毛浅黑色,胫、蹼、爪黑色。公鸭有性羽,头颈部羽毛有光泽。

高邮鸭(Gaoyou duck):属肉蛋兼用型品种,主产于江苏苏北里下河地区。公鸭呈长方形,头颈部羽毛深绿色,背、腰、胸褐色芦花羽,喙青绿色。母鸭全身羽毛淡棕黑色,喙青色,爪黑色。

6. 鹅

四川白鹅（Sichuang White goose）：属肉蛋羽绒兼用型品种，分布于四川省及重庆市的部分地区。全身羽毛洁白，喙、胫、蹼橘红色，成年公鹅额部有一个半圆形肉瘤，母鹅肉瘤不明显。

伊犁鹅（Yili goose）：属羽绒用型品种，又名塔城飞鹅、雁鹅，主产于新疆伊犁哈萨克自治州及博尔塔拉蒙古自治州一带。体型中等，无肉瘤突起，额下无咽袋，颈较短。胸宽广而突出。羽毛有灰、花、白3种颜色。

码6 中国地方品种——鹅

狮头鹅（Shitou goose）：属大型肉用型品种，产于广东省澄海、汕头等地。体躯呈方形。头大颈粗，肉瘤发达、黑色，额下咽袋发达。喙黑色，胫、蹼橙红色。全身背面羽毛、前胸羽毛及翼羽均为棕褐色。腹面的羽毛白色。

皖西白鹅（Wanxi White goose）：属肉用型品种，主要分布于安徽省的皖西山区及河南省的固始县。体型中等，全身羽毛纯白，头顶有橘黄色肉瘤，喙橘黄色，蹼橘红色，爪肉白色。

雁鹅（Yan goose）：属肉用型品种，主产于安徽六安、宣城、郎溪、广德等地。体型较大，全身羽毛灰褐色，腹部灰白羽。头呈方圆形，有黑色肉瘤。喙黑色，蹼橘黄色。

豁眼鹅（Huoyan goose）：属蛋肉兼用型品种，又名五龙鹅、疤拉眼鹅、豁眼，分布于辽宁昌图、山东莱阳、吉林通化及黑龙江延寿等地。体型轻巧紧凑，头中等大小，额前有表面光滑的肉瘤。眼呈三角形。上眼睑有一疤状缺口，额下偶有咽袋。羽毛白色。

7. 其他品种

蒙古马（Mongolian horse）：属乘挽兼用型品种，产于内蒙古自治区，东北、华北及西北的部分农村、牧区均有分布。体质粗糙结实，体格中等，四肢坚实有力。毛色复杂，青毛、骝毛、黑毛较多。

码7 中国地方品种——其他品种

百色马（Baise horse）：属驮乘兼用型品种，产于广西壮族自治区百色地区。体质干燥结实。头稍重，颈长中等，倾颈或稍呈水平。鬐甲适中。

关中驴（Guanzhong donkey）：属挽乘兼用型品种，产于陕西关中平原。体格高大，略呈长方形，结构匀称，体质结实，毛色以黑为主。

阿拉善双峰驼（Alashan Bactrian camel）：主要分布在内蒙古阿拉善左旗、阿拉善右旗等地，以及甘肃省的河西走廊地区。毛色可分为杏黄、紫红、棕褐和白色4种。毛色的深浅与所处地带有关。

中蜂（Zhong bee）：又称中华蜜蜂，主要分布在新疆以外的各省区，主要集中在各地山区。蜂王有黑色和棕红色2种，全身覆盖黑色和深黄色混合短绒毛。雄蜂体色呈黑色或黑棕色，全身披灰色短绒毛。工蜂体色变化较大，全身披灰色短绒毛。主要有东部中蜂、海南中蜂、阿坝中蜂和西藏中蜂4个亚种。

（二）国家级畜禽遗传资源保护品种名录

农业部于2014年2月发布第2061号公告："根据《畜牧法》第十二条规定，我部确定八眉猪等159个畜禽品种为国家级畜禽遗传资源保护品种目录"。现将这些品种名录转载如下。

1. 猪 八眉猪、大花白猪、马身猪、淮猪、莱芜猪、内江猪、乌金猪（大河猪）、五指山猪、二花脸猪、梅山猪、民猪、两广小花猪（陆川猪）、里岔黑猪、金华猪、荣昌猪、香猪、华中两头乌猪（沙子岭猪、通城猪、监利猪）、清平猪、滇南小耳猪、槐猪、蓝塘猪、藏猪、浦东白猪、撒坝猪、湘西黑猪、大蒲莲猪、巴马香猪、玉江猪（玉山黑猪）、姜曲海猪、粤东黑猪、汉江黑猪、安庆六白猪、莆田黑猪、嵊县花猪、宁乡猪、米猪、皖南黑猪、沙乌头猪、乐平猪、海南猪（屯昌猪）、嘉兴黑猪、大围子猪。

2. 鸡 大骨鸡、白耳黄鸡、仙居鸡、北京油鸡、丝羽乌骨鸡、茶花鸡、狼山鸡、清远麻鸡、藏鸡、矮脚鸡、浦东鸡、溧阳鸡、文昌鸡、惠阳胡须鸡、河田鸡、边鸡、金阳丝毛鸡、静原鸡、瓢鸡、林甸鸡、怀乡鸡、鹿苑鸡、龙胜凤鸡、汶上芦花鸡、闽清毛脚鸡、长顺绿壳蛋鸡、拜城油鸡、双莲鸡。

3. 鸭 北京鸭、攸县麻鸭、连城白鸭、建昌鸭、金定鸭、绍兴鸭、莆田黑鸭、高邮鸭、缙云麻鸭、吉安红毛鸭。

4. 鹅 四川白鹅、伊犁鹅、狮头鹅、皖西白鹅、豁眼鹅、太湖鹅、兴国灰鹅、乌鬃鹅、浙东白鹅、钢鹅、溆浦鹅。

5. 牛、马、驴、驼 九龙牦牛、天祝白牦牛、青海高原牦牛、甘南牦牛、独龙牛（大额牛）、海子水牛、温州水牛、槟榔江水牛、延边牛、复州牛、南阳牛、秦川牛、晋南牛、渤海黑牛、鲁西牛、温岭高峰牛、蒙古牛、雷琼牛、郏县红牛、巫陵牛（湘西牛）、帕里牦牛、德保矮马、蒙古马、鄂伦春马、晋江马、宁强马、岔口驿马、焉耆马、关中驴、德州驴、广灵驴、泌阳驴、新疆驴、阿拉善双峰驼。

6. 羊 辽宁绒山羊、内蒙古绒山羊（阿尔巴斯型、阿拉善型、二狼山型）、小尾寒羊、中卫山羊、长江三角洲白山羊（笔料毛型）、乌珠穆沁羊、同羊、西藏羊（草地型）、西藏山羊、济宁青山羊、贵德黑裘皮羊、湖羊、滩羊、雷州山羊、和田羊、大尾寒羊、多浪羊、兰州大尾羊、汉中绵羊、岷县黑裘皮羊、苏尼特羊、成都麻羊、龙陵黄山羊、太行山羊、莱芜黑山羊、牙山黑绒山羊、大足黑山羊。

7. 其他品种 敖鲁古雅驯鹿、吉林梅花鹿、中蜂、东北黑蜂、新疆黑蜂、福建黄兔、四川白兔。

(三) 引入品种

1. 猪

长白猪（Landrace）：属瘦肉型品种，原产于丹麦。我国于1964年首次从瑞典引进。该品种体躯长，背微弓或平，腹线平直，后躯丰满。毛色全白，少数猪额角有小暗斑。

码8 引入品种——猪

约克夏猪（Yorkshire）：属瘦肉型品种，原产于英国北部约克夏郡，按体型分为大约克猪、中约克猪和小约克猪三大类型，又分别称为大白猪、中白猪和小白猪。但目前所称的约克夏猪指的就是大约克猪，也就是大白猪（Large White）。我国最早于20世纪初引进大约克猪。目前的大约克猪体格大，背腰微弓，四肢较高。皮毛全白，少数额角皮上有小暗斑。中约克猪于1900年由德国侨民引入我国，面部微凹，颜面呈碟形，嘴短额宽，背腰微弓，腹线平直。四肢结实有力，被毛全白。

杜洛克猪（Duroc）：属瘦肉型品种，原产于美国，我国于1934年初次引入该品种。该猪头小，面部微凹，背弓形，腹线平直，身腰较长。臀部丰满，四肢粗壮，蹄黑色。全身被毛棕红，俗称红毛猪。

皮特兰猪（Pietrain）：属瘦肉型品种，原产于比利时布拉邦特地区皮特兰镇，20世纪

80年代引入我国。体躯短宽，后躯和双肩肌肉丰满。毛色从灰色到栗色或间有红色，呈大片黑白花。

2. 牛

荷斯坦牛（Holstein-Friesian，Holstein）：又名黑白花牛，属于奶用型的品种，原产于荷兰，是世界上产奶量最高的品种。其特点是体格高大、乳房庞大，后躯发达。前视、侧视、俯视均呈三角形；具有分明的黑白花片，额部有白星，腹下、四肢下部及尾帚为白色。成年牛体重：公牛 900~1 200 kg，母牛 650~750 kg，犊牛初生重 40~50 kg。成年牛体高：公牛 140 cm，母牛 125 cm。泌乳母牛年产奶量 7 000 kg 左右，乳脂率 3.6%~3.7%。早在 1902 年青岛市开始由私人引进国外黑白花奶牛。

码9 引入品种——牛

西门塔尔牛（Simmental）：属兼用型品种，原产于瑞士西部阿尔卑斯山区，我国于 1912 年首次从欧洲引入。角细、肉色、弯向外上方。体躯长，胸宽深，尻长而平，大腿丰满。毛色黄白花或红白花，肩部和腰部有条状白色片，头、前胸、腹下、尾帚、四肢下部为白色。

皮埃蒙特牛（Piedmont）：原产于意大利北部卡茹州。我国于 1986 年首次从意大利引入牛胚胎。该牛胸部宽阔，肌肉发达，体躯长。尻部、大腿肌肉发达，呈"双肌臀"。

夏洛来牛（Charolais）：属肉用型品种，原产于法国的夏洛来和涅夫勒地区。我国于 1964 年首次引入。体躯高大，全身被毛白色或乳白色，有的呈枯草黄色。臀部丰满，肌肉发达，呈"双肌臀"。

利木赞牛（Limousin）：属肉用型品种，原产于法国利木赞高原。我国于 1974 年首次从法国引入。体型较大，头短，额及鼻镜宽。角细短，体躯长而窄，胸宽肋圆，前躯肌肉特别发达。

海福特牛（Hereford）：属肉用型品种，原产于英国，我国最早于 1913 年引入。该牛体格较小，骨骼纤细。颈粗短、垂肉发达。躯干呈长方形，四肢短。毛色主要为浓淡不同的红色，具有"六白"特征，即头、四肢下部、腹下部、颈下、鬐甲和尾帚呈白色。

摩拉水牛（Murrah）：属乳役兼用型品种，原产于印度旁遮普和德里。我国于 1957 年首次引入。公牛前额广阔略突，耳小、薄而下垂，颈粗厚，蹄黑，毛色通常黝黑，尾帚白色。母牛角短，呈螺旋形。

3. 羊

澳洲美利奴羊（Australian Merino）：属细毛型品种，原产于澳大利亚，是世界上最著名的细毛羊品种，以其产毛量高、羊毛品质好而垄断国际羊毛市场。我国于 1984 年首次引入该品种。该品种分为超细型、细毛型、中毛型和强毛型 4 种类型，中毛型和强毛型又分为有角和无角 2 种。体型近长方形，后躯丰满。

码10 引入品种——羊

杜泊羊（Dorper）：属肉用绵羊品种，原产于南非共和国。用从英国引入的有角陶赛特羊公羊与当地的波斯黑头羊母羊杂交培育而成，因所产羊肉品质好并被国际誉为"钻石级"绵羊肉，受到业界普遍关注。我国于 2001 年从澳大利亚引进。杜泊羊分长毛型和短毛型。毛色有 2 种类型：一种头颈为黑色，体躯和四肢为白色；另一种全身均为白色，但有的羊腿出现色斑。早期生长发育快，食性广、耐粗饲，肉质好、皮板厚、面积大、致密而有弹性，抗病力强，能适应多种气候条件和生态环境，但不耐湿热。

波尔山羊（Boer）：原产于南非，是世界上公认的较好的肉用山羊品种之一。1995年我国从德国引入该品种。波尔山羊被毛短密，有大片棕红色斑。体格高大、臀部丰满，能适应多种气候条件和生态环境。以生长速度快、产肉性能高而闻名。

萨能奶山羊（Saanen dairy）：属乳用型品种，是世界上最著名的奶山羊品种。该品种多数无角，体格高大，公、母羊均有髯，后躯发达；早熟，繁殖力高，泌乳性能好，适应性广，既可在丘陵山地放牧，也可舍饲；但怕严寒、不耐湿热。

4. 鸡

白来航鸡（Leghorn）：属蛋用型鸡品种，原产于意大利中部Leghorn港，自1840年经美国引进改良而成，目前为世界上饲养量最大的产蛋鸡种。体型小，轻巧活泼。有单冠及玫瑰冠2种，变种12个，其中以单冠白色最为普遍。白色鸡全身羽毛紧贴。

洛岛红鸡（Rhode Island Red）：属蛋用型品种，原产于美国东海岸的洛岛。体躯长方形，有单冠及玫瑰冠，耳叶红色，喙、胫、趾、皮肤黄色，主翼羽、尾羽大部分黑色，全身羽毛红棕色，胫无毛。

奥品顿鸡（Orpinton）：属蛋肉兼用型品种，原产于英国奥品顿地区，最早育成的黑色奥品顿鸡用黑色狼山鸡与黑色米诺卡鸡、黑洛克鸡杂交育成，以后育成白色、浅花、浅黄和蓝色等几个品变种。以黑色最为普遍。

5. 鸭

咔叽·康贝尔鸭（Khaki Campbell）：属蛋用型鸭种，育成于英国，由印度跑鸭与法国鲁昂公鸭杂交，其后代母鸭再与绿头鸭公鸭杂交，经当代培育而成。现有黑色、白色、黄褐色3个品变种，我国于20世纪80年代从荷兰引进。体躯较高大，胸部饱满，腹部发育良好而不下垂。

樱桃谷肉鸭（Cherry Valley Broiler）：由英国樱桃谷鸭有限公司培育的配套系肉用鸭，分樱桃谷SM型、樱桃谷SM2i型和樱桃谷SM3型，是世界著名的肉用型鸭，含北京鸭血缘。我国于20世纪80年代从英国引进。体型外貌与朝鲜京戏鸭相似，但比北京鸭大，鼻梁更高。

6. 鹅

莱茵鹅（Rhine）：属蛋用型品种，原产于德国莱茵州，现广泛分布于欧洲各地，是欧洲产蛋量最高的鹅种。1989年我国首次从法国引进该鹅种，现分布于长江流域的江苏、重庆等地。体型中等偏小。全身羽毛洁白，额上无肉瘤，颈粗短，喙、胫、蹼呈橘红色。

7. 马

纯血马（Throughbred）：属乘竞技兼用型品种，原产于英国，在我国又称为英纯血马。1910年我国首次引入该品种。体质干燥，分轻、中、重3个类型。头轻，呈直头或稍凹，颈细长，鬐甲高长，腰短，四肢长而有力。以短距离竞赛速度快闻名。

码11 引入品种——马

阿尔登马（Ardennes）：属挽用型品种，原产于比利时东南的阿尔登地区。我国于1950年首次从苏联引入。体质结实，公马领峰隆起，鬐甲低而宽，胸宽肋圆，背长宽。距毛较其他重挽马少。毛色为栗毛或骝毛。

习题

1. 何谓家畜？试述各种家畜在动物分类学上的意义。
2. 驯化与驯养、驯化动物与驯养动物有何区别？
3. 各种家畜的祖先是哪些野生动物？
4. 何谓种？何谓品种？两者有何区别？
5. 品种应具备哪些基本条件？
6. 家畜品种一般是怎样分类的？并举例说明。
7. 试说出国内外著名家畜品种和其经济类型。

第二章 家畜的性状

家畜性状（trait）是家畜可观察或可度量的外在特征和内在特性的统称。性状可从不同的角度分类：从遗传学角度，性状可分为质量性状和数量性状，或者再加上阈性状，数量性状又可分为遗传力高、中、低三类性状；从育种学角度，性状可分为经济性状、生物学性状等。由于家畜性状极为复杂多样，本章仅简要介绍最基本的经济性状与生物学性状，为后面的学习内容打下初步基础，更详细的将会在各门家畜生产学和有关课程中讨论。

第一节 经济性状

经济性状（economic trait）是对产品销售实现价格具有直接或间接影响作用的性状。在家畜家禽与经济价值有关的性状中，大多数属于数量性状（quantitative trait），而数量性状的遗传规律主要以遗传参数（genetic parameter）来描述。遗传参数除了具有群体特异性外，更具有性状特异性，尽管对同一性状估计值在不同的文献中报道略有差异，但其基本趋势仍是一致的，变化范围也是有限的，所以某一性状的遗传参数基本反映了该性状的遗传特性。

一、猪

猪的经济性状主要包括繁殖性状、生长性状、胴体性状以及肉质性状。

（一）繁殖性状

总的来说，猪的繁殖性状的遗传力估值是低的。

母猪的繁殖性状：产仔数按窝计算，总产仔数指包括出生时的死胎、木乃伊胎和产后即死仔猪（产后 24 h 内死亡）在内的仔猪总头数，而产活仔数是指总产仔数减去死胎、木乃伊胎和产后即死仔猪后的仔猪数，总产仔数的遗传力估值为 0.11，产活仔数的遗传力为 0.10。母猪泌乳力对仔猪的成活和哺乳期生长有重要影响，由于其排放乳汁的生理特点，很难直接准确度量排乳量，在实践中往往以 21 日龄全窝重来反映母猪的泌乳力，泌乳力的遗传力为 0.14。母猪性成熟日龄遗传力为 0.31；母猪初配年龄遗传力为 0.31；母猪受胎率遗传力为 0.20；妊娠期长遗传力一胎为 0.24，2～6 胎为 0.29。

公猪的繁殖性状：公猪睾丸的宽度与重量的遗传力中等，分别为 0.37 和 0.44，因而有中等程度的选择效果。而射精量、精子密度、精子畸形率、性欲的遗传力都较低，分别为 0.19、0.19、0.10、0.15，说明选择效果不明显。

顺便提到，性状遗传力（heretability，h^2）高、中、低的参考标准为：$h^2 < 0.2$ 为低遗传力性状，$h^2 \geq 0.4$ 为高遗传力性状，介乎两者之间的为中等遗传力性状。

（二）生长性状

猪的生长性状主要包括生长速度和饲料转化率。生长速度通常用达 100 kg 体重日龄，或者仔猪断奶后某一体重至上市体重期间的平均日增重来表示。达 100 kg 体重日龄与平均日增重的遗传力均为 0.3。饲料转化率一般是用测定期每单位增重所消耗的饲料量来表示，即消耗饲料（kg）/增重（kg），遗传力为 0.29。猪的生长性状还有日采食量，指在不限食条件下猪的平均日采食饲料量，猪的采食量是度量食欲的性状，遗传力估值为 0.29。

（三）胴体性状

猪的胴体性状主要有背膘厚度、胴体长度、眼肌面积、腿臀比例、胴体瘦肉率等。对胴体组成的评定，主要以瘦肉率来衡量，由于瘦肉率与背膘厚度等胴体性状有较强的遗传相关（瘦肉率与超声活测背膘厚度的 r_A 为 −0.65），因此目前多借助超声活测背膘厚度来进行间接改良胴体瘦肉率，如特定部位的背膘厚度等。背膘厚度反映猪的脂肪沉积能力，遗传力据 18 个文献平均为 0.49，活体测量时用 B 超测膘仪。胴体长度遗传力估值为 0.57。眼肌面积是指最后肋骨处背最长肌横断面面积，其遗传力较高，为 0.48。腿臀比例指腿臀部重量占胴体重量的百分数，一般按半胴计算，测量部位是从倒数 1~2 腰椎间切割，即包括最后腰椎的腿臀部；腿臀部是产瘦肉最多的部位，遗传力为 0.58，与其他产瘦肉性状呈强正遗传相关，长期以来在提高瘦肉率的选择中都十分重视对它的选择。胴体瘦肉率的测量方法是用手工剥离半胴体，分成瘦肉、脂肪、皮、骨四部分，分别称重，再相加，作为 100%（不计算分割过程中的损耗，不包括板油、肾），分别计算瘦肉、脂肪、皮、骨所占比例。胴体瘦肉率属高遗传力性状，遗传力为 0.51。需要指出的是，日增重与背膘厚度的遗传相关较低（r_A 为 0.15），说明两性状接近于独立遗传的，必须独立选择。

（四）肉质性状

反映猪的肉质性状的指标主要有 pH、系水力、肉色、大理石纹、嫩度和肌内脂肪含量等。肌肉的 pH 主要取决于屠宰后肌肉中糖原酵解产生的乳酸，遗传力 pH_1 为 0.14，pH_U 为 0.33。系水力又称保水力，是指当肌肉受到外力作用，如加压、切碎、加热、冷冻、融冻、储存、加工等时，保持其原有水分与添加水分的能力，其遗传力估值为 0.15。肉色的深浅主要取决于肌肉组织中肌红蛋白的含量，猪的肌肉均由红、白两种肌纤维混合组成，红肌纤维内含有较多的肌浆，肌浆中肌红蛋白较多，白肌纤维中肌红蛋白较少，因此红肌纤维多的肌肉的色泽较红，而含白肌纤维多的肌肉的色泽较淡，肉色的遗传力估值为 0.29。大理石纹是指一块肌肉范围内，可见的肌内脂肪的分布情况，其遗传力为 0.20，测定方法是切取最后胸椎背最长肌肉面，对照大理石纹评分标准图，用目测评分评定。嫩度测定的是肌肉的机械剪切力（N），其遗传力估值为 0.26。肌内脂肪含量的遗传力比较高，为 0.50。

（五）各性状间的遗传相关

研究表明，胴体组成与肉质性状之间存在拮抗关系，即随着胴体瘦肉率的增加，肉质将下降，此外日增重与胴体性状之间的遗传相关（genetic correlation）较低，见表 2-1。

表 2-1 猪各性状间的遗传相关

(引自 Rothschild 和 Luvinsky，1998；王金玉等，1994；其他)

性　　状	遗传相关	性　　状	遗传相关
总产仔数与产活仔数	0.10	背膘厚度与胴体长度	−0.07
日增重与饲料转化率	−0.67	瘦肉率与肌肉 pH	−0.50
日增重与背膘厚度	0.15	瘦肉率与嫩度	−0.29
超声活测背膘厚度与瘦肉率	−0.65	瘦肉率与香味	−0.16
眼肌面积与瘦肉率	0.65	瘦肉率与多汁性	−0.47

由于胴体组成与肉质性状之间的拮抗关系，在养猪实践中用纯种选育法难以选育出一些瘦肉率高而肉质好的品系，所以一般先建立各具特色的专门化品系，建立生长速度快、饲料报酬高、瘦肉率高、肉品质中等的父系与繁殖力高、肌肉品质好、生长速度快的母系，然后通过配套杂交生产瘦肉率高而肉质优良的商品猪。

二、奶　　牛

奶牛的重要经济性状是与产奶性能有关的性状，主要包括产奶量、乳脂率以及乳中其他营养成分（如蛋白质、乳糖、灰分和多种维生素等）含量。

(一) 泌乳性状

在奶牛生产中，通常以 305 d 的泌乳期和 60 d 的干奶期作为一个泌乳周期。目前，国际上统一采用奶牛产犊后 305 d 的累计产奶量作为其产奶量指标。产奶量的遗传力受品种、群体、胎次等因素影响，范围为 0.1～0.4，第一泌乳期泌乳量、第二泌乳期泌乳量、第三泌乳期泌乳量的遗传力分别为 0.33、0.10 和 0.24。部分泌乳期产奶量的遗传力通常低于整个泌乳期产奶量的遗传力。美国的一项研究表明，泌乳期前 100 d、200 d 及 300 d 产奶量的遗传力分别为 0.30、0.36 和 0.42。头胎母牛前 70 d 产奶量的遗传力为 0.36，305 d 产奶量的遗传力为 0.43。

此外，奶牛的产奶量还受各种环境因素，如母牛年龄、产犊间隔、干奶期、挤奶间隔、产犊季节等的影响。估计种畜育种值时可采用先进的统计分析方法，如最佳线性无偏预测（best linear unbiased prediction，BLUP）消除之。

(二) 乳成分

乳中主要营养成分包括脂肪、蛋白质（酪蛋白和乳蛋白）、乳糖、灰分和多种维生素。一般来说，奶牛乳成分性状遗传力中等，其中乳脂量、乳脂率的遗传力分别为 0.25～0.35、0.40～0.50。

(三) 各性状间的遗传相关

产奶量是奶牛较重要的性状之一，泌乳期前 3～6 个月的产奶量与 305 d 产奶量之间具有较强的相关关系，因此可用泌乳前期的产奶量来衡量整个泌乳期产量。乳成分不仅在奶牛品种间有相关，而且品种内或群体内不同乳成分的相关也较高，并且乳成分间主要是遗传相关。另外，乳成分与产奶量间有负相关。实践证明，20 世纪 40～70 年代，美国奶牛的产奶量稳步提高，而乳脂率却从 3.96% 下降到 3.67%。其产奶量与其他性状间的遗传相关估计值见表2-2。

表2-2 产奶量与其他性状间的遗传相关

(引自王金玉等，2004)

性 状	遗传相关	性 状	遗传相关	性 状	遗传相关
脂肪含量	0.85	乳糖量	0.96	胴体重	0.85
蛋白质含量	0.89	乳糖浓度	0.01	胴体肥度	−0.05
乳脂率	−0.34	日增重	0.70	脂肪覆盖	0.58
蛋白质率	−0.27	体重	0.79	屠宰率	0.001

三、肉 牛

肉牛的重要经济性状包括生长性状、繁殖性状、胴体性状以及肉质性状等。

(一) 生长性状

评定肉牛生长性状指标主要有3个：日增重、饲料利用率和生长能力。肉牛的日增重与饲料利用率之间有很强的正相关，所以在综合选育时，只要考虑日增重就可以代表二者。生长能力是指在一定的饲养管理条件下，肉牛所能达到的最终育肥体重。初生重、断奶重、断奶后日增重和成年体重的遗传力分别为0.31、0.24、0.31和0.55。

(二) 繁殖性状

肉牛的繁殖力主要包括公母牛配种怀犊能力、母牛产犊率和犊牛断奶成活率。公母牛配种怀犊能力，主要指种公牛受精率和母牛的受胎率。母牛产犊率是指每年牛群中母牛的产犊数与适繁母牛数的比率，也是反映肉牛繁殖性能的重要指标之一，遗传力在0.10左右。犊牛断奶成活率是指断奶时犊牛数占初生犊牛数的百分率。生产中常以犊牛断奶成活率作为繁殖力高低的判定指标，遗传力也在0.10左右。

(三) 胴体性状

肉牛的胴体性状遗传力一般都较高，主要包括屠宰率、脂肪厚度、眼肌面积。屠宰率是胴体重占屠宰重的百分率，它的遗传力大约为0.39。脂肪厚度一般有背部脂肪厚度和腰部脂肪厚度，背部脂肪厚度是指第5~6胸椎间距离中线3 cm的脂肪厚度；腰部脂肪厚度是指十字部中线两侧肠骨角外侧的脂肪厚度，它的遗传力大约为0.49。眼肌面积是指第12根肋骨后缘用硫酸纸描绘眼肌面积（两次），可用求积仪或方格计算纸求出眼肌面积（cm^2）或按公式"眼肌面积（cm^2）＝眼肌高度×眼肌宽度×0.70"估算其面积，其遗传力较高，为0.42。

肉牛的胴体性状遗传力一般高达0.40以上，因此直接选择效果明显。实践中，选择种牛时，多采用后裔测定和同胞测定对种公牛作出判断，以确定其遗传品质。

(四) 肉质性状

肉牛的肉质性状，如嫩度、肉色等遗传力一般较难估计。目前虽估算方法较多，但结果却不是很一致。肌肉pH、肌内脂肪率、肉色、嫩度、系水力的遗传力大致为0.25。

(五) 各性状间的遗传相关

据测定，肉牛的多数重要性状之间具有较高的遗传相关（表2-3），从而可以简化选择工作。

表 2-3 生长速度与其他性状间的遗传相关

(引自王金玉等，1994)

	性 状					
	眼肌面积	胴体等级	大理石纹	脂肪厚度	肾脏重	饲料利用率
遗传相关	0.68	0.47	0.30	−0.60	−0.02	0.79

四、绵 羊

绵羊的经济性状主要包括生长性状、繁殖性状、胴体性状以及产毛性状等。

（一）生长性状

绵羊生长性状主要包括初生重、50 日龄断奶重、断奶后日增重、增重率的遗传力中等，为 0.35 左右。

（二）繁殖性状

绵羊的繁殖性状遗传力中等偏低，它的受胎率、多胎性、胎产羔数、精液浓度、精子活力的遗传力仅为 0.1 左右，但排卵率却高达 0.39 左右。

（三）胴体性状

绵羊胴体性状的遗传力中等，脂肪厚度及大理石纹的遗传力约为 0.25，嫩度的遗传力约为 0.35，测定方法同牛。

（四）产毛性状

绵羊的产毛性状包括净毛率、污毛重、净毛重、毛束长与纤维直径等，这些性状的遗传力都属于中高水平，净毛重、污毛重、毛束长、纤维直径、净毛率的遗传力约为 0.4。

（五）羔皮和裘皮

裘皮与羔皮一般应轻便、保暖、美观，其品质可从皮张面积、皮板厚薄、粗毛与绒毛比例、光泽、毛卷的大小与松紧、弯曲度以及图案结构等方面进行评定。裘皮与羔皮性状属于中等偏低的遗传力。滩羊二毛裘皮品质性状的遗传力为 0.1~0.3；湖羊羔皮等级的遗传力为 0.12~0.34。

（六）各性状间的遗传相关

关于绵羊性状间的遗传相关，育种学家已估测了近 100 对性状。研究发现，繁殖力和体重间呈正遗传相关，也有少数为负值。体重和产毛量间遗传相关大多为正值，然而相关值差异较大。值得注意的是毛丛弯曲数和毛束长呈强负相关，选择毛丛弯曲数，会引起产毛量遗传进展下降。绵羊部分性状间的遗传相关见表 2-4。

表 2-4 绵羊部分性状间的遗传相关

(引自王金玉等，1994)

性 状	遗传相关	性 状	遗传相关
初生重与断奶重	0.30	污毛重与净毛重	0.65~0.82
初生重与 120 日龄体重	0.30	污毛重与体重	−0.11~0.26
断奶重与污毛重	0.05	净毛重与体重	−0.12~0.65

(续)

性　状	遗传相关	性　状	遗传相关
净毛重与毛束长	0.22～0.89	体重与产羔数	0.23
净毛重与纤维直径	0.16～0.35	体重与断奶羔数	0.47
体重与毛束长	−0.26～0.04	毛束长与纤维直径	−0.11～0.44
体重与纤维直径	−0.21～0.12	毛束长与每英寸[①]卷曲	−0.75～−0.34

五、山　羊

山羊的经济性状主要包括繁殖性状、产毛性状、产绒性状和板皮性状等。

（一）繁殖性状

山羊具有较高的产羔率，尤其是经产母羊，平均产羔率在150%以上。以波尔山羊为例，所产羔羊具有较高的初生重和2月龄体重，由于羔羊2月龄以前主要以母乳作为营养，因此2月龄体重也反映了波尔山羊母羊的泌乳力。波尔山羊部分繁殖性状的遗传力及其性状间的遗传相关和表型相关（phenotypic correlation）见表2-5。

表2-5　波尔山羊部分繁殖性状的遗传力、遗传相关和表型相关

（引自张红平等，2002）

性　状	胎产羔数	羔羊初生重	2月龄体重
胎产羔数	0.15	−0.34	−0.41
羔羊初生重	0.32	0.43	0.72
2月龄体重	0.46	0.62	0.35

注：表中对角线上的数据为性状的遗传力，对角线上方为遗传相关系数，对角线下方为表型相关系数。

从表2-5中可以看出，羔羊初生重和2月龄体重间存在着极显著的表型相关和遗传相关，说明通过初生重对种羊进行早期选择是可行的。

（二）产毛性状

以中国美利奴（新疆型）细毛羊为例，中国美利奴（新疆型）细毛羊的产毛性状的遗传力、遗传相关与表型相关见表2-6、表2-7。

表2-6　中国美利奴（新疆型）细毛羊的主要经济性状遗传力

（引自李俊年等，1999）

	性　状					
	毛束长	剪毛后体重	净毛重	污毛重	纤维细度	净毛率
遗传力	0.42	0.35	0.37	0.27	0.45	0.34

---

① 英寸为非法定计量单位，1英寸≈2.54 cm。

表 2-7　中国美利奴（新疆型）细毛羊性状间的遗传相关与表型相关

（引自李俊年等，1999）

性状	污毛重	净毛率	净毛重	纤维细度	毛束长	剪毛后体重
污毛重		0.470	0.844	−0.240	0.601	0.547
净毛率	0.070		0.240	−0.479	−0.645	0.009
净毛重	0.673	0.547		−0.240	0.420	0.390
纤维细度	−0.143	−0.305	−0.178		−0.340	−0.245
毛束长	0.302	−0.230	0.281	0.246		0.102
剪毛后体重	0.421	0.023	0.274	−0.208	0.300	

注：表中对角线上方为遗传相关系数，对角线下方为表型相关系数。

（三）产绒性状

以鄂尔多斯市阿尔巴斯白绒山羊为例，其羊绒优良品质在世界山羊绒市场上一直享有盛誉。经测定，产绒量的遗传力为 0.53、重复力为 0.88；抓绒后体重的遗传力为 0.26、重复力为 0.47；产绒量与抓绒后体重遗传相关系数为 0.77，环境相关系数为 0.31。

（四）板皮性状

板皮品质可从皮张面积、皮板厚薄、板质坚韧程度、板面细致程度、油性、弹性和光泽等方面进行评定。著名的板皮用山羊有成都麻羊和黄淮山羊，板皮性状属于低遗传力性状。

六、马

马的经济性状主要有役用与竞技性状，见表 2-8。因役用与竞技性状的遗传变异不易被发现和测定，实践中往往是凭经验选择这类性状，家系或系谱资料也起重要作用。目前，研究较多的是竞技性状，这与竞技马的普及有很大关系。

表 2-8　马主要经济性状的遗传力

（引自张沅，2001；王金玉等，2004）

性　状	遗传力	性　状	遗传力
役用性状		跑步骑乘竞赛速力	0.60
挽力（体重 5%，50 m）	0.26	步样评分	0.41
挽力（正常役用）	0.26	竞赛跳高能力	0.16
慢步挽速	0.41	竞赛跳高性能持久力	0.18
拉力	0.23～0.29	其他性状	
竞技性状		公马繁殖力	0.31
快步轻驾竞赛速力	0.34～0.39	母马繁殖力	0.17
跑步骑乘竞赛速力	0.19～0.24	气质	0.23

（一）挽力

挽力是指役畜在挽曳克服车、货（或农具）的阻力所表现出的力量，一般用挽力计直接测定，也可用力学公式间接推算。

（二）速度

速度与挽力是相反的关系，速度快的马挽力较小，而挽力大的马速度则慢。马的速度通

七、鸡

(一) 产蛋性状和产肉性状

对蛋用鸡而言，产蛋量占经济效益的绝对优势（约90%），其他性状如蛋重、体重、饲料报酬、蛋的品质、生活力以及受精率和孵化率的重要性亦不可低估。产蛋量是指母鸡在统计期内的产蛋个数，年产蛋数的遗传力在0.20左右。蛋重是衡量家禽产蛋性能的重要指标，产蛋数相同的鸡，蛋大的则总蛋重高。蛋重的遗传力高，为0.50~0.60，个体选择比较容易改良。蛋的品质包括蛋形、蛋壳强度、相对密度、蛋黄颜色、蛋壳色泽、哈氏单位、血斑率和肉斑率等。蛋形主要取决于输卵管峡部构造和输卵管的生理状态，遗传力为0.20~0.30，一般用蛋形指数表示，用游标卡尺测量蛋的纵径和横径，蛋形指数即为纵径与横径之比值。蛋壳强度的遗传力为0.30~0.40，测定方法是将蛋垂直放在蛋壳强度测定仪上，钝端向上，测定蛋壳表面单位面积上承受的压力（kg/m^2）。蛋壳厚度的遗传力为0.25~0.60，用蛋壳厚度测定仪测定，取钝端、中部、锐端的蛋壳剔除内壳膜后，分别测量厚度，求其平均值。蛋壳色泽为白色或不同深浅程度的褐色，受多基因控制，遗传力较高，为0.50~0.60。血斑是指蛋黄蓄积或排卵时发生出血而沉着在卵黄中，有时也出现在卵白中，血斑率的遗传力亦较高，在0.50左右。

对肉用鸡而言，最重要的性状是生长速度、饲料效率、死亡率、羽毛、肤色和胴体品质，还包括繁殖性能，特别是种蛋的孵化率。生长速度是家禽肉用性能的重要指标，生长快则饲料效率高，肉质嫩，生长速度的遗传力高。饲料效率常用增重或产蛋的饲料消耗比来表示，即每增重或产蛋1 kg所消耗的饲料量，简称耗料比，其遗传力为0.25左右。受精率是指受精蛋占入孵蛋的百分比，直接反映了繁殖力高低，遗传力为0.05左右。孵化率为出雏数占受精蛋数的百分比，遗传力为0.10~0.20。

遗传统计分析表明，无论是肉用鸡还是蛋用鸡，凡是与适应性有关的性状，如产蛋率、受精率、孵化率等的遗传力都较低；而体质结构方面的性状如体重、蛋重等遗传力则较高。

(二) 各性状间的遗传相关

一般来说，大型鸡产蛋较少，蛋较大；而蛋重大的种蛋孵化率较低。此外，性成熟早则产蛋多，产蛋多则血斑多，血斑多则蛋重小；而蛋重大的，壳重也大，但产蛋率就不会太高。这些性状间的相关为鸡的选择提供了重要信息（表2-9）。

表2-9 鸡的主要性状间的遗传相关

(引自王金玉等，1994)

性　　状	遗传相关	性　　状	遗传相关
体重与产蛋率	−0.58	产蛋率与性成熟	−0.55
体重与蛋重	0.69	蛋重与壳重	0.66
体重与蛋壳重	0.29	蛋重与孵化率	−0.15
体重与孵化率	−0.24	蛋重与生活力	−0.16
体重与生活力	−0.16	孵化率与壳重	−0.41
产蛋率与蛋重	−0.25	孵化率与生活力	−0.25
产蛋率与孵化率	0.13	血斑与产蛋率	0.08
产蛋率与生活力	−0.05	血斑与蛋重	−0.04

第二节 生物学性状

家畜生物学性状（biological trait）包括许多方面，主要有体表特征、体型、体质、行为学性状、血型（红细胞抗原型、白细胞抗原型、血清同种异型、蛋白质型）及抗病性等。血型内容过多，且有参考书获得其基本知识，本教材不予赘述。

一、体表特征

（一）毛色

在家畜育种实践中，毛色的遗传一直受到人们的重视。人们通常把毛色作为品种的主要特征。对于毛用、绒用或裘皮用的家畜来说，毛色更具有重要的经济价值。

哺乳动物的毛色由黑色素（melanin）引起，黑色素由酪氨酸氧化、聚合产生，以黑素体形式存在于黑色素细胞胞质中。在被毛的生长过程中，黑素体通过胞吐作用转移到被毛中。黑色素细胞在胚胎发育过程中由神经胚转移到身体的其他部位，而呈色素沉着。没有黑色素细胞的地方则出现白斑，色素沉着也可由于色素细胞活性的降低而减弱。黑色素分为真黑色素（eumelanin）和褐黑色素（phaeomelanin），前者为可溶于碱的红色颗粒，主要决定黑色和棕色；后者为难溶于碱的黑色和褐色颗粒，主要决定红色、红棕色、褐色和黄色。

1. 猪 猪的毛色主要有白色、黑色、棕红色、花斑四类，主要由以下几个基因座调控。

（1）I座位：猪的白色是由显性基因 I 抑制了其他色素原基因的作用而呈白色显性遗传。属于该类型的猪有哈白猪、大约克夏猪、长白猪等。I^d 为 I 基因的隐性等位基因，$I^d I^d$ 在 E 基因（黑色）存在时为蓝白色。

（2）E座位：E（黑色）$>E^p$（缺乏 I 基因时，部分黑色）$>e$（纯合时为红色）。基因型为 $Eeii$ 的黑毛色猪对棕红色猪为显性，它们的 F_1 代为黑色，与棕红色猪回交的 F_2 代中黑色与棕红色比为1∶1。属于该类型的猪有英国大黑猪、汉普夏猪及我国的大部分黑猪。决定黑色的基因座在不同品种中有差别，因而不同品种的黑色有显性和不完全显性之分。巴克夏猪和波中猪（$E^p E^p ii$）的黑色对棕红色的泰姆沃斯猪或杜洛克猪为不完全显性。

（3）R座位：使猪的被毛表现为褐色（或红色），如杜洛克猪就是褐色纯合子（RR）。

（4）In座位：显性基因 In 可使黑色猪出现黑白花，褐色猪出现褐白花，这一点可由黑白花的巴克夏猪与褐色的杜洛克猪杂交后代的毛色证实，而隐性基因 in 不具有这种作用。

（5）B^e 座位：白色环带猪为典型的白斑类型（B^e），如浙江金华猪、华中两头乌猪等为宽腰带，汉普夏猪为狭腰带，对无腰带（b^e）为显性遗传，$B^e > b^e$。

2. 鸡 鸡的基本羽色有白羽、黑羽、黄羽、红羽、银色及横斑等，其中白羽又分为显性、隐性和白化3种。鸡的羽色遗传主要涉及以下12个基因座位。

（1）I座位：显性基因 I 具有抑制色素原基因的作用，对黑色表现为完全显性，而对褐色表现为不完全显性。白来航鸡就是显性纯合子。

（2）C座位：隐性基因 c 纯合时，羽毛表现为白色，对应的显性基因 C 存在时表现为有色，白洛克都是隐性白羽品种，其基因型为 cc。

（3）A座位：鸡的白化有2种形式：一种由隐性基因 a 控制，见于白温多德鸡，这种鸡有遗传缺陷，怕阳光；另一种由 S 座位上的性连锁隐性基因 s^{al} 控制，这种鸡初生时可能有色，眼呈粉红色，成年时虹膜蓝灰色，瞳孔淡红色。这2种白化基因对应的显性基因均无此作用。

(4) E座位：显性基因 E 能够促使黑色素扩散，使全身羽毛表现为黑色而略泛绿色，它是银色基因 S 的上位基因。有6种等位基因，其显隐性关系为：$E>e^{wh}>e^+>e^p>e^s>e^{bc}>e^y$。

(5) S座位：该座位有3个复等位基因，且为性连锁基因（sex-linked gene）。基因 S 可使鸡羽色表现为银色；基因 s 可使羽色表现为金色；基因 s^{al} 表现为有色素形成的不完全白化。三者的显性等级关系是：$S>s>s^{al}$。

(6) B座位：芦花羽色是芦花洛克鸡的品种特征，所谓芦花是指在有色羽上出现白色带，它由性连锁基因 B 控制。公鸡有2个 B，而母鸡只有1个 B，故公鸡的白带宽度大于母鸡。此外，B 基因还有使胫及喙部色泽变淡的作用，母鸡胫部为灰黄色，公鸡胫部则明显黄色。根据这两种现象，芦花鸡在出雏时就可进行雌雄鉴别。

(7) G_r 与 M_b 座位：基因 G_r 使红色或黄色羽毛颜色变深，而 M_b 则使红色或黄色羽毛颜色变浅。

(8) D_i 与 C_b 座位：D_i 可使羽色变浅，C_b 可使羽色变深，两者存在连锁关系。

(9) B_L 座位：该座位等位基因之间为不完全显性，B_L 羽色为天蓝色带有黑边，这是安答罗夏鸡的品种特征。青色鸡的基因型为 EEB_LB_L。

(10) S_p 座位：基因 S_p 可使黑色羽尖上表现出一块与体色不同的颜色，除白色外，对任何毛色都是显性，而隐性基因 s_p 无此作用，这种羽色常见于汉堡鸡。

(11) M_o 座位：隐性基因 m_o 纯合时可使羽毛的尖端表现为黑色，常见于安柯纳鸡，显性基因 M_o 无此作用。

(12) P_g 座位：显性基因 P_g 可使黑色或深灰色鸡的羽毛上出现褐色的月牙形条斑，对应的隐性基因无此作用。

3. 牛 牛的基本毛色有红色、黑色、黄色、白色、花斑等，主要涉及以下12个基因座位。

(1) 红色基因座位R：该座位只有一个使褐色素在被毛和皮肤得以表现的基因 R，它以纯合状态存在于现代家牛的所有个体中。但它又是其他许多基因的下位基因。

(2) 黑色基因座位B：显性基因 B 可使个体的被毛和皮肤表现为黑色，而其隐性基因 b 纯合时，个体表现为非黑色。我国的渤海黑牛和舟山黑牛的典型个体在该座位都属于显性纯合子类型。

(3) 色片基因座位S：这个座位由5个复等位基因控制，其基因种类和作用如下。

基因 S^D：可使个体在有色被毛的基础上，躯干（胸和腰部）表现为一条垂直的白带，通常称为"白带"。这种表型常见于法国的加洛韦牛和我国的三河牛。

基因 S^H：可使个体头、颈、前胸和胸底部表现为白色，简称"白头"。其代表品种为海福特牛。

基因 S^C：可使个体的背部和腹下从前到后出现一条白斑，而躯干两侧为对称的有色毛，简称"白背"。代表品种为奥地利的平茨高尔牛和我国的三河牛。

基因 S：可使个体全身表现为均一的有色毛，称为"全色"，黑牛、黄牛和红牛均属于这种类型。我国的中原黄牛和南方黄牛大多数是全色纯合子（SS）。

基因 s：荷斯坦牛式的白斑，如黑白花、红白花和我国峨边花牛的黄白花，它们都是隐性纯合子。

上述 5 种复等位基因的显隐性关系是：S^D（白带）$>S^H$（白头）$>S^C$（白背）$>S$（全色）$>s$（白花）。

(4) 稀释基因座位 D：该座位隐性基因 d 纯合时，能使深色被毛变为浅色（黑色变为灰色，红色变为淡红色或浅黄色），相对应的显性基因 D 无此作用。

(5) 隐性淡化基因座位 W：隐性基因 w_n 可使非黑色毛淡化为乳白色，在鼻镜和眼睑有色素沉着。显性基因 W_n 可使个体成为有色牛。短角牛的乳黄色和乳白色都是隐性纯合子（$w_n w_n$）。我国的南阳牛群体中的乳黄色和草白色可能属于这种"隐性白"。

(6) 显性白色基因座位 W_p：其显性基因 W_p 有淡化非黑色皮毛的作用，携带基因 W_p 的个体是乳蛋白色或白色牛，但皮肤往往有色斑。隐性基因 w_p 无此作用，这种"显性白"是夏洛来牛的品种特征。

(7) 鳌毛基因座位 B_r：这个座位隐性基因 b_r 能使非黑色牛的背线、鼻镜及眼睑成为深褐色或黑色，躯干和四肢有黑色缟纹，个体表现为鳌毛，这种毛色在我国黄牛群体中较为多见。而显性基因 B_r 无此作用。

(8) 季节性黑斑基因座位 B_s：隐性基因 b_s 能使非黑色的被毛出现黑色斑，这种黑斑的多少因性别、年龄、季节和营养状况而有所变化，这种毛色在秦川牛产区外围的南山牛中较为多见。

(9) 显性黑斑基因座位 P_s：显性基因 P_s 能使非黑色牛的皮肤出现黑斑，鼻镜、眼睑、乳房等部位尤为明显，相对应的隐性基因 p_s 无此作用。

(10) 白斑基因座位 I_n：显性基因 I_n 能使全色牛的鼠蹊部、腹下和尾帚出现白斑，这种基因在荷兰牛群中出现的频率较高。隐性基因 i_n 无此作用。

(11) 晕毛基因座位 W：隐性基因 w 可使非黑色的被毛出现同色淡浓晕，主要在躯干部，简称为"晕毛"。这种现象在我国中原黄牛和南方黄牛群体中普遍存在，而显性基因 W 无此作用。

(12) 局部淡化基因座位 D_p：其隐性基因 d_p 可使同色牛在胁及四肢内侧出现淡化现象，而显性基因无此作用。这种现象在南阳牛、鲁西牛、复州牛等群体中常可见到。

4. 绵羊 绵羊的毛色具有黑色、棕色、白色及灰色 4 种类型，主要涉及以下 4 个基因座位。

(1) 座位 D：具有 4 个复等位基因，分别决定 4 种毛色的出现，即黑色基因 D、棕色基因 d、灰色致死基因 d_1 及白色基因 d_2。d_1 基因就其致死作用而言，对 D 与 d 都是隐性，纯合子灰羊（$d_1 d_1$）常因生理缺陷而死亡。从毛色来讲，d_1 对 D 与 d 都是显性，所以存活的灰羊都是杂合子（$D d_1$ 或 $d d_1$）。除灰色外，其余 3 个等位基因的关系则是黑色（D）>棕色（d）>白色（d_2）。这是卡拉库尔羊的毛色遗传方式。然而在美利奴羊的白色（D^M）>黑色（D）>棕色（d），由此可见，相同的毛色可能有不同的遗传基础。

(2) 座位 O：其显性基因 O 是黑色基因 D 的上位基因，基因 O 存在时，黑色基因的作用不能充分发挥，被毛表现为淡黑色（即烟色），对应的隐性基因 o 无此作用。

(3) 座位 G：显性基因 G 可使棕色或淡黑色羊的毛梢颜色变浅，而且有金属光泽，称为苏尔（Sur）基因。隐性基因 g 使色素在毛纤维上均匀分布。

(4) 座位 S：即决定色片分布基因，共有 3 个等位基因，基因 S 决定白色，基因 S^p 决定黑白花斑，基因 s 决定斑纹，它们的显性等级是：S（白色）＞S^p（黑白花斑）＞s（斑纹）。

5. 山羊 山羊的毛色种类较多，主要涉及以下几个基因座位。

（1）野生型座位 A：由 2 个呈显隐性关系的等位基因组成。显性基因 A 决定山羊的野生型毛色，基础毛色为浅黄、褐、深红褐，颜面、背线、腹底、四肢、肩侧有黑章。这种毛色被认为是山羊的原始类型，国外通称为 Bezoar（野生型）毛色。其等位的隐性基因决定单黑色，其纯合子表现为非野生型的黑色被毛。

（2）稀释毛色因子座位 D：由一对等位基因组成。显性基因 D 决定深色，如黄、褐、红、黑等，其隐性基因 d 使毛色淡化，其纯合化会使 A 座位的一对等位基因 AA 或 Aa 的个体的基础毛色成为银色（仍然有黑色的颜面、背线、腹底、四肢和肩章），以致成为"银色 Bezoar"山羊；d 还使黑色淡化为青色（灰色）。因此，A、D 两座位基因间的互作形成的毛色类别如下：

A＿D＿：典型野生型； A＿dd：银色野生型；
aaD＿：黑色； aadd：青色。

（3）"上位白"座位 I：这个座位上有 I 和 i 一对等位基因。I 决定纯白色，i 决定有色。I 和 i 近乎完全的不完全显性，同时又是其他所有现知主基因座上各个等位基因的上位基因。所以，只要个体在这个座位上有一个显性基因 I，就表现为纯白色、淡奶油色或非常接近纯白色。

（4）白斑座位 S：该座位有 3 种复等位基因。基因 S^t 决定吐根堡山羊式的白斑：在有色毛的基础上，颜面两侧有白色纵纹（即我国北方俗称的"四眉"），腹底和四肢为白色，类似于海福特牛的白斑图案。基因 S^d 决定躯干的纵向白带，俗称为"荷兰带（Dutch belt）"，类似于牛中加洛韦牛品种的白带图案和猪中汉普夏品种的白斑图案。第三个基因是决定全色（即没有白斑）的基因 s。S^t 和 S^d 基因对于 s 基因都具有完全的显性，目前尚未查清 S^t 基因和 S^d 基因之间的显隐性关系。

（5）背线基因座位：其隐性基因可使羊的背部出现一条黑色背线，这种现象在成都麻羊中较为常见，而显性基因无此作用。

6. 兔 兔的毛色遗传主要受以下 8 个基因座位制约。

（1）座位 A：有 3 个复等位基因：A、a^t 和 a。A 基因使兔毛在一根毛纤维上有 3 段颜色，毛基部和尖部色深，中间色淡，即野鼠色；a 基因使整根毛色一致；a^t 基因使兔长出黑色和黄褐色的被毛，眼眶周围出现白色眼圈，腹部毛白色，腹部两侧、尾下和脚垫的毛为黄褐色。它们的显性等级是：A＞a^t＞a。

（2）座位 B：有一对等位基因：B 和 b。B 基因产生黑毛，b 基因产生褐色毛，B 对 b 是显性。B 基因与产生野鼠色的 A 基因结合，产生黑—浅黄—黑的毛色；b 基因与 A 基因结合，产生褐—黄—褐毛色。

（3）座位 C：由 6 个复等位座位基因组成：C、C^{ch3}、C^{ch2}、C^{ch1}、C^H 和 c。C 基因使整个毛色为单一色，一般为黑色；c 基因是白化基因；C^H 是喜马拉雅色型的白化基因，能把色素限制在身体的末端部位，并对温度较敏感；C^{ch3}、C^{ch2}、C^{ch1} 是产生青紫蓝毛色类型的基因，但它们在抑制黄色或黑色的程度上存在差异。它们的显性等级是：C＞C^{ch3}＞C^{ch2}＞C^{ch1}＞C^H＞c，但 C^{ch1} 和 C^H 对 c 都是不完全显性。

(4) 座位 D：有一对等位基因：D 和 d。d 基因的作用是淡化色素，它与其他一些基因结合能使黑色素淡化为青灰色，黄色淡化为奶油色，褐色淡化为淡紫色。例如：d 基因与 a 基因纯合为 aadd 会产生蓝色兔。D 对 d 为显性，它不具有淡化色素的作用。

(5) 座位 E：由 5 个复等位基因组成：E^D、E^S、E、e^j 和 e。E^D 基因使黑色素扩散，使野鼠色毛中段毛色加深，整个被毛形成铁灰色；E^S 基因作用较 E^D 基因作用弱，产生浅铁灰色被毛；E 基因作用产生似野鼠色的灰色毛；e^j 基因作用产生似虎斑型毛色；e 基因在纯合时抑制深色素的形成，使兔的被毛成为黄色。它们的显性等级是：$E^D > E^S > E > e^j > e$。

(6) 座位 E_n：有一对等位基因：E_n 和 e_n。E_n 基因是显性白色花斑基因，即以白色毛为底色，在耳、眼圈和鼻部呈黑色，从耳后至尾根的背部有一条锯齿形黑带，体侧从肩部到腿部散布黑斑。它的隐性等位基因 e_n 使全身只表现一种颜色。但当 $E_n e_n$ 杂合时，背脊部黑带变宽。另外，当 E_n 基因纯合时，兔的生活力降低。

(7) 座位 D_u：由 4 个复等位基因组成：D_u、d_u、d_u^d 和 d_u^w。d_u 基因决定荷兰兔的毛色类型，另两个基因 d_u^d 和 d_u^w 决定荷兰兔白毛范围的大小。当 d_u^d 基因存在时，有可能将白色限制在最小范围，当 d_u^w 基因存在时，则可能将白毛扩大到最大的范围。至于白毛的范围究竟有多大，还受一些修饰基因的影响。显性基因 D_u 的作用是使兔毛不产生荷兰兔花色。

(8) 座位 V：有一对等位基因：V 和 v。v 基因能抑制被毛上出现任何颜色，使具有 vv 基因的兔外表呈现蓝眼、白毛。显性基因 V 对 v 是不完全显性，当基因杂合时（Vv），该兔体表现为白鼻或白脚的有色兔。

（二）角

1. 牛 在肉牛品种中，有许多无角品种，如无角安格斯牛、无角海福特牛等。角的有无受 P 座位调控，无角基因（P）对有角基因（p）表现为显性。在无角牛中，常有一些表现出角的痕迹，称为痕迹角。痕迹角受 Sc 座位控制，Sc 使无角牛长出痕迹角，而等位基因 sc 无此作用。痕迹角为从性遗传（sex-influenced inheritance），即等位基因 Sc 与 sc 的显隐性关系常因性别而发生变化，Sc 在公牛为显性，在母牛为隐性，sc 则反之。例如 P_Sc_公牛为痕迹角，而 P_Sc_母牛为无角。

2. 绵羊 由 H 基因座上的 H 和 H′ 基因控制，H 控制无角，H′ 控制有角，HH 雌雄两性均无角，H′H′ 雌雄两性均有角，HH′ 雌性无角、雄性有角，表现从性遗传。

(1) 公羊与母羊都有角：如陶赛特羊。

(2) 公羊有角，母羊无角：如美利奴羊，我国的寒羊。

(3) 公羊与母羊都无角：如雪洛浦羊。

3. 山羊 由常染色体基因 P 和 p 控制，PP 与 Pp 基因型表现为无角，而 pp 则有角。PP 与 Pp 可以根据头骨上 2 个骨质角根的形状来识别。PP 公羊的 2 个隆起是圆的，界线清楚而且无角根。Pp 公羊则有指向前方的 V 形的 2 个豆状隆起，常有 2～3 cm 的角根。在 3 月龄时就能识别，但在 5～6 月龄则更为准确。山羊的无角常常与一些遗传缺陷性状相连锁。

（三）其他

1. 耳形

(1) 猪：有垂耳与竖耳 2 种类型，垂耳对竖耳为不完全显性。

(2) 绵羊：其遗传与几对基因有关，垂耳对竖耳为不完全显性，也有人认为仅由一显性

基因 P 决定。

（3）**山羊**：垂耳对竖耳为不完全显性。

2. 羽形 含正常羽和变态羽两类。

（1）**丝毛羽**：鸡的羽小枝、羽纤枝都缺乏羽小钩，故羽毛散开，呈丝毛状，由隐性基因 h 控制，例如我国的丝羽乌骨鸡。

（2）**翻卷羽**：有 2 种类型，一种是终生不变的，一种是青年时卷羽，成年后则恢复为正常，由不完全显性基因 F 控制。

（3）**其他变态羽**：羽胫、趾以及鹰羽裸膝、隔羽、雌性羽、紧凑羽等均为变态羽。羽胫、趾为亚洲品种所特有，对正常胫、趾为显性；鹰羽裸膝对正常裸膝为隐性；残缺对隔羽为显性；雌性羽对正常羽为显性；紧凑羽对蓬松羽为显性。

3. 羽速 鸡的羽毛生长速度可分为快、慢 2 种，由性连锁基因 k 控制，快羽 k 为隐性，慢羽 K 为显性。在快羽品种中还有一个常染色体基因座影响羽毛生长速度，有 3 个复等位基因：T（生长正常）$>t^s$（缺少副翼羽迟缓基因）$>t$（有副翼羽迟缓基因）。

4. 冠形 鸡的冠形可分为单冠、豆冠、玫瑰冠、胡桃冠、角冠（或 V 形冠）、毛冠等。单冠由双隐性等位基因 $rrpp$ 控制。豆冠为科尼什鸡和婆罗门鸡两个品种所特有，由对单冠不完全显性的基因 P 控制，基因型为 $rrP\_$。玫瑰冠在洛岛红鸡、汉堡鸡等品种中存在，由对单冠不完全显性的基因 R 控制，基因型为 R_pp。胡桃冠是由于显性基因 P 和 R 相互作用出现互补而产生的冠形，其基因型为 $R\_P\_$。角冠也称 V 形冠，至少由 3 个基因决定，D^V（V 形冠）$>D^c$（buttercup 冠）$>d^+$（非角冠）。毛冠由基因 Cr 控制，Cr 对单冠不完全显性，并受修饰基因的影响。

二、体　　型

家畜的体型（conformation，body type）是指个体在发育过程中，其结构形态的变化表现，通常也称为体格类型，主要由体长、胸围、胸宽、肢高等体尺的比例关系所决定。体尺的比例关系不相同时，就形成了家畜的不同体型。在家畜育种工作中，对家畜的体型一直十分重视。体型在一定程度上反映了经济价值，因为家畜是统一的整体，机能与结构是相互联系的。乳用牛产奶机能较强，乳房较大，而肉用牛产奶机能相对较差，乳房也较小；粗毛羊与细毛羊的羊毛性质不同，体型表现也不一样，因此家畜的用途不同，外形特征也不一样。

（一）肉用家畜

肉用家畜的共同外形特点：低身广躯，肌肉与皮下结缔组织发育良好；头轻小而短，颈粗短；肩宽广，与躯体结合良好，没有明显凹陷；胸宽且深，背腰平直，宽广而多肉；后躯宽广丰满，四肢矮小，距离较宽；皮肤松软而富有弹性，毛细软。总之，肉用家畜应具有大量的可食用的部分，肌肉组织发达，骨髓细致结实。外形显得丰满平滑，四肢较短，中躯紧凑，呈长方形或圆桶形。

（二）役用家畜

役用家畜由于使役种类不同，在外形特点上存在较大差异。

挽用家畜（如挽用马）的外形特点是：骨骼发达，个体魁梧健壮；体重较大；肌肉发达，结实有力，皮厚而富有弹性；头粗重，颈短粗，鬐甲低；胸宽深，前躯发达，躯干宽广，前高后低；四肢相对粗短，重心较低；蹄大且正，步态稳健。

乘用型马的外形特点是：身高且瘦，体窄而深，四肢稍长；皮薄有弹性，毛短有光泽，血管外露，筋腱明显，肌肉结实有力；体高与体长接近相等，前中后三躯也接近相等；头清秀，颈细长，鬐甲高长，背腰短平，肩长而斜，胸部深长但较窄，尻平长；四肢端正，关节明显，蹄大小适中，质地坚实；精神活泼，行动灵活，运步轻快。

（三）乳用家畜

乳用家畜的外形特点是：全身清瘦，棱角突出，体大肉不多；后躯较前躯发达，中躯较长，体形一般呈三角形。奶牛各部位的具体要求是：头清秀而长，角细而光滑；颈长有细皱纹，胸深长，肋扁平，肋间宽，背腰宽平，腹圆大；皮薄有弹性，皮下脂肪不发达，被毛光滑；乳房向前伸展远，向后悬垂高挂，宽广对称，底部平坦，呈四方形，容积大；乳头长且呈圆柱状，大小均匀，垂直，相互距离宽；乳静脉粗长多弯曲；乳井大。

（四）毛用家畜

绵羊的外形特点是：全身被毛密度大，皮薄有弹性，头较宽大，颈中等长，细毛羊头毛着生齐眉，颈上通常有1~3个完全或不完全的横皱褶；肋部圆拱，背腰平直，四肢长而结实，肢势正直。

三、体　　质

体质（body constitution，constitution）在家畜指个体的禀性气质、轮廓结构、健康状况等整体表现，是一个比较抽象的概念。禀性气质是指个体神经系统对外界刺激的反应方式、表情变化和习性；而轮廓结构则是指个体骨骼系统支撑的比例与连接和协调的整体框架。一般可分为体质的神经类型和体质的结构类型两种。

（一）体质的神经类型

1. 胆汁质的敏锐型　此型个体对外界刺激敏锐，容易过敏，从而表现惊慌胆怯。对此类神经质动物的管理需要稳定的饲养环境。

2. 抑郁质的阻抑型　此型个体对外界反应迟钝，不易引起神经兴奋，表现为呆笨固执。对此类动物的管理需要给予适当关照和调教。

3. 多汁质的活泼型　此型个体对外界刺激反应灵敏确切而不过度兴奋，表现为聪明活泼。此类温顺动物易于饲养管理。

4. 黏液质的迟钝型　此型个体对外界刺激反应缓慢，但引起的神经兴奋不易消失，表现为行为迟缓。此类动物较易饲养管理。

（二）体质的结构类型

1. 细致紧凑型　此型家畜的骨骼细致而结实，头清秀，角蹄致密有光泽，肌肉结实有力。皮薄有弹性，结缔组织少，不易沉积脂肪，外形清瘦，轮廓清晰，新陈代谢旺盛，反应敏感灵活，动作迅速敏捷。

2. 细致疏松型　此型家畜的结缔组织发达，全身丰满，皮下及肌肉内易积储大量脂肪。它的肌肉肥嫩松软，同时骨细皮薄。体躯宽广低矮，四肢比例小。代谢水平较低，早熟易肥，神经反应迟钝，性情安静。

3. 粗糙紧凑型　此型家畜的骨骼虽粗，但很结实，体躯魁梧，头粗重，四肢粗大，骨骼间相互靠得较紧，中躯显得较短而紧凑，肌肉筋腱强而有力，皮厚毛粗，皮下结缔组织和脂肪不多。它们的适应性和抗病力较强，神经敏感程度中等。

4. 粗糙疏松型 此型家畜的骨骼粗大，结构疏松，肌肉松软无力，易疲劳，皮厚毛粗，神经反应迟钝，繁殖力和适应性均差，是一种最不理想的体质。

5. 结实型 此型家畜的体躯各部协调匀称，皮、肉、骨骼和内脏的发育适度。骨骼坚强而不粗，皮紧而有弹性，厚薄适中，皮下脂肪不过多，肌肉相当发达。外形健壮结实，性情温顺，对疾病抵抗力强，生产性能也表现较好。这是一种理想的体质类型，种用家畜应要求具有这种体质。

四、行为学性状

家畜行为学（animal ethology）是研究家畜各种行为特性的发生、发展及与环境的关系和规律的科学，换言之，主要研究动物与环境的关系，以及群体内个体之间的关系。家畜行为学的研究不仅有助于指导畜牧生产实践，创造条件满足畜禽在行为上的需求，改善饲养原理，为促进畜牧业发展服务，还有助于畜禽疾病的诊断和治疗。研究应激状态下的行为还可为畜群的编制、屠宰场的管理以及畜舍的设计等提供有益的指导。

（一）家畜的主要行为

不同动物有不同的行为表现，归纳地讲，大多数动物具有以下7种行为：摄食行为、护身行为、性行为、母性行为、争斗行为、探求行为、睡眠与休息行为。

1. 摄食行为 摄食行为主要包括采食、饮水、采食形式、对事物的偏爱，以及进食、嚼食、吞咽及食物储存机制。摄食行为由代谢需要、对食物量的需要、采食的昼夜节律、对食物的选择、饮水量、对食物的竞争以及采食技能等相关特征复合而成。

2. 护身行为 护身行为主要有4种类型：①与皮肤卫生有关的行为，如挠痒、抖动、舔拭等称为修饰行为，即最典型的身体照料行为。②与温热调节有关的行为，如寻找庇护场所、干燥的趴卧区、阴凉处等，这些行为可以减少在不良环境条件下的不适感。③寻求舒适的行为，如在空间足够的情况下，动物会自由地做出各种姿态来调节身体的不适或疲劳。④排空也与动物身体的舒适和卫生有关。一些家畜有定点排泄的习惯，如猪和马，而且动物在排泄时都有弓背抬尾的姿势，以免污染身体。

3. 性行为 性行为是决定畜禽生殖成败的关键因素，它是神经、激素控制下的一种复杂的反射行为，环境因素对性行为有明显的影响，异性刺激是诱发性行为的强大刺激因素，尤其是发情母畜会诱发公畜十分强烈的性欲。如猪的性行为，性成熟前，公、母猪一定时间的身体接触十分重要。公猪以活跃的暗示性推挤活动，特有的"哼、哼"声，连同所产生的外激素对母猪起一系列的刺激作用，以诱发母猪最强烈的发情反应；而发情母猪又会刺激公猪表现出强烈的性欲。

4. 母性行为 正常的母性行为是保证仔畜存活的必要条件，分娩前的做窝、产后的哺乳以及放牧时仔畜跟随母畜都是母性行为的重要表现。各种畜禽母仔间相互作用有其特定的模式。牛羊产后短期内通过舐吮、哺乳等行为，就能彼此识别，母仔间建立特殊的联系。一窝仔猪在出生后数天内建立起固定的吮吸乳头顺序。

5. 争斗行为 动物在生命过程中，常因获取事物、占领异性配偶、确立群体地位等而发生争斗。主要包括交往争斗、领地争斗、疼痛引起的争斗、恐惧引起的争斗、应激性的争斗、亲本性的争斗、性的争斗、掠夺性争斗等。

6. 探求行为 正常的动物都会表现出探求、试探和监测环境的强烈动机，当动物熟悉其所生存的环境时，动物对环境的刺激产生适应，探求动机减弱，探求活动终止，这也是舍饲动物的探求活动要低于户外活动动物的原因所在。但如果动物长时间地生活在单调的环境中，会使动物产生刻板行为。

7. 睡眠与休息行为 动物都表现有规律的睡眠和休息，睡眠的功能可促使动物恢复生理上的疲劳和促进生化上的合成代谢。动物的睡眠具有种属特征，反刍动物的睡眠要大大高于肉食动物和杂食动物。在睡眠之外，动物还在采食和激烈运动之后将大量的时间用于休息。

（二）家畜行为的遗传与变异

动物任何行为特征都是体内外环境综合作用的产物，几乎所有能够定量测量的行为性状都受到遗传因素的不同程度的影响。根据现代遗传理论，动物行为性状的遗传与环境作用的程度可由统计学方法对遗传力进行估计。一般采用全同胞相关和半同胞相关估计家畜性状的遗传力。当然也可利用回归法估计遗传力，将某些行为性状的实际遗传改良值与期望改良值比较。但如果某些行为只能在一种性别中观察到，遗传力估计相对较困难，例如对母猪的母性行为的遗传力估计，实践中往往通过后裔测定。研究发现，即使遗传力低至 0.20，也足以使行为性状发生明显改变。表 2-10 和表 2-11 分别列出了鸡和猪某些行为学性状的遗传力估计值。

表 2-10 鸡某些行为学性状的遗传力估计值

（引自朱景瑞，1996）

行为性状	估测方法	遗传力	行为性状	估测方法	遗传力
采食量	父系同胞相关	0.80	攻击行为	现实遗传力	0.16～0.30
就巢性	全同胞相关	0.11	学习能力	父系半同胞相关	0.09
性行为	现实遗传力	0.18		现实遗传力	0.28

表 2-11 猪某些行为性状的遗传力估计值

（编引自 Rothschild 和 Luvinsky，2011）

所属性状分类	性状	遗传力	所属性状分类	性状	遗传力
维持行为	采食	0.87	争斗行为	猪混合后的攻击性	0.22
	断奶后平均日增重	0.84		互相攻击	0.43～0.46
	干物质采食的起始时间	0.31～0.89		非相互攻击行为的释放	0.31～0.37
	饮水	0.58		非相互攻击行为的接收	0.08～0.17
	28 d 断奶后前 3 d 的采食次数	0.36	母性行为	对仔猪尖叫声的反应	0.12
	采食量	0.16～0.30		日常管理期间的恐惧	0.17
	日采食量	0.18～0.26		被移送至仔猪栏时母猪的抗议	0.22
	采食方式	0.06～0.11		结群行为	0.07
	每次采食量	0.27		对人类的态度	0.06
	每天采食次数	0.34		母性能力	0.05
				逃避	0.08
			性行为	断奶到发情的间隔时间	0.17～0.36

第三节 抗病性

众所周知，疾病是现代畜禽生产的一大天敌，特别是病毒性传染病，严重威胁着畜禽的健康。尽管预防接种和药物治疗发挥了重要作用，但仍未能完全控制和消灭传染病的发生与流行。从长远来看，采用遗传学方法从遗传本质上提高畜禽对病原的抗性，开展抗病育种具有治本的功效。

一、抗病性的遗传基础

抗病性（disease resistance）一般有广义与狭义之分。广义的抗病性是指一般所称的抗逆性，即在现有饲养条件下，畜禽抵抗不良外界环境（如缺乏饲料、不适气候）及抵御寄生虫和病原微生物的能力；而狭义的抗病性则是指畜禽对寄生虫病和传染病的抗病力。

抗病力可分为一般抗病力和特殊抗病力，其遗传机制不同。

一般抗病力不限于抗某一种病原体，它受多基因及环境的综合影响。病原体的抗原性差异对一般抗病力影响极小，甚至根本没有影响。这种抗病力体现了机体对疾病的防御功能，它主要受多基因控制，而很少受传染因子的来源、类型和侵入方式的影响。如鸡的主要组织相容性复合体（major histocompatibility complex，MHC）与马立克病、白血病、球虫病及罗斯肉瘤等病的抗性和敏感性有关。

特殊抗病力是指畜禽对某种特定疾病或病原体的抗性，这种抗性或易感性主要受一个主基因位点控制，也在一定程度上受其他未知位点（包括调控子）及环境因素的影响。研究表明，特殊抗病力的内在机理是由于寄主体内存在或缺乏某种分子或其受体。这种分子有以下作用：①决定异体识别及特异性异体反应；②决定病原体的特殊附着力，即能否进入寄主；③传染因子进入体内，在体内增殖时，决定是否导致寄主发病。典型的例子是异种动物间抗病力的差异，如牛、猪易感口蹄疫，而马对口蹄疫有天然抗性；含瘤牛血统的品种能抗锥虫病；猪繁殖与呼吸综合征（porcine reproductive and respiratory syndrome，PRRS）仅感染猪等。

当然，也有些疾病的抗性和易感性不属于上面两种类型，如主基因影响非特异性杀伤机制（如干扰素）；单基因缺乏导致一般易感性加大，如人和马的严重复合免疫缺乏症（SCID）。还发现猪对 PRRS 的抗病性不仅与受体基因有关，也与机体的免疫应答有关，刘榜团队发现通城猪对 PRRS 具有强的抗病力，这种抗病力表现不是不被 PRRS 病毒感染，而是感染后症状轻，能抗住感染并存活下来，这种抗病性也称为耐受性（tolerance）。目前已经发现与 PRRS 抗病相关变异位点的基因有 *CD163*、*GBP5* 等，刘榜团队发现并证明具有抗病毒作用的基因有 *LSM14A*、*OAS*、*ISG12A*、*S100A6*、*IFTT* 基因家族中的多个成员等。抗病性遗传基础十分复杂，需要科学工作者的不断努力才能逐渐进行解析。

二、抗病性的遗传力

大多数疾病的发生或多或少受遗传因素的控制或影响，一般认为，特定病原体侵袭所致的传染病或寄生虫病在不同种群、不同个体中的易感性不同，这种易感性的高低取决于遗传素质或遗传与环境共同作用的结果。反之，不同种群、不同个体对疾病（主要指传染病和寄生虫病）的抗性大小也同样受遗传和环境两方面的制约，猪、牛易感口蹄疫，而马不易感口蹄疫，这些天然抗性差异显然主要由种群间的遗传差异所决定。个体对疾病的抗性体现在机体对疾病的防御功能和免疫应答能力，这种抗病能力的大小主要受遗传和环境的共同影响，其中受遗传因素影响的程度即为遗传力。表2-12列出了部分畜禽对某些疾病抗性的遗传力。

表2-12 部分畜禽对某些疾病抗性的遗传力

(引自施启顺，1995)

畜 种	疾 病	抗病性遗传力	畜 种	疾 病	抗病性遗传力
牛	乳腺炎	0.01	绵羊	蠕虫病	0.30
	白血病	0.05~0.08		面部湿疹	0.31
	结核病	0.08~0.30		捻转血矛线虫病	0.30~0.40
	传染性结膜炎	0.25		疥癣病	0.20~0.40
	布氏杆菌病	0.19		腐蹄病	0.17
	膨胀病	0.19	猪	萎缩性鼻炎	0.13~0.60
鸡	马立克病	0.40		肺炎	0.14
	罗斯肉瘤	0.28		胸膜炎	0.13
	球虫病	0.28		钩端螺旋体病	0.20
	纽卡斯病	0.07~0.77		肠功能紊乱	0.59

三、抗病育种的途径

抗病育种是一项复杂的系统工程，应从分辨和选择抗性基因型、提高机体免疫应答能力、提高抗病力等多方面入手。随着现代科学技术的进步和分子生物学的发展，目前已可从以下几方面选择提高对疾病的抗性，实现抗病育种。

(一) 根据牧场记录直接选择

根据牧场记录，在相同的感染条件下，有的个体发病，有的个体不发病。不发病的个体显然具有抗病遗传基础或有高免疫应答能力。将这种个体选出繁殖，久而久之，可使抗性个体增多，抗病基因频率增高。该法具有直观简便等优点。但疾病抗性遗传力往往较低，且部分是阈性状，因此直接选择的效果一般较差。Morries等（1997）对新西兰罗姆尼羊粪卵数直接选择了18年，抗性系与敏感系间选择反应的差异仅为1.95个标准差单位（标准差为18个）。

(二) 遗传标记辅助抗病育种

鉴于基因在染色体上的连锁或一因多效，不管是单基因遗传病还是多基因遗传病，都可找到标记基因和标记性状，实行标记辅助选择。这些标记可以是疾病有关的候选基因（candidate gene）或数量性状基因座（quantitative trait locus，QTL），也可以是与免疫关系密切的主要组织相容性复合体单倍型。如 E. coli F18 是引起断奶仔猪腹泻及水肿的主要病原菌，FUT1 基因可作为 E. coli F18 的候选基因，AA 型为抗性基因型，对此基因型进行标记辅助选择（marker assisted selection，MAS）与标记辅助交配（marker assisted mating），提高了群体中的 A 基因频率，实现了抗病育种，此举目前已大规模用于产业化生产。

（三）基因工程抗病育种

随着胚胎学、分子生物学和基因工程技术的不断进步，从 20 世纪 80 年代开始人们就尝试基因工程抗病育种，通过转基因技术插入抗病基因或进行基因修补，以培育出抗病动物。如利用经修饰的禽白血病毒（ALV）作为逆转录病毒基因的载体生产转基因鸡，其中有一个品系的细胞表面表达了 ALV 的外壳抗原，这种鸡对 ALV 有高度抗性。

第四节 基因组印记性状

基因组印记（genomic imprinting）又称为遗传印记（genetic imprinting），是一种新发现的非孟德尔遗传现象。它是指控制某一表型的基因，其成对的等位基因依亲源（父源或母源）的不同而呈现差异性表达，此种差异性表达称为亲源差异性表达。来自父方的等位基因（父源等位基因）不表达，即无转录活性而处于沉默（silent，去表达）状态称为父系印记（paternal imprinting）；若母源等位基因不表达，则称为母系印记（maternal imprinting）。父系印记和母系印记合称为基因组印记。呈现上述遗传现象的基因称为印记基因（imprinted gene）。它又可分为父系印记基因（父源印记，母源表达）和母系印记基因（母源印记，父源表达）。关于基因组印记的报道很多，到目前为止已被证实的印记基因已超过 25 个，据小鼠动物模型估计有 100～200 个基因存在印记。

目前已知基因组印记只发生于动物的常染色体基因上，而且基因的印记或沉默只发生于脊椎动物，特别是在哺乳动物的基因组中。基因的印记是由于基因的 DNA 双螺旋胞嘧啶核苷的嘧啶环 5 位甲基化，并与其 3′端的鸟嘌呤形成 CpG。许多 CpG 聚集在一起，形成 CpG 岛，因而 CpG 岛是印记基因的一个重要特征。通过测定目标基因 DNA 分子内的甲基化程度和甲基分布区域，即可确定目标基因是否是印记基因。印记的另一个特征是印记基因有特殊的示差甲基区（differential methylation regions，DMRs），也可以作为印记的一个标志。在两性配子发生过程中，精细胞 DNA 甲基化程度一般高于卵细胞 DNA，而且发生甲基化的时间也不同。DNA 分子的甲基化属于一种 DNA 修饰，它没有改变 DNA 的碱基排列顺序，只通过甲基化与去甲基化导致基因的沉默和恢复转录活性，因而称为表观遗传修饰（epigenetic modification），其表型变化也称为表基因型修饰（epigenotypic modification）或后成基因型修饰。

基因组印记是一种在基因组 DNA 水平对双亲等位基因特异性的修饰作用，该修饰作用是在胚胎发育早期形成的，因此在一些家畜中，具有特定亲本特征的基因组印记大多与胚胎的早期发育、初生重以及日增重、产肉性能、母体效应等关系密切。印记不但调控一些质量性状基因的表达与否，而且影响许多数量性状的表型方差的大小和表型值的高低。因此，家畜印记基因的表达方式和传递规律的研究与应用正在成为许多国家的家畜发育遗传学研究的一个重要内容，而且极有希望成为新的家畜改良和育种工具（Ruvinsky，1999）。在家畜中，已发现绵羊、牛、猪、马等有印记遗传现象，许多种间或品种间杂交时，所产生的母体效应也与基因印记有关（表 2-13）。

表 2-13 已知家畜印记基因序列多态性及与表型特征的关联

(引自 M. Alan, 2015)

基因符号/别名	基因名称	基因编码产物功能	等位基因在双亲中的表达	基因印记的物种	关联表型性状	参考文献
DIO3	Deiodinase iodothyronine, type Ⅲ	甲状腺激素调节	父源表达	猪	繁殖性状	Coster et al. (2012)
DLK1	Delta-like homolog	发育生长因子;公认在神经内分泌分化中起作用;双肌臀表型发育中可能的效应蛋白	父源表达	猪;绵羊	肌肉肥大;脂肪沉积;饲料转化率	Freking et al. (2002), Smit et al. (2003), Kim et al. (2004)
DLX5	Distal-less homeobox 5	参与成骨细胞分化和骨发育的一种转录因子	母源表达	猪	屠体性状	Cheng et al. (2008)
GNAS	Guanine nucleotide-binding protein subunit alpha	鸟苷酸结合蛋白(G蛋白),不同信号传导系统的调节因子;组成部分 GNAS 印记结构域	母源表达;已报道的组织特异性以及发育阶段特异性表达	牛;绵羊	生长性状;繁殖性状;奶品质	Sikora et al. (2011), Oczkowicz et al. (2013)
GRB10	Growth factor receptor-bound protein 10	信号传导;与胰岛素和胰岛素样生长因子受体相互作用	母源表达	牛;绵羊	奶品质;体型性状	Magee et al. (2010)
IGF2	Insulin-like growth factor 2	哺乳动物生长和发育以及细胞分裂的正调节因子	父源表达	牛;猪;绵羊	生长性状;肉品质;奶产量	van Laere et al. (2003), Goodall and Schmutz(2007), Berkowicz et al. (2011)
IGF2R	Insulin-like growth factor 2 receptor	胰岛素样生长因子 2 蛋白的非促有丝分裂受体,把甘露糖-6-磷酸标记蛋白转运到溶酶体	母源表达	牛;猪;绵羊	生长性状	Berkowicz et al. (2012)
MAGEL2	MAGE-like 2	神经发育调节因子	父源表达	牛;猪	屠体性状;繁殖性状	Guo et al. (2012), Jiang et al. (2014)
MEG3/GTL2	Maternally expressed gene 3/Gene trap locus 2	涉及 DLK1 基因表达调控的一个非编码 RNA 的转录,可能是通过 RNA 干扰机制	母源表达	牛;猪;绵羊	肌肉肥大;脂肪沉积;饲料转化率;生长性状;体型性状	Freking et al. (2002), Smit et al. (2003), Magee et al. (2011)

(续)

基因符号/别名	基因名称	基因编码产物功能	等位基因在双亲中的表达	基因印记的物种	关联表型性状	参考文献
MEG8	Maternally expressed gene 8	非编码 RNA 转录；功能没有完全确定；涉及绵羊双肌臀表型	母源表达	牛；绵羊	肌肉肥大；脂肪沉积；饲料转化率；生长性状；体型性状	Freking et al. (2002), Smit et al. (2003), Magee et al. (2011)
NESP55	Neuroendocrine secretory protein 55	编码一种神经内分泌蛋白，其功能了解甚少；组成部分GNAS印记结构域	母源表达	牛；猪	生长性状；繁殖性状；奶品质	Sikora et al. (2011)
PEG3	Paternally expressed gene 3	在细胞增殖和 p53 介导的细胞凋亡中起作用	父源表达	牛；猪；绵羊	繁殖性状	Magee et al. (2010)

绵羊的母系印记基因包括 $IGF2$ 基因、$Callipyge$ 基因、$Mest/Pegl$ 基因和绵羊父系印记基因 $H19$。$Callipyge$ 基因对绵羊的肌肉发育，特别是对腿部、腰部和肩部的主要肌肉群起作用，并使眼肌面积增加，脂肪厚度降低。$Callipyge$ 羊和对照组的屠体和胴体重接近，但修整胴体百分比较高，脂肪厚度低 24%~45%，眼肌面积高 30%~69%。Jackson 和 Green（1993）证明，$Callipyge$ 羊具有更高的饲料效率，这也许与 $Callipyge$ 羊的肺和肝的重量、肾和小肠的容积有一定关系。$Callipyge$ 羊在肉质上没有明显缺点，只是背最长肌的易切值较高，肉的嫩度有所下降。蒙古羊的多胸椎变异也有亲本印记遗传特征。经过同型交配和正反交实验，可以初步确定多胸椎是隐性性状，普通型是显性性状。但多胸椎个体交配时，总有一定比例的普通型后代出现，即使普通型羊交配，也有一定比例的多胸椎或多腰椎个体出现，这说明多胸椎基因是以亲本印记方式遗传的。

牛的饲料转化率、产奶量、肉品质与繁殖力性状存在印记基因。在澳大利亚西门塔尔牛中，第二、三次泌乳期的父系效应方差组分超过母系效应的 0.096 和 0.152；在第二次泌乳开始时间，母系效应的方差超过父系效应的 0.036。而和适应性有关的性状与父系印记基因有关。

在猪中，影响背膘厚度、肌肉深度和肌内脂肪含量等性状的 QTL 或基因具有印记特征。de Koning 等（2000）在梅山猪和荷兰猪杂交实验中，发现了影响胴体组成的 4 个印记基因，分别是父本表达的影响背膘厚度的 $IGF2$ 基因座、母本表达的影响肌肉嫩度的 QTL、父本表达和母本表达的影响肌内脂肪含量的 QTL 各 1 个。同时也发现影响乳头数的 2 个印记基因，表现为父系表达。另外，sato 等（2006）在 8 号染色体上也发现了一个影响猪乳头数的印记基因。研究表明，约克夏猪和兰德瑞斯猪的背膘厚度表型方差的 5%~7%，生长率表型方差的 1%~4%，是父本印记的结果，母本印记效应的比例则为相应方差的 2%~3% 和 3%~4%。配子印记还影响猪的胴体成分。猪的父本基因表达的 $IGF2$ 基因影响 30%

的瘦肉率、15%～30%的骨骼肌和心肌细胞重量和10%～20%脂肪沉积。

习 题

1. 常见的家畜经济性状包括哪些？这些性状各自有何特点？
2. 家畜的毛色基因有哪些系列？它们在育种上有哪些用途？
3. 家畜的体质类型包括哪些？它们各自有何特点？
4. 家畜的常见行为学性状有哪些？
5. 何谓家畜的抗病力？抗病力的遗传机制是什么？
6. 何谓基因组印记？目前有何应用？

第二篇　生长发育规律

任何一种家畜都有其特定的生命周期和各自的生长发育规律。生命从受精卵开始，经历胚胎、胎儿、幼年、青年、成年和老年，一直到死亡。整个生命周期就是一个连续的有阶段性的生长发育过程，每个阶段的生长并非等速进行，而是各具特点。本篇主要介绍生长发育概念、衡量指标、一般性规律、影响因素及研究意义。

第三章
家畜生长发育规律

第一节 生长与发育的概念

生长（growth）是指生物体整体及各个部分（各种组织、器官、部位）的重量和大小（即尺度，如长、宽、厚、面积、围度、角度；角度，如猪的股坐夹角与荐骨倾斜角，马的肩胛斜度、尻斜度、系蹄斜度、肩端角度与飞节角度）所发生的量的增长。生长的细胞学基础在于细胞数目的增加（细胞增殖，cell proliferation）与细胞体积的增大（cell enlargement）。

发育（development）是指生物体一系列形态、结构、机能的改变和逐步完善的过程。比如，受精卵经过细胞的一系列生物化学过程，逐步分化成与原来细胞在形态、结构、功能上不同的各种各样的细胞，组成不同的组织和器官，出现许多性状，形成与亲代相似的个体，这一变化过程就是发育。发育的细胞学基础在于细胞的分化（cell differentiation）。一种尚未特化的相同的细胞类型逐渐在形态、结构和功能上形成有稳定性差异的不同的细胞类群的过程称为细胞分化。

生长是发育的基础，通过各种物质的积累为发育准备必要的条件，而发育又通过细胞分化与各种组织器官的形成开始新的生长，并决定生长的方向。生长与发育紧密联系、相互依存、相互促进，很难将两者绝对分开，故生长与发育常联合使用。

第二节 家畜生长发育常用的衡量指标

常用的有累积生长、绝对生长、相对生长和异速生长4种。

一、累积生长

（一）概念

任一时间测定的重量或尺度，不论其为哪个部分或整体，都称为累积生长（accumulative growth）或累积生长量。由于这些测量值都能代表测定前生长发育的累积结果，故得名。

（二）累积生长曲线及其作用

对不同时间（日龄或月龄）的累积生长量可作图以累积生长曲线表示。家畜的体重、体尺和许多组织的重量等，从生长初期到生长末期的全过程看，其累积生长曲线通常呈S形：生长初期曲线上升很慢，为缓慢生长阶段；继而进入生长旺盛阶段，曲线上升加快；生长后期生长逐渐减缓直至停止，接近与横轴平行（参见图 3-1）。第二阶段向第三阶段转变的转折点称作拐点（inflection point）。生长曲线常因畜种、品种和饲养管理的不同而有差异。在生产上，从累积生长曲线能了解不同群体及不同部分（包括组织、器官、部位）生长发育的一般情况。

（三）描述累积生长过程的其他方法

对测得的累积生长量尚可应用数学模型进行描述和研究。目前用于描述累积生长过程的数学模型（非线性生长模型）主要有 Logistic 方程、Gompertz 方程和 Richards 方程等，有兴趣的读者可参看陈国宏和张勤主编（2009）《动物遗传原理与育种方法》。

二、绝对生长

（一）概念

绝对生长（absolute growth）是指单位时间内动物体整体或各个部分的重量或大小（尺度）的绝对增长量，又称平均增长（生长）速度。

（二）公式

绝对生长速度（G）的计算公式为：

$$G = \frac{W_1 - W_0}{t_1 - t_0} \tag{3-1}$$

式中：W_0 为始量（前一次测定的量）；W_1 为末量（后一次测定的量）；t_0 和 t_1 分别为前一次和后一次测定的月龄或日龄。

比如，一头猪的 60 日龄和 90 日龄体重分别为 16 kg 和 31 kg，则此猪生后第 3 个月的平均日增重为 500 g/d。

（三）绝对生长曲线

在生长发育早期，由于家畜幼小，故其绝对生长量不大，以后随着个体的成长而逐渐增加，到达一定水平后则下降。若将各年龄阶段的绝对生长量用图示之，则绝对生长曲线似为钟状的正态曲线，其最高点相当于累积生长曲线上的拐点。

（四）作用

累积生长曲线只能对生长速度（growth rate）给出一般概念，而绝对生长则能给出具体的生长速度。绝对生长在畜牧生产和试验中使用极为普遍，如用来检查营养水平和管理方式，评定群体或个体优劣及作为制定生长指标的依据。

三、相对生长

（一）概念

相对生长（relative growth）是一种反映生长强度的相对数值。绝对生长量相等的两个个体，其生长强度并不一定相同。比如，一头猪的始重为 28 kg，饲养 1 个月后为 44.5 kg，另一头猪始重为 65 kg，饲养 1 个月后为 81.5 kg，它们的日增重（绝对生长量）虽然均为 550 g/d，但生长强度即生长发育的紧张程度无疑是前者大于后者。因此，在描述生长情形时，有必要再建立一个相对生长速度即生长强度的概念。

（二）公式

表示常用的相对生长速度的公式有几种。

1. 相对生长速度公式（1）
$$R = \frac{W_1 - W_0}{W_0} \times 100\% \qquad (3-2)$$

式中：W_0 为始量（前一次测定的量）；W_1 为末量（后一次测定的量）。

仍用概念中例子按式（3-2）计算，两头猪的相对生长速度分别为 58.9% 和 25.4%。这就是说，这两头猪经 1 个月后，它们的体重分别增长了 58.9% 和 25.4%。可见，第 1 头猪的生长强度大于第 2 头猪；相对生长速度式（3-2）之所以能揭示生长强度大小是因为该式考虑了始量这一基础。

但式（3-2）仍有缺陷，即似乎只有处于始重时的细胞在生长、增殖。实际情况并非如此，因为这一时期内每时每刻所分裂出来的新细胞从其形成的"一瞬间"起也在生长。因此式（3-2）的缺陷只有在以下情况时才能克服，即将称重时间安排得很密（如每天、每小时甚至每分钟），将时距缩短得很小，也就是把"所经过的时间"这一因素充分加以考虑，而不只是考虑始量。于是提出了计算瞬时生长（instantaneous growth）速度的必要性。

瞬时生长速度（K）是指一瞬间（dt）内所增加的生长量（dw）与原来的累积生长量（w）的比值（孙文荣，1962），如以公式示之，则为：

$$K = \frac{dw/dt}{w}$$

虽然难以测定一瞬间内所增加的生长量，但如以 A 和 w 分别代表原来的累积生长量和结束时的累积生长量，t 代表时距，则可通过微分与积分的方法来解决：

因为
$$K = \frac{dw/dt}{w} = dw/wdt$$

$$\frac{dw}{w} = Kdt$$

$$\int_A^w \frac{dw}{w} = \int_0^t Kdt$$

$$\ln w \,|_A^w = Kt \,|_0^t$$

所以
$$\ln w = \ln A + Kt$$

$$K = \frac{\ln w - \ln A}{t}$$

如用常用对数（lg）代替自然对数（ln），则

$$K = \frac{(\ln 10 \times \lg w) - (\ln 10 \times \lg A)}{t}$$

$$= \frac{\ln 10 \times (\lg w - \lg A)}{t}$$

$$= \frac{2.3026 \times (\lg w - \lg A)}{t}$$

仍以前述第 1 头猪为例，在该月中的瞬时生长速度为：

$$K = \frac{2.3026 \times (\lg 44.5 - \lg 28)}{1}$$

$$= 0.463 = 46.3\%$$

后来，有人根据上述瞬时生长的理念，提出了下面的相对生长速度公式（2），即将式

（3-2）的分母 W_0（始量）改为 W_1（末量）与 W_0（始量）的均值，但仍称作相对生长速度。

2. 相对生长速度公式（2）

$$R = \frac{W_1 - W_0}{\frac{W_1 + W_0}{2}} \times 100\% \quad (3-3)$$

由于式（3-3）在一定程度上也考虑到了"经过的时间"因素，减少了误差，因此较为接近瞬时生长速度。

仍以前述第 1 头猪为例：

$$R = \frac{44.5 - 28}{\frac{44.5 + 28}{2}} \times 100\% = 45.5\%$$

3. 反映生长强度的应用于其他场合的公式

（1）增长倍数（K）公式：

$$增长倍数(K) = \frac{末量(w_1)}{始量(w_0)} \quad (3-4)$$

计算示例：

表 3-1 湖北白猪Ⅲ系初生和 90 kg 半胴骨、皮、瘦肉、皮下脂肪重（g）及增长倍数

（引自曹胜炎等，1986）

	骨	皮	瘦肉	皮下脂肪
初生	74.87	39.99	336.33	22.73
90 kg	13 101.27	2 010.50	19 444.80	5 697.80
增长倍数	174.99	50.28	57.81	250.67

表 3-1 说明：湖北白猪Ⅲ系初生和 90 kg 半胴的皮下脂肪增长最快，其次是骨，瘦肉与皮增长最慢。也表明这四种组织并非都按同一比例均衡地生长。

（2）生长加倍次数（n）公式：当累积生长量的始量极小、末量很大时，往往改用生长加倍次数（n）来表示某时段的生长强度，其计算公式为：

$$n = (\lg w_1 - \lg w_0)/\lg 2 \quad (3-5)$$

式（3-5）的来源：只要回答 w_1/w_0 为 2 的多少次方的提问，即按等式 $w_1/w_0 = 2^n$ 求出 n 即可。上述等式两端取对数，按对数运算法则即可得到式（3-5）。

计算示例：设猪的受精卵重（W_0）为 0.4 mg，初生重（W_1）为 1.5 kg 即 1 500 mg，则据式（3-5），$n = (\lg 1 500 - \lg 0.000 4)/\lg 2 = 21.84$，即初生重为受精卵重的 21.84 加倍次数。

对比式（3-4）、式（3-5）与式（3-2）可以看出，它们在本质上是一样的。

现将累积生长量、绝对生长量、生长强度作为纵坐标，不同时间（月龄或日龄）作为横坐标，在同一坐标下绘出它们的曲线（图 3-1）。对累积生长曲线与绝对生长曲线前已描述过，现仅就图中的相对生长曲线作一说明。由于幼年时新陈代谢旺盛，生长发育最强烈，成年后生长强度趋于稳定，甚至接近于零，故生长强度随年龄增长而呈下降趋势。

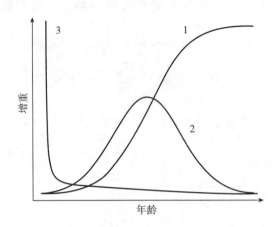

图 3-1 不同生长曲线对比图
1. 累计生长曲线 2. 绝对生长曲线 3. 相对生长曲线
（引自刘震乙，1990）

四、异速生长

（一）概念

研究证明，机体的每个部分到达各自的生长高峰（生长最旺盛、生长速度最快）的年龄或时段不可能是一样的；机体的整体与其每个组成部分的生长速度与强度也不可能始终都按原有比例来增长，这就是所谓的异速生长（allometric growth）。异速生长又称为相关生长（correlative growth）。相关生长指生物体的不同部分（包括组织、器官和部位）之间，或部分与整体之间在生长速度或强度上是协调的，表现出相对稳定的相关关系。但近40余年来，研究家畜生长发育规律的期刊文章和学位论文，在研究方法与所用术语上几乎都离不开异速生长方程（有的称为异速生长模式）、异速生长系数和异速生长，很少见到相关生长一词。

（二）研究异速生长的方法

用某一整体作为比较标准，以该整体的重量或大小作为自变量（x），以某一部分的重量或大小作为因变量（y），以指数方程 $y=ax^b$ 对实际资料进行配合。在这里，$y=ax^b$ 称为异速生长方程（allometric equation），式中的 b 常被称为生长系数或异速生长系数（allometric growth coefficient）。异速生长方程 $y=ax^b$ 中的 b 值可按式 $\lg y = \lg a + b\lg x$ 求出。数个 b 值放在一起，可依据它们的大小来判断这些"部分"的生长高峰到来的顺序，即早熟性顺序。若 $b>1$，则表示该部分（组织、器官或部位）为晚熟（late-maturing）部分，即较晚达到生长高峰；若 $b<1$，则表示该部分为早熟（early-maturing）部分，即较早达到生长高峰。因此，异速生长系数 b 值就是异速生长的指标。

（三）异速生长方程 $y=ax^b$ 的来源

最早由 J.S. Huxley 于1932年用来描述动物个别部位或局部组织、器官对整体的相对生长速度或者称相对生长势，可以更清楚地揭示不同组织、器官、部位的早熟性顺序（早熟性顺位，maturing order）。国外利用这一方法对牛、绵羊和猪进行了研究。在中国，东北农学院（现东北农业大学）陈润生等（1981，1989）、王性善等（1981）、齐守荣等、张立教等

(1981) 率先应用这一方法，以地方品种民猪为材料，研究下列部位或组织的生长发育规律：①半胴中皮、骨、肉、脂重；②不同屠宰体重时半胴的肌肉率；③各肌肉群或个别肌肉重；④肾周脂肪、肠系脂肪、皮下脂肪重；⑤脊柱各骨长度；⑥后肢各骨长度与间距；⑦腿臀部各骨的夹角；⑧全身从头部至腿臀部各部重量；⑨半胴的前、中、后躯重。旨在探讨民猪不同整体的各个局部的生长高峰、早熟性顺序的品种特点以及与经济效益的关系。

（四）异速生长计算示例

根据江苏农学院（现扬州大学动物科学与技术学院）研究资料（表 3-2）求出前肢各骨的早熟性顺序。

表 3-2　二花脸猪前肢各骨重量

日龄	肩胛骨	肱骨	桡骨	掌骨	前肢各骨总重*
初生	1.48	3.32	1.13	1.04	6.97
30	8.75	16.58	6.45	5.25	37.03
60	16.69	32.55	12.35	9.45	71.04
90	26.00	49.15	17.13	12.85	105.13
120	41.98	74.75	25.53	19.05	161.31
150	47.43	94.08	32.43	24.93	198.87
180	50.87	104.33	33.40	25.97	214.57

* 为表中 4 种骨的总重。

计算步骤：

(1) 设以前肢各骨总重为整体（自变量，x），掌骨重为局部（因变量，y）。

(2) 用曲线方程直线化的方法将曲线方程 $y = ax^b$ 化成直线方程求出该方程（在这里即异速生长方程）中的 a 与 b，并列出该方程。

两边取对数，则
$$\lg y = \lg a + b \lg x$$

令 $y' = \lg y$，$a' = \lg a$，$x' = \lg x$，则
$$y' = a' + bx'$$

按计算直线回归的方法求 a' 和 b
$$a' = \lg a = -0.762$$
$$a = 0.173$$
$$b = 0.933$$

设 r' 为 x' 与 y' 的相关系数，查表 $r' = 0.9996$（$P<0.001$）（用 r' 代替对 b 作显著性检验）。所建立的异速生长方程为 $y = 0.173x^{0.933}$。

(3) 进行拟合度（吻合度，goodness of fit）测定：曲线配合的拟合度用相关指数 $R^2 = 1 - [\sum(y-\hat{y})^2 / \sum(y-\bar{y})^2]$ 进行度量。相关指数越接近最大值 1，则越好。此例 $R^2 = 0.997$。

(4) 用同样方法可求出以前肢各骨总重为 x，前肢除掌骨重以外其他各骨重量为 y 的各 b 与 R^2 值。将求出的各值汇总如表 3-3。

表 3-3 二花脸猪前肢各骨 b 与 R^2 值

自变量，x	依变量，y	异速生长方程	异速生长系数，b	R^2
前肢骨骼总重	肩胛骨重	$y=0.2x^{1.04}$	1.040	0.994
前肢骨骼总重	肱骨重	$y=0.461x^{1.003}$	1.003	0.998
前肢骨骼总重	桡骨重	$y=0.173x^{0.988}$	0.987	0.997
前肢骨骼总重	掌骨重	$y=0.173x^{0.933}$	0.933	0.997

注：表中各 b 值的显著性检验均为极显著。

从表 3-3 中 b 值可见，前肢各骨的早熟性顺序为：掌骨＞桡骨＞肱骨＞肩胛骨，即前肢下部的骨生长高峰到来最早（最早熟），上部的骨生长高峰到来最晚（即为前肢各骨中最晚熟的骨）。

第三节 家畜生长发育的一般规律

一、家畜生长发育的阶段性

关于家畜的生长发育阶段，比较一致的划分是将出生作为分界线，将整个生长发育过程分为胚胎期和生后期，然后又各分为几个时期。

(一) 胚胎期

从受精卵开始到个体出生为止，称为胚胎期。胚胎期又可划分为胚期、胎前期和胎儿期 3 个时期。部分畜种胚胎期的各个时期经历的天数见表 3-4。

1. 胚期 从受精卵及其卵裂开始到囊胚形成和附植为止。受精卵的卵裂（cleavage）在透明带中进行。卵裂需要的营养主要来自卵胞质。当产生 16～32 个卵裂球时称为桑葚胚。细胞团内出现腔隙，并不断扩大，称囊胚腔，这个胚称囊胚（blastula）。囊胚进一步增大，与母体子宫内膜上皮接触，囊胚的滋养层细胞从子宫内膜分泌物子宫乳获得营养而迅速发育。囊胚与母体子宫内膜建立起营养联系和物质交换关系的过程，称附植（implantation）。

2. 胎前期 从内胚层形成［此时的胚称为原肠胚（gastrula）］、中胚层形成、三胚层的分化到几乎所有器官的原基形成为止。由母体部分的子宫内膜与胎儿部分的绒毛膜所组成的胎盘（placenta）完全形成。

3. 胎儿期 这个时期的特征是由于胚胎的进一步发育而使其可从母体血液循环中获取营养，比以往得到更为丰富的营养，因而体躯及各种组织器官迅速生长，胎儿增重加快，同时形成被毛与汗腺。品种特征逐渐清晰可辨。

表 3-4 部分畜种胚胎期各个时期经历的天数

（引自孙文荣，1962。按彭克美和张登荣，2002；彭克美，2016a；刘世华，1992；Dyck et al.，2011；Pond 和 Houpt，1978 对猪的胚期天数作了修改）

畜种	胚期	胎前期	胎儿期
猪	1～12	13～38	39～114
牛	1～34	35～60	61～282
羊	1～28	29～45	46～150
兔	1～12	13～18	19～30

哺乳动物中的家畜种间解剖差异虽较大，妊娠期也不同，但胚胎发育的方式相仿，都要经过相同的步骤，只是发育进程不同而已。现以猪为例，列表说明胚胎期各阶段的发育进程（表3-5）。

表3-5 猪的胚胎发育进程

（引自彭克美和张登荣，2002；彭克美，2016a）

发育阶段	胚龄（d）	形态特征
卵裂	1～3.5	2卵裂球 4卵裂球 8～12卵裂球 16卵裂球，桑葚胚
囊胚	4.75～5.7	囊胚 晚期囊胚
原肠胚	7～12	胚泡、胚盘伸长，中胚层增生 形成原条 原条形成终了，脊索形成，附植
神经胚	13～16	前体节期，神经胚 枕部体节1～4对 颈部体节5～12对
尾芽期 胚胎	17～20	胸部体节21～24对 腰部体节30～31对 荐部体节36～37对 尾部体节38～40对
后期 胚胎	20～34.5	尾部体节44～46对，开始形成脐部 尾部体节50～52对，最后对体节形成 颈窦闭合，颌侧突出，性分化，腭发育 第三、第四指突出，颌突愈合面裂闭合，颌形成
胎儿	36～114	第一胎儿期：眼睑生长，肠从脐部缩回 第二胎儿期：眼睑闭合 第三胎儿期：眼睑开启

（二）生后期

从出生到衰老直至死亡的生长发育过程，称为生后期。根据机体的机能特点，可将这一阶段再划分为哺乳期、幼年期、青年期、成年期、老年期五个时期。

1. 哺乳期 从出生到断奶，这段时间称为哺乳期或仔畜期。这是幼畜对外界条件逐渐适应的时期。这一时期的特征如下。

（1）各种组织和器官，不论在构造上和机能上都发生很大的变化：如由依靠母体血液供氧转变为独立气体代谢，呼吸系统机能迅速适应新的条件；原来依靠母体脐带供应营养，出生后消化系统则迅速生长发育，机能日臻完善，这段时间各种消化酶随年龄的增加而增长；造血机能由肝脏和脾脏产生血细胞，开始转为由骨髓造血。例如，仔猪出生时，消化器官很不发达，胃重约8 g，仅容40～50 g乳汁；21日龄胃重35 g，容积也增大3～4倍；60日龄时胃重达150 g，容积增加19～20倍。初生仔猪胃中盐酸分泌机能不健全，唾液和胃蛋白酶分泌也不多，仅为成年的1/4～1/3，到3月龄才达成年的分泌量。

（2）母乳是主要的营养来源：出生时，初乳中的蛋白质和维生素含量比常乳高出许多倍，初乳还含有大量抗体，保证仔畜早期有较强的抗病能力。母乳营养全面，最适于初生幼畜的消化系统。随着消化机能的逐渐完善，对母乳的依赖也日益减小，幼畜开始吃料，而且采食量慢慢增加，最后完全断奶。

（3）生长迅速：仔猪生后10 d的活重一般为初生重的1.16倍，一月龄重为初生重的3.33倍，二月龄重为初生重的9.91倍。

（4）对环境条件的反应能力较弱，容易遭受影响而死亡：随着年龄的增长，仔畜对新环境的适应能力才逐步增强。如犊牛的死亡差不多有50%是在生后10 d内发生的，10～20 d为22%；仔猪生后10 d内死亡数占哺乳期总死亡数的66.7%，10～20 d则占13%左右。因此，在出生初期，必须加强饲养与护理。

2. 幼年期 由断奶到性成熟，这段时间称为幼年期。这一时期家畜体内各种组织器官逐渐接近成年状态，性机能开始活动。这一时期具有如下特点。

（1）由依赖母乳完全过渡到自己食用饲料，食欲和食量不断增加，消化能力不断增强。

（2）骨骼和肌肉迅速生长，各种组织器官也相应增长，特别是消化器官和生殖器官的生长发育在这个时期最为强烈。

（3）绝对增重逐渐上升，与繁殖后代有关的组织器官发育迅速。泌乳等生产能力和体质外形在此时期奠定了基础。

3. 青年期 由性成熟到体成熟，这段时间称为青年期。这一时期家畜机体生长发育接近成熟，体型已定型，能繁殖后代，各组织器官的结构和机能逐渐趋于完善；绝对增重达到最高峰，此后即下降；生殖器官发育完善，母畜乳房的生长强度和发育加快。

4. 成年期 从体成熟到开始衰老，这段时间称为成年期。此期生理机能完全成熟；生产性能、生产水平可达到最高峰；代谢水平稳定；性机能活动最旺盛；体型已定型；在饲料丰富的情况下，脂肪沉积能力逐步增强。

5. 老年期 从开始衰老到死亡，这段时间称为老年期。这一时期整个机体代谢水平开始下降，各种器官的机能逐渐衰退，饲料利用能力、生产性能和经济利用价值下降。

上述生后期各个时期的划分是相对的，可利用一定条件加以改变，使其在一定范围内加快或延缓。

前面提到了术语"性成熟"和"体成熟"，现与"经济成熟"一并解释如下：①性成熟（sexual maturity）指在初情期（puberty）之后，青年公、母畜的生殖器官已经发育成熟并达到正常生育功能的生理状态。公畜的性成熟期通常要比母畜晚。公畜的性成熟时间：牛10～18月龄；水牛18～30月龄；马18～24月龄；驴18～30月龄；骆驼24～36月龄；猪3～6月龄；绵（山）羊5～8月龄；家兔3～4月龄。但此时其他的组织器官仍在继续生长发育，故此时不宜配种，以免影响畜体本身生长发育，应依品种不同另确定初次配种适宜年龄和体重。②经济成熟（economic ripening）指畜禽达到可以作为某种经济用途时的状态。肉用畜禽则指达到最适屠宰或上市时的状态。③体成熟（体型结构成熟，conformation ripening）指公母畜自身增重已停止，体格、体型发育已成熟，达到成年体重或与之相当的年龄时的生理状态。目前，我国对各种家畜的成年尚无统一规定，不过，如猪，倾向于认为，成年公猪为24月龄，成年母猪为三胎以上（含三胎）；牛为 60 月龄，水牛更长，约 72 月龄。

一般认为，性成熟出现最早，其次是经济成熟，最后才是体成熟。了解上述三个名词的含义，有助于增进对生后期有关时期特征的理解。

二、家畜生长发育的不平衡性

家畜生长发育的不平衡性指在生长全程（从胚胎期到生后期中生长停止的成年为止）的各个时期，机体的每个部分（包括每个部位和组织器官）都不是依原有的比例生长的（不论是重量的增加或尺度的增长，不论是绝对生长还是相对生长），比如一头成年家畜的体型并不是其幼年体型的放大，各种不同年龄的家畜都有其特异的体型。不平衡性也指同一年龄段家畜的各个部分有着不同的生长速度和强度。

（一）体重增长的不平衡性

1. 胚胎期与生后期增重的比较 不论哪种家畜，胚胎期的绝对增重总小于生后期，而相对增重则反之，胚胎期的体重增长加倍次数远超过生后期。

2. 就胚胎期而论 绝对增重随胎龄逐步加大，相对增重则随胎龄的增加而下降。启示：妊娠前期因胚胎生长紧张、分化强烈，应注重营养的质量。

3. 就生后期而论 绝对增重常表现为低→高→低→停止，呈近似正态分布状态，绝对增重的最高点一般出现在性成熟期前后（不同畜种有差异）；相对增重则随年龄而下降。因此，性成熟前后是挖掘生长潜力的关键时期。

（二）外形与骨骼生长发育的不平衡性

为学习方便起见，先介绍生长顺序与生长波的概念。

外形各部位（或其骨骼基础）、各种组织器官的生长高峰到来的时间是不一样的。这种按照生长高峰到来时间的先后所排成的各个部分的顺序就称为生长顺序（growth order）。例如，后面将会提到，在胚胎期中头部的生长发育最强盛，即头部的生长高峰到来最早，过一些时候，颈部的生长强度超过头部，而为所有中轴骨骼之冠，出生以后，又转移到背部，继而为腰部，这种生长重点（生长最迅速、最强盛的部分）随时间的推移而有顺序地移行的现象，或者说生长强度依次更替的现象，就称为生长波（growth wave），或者生长梯度（growth gradients）。因此，生长顺序亦可定义为生长强点（生长重点）的（移行）顺序。还要提到，从某种角度讲，生长顺序也就是前已述及的早熟性顺序。很易理解，生长波存在于身体的任何有关部位之间以及组织器官间。下面将视情况灵活使用上述名词术语和各种表述方式，以增进对问题的理解。

1. 家畜外形在生长全程（胚胎期到生后期的成年为止）**过程中生长强点的移行顺序** 如图 3-2 所示，生长发育最强盛的首先是体积，次之是长度，继之是高度，此后又是长度，最后又是体积（即深度和宽度）。注意：高度只出现一次生长高峰。

从图 3-2 中还可以看出，当出生时，各类家畜可能处于不同的生长发育阶段。

先讨论草食动物（如牛、羊、马等）：在胚胎期中，生长强度最大的是高度即四肢骨骼（看图 3-2 中的高度增长曲线，从缓慢生长区一跃就跳到中等生长区又急速上升到强烈生长区，且出生时身高已达到生长高峰），而中轴骨骼（包括头骨、脊椎、肋、胸骨等，代表长度和体积）则增长得相对较慢（看图 3-2 中的长度和体积增长曲线，它们的生长高峰期均已过去，且在走下坡路）。在出生后则反之，除头骨以外（头骨是胚胎期的生长强点）的中

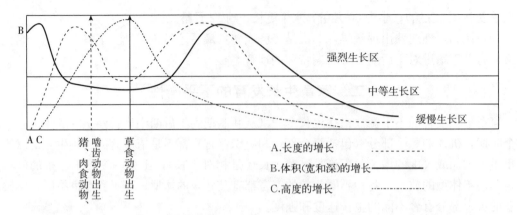

图 3-2　家畜体躯各部分生长强度的变化及不同畜种出生时身体尺度处于不同发育阶段
（引自孙文荣，1962；刘震乙，1990）

轴骨骼相继生长得比较旺盛，而四肢骨骼生长缓慢。由于高度的增长旺盛期刚度过就出生，因此出生时腿长，显得较高，体躯相对短而窄。（注意：中轴骨骼＝头骨＋椎骨＋肋＋胸骨；椎骨又含颈椎、胸椎、腰椎、荐椎、尾椎5段）

若将出生不久的犊牛的体型与成年牛放在一起做比较就更形象了。图 3-3 就是以初生犊牛与成年牛的鬐甲高当作基准，来比较两者之间的差别的。可以看出，初生犊牛比成年牛的体躯相对要短而浅，四肢相对较长。

再讨论杂食动物猪和肉食动物：它们与草食动物有很大不同，由于出生时刚过长度增长和体积增长的第一次高峰，特别是长度，而高度增长高峰还未到，因此猪等动物出生时体型较长较宽，而四肢显得较短，体型较矮。

以上说明，两类家畜出生时不是处于同一生长发育阶段。出生时杂食动物等所处的生长发育阶段要比草食动物早。

说明：□成年　▨犊牛

图 3-3　犊牛与成年牛体型的比较
（引自孙文荣，1962）

若再进一步追究草食动物在胚胎期中已基本完成高度发育的原因，便可发现这是在系统发育过程中长期自然选择的结果。因为野生状态下的马、牛、羊，只有出生后就能立刻跟随母亲奔走才可免于被肉食兽所害，故四肢骨在胚胎期中即已得到充分发育。而野生状态的猪，主要是在沼泽和灌木丛中生活，能很好隐蔽和保护自己的子女，不需要仔畜的四肢在胚胎期中提早发育，所以这类动物初生时便显得短宽矮。

2. 中轴骨骼诸骨及其相应部位的生长顺序　其中含两种生长顺序，或者说两个生长波。一是以头骨及椎骨为基础的部位顺序：头部（头骨）→颈部（颈椎）→背部（胸椎）→腰部（腰椎）←荐部（荐椎），或者头部（头骨）→颈部（颈椎）→背部（胸椎）→腰部（腰椎）→荐部（荐椎）。头部为胚胎期的生长强点，其他依次为生后期的生长强点，腰部或荐部最后达到生长高峰。因此，出生时头部所占比例甚高，而后躯的充分发育则要等到生后的一定月龄。故均不适宜在幼龄时进行屠宰和选种，否则将影响出肉率（可食部分的比重）和胴体品质及对其进行选择的准确性。二是椎骨→肋，即家畜出生后首先是以椎骨为骨骼基础的体躯加长，然后是以肋（肋骨＋肋软骨）为基础的胸部加深、变宽。（注意：成年家畜椎骨中的荐椎愈合在一起，称为荐骨）

汉蒙在其著作《农畜的繁育、生长和遗传》（1965）中指出，猪的生长梯度一方面由头骨往后推进，另一方面由尾部向前进行，在腰椎处汇合。所以在出生后，腰部增长最多，骨盆和胸部次之，再次是颈部，而头部增长最少。

3. 四肢骨骼及其相应部位中存在两个生长波 一是四肢最下部的骨→四肢最上部的骨，生长强点由下向上移行；二是前肢骨→后肢骨，生长强点由前向后移行。

4. 骨本身形态的生长顺序 骨的长度生长高峰在前，厚度和宽度在后，故常可见到头骨慢慢变得短宽，脊柱逐渐加宽加厚，四肢骨逐步变粗。

5. 椎骨中的晚熟骨与四肢骨骼中的晚熟骨的汇合 前已指出，椎骨和四肢骨骼的生长波是：颈椎（颈部）→胸椎（背部）→腰椎（腰部）←荐椎（荐部），或者是：颈椎（颈部）→胸椎（背部）→腰椎（腰部）→（荐部）；四肢骨骼的生长波有两个，一是四肢最下部之骨→四肢最上部的骨，二是前肢骨→后肢骨。综合起来，后肢骨的最上部的骨——髋骨（是髂骨、坐骨和耻骨的合称）要比前肢骨的最上部的骨——肩胛骨晚熟。可见，椎骨中的晚熟骨是腰椎或荐椎，四肢骨骼中的晚熟骨是髋骨。

在此有必要引出"生长中心（growth centre）"这个术语。两个生长波的汇合部位称为生长中心。据研究，牛、马、羊等草食动物的生长中心在荐臀部（骨骼基础是"荐椎＋髋骨"），猪等动物的生长中心在腰部。有的书上说牛、马、羊的生长中心在"荐部和骨盆部"未尝不可，但不够严谨，因为"骨盆是由两侧髋骨、背侧的荐骨和前4枚尾椎以及两侧的荐结节阔韧带共同围成的结构"。

至此，可以说，消费者要利用的价值高的部位之一，是生后期最迟成熟、增长最多、生长最快、生长高峰到来最晚的部位，也就是相当于生长中心的部位。

（三）组织器官生长发育的不平衡性

1. 主要组织的生长顺序 大量研究结果表明：主要组织的生长顺序为骨→肌肉→脂肪。以猪为例，见表3-6。

表3-6 肉猪骨、肉、皮、脂的异速生长模式（$y=ax^b$，$x=$骨、肉、皮、脂合计）

（引自陈润生，1995；齐守荣等，1989；其中陆川猪引自张家富，2012）

品种	b值				早熟性顺序（生长顺序）
	骨	肉	皮	脂	
民猪	0.661	0.896	0.994	1.415	骨→肉→皮→脂
内江猪	0.798	0.901	1.127	1.185	骨→肉→皮→脂
大花白猪	0.739	0.799	1.040	1.304	骨→肉→皮→脂
金华猪	0.764	0.932	0.956	1.220	骨→肉→皮→脂
二花脸猪	0.803	0.931	0.844	1.413	骨→肉→皮→脂
姜曲海猪	0.716	0.853	0.896	1.395	骨→肉→皮→脂
陆川猪	0.712	0.725	1.071	1.228	骨→肉→皮→脂
大围子猪	0.630	0.906	0.852	1.550	骨→皮→肉→脂

(续)

品种	b值				早熟性顺序
	骨	肉	皮	脂	（生长顺序）
香猪	0.803	0.926	0.935	1.226	骨→皮→肉→脂
长白猪	0.727	0.961	0.900	1.345	骨→皮→肉→脂

表 3-6 说明，我国肉猪胴体组织的早熟性顺序（即生长顺序）有两种：一是骨→肌肉→皮肤→脂肪。我国一些地方猪品种肌肉组织比皮肤组织更为早熟，即生后期皮肤的生长势强于肌肉从而导致胴体肉少、皮厚、脂多，是胴体肉用价值降低的基本原因。二是骨骼→皮肤→肌肉→脂肪。

2. 肌束的厚度与长度　肌束厚度的生长高峰到来的时间较肌束长度晚，如股部会随年龄的增长而慢慢突出。

3. 各种脂肪沉积部位的顺序　最先沉积于内脏器官附近（板油和花油；花油为大网膜油与肠系膜油的总称）；其次在肌肉间，形成肌间脂肪；再次在皮下，形成皮下脂肪层（膘）；最后，脂肪穿入肌肉中（即肌束间），形成大理石纹。可见，不同时期哪个部位沉积的脂肪最强盛是有规律可循的，换言之，同一生长时期不同部位的脂肪沉积速度是不一样的。

还应注意一条规律：越是早熟的家畜，它的大理石纹越明显，大理石纹评分越高。年老的牛羊越需要充分肥育，以使脂肪能透入肌肉，保证肉变嫩。

4. 单一皮下脂肪沉积部位的顺序　幼年时，脂肪沉积的重点在肩部，然后逐步向后移行。

5. 各种器官的生长顺序　现仅就库得列夫根据马里贡诺夫的资料进行的总结（表 3-7）介绍各种器官的生长顺序。

表 3-7　不同生长发育时期各组织器官的生长强度

（引自刘震乙，1999；孙文荣，1962）

发育时期		胚胎期		
	级别	1	2	3
生后期	1	皮肤、肌肉	血液、胃	睾丸
	2	骨、心	肾	肝、肺、气管
	3	肠	脾、舌	脑

从表 3-7 可见，库得列夫把各种器官依其在胚胎期和生后期中的生长强度各分为三级，总计分为九级。皮肤和肌肉，无论胚胎期还是生后期，都有高度的生长强度，处于第一级；而脑则相反，它在两个时期中生长都很缓慢。也有一些器官，在胚胎期生长强度大，但在生后期很低，如肠；有一些则相反，如睾丸。

据谢维尔佐夫的研究，各种器官生长发育的迟早和快慢，主要取决于每一器官的来源及其形成的时间。系统发育较老的器官，在个体发育中出现得较早，它们的生长发育较缓慢，但结束得较迟、较晚；反过来，系统发育较幼的器官，在个体发育中出现得较迟，它们的生长发育较快，但很早就结束其生长发育。例如，脑和神经系统等是维持生命所必需的主要器官，在系统发育中是较老的，所以在胚胎期中它很早就形成，但生长发育得较慢，结束也较迟；而那些供生产用的器官，例如乳房，形成较晚，发育较快，结束也较早。

第四节　影响家畜生长发育的主要因素

影响个体发育的主要因素，不外乎有遗传因素与环境因素两大类。遗传因素包括种、生产力类型与品种、性别以及个体的遗传差异，环境因素包括母体、营养以及生态环境与生物因素。

一、遗传因素

畜种、经济类型（生产力类型）、品种、个体和性别不同，其体重和各部分（各部位、各个组织器官）的生长发育特点与规律均存在差异，这显然主要归因于遗传原因，即由遗传基础决定。遗传因素的内容极为广而深，遗传学及其分支学科均有涉及，下面只从生产角度举一例说明。

脂肪型猪（可谓早熟品种）与腌肉型猪（可谓晚熟品种）就不一样：脂肪型猪的各个生长高峰比较近，比如，在骨骼、肌肉迅速生长的同时，脂肪沉积也在进行，即所谓"边长边肥"。而瘦肉型猪各生长重点依次更替慢，各生长高峰不太靠近。因而，屠宰时期两种经济类型的猪就不一样，前者早，后者晚。

遗传（早晚熟品种）与环境（高低营养水平）对不同部位和组织到达生长高峰时间上的差异的影响程度见图 3-4。

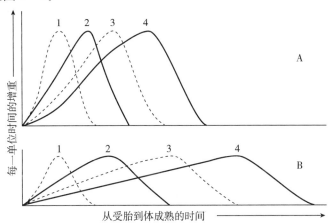

图 3-4　品种的早晚熟或营养水平的高低在动物各部分到达生长高峰时间上的差异
A. 早熟品种或高水平营养时　B. 晚熟品种或低水平营养时
曲线 1. 早期高速生长的部位，如头部和管骨　曲线 2. 肩部和颈部
曲线 3. 肌肉和大腿　曲线 4. 脂肪、腰部和臀部
（据 Palsson，1955；转引自约翰逊和伦德尔，1982）

二、母体大小

对马、牛、绵羊、家兔的研究表明，母畜越大，后裔生长越快。如公驴与母马配种，所生的骡体格较大，而公马配母驴所生的駃，体格则小。说明后代在很大程度上表现母本性状。

母体大小对后裔的极端影响，还见于英格兰重挽马品种夏尔（Shire）母马和苏格兰矮马品种雪特兰（Shetland）母马。由雪特兰马与夏尔母马配种所生的驹，较夏尔公马与雪特兰母马配种所生者，约大3倍。此种差异，可持续相当时日，再经历一个生长缓慢的阶段，当到达 4 岁时，由雪特兰母马所生者，其大小约为夏尔母马所生者的 2/3。关于腿长，如以夏尔♂×雪特兰♀开始，雪特兰母马的雌性后裔，需与夏尔公马连续配种两个世代后，其第三世代后裔的腿长才与夏尔母马的第一世代后裔相同。

以上例子，实际上是所谓的"母体效应"的表现形式之一。

三、饲养因素

饲养是影响家畜生长发育的重要因素之一。饲养因素包括营养水平、饲料品质、饲粮结构、饲喂时间与次数等。

（一）不同饲养方式可改变肉猪的经济类型

举典型例子说明，见表 3-8。Hammond 将来源相同的仔猪分为 4 组，各组所用饲料的成分完全相同，只是饲养方法不同。用这种方法从初生一直喂到 80 kg，然后屠宰。结果，这种调节猪的营养状况的方法，使各组猪的生长曲线发生了相应的改变，而产生了不同经济类型、不同体型的猪。从初生到体重 80 kg 完全用高营养水平的组，成了鲜肉型体型；营养水平先高后低的组，成了腌肉型体型；先用低水平营养到 16 周龄，然后用高水平营养的组，成了脂肪型体型；全期用低营养水平的组，发育受阻。

表 3-8 不同饲养方法对猪屠宰后各部分相对重量的影响

（引自孙文荣，1962）

饲养方法	屠宰后各部分的相对重量（%）				经济类型
	脂肪	肌肉	骨骼	皮腱和内脏	
全期给予充分饲粮	39	40	11	10	鲜肉型
先充分后限制	33	45	11	11	腌肉型
先限制后充分	44	36	10	10	脂肪型
全期限制饲粮	28	39	10	11	发育受阻

（二）饲养不善可导致发育受阻

妊娠母畜若营养过度不足，将使胚胎生长发育受阻，造成出生后甚至成年时个体仍保留胚胎早期的体型特征，如头大体矮、臀低肢短，这样的体型称为胚胎型（图 3-5）。

若出生后仔畜营养过度不足，将导致生长受阻，成年后仍保持幼年时期的体型特征，如体躯浅而窄等，这样的体型称为幼稚型（图 3-6）。

图 3-5 胚胎型奶牛

（引自刘震乙，1980）

图 3-6 幼稚型奶牛

（引自刘震乙，1980）

(三) 营养水平对家畜生长发育的影响

下面是 Halldor Pillson 综合 1939—1952 年较多学者的试验写成的《体形和身体的组成》一文中的至今仍有参考价值的一些观点和结论。

(1) 母畜营养严重不足，即营养水平过低，一般要到胚胎发育后期才抑制胎儿的发育。

(2) 自胚胎发育后期到成年生长停止之时，营养不足对动物各部位及组织器官发育的抑制，视营养不足发生的时间而定。处于生长高峰的部位、组织器官，受营养不足的不良影响最大；若营养充分，这些部分也最发达。

因此，可在生长发育的不同阶段，用改变营养水平的方法来控制体格类型。

(3) 自胚胎发育后期到生后期生长停止期间，任何阶段营养不足对不同部位和组织器官生长发育所起的阻抑作用，与该部分的成熟早晚成正比。早熟部分（即早达到生长高峰，如头部、神经组织、心肺）所受影响最小，晚熟部分所受影响最大。

(4) 连维持需要也未能满足时，某些组织即被移用（分解利用），以供给机体维持生命所需的热能和蛋白质。

作为营养成分而被移用的组织与早熟性顺序相反，即先分解利用脂肪，再利用肌肉，最后利用骨；至于身体部分，凡成熟最晚的组织，如腰部和骨盆部的这些组织最早被分解利用。如果到了最早熟的神经组织也被利用来维持生命之时，个体即已接近死亡了。详见图3-7。

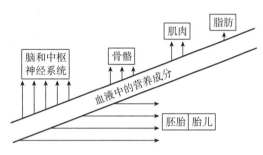

图 3-7 血液中营养成分分配的不平衡示意图
(引自刘震乙，1990)

图 3-7 示意当营养水平过于低下时，各种组织竞相取用血液中营养成分的顺序。箭头表示养分的去向，箭头数表示该组织的代谢作用，箭头数越多者表示代谢率越高，越有优先权取用血液中营养成分，这是长期自然选择的结果。当营养成分来源减少时，则各种组织都减去一个箭头，此时脂肪生长停止，脑、骨骼、肌肉则以较低速度生长；当营养来源进一步下降时，则每种组织减去两个箭头，则肌肉停止生长，脂肪的箭头方向倒转，脂肪被消耗移至血液中以供应热能，以使脑、骨骼、胚胎、胎儿以不同速度继续生长；饲粮营养水平更低时，则每种组织减去三个箭头，骨骼停止生长，肌肉被分解，以维持胚胎或胎儿生命与中枢神经系统的营养需要；如养分供应再进一步减少，则胎儿流产，母体本身也可能死亡。

(5) 若经受营养不足的时间不长，生长发育受阻的部分（包括受阻的部位或组织器官）则可能得到补偿（恢复），但补偿的时间可能延后。

四、性别因素

1. 雌雄遗传基础的差异 公畜的生长速度一般比母畜快，体格较大。公畜对丰富营养有良好反应，能达到比母畜更高的生长速度，但在贫乏饲养下，公畜的生长速度不如母畜，难以选出好公猪。

2. 性激素的影响 去势对家畜生长发育的影响极其明显。若公猪幼龄去势（测定前去势），脂肪沉积能力明显增强，瘦肉率降低。因此，进行试验设计时，各组试畜的阉公与母的比例应相同；为求代表性与可比性，应阉公与母各半；在阅读文献时，应注意试畜去势与否以及性别比例。

五、生态环境与生物因素

生态环境与生物因素包括：①气候条件（如气温、湿度、气压、风力、风速、风向、降水、无霜期）；②地理位置（包括经纬度）；③地势（海拔高度）；④地形；⑤土壤；⑥水文条件（水源等）；⑦生物条件（微生物的感染、寄生虫的侵袭、地方传染病的威胁）。

特别是气候条件、地势对生长发育的影响很大。小气候温湿度、光照、通风换气、空气组成等也甚为重要。例如，不同光照节律和营养水平对黄羽肉鸡的生长性能、性征发育有影响。

第五节　家畜生长发育规律在实践中的意义

一、可以为正确、经济地组织饲养工作，挖掘畜群当代生长潜力提供科学依据

（1）了解或进一步研究生长发育规律，有助于确定畜群各阶段的营养需要与饲养方法。对于评价现有的或者修订全国性的《营养需要量表》或《饲养标准》也是必需的。

举例如下：①若懂得胚胎期的生长发育规律，自然会对母畜妊娠前期的营养在饲粮的质量上做好文章，因为胚胎在妊娠前期绝对增重虽不大，但分化强烈；对妊娠后期母畜则会在营养的数量上更为重视，因为胎儿在妊娠后期绝对增重大，如猪90%左右的初生重是在这一时期增加的。②瘦肉型商品猪的上市/屠宰体重一般在100 kg左右，在这一体重之前是猪生长的高峰期，超过100 kg后，猪的生长速度就会下降，吃得多，长得少，经济效益受到影响。③进行猪的所谓"瘦肉型肥育"，从断奶到上市体重的前期，应给予较高的营养水平，而后期则应适当降低一些营养水平，即所谓"前高后低"，这样能较容易地获得较瘦的胴体。前面介绍的Hammond的试验已说明了这一点。但应注意，"先充分后限制"的营养配方只适于饲养瘦肉型商品猪，不能照搬于选种用的性能测定种猪群，对后者前期和后期均必须采取一贯的自由采食方式，直至性能测定结束。

（2）饲养瘦肉型商品猪和肉用牛，根据市场分割肉的价格高低，对晚熟的经济价值高的部位在其生长高峰期间应进行科学的饲料配方，给予合理的营养水平。

二、改变生长期不同阶段的营养条件配合选择有可能获得所需体格类型（生产力方向）的群体

突出一例：波中猪（Poland China pigs）在历史上就是运用猪的生长发育规律与饲养条件，加上选种技术和品种登记管理制度，逐步将其由脂肪型品种改良成为腌肉型品种。

波中猪原产美国，起源于俄亥俄州西南部。波中猪的名称是在1872年在国家种猪协会的一次大会上提出的。原基础猪群较混杂，因先后与引入的几个品种杂交过，因而1872年之前，通常为黑色、白色和花斑的混合，"六点白"（四腿下端白、鼻白、尾尖白）中缺一两处白也没有关系。现代的波中猪主要是黑色，但有"六点白"。论体型，有如下变化（图3-8）。

1890年前：大型脂肪型（大而肥）；

1890—1915年：小型脂肪型（体格小、短、肥）；

1930年前后：脂肪型、腌肉型、中间型三种类型并存；

1940年后：腌肉型个体占优势；

现今：体长而宽，四肢结实，肌肉丰满，瘦肉率较高。

从图3-8可见，波中猪的体型、身体各部分的比例历经近30年的工作确在变化。原因是市场与消费者对猪油需求量的减少、展会的刺激，推动了育种者提出改变生产力方向的要求；在生后幼年时给予种猪较高的营养水平，使相对较早发育的部分如肌肉、体长、肢高等迅速增长，体格加大，而在生长的后期则适当降低营养水平，使迟发育部分如脂肪、胸深等在一定程度上受阻；与此同时，育种者也十分重视在上述环境下加强选择（注意了在经设计的测定环境条件下进行选择，即利用了基因型与环境的相互作用）。经过一代一代地长期坚持特定的饲养以及按市场要求所制定的目标进行选种选配，并参加品种登记，终于使核心种猪群的遗传结构得以逐步改变。

图3-8 波中猪身体各部比例与体型的变化图
（图中自下而上分别为1895—1912年、1913年、1915年、1917年和1923年时的波中猪）
（据Hammond，1932；转引自汉蒙，1965）

三、生长发育规律可为选种工作提供不可或缺的参考依据

（1）在不同年龄进行体型外貌评定（外形鉴定）时，应考虑该年龄段的生长发育特点。

（2）树立断奶阶段外形选择不准确的观念。首先，外形在断奶直至达上市体重这段时间还在不断地变化着；其次，最有经济价值的部分（如肉畜的腰部和后躯）或者与生产力密切相关的部分（如奶牛的后躯、乳房）至经济成熟期才充分发育。总之，不到性能测定期结束是无法显示出重要性状个体间的遗传差异的，是无法评估和挑选出优秀的公畜和优良/优秀的母畜。

总之，外形鉴定的正确进行、生长与胴体性状评估的适宜体重或月龄的确定、性状（如背膘厚度与眼肌面积）的活体测定与测定部位的选取、测定期间营养水平和饲养管理方式的确定等选种工作，均与生长发育规律及其在不同种群间遗传差异知识的掌握和研究成果有密切关系。

习 题

1. 名词解释：个体发育，生长，发育，累积生长，绝对生长，相对生长，生长加倍次数，异速生长，性成熟，经济成熟，体成熟，早熟性顺序，生长顺序，生长波（生长梯度），生长中心，生长发育的不平衡性。

2. 生长和发育各自的细胞学基础是什么？

3. 家畜生长发育常用的衡量指标有哪些？列出计算公式并说明公式中的符号所代表的含义。

4. 简述相对生长速度公式（1）和（2）。相对生长速度公式（1）的缺陷在哪里？反映生长强度的公式还有哪些？

5. 简述异速生长的含义与异速生长方程。求出的 b 能说明什么问题？

6. 影响家畜生长发育的主要因素有哪些？

7. 家畜生长发育的不平衡性规律有哪些实际意义？能用它来指导选种实践吗？

8. 选择题：

(1) 中轴骨骼中的生长顺序之一为（   ）：A. 肋→椎骨 B. 椎骨→肋

(2) 骨本身形态的生长顺序为（   ）：A. 长度→厚度与宽度 B. 厚度与宽度→长度

(3) 各种组织的生长顺序为（   ）：A. 骨→脂肪→肌肉 B. 骨→肌肉→脂肪

9. 计算题：

(1) 根据东北农学院对民猪生长发育研究的下述材料计算 b 值，列出异速生长方程，并进行拟合度测定。

	体重阶段（kg）			
	15	60	75	90
半胴脂肪总重（x）	1.730	14.160	19.956	24.029
半胴腹外脂肪（皮下脂肪+肌间脂肪）重（y）	1.459	11.677	15.748	19.317

(2) 根据下述华中农业大学对湖北白猪Ⅲ系生长发育研究的材料计算异速生长系数 b，分析早熟性顺序。

湖北白猪Ⅲ系半胴皮、骨、肉、脂（皮下脂肪）重（kg）

（引自曹胜炎等，1986）

体重	头数	皮肤	骨	瘦肉	脂（皮下脂肪）	皮骨肉脂（皮下脂肪）总重
初生	6	0.040	0.075	0.336	0.023	0.474
15	6	0.446	0.696	3.020	0.592	4.754
30	6	0.765	1.282	6.165	0.872	9.084
60	6	1.543	2.276	13.006	2.691	19.516
90	6	2.011	3.101	19.445	5.698	30.255
120	6	2.688	3.800	22.462	9.354	38.304

(3) 试根据东北农学院半胴重、半胴肌肉重、腿臀部重和腿臀肌肉重为自变量的腿臀五块肌肉的异速生长势的研究结果数据（见下表）比较三个品种猪在后躯肌肉的重量增长上的相同与不同特点。

半胴重、半胴肌肉重、腿臀部重和腿臀肌肉重为自变量的腿臀五块肌肉的异速增长势

（引自陈润生，1981）

自变量		早熟性顺序				
		1	2	3	4	5
民猪	半胴重	半膜肌 (0.841)	股薄肌 (0.847)	内收肌 (0.853)	股二头肌 (0.905)	半腱肌 (0.937)
	半胴肌肉重	半膜肌 (0.982)	股薄肌 (0.989)	内收肌 (0.992)	股二头肌 (1.057)	半腱肌 (1.097)
	腿臀部重	半膜肌 (0.975)	股薄肌 (0.881)	内收肌 (0.886)	股二头肌 (0.941)	半腱肌 (0.975)
	腿臀肌肉重	半膜肌 (0.984)	股薄肌 (0.991)	内收肌 (0.994)	股二头肌 (1.059)	半腱肌 (1.099)
长白猪	半胴重	股薄肌 (0.895)	内收肌 (0.925)	半膜肌 (0.939)	股二头肌 (0.984)	半腱肌 (1.033)
	半胴肌肉重	股薄肌 (0.942)	内收肌 (0.973)	半膜肌 (0.988)	股二头肌 (1.059)	半腱肌 (1.085)
	腿臀部重	股薄肌 (0.938)	内收肌 (0.969)	半膜肌 (0.984)	股二头肌 (1.054)	半腱肌 (1.081)
	腿臀肌肉重	股薄肌 (0.953)	内收肌 (0.985)	半膜肌 (1.000)	股二头肌 (1.072)	半腱肌 (1.099)
三江白猪	半胴重	股薄肌 (0.910)	半膜肌 (0.913)	内收肌 (0.922)	股二头肌 (0.962)	半腱肌 (0.967)
	半胴肌肉重	股薄肌 (0.976)	半膜肌 (0.978)	内收肌 (0.989)	股二头肌 (1.032)	半腱肌 (1.039)
	腿臀部重	股薄肌 (0.923)	半膜肌 (0.926)	内收肌 (0.935)	股二头肌 (0.976)	半腱肌 (0.982)
	腿臀肌肉重	股薄肌 (0.965)	半膜肌 (0.968)	内收肌 (0.977)	股二头肌 (1.021)	半腱肌 (1.028)

第三篇 选 种

选种是家畜育种工作的核心，是育种三大基本技术环节（选种、近交、杂交）中的核心环节。它包括四个主要部分（或称四个环节，四个步骤），即性能测定（在一致条件下观测各个体性能）、遗传评估（估计各个体的育种值并据此进行排序即排出名次）、种畜选留（留下名次处于前列的优良个体作为下一代的亲体）与畜群更新。选择方法则贯穿于选种的全过程。性能测定是个体遗传评估的基础，没有性能测定就无从获得选种所需要的信息。在性能测定的基础上，利用各种信息对候选个体进行遗传评定，为选留提供客观的依据，并采用适当的选择方法对个体进行选留或淘汰，最终实现预期的育种目标。

本教材用 1 章篇幅介绍种畜测定：第六章介绍种畜测定的种类、组织与实施。用 6 章篇幅讨论选种的理论和方法：第四章介绍选择的作用。第五章阐述数量性状选择的效果与方法，并探讨影响数量性状选择成效的因素，以及在选种过程中所用到的各种选择方法。第七、八和九章详细介绍个体遗传评估的基本理论和方法。其中第七章简单介绍个体育种值的基本概念和估计育种值的基本原理和方法，并重点介绍使用一种亲属资料和使用多种亲属资料估计个体育种值的方法。第八章介绍构建选择指数估计综合育种值的基本理论和方法，在此基础上，重点介绍经典选择指数、约束和最宜选择指数的构建和选择效果的度量，并举例说明选择指数的构建过程。第九章详细介绍现在广泛使用的 BLUP 育种值估计的基本原理和方法，首先详细介绍 BLUP 法的基本理论、混合模型方程组的推导、算法和估计的准确性，然后介绍各种不同情况下用于育种值估计的线性模型和相应的混合模型方程组，并专门举例说明单性状和多性状 BLUP 育种值估计的具体计算步骤和策略，深化对 BLUP 育种值估计的理解。第十章则介绍家畜质量性状与阈性状的概念及其选择方法。

第四章
选择的作用

第一节 选种的理论依据：自然选择与人工选择

一、自然选择

达尔文在《物种起源》里提出了两个相互紧密联系的观点：进化论（evolution theory）和自然选择（natural selection）。进化论强调世界处在不断演变之中；生物类型不是一成不变的，而是在生命连续性之中发生渐变的；新物种不断产生，旧物种不断灭绝。而自然选择的主要内容则是生物有高度的生殖率，而生存条件有限，生物必须为生存而斗争；每种生物在每一世代中数量相对稳定，这是由于在与环境的斗争中它们大批的个体死亡，能够传留后代的只是少数；生物具有广泛的遗传的不定变异，那些具有有利变异的个体会有较多的生存及传留后代的机会，那些具有不利变异的个体被淘汰，结果是适者生存。达尔文把有利变异的保存和不利变异的淘汰称为自然选择。

达尔文自然选择理论认为，自然环境是选择者，生物个体是被选择对象，自然选择过程是自然环境把适应环境的生物保留下来，把不适应环境的生物淘汰掉的过程。通过自然选择，物体的微小有利变异在逐代中得到了积累，确定了生物进化的方向，实现生物进化。达尔文的进化论证实了生物的进化，并主张其进化的动力在自然界内部，生物是从少数简单的原始祖先逐渐发展到今天日益多样化和复杂化的类型。

20世纪30年代，杜布赞斯基（T. Dobzhansky）等创立了现代达尔文主义（又称综合进化论），认为生物进化的单位不是个体，而是群体；通过突变、选择、隔离可形成生物新物种，实现生物进化。因为突变能为生物进化提供原材料，通过自然选择能够保留适应性变异，通过隔离可巩固和扩大适应性变异，使群体中的基因频率发生定向改变。20世纪70年代初，杜布赞斯基、费希尔（R. A. Fisher）、霍尔丹（J. B. S. Haldane）等探讨出了新的综合进化论，认为自然选择不全部表现为留优去劣的"筛选"作用，自然选择除了表现为保留有利等位基因，消除有害等位基因的正常化选择模式外，在自然界还存在着许多种其他的选择模式。如在杂合体中就存在保留许多有害甚至致死基因的平衡性选择，具有镰刀形红细胞贫血症基因的杂合体不患疟疾在人群中占有较高的比例（40%）就是一种典型。

码12 性选择——用角做武器

自然选择包括生态选择（ecological selection）和性选择（sexual selection）两种形式。其中性选择是同性个体间为争取与异性交配而发生的竞争，得到交配的个体得以传代，有利于竞争的性状可能得到巩固和发展。自然选

码13 自然选择的杰作——达尔文雀

择是一个很复杂的现象，它大体可以分为稳定性选择（stabilizing selection）、单向性选择（directional selection）和分裂性选择（歧化选择，disruptive selection，又称多样化选择）。

稳定性选择就是把种群中趋于极端的变异个体淘汰，而保留那些中间型的个体，使生物的性状更趋于稳定。这种类型的选择大多出现在环境相对稳定的种群中，选择的结果是性状的变异范围不断缩小，种群的基因型组成更加趋于纯合。例如，在美国的一次大风暴后，有人搜集了136只受伤的麻雀，把它们饲养起来，结果活下来72只，死去64只。在死去的个体中，大部分是个体比较大、变异类型比较特殊的。而在存活的麻雀中，各种性状大多与平均值相近。这表明离开常态型的变异个体容易被淘汰，这是选择的向心作用。

单向性选择是在种群中保留趋向于某一极端的变异个体，而淘汰另一极端的个体，从而使种群中某些基因频率逐代增加，而它的等位基因频率逐代减少，整个种群的基因频率朝着某一个方向变化。这种选择的结果也会使变异的范围逐渐缩小，种群的基因型组成趋于纯合。单向性选择多见于环境条件逐渐发生变化的种群中，如桦尺蛾的黑化现象就是这种选择的结果。

分裂性选择就是把种群中的极端变异个体按不同方向保留下来，而中间常态型大为减少。这种类型的选择也是在环境发生变化的情况下进行的。当原来的生存环境分隔为若干个小生境，或者当种群向不同的地区扩展时，都会发生分裂性选择。以一对等位基因为例，AA 和 aa 可能分别适应于不同的小生境，而 Aa 的表现型可能对这两种小生境都不适应，这样在这两种小生境中，交配繁殖可能都发生在基因型为 AA 或 aa 的个体之间，而具有杂合基因型（Aa）的个体在这两个种群中会逐代减少并且趋于消失。克格伦岛上的昆虫只有残翅（无翅）和翅特别发达两种类型，而具有一般飞行能力的昆虫则逐渐被淘汰，可以说就是分裂性选择的结果。

二、人工选择

人工选择（artificial selection）是通过人工方法保存具有有利变异的个体和淘汰具有不利变异的个体，以改良生物的性状和培育新品种的过程。达尔文在他的《物种起源》和《动物和植物在家养下的变异》两部著作中，援引大量事实说明人工选择的原理和方法。认为一切栽培植物和饲养动物皆起源于野生的物种，生物普遍地存在着能遗传的变异，但仅有变异还不能形成新品种。虽然有少数品种可以由突变一步形成（如安康羊、矮脚犬），但这毕竟是少数情况，而大多数品种都是由微小变异，特别是连续性变异逐渐积累而成的。人工选择的要素是变异、遗传和选择，变异是形成品种的原材料，遗传是传递变异的力量，选择则是保存和积累有利变异的手段。人工选择包括两个方面，一是淘汰对人无利的变异，二是保存对人有利的变异。人往往喜欢一些极端变异的类型，于是经过一代一代的人工选择，就从一种祖先分化出不同的品种，这就是在家养状况下所看到的性状分歧。人工选择可分无意识的选择和有计划的选择，前者在古代就有了，后者直到近代才实行。

动物在家养条件下形成多种多样的品种，其过程是人工选择代替了自然选择，因而进化的方向由更加适应自然条件转向更加有利于人类。动物在人工选择下的变化更加明显。例如对猪的生产性状进行选择表明：对大白猪的瘦肉生长速度、饲料转化效率和日采食量进行4个世代的双向选择，其直接选择反应分别为1.7、1.3和1.2个标准差；对长白猪进行同样的选择，其直接选择反应分别达到1.4、1.1和0.9个标准差。大量的选择试验表明，尽管选择试验的目的和条件不尽相同，但选择的结果都是非常有效的（对于遗传力中等特别是遗传力高的性状)。

随着现代科学技术的发展，特别是相关理论和技术在动物育种中的运用，人工选择的形式、内容和效果均发生重大变化。早期的人工选择注重的是表型，就是依据性状表型值的高低进行选择，虽然这种选择方式也能获得一定的进展，但其进展的速度是缓慢的，效果也很不稳定。随着数量遗传学理论的发展，育种学家们可以借助一定的统计学方法将性状的表型值进行剖分，并从中估计出可以真实遗传的部分，即育种值（breeding value），使表型值选择发展为育种值选择，从而提高了选种的准确性和效率。尤其是动物模型 BLUP 的应用，使得育种值的估计可以充分利用不同亲属的信息，在对场、年度及其他环境效应进行估计的同时，预测出个体的育种值，从而能够科学、准确地选种。分子生物学技术的飞速发展，特别是 DNA 水平上的分子遗传标记的应用、QTL 定位研究的不断深入，畜禽基因图谱的构建已取得了较大的进展，使得利用一个或一群标记以区分不同个体 QTL 的有利基因型正在逐步成为现实，标记辅助选择将成为在 DNA 水平上补充以表型值或育种值为基础的选择。由于它不受环境的影响，且无性别的限制，因而允许进行早期选种，可缩短世代间隔，提高选择强度，从而提高选种的效率和准确性。

三、自然选择与人工选择的比较

从家畜育种角度讲，人工选择对于家畜改良所起的作用、所取得的效果要比自然选择的效果大得多、快得多且有效。主要原因有 4 个。

(1) 人工选择的方向性强。人工选择目的明确，选择的是对人有利的极端高产个体，故能打破群体的平衡状态，提高有利基因或增效基因（increasing alleles，对数量性状而言）频率，从而提高下一代群体均值，而自然选择所选择的个体往往是中间型，即杂合子受到优待，故群体往往处于平衡状态，使群体产量保持在均值水平。

(2) 人工选择的性状（变异）单纯。人工选择可着重于选择对人类经济活动有利的单个或少数几个性状，而不着重于选择对生物本身生存有利的涉及适应性的所有性状。

(3) 人工选择有可能依据基因型进行选择。

(4) 人工选择如结合近亲交配，尚可进一步促进畜群的改良效果。

四、人工选择时需要考虑自然选择的作用

人工选择时仍需考虑自然选择的作用，这是因为人工选择时自然选择依然在起作用。因此，需要采取措施使人工选择的离心压大于自然选择的向心压。

1. 人工选择时自然选择所起作用的表现

(1) 人工选择一停止，就意味着随机繁殖的开始，群体将逐渐恢复到原来的平衡状态，经济性状向原群体均值靠拢。这是由于人工选择一停止，自然选择即起作用，似乎生物有一种力量，总是朝着有利于其本身的方向发展，即自然选择存在着使群体产量回归到平均数周围的向心作用。只有在人工选择的离心作用大于自然选择的向心作用时，数量性状才能逐代得到改进。

(2) 人工选择使用不慎，抗病力与生活力将减弱，生产力随之下降。

2. 使人工选择的离心压大于自然选择的向心压的措施

(1) 连续若干代进行定向选择，以抵抗自然选择的向心作用，使自然选择的作用降至最

低程度。持久地进行选择，可依所选择性状的遗传力高或中等使群体发生较高或中等程度的有利的遗传变化。

（2）着眼于群体，使群体朝着预定育种目标逐步改变所选性状的平均值。

（3）为使那些直接或间接具有重要经济意义的性状得到表现，应给予合理的环境条件。

（4）选择生产力时，应适当兼顾适应性状与体质。

第二节 选择的作用

一、选择的实质

选择就是选优去劣。无论是自然选择还是人工选择，其作用都在于能定向地改变种群的基因频率。而基因频率的定向改变，归根结底是由于打破了繁殖的随机性，从而打破了群体的平衡状态。选择使得某些类型的个体增加了繁殖后代的机会，而另外一些类型的个体减少了甚至完全被剥夺了繁殖后代的机会，因而符合人们需求、获得选留的类型所具有的基因频率升高，淘汰类型所具有的基因频率降低。

在群体遗传学中，自然选择的含义是指各种基因型具有不同的生殖率；而数量遗传学中，自然选择所选择的性状则是适合度（fitness）。一个个体的适合度是它传给下一代的基因贡献，或者是出现在下一代中的后裔数目。自然选择不是作用在基因之间而是作用在个体之间，也就是说首先是作用在表型上，其次才是在基因型（通过它对表型的影响）上。表型和基因型之间的关系常常不是简单而直接的关系，特别是当某种表型性状是由许多基因所决定，且环境影响也起着重要作用的时候。

人工选择是育种者选择理想的亲体以繁殖下一代，换句话说就是人为地决定哪一头家畜可作为下一代的亲体而得到繁殖的机会，哪一头得不到这种机会。改变一个种群的主要方法，一是创造或发现变异，二是通过选择在群体中扩散这种变异，使之成为群体的主要类型。创造变异的办法是人工诱变、导入或杂交。扩散变异的办法是通过选择来提高理想基因频率（对于数量性状来说，就是提高增效基因的频率，从而提高下一代），这是当前动物育种工作的主要手段。目前在创造生物个体遗传性变异方面，还不可能做到精确的定向，但已经有很大的把握，可以定向地改变一个群体的遗传特性，这就是通过选择以定向改变种群的基因频率，从而改变种群中质量性状各种类型的比率和数量性状的全群平均水平。尽管自然选择和人工选择均需通过改变基因频率发挥作用，但两者在选择的性状、选择的效果（速度）、选择的类型等方面具有极大的差异。

二、人工选择的作用与目的

人工选择是引导家畜变异方向而进行的工作，它的理论基础是选择的创造性作用，亦即选择能扩大变异、积累和加强变异以及决定变异的方向，从而能使畜群朝着人们预期的目标发生根本性的改变。选种可从现有群体内筛选出最佳个体，再通过逐代连续筛选的最佳个体的再繁殖，获得一批超过原有最佳水平的个体。选种能获得超过原有最佳水平的效果就是所谓的选择的创造性作用。选择对生物群体之所以具有创造性作用，与基因的重组、固定和突变等密切相关。这种作用很早就被人们发现，而且通过它成功地培育出了许多著名的优良家畜品种。

人工选择，从动物育种实践角度讲，即人们常称的选种。家畜选种的目的，简言之，就是通过去劣留优，改变种畜繁殖（繁衍后代）的随机性，打破群体的平衡状态，以提高欲改良性状的理想基因频率，从而提高下一代。

习　题

1. 如何理解自然选择和人工选择的概念？
2. 试对人工选择与自然选择这两种选择方法作一比较。
3. 家畜选种的目的主要是什么？

第五章
数量性状选择的效果与方法

数量性状是一种受多基因控制的、表现为连续性变异的性状，服从正态分布，在动物生产中多半是经济性状。对数量性状的选择从古代就已开始，人们总希望家畜能多产肉和奶等，并要求这种特性能在动物的繁衍过程中逐步得到提高。随着遗传学的发展，选择原理得到了快速发展，选种技术也在不断改进，大大提高了选择效果，数量性状的选种技术已经成为人们提高动物群体改良进程和效率的工具。

第一节 影响选择反应与改良速度的因素

一、基本概念：选择反应、改良速度

（一）选择反应

当人们对畜群进行选择的时候总希望畜群后代的生产性能比上代有所提高。比如，根据后裔成绩把产奶量高的种公牛留做种用，扩大它的遗传影响，目的就是希望其后代能有高的产奶量；把背膘薄的种猪留做种用就是希望其后代能多产瘦肉。后代生产力等方面的变化形成了亲代和子代群体之间的差异，并且这种差异是由于人们对亲体实施选择所造成的，所以人们把通过选择在下一代得到的遗传改进量称为一代遗传进展（genetic gain per generation），或简称为遗传进展（genetic gain, genetic progress），或称为选择反应（selection response, response to selection），选择反应又称为选择进展。其度量方法为：

$$R = \overline{P}_O - \overline{P} \quad (5-1)$$

式中：R 为选择反应；$\overline{P}_O$ 和 $\overline{P}$ 分别为子代群体均值和亲代群体均值。

根据数量遗传学原理，大群体的表型均值等于其基因型均值，所以这里所称的选择反应就是一代所能获得的遗传改进量。选择反应是衡量选择效果的一个重要指标，选择反应越大选择效果就越好。选择反应可以是正值，也可以为负值，但意义不同。前者为正选择，表示选择方向是向上的，即朝增加表型值的方向选择；后者则是负选择，向下选择，即朝减少表型值的方向选择。例如通过选择将下一代群体的平均产仔数提高了 0.5 头，称之为正选择，选择反应为 0.5 头；若子代的背膘厚度比其亲代下降了 4.0 mm，称之为负选择，选择反应为 −4.0 mm。

（二）改良速度

制订一个时期的育种计划，需要考虑改良速度即年遗传进展（年遗传改进量）问题。另外，也需要将一代遗传进展转换成年遗传进展（genetic gain per year），这将有利于对整个育种计划的效率进行评估。转换方法是一代遗传进展除以群体的世代间隔。由于年遗传进展

可体现出单位时间内的遗传改进量，故年遗传进展又称为改良速度（rate of improvement）。所谓的世代间隔（generation interval，G_I）是指每繁殖一代所需的年数，或者说是种用子女出生时父母的平均年龄，如通俗理解，世代间隔就是亲子两代间的平均年龄差或生日差。所以改良速度（R_y）可表示为：

$$R_y = R/G_I \qquad (5-2)$$

比如，一个猪群通过 8 个世代的选择，达 100 kg 日龄的一代遗传改进量（即选择反应）为－2.2 d，若此猪群的世代间隔为 1.5 年，则年遗传进展（改良速度）为 1.47 d。在育种中，动物的改良速度不是一个恒定的数值，它与选种方法、群体的变异程度和动物繁殖制度等有着密切的关系。

二、选择反应公式

选择反应公式有以下几种表达形式：

$$R = Sh^2 \qquad (5-3)$$
$$R = i\sigma_P h^2 \qquad (5-4)$$
$$R = i\sigma_A h \qquad (5-5)$$
$$R = i\sigma_P h\rho \qquad (5-6)$$

式（5-3）至式（5-6）中：S 为某性状的选择差（selection differential），即留种个体（中选个体）均值与候选群体均值之差。i 为选择强度（intensity of selection）。由于有时要比较不同性状的选择差的大小，而选择差是有单位的，不同单位的选择差是无法比较的，故将每一性状的选择差用各自的表型标准差来除，即将选择差标准化，于是得到公式 $i = S/\sigma_P$（σ_P 为表型标准差）。把"以表型标准差为单位的选择差"，或者说"标准化的选择差"，定义为选择强度。在选择差未知时，选择强度可由已知的留种率（proportion selected）查表得到（详后）。留种率（%）＝（结束测定时留种头数/结束测定时测定群头数）×100。h^2 为某性状的狭义遗传力，h 为遗传力的平方根。σ_A 称为育种值（A）的标准差，或称加性标准差，它能反映群体的遗传变异的大小。ρ 是一希腊字母，代表选择的准确性。选择的准确性（accuracy）被定义为通过表型值选择其育种值的准确程度，故 ρ 亦可用 r_{AP}（育种值与表型值的相关系数）来表示，但因符号 r_{AP} 所代表的意义较多，符号本身可以变化（后面将讨论），故公式中用 ρ 较为适宜。在一个候选群中，表型值与育种值之间的相关系数越大，选择的准确性就越高。

式（5-3）至式（5-6）的来源如下：

前已指出，选择反应是衡量选择效果的一个重要指标，且可用式（5-1）即下一代和上一代群体均值之差来衡量。但这一公式无法指导选种实践，从中看不出选种中可采取何种措施来提高选择反应。前述式（5-3）$R = Sh^2$ 则可解决这个问题。选择差实质上是中选亲体的优越性（superiority of selected parents），例如某候选猪群的活体背膘厚度均值为 11.0 mm，而中选群体均值为 10.0 mm，则该性状的选择差 $S = 10.0 - 11.0 = -1.0$（mm），这－1.0 mm 的亲体优越性（选择差）能否全部为后代所得到，能否全部遗传给后代呢？亦即该性状的遗传力能否达到 1 呢？显然不能，因为选择差中包含环境的影响在内，故要给选择差打个折扣。根据遗传力的概念，用 h^2 打折扣再适合不过。于是，在此例中，背膘厚度的选择反应预计为－1.0×0.45＝－0.45（猪背膘厚度的遗传力约为 0.45），即下一代的背膘厚度有可能减少 0.45 mm。这是式（5-3）的直观证明法。至于数学推导则在"选择反应的预测"部分中讨论。

由于 $R=Sh^2$，而 $i=S/\sigma_P$，故 $R=i\sigma_P h^2$。

又因 $h^2=\sigma_A^2/\sigma_P^2$，即 $h=\sigma_A/\sigma_P$，故 $R=i\sigma_A h$。

当只根据个体本身的一次记录进行个体选择时，选择的准确性可用该性状遗传力的平方根（h）来衡量。这是因为 $r_{AP}=b_{AP}(\sigma_P/\sigma_A)=h^2(1/h)=h$。已知 $R=R=i\sigma_P h^2$，用 $h=r_{AP}$ 代入，即得 $R=i\sigma_P h r_{AP}$。

综上可知，影响选择反应（即遗传进展，也就是一代遗传改进量）的基本因素是选择差与遗传力，或者说，选择反应要受到选择强度、表型标准差、遗传力的平方根和选择的准确性等因素的制约。为更深入地了解这些因素，下面将对它们作进一步的分析。

三、影响选择反应与改良速度的基本因素

（一）性状的遗传力

性状的遗传力（heritability，h^2）从两个方面影响选择效果：一是遗传力直接影响选择反应的大小，高遗传力的性状往往能获得较高的选择反应；二是遗传力的大小与被选择性状的遗传背景密切相关，遗传力越大，性状的表型变异来源于遗传变异的组分可能就越大，表型选择的准确性就越大，从而提高选择效果。实践中，由于繁殖性状是低遗传力性状，遗传进展缓慢，通过一般的选择方法难以改进；而生长性状和胴体性状分别属于中等和高遗传力性状，较易改良，因为性状的表型变异有较大部分来自遗传变异，对选择有较高的响应。

（二）选择的准确性

前面指出，选择的准确性通常用个体育种值与选择所依据的表型值之间相关的大小来评价。在只依据个体一次记录进行选择时，育种值与表型值之间的相关为 h。但不同的选择方法，其选择准确性的公式不同，比较复杂，故本教材不予讨论。一般来说，遗传力越高，选择的准确性也会越高。增加选择准确性的重要而有效的措施是对遗传力不同的性状采用相应的、合适的选择方法；在尽可能相同的环境中对种畜进行测定，并做已知变量如年龄、性别和母畜的年龄的统计学校正，缩小环境方差。另一些增加选择准确性的方法包括同一个体性状的多次度量和使用多种亲属资料来估计个体育种值。

（三）选择强度

选择反应受性状的遗传力和选择差的制约，而选择差的大小依赖于选择强度和性状的标准差，选择强度又与留种率有密切关系。毫无疑问，留种头数越多，留种率越大，留种群的均数（$\overline{P_S}$）与候选群均数之间的差异（即选择差）就会越小。譬如选用育种值处于前 5% 的公牛肯定要比选用前 50% 的公牛优异。在正态分布中，选择差和留种率的关系如图 5-1 所示。将一般的 $N(\mu, \sigma^2)$ 分布经过标准化转换，把 $\dfrac{\overline{P_S}-\overline{P}}{\sigma_P}$ 称为选择强度。用 i 表示，所以选择强度被称为标准化的选择差。

可利用下列关系式由留种率估计选择强度：$i=\dfrac{Z}{P_S}$。式中：Z 为正态曲线下 K_α 值（即 $\dfrac{x-\mu}{\sigma}$）处的相对纵高；P_S 即一尾面积，选种上为留种部分的比率，即留种率。

留种率和选择强度的关系见表 5-1。

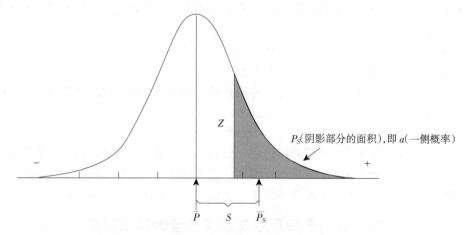

图 5-1 正态分布下的选择差（S）

表 5-1 留种率和选择强度的关系

留种率 P_S（%）	90	80	70	60	50	40	30	20	10	5
选择强度 i	0.195	0.250	0.498	0.645	0.798	0.967	1.162	1.402	1.758	2.050

通过人工授精技术扩大公畜的利用可以增加公畜的选择强度。随着超数排卵和胚胎移植技术的日渐成熟，它可以用来增加濒临灭绝品种和优秀母畜后代的数量，尤其是为后裔测验提供优秀母畜，这将大大增加选择强度，但由于费用昂贵，这些技术在实际运用中受到限制。

对于来自公母畜不同的选择强度可以采用平均选择强度。假设一个牛群实行自然交配，每个繁殖季节每头种公牛配种 25 头母牛，牛群数量保持恒定，所有的后备公牛和母牛均在群内选择，每头公牛使用 2 年，群内母牛平均使用 5 年，随着产犊率的变化，需要选留的繁殖公母牛比例及其选择强度如表 5-2 所示。

表 5-2 牛群产犊率与留种率和选择强度的关系

产犊率（%）	留种率（%）		选择强度		
	公牛	母牛	公牛	母牛	平均
100	4.0	40	2.15	0.97	1.56
80	5.0	50	2.06	0.80	1.43
60	6.7	67	1.94	0.54	1.24
40	10.0	100	1.76	0	0.88

一般来说，选择强度的潜在大小受该品种繁殖力所制约。

（四）性状的表型标准差

性状的变异程度越小，标准差越小，群体越整齐，则选择差也越小。

根据数量遗传学原理，在表型方差中仅仅加性方差部分能真实遗传下去。加性方差大小能够反映群体的遗传变异大小。加性方差越大，说明群内个体间差异越大，通过选择会得到较大进展。选择一般可降低性状的遗传变异程度，当可利用的遗传变异全部耗尽以及伴随出现自然选择拮抗作用，将使选择可能接近极限。

另外，如果表型方差主要是由环境方差所引起，加性方差只占其中的很小份额，则会影响选择的准确性和降低选择效果。当环境方差相当大时，选择反应将会消失。

（五）世代间隔

选择反应是一代所能获得的遗传改进量，而动物的改良速度与每世代之间的间隔长短密切相关，每繁殖一代所需要的年数称为世代间隔（G_I），世代间隔越大，动物的改良速度就越小。世代间隔可以用种用子女出生时父母的平均年龄来计算：

$$G_I = \frac{\sum_{i=1}^{n} N_i a_i}{\sum_{i=1}^{n} N_i} \tag{5-7}$$

式中：a_i 为父母的平均年龄；N_i 为父母均龄相同的子女数；n 为组数（父母平均年龄相同的为一组）。

【例 5-1】 有 5 窝猪，其父母产生种用后代的月龄以及世代间隔的计算步骤如表 5-3 所示。

表 5-3 世代间隔计算

窝别	母亲月龄	父亲月龄	双亲均龄	留种数	双亲均龄×留种数
1	24	12	18	3	54
2	19	12	15.5	2	31
3	21	12	16.5	3	49.5
4	13	13	13	1	13
5	36	13	24.5	2	49
			$\sum N$	11	—
			$\sum Na$	—	196.5
			G_I	17.86月	= 1.49 年

世代间隔的长短因家畜种类的不同而不同，并随着产生新一代种畜所采取的育种和管理方法的不同而异。如果从小母猪与同龄公猪所生的第一窝进行选择，猪的世代间隔可缩短到 1 年，如果母猪和公猪在用来生产种畜之前要进行后裔测定，世代间隔就可能是 2 年，或者更长。牛的世代间隔最短约为 2.5 年，但如果要做后裔测定，或根据母牛性能的记录以决定是否留其后代作为种用，则世代间隔就要延长。随着生物技术特别是胚胎工程技术的发展，世代间隔大幅缩短。

四、选择反应的预测

实际上，选择反应是中选亲体的优越性亦即亲体的选择优势（选择差）遗传给后代的部分。因此选择反应与选择差之间的关系可以表示为：

$$R = Sb_{OP}$$

其中 $$S = P - \overline{P}$$

如果选择差在雌雄亲本之间存在差异时，则其均值 $S=\dfrac{S_S+S_D}{2}$；如果只有母畜可以选择，则 $S=\dfrac{S_D}{2}$。

只要后裔和亲本之间没有非遗传原因引起的相似性，后裔对双亲均值的回归等于遗传力。因此，选择反应与选择差之间的关系可以写成：

$$R=Sh^2$$

所以，在对亲体实施选择的时候，已经决定了由此亲体所产生后代的群体水平，因为在平衡群体中亲体所在群体的均值能够遗传给后代，而所选亲体的选择优势给后代的响应是 R，那么子代群体均值就是：

$$\overline{P_O}=\overline{P}+R$$

可见选择反应可以通过上述方法加以预测，这将大大增加人们对选种的预见性。

【例 5-2】一个牛群 305 d 平均产奶量为 6 000 kg，标准差为 700 kg，从中选留 20% 的母牛留种；选留 3 头公牛的选择差分别为 2 000 kg、2 500 kg 和 3 000 kg，已知 305 d 产奶量的遗传力为 0.3，则选择反应可以通过下列计算加以预测：

计算来自母牛的选择差：$S_D=i\sigma_P=1.402\times 700=981.4$ （kg）

计算来自公牛的选择差：$S_S=\dfrac{1}{3}\times(2\,000+2\,500+3\,000)=2\,500$ （kg）

所以来自公、母牛的平均选择差：$S=\dfrac{1}{2}\times(981.4+2\,500)=1\,740.7$ （kg）

预期的选择反应为：$R=Sh^2=1\,740.7\times 0.3=522.21$ （kg）

后代的平均产奶量可望提高 522.21 kg，达到 6 522.21 kg。值得注意的是，这种预测与实际选择反应之间可能存在差别，究其原因可能与遗传力等诸多因素有关。

五、其他因素

（一）性状间相关

育种实践中经常发现，当选择家畜的 X 性状时，除 X 性状得到改进外，未被选择的 Y 性状也同时发生某些改变。这种改变可能是正向的，例如，当选择奶牛的产奶量时，除产奶量得到提高外，乳脂量也得到相应增加。有时这种改变也可能是负向的，例如，奶牛的产奶量与乳脂率的关系。这些现象称为性状间的相关。育种工作中最早运用相关原理的是根据体质外形来选择家畜，例如对乘用马与挽用马的体质外形的要求有很大的区别，这就是通过机能与结构之间的相关来选择不同类型的马。

人们最先注意到的是表型相关，但最重要的却是两性状间的遗传相关，因为只有这一部分才是可以遗传的。

家畜有些性状的表型相关与遗传相关符号相反，如鸡的 18 周龄体重与开产日龄的关系，这说明表型相关受到环境相关的影响很大。

如果 X、Y 两性状间为有利相关，选择 X 性状，Y 性状也随之得到改进。人们可以利用这种关系，找到各种家畜各个阶段的主选性状，因为只要集中力量提高这一性状，其他性状也就都能得到改进。例如，绵羊的断奶重与周岁时的剪毛量和剪毛后体重之间存在高的遗传相关与中等偏上的表型相关。因此选择断奶重大的个体，就可相应改进剪毛量与剪毛后体重。

如果 X、Y 两性状间为不利相关，那么提高 X 性状，Y 性状反而变差。有时由于对性状间的这种关系了解不够，在育种工作中走了弯路。例如，过去绵羊育种中，选择了多皱褶的个体，结果由于皱褶与净毛率间存在负相关，降低了净毛率。在产奶量与乳脂率、瘦肉率与肉的品质等方面也存在着类似的问题。值得注意的是，性状间的不利相关是群体的总趋势，不一定在每个个体身上都表现一样。譬如 X、Y 两性状存在不利的负相关，但不一定在每个个体身上都表现为 X 高了 Y 就低，X 低了 Y 就高，也可能个别个体的 X、Y 两性状都较高。因此，只要在选种中注意到这个问题，对两性状予以兼顾，就可避免顾此失彼的危险，甚至还可以兼而有之，两者都提高。如目前在奶牛中就出现了不少产奶量高、乳脂率也较高的个体。另外，也可试用分子生物学技术来解决这个问题。

（二）同时选择性状的数目

在对家畜进行选择时，往往不仅考虑一个性状，因为一种家畜的生产性能和其他品质常是由多个性状决定的。例如，奶牛的产奶性能，除取决于产奶量，还取决于乳脂率。绵羊除考虑产毛量外，还需考虑毛的细度、长度等。但同时选择的性状不宜过多，因为一次选择的性状过多，每个性状实际取得的改进量就会降低。如以选择单一性状的反应为1，则同时选择 n 个性状，每个性状的反应只有 $\frac{1}{\sqrt{n}}$。如果一次选择 2 个性状，其中每个性状的进展相当于单项选择时的 $\frac{1}{\sqrt{2}}=0.71$。如果一次选择 4 个性状，则每个性状的进展为 0.5。所以在选择时应突出重点性状，不宜同时选择的性状太多。

（三）近交

在育种工作中，往往一面选择某种性状最优良的个体，同时采用近交，希望增加基因的纯合性，以便使优良特性巩固下来。但是由于近交退化，造成各种性状的选择效果不同程度的降低，所以近交与选择效果之间有一定的矛盾。在理论上，近交对基因的加性效应是没有影响的。但实际上即使许多重要经济性状在纯繁时，其基因型值也不能完全排除非加性效应，因此还要受近交影响，而且近交导致生活力、适应性下降，也能间接影响经济性状。

根据陈宏权等（1990）报道，群体在连续近交 n 代后，目标性状遗传力与近交系数（F）之间存在如下函数关系：

$$h_n^2 = \frac{(1-F)h^2}{1-Fh^2} \tag{5-8}$$

分析发现，遗传力越高的性状随着近交其性状遗传变异衰竭的速度越大，低遗传力性状由于早已经过衰竭高峰，其变化较小。

反过来，选择有时也能影响近交的效果。如果选择只注意高表型值，就有可能将大量杂合子选留下来，因为杂合子表现有时比纯合子好。这样，虽然想利用近交纯化基因型，但由于选择不慎，选择了大量杂合子，纯化效果就大大降低。当然，如果能够选纯合子，选择与近交非但不矛盾，还可以共同加快纯化过程。数量性状选择纯合子的办法是在后裔测定时，除重视子女的平均值以外，还注意子女的标准差。子女变异小的亲本，基因型相对较纯。当然这样选择的纯合子是相对的，不可能每一对基因都纯合。

（四）环境

任何数量性状的表型值都是遗传和环境两种因素共同作用的结果。环境条件改变了，表型值当然要改变。但是对于选种来说，重要的是要弄清楚一群种畜从这一环境条件下调换到另一环境条件下时，是每头种畜的表型值都按相同的比例增减呢，还是有的增减多，有的增减少，结果排队顺序也发生了改变。如果是前一种情况，那么对选择就不会有什么影响，因为在这一环境条件下选出的优秀者，到另一环境条件下虽然表型值有所变化，但相对还是优秀者，选择所在的环境如何就无关紧要了。但事实并不那么简单，往往在优越条件下选出来的卓越个体，到了较差条件下其表型反而不如在原条件下较差的个体。这说明一些基因型适合于这一种环境条件，另一些基因型却适合于另一种环境条件，这种现象称为基因型（或遗传）与环境互作（genotype-environment interaction，genotype by environment interaction，$G \times E$）。

近年来，关于遗传与环境互作的研究比较多。研究表明，遗传与环境互作的情况因性状的不同而异。例如，有人用大约克夏和杜洛克两个品种猪做试验，分别向薄膘和厚膘两个方向连续选择8~10代，各得到厚、薄2个系。这4个系各分两组，一组自由采食，另一组限量给料75%，结果在脂肪沉积量上4个系对限量的反应基本一致，都减少34%左右。说明在这方面不存在遗传与环境的互作，然而在瘦肉形成上4个系对限量的反应却不同，大约克夏厚膘系仅减少4%，而其他3系则减少9%~12%。

在对东北民猪与长白猪进行消化粗纤维能力的比较中，发现当喂低纤维日粮时，长白猪的消化力强；而当喂高纤维日粮时，民猪的消化力反而较强，且差异显著。干物质消化率也有差别，但不显著。

遗传与环境互作的原因，可能是一个性状往往受一系列生理生化过程的制约，在一种环境条件下，控制某个生理生化过程的基因起主要作用，而在另一种环境下，控制另外一个生理生化过程的基因起主要作用。例如，对于家畜的生长速度，在饲料不足的条件下，饲料利用能力起主要作用，而在饲料充足自由采食的情况下，采食量的作用就大为增加。因此，在后一种条件下对生长速度进行选择，主要是选择了采食量，而采食量最大的个体在前一种条件下，就可能无用武之地，生长速度有可能反而不如采食量小而饲料利用效率高的个体。

可见遗传与环境互作现象的存在，促使我们不得不考虑这样的问题：选择究竟应该在怎样的条件下进行？育种场的条件是不是应该特殊优厚？结论是明显的，选择应该在与推广地区基本相似的条件下进行。如果考虑到随着社会经济的发展，推广地区的条件也在日益改善，则育种场的条件可略好一些，但一定不能特殊优厚。当然太差也不行，条件太差，高产基因和高产个体不能充分表现，也就无从选择遗传性能良好的个体。

第二节 提高选择反应与改良速度的措施

从上面所讨论的结果来看，估计选择反应的公式 $R = i\sigma_p h^2$ 涉及选择强度、遗传力和性状的表型变异三大要素，改良速度还涉及所选家畜的世代间隔问题，提高选择效果的途径和措施也必然围绕这些因素或与此密切相关。

一、主选遗传力高或中等的性状

高遗传力可以获得较大的选择反应，那么主选遗传力高或中等的性状比低的性状选择效果要好。根据目前对各种家畜性状的遗传力估计结果，将性状划分为三大类：低遗传力（小于 0.2) 性状，如繁殖性状；中等遗传力（0.2 到小于 0.4）性状，如生长发育性状；高遗传力（大于或等于 0.4）性状，如胴体品质、体格体形、产毛性状。随着遗传力的升高，性状的加性遗传变异在表型变异中所占的比重越来越大，选择的准确性也随之提高。

比如，猪背膘厚度与瘦肉率呈强遗传相关，且遗传力高，育种中以背膘厚度为主选性状，能带动瘦肉率的改良。

二、缩小环境方差，提高遗传力

从广义上说，性状的遗传力等于性状的遗传方差与表型方差的比值，但其中只有加性方差部分能够遗传给下一代，而遗传效应中的其他部分（如显性效应、上位效应等）由于等位基因的分离和形成合子时的自由组合，发生丢失和改变。表型方差中的另一个重要成分就是环境方差，具有可变性，缩小环境方差，能使总的表型变异幅度降低，从而提高遗传力。

选择反应的大小取决于遗传力高低和选择差大小，当选择差一定时，缩小环境方差以提高遗传力，这是提高选择反应的有效措施之一。具体措施如下。

1. 实施同期同龄对比，并使各个体处于相同的环境条件　比如，同批候选家畜的出生日期尽量相近；采用自由采食方式，减少性能测定的系统和随机误差。

2. 对性状实施校正，使其比较的基础一致　采用最小二乘分析等方法建立性状观察值的线性模型，对季节、年龄、胎次、圈舍等固定效应进行校正，准确估计遗传效应、环境效应及其互作效应。

三、选用适当的选择方法

对于不同的性状，不同选择方法的选择准确性是不同的，从而导致不同的选择效果。因此，采用适宜的选择方法才能使所要改良的性状获得理想的选择效果。要区别对待所选择的性状，主要根据遗传力、重复力和受母体效应等影响的不同，采用不同的选择方法。

四、缩小留种率

缩小留种率是加大选择强度、提高选择效果的重要环节。具体措施如下。

1. 在大群体中选择优秀拔尖的个体作为种畜，缩小留种率　备选群是种畜测定结束后的候选群体而不是种畜测定开始时的群体。应真正做到留种率小，避免测定期中途发生不合理的淘汰。坚持"初选阶段多留，主选阶段精选"的原则。选择的性状不能太多，当留种率一定时，同时选择的性状越多，选择强度越小。

目前肉用种鸡市场竞争十分激烈，不少育种公司不得不竭尽全力对为数不多的几个性状做十分高强度的选择，特别是公鸡，往往是几百里挑一，结果有的育种公司的竞争力确实是大大地增强了。这有力地说明了缩小留种率、提高选择强度的重要性。

2. 采用人工授精技术和胚胎工程，减少种畜的需要量，缩小留种率　要加大一头优秀个体在群体中的影响力，可以采用人工授精、受精卵移植或胚胎分割技术，快速扩繁，增大选择强度，提高选择效果。

五、检查与扩大性状的变异度

选择依赖于群体的大小以及变异程度。如果群体虽大，但个体间的变异小，则无论选谁淘汰谁都没有两样，此时的选择差将趋于零，选择反应也趋于零；反之，群体变异程度越大，选择差越大，选择反应就会越大。因此，应注意以下两方面的工作。

1. 组建的育种基础群应具有较高的遗传变异 组建基础群时不仅要选择全面符合要求的个体，而且很重要的一点是要选择那些在某一方面有卓越表现的个体，以丰富育种素材，增加群体变异程度，另外，要求基础群有较多的相互间无亲缘关系的家系，群体的平均亲缘系数较小。

2. 适时导入外血，增加新的基因来源，扩大遗传变异 当选育进展到一定程度后，群内的遗传变异会减小，选择差会越来越小，此时就需要导入外血或采取合成育种的方法以提高群体的变异程度。

六、缩短世代间隔

缩短世代间隔就会加快改良速度。对于多数家畜来说，选择性成熟前可度量的生产性状能够达到缩短世代间隔的目的。如早期选种不仅能缩短世代间隔，还能降低育种成本。早期选种可以较早地获得下一代，这样可以提前完成下一代的选择工作。采取的主要措施如下。

1. 早配 牛的世代间隔较长，有的国家将公牛的初配年龄由 18 月龄提前到 12～14 月龄，并主张其后代育成母牛在 14～16 月龄配种。

2. 性能的早期评定 早期选种的原理是依据家畜早期性状与后期性状之间的强遗传相关。例如，奶牛的泌乳性能一般是用 305 d 泌乳量评定的，但人们利用泌乳前期与整个泌乳期产奶量的高度相关性，根据 200 d、100 d 甚至 70 d 的泌乳量就能提前得到相当准确的结果。猪的产肉性能测定通常是通过屠宰测定进行评定，可以利用瘦肉率与背膘厚度之间的负相关，在上市体重时活体测膘，提前做出产肉力的评定。

3. 改变选择方式 采用个体表型选择、系谱测验或者家系选择等方法代替传统的后裔测验方法，实现早期选种。

4. 利用遗传标记早期选种 利用遗传标记进行选种，就是利用一些形态性状、生理性状、免疫性状、生化性状，以及各种类型的 DNA 多态性（如 RFLP、AFLP、微卫星 DNA、SNP 等）等与选种目标性状之间的连锁或关联，在生长的早期就可以做出鉴定，实现早期选种。如 Plotsky（1993）等分析了家系内 2 个极端个体的 DNA 指纹与鸡数量性状基因座（QTL）的关系，发现有一条 DNA 指纹带与鸡腹脂沉积有关联，该带的效应为 0.88 个标准差；Ron（1994）利用祖孙女设计分析了 10 个微卫星标记与奶牛 QTL 的关系，发现 $D_{21}S_4$ 位点与产奶量和蛋白量的 QTL 关联显著（$P<0.025$）；根据氟烷敏感基因（Hal^n）对猪肉质、繁殖力具有负效应，对猪瘦肉率具有正效应的特点，利用 PCR - RFLP 方法快速准确鉴别猪的不同基因型实施早期选种，并与常规育种相结合，可以培育出瘦肉型抗应激品系。

第三节　遗传进展和遗传趋势的估计

一、实现遗传力

前已指出，选择反应等于性状的选择差与性状遗传力的乘积，即性状遗传力等于选择反应与选择差的比值。若选择反应是在选择试验中实际观察得到的，则这一比值就称为实现遗

传力 (realized heritability, h_r^2):

$$h_r^2 = R_o/S \tag{5-9}$$

式中：R_o 为实际观察到的选择反应或实现遗传进展；S 为选择差。

二、设立对照群，估计遗传进展

估计（度量）遗传进展的最好方法是设立对照群（或称参照系）[control herd (flock), control line]。对照群不进行选择，并进行随机交配。群体大小以能保证最低水平的近交增量为准，因此公畜头数的确定很重要，公畜头数比通常情况下要多。对照群的大小用有效群体含量（N_e）表示。楼梦良在论述对照鸡群时认为：为了保持对照群在较大时间跨度内的相对稳定，在鸡中一般要求有效群体含量不少于250～400只，这样20代以后的平均近交系数将在2.5%～3.9%之间，即使在40代以后也不过是4.9%～7.7%。设立对照群的选择试验在国际上仍常有报道。

对照群由于无选择存在，根据 Hardy-Weinberg 定律，在一个大的随机交配的封闭群体里，上下代的基因频率一般应是相等的，也就是上下代的平均育种值一般应是相等的。因此，当世代间表型值出现波动时，可认为这种波动一般是由世代间的环境条件不同所造成的。因此，对照群的世代间表型值的变化，应可用来分析选择群的实现选择进展（即实现遗传进展）。

表5-4是猪的设有对照群的某选择试验所取得的结果。现根据此结果计算选择群与对照群差异对世代数的回归系数，即实现遗传进展。

表5-4 猪胴体平均背膘厚度 (cm) 世代进展计算示例

世代	选择群	对照群	差异
0	2.80	2.75	0.05
1	2.67	2.74	−0.07
2	2.68	2.67	0.01
3	2.46	2.65	−0.19
4	2.29	2.59	−0.30
5	2.32	2.60	−0.28
对世代数的回归系数	−0.107（表型进展）		−0.073（遗传进展）

注：差异对世代数的回归系数即为遗传进展（选择反应）。

由表5-4可见，背膘厚度的世代遗传进展为 −0.073 cm，若不设对照群，则只能计算出表型进展（−0.107 cm）。由于各个世代所处的环境条件（如气候、饲料、管理、健康水平）无法做到恒定不变，加上环境条件有时随世代有所改善，故表型进展中包括各种环境因素的效应，所以表型进展不能完全归结于选择的作用。因此，专门的选择试验一般均需设立对照群。

三、遗传进展常用分析法

利用连年持续的生产性能测定与遗传评估结果进行遗传进展（遗传改进量）分析时，则不像专门的选择试验那样需要设立对照群，而采用以下方法即可。

以参加遗传评估的所有测定个体某性状的平均估计育种值（EBV）和几个性状的平均选择指数（或称 EBV 指数）为指标，分析上年度出生的评估群的遗传进展，或者分析跨越若干年度出生的评估群的遗传进展。在年数跨度大时，尚可像加拿大那样，不仅分析 EBV 的进展，而且同时分析表型进展和管理进展（management progress）。由于供分析的最初和最后一个年度都有各个性状的平均 EBV 和平均表型值，因此可估计出每个性状的表型进展有几成得益于遗传进展或者说得益于遗传改良。

遗传改进量，可以是本企业的，每隔一段时间，企业有必要分析一下遗传改进量，以便找出差距，调整策略；也可以是全国性、地域性的，但只有在场间或者说群间的遗传联系（参见第二十三章我国家畜育种工作的组织）足够大时才可分析出具有可比性的数值，否则即便分析出了数值，也是不可靠的，不可用于场间、企业间的比较。

四、遗传趋势分析

遗传趋势（genetic trend）是指参加遗传评估的所有种畜某性状的估计育种值按年度（指种畜的出生年份）计算的平均数值在一段时间内的变化趋势（图 5-2），另外，遗传趋势也可用各出生年份（birth year）种畜的平均估计育种值对年度的回归系数来表示。

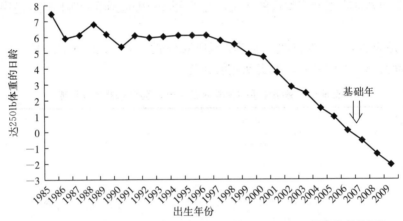

图 5-2　杜洛克（Duroc）猪 1985—2009 年间达 250 lb 日龄遗传趋势图解
（引自 http：//www.ansc.purdue.edu/stages/）

图 5-2 为美国猪测定与遗传评估系统（Swine Testing and Genetic Evaluation System，STAGES）公布的对杜洛克猪 1985—2009 年间达 250 lb① 体重日龄遗传趋势估计结果的图解。横坐标为出生年份，纵坐标为达 250 lb 体重的日龄。图中纵坐标 0 所对应的横坐标年份为基础年（base year），表示将这一年度所生个体的平均估计育种值定为零，其他年度的平均估计育种值则都以这一年为基准以离差形式示之。从图 5-2 可看出，该品种达 250 lb 体重日龄的平均估计育种值在 1985—2009 年间是稳步下降的，说明种猪的测定、评估与选择取得了一定的效果。

用回归法估计遗传趋势可举以下例子予以说明。Leon 等（2006）从品种协会那里获得了西班牙当地一个主要的肉用绵羊品种 Segurena 的多产性（产羔数，prolificacy）现场记录，利用单性状动物模型估计了 12 年间（1992—2004）该性状的遗传参数、育种值与遗传

---

① 磅（lb）为非法定计量单位，1 lb=0.453 6 kg。

趋势（共收集 220 个羊群的 97 481 头母羊的数据，每头母羊平均产羔 2.9 只，通过人工授精羊群间有着遗传联系），遗传力为 0.04±0.002，重复率为 0.08±0.001，公羊的遗传趋势（生于各年度公羊的平均估计育种值对年度的回归系数）为 0.53 只/年，母羊的遗传趋势为 —0.032 只/年。作者经过分析认为：大群选择法（mass selection，在某种程度上类似于个体选择法，见后）对于改良该品种产羔数的遗传品质是无效的。

总的说来，遗传趋势分析的一般步骤如下。

① 采用动物模型 BLUP 或其他模型下的 BLUP 法计算个体的估计育种值。

② 分别计算生于不同年份的种畜的平均估计育种值，并列表、绘图示之。

③ 计算各出生年份种畜的平均估计育种值对年度的回归系数，并对该回归系数进行显著性检验。在上述图解中可加注该回归系数。

第四节　数量性状选择的基本方法

从以上所述的内容中可以知道，要想提高选择效果，最能发挥人们主观能动性的是尽量设法提高育种值估计的准确度，即提高选种的准确性。从这一点出发，人们在性状选择的实践中积累了许多行之有效的选择方法，极大地丰富了选择理论。现代育种学精神是符合信息论观点的，就是充分利用一切可能的资料，以期获得最大的育种值估计准确度，从而获得最大的遗传进展。纵观目前各种选择方法及其间的相互关系，如图 5-3 所示。

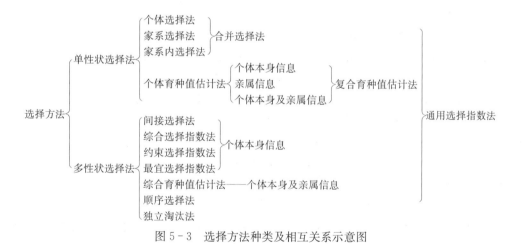

图 5-3　选择方法种类及相互关系示意图

一、表型值选择法与育种值选择法

1. 表型值选择　在生产中，直接观察到的成绩都是表型值。根据育种需要，选出表型值高的个体留种就是表型值选择。由于表型值可来源于个体本身或其亲属，所以表型值选择又有个体选择、系谱选择、后裔选择和同胞选择等。

2. 育种值选择　由于表型值中包括一部分不遗传的环境效应，以及虽然能遗传但不能固定的非加性效应，因而表型值选择的可靠性较差。这就需要用遗传参数和一些专门的公式，把表型值转化为育种值，再根据育种值的高低进行选择。同样，育种值也可以根据个体本身的资料或亲属的资料进行估计。

二、个体选择法与依据亲属信息的选择法

为了获得更大的选择效果,需要采用不同的选择方法。一个个体的表型值可剖分为两部分:一部分是它的家系均值,另一部分是该个体表型值离家系均值的偏差(即家系内偏差)。考虑到这些来自亲属的信息和资料,就形成了依据家系均值的家系选择,依据家系内偏差的家系内选择和依据两者的综合信息的合并选择。根据数量遗传学原理,不同的选择方法各方差组分的剖分如表5-5所示。

码14 表5-5 相关公式推导

表5-5 家系和家系内的方差组分

	个体		家系	家系内
	单次记录	多次记录		
表型方差	σ_P^2	$\frac{1+(n-1)r_e}{n}\sigma_P^2$	$\frac{1+(n-1)t}{n}\sigma_P^2$	$\frac{(n-1)(1-t)}{n}\sigma_P^2$
加性方差	σ_A^2	σ_A^2	$\frac{1+(n-1)r}{n}\sigma_A^2$	$\frac{(n-1)(1-r)}{n}\sigma_A^2$

注:n是度量次数或家系中个体数;r_e是多次度量的重复力;r是家系成员间的亲缘系数,全同胞家系为0.5,半同胞家系为0.25;t是家系成员的表型(组内)相关。

在选择中,根据对这两部分的重视程度(即给予不同的加权)可以分为下面几种选择方法。

(一)个体选择法

1. 概念 个体选择法(individual selection)就是把群体中所有个体按照表型值大小顺序排列,根据留种数量选取名次在前的个体。这种选择方法对家系均值和家系内偏差予以同等重视。这对于遗传力高的性状的选择效果最有效,因为其表型变异中主要是遗传变异,表型值比较接近育种值。该方法从某种角度看亦可称为大群选择(mass selection)。

2. 选择效果的衡量 在同样的选择强度下,遗传力高的性状,标准差大的群体,个体选择的效果好。通过一代选择期望下一代的选择反应,可以用下面公式表示:

$$R=Sh^2=(P-\overline{P})h^2=i\sigma_P h^2$$

【例5-3】一个牛群日产奶的标准差为1.06 kg,性状遗传力为0.25。现在决定从中留种40%,那么可望这个性状将在下一代提高多少?

解:查表,当$P=40\%$时,选择强度为0.967,代入$R=i\sigma_P h^2$可以计算出选择反应:

$$R=0.967\times1.06\times0.25=0.256 \text{ (kg)}$$

实际中,由于公牛和母牛留种率差异大,而且每头公牛的配种率不同,因此必须分别计算来自公牛和母牛的选择反应,然后加以平均,求出整个选择反应。如例5-3中可以预计留3头公牛,其日产奶的选择差分别为2 kg、1.5 kg和1 kg,预定第一头公牛配种60%,其余各配种20%,计算公牛的平均选择差为$2\times0.6+1.5\times0.2+1\times0.2=1.7$ (kg)。这样来自公牛的选择反应为$1.7\times0.25=0.425$ (kg),来自母牛和公牛的平均选择反应为$(0.425+0.256)/2=0.341$ (kg)。

值得注意的是,不同记录次数性状的遗传力有所变化,根据多次记录的遗传力估计在于多次记录的表型方差的变化:

$$\sigma_{P(n)}^2 = \frac{1+(n-1)r_e}{n}\sigma_P^2 \tag{5-10}$$

所以，多次记录的遗传力估计为：

$$h_{(n)}^2 = \frac{\sigma_A^2}{\sigma_{P(n)}^2} = \frac{n}{1+(n-1)r_e}h^2 \tag{5-11}$$

根据多次记录均值进行选择的选择反应为：

$$R_{\bar{P}} = i\sigma_{P(n)}h_{(n)}^2 = i\sigma_P h^2 \sqrt{\frac{n}{1+(n-1)r_e}} \tag{5-12}$$

所以，利用多次记录选择与一次记录选择相比，前者选择准确性是后者的 $\sqrt{\frac{n}{1+(n-1)r_e}}$ 倍。当例 5-3 中的重复测定次数为 20 次，重复力为 0.8，则依据多次重复测定均值进行选种的选择反应为：

$$R_{\bar{P}} = 0.967 \times 1.06 \times 0.25 \times \sqrt{\frac{20}{1+(20-1)\times 0.8}} = 0.256 \times 1.111 = 0.284 \text{ (kg)}$$

因此，根据 20 次记录进行选择的准确性是 1 次记录选择的 1.111 倍。

（二）家系选择法

1. 概念 家系选择法（family selection）就是比较全群若干家系的均值，根据家系平均值的高低选留名次在前的家系的全部个体。这种选择方法只考虑家系的均值，而不考虑家系内偏差，个体的表型值除对家系平均值起作用外，对选择并不起独立作用。其适用于遗传力低的性状，因为这类性状的表型变异主要是环境变异，个体表型值与育种值的偏差较大，个体选择不可靠，而家系均值接近于家系育种值。这里所说的家系一般都是指全同胞家系或半同胞家系，更远的亲属家系意义不大。繁殖率高的畜种可采用全同胞家系，繁殖率低的畜种则可采用半同胞家系。在应用家系选择时有下列两种不同的情况：一是根据包含被选个体在内的家系均值选择，称为家系选择；二是根据不包含被选个体在内的家系均值选择，这时当该家系均值来自被选个体的同胞，则称之为同胞选择（sib selection），若来自被选个体的子女则称之为后裔选择，也称后裔测定。当家系含量小时，两者有一定差异，但当家系含量大时，两者基本上是一致的。

2. 选择效果的衡量

（1）家系选择的选择反应：

$$\sigma_{P(n)}^2 = \frac{1+(n-1)r_e}{n}\sigma_P^2$$

$$R_f = i\sigma_f h_f^2, \text{ 其中 } h_f^2 = \frac{1+(n-1)r}{1+(n-1)t}h^2, \sigma_f = \sqrt{\frac{1+(n-1)t}{n}}\sigma_P \tag{5-13}$$

式中：σ_f 为家系均值的标准差；h_f^2 为家系均值的遗传力。

与个体选择相比，家系均值的标准差小于个体选择中的表型标准差，但家系均值的遗传力通常大于性状的遗传力。当家系成员非常多，即 n 很大时，相对个体选择的选择效率为：

$$\frac{R_f}{R} \approx \frac{r}{\sqrt{t}}$$

当 $r > \sqrt{t}$ 时家系选择优于个体选择，对于全同胞家系仅当 $t < 0.25$ 时，半同胞家系仅当 $t < 0.0625$ 时家系选择优于个体选择。所以适合家系选择的条件是低遗传力、大家系和共同

环境造成的家系间差异小，如鸡的产蛋性能等。值得注意的是，家系选择似乎导致中选的亲体来自较少的几个家系，除非选择强度相应降低，否则家系选择的近交率比个体选择的大。

(2) 同胞选择的选择反应：

$$R_s = i\sigma_P h^2 \frac{nr}{\sqrt{n[1+(n-1)t]}} \qquad (5-14)$$

比较同胞选择和家系选择，$\frac{R_s}{R_f} = \frac{nr}{1+(n-1)r}$，同胞选择的效果要小些，但当 n 较大时，同胞选择和家系选择的效果是一致的。

(3) 后裔选择的选择反应：后裔选择的选择反应与同胞选择是一致的，$R_p = R_s$。后代品质的好坏是对亲体种用价值最真实的见证，所以后裔测定的优点是选种效果可靠，多用于种公畜和限性性状的选择。经过后裔测定，确认为优良的种畜，可采用人工授精与冷冻精液技术，提高种公畜的利用率。但这种方法的缺点是需要时间长，延长了世代间隔，影响了选种的进度；后裔测定需要的条件较高，有时需要设立专门的后裔测定站，耗费较多。

(三) 家系内选择法

1. 概念 家系内选择法（within-family selection）就是在每一个家系中选留那些表型值高的个体。这种选择方法只考虑家系内偏差而不考虑家系均值。其最适合家系成员之间具有共同环境效应（如母体效应）并且遗传力又低的性状的选择。在这种情况下，各家系均值之间的差异在很大程度上由共同环境所致，因而这些家系表型均值的差异不能代表家系之间育种值的差异，不能采用家系选择；同时遗传力低，也不宜采用个体选择。如从每窝中选留断奶重高的仔猪。家系内选择还可以减少近亲繁殖的速率，并能利用大部分的加性方差。

2. 选择效果的衡量 家系内选择是一种每个家系中的个体选择，它的选择反应是：

$$R_w = i\sigma_w h_w^2，其中 h_w^2 = \frac{1-r}{1-t} h^2，\sigma_w = \sqrt{\frac{(n-1)(1-t)}{n}} \sigma_P \qquad (5-15)$$

式中：σ_w 为家系内离差的标准差；h_w^2 为家系内离差的遗传力。

当 $t > r$ 时，$h_w^2 > h^2$；当家系成员非常多，即 n 很大时，相对个体选择的选择效率为：

$$\frac{R_w}{R} \approx \frac{1-r}{\sqrt{1-t}}$$

当 $1-r > \sqrt{1-t}$ 时家系内选择优于个体选择，对于全同胞家系仅当 $t > 0.75$ 时，半同胞家系仅当 $t > 0.9375$ 时家系内选择优于个体选择，但如此之大的相关通常是很少发生的。所以家系内选择的条件是低遗传力、家系内的表型相关高和共同环境造成的家系间差异大，如仔猪断奶体重等。

(四) 合并选择法

合并选择法（combined selection）就是结合个体表型值和家系均值进行的选择。

1. 原理与公式 设某一数量性状的个体表型值为 P，其群体均值为 $\overline{P}$，则选择差可以做如下的剖分：

$$P - \overline{P} = (P - \overline{P}_f) + (\overline{P}_f - \overline{P})$$

式中：$(\overline{P}_f - \overline{P})$ 为家系均值的离差；$(P - \overline{P}_f)$ 为家系内偏差。

换句话说，个体选择的选择差可以分解为家系选择的选择差与家系内选择的选择差之和，当用选择反应来表达选择效果时，兼顾家系和家系内所引起的选择反应成为一个指数：

$$I' = (P - \overline{P}_f)h_w^2 + (\overline{P}_f - \overline{P})h_f^2$$
$$= (P - \overline{P}_f)h_w^2 + (\overline{P}_f - \overline{P})h_w^2 - (\overline{P}_f - \overline{P})h_w^2 + (\overline{P}_f - \overline{P})h_f^2$$
$$= (P - \overline{P})h_w^2 + (\overline{P}_f - \overline{P})(h_f^2 - h_w^2)$$

等式两边同除以 h_w^2，并整理后得到：

$$\frac{I'}{h_w^2} = P + \left(\frac{h_f^2}{h_w^2} - 1\right)\overline{P}_f - \frac{h_f^2}{h_w^2}\overline{P}$$

这里主要是能获得一个排队选留的顺序，而非绝对的数值。所以可以去除常数项，并将 h_w^2 和 h_f^2 有关公式代入，同时令 $I = \frac{I'}{h_w^2}$，所以

$$I = P + \left[\frac{r-t}{1-r} \times \frac{n}{1+(n-1)t}\right]\overline{P}_f \quad (5-16)$$

I 为合并选择指数，它同时考虑个体表型值、家系均值（$\overline{P}_f$）、家系成员之间的遗传相关和表型相关的大小。

2. 选择效果的衡量 合并选择的选择反应是：

$$R_c = i\sigma_p h_c^2, \text{ 其中 } h_c^2 = \sqrt{1 + \frac{(r-t)^2}{1-t} \times \frac{n-1}{1+(n-1)t}} h^2 \quad (5-17)$$

由于根号内的值总是大于 1，所以合并选择的选择反应总是大于个体选择。尽管如此，同时获得个体记录和家系记录的费用可能使合并选择不经济或不实际，因为个体记录容易，但要获得合并选择需要的系谱记录可能是昂贵的。

3. 合并选择指数的制订实例

【例 5-4】表 5-6 中给出了仔猪 180 日龄时的体重，如何从中选出最好的 4 头留种？

表 5-6 4 窝仔猪 180 日龄体重资料

家系（窝）			个体重（kg）					家系均值
1	A	80.0	B	86.0	C	93.5	D	106.5	91.5
2	E	79.0	F	99.5	G	105.0	H	114.5	99.5
3	I	56.5	J	60.0	K	65.0	L	118.5	75.0
4	M	87.0	N	90.0	O	95.5	P	103.5	94.0
							群体均值	90.0

如果根据个体选择，选留的是 L、H、D 和 G，因为它们的个体表型值最高；如果根据家系选择，选留的是第 2 家系的 4 头（E、F、G 和 H）；如果根据家系内选择，选留的是 D、H、L 和 P。

采用合并选择则首先要制订一个可供操作的选择指数，其中要估计家系内个体间的表型相关系数，确定家系成员间的遗传相关。由组内相关公式

$$t = \frac{MS_b - MS_w}{MS_b + (n-1)MS_w}$$

经过计算获得，$MS_b = 444.67$，$MS_w = 315.33$，所以 $t = 0.09$；家系成员间的遗传相关为 0.5；将有关数据代入后得到的合并选择指数为：

$$I = P + 2.58\overline{P}_f$$

则 16 头仔猪的合并选择指数中前 6 位分别是：

D=106.5+2.58×91.5=342.57
F=99.5+2.58×99.5=356.21
G=105.0+2.58×99.5=361.71
H=114.5+2.58×99.5=371.21
L=118.5+2.58×75.0=312.00
P=103.5+2.58×94.0=346.02

实际选留 H、G、F 和 P 这 4 头。可见，表型值高的个体，由于家系均值较低，不宜留种；表型值低的个体由于家系均值较高，而被选留种用。

(五) 家系指数选择法

选择的最优方法是使用个体育种值的所有可利用的信息，并把这些信息综合为一个有价值的指数。当存在两个以上的信息来源时，上面所给出的合并选择方法就不适用。比如，信息来源于个体、双亲、全同胞、半同胞、其他亲属，或不能度量的个体要依靠不同种类亲属提供的信息等，要将这些信息合并成一个指数，并根据这个指数对个体进行选择。

1. 指数的构建 指数是个体育种值的最佳线性预测，它采用育种值对所有信息来源的复回归形式。假定有 n 种信息，其度量值分别为 P_i、$i=1、2、\cdots、n$，个体的指数可以写成：

$$I = \sum_{i=1}^{n} b_i P_i \tag{5-18}$$

其中 b_i 是对各个度量值进行加权的因子。要找出每个加权因子的最佳值，可以通过找出指数与育种值间（A）相关达到最大值的 b 值来做到，即 $\sum(I-A)^2$ 最小。这里可以利用度量值的表型方差、度量值间的协方差来估计 b 值：

$$\begin{pmatrix} P_{11} & P_{12} & \cdots & P_{1i} \\ P_{21} & P_{22} & \cdots & P_{2i} \\ \vdots & \vdots & & \vdots \\ P_{i1} & P_{i2} & \cdots & P_{ii} \end{pmatrix} \begin{pmatrix} b_1 \\ b_2 \\ \vdots \\ b_i \end{pmatrix} = \begin{pmatrix} A_{11} \\ A_{21} \\ \vdots \\ A_{i1} \end{pmatrix}$$

矩阵中元素下标相同的表示表型方差，下标不同的表示协方差；当 $i=1$ 时表示个体本身，$i \neq 1$ 时表示其他亲属。如 P_{i1} 表示个体与第 i 种亲属度量值之间的协方差，A_{i1} 表示个体与第 i 种亲属的加性协方差。

(1) 个体和一个亲属：这里涉及 2 个信息来源，个体与一个亲属。那么度量值的表型方差 $P_{11}=P_{22}=\sigma^2$，表型协方差 $P_{12}=P_{21}=t\sigma^2$，加性方差 $A_{11}=h^2\sigma^2$，加性协方差 $A_{21}=rh^2\sigma^2$。将这些代入上述矩阵，解之得到：

$$b_1 = \frac{1-rt}{1-t^2}h^2 \text{ 和 } b_2 = \frac{r-t}{1-t^2}h^2$$

所以，由个体和一个亲属组成的选择指数为：$I' = b_1 P_1 + b_2 P_2$。

由于只考虑对指数进行排序，可以对此做调整：令 $I = \frac{I'}{b_1}$，所以 $I = P_1 + \frac{r-t}{1-rt}P_2$，这里的 P_1 可以是实际的度量值，P_2 则需是群体的离差。

(2) 母亲和一个父系半姐妹：像产奶量和产蛋量，要计算的个体不能直接度量，度量值为 1 的缺省。所以 $P_{22}=P_{33}=\sigma^2$，假定母亲和半姐妹没有亲缘相关和环境相关，$P_{23}=P_{32}=$

0，$A_{21}=0.5h^2\sigma^2$（个体与母亲的），$A_{31}=0.25h^2\sigma^2$（个体与半同胞的）。代入上述矩阵，求解得到：
$$b_2=0.5h^2 \text{ 和 } b_3=0.25h^2$$
所以给出指数为：$I=0.5h^2P_2+0.25h^2P_3$。

如果在母亲和多个父系半姐妹之间建立指数，则 $P_{22}=\sigma^2$，$P_{33}=\frac{1+(n-1)t}{n}\sigma^2$。因为半同胞姐妹之间没有环境相似性，所以 $t=0.25h^2$。求解得到：
$$b_2=0.5h^2 \text{ 和 } b_3=\frac{0.25nh^2}{1+(n-1)t}$$

(3) 个体与同胞均值：个体 $P_{11}=\sigma^2$，$A_{11}=h^2\sigma^2$；家系均值的方差等于家系均值的协方差，$P_{12}=P_{21}=P_{22}=[1+(n-1)t]\sigma^2/n$，$A_{21}=[1+(n-1)r]h^2\sigma^2/n$。求解得到：
$$b_1=\frac{(1-r)(n-1)}{1-t}h^2 \text{ 和 } b_2=\frac{n(r-t)}{(1-t)[1+(n-1)t]}h^2$$

所得到的指数为：$I=b_1P_1+b_2P_2$。

2. 选择效果的衡量 指数值与育种值之间的相关（r_{IA}），在指数的构建中达到了最大值，称为指数的准确度。相关越高，作为育种值预测的标准就越好。选择反应：
$$R_I=i\sigma_A r_{IA} \tag{5-19}$$

将此与个体选择相比，因为 $R=i\sigma h^2=i\sigma_A h$，所以在选择强度相同时，指数选择相对个体选择的选择效率为：
$$\frac{R_I}{R}=\frac{r_{IA}}{h}$$

即依赖于它们各自准确度的比率。

三、多个性状的选择法

上述方法都是对单个性状的选择，在选择时不考虑其他性状的状态和影响，所以比较直观、简便，选择效果好。但育种工作中，经常需要选择几个性状，如在注重奶牛产奶量提高的同时，还要提高或保持乳脂率，既要鸡多产蛋又要提高蛋重等，这些均涉及多性状的选择方法。

（一）顺序选择法

1. 概念 单性状选择法是在逐代选择中对一个性状进行选择，而不管其他性状的提高或降低。对于多性状选择而言，当一个被选择的性状取得满意的效果后，再有顺序地选择另一个性状，使单性状依次得到遗传改进，这种选择方法称为顺序选择法（tandem selection）。

2. 评价 这种方法的优点是：选种目标只是想重点改进独立遗传的某一单性状时，该方法有利于增加选择差和选择效果。其缺点是：当选种目标是要改进若干个性状，采用这种方法的效果最差。因为要使各个性状逐个达到目标，所花费的时间很长，也可能在选其他性状时，第一个性状已经要退化了，尤其是当性状之间存在负相关时更会顾此失彼。

（二）独立淘汰法

1. 概念 这是对几个性状同时进行选择的方法。首先要对被选择的性状分别制订淘汰标准，当其全面达到最低标准的个体才被留种，若有任何一项性状达不到标准，该个体就被淘汰，这种选择方法称为独立淘汰法（independent culling method）。

2. 评价 这种方法的优点是：能在较短的时间内使几个性状得到改进，其遗传进展不低于顺序选择法。但其缺点是：往往淘汰了某一项指标未达标而其他性状均优秀的个体，留种的个体有可能是一些中庸者，后代的遗传改进不明显。

（三）选择指数法

1. 概念 当同时选择几个性状时，可以根据不同性状对育种目标的重要性实施一定的权重，分清主次，综合评估，制订一个综合选择指数，再根据指数大小确定个体的留种，这种选择方法称为选择指数法（index selection）。一般说来，重要性越大的性状应给予越大的权重。

2. 评价 这种方法的优点在于：考虑了性状的变异性，考虑了性状之间的遗传相关，还把几个性状综合加以考虑，注重性状之间的权衡。一般说来，此法要优于其他两种方法，无论选择的性状间存在或不存在相关，选择指数法的遗传进展总是不低于独立淘汰法和顺序选择法，更多的情形下是大于它们。但其缺点是：选择多个性状时，每个性状的选择反应是单个性状时的 $\frac{1}{\sqrt{n}}$。这一结论成立的条件是所选择的各性状间不相关，各性状有相同的遗传力和标准差，同样的选择强度和同样的经济加权值。

四、间接选择法

（一）概念

由于性状间存在相关性，当对某个性状施加选择时，与其相关的另一（些）性状势必也要发生相应的变化。就是说对 Y 性状施加的选择通过性状之间的相关传递到 X 性状上，从而使得 X 性状也受到选择的影响。比如，当通过选择来提高猪的生长速度的同时也提高了饲料利用率，而选择猪薄的背膘厚度的同时也提高了胴体瘦肉率等。这种通过对 Y 性状的选择产生的作用来改良 X 性状的方法称为间接选择法（indirect selection），这里把 Y 性状称为辅助性状。

（二）适用性状

间接选择法主要适用于如下几种情形。

1. 难以度量的性状 主要是那些需要改良，但又难以活体度量的性状，可以通过选择一个与其相关的性状以达到改良目的。如动物的屠体性状、胴体品质、肉质等。

2. 早期选种 利用早期表现的性状与后期表现性状之间的相关实施早期选种。如利用鸡 4 周龄体重与 7 周龄体重之间的相关性，将后备鸡的选择提前到 4 周龄进行。

3. 要改良的性状为限性性状 雄性个体往往没有生产记录，但雄性个体的某些性状与限性性状存在相关性，可以采用间接选择法。

4. 遗传力低的性状 遗传力低的性状直接选择的效果不好，可采用间接选择法。

（三）应用条件

间接选择法主要是针对直接选择法在技术上有困难或间接选择法的效果好于直接选择法的情况。设对 Y 性状施加选择，则 X 性状的间接选择反应是：

$$CR_X = b_{A(XY)} R_Y \tag{5-20}$$

其中 X 性状对 Y 性状的遗传回归系数：

$$b_{A(XY)} = \frac{\sigma_{A(X)}}{\sigma_{A(Y)}} r_{A(XY)} = \frac{h_X \sigma_X}{h_Y \sigma_Y} r_{A(XY)}$$

Y 性状的直接选择反应：$$R_Y = i\sigma_Y h_Y^2$$
所以，$$CR_X = b_{A(XY)} R_Y = i\sigma_X h_X h_Y r_{A(XY)}$$

由于施加在两个性状上的选择强度是一致的，若 R_X 是 X 性状的直接选择反应，则间接选择与直接选择的效果相比就是：

$$\frac{CR_X}{R_X} = \frac{i\sigma_X h_X h_Y r_{A(XY)}}{i\sigma_X h_X^2} = \frac{h_Y}{h_X} r_{A(XY)} \tag{5-21}$$

因此，要使间接选择优于直接选择，其条件是：两个性状之间有高的遗传相关；辅助性状的遗传力高；目标性状是低遗传力的性状。间接选择在家畜育种中有广阔的应用前景，随着分子生物学研究的进展，间接选择已经成为提高动物育种效率的有效手段。

第五节 数量性状选择技术的基本环节

核心群的选种工作有四个环节（即选种四程序）：测定（在一致条件下观测各个体的性能）；评估（估计各个体的育种值并据此排出名次）；留种（留下名次处于前列的优良或优秀个体作为生产下一代的亲体）；更新畜群。测定是选种的基础，（遗传）评估为选种提供依据，留种是选种的归宿，更新畜群是为了加速单位时间的遗传改进量。对四个环节的基本要求可简要概括为：科学测定、准确评估、严格选留（强度选择）、适速更新。

从上可见，选种的四个环节缺一不可，必须给予全面关注。否则，不可能取得应有的选择效果，核心群的选择进展和改良将成为空话。

一、科学测定

种畜测定通常是指在相对一致条件下观测、度量候选群（测定群）各个体主测性状的表型值。这种测定称为生产性能测定（production performance testing）。科学测定所获取的数据和信息是后续遗传评估的必要前提，是留种的客观依据。测定是选种的基础。因此，对测定工作要严格把关，不能流于形式。下面以猪为例具体说明测定在育种工作中的重要性，以及科学测定应特别注意的问题。

（一）测定应是育种场的首要任务

目前的实际情况是：种猪的生产性能测定已成为当前选种工作中最难迈出的一步，存在问题较多。而严格、连续的场内测定又是改良核心群的根本措施，是培育专门化品系的核心技术，是育种场成功的关键，是夯实群间遗传联系与联合育种的重要基础工作。因此，测定应是育种场的首要任务。

（二）对受测群体的基础应有所要求

每个核心群均应根据其在生产商品猪的繁育体系中的地位和作用确定好本群切合实际的选择目标和选择性状（要改良的性状与选择标准）。

但要达到上述目标，使选择性状取得一定的遗传变化，还应对受测猪群的基础在以下方面提出一定的要求：①性能水平；②变异度；③血统数。若群体过于平庸且无多大变异，遗传基础又十分狭窄，那么即使测定，收效也是不大的。

因此，要采取如下相应措施：①先摸清核心群的家底，包括主选性状的现有水平、变异度、群体的血统数等；②若性能偏低，主选性状变异度小，或血统数过少（主要指公猪），则应采取引种措施。

引种时必须到坚持测定、电脑网络辅助育种技术有初步基础、平均育种值高、健康的优秀核心群去引入优良个体或精液。

引种是一种艺术，必须在充分调查研究的基础上周全计划，慎之又慎，灵活运用现代遗传育种繁殖知识。

引种必须由内行的人员来计划和操作（包括到国外引种）；当性能与外貌不可兼得时，也绝不能引进相对育种值在100%以下的个体。

在引进外种时，要适度引进，更要改造创新，坚持引种后的测定、选育与利用，使之真正起到作用，避免资金与资源的浪费。

（三）测定性状宜重点突出，宁缺毋滥

"重点突出"是为了更好地做到主测性状的数据真实、可靠和客观。

1. 主测性状

（1）主测性状的确定应建立在所拟订的改良目标（改良性状）的基础上。主测性状在近期内应基本稳定，但非一成不变。

（2）从性状的选择效果和性状间的遗传相关、性状的经济意义、测定的可操作性、与国际接轨诸方面综合看，目前把遗传力高的、代表胴体性状的100 kg活体背膘厚度（简称背膘）和遗传力中等、代表生长性状的达100 kg日龄（简称日龄）两性状作为主测性状是合理的。当然，对于地方良种，把100 kg定为上市体重（标准体重）是过大了，可商讨另定标准。

目前在有的新品系培育或其他育种工作中，仍将2~6月龄日增重作为主测性状并纳入选择指数式中是无任何依据的，应予纠正。

（3）对于母系，加上主选产仔数（即常称的总产仔数）性状是十分正确的。考虑到其遗传力低，建议目前推行两阶段选种法，即先在断奶阶段，利用从计算机网络或其他途径得到的其祖先与同胞的产仔数信息（包括目前不在本群的所有亲属的信息）求得家系指数（即复合育种值），再据之选择，以决定该猪是否进入第二阶段即日龄与膘厚的测定期。若暂无条件这样做，可考虑看同窝产仔数以决定是否进入第二阶段的测定，不过，这只是一种保险措施，并无理论依据。

2. 其他性状

（1）个体饲料转化率的测定问题：对于场内测定，目前我国不宜普遍要求进行个体饲料转化率的测定，更不能一律要求配备电子自动计料系统（electronic feeders）。

（2）关于氟烷基因与肉质：在执行两阶段选种法时，尚可于断奶阶段采集血样或其他样品进行氟烷基因的DNA检测，并规定基因型为 Hal^{m} 和 Hal^{Nn} 的个体不得参加日龄、膘厚的测定。可以开展此项检测的重要依据之一是氟烷基因的DNA检测的应用已在很大程度上使肉质得到改善。

（3）关于外形：根据我国种猪市场实际与健康（含利用年限）需要，可采用独立淘汰法进行选择。外形主要看品种特征（够起码标准即可）、瘦肉最多与肉用价值最高部位的发育、肢蹄结实度、奶头的数目与发育、生殖相关部位的发育等。绝不可过分苛求不可避免的个别部位的暗斑，不可过分强调优美体形，不可过分讲究旋毛等。总之，性能应是主要的。

场内测定不必进行外形评分。只有在专题研究（如猪外形与其他性状的关系、外形的客

观度量、线性评分、活猪的图像分析等）中才有必要这样做。

（4）活体体尺测量问题：有的场注重测体尺，一般似无必要。不如把有限的精力集中到重要性状的测定上。若认为非测不可，亦应设计体尺指数并作为参考依据。

（5）场内测定在猪中无必要进行同胞屠宰性能测定：对猪的场内测定提出个体性能测定加同胞测定的"综合测定"要求，应予否定。因为：①猪中屠宰的同胞数过少，育种值估计的准确性低；②占用了有限的测定栏，不如多测些公母猪；③太费钱。因此，对场内测定而言，同胞屠宰测定方案并不能解决问题。

（四）对测定环境必须进一步严格要求

为能正确地排出名次，测定环境上必须做到：①合理。包括标准化饲养与考虑基因型与环境的互作（测定环境不同，种畜遗传上优劣的名次很可能也不同）两方面。②一致。各受测个体应处于相对相同的条件下，以缩小环境方差，提高遗传力，从而提高一代遗传改进量。

目前对此关注不够。存在的问题有：①同一批受测个体出生日期相距过大；②不少场未设置自动饲槽，无法做到自由采食，强夺弱食现象严重，难于反映出个体间的遗传差异；③有些场，或饲料原料的质量与种类常不稳定，或预混料与其他原料未拌匀；④有的场突然发生某种流行病，不少个体发育异常，测定数据很不可靠，个体间缺少可比性；⑤由于其他非遗传因素导致系统误差，如科学的个体识别系统未建立，带来耳缺模糊、重号、记录与标识不符等问题，造成个体识别错误；在性状度量上，发生条件误差（仪器未校准等）与人员误差（测定人员不固定）等。

二、准确评估

遗传评估是指排除各种环境因子或其他非遗传因子的影响，估计出个体的主选性状的育种值与选择指数，再据此排出名次。遗传评估准确与否将严重影响一代遗传改进量。多年来育种工作者一直致力于遗传评估的研究，在确立正确而有效的遗传评估模型、探讨方便可行又准确的遗传评估方法和计算技术、研制完善而又简便易行的育种分析软件等方面进行了富有成效的工作，并已取得不少研究成果。

（一）混合模型对遗传评估效果的影响

目前已展开研究和将来在确定遗传模型时应考虑的影响遗传评估效果的几个主要方面如下。

1. 环境效应与选择　环境效应在混合模型中通常作为固定效应。忽略或者不正确地划分环境效应会导致育种值的估计偏差。选择方面，当个体选择时，一般不用通常的混合模型分析方法进行分析，应该进行特殊的统计学处理，如用贝叶斯分析或用非线性最小二乘分析法处理。选择产生预测偏差的原因之一，就是当存在选择时，随机效应服从 $N(s, \sigma_A^2)$，而不是通常情况下 $N(0, \sigma_A^2)$ 的假定。

2. 方差异质性　当几个群体在一个简单的遗传模型中加以考虑时，群体之间一般会发生方差异质性，特别是对来源于环境差异非常大的大量的个体进行选择时，忽视方差的异质性将导致选择反应的实质性损失。然而，在通常情况下确定每个环境的真实方差是十分困难的，尤其是当群体很小而环境因子很多时。对此，可以使用一种对方差组分取对数的结构化混合模型，这种模型可以有效检验出方差组分变异来源。另一种是复合性状的异质方差混合模型，它通过调整直接遗传效应和相应的关联矩阵，使方差协方差矩阵阶数大大减少。

3. 非加性效应 对于家畜的许多性状来说，遗传效应除了有加性效应外，还有显性效应和上位效应。而对某些性状而言，遗传效应可能还包括母体效应或细胞质效应等。尽管在遗传评估中忽略某些随机效应也能获得无偏预测，但会增加预测误差方差，从而导致选择反应强度下降，更何况忽略某些随机效应并不总能获得无偏预测。

4. 非正态分布和非线性模型 对非正态分布数据，不能简单地用一般的线性混合模型原则进行分析。有人曾提出用重复加权最小二乘广义线性模型来分析，对服从泊松分布的计数性状如胚胎数，可以使用泊松广义线性混合模型。

5. 动态性状模型和有重复的记录 在很多性状中，有许多性状是随时间变化的，如泌乳和生长性状，此类性状可以定义为动态性状。性状的取值与时间有着密切的关系，所建立的模型也不是一般意义上的线性模型。当存在同一个体的重复记录，可建立重复力模型，利用 REML 法进行分析。

6. 遗传模型的有效性 模型的正确建立与否会直接影响到评估效果。检验模型是否正确的最直接办法是进行适合度检验和交叉校验技术，如用贝叶斯理论进行校验和对模型进行模拟研究等。

（二）评估方法对遗传评估效果的影响

20 世纪 70 年代以前，遗传评估的主要方法一直是基于一种根据个体本身和其亲属信息以及多性状信息来估计育种值的简单选择指数法。这种方法虽然简单易行，但有两个主要缺陷，一是没有对环境因子或其他非遗传因子进行有效的校正，二是不能充分利用所有亲属的信息。尽管 20 世纪 50 年代以后出现了女儿-母亲比较法和同期同龄比较法，可使估计育种值的准确性得以提高，但它要求待估公畜随机地来源于同一遗传同源总体和随机地在群体中分布，因此同样具有很大的局限性。20 世纪 70 年代，BLUP（best linear unbiased prediction）法运用于畜禽的遗传评估工作，彻底改变了遗传评估现状，大大提高了遗传改良速度。有关的遗传评估方法将在本篇第七、八和九章详细介绍。

三、严格选留（强度选择）

强度选择（实际上指高强度选择），是数量性状选择技术的重要环节，如果强度选择做不到，测定和评估将流于形式。但目前却有许多场的留种率过大，选择强度很小，远达不到"只有一小部分优良个体才能作为下一代的亲体"的要求，必须纠正。

强度选择，需要做到以下几点。

1. 充分认识强度选择的重要性，做到多测严留 种畜测定了，评估也实施了，如果留种时没有足够的选择强度，就不能解决遗传进展问题，也浪费了测定费用。因此，要充分认识强度选择对种畜改良的重要性，处理好选种与商业利益之间的关系。

2. 利用生物技术实现强度选择 深化人工授精站（点）建设，推广人工授精技术，减少配种公畜的数量，有利于提高种公畜的质量，大幅度提高公畜的选择强度。据研究，若在猪纯种繁育中 100% 地使用人工授精，公猪的选择强度可以提高 10 倍。在牛的育种方面，利用人工授精、超排和胚胎移植技术，跨国使用最优秀种公牛，并同计算机、遗传标记等结合，能实现种畜的高强度选择，大大提高选择进展和改良速度。

四、适速更新

在做好科学测定、准确评估、严格选留（强度选择）工作的基础上，还应把握好选择工作的最后一个环节，即适速更新。

适速更新意即核心群的年更新率（annual replacement rate）要尽可能地高，但对公母畜的要求可以有差异，比方说，核心群公猪的年更新率可达100%，而母猪的为50%，这就是所谓的"适速"。

年更新率关乎选种效率与改良速度。从前面讨论过的改良速度（年遗传进展，年遗传改进量）与世代间隔的概念以及下面公式可见其重要性。

$$年遗传进展（\Delta G_y）=\frac{一代遗传进展（选择反应，R）}{世代间隔（G_1）}$$

世代间隔越小，则年遗传进展越大，改良速度越快。但在实践中，对缩短世代间隔与一代遗传进展最大化的要求都必须依据群体当时的实际情况而定，以达到两者的合理平衡。

习 题

1. 简述选择反应、改良速度、选择差、选择强度、留种率和世代间隔，并说明它们之间的关系。

2. 什么是个体选择和家系选择？比较这两种方法各自的应用特点。

3. 对肉仔鸡5～9周龄增重进行选择。已知基础鸡群为60只，平均增重738 g，标准差113 g，5～9周龄增重的性状遗传力为0.6。若在基础鸡群中选留3只公鸡和12只母鸡，则下一代鸡群的平均增重是多少？

4. 英国大白猪日增重的半同胞相关是0.10，全同胞相关是0.36。当选择基于下列条件时，比较相对于个体选择进展的选择效率。

(1) 全部来自不同母亲的5个半同胞的均值，中选个体是其中之一。

(2) 包括中选个体的5个全同胞的均值。

(3) 不包括中选个体的5个全同胞的均值。

(4) 个体与包括个体本身的5个全同胞的均值的离差。

5. 根据母亲和10个父系半姐妹的产奶量来构建一个选择公牛产奶量的指数。假定半姐妹全部来自不同的母亲，并且它们的母亲与公牛母亲不相关，半同胞之间没有环境相关，产奶量的遗传力为0.35。

6. 何谓现实遗传力？

7. 有一设置有对照群的选择试验，用什么方法来估计遗传进展？

8. 何谓遗传趋势？试举例说明分析遗传趋势的用处。

9. 做好数量性状的选种工作要把握好哪四个环节？

第六章
种畜生产性能测定

前已指出,种畜测定是指在相对一致的条件下观测、度量候选群(测定群)各个体的主测性状,主要是经济性状(economic trait)或者说是生产性能(production performance),为后续的遗传评估与留种工作创造必要前提和奠定坚实基础。没有测定,就谈不上评估与留种。当然,广义的种畜测定,也包括遗传评估在内。遗传评估实质上就是估计各候选个体的育种值,预测其遗传传递力,并根据育种值对它们进行排名(排出名次)。留种则是将育种值高的优良种畜根据育种方案选留下来,以更新上一代。本章讨论狭义的种畜测定。

种畜测定,由于主要测定生产性能,故又称为种畜的生产性能测定(production performance testing)。需要说明的是:生产性能测定与性能测定二词目前常被混用。实际上,性能测定(performance testing)是一专门术语,特指在相对一致的条件下,对测定群各个体本身的主要性状进行度量,并依据本身的记录资料对该个体的遗传传递力作出评价和预测,以找出优良的种畜。而生产性能测定则非专门术语,对个体遗传传递力作出预测时不仅依据其本身的性能测定记录,同时亦可依据其亲属的生产性能记录。本教材为简便起见,在未作说明时,性能测定也指含有更广泛意义的生产性能测定。

本章主要讨论种畜生产性能测定的种类及其组织实施的主要过程。

第一节 种畜生产性能测定的种类

生产性能测定的形式是多样的,从组织生产性能测定的不同侧面可以将其分为测定站测定与场内测定,个体测定、同胞测定与后裔测定。

一、测定站测定与场内测定

家畜育种工作中,生产性能测定可以在不同的场所进行,由此可分为测定站测定(station testing),也称中心测定(central testing)以及场内测定(on-farm testing)。

测定站测定是指将各育种场优良种畜的后裔集中到中心测定站(或称测定中心),在相对一致、更严格的条件下,在统一的期限内进行的生产性能测定。

测定站测定在家畜的遗传改良历史中起过重要的作用,在数量遗传学应用于动物育种实践以前,这种测定形式由于所有个体都在相同且稳定的环境条件(尤其是饲养管理条件)下进行测定,测定个体所表现的性能差异主要是遗传差异,依此进行的选择准确性较高,因而加快了家畜的遗传进展。此外,测定站测定是在第三方主持下的性能测定,这就保证了测定过程的中立性和客观性。同时,由于能相对集中必要的人力和物力,测定的性状也相对较多,结果也更为可靠。

但是测定站测定也存在不足的一面,特别是BLUP方法在家畜育种实践中广泛应用之后,其不足更为明显。首先,测定站测定的测定成本较高,育种经济效益的最大化是家畜育种工作者的最终追求目标,由于测定成本较高,使测定的公畜规模受到一定程度的限制,这必然导致选择强度的降低而影响遗传进展;其次,由于需要将分布在不同牧场的个体集中,在加重运输成本的过程中,使测定个体传播疾病的危险增加;最后,选留个体的一部分始终要在各个牧场饲养管理,由于遗传与环境的互作,利用测定站测定资料进行遗传评估,并依此进行留种,并不一定在所有牧场都有良好的性能表现。

场内测定是指在各个育种场内自行组织的性能测定。由于它不要求在统一的时间和地点进行,可以进行大规模的性能测定,这是其最大的优点,它正好弥补了测定站测定只测公畜,且测定容量有限的缺陷。另外,依靠各场自力更生,测定可在全国范围内长期坚持,具有强劲的生命力。因此,场内测定具有普遍意义。但其缺点也很明显,特别是在各场间缺乏遗传联系时,各场的测定结果不具可比性,不能进行跨场的遗传评估。

二、个体测定、同胞测定与后裔测定

根据测定与遗传评估时所依据的信息来源不同,又可将种畜生产性能测定分为个体测定(individual testing)、同胞测定(sib testing)和后裔测定(progeny testing)。个体测定又称为性能测定(performance testing)。

码15 个体测定——羊的体尺测量

个体测定、同胞测定与后裔测定分别指对受测个体本身、受测个体的同胞或后裔的性能进行度量,并分别依据本身、同胞或后裔的性能记录资料对该受测个体的遗传传递力作出评价和预测。

根据数量遗传学原理,这三种测定方法所获得的信息对个体遗传评估的贡献和可靠性不一样。在组织生产性能测定时应根据测定性状的特点,灵活选用不同的测定形式,一般对于遗传力较高、又能直接度量的性状,可以采用个体测定;对一些限性性状(如公牛产奶量)和活体难于度量或者根本无法度量的性状(如胴体品质),可采用同胞测定;而后裔测定由于所需时间长,耗费较大,多用于公畜,尤其是主要生产性能为限性性状的家畜,如奶牛产奶量。

码16 个体测定——猪的体尺测量

需要注意的是,这三种测定方法并不是彼此对立或者截然分开的,现代育种的一个重要观点是同时利用一切可以利用的信息,因而应该尽量将三种测定方法结合起来使用,而事实上BLUP法在动物育种中的应用已经有机地将这三种测定方法结合起来了。

在实际应用上这三种测定方法在不同的畜种、不同的性状方面有不同的侧重,例如对于鸡等畜禽,由于个体可以有较多的全同胞和半同胞,对同胞测定方式就比较侧重,换言之,对于某个体的遗传评定,它所利用的同胞信息数量就较多。而奶牛的改良,则主要归功于冷冻精液的广泛使用以及在此基础上公牛的后裔测定。另外,也由于在自然情况下奶牛很少有全同胞,故同胞测定就不是主要方法。对于产奶和产蛋等限性性状,雄性个体则不可能进行个体测定。

第二节　组织实施种畜生产性能测定的主要过程

组织种畜的生产性能测定最重要的目的是为遗传评估提供准确、可靠的性状表型值。根据育种者所采用的育种技术、育种措施及要达到的育种目标，对生产性能测定的要求有所不同。比如仅仅局限于场内评估的生产性能测定就只要根据本场的生产管理特点编制本场的个体编号即可，但如果要与其他种畜场联合进行种畜的评估与选择，则首先要求在参加联合育种的场间编制统一的个体编号规则。目前由于计算机技术在畜牧业上的广泛应用，动物育种总的趋势是在一定的区域范围内实施联合育种，事实上单个大型畜牧企业的动物育种也具有同样的情况，本节介绍的生产性能测定的组织也是以此为依据的，其原理同样也适用于单一种畜场的育种情况。因此，种畜测定的组织实施主要过程包括测定体系的确立、测定性状的选择、测定方法的选用和测定的实施四个方面。

一、测定体系的确立

测定体系的确立主要是指如何将生产性能测定应用于遗传评估，以及为达此目的所必须具备的条件。

一般来说，在生产性能测定前，首先应该制订个体的编号系统，它规定了个体编号应包括的信息及其编码规则。不同的畜种的要求不同，一般来说个体编号至少应包含出生场、出生年等基本信息，这里以我国瘦肉型种猪遗传评估体系所实行的全国统一的种猪个体编号系统为例加以说明。该编号系统由15位字母和数字构成，编号原则为：

（1）前2位用英文字母表示品种：如DD表示杜洛克，LL表示长白，YY表示大白，HH表示汉普夏，二元杂种母猪用父系＋母系的第一个字母表示（如长大杂种母猪用LY表示）。

（2）第3～6位用英文字母表示个体出生场的代码（由农业农村部统一认定）。

（3）第7位用数字或英文字母表示分场号（先用1至9，然后用A至Z，无分场的种猪场用1）。

（4）第8～9位用公元年份的最后2位数字表示个体的出生年份。

（5）第10～15位用数字表示耳缺号。

从以上的编号原则知道，第10～15位共6位数是该个体本身的号码，对种猪通常用打耳缺的方法加以识别。猪场多采用"上1下3，左大右小"的打耳缺方法（图6-1），即左耳上缘剪一缺口代表10、下缘剪一缺口为30、耳尖剪一缺口代表200、耳中间打一圆孔为800；右耳上缘剪一缺口代表1、下缘剪一缺口为3、耳尖剪一缺口代表100、耳中间打一圆孔为400。

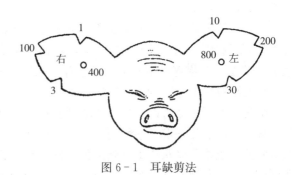

图6-1　耳缺剪法

然后，就要根据本场的育种方案，确定测定数量。生产性能测定是要成本的，测定的数量应合适。针对不同测定性状,其要求不同,例如奶牛产奶量的测定时,一般对测定数量就没有必要十分严格,同样对种猪繁殖性能的测定数量也一样,因为这些性状可能在正常的日常管理中就已经记录,无需额外的工作。但是对生长性能的测定往往需要特定的设备和额外的工作,此时合理确定测定数量就有意义了。确定合适测定数量的基本原则是要保证育种方案所规定的选择差与选择强度以及年更新率,同时考虑生产场的具体情况。例如:某种猪场年需补充更新长白种母猪 300 头,留种率假定为 20%,如果只满足本场需要则测定 1 500 头长白母猪即可。

最后,就是建立测定结果的记录与管理系统。通常测定结果的记录应该越详细越好,除了测定性状所必须记录的结果外,如测定日增重除了应记录开始和结束测定时的称重结果、测定时间外,还应该记录年度、场所、操作人员等可以辨别的系统环境因素,以便于遗传统计分析。

二、测定性状的选择

家畜经济性状很多,同时对所有经济性状都进行测定显然不切合实际,也保证不了主测性状数据的真实可靠,这就要求只对少数重要的经济性状进行测定,做到重点突出,宁缺毋滥。在选择测定性状时通常应遵循以下原则。

首先,应根据特定畜种的生产特点,选择具有较大经济价值的性状进行测定。例如猪的性能测定,因为养猪生产的主要目的是为人类提供肉品,所以与瘦肉生长有最密切关系的生长速度,如达上市体重日龄时的活体背膘厚度是首选的测定性状。另外,畜牧业的市场特点会随着时间的变化而变化,在选择测定性状时还应有长远的目标,预计将来可能有重要经济意义的性状也要进行适当的测定,为该性状的遗传基础分析提供资料,例如肉质性状,随着人们生活水平的不断提高,对肉质的要求也越来越高,其经济重要性也就变得越来越重要,因此测定站测定时就应尽量对测定个体进行肉质性状的测定,为今后的育种工作奠定基础。

码 17 B 型超声波仪活体测定猪背膘厚度和眼肌面积

其次,根据性状的遗传特点,选择有较大遗传改良潜力的性状进行测定。家畜育种的目的是从遗传上改进生产性能,只有测定在遗传上有改进可能性的性状才有实际的育种意义。例如猪生长速度的遗传力中等,应用其测定资料对该性状进行遗传改良将有较好的效果。另外,考虑性状间遗传相关也是必要的,猪的活体背膘厚度与瘦肉率的遗传相关约为-0.5,选择活体背膘厚度可在一定程度上提高瘦肉率。

最后,根据性状表现的生物学特性,选择符合该生物学规律的性状进行测定。例如衡量猪哺乳性能的性状,由于通常母猪分娩 21 d 左右达到泌乳高峰,选择 21 日龄窝重就比断奶窝重更能反映猪的哺乳性能好坏。

总之,主测性状的确定应依据改良目标,并考虑到经济价值、选择效果、性状间的遗传相关、与国际接轨,同时还要从我国的实际出发等方面。

三、测定方法的选用

测定方法的选用会影响到测定数据的精确性,随着各种现代技术在动物育种中的应用,许多以前实际难于测定的性状今天都已经变得十分容易,如采用 B 型超声波仪活体度量肉用动物的胴体瘦肉量，自动记录采食系统测定个体饲料利用率等。测定方法的选用主要应该考虑其重复性、广泛性和实用性。

1. 重复性 育种工作的成效在很大程度上取决于可靠的表型测定数据，它要求测定数据要有足够精确性来保证选种的准确性，因此所用的测定方法要使测得的数据有较高重复性。

2. 广泛性 育种工作常常并不只限于一个场或一个地区，并且其测定结果往往需要在区域范围内进行联合的遗传评估，因而在确定测定方法时要考虑育种工作所覆盖的所有单位是否都能接受。当然这并不意味着迁就那些条件差的单位，一切仍应以保证足够的精确性为前提。

3. 实用性 尽可能使用经济实用的测定方法，以降低性能测定成本。

四、测定的实施

根据动物遗传育种原理，用于个体遗传评估的测定资料必须具有可比性和准确性，因此在一定区域甚至国家范围内组织实施生产性能测定，必须做到以下几点。

1. 建立育种协会 为了使性能测定在公平、公正的基础上实行，参与性能测定的牧场首先应该自愿组织建立一个中立的、有权威的育种协会，以保证测定结果的客观性和可靠性。

2. 制订统一的测定规程 由于测定资料将会用来进行跨场间的遗传评估，放在不同的测定场所执行统一规范的测定规程是具有可比性的保证。

3. 测定人员的资格认证 对测定人员进行技术培训和资格认证，对保证测定结果的准确性有重要意义。比如奶牛泌乳性能的测定，一方面由于奶牛泌乳期通常都在 300 d 左右，每天都对其进行测定显然是不切合实际的，只能在泌乳期抽样测定，即利用若干测定日的产奶量对泌乳期产奶量预测，因此每个测定日准确可靠地称重、抽样、分析和计算，对于准确估算全期泌乳成绩都有很大影响；另一方面随着遗传评估和排序在区域甚至国际间进行，所有测定资料具有可比性变得越来越重要，这也要求测定员接受相关技能的培训，使测定过程标准化，减少人为因素对测定结果的影响。另外，原则上应根据测定性状特点定期由联合机构或协调组织派测定员到各场进行测定，以保证测定结果的客观性和可靠性。例如在发达国家中，对奶牛的产奶性能测定都是由育种协会委派专门的测定员到各场去监测产奶量并获取奶样。

习 题

1. 何谓生产性能测定？它在家畜育种中的地位和作用是什么？
2. 简要叙述组织实施种畜测定的主要过程。
3. 什么是测定站测定和场内测定？试比较其优缺点。

第七章

种畜的遗传评估（一）：单性状育种值估计

从本章起将用 3 章的篇幅讨论种畜遗传评估的基本原理和方法。遗传评估实质上就是估计育种值。本章首先介绍个体育种值的基本概念和估计个体育种值的基本公式，然后重点介绍利用一种信息和多种亲属信息估计个体育种值的基本原理和方法，并举例加以说明。

第一节 个体育种值

一、基本概念

数量性状表型值（phenotypic value，P）是个体的基因型值（genotypic value，G）和环境效应（environmental effect，E）共同作用的结果，即 $P=G+E$。由于决定数量性状的多基因的效应有 3 种，即加性效应（additive effect，A）、显性效应（dominance effect，D）和上位效应（epistatic effect，I），上位效应又称为互作效应（interaction effect，I），显性效应和上位效应合称为非加性效应（non-additive effect），因此，用公式表示即为：$G=A+D+I$；$P=A+D+I+E$。虽然显性效应和上位效应也是基因作用的结果，但在遗传给下一代时，由于基因的分离和重新组合，它们是不能确实遗传给下一代的，在育种过程中不能被固定，难以达到遗传改良的目的。只有基因的加性效应部分才易于固定，才能够确实遗传给下一代，为后代所得到。因此，将控制一个数量性状的所有基因座上基因的加性效应总和称为该性状基因的加性效应值，它是能够稳定遗传的部分。个体加性效应值的高低反映了它在育种上的贡献大小，因此也将这部分效应称为个体的育种值（breeding value of an individual）。另外，环境效应是不能遗传的，由此，可以令 D、I、E 为剩余值 R，那么，$P=A+R$。下面介绍与个体育种值估计有关的两个基本概念。

1. 估计育种值 育种值是不能够直接度量到的，能够度量的是包含育种值在内的由各种遗传效应和环境效应共同作用得到的表型值。因此，只能利用统计方法，通过表型值和个体之间的亲缘关系来对育种值进行估计，由此得到的估计值称为估计育种值（estimated breeding value，EBV）。因为个体育种值是可以稳定遗传的，所以根据它进行种畜选择就可以获得最大的选择进展。

2. 估计传递力 对于常染色体上的基因来说，后代的遗传基础是由父母亲共同决定的，一个亲本只有一半的基因遗传给下一代。对数量性状而言，个体育种值的一半能够传递给下一代，在遗传评估中将它定义为估计传递力（estimated transmitting ability，ETA），用公式表示则为：

$$ETA=\frac{EBV}{2}$$

二、估计个体育种值的基本公式

从生物统计学已知直线回程方程

$$\hat{Y} = a + bx$$
$$= (\bar{y} - b\bar{x}) + bx$$
$$= \bar{y} + b(x - \bar{x})$$

现在的问题是如何通过自变量 P（表型值）求得因变量 A（育种值）的估计值 $\hat{A}$。由上式可推知

$$\hat{A} = b_{AP}(P - \bar{P}) + \bar{A}$$

又已知在一个大的群体中，其表型均值（$\bar{P}$）等于该群体的育种值均值（$\bar{A}$），即 $\bar{P} = \bar{A}$，因此

$$\hat{A} = b_{AP}(P - \bar{P}) + \bar{P} \qquad (7-1)$$

式中：b_{AP} 为育种值对表型值的回归系数。式（7-1）就是估计个体育种值的基本公式。可见，个体育种值是由性状表型值用回程方程加以估计的。

若 A 和 P 均以离群均差形式表示，那么式（7-1）亦可变为以下形式：

$$\hat{A} = b_{AP} P \qquad (7-2)$$

在式（7-2）中，

$$b_{AP} = r_{AP} \frac{\sigma_A}{\sigma_P}$$

$$r_{AP} = \frac{\mathrm{Cov}(A, P)}{\sigma_A \sigma_P}$$

r_{AP} 为育种值和表型值的相关系数，即估计育种值的准确度；σ_A 为育种值标准差；σ_P 为信息表型值标准差；$\mathrm{Cov}(A, P)$ 为育种值与信息表型值的协方差。

因此，估计育种值的关键问题是计算出 r_{AP}。它主要取决于三个参数：①育种值与信息表型值的协方差 $\mathrm{Cov}(A, P)$；②被估计个体的育种值方差 σ_A^2；③信息表型值方差 σ_P^2。而将信息表型值剖分为相应的育种值和剩余值，即 $P = A + R$，一般情况下均假设 $\mathrm{Cov}(A, R) = 0$，因此，得到 $\mathrm{Cov}(A, P) = \mathrm{Cov}(A, A) = r_A \sigma_A^2$，即 $r_{AP} = r_A \sigma_A / \sigma_P$。$r_A$ 是提供信息的亲属个体与被估个体的亲缘系数，这意味着，与被估个体亲缘关系越近的资料，估计个体育种值的准确性越高，亲缘关系越远的资料，估计准确性越低。

从实际畜禽育种工作看，常用于估计个体育种值的表型信息资料主要来自个体本身、双亲、同胞及后裔，共四类，如图 7-1 所示，其他亲属资料，由于与被估个体亲缘关系较远

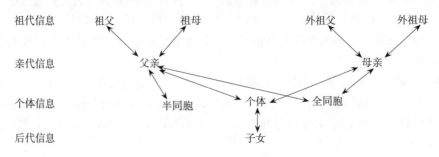

图 7-1　估计育种值常用的各种信息关系示意图

而很少用到。

第二节 利用一种信息估计个体育种值

在家畜育种中，无论是单性状还是多性状选择，都有大量的亲属信息资料可以利用，关键是如何合理地利用各种亲属信息，更准确地估计出个体育种值。当仅利用个体本身或某一类亲属的性状表型值时，最基本的回归公式如下：

$$EBV = \hat{A} = b_{AP}(P - \bar{P}) \tag{7-3}$$

式中：$\hat{A}$ 为估计个体育种值；b_{AP} 为个体育种值对信息表型值的回归系数；P 为用于评定育种值的信息表型值；$\bar{P}$ 为与该信息来源处于相同条件下的所有个体的均值。

这里最为关键的是要计算出 b_{AP}，而 b_{AP} 与信息资料的形式有关，一般常用的资料形式有下列 4 种：个体本身单次度量表型值、个体本身多次度量均值、多个同类亲属单次度量均值以及多个同类亲属多次度量均值。在实际计算时，最后一种类型作为多信息来源处理更为简便、准确。对于前 3 种资料形式的 b_{AP}，用一个通式表示为：

$$b_{AP} = \frac{r_A n h^2}{1 + (n-1) r_P} \tag{7-4}$$

这里，n 可以是度量次数或同类个体数，r_A 是提供信息的个体与被估计个体的亲缘系数，r_P 为多个表型值间的相关系数，如果是一个个体多次度量，$r_P = r_e$，r_e 为性状的重复力；如果多个个体单次度量，$r_P = r_A h^2$。

由式（7-4）得到的估计育种值的准确度可用估计育种值与真实育种值的相关系数来度量，其计算公式：

$$r_{A\hat{A}} = r_{AP} = b_{AP} \frac{\sigma_P}{\sigma_A} = r_A \sqrt{\frac{n h^2}{1 + (n-1) r_P}} \tag{7-5}$$

这意味着利用一种信息资料估计育种值的准确度取决于被估个体与提供信息个体的亲缘关系、性状的遗传力、重复力和可利用的信息量。

一、个体本身信息

根据不同性状的特点，个体本身信息可以是单次度量值，也可以是多次度量值。

1. 个体本身单次表型值 P

$$\begin{cases} r_{AP} = h \\ b_{AP} = h^2 \\ \hat{A} = h^2 P \end{cases} \tag{7-6}$$

可以看出，这时根据个体估计育种值的大小顺序进行选择与根据个体表型值选择的结果完全一致，因为其加权系数 h^2 对每一个个体都是相同的。

2. 个体本身 k 次表型值的均值 $\bar{P}_k$

$$\begin{cases} r_{A\bar{P}_k} = \sqrt{\dfrac{k}{1+(k-1)r_e}} \, h \\ b_{A\bar{P}_k} = \dfrac{k h^2}{1+(k-1) r_e} \\ \hat{A} = \dfrac{k h^2}{1+(k-1) r_e} \bar{P}_k \end{cases} \tag{7-7}$$

可以看出，这时的选择不仅仅取决于 $\bar{P}_k$，而且与度量次数 k 和重复力 r_e 有关。当性状进行多次度量时，可以消除个体一部分特殊环境效应的影响，提高个体育种值估计的准确度。度量次数越多，给予的加权值也越大；重复力越高，单次度量值的代表性越强。然而，在实际育种工作中，由于多次度量延长了世代间隔，减少了单位时间的选择进展，除非性状重复力特别低，一般是不应等到多次度量后再进行选择，而是随着记录的获得，随时利用已获得的记录进行选择。

因为个体测定的准确度直接取决于性状遗传力大小，所以遗传力高的性状采用个体本身信息估计的准确度较高。此外，如果综合考虑选择强度和世代间隔等因素，这种测定的效率可能会更高一些。因此，只要不是限性性状或有碍于种用的性状，一般情况下应尽量充分利用这一信息。

二、系谱信息

系谱信息包括个体父母及祖先的信息。在实际测定时首先应注意父母代（亲本），然后是祖父母代，更远的祖先所提供的信息对估计个体育种值的价值十分有限。根据亲本信息估计育种值有下列 3 种情况：一个亲本单次表型值、一个亲本多次表型值均值及双亲单次表型值均值。

1. 一个亲本单次表型值 P_P　由于个体的遗传基础由父、母双亲完全决定，因而在群体随机交配的情况下，个体与一个亲本的亲缘相关系数，即育种值相关系数为 $r_A=0.5$。因此：

$$\begin{cases} r_{AP_P}=0.5h \\ b_{AP_P}=0.5h^2 \\ \hat{A}=0.5h^2 P_P \end{cases} \tag{7-8}$$

2. 一个亲本 k 次表型值均值 $P_{\bar{P}_k}$　由于亲本多次度量均值提高了亲本育种值估计准确度，从而改进了个体育种值估计，这时：

$$\begin{cases} r_{AP_{P_k}}=0.5h\sqrt{\dfrac{k}{1+(k-1)r_e}} \\ b_{AP_{P_k}}=\dfrac{0.5kh^2}{1+(k-1)r_e} \\ \hat{A}=\dfrac{0.5kh^2}{1+(k-1)r_e}P_{P_k} \end{cases} \tag{7-9}$$

3. 双亲单次表型值均值 P_P　假定两亲本不存在亲缘相关，则有：

$$\begin{cases} r_{AP_P}=\dfrac{\sqrt{2}}{2}h \\ b_{AP_P}=h^2 \\ \hat{A}=h^2 P_P \end{cases} \tag{7-10}$$

亲本信息的加权值均只为相应的个体本身信息的一半，当利用双亲单次表型值均值估计时它正好就是遗传力，这与前述选择反应估计是一致的。当利用更远的亲属信息估计育种值时，只需在加权值计算公式中将相应的亲缘系数代替亲子亲缘系数即可，只是由于亲缘关系越远，其信息利用价值越低，一般而言，祖代以上的信息对估计个体育种值意义不大。

尽管亲本信息的估计效率相对较低，但利用亲本信息估计育种值的最大好处是可以作早期选择，在个体出生后无成绩或甚至在个体未出生前，就可根据配种方案确定的两亲本成绩来预测其后代的育种值。此外，在个体出生后有成绩记录时，亲本信息作为个体选择的辅助信息可提高个体育种值估计的准确度。

三、同胞信息

同胞有全同胞和半同胞之分，同父同母的个体间为全同胞，同父异母或同母异父为半同胞。无论是利用全同胞或半同胞信息，都可以有下列 3 种情况：一个同胞单次表型值、一个同胞多次表型值均值及多个同胞分别单次表型值均值。

1. 一个同胞单次表型值 P_{FS} 或 P_{HS}　在随机交配的群体中，全同胞亲缘系数为 $r_{A(FS)}=0.5$，半同胞亲缘系数为 $r_{A(HS)}=0.25$。这时：

$$\begin{cases} r_{AP_{FS}}=0.5h \\ r_{AP_{HS}}=0.25h \\ b_{AP_{FS}}=0.5h^2 \\ b_{AP_{HS}}=0.25h^2 \\ \hat{A}_{FS}=0.5h^2 P_{FS} \\ \hat{A}_{HS}=0.25h^2 P_{HS} \end{cases} \quad (7-11)$$

2. 一个同胞 k 次度量表型值均值 $\bar{P}_{FS}$ 或 $\bar{P}_{HS}$

$$\begin{cases} r_{A\bar{P}_{FS}}=0.5h\sqrt{\dfrac{k}{1+(k-1)r_e}} \\ r_{A\bar{P}_{HS}}=0.25h\sqrt{\dfrac{k}{1+(k-1)r_e}} \\ b_{A\bar{P}_{FS}}=0.5h^2\dfrac{k}{1+(k-1)r_e} \\ b_{A\bar{P}_{HS}}=0.25h^2\dfrac{k}{1+(k-1)r_e} \\ \hat{A}_{FS}=\dfrac{0.5kh^2}{1+(k-1)r_e}\bar{P}_{FS} \\ \hat{A}_{HS}=\dfrac{0.25kh^2}{1+(k-1)r_e}\bar{P}_{HS} \end{cases} \quad (7-12)$$

3. n 个同胞单次表型值均值 $\bar{P}_{FS}$ 或 $\bar{P}_{HS}$　与"一个同胞 k 次度量表型值均值 $\bar{P}_{FS}$ 或 $\bar{P}_{HS}$"基本类似，只不过这时不是一个个体多次度量均值，因而不能用重复率计算多次度量值均值方差，而应用同胞间表型相关 r_{FS} 或 r_{HS} 替代 r_e，$r_{FS}=0.5h^2$，$r_{HS}=0.25h^2$。因此：

$$\begin{cases} r_{A\bar{P}_{FS}}=0.5h\sqrt{\dfrac{n}{1+(n-1)r_{FS}}} \\ r_{A\bar{P}_{HS}}=0.25h\sqrt{\dfrac{n}{1+(n-1)r_{HS}}} \\ b_{A\bar{P}_{FS}}=0.5h^2\dfrac{n}{1+(n-1)r_{FS}} \\ b_{A\bar{P}_{HS}}=0.25h^2\dfrac{n}{1+(n-1)r_{HS}} \\ \hat{A}_{FS}=\dfrac{0.5nh^2}{1+(n-1)r_{FS}}\bar{P}_{FS} \\ \hat{A}_{HS}=\dfrac{0.25nh^2}{1+(n-1)r_{HS}}\bar{P}_{HS} \end{cases} \quad (7-13)$$

可以看出同胞测定的效率除了与性状遗传力和同胞表型相关系数有关外，主要取决于同胞测定的数量。同胞信息的估计效率在一个同胞情况下均低于个体选择，并且半同胞信息选择效率低于全同胞。但是由于同胞数可以很多，特别是在猪、禽等产仔数多的畜禽中，因此在多个同胞情况下可以较大幅度地提高估计准确度。对低遗传力性状的选择，其效率可高于个体选择。在测定数量相同时，全同胞的效率高于半同胞。这里的同胞信息均不包含个体本身信息，如有个体记录，可作为两种不同信息来源进行合并估计，这点将在下一节论述。如果仅根据同胞信息选择，则类似于第五章论述过的家系选择，不同的是在家系选择中还包含了个体本身的信息。

用同胞信息估计个体育种值的好处主要有：①可作早期选择；②可用于限性性状选择；③活体难于测定性状的选择，如肉质性状；④阈性状选择，如一定年龄的死亡率；⑤同胞数目很大时，能较大幅度地提高估计准确度。

四、后裔信息

估计个体育种值的最终目的就是希望后代获得最大的选择进展，因此，一个个体的后代性能表现是评价该个体育种值最可靠的依据。但只有当后裔数量较大时，才能得到较为可靠的估计育种值，最主要的原因就是后代的遗传性能并不完全取决于该个体，而与它所配的另一性别个体的遗传性能好坏也有关，并且数量性状的表型值也受到环境的很大影响。后裔信息估计育种值的缺点是延长了世代间隔，缩短了种畜使用期限，增加了育种费用。因此，目前后裔测定主要用于影响特别大且不能进行个体本身性能测定的种畜，如奶牛育种中种公牛产奶性状的选择。后裔信息也可以区分为全同胞子女和半同胞子女两类，一般也有下列3种情况：一个子女单次表型值、一个子女多次表型值均值及多个子女单次表型值均值。

1. 一个子女单次表型值 P_O 如果个体与配的另一性别个体是群体的随机样本，则可忽略它的影响，否则应从后代表型值中消除它的影响。

$$\begin{cases} r_{AP_O}=0.5h \\ b_{AP_O}=0.5h^2 \\ \hat{A}=0.5h^2 P_O \end{cases} \quad (7-14)$$

2. 一个子女 k 次表型值均值 $\bar{P}_O$

$$\begin{cases} r_{A\bar{P}_O}=0.5h\sqrt{\dfrac{k}{1+(k-1)r_e}} \\ b_{A\bar{P}_O}=\dfrac{0.5kh^2}{1+(k-1)r_e} \\ \hat{A}=\dfrac{0.5kh^2}{1+(k-1)r_e}\bar{P}_O \end{cases} \quad (7-15)$$

3. n 个子女单次表型值均值 $\bar{P}_{OF}$ 或 $\bar{P}_{OH}$ 这时应区分是全同胞子女还是半同胞子女。因此：

$$\begin{cases} r_{AP_{OF}} = 0.5h\sqrt{\dfrac{n}{1+0.5(n-1)h^2}} \\ r_{AP_{OH}} = 0.5h\sqrt{\dfrac{n}{1+0.25(n-1)h^2}} \\ b_{AP_{OF}} = \dfrac{0.5nh^2}{1+0.5(n-1)h^2} \\ b_{AP_{OH}} = \dfrac{0.5nh^2}{1+0.25(n-1)h^2} \\ \hat{A}_{OF} = \dfrac{0.5nh^2}{1+0.5(n-1)h^2}\overline{P}_{OF} \\ \hat{A}_{OH} = \dfrac{0.5nh^2}{1+0.25(n-1)h^2}\overline{P}_{OH} \end{cases} \quad (7-16)$$

在多个半同胞子女表型值均值情况下，计算公式中分子的亲缘系数是这些半同胞子女与被测定的种公畜间的亲缘系数，在非近交情况下等于 0.5。而此时分母中的亲缘系数是这些半同胞子女间的亲缘系数，在非近交情况下等于 0.25。与全同胞后裔测定相比，在测定数量相等时，由于分母的取值变小，所以半同胞后裔测定的效率高于全同胞后裔测定，因此在后裔测定中应该尽量采用半同胞后裔测定。

因为后裔测定主要适用于种公畜，所以在实际测定时应注意以下几点：①尽量消除与配母畜效应的影响，可以采用随机交配以及统计校正等方法来实现；②减少后裔间的系统环境效应影响，在比较不同种公畜时，其后代的饲养管理和环境条件应尽量一致；③保证足够的后裔测定数量。

上面对各单项资料估计育种值的方法作了较详细介绍，下面将前述的各种资料估计育种值的回归系数总结于表 7-1。

表 7-1　不同信息估计个体育种值的 b_{AP}

信息资料类型	一个体单次表型值	一个体 k 次表型值均值	n 个同类个体单次表型值均值
本身	h^2	$\dfrac{kh^2}{1+(k-1)r_e}$	—
亲本	$0.5h^2$	$\dfrac{0.5kh^2}{1+(k-1)r_e}$	h^2（这时 $n=2$）（非近交，两亲本平均值）
全同胞兄妹	$0.5h^2$	$\dfrac{0.5kh^2}{1+(k-1)r_e}$	$\dfrac{0.5nh^2}{1+0.5(n-1)h^2}$
半同胞兄妹	$0.25h^2$	$\dfrac{0.25kh^2}{1+(k-1)r_e}$	$\dfrac{0.25nh^2}{1+0.25(n-1)h^2}$
全同胞后裔	$0.5h^2$	$\dfrac{0.5kh^2}{1+(k-1)r_e}$	$\dfrac{0.5nh^2}{1+0.5(n-1)h^2}$
半同胞后裔	$0.5h^2$	$\dfrac{0.5kh^2}{1+(k-1)r_e}$	$\dfrac{0.5nh^2}{1+0.25(n-1)h^2}$

五、利用一种信息估计个体育种值示例

利用一种信息估计单性状的个体育种值的关键在于计算 b_{AP}，这利用表 7-1 给出的公式可以很容易计算出来。下面用一个实际的育种资料加以说明。

【例 7-1】在一个种猪场中，经统计分析得到达 100 kg 体重背膘厚度的群体均值为

$\overline{P}=14.0$,估计的遗传力 h^2 近似为 0.5。表 7-2 给出了 4 头种公猪及其有关亲属的达 100 kg 体重背膘厚度,试利用各种不同的信息估计该性状种公猪育种值。这里仅以 1 250 号种公猪在 3 种情况下的育种值估计和估计准确度计算方法为例加以说明。

表 7-2 4 头种公猪及其有关亲属的达 100 kg 体重背膘记录 (mm)

公猪号	本身	父亲	母亲	祖父	祖母	外祖父	外祖母	半同胞兄妹		半同胞子女	
								n	均值	n	均值
1 250	13	14	15	14.5	15	16	16.5	200	13.5	50	13.2
1 340	14	14.2	15	15	15.5	13.5	14.5	200	14.2	50	13.8
1 450	12	11.7	12.5	14.5	16	15	15.8	100	12.4	25	11.8
1 560	10	10.5	11	12	12.5	13	12.5	100	10.5	25	10.2

利用个体本身信息可以得到:
$$b_{AP}=h^2=0.5$$
$$\hat{A}=\overline{P}+b_{AP}(P-\overline{P})=14.0+0.5\times(13-14.0)=13.5$$
$$r_{AP}=h=\sqrt{0.5}=0.707\ 1$$

利用父亲信息可以得到:
$$b_{AP}=0.5h^2=0.5\times0.5=0.25$$
$$\hat{A}_P=\overline{P}+b_{AP}(P-\overline{P})=14.0+0.25\times(14-14.0)=14.0$$
$$r_{AP}=0.5h=0.5\times\sqrt{0.5}=0.353\ 6$$

利用半同胞兄妹信息可以得到:
$$b_{AP}=\frac{0.25nh^2}{1+0.25(n-1)h^2}=\frac{0.25\times200\times0.5}{1+0.25\times(200-1)\times0.5}=0.966\ 2$$
$$\hat{A}_{HS}=\overline{P}+b_{AP}(P-\overline{P})=14.0+0.966\ 2\times(13.5-14.0)=13.516\ 9$$
$$r_{AP_{HS}}=0.25\ h\sqrt{\frac{n}{1+(n-1)r_{HS}}}=0.25\times\sqrt{\frac{200\times0.5}{1+(200-1)\times0.25\times0.5}}$$
$$=0.491\ 5$$

类似地可以得到其他几种信息的估计结果。比较各种信息的育种值估计准确度可知其大小顺序为:个体(0.707 1)>同胞(0.491 5)>父亲(0.353 6),该性状的遗传力较高,相应地利用个体本身信息估计育种值的准确度较高。可见任何一种单项信息的估计准确度都是有限的,为了提高选种的准确性,最好是尽可能充分利用有关的信息来估计。

第三节 利用多种亲属信息估计个体育种值

单独利用一种信息总有一定的局限性,不能达到充分利用信息的目的,同时也不符合现代育种学的精神。为了尽可能提高估计育种值的效率,充分利用各种亲属信息资料合并估计育种值就具有十分重要的育种实践意义。利用多种亲属信息估计得到的个体育种值称为复合育种值(composite breeding value),也称为家系指数(family index)。

一、估计原理

Turner 和 Yong(1969)在讨论了多种资料组合形式的育种值估计方法后,认为不同形式的组合资料估计育种值可遵循下列 5 个步骤进行：①计算出各项信息的方差及相互间的协方差；②计算出各项信息间的相关系数；③计算出以这些相关系数表示的各项信息对被估计育种值的标准化偏回归系数，即通径系数；④将这些标准化偏回归系数转化为偏回归系数，即得到各项信息的加权系数；⑤计算合并指数与各项信息间的复相关系数，即育种值估计准确度。

由此可见，多项信息资料合并估计育种值，实际上就是一种多元回归的方法，在此基础上可以得到适用于不同情况的多元回归正规方程。即：

$$\hat{A} = \sum b_i P_i = \boldsymbol{b}' \boldsymbol{P} \tag{7-17}$$

式中：P_i 为第 i 种亲属的表型信息；b_i 为被估个体育种值对 X_i 的偏回归系数；$\boldsymbol{P}$ 为信息表型值向量；$\boldsymbol{b}'$ 为偏回归系数向量。

因而，现在的问题是如何计算这些偏回归系数。这可借助通径分析来解决。

可以将用于估计个体育种值的信息归纳为下列 3 种类型：① 一个个体单次度量表型值，统计为 P_i；② 多次度量表型均值，统计为 $\overline{P}_i$，这包含两种情况，即多个个体单次度量表型均值和一个个体多次度量表型均值；③ 多个个体多次度量均值，统计为 $\overline{\overline{P}}_i$。这 3 种类型信息资料是依次取决于前者的，可以用图 7-2a 的通径关系图表示。在这一关系链上，h_i 为个体育种值到个体单次度量表型值的通径系数，即遗传力平方根；z_i 为个体单次度量表型值到个体多次度量表型均值或多个个体单次度量表型均值的通径系数；q_i 为个体多次度量表型均值到多个个体多次度量表型均值的通径系数。

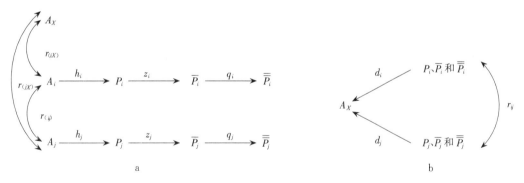

图 7-2 多项信息估计个体育种值示意图
a. 估计信息与个体育种值的通径关系　b. 多信息估计育种值原理通径图

依据通径分析原理，当偏回归系数为 1 时，通径系数等于原因变量标准差与结果变量标准差之比，因此得到：

$$h_i = \frac{\sigma_{A_i}}{\sigma_{P_i}} = \frac{\sigma_A}{\sigma_P} = h \tag{7-18}$$

$$z_i = \frac{\sigma_{P_i}}{\sigma_{\overline{P}_i}} = \sqrt{\frac{k}{1+(k-1)r_P}} \tag{7-19}$$

$$q_i = \frac{\sigma_{\overline{P}_i}}{\sigma_{\overline{\overline{P}}_i}} = \sqrt{\frac{n}{1+(n-1)r_A z_i^2 h^2}} \tag{7-20}$$

当估计育种值的信息确定后，即可利用各种参数计算出上列三式的取值。

如果把一个信息的育种值到它的表型值之间的通径系数统计为 d_i，显然有：

$$d_i = \begin{cases} h_i \\ z_i h_i \\ q_i z_i h_i \end{cases} \tag{7-21}$$

假设需要估计的个体育种值为 A_X，用来估计育种值的信息总共有 m 项，其中各项信息表型值记为 $P_i=1、2、\cdots、m$。各信息估计 A_X 的通径关系可用图 7-2b 表示。由通径系数理论可得方程并化简为：

$$\begin{cases} \dfrac{1}{d_i^2} b_{iX} + \sum_{j=1}^{m} r_{(ij)} b_{jX} = r_{(iX)} \\ \sum_{i=1}^{m} r_{(ij)} b_{iX} + \dfrac{1}{d_j^2} b_{jX} = r_{(jX)} \end{cases} \tag{7-22}$$

用矩阵形式表示为：

$$\boldsymbol{Rb} = \boldsymbol{r} \tag{7-23}$$

这里 $\boldsymbol{R}$、$\boldsymbol{b}$ 和 $\boldsymbol{r}$ 的具体形式分别为：

$$\boldsymbol{R} = \begin{pmatrix} \vdots & & \vdots & \\ \cdots & \dfrac{1}{d_i^2} & \cdots & r_{(ij)} & \cdots \\ & \vdots & & \vdots & \\ \cdots & r_{(ji)} & \cdots & \dfrac{1}{d_j^2} & \cdots \\ & \vdots & & \vdots & \end{pmatrix}, \boldsymbol{b} = \begin{pmatrix} \vdots \\ b_{iX} \\ \vdots \\ b_{jX} \\ \vdots \end{pmatrix}, \boldsymbol{r} = \begin{pmatrix} \vdots \\ r_{(iX)} \\ \vdots \\ r_{(jX)} \\ \vdots \end{pmatrix}$$

$\boldsymbol{b}$ 为所求的估计育种值偏回归系数矩阵；$\boldsymbol{r}$ 为各信息与被估计育种值的个体间亲缘系数向量；$\boldsymbol{R}$ 为各信息间的相关矩阵。$\boldsymbol{R}$ 中的非对角线元素为各类亲属彼此间的亲缘相关系数，$\boldsymbol{r}$ 中的元素为各类亲属与被估个体间亲缘系数。对于非近交群体，$\boldsymbol{R}$ 和 $\boldsymbol{r}$ 中亲缘相关系数为固定的常量（表 7-3），对有近交的群体，则需要计算出两种亲属间的实际亲缘相关系数。

表 7-3 随机交配群体中常用亲属间的亲缘相关系数

r_A	S	D	SS	SD	DS	DD	FS	HS	FO	HO	I
个体（I）	0.5	0.5	0.25	0.25	0.25	0.25	0.5	0.25	0.5	0.5	1
父亲（S）		0	0.5	0.5	0	0	0.5	0.5	0.25	0.25	0.5
母亲（D）			0	0	0.5	0.5	0.5	0	0.25	0.25	0.5
祖父（SS）				0	0	0	0.25	0.25	0.125	0.125	0.25
祖母（SD）					0	0	0.25	0.25	0.125	0.125	0.25
外祖父（DS）						0	0.25	0	0.125	0.125	0.25
外祖母（DD）							0.25	0	0.125	0.125	0.25
全同胞兄妹（FS）								0.25	0.25	0.25	0.5
父系半同胞兄妹（HS）									0.125	0.125	0.25
全同胞子女（FO）										0.25	0.5
半同胞子女（HO）											0.5

根据实际的估计育种值信息来源，将有关参数代入方程式（7-23）可得到各偏回归系数。用（7-17）估计育种值的准确度实际上就是这一多元回归的复相关系数，即：

$$r_A = \sqrt{\boldsymbol{b}'\boldsymbol{r}} = \sqrt{\sum b_{iX} r_{(iX)}} \tag{7-24}$$

二、利用多种亲属信息估计个体育种值示例

上述估计方法可以在任意资料组合形式下应用，下面举两种信息资料组合来说明估计育种值的计算方法。

1. 本身单次记录（P_I）＋父亲单次记录（P_S） 由式（7-21）得到：$d_1=h$，$d_2=h$。由表 7-3 知道 $r_{(12)}=0.5$，$r_{(1X)}=1$，$r_{(2X)}=0.5$。将这些数据代入式（7-23），得到：

$$\begin{pmatrix} \dfrac{1}{h^2} & 0.5 \\ 0.5 & \dfrac{1}{h^2} \end{pmatrix} \begin{pmatrix} b_1 \\ b_2 \end{pmatrix} = \begin{pmatrix} 1 \\ 0.5 \end{pmatrix}$$

由此方程可解得：

$$b_1 = \frac{h^2(4-h^2)}{4-h^4}, \quad b_2 = \frac{2h^2(1-h^2)}{4-h^4}$$

$$\hat{A}_X = b_1(P_I) + b_2(P_S) = \frac{h^2(4-h^2)}{4-h^4} \times P_I + \frac{2h^2(1-h^2)}{4-h^4} \times P_S$$

育种值估计的准确度为：

$$r_{AI} = \sqrt{\boldsymbol{b'r}} = \sqrt{\frac{(5-2h^2)h^2}{4-h^4}}$$

2. 本身 k 次记录 $\overline{P}_I$ ＋n 个父系半同胞均值（$\overline{P}_{HS}$） 由式（7-21）及式（7-19）得到：$d_1 = zh = \sqrt{\dfrac{kh^2}{1+(k-1)r_e}}$，$d_2 = zh = \sqrt{\dfrac{4nh^2}{4+(n-1)h^2}}$。由表 7-3 知道 $r_{(12)}=0.25$，$r_{(1X)}=1$，$r_{(2X)}=0.5$。将这些数据代入式（7-23），得到：

$$\begin{pmatrix} \dfrac{1+(k-1)r_e}{kh^2} & 0.25 \\ 0.25 & \dfrac{4+(n-1)h^2}{4nh^2} \end{pmatrix} \begin{pmatrix} b_1 \\ b_2 \end{pmatrix} = \begin{pmatrix} 1 \\ 0.25 \end{pmatrix}$$

由此方程可解得：

$$b_1 = \frac{d_1^2(16-d_2^2)}{16-d_1^2 d_2^2}, \quad b_2 = \frac{4d_2^2(1-d_1^2)}{16-d_1^2 d_2^2}$$

$$\hat{A}_X = b_1(\overline{P}_I) + b_2(\overline{P}_{HS}) = \frac{d_1^2(16-d_2^2)}{16-d_1^2 d_2^2} \times \overline{P}_I + \frac{4d_2^2(1-d_1^2)}{16-d_1^2 d_2^2} \times \overline{P}_{HS}$$

育种值估计的准确度为：

$$r_{AI} = \sqrt{\boldsymbol{b'r}} = \sqrt{\frac{16 d_1^2 + d_2^2 - 2 d_1^2 d_2^2}{16 - d_1^2 d_2^2}}$$

类似地采用上述方法，可以得出两信息组合、三信息组合、四信息组合等。但是由于在多信息资料组合时，都给出计算公式是相当麻烦而且复杂的，而且也难以将所有的信息资料组合形式都一一给出，在实际应用时，利用设计好的计算程序可以很容易完成多信息的个体育种值估计。

下面引用例 7-1 的资料来说明上述多项信息资料合并估计育种值的计算方法。

【例 7-2】 利用例 7-1 的所有亲属信息资料进行育种值估计,这里仅以 1 250 号为例。
由式（7-21）及式（7-19）得到：

$$d_1 = d_2 = d_3 = d_4 = d_5 = d_6 = d_7 = h = \sqrt{0.5}$$

$$d_8 = zh = \sqrt{\frac{200 \times 0.5}{1+(200-1)\times 0.25 \times 0.5}}$$

$$d_9 = zh = \sqrt{\frac{50 \times 0.5}{1+(50-1)\times 0.5 \times 0.5}}$$

由表 7-4 和式（7-23），得到：

$$\begin{pmatrix} 2 & 0.5 & 0.5 & 0.25 & 0.25 & 0.25 & 0.25 & 0.25 & 0.5 \\ 0.5 & 2 & 0 & 0.5 & 0.5 & 0 & 0 & 0.5 & 0.25 \\ 0.5 & 0 & 2 & 0 & 0 & 0.5 & 0.5 & 0 & 0.25 \\ 0.25 & 0.5 & 0 & 2 & 0 & 0 & 0 & 0.25 & 0.125 \\ 0.25 & 0.5 & 0 & 0 & 2 & 0 & 0 & 0.25 & 0.125 \\ 0.25 & 0 & 0.5 & 0 & 0 & 2 & 0 & 0 & 0.125 \\ 0.25 & 0 & 0.5 & 0 & 0 & 0 & 2 & 0 & 0.125 \\ 0.25 & 0.5 & 0 & 0.25 & 0 & 0 & 0 & 0.5087 & 0.25 \\ 0.5 & 0.25 & 0.25 & 0.125 & 0.125 & 0.125 & 0.125 & 0.25 & 0.7280 \end{pmatrix} \begin{pmatrix} b_1 \\ b_2 \\ b_3 \\ b_4 \\ b_5 \\ b_6 \\ b_7 \\ b_8 \\ b_9 \end{pmatrix} = \begin{pmatrix} 1 \\ 0.5 \\ 0.5 \\ 0.25 \\ 0.25 \\ 0.25 \\ 0.25 \\ 0.25 \\ 0.5 \end{pmatrix}$$

由此方程可解得：
$(b_1 \quad b_2 \quad b_3 \quad b_4 \quad b_5 \quad b_6 \quad b_7 \quad b_8 \quad b_9) =$
$(0.3418 \quad 0.0943 \quad 0.1040 \quad 0.0314 \quad 0.0314 \quad 0.0347 \quad 0.0347 \quad 0.0455 \quad 0.3456)$

所以该个体的估计育种值为：

$$\begin{aligned}
\hat{A}_{1\,250} &= \overline{P} + b_1(P_I - \overline{P}) + b_2(P_S - \overline{P}) + b_3(P_D - \overline{P}) + b_4(P_{SS} - \overline{P}) + b_5(P_{SD} - \overline{P}) + \\
&\quad b_6(P_{DS} - \overline{P}) + b_7(P_{DD} - \overline{P}) + b_8(P_{HS} - \overline{P}) + b_9(P_{HO} - \overline{P}) \\
&= 14.0 + 0.3418 \times (13 - 14.0) + 0.0943 \times (14 - 14.0) + 0.1040 \times (15 - 14.0) + \\
&\quad 0.0314 \times (14.5 - 14.0) + 0.0314 \times (15 - 14.0) + 0.0347 \times (16 - 14.0) + \\
&\quad 0.0347 \times (16.5 - 14.0) + 0.0455 \times (13.5 - 14.0) + 0.3456 \times (13.2 - 14.0) \\
&= 13.6662
\end{aligned}$$

该个体的估计传递力为：

$$ETA = \frac{1}{2}\hat{A} = 6.8331$$

该育种值估计准确度为：

$$r_{AI} = \sqrt{\boldsymbol{b'r}} = 0.8113$$

类似地可以得到：

$$A_{1\,340} = 14.2168, \quad A_{1\,450} = 12.5877, \quad A_{1\,560} = 10.7710$$

从中可以看出，若以估计准确度最高的全部资料组合估计排列的个体种用价值顺序为：1 560 号＞1 450 号＞1 250 号＞1 340 号，因为背膘厚度是越小越好。

随着现代计算技术和工具的发展，处理这种多元正规方程在实际运用中是完全可行的。

充分利用各种亲属相关的信息资料进行综合遗传评定，尽量准确地估计出种畜个体育种值，从而获得最好的选择进展。

第四节 相对育种值

通过上述方法估计出育种值后，就可依据它选择种畜。有时为了消除不同年度的饲养管理条件差异的影响，可以采用相对育种值（relative breeding value，RBV）进行比较。所谓相对育种值，就是个体育种值相对于所在群体均值的百分数。个体估计育种值大小，一般应与同群同期的畜群比较，以便消除饲养管理差异及年度差异的影响，计算出个体相对育种值后，就可依据它直接判断种畜的优劣，用公式表示为：

$$RBV = \frac{\hat{A}}{\bar{P}} \times 100\% \qquad (7-25)$$

如果，$\hat{A}$ 用离均差的形式表示，则：

$$RBV = \left(1 + \frac{\hat{A}}{\bar{P}}\right) \times 100\% \qquad (7-26)$$

以例 7-2 中种公猪的全部资料估计的达 100 kg 体重背膘厚度个体育种值为例，计算其相对育种值如下：

1 250 号：$RBV = \frac{\hat{A}}{\bar{P}} \times 100\% = \frac{13.6662}{14.0} \times 100\% = 97.62\%$

1 340 号：$RBV = \frac{\hat{A}}{\bar{P}} \times 100\% = \frac{14.2168}{14.0} \times 100\% = 101.55\%$

1 450 号：$RBV = \frac{\hat{A}}{\bar{P}} \times 100\% = \frac{12.5877}{14.0} \times 100\% = 89.91\%$

1 560 号：$RBV = \frac{\hat{A}}{\bar{P}} \times 100\% = \frac{10.7710}{14.0} \times 100\% = 76.94\%$

因此，可以直接根据相对育种值，判断4头种公猪中1 560号种用价值最高，其次是1 450号。

习 题

1. 什么是个体育种值？简述估计个体育种值的基本原理和方法。

2. 估计个体育种值的主要信息资料类型有哪些？各自有什么特点和适用条件？各自估计育种值的加权系数和估计准确度的计算公式是什么？

3. 简述多种亲属信息来源估计个体育种值基本原理。为什么需要充分利用各种亲属信息？

4. 什么是相对育种值？其在实际育种中有什么作用？

5. 利用表 7-2 中的 1 560 号个体的半同胞兄妹信息资料，计算该个体的育种值和估计的准确度。

6. 约克夏猪日增重的遗传力为 0.35，全同胞相关是 0.36。根据个体的增重和 5 个全同胞的家系均值（个体包括在家系均值内）来选择猪的日增重，则适宜的合并指数是什么？

7. 下表数字是来自不同全同胞家系的 4 头猪的育肥后期日增重，如根据习题 6 解出的指数，那么它们的优先顺序是什么？

猪	育肥后期日增重（kg/d）	
	个体	家系均值
A	1.6	1.3
B	1.5	1.6
C	1.55	1.7
D	1.3	1.7

群体均值＝1.5

8. 如果利用习题 6 中计算出的指数来选择猪的日增重，那么期望反应同个体选择期望反应进行比较，结果会如何？

9. 设奶牛产奶量遗传力为 0.35，根据母亲和 10 个父系半姐妹的产奶量来构建一个选择公牛产奶量的指数。假定半姐妹全部来自不同的母亲，且它们的母亲与公牛母亲不相关，此外还假定半同胞之间没有环境相关。

第八章

种畜的遗传评估（二）：多性状育种值估计——选择指数

第七章所阐述的都是针对单个性状的，也就是根据某个性状的来自一种或多种亲属的信息尽可能准确地估计出一个个体的该性状的育种值，然后根据这个育种值进行选择，试图使后代的该性状获得较大的遗传改良。但在畜禽育种中很少是仅考虑单个性状来选择的。一般情况下，各种畜禽的育种目标均涉及数个重要的经济性状，如奶牛的产奶量和乳脂率，猪的生长速度和胴体瘦肉率，蛋鸡的产蛋数和蛋重，绵羊的剪毛量、毛长和纤维直径等。因此，多性状的选择在畜禽育种中更具有实际意义。本章主要阐述有关多个性状选择指数的理论和方法，包括构建选择指数估计综合育种值的基本原理和方法；经典的选择指数的构建和选择效果的度量；针对经典选择指数的不足又介绍了将选择指数推广到能利用个体本身及各种亲属的各个性状的任意信息的通用选择指数；还介绍了通过施加一定的约束条件的约束选择指数和最宜选择指数的构建过程。

第一节 选择指数概述

选择指数（selection index）是 Smith（1937）在植物育种中首先提出来的，随后 Hazel 和 Lush（1942），特别是 Hazel（1943）对这一方法作了系统的论述，并给出了具体的计算方法。由于选择指数法具有较大的优越性，在提出后的50余年中得到了很大的发展，从普通综合选择指数发展为约束选择指数和最宜选择指数，因而成为多性状选择的一种重要的方法。

一、选择指数的类别

1. 普通选择指数 包含经典选择指数（selection index）和通用选择指数（general selection index）。经典选择指数由 Hazel（1943）提出，它只利用个体本身的几个性状信息，依据各自的遗传力、表型方差、经济加权值，以及相应的遗传相关和表型相关，制定一个综合指数，然后计算出各个体的指数值，并依据指数值的高低进行选留和淘汰。通用选择指数由陈瑶生和盛志廉（1988，1989）提出，是在经典选择指数的基础上，能充分利用各种可能获得的信息，即包括个体本身及各种亲属的各个性状的任意信息。

2. 约束选择指数 约束选择指数（restricted selection index）由 Kempthorne（1959）等提出，是在普通选择指数的基础上，通过对性状的改进施加某种约束条件，使一些性状得到改进的同时，另一些性状保持不发生改变。

3. 最宜选择指数 最宜选择指数（optimum selection index）由 Tallis（1962）提出，

是在普通选择指数的基础上，通过对性状的改进施加某种限制，使一些性状按适当的比例要求改进。

二、选择指数与育种值

对于多性状的选择，需要尽量准确地估计出个体多性状的一个综合育种值（aggregate breeding value），并依据它进行选种，以获得最佳的选择效果。由于不同性状在育种和经济上的重要性差异，因而育种目标对各性状的选育提高要求是不一致的，这些差异可用性状经济加权值表示。

假设需要改进的性状共有 n 个，每一个性状的育种值为 a_1、a_2、$\cdots$、a_n，这些性状也称为目标性状（objective trait），相应的权重或称经济加权值（economic weights）为 w_1、w_2、$\cdots$、w_n，则综合育种值可定义如下：

$$H = \sum_{i=1}^{n} w_i a_i = \boldsymbol{w}' \boldsymbol{a} \tag{8-1}$$

式中：$\boldsymbol{w}' = (w_1 \quad w_2 \quad \cdots \quad w_n)$；$\boldsymbol{a}' = (a_1 \quad a_2 \quad \cdots \quad a_n)$。

由于每个性状的真实育种值是无法得到的，需要通过各种信息来源的表型值加以估计，即为选择指数。选择指数是个体育种值的最佳线性预测，它采取育种值对所有信息来源的多元回归形式。现在假定有 m 种信息 P_1、P_2、$\cdots$、P_m，其中每一个 P 是个体本身及各种亲属的各个性状的任意信息，这些以表型值出现的信息被称为度量值，它们均以离均差的形式表示，于是，个体指数的线性表达式为 $I = b_1 P_1 + b_2 P_2 + \cdots + b_m P_m$。现在问题的关键是找出每个偏回归系数的最佳值，这可以通过找出使指数与育种值间相关 r_{HI} 达到最大的 b 值来做到。使 r_{HI} 最大等于使指数值与育种值的线性回归的离差平方和 $\sum(I-H)^2$ 最小。求解最大值可得到一组联立方程式：

$$\begin{cases} b_1 P_{11} + b_2 P_{12} + \cdots + b_{1m} P_{1m} = w_1 A_{11} + w_2 A_{12} + \cdots + w_n A_{1n} \\ b_1 P_{21} + b_2 P_{22} + \cdots + b_{2m} P_{2m} = w_1 A_{21} + w_2 A_{22} + \cdots + w_n A_{2n} \\ \cdots\cdots\cdots\cdots\cdots \\ b_1 P_{n1} + b_2 P_{n2} + \cdots + b_{nm} P_{nm} = w_1 A_{n1} + w_2 A_{n2} + \cdots + w_n A_{nn} \end{cases} \tag{8-2}$$

P 表示由下标数字表示的度量值的表型方差和协方差，A 表示由下标数字表示的目标性状和度量性状的育种值方差和协方差。此式明确反映出选择指数和育种值的线性预测关系。

第二节　普通综合选择指数

一、经典选择指数

（一）指数式的一般形式

经典的综合选择指数是依据个体本身的 n 个性状的表型值 x_1、x_2、$\cdots$、x_n 来估计个体综合育种值 H，这些性状称为信息性状（informative trait）。这种估计最为简单的办法是建立一个信息性状的线性函数，即选择指数 I，有：

$$I = \sum_{i=1}^{n} b_i x_i = \boldsymbol{b}' \boldsymbol{x} \tag{8-3}$$

这里，b_i 为性状的加权系数，也即为偏回归系数，而：

$$\boldsymbol{b}' = (b_1 \quad b_2 \quad \cdots \quad b_n), \boldsymbol{x}' = (x_1 \quad x_2 \quad \cdots \quad x_n)$$

显然，多性状选择的目的是要获得一个指数 I，用它可以最准确地估计 H，即令综合育种值与指数间相关 r_{HI} 最大化，从而获得最大的综合育种值进展 ΔH，利用求极大值方法可以得到如下的多元正规方程：

$$\boldsymbol{Pb} = \boldsymbol{Aw} \quad 或 \quad \boldsymbol{b} = \boldsymbol{P}^{-1}\boldsymbol{Aw} \tag{8-4}$$

式中：$\boldsymbol{b}$ 为各性状的偏回归系数向量；$\boldsymbol{P}$ 为各选择性状表型值之间的方差、协方差矩阵；$\boldsymbol{A}$ 为各选择性状育种值之间的方差、协方差矩阵；$\boldsymbol{w}$ 为各性状的经济加权值向量。

其具体形式为：

$$\boldsymbol{P} = \begin{bmatrix} \vdots & & \vdots & \\ \cdots & \sigma_{Pi}^2 & \cdots & \mathrm{Cov}_P(i,j) & \cdots \\ \vdots & & \vdots & \\ \cdots & \mathrm{Cov}_P(j,i) & \cdots & \sigma_{Pj}^2 & \cdots \\ \vdots & & \vdots & \end{bmatrix}$$

$$\boldsymbol{A} = \begin{bmatrix} \vdots & & \vdots & \\ \cdots & \sigma_{Ai}^2 & \cdots & \mathrm{Cov}_A(i,j) & \cdots \\ \vdots & & \vdots & \\ \cdots & \mathrm{Cov}_A(j,i) & \cdots & \sigma_{Aj}^2 & \cdots \\ \vdots & & \vdots & \end{bmatrix}$$

（二）指数选择效果的预估

制订出选择指数后，可对它的选择效果进行预测，主要的度量指标有综合育种值估计准确度 r_{HI}、综合育种值选择进展 ΔH，以及各性状育种值选择进展 Δa 等。

1. 综合育种值估计准确度 r_{HI}　它度量了利用所制订的选择指数计算个体指数值对个体综合育种值的估计准确性大小，计算公式如下：

$$r_{HI} = \frac{\mathrm{Cov}(H,I)}{\sigma_H \sigma_I} = \frac{\sigma_I}{\sigma_H} = \sqrt{\frac{\boldsymbol{b}'\boldsymbol{Aw}}{\boldsymbol{w}'\boldsymbol{Aw}}} \tag{8-5}$$

2. 综合育种值选择进展 ΔH　它度量在给定留种率（i）的情况下，利用制订的选择指数预期可以获得的综合育种值改进量，计算公式如下：

$$\Delta H = i r_{HI} \sigma_H = i \sigma_I = i \sqrt{\boldsymbol{b}'\boldsymbol{Aw}} \tag{8-6}$$

3. 各性状育种值选择进展 Δa　它度量在给定留种率（i）的情况下，利用选择指数预期每个目标性状的遗传进展，计算公式为：

$$\Delta \boldsymbol{a}' = i \frac{\boldsymbol{b}'\boldsymbol{A}}{\sigma_I} = i \frac{\boldsymbol{b}'\boldsymbol{A}}{\sqrt{\boldsymbol{b}'\boldsymbol{Aw}}} \tag{8-7}$$

如果所有选择的性状间都不相关，而且各性状的表型方差、遗传力和经济加权值都相同，可以证明在同样的选择强度下，用综合选择指数同时选择多个性状时，每一个性状的遗传进展只有单独选择该性状时的 $1/\sqrt{n}$。即使当各性状的表型方差、遗传力和经济加权值不相同，性状间也存在相关时，多性状的改进也低于单独选择某一个性状。因此，一般情况下，在选择方案中，包括的目标性状应尽量少。

（三）经典选择指数计算步骤与示例

一个选择计划的制订一般应包括下列几个步骤：①性状各种表型参数和遗传参数的估

计；②性状经济加权值的确定；③选择强度估计；④选择指数制订和选择效果估计；⑤计算个体指数值，确定选择决策。在实际制订一个选择指数时，一般按下述步骤进行：

(1) 将性状的表型、遗传参数以及经济加权值整理成表 8-1 的形式。

(2) 计算性状的表型方差、协方差矩阵和育种值方差、协方差矩阵，其中：

$$P_{ij} = \begin{cases} \sigma_i^2 & i = j \\ r_{ij}\sigma_i\sigma_j & i \neq j \end{cases} \quad (8-8)$$

$$A_{ij} = \begin{cases} h_i^2\sigma_i^2 & i = j \\ r_{(ij)}h_i\sigma_i h_j\sigma_j & i \neq j \end{cases} \quad (8-9)$$

这里，σ_i^2 和 h_i^2 为性状 i 的表型方差和遗传力，r_{ij} 和 $r_{(ij)}$ 为性状 i 与 j 的表型相关和遗传相关。

(3) 由式 (8-4) 解出各偏回归系数。

(4) 由式 (8-5) 至式 (8-7) 计算 r_{HI}、ΔH、Δa。

(5) 将各个体性状表型值 x，或它的离均差值代入式 (8-3) 计算个体的指数值。

下面以一个实例说明综合选择指数的制订和应用方法。

【例 8-1】由某猪场的资料分析得到三个性状：饲料利用率 x_1、平均日增重 x_2 和胴体瘦肉率 x_3 的表型、遗传参数，以及性状的边际效益，列入表 8-1，根据给定的参数制订这三个性状的综合选择指数，并计算如下两头猪的指数值。A：$x_1 = 2.75$，$x_2 = 700.0$，$x_3 = 60.5$；B：$x_1 = 2.70$，$x_2 = 680.0$，$x_3 = 61.0$。

表 8-1 猪三个性状的表型遗传参数和边际效益

性 状	单位	$\bar{x}$	w	h^2	σ_P^2	x_1	x_2	x_3
饲料利用率 x_1	kg/kg	2.80	−78.80	0.30	0.122 5	—	−0.65	−0.23
平均日增重 x_2	g	650.0	0.11	0.35	4 257.6	−0.75	—	−0.25
胴体瘦肉率 x_3	%	60.0	10.40	0.46	4.708 9	−0.39	−0.10	—

注：表中右边 3 项的右上角为表型相关；右边 3 项左下角为遗传相关。

由表 8-1 中参数计算三个性状的表型方差、协方差矩阵为：

$$\boldsymbol{P} = \begin{bmatrix} 0.122\ 5 & -14.844\ 4 & -0.174\ 7 \\ -14.844\ 4 & 4\ 257.6 & -35.398\ 1 \\ -0.174\ 7 & -35.398\ 1 & 4.708\ 9 \end{bmatrix}$$

其中：

$$P_{11} = \sigma_{x_1}^2 = 0.122\ 5$$

$$P_{12} = \text{Cov}(x_1, x_2) = r_{12}\sigma_{x_1}\sigma_{x_2} = -0.65 \times \sqrt{0.122\ 5 \times 4\ 257.6} = -14.844\ 4$$

其他元素可类似计算得到。而三个性状的育种值方差、协方差矩阵为：

$$\boldsymbol{A} = \begin{bmatrix} 0.036\ 7 & -5.550\ 1 & -0.110\ 0 \\ -5.550\ 1 & 1\ 490.1 & -5.681\ 4 \\ -0.110\ 0 & -5.681\ 4 & 2.166\ 1 \end{bmatrix}$$

其中：

$$A_{11} = \sigma_{A_1}^2 = h_{x_1}^2 \sigma_{x_1}^2 = 0.30 \times 0.1225 = 0.0367$$
$$A_{12} = \text{Cov}(A_1, A_2) = r_{(12)} \sqrt{h_{x_1}^2 \sigma_{x_1}^2 h_{x_2}^2 \sigma_{x_2}^2}$$
$$= -0.75 \times \sqrt{0.30 \times 0.1225 \times 0.35 \times 4257.6}$$
$$= -5.5501$$

其他元素可类似计算。而边际效益,即经济加权值 w 为:
$$\boldsymbol{w'} = (-78.80 \quad 0.11 \quad 10.40)$$

所以由式 (8-4) 得到:
$$\boldsymbol{b} = \boldsymbol{P}^{-1} \boldsymbol{A} \boldsymbol{w}$$
$$= \begin{pmatrix} 0.1225 & -14.8444 & -0.1747 \\ -14.8444 & 4257.6 & -35.3981 \\ -0.1747 & -35.3981 & 4.7089 \end{pmatrix}^{-1} \begin{pmatrix} 0.0367 & -5.5501 & -0.1100 \\ -5.5501 & 1490.1 & -5.6814 \\ -0.1100 & -5.6814 & 2.1661 \end{pmatrix} \begin{pmatrix} -78.80 \\ 0.11 \\ 10.40 \end{pmatrix}$$
$$= (-7.7352 \quad 0.1621 \quad 7.4243)'$$

所以这三个性状的综合选择指数为:
$$I = \boldsymbol{b'x} = -7.7352 x_1 + 0.1621 x_2 + 7.4243 x_3$$

为了衡量该选择指数的优劣,可采用式 (8-5) 至式 (8-7) 计算有关指标。由于:
$$\boldsymbol{b'Aw} = 350.8473$$
$$\boldsymbol{w'Aw} = 744.0830$$
$$\boldsymbol{b'A} = (-2.0009 \quad 242.3083 \quad 16.0118)$$
$$\boldsymbol{b'Ab} = 173.6322$$

所以综合选择指数的估计准确度为:
$$r_{HI} = \sqrt{\frac{\boldsymbol{b'Aw}}{\boldsymbol{w'Aw}}} = \sqrt{\frac{350.8473}{744.0830}} = 0.6867$$

综合育种值选择进展为:
$$\Delta \boldsymbol{H} = i \sqrt{\boldsymbol{b'Aw}} = 18.7309 i$$

各性状育种值选择进展为:
$$\Delta \boldsymbol{a'} = i \frac{\boldsymbol{b'A}}{\sqrt{\boldsymbol{b'Aw}}} = i(-0.1068 \quad 12.9363 \quad 0.8548)$$

若采用这一指数对后备猪进行综合育种值评定,并依据它进行选种,以给出的两个个体为例,可分别计算其综合选择指数为:
$I_A = -7.7352 \times (2.75 - 2.80) + 0.1621 \times (700.0 - 650.0) + 7.4243 \times (60.5 - 60.0)$
$\quad = 12.2039$
$I_B = -7.7352 \times (2.70 - 2.80) + 0.1621 \times (680.0 - 650.0) + 7.4243 \times (61.0 - 60.0)$
$\quad = 13.0608$

从选种角度而言,需要知道的只是个体选择指数值的相对大小排列顺序,因此,实际育种过程中,需要把个体选择指数转换为均值为 100 的一个相对选择指数。即对本例而言有:
$I'_A = 100 - 7.7352 \times (2.75 - 2.80) + 0.1621 \times (700.0 - 650.0) + 7.4243 \times (60.5 - 60.0)$
$\quad = 112.2039$
$I'_B = 100 - 7.7352 \times (2.70 - 2.80) + 0.1621 \times (680.0 - 650.0) + 7.4243 \times (61.0 - 60.0)$
$\quad = 113.0608$

可见，这两种计算方法的选择结果是一致的。

二、通用选择指数

经典选择指数要求目标性状与信息性状一致，而且只是利用个体本身的各性状信息，这不符合现代育种学的精神。实际上，对于多性状选择在群体遗传基础和环境条件相对一致的情况下，应该充分利用各种信息来源的资料，采用与第七章类似的多元回归方法进行综合遗传评定。

（一）通用选择指数的构建

利用个体本身及其亲属的相关性状的表型值 x_1、x_2、…、x_m，这里，信息性状与目标性状可以相同，也可以不同，但必须与目标性状有较高的遗传相关，采用与经典选择指数相同的方法，建立一个信息性状的线性函数 I，即通用选择指数，用它来估计 H [见式（8-2）]，从而获得最大的综合育种值进展 ΔH，利用求极大值方法可以得到如下多元正规方程组：

$$\boldsymbol{Pb} = \boldsymbol{DAw} \quad \text{或} \quad \boldsymbol{b} = \boldsymbol{P}^{-1}\boldsymbol{DAw} \qquad (8-10)$$

这里，$\boldsymbol{P}$ 是信息性状表型值之间的方差、协方差矩阵，$\boldsymbol{A}$ 是各信息性状与目标性状育种值之间的方差、协方差矩阵，$\boldsymbol{D}$ 是对应于提供每一信息性状的个体或有关亲属与被估计个体间的亲缘相关对角矩阵，其具体形式为：

$$\boldsymbol{P} = \begin{bmatrix} \vdots & & \vdots & \\ \cdots & \sigma^2_{P_i} & \cdots & \mathrm{Cov}_P(i,j) & \cdots \\ & \vdots & & \vdots & \\ \cdots & \mathrm{Cov}_P(j,i) & \cdots & \sigma^2_{P_j} & \cdots \\ & \vdots & & \vdots & \end{bmatrix}$$

$$\boldsymbol{A} = \begin{bmatrix} \vdots & & \vdots & \\ \cdots & \sigma^2_{A_i} & \cdots & \mathrm{Cov}_A(i,j) & \cdots \\ & \vdots & & \vdots & \\ \cdots & \mathrm{Cov}_A(j,i) & \cdots & \sigma^2_{A_j} & \cdots \\ & \vdots & & \vdots & \end{bmatrix}$$

$$\boldsymbol{D} = \begin{bmatrix} \ddots & & & \\ & r_{A(i,I)} & & \\ & & \ddots & \\ & & & r_{A(j,I)} \\ & & & & \ddots \end{bmatrix}$$

当目标性状与信息性状完全相同时，$\boldsymbol{A}$ 与 $\boldsymbol{P}$ 有相同的结构，在性状的表型方差、遗传力、表型相关和遗传相关、提供信息的个体与被估计综合育种值的个体（I）亲缘系数都已知的情况下，可以利用这些参数来确定这三个矩阵。

（二）通用选择指数选择效果的预估

和经典选择指数类似，各指标如下计算：

1. 综合育种值估计准确度 r_{HI}

$$r_{HI} = \frac{\mathrm{Cov}(H, I)}{\sigma_H \sigma_I} = \frac{\sigma_I}{\sigma_H} = \sqrt{\frac{\boldsymbol{b'DAw}}{\boldsymbol{w'Gw}}} \qquad (8-11)$$

这里，G 表示目标性状间的育种值方差、协方差矩阵。

2. 综合育种值选择进展 ΔH

$$\Delta H = ir_{HI}\sigma_H = i\sigma_I = i\sqrt{b'DAw} \tag{8-12}$$

3. 各性状育种值选择进展 Δa

$$\Delta a' = i\frac{b'A}{\sigma_I} = i\frac{b'DA}{\sqrt{b'DAw}} \tag{8-13}$$

（三）通用选择指数计算示例

通用选择指数计算步骤可参照经典选择指数，其中在计算信息性状表型值方差、协方差矩阵 P 时有点不同，P_{ij} 需要根据各信息来源的具体情况确定，下面给出具体的计算公式：

第一类：在一个信息来源 M 中，一个性状 x 的方差有如下 3 种情形。

（1）一个个体单次度量值 M：

$$\sigma_M^2 = \sigma_x^2 \tag{8-14}$$

（2）一个个体 N 次度量值 $\overline{M}_N$：

$$\sigma_{\overline{M}_N}^2 = \sigma_x^2 \frac{1+(N-1)r_e}{N} \tag{8-15}$$

式中：r_e 为重复率。

（3）L 个个体单次度量值 $\overline{M}_L$：

$$\sigma_{\overline{M}_L}^2 = \sigma_x^2 \frac{1+(L-1)r_{(M)}h_x^2}{L} \tag{8-16}$$

式中：$r_{(M)}$ 为个体间的亲缘系数。

（4）L 个个体 N 次度量值 $\overline{M}_{LN}$：

$$\sigma_{\overline{\overline{M}}_{LN}}^2 = \sigma_x^2 \frac{N+(L-1)[1+(N-1)]r_e h_x^2}{LN} \tag{8-17}$$

第二类：在一个信息来源中，x 性状和 y 性状的协方差也有如下 3 种情形。

（1）一个个体单次度量值 M_x 和 M_y：

$$\text{Cov}(M_x, M_y) = \text{Cov}(x, y) = r_{xy}\sigma_x\sigma_y \tag{8-18}$$

（2）一个个体 N 次度量值均值 $\overline{M}_{x_N}$ 和 $\overline{M}_{y_N}$：

$$\text{Cov}(M_{x_N}, M_{y_N}) = \text{Cov}(x, y) = r_{xy}\sigma_x\sigma_y \tag{8-19}$$

（3）L 个个体单次度量值均值 $\overline{M}_{x_L}$ 和 $\overline{M}_{y_L}$：

$$\text{Cov}(\overline{M}_{x_L}, \overline{M}_{y_L}) = \frac{1}{L}[\text{Cov}(x, y) + (L-1)r_{(M)}\text{Cov}_A(x, y)] \tag{8-20}$$

（4）L 个个体 N 次度量值均值 $\overline{\overline{M}}_{x_{LN}}$ 和 $\overline{\overline{M}}_{y_{LN}}$：

$$\text{Cov}(\overline{\overline{M}}_{x_{LN}}, \overline{\overline{M}}_{y_{LN}}) = \frac{1}{L}[\text{Cov}(x, y) + (L-1)r_{(M)}\text{Cov}_A(x, y)] \tag{8-21}$$

第三类：在两个不同信息来源 M 和 M' 间，性状 x 间的协方差或性状 x 与性状 y 间的协方差，均可由两个信息来源间的亲缘相关和性状间的遗传相关决定，可由下式表示各种情形：

$$\text{Cov}(M_x, M_y') = r_{(MM')}\text{Cov}_A(x, y) \tag{8-22}$$

【例 8-2】根据某羊场历年资料计算得到的净毛量（x_1）、体重（x_2）和毛长（x_3）的各有关参数，列入表 8-2。现确定选育目标是提高 2 个目标性状 x_1 和 x_2 的综合育种值，x_3 作为选种辅助性状，根据选育方案，有下列 3 个信息来源：①公羊本身的 x_1、x_2 和 x_3 表型值；②公羊的 20 个半同胞姐妹 x_1 的平均表型值；③公羊的 20 个半同胞女儿的 x_1、x_2 和 x_3 平均表型值。试制订一个公羊的选择指数，并评价选择的效果。公羊 A 的度量信息为：①公羊本身的 $x_1=3.10$，$x_2=39.00$ 和 $x_3=11.00$；②公羊的 20 个半同胞姐妹 $x_1=3.05$；③公羊的 20 个半同胞女儿的 $x_1=3.02$、$x_2=39.50$ 和 $x_3=10.50$。试计算该公羊个体的选择指数。

表 8-2 绵羊三个性状的表型、遗传参数和经济加权值

性状	单位	$\bar{x}$	σ_P^2	h^2	w	x_1	x_2	x_3
净毛量 x_1	kg	3.00	0.25	0.47	63.36		0.46	0.37
体重 x_2	kg	38.90	20.52	0.40	1.15	0.21		0.06
毛长 x_3	cm	10.10	0.88	0.30	0.10	0.55	−0.26	

注：表中右边 3 项的右上角为表型相关，左下角为遗传相关。

由表 8-2 中参数可得到两个目标性状 x_1 和 x_2 的育种值方差、协方差矩阵为：

$$\boldsymbol{G} = \begin{pmatrix} 0.1175 & 0.2062 \\ 0.2062 & 8.2080 \end{pmatrix}$$

其中：

$G_{11} = h_{x_1}^2 \sigma_{x_1}^2 = 0.47 \times 0.25 = 0.1175$

$G_{12} = \text{Cov}_A(x_1, x_2) = r_{(12)} \sigma_{Ax_1} \sigma_{Ax_2} = 0.21 \times \sqrt{0.47 \times 0.25 \times 0.40 \times 20.52} = 0.2062$

其他元素值可类似计算得到。3 个信息来源共 7 个信息性状的方差、协方差矩阵可根据式（8-14）至式（8-22）计算，得到：

$$\boldsymbol{P} = \begin{pmatrix} 0.2500 & 1.0419 & 0.1735 & 0.0294 & 0.0587 & 0.1031 & 0.0484 \\ 1.0419 & 20.5200 & 0.2550 & 0.0516 & 0.1031 & 4.1040 & -0.1914 \\ 0.1735 & 0.2550 & 0.8800 & 0.0242 & 0.0484 & -0.1914 & 0.1320 \\ 0.0294 & 0.0516 & 0.0242 & 0.0404 & 0.0147 & 0.0258 & 0.0121 \\ 0.0587 & 0.1031 & 0.0484 & 0.0147 & 0.0404 & 0.0516 & 0.0242 \\ 0.1031 & 4.1040 & -0.1914 & 0.0258 & 0.0516 & 2.9754 & -0.0957 \\ 0.0484 & -0.1914 & 0.1320 & 0.0121 & 0.0242 & -0.0957 & 0.1067 \end{pmatrix}$$

其中：

$P_{11} = \sigma_{1(D)}^2 = 0.2500$

$P_{12} = \text{Cov}[x_{1(D)}, x_{2(D)}] = 0.46 \times \sqrt{0.25 \times 20.52} = 1.0419$

$P_{14} = r_{[x_{1(D)} x_{1(HS)}]} \text{Cov}_A(x_1, x_1) = 0.25 \times 0.1175 = 0.0294$

其他元素值可类似计算得到。信息性状与两个目标性状的育种值方差、协方差矩阵为：

第八章 种畜的遗传评估（二）：多性状育种值估计——选择指数

$$A = \begin{pmatrix} 0.1175 & 0.2062 \\ 0.2062 & 8.2080 \\ 0.0969 & -0.3827 \\ 0.1175 & 0.2062 \\ 0.1175 & 0.2062 \\ 0.2062 & 8.2080 \\ 0.0969 & -0.3827 \end{pmatrix}$$

其中：

$A_{11} = \text{Cov}_A(x_1, x_1) = h_{x_1}^2 \sigma_{x_1}^2 = 0.47 \times 0.25 = 0.1175$

$A_{21} = \text{Cov}_A(x_2, x_1) = r_{(x_1 x_2)} \sqrt{h_{x_1}^2 h_{x_2}^2 \sigma_{x_1}^2 \sigma_{x_2}^2}$

$\quad\quad = 0.21 \times \sqrt{0.47 \times 0.40 \times 0.25 \times 20.52} = 0.2062$

其他元素可类似计算。亲缘系数矩阵 D 和经济加权值向量 w 分别为：

$$D = \begin{pmatrix} 1.0000 & 0 & 0 & 0 & 0 & 0 & 0 \\ 0 & 1.0000 & 0 & 0 & 0 & 0 & 0 \\ 0 & 0 & 1.0000 & 0 & 0 & 0 & 0 \\ 0 & 0 & 0 & 0.2500 & 0 & 0 & 0 \\ 0 & 0 & 0 & 0 & 0.5000 & 0 & 0 \\ 0 & 0 & 0 & 0 & 0 & 0.5000 & 0 \\ 0 & 0 & 0 & 0 & 0 & 0 & 0.5000 \end{pmatrix}$$

$w' = (63.36 \quad 1.15)$

将上述 4 个矩阵代入式（8-10）得到：

$b = P^{-1} D A w$

$$= \begin{pmatrix} 0.2500 & 1.0419 & 0.1735 & 0.0294 & 0.0587 & 0.1031 & 0.0484 \\ 1.0419 & 20.5200 & 0.2550 & 0.0516 & 0.1031 & 4.1040 & -0.1914 \\ 0.1735 & 0.2550 & 0.8800 & 0.0242 & 0.0484 & -0.1914 & 0.1320 \\ 0.0294 & 0.0516 & 0.0242 & 0.0404 & 0.0147 & 0.0258 & 0.0121 \\ 0.0587 & 0.1031 & 0.0484 & 0.0147 & 0.0404 & 0.0516 & 0.0242 \\ 0.1031 & 4.1040 & -0.1914 & 0.0258 & 0.0516 & 2.9754 & -0.0957 \\ 0.0484 & -0.1914 & 0.1320 & 0.0121 & 0.0242 & -0.0957 & 0.1067 \end{pmatrix}^{-1} \times$$

$$\begin{pmatrix} 1.0000 & 0 & 0 & 0 & 0 & 0 & 0 \\ 0 & 1.0000 & 0 & 0 & 0 & 0 & 0 \\ 0 & 0 & 1.0000 & 0 & 0 & 0 & 0 \\ 0 & 0 & 0 & 0.2500 & 0 & 0 & 0 \\ 0 & 0 & 0 & 0 & 0.5000 & 0 & 0 \\ 0 & 0 & 0 & 0 & 0 & 0.5000 & 0 \\ 0 & 0 & 0 & 0 & 0 & 0 & 0.5000 \end{pmatrix} \times$$

$$\begin{pmatrix} 0.1175 & 0.2062 \\ 0.2062 & 8.208 \\ 0.0969 & -0.3827 \\ 0.1175 & 0.2062 \\ 0.1175 & 0.2062 \\ 0.2062 & 8.2080 \\ 0.0969 & -0.3827 \end{pmatrix} \times \begin{pmatrix} 63.36 \\ 1.15 \end{pmatrix} = \begin{pmatrix} 14.9687 \\ -0.4819 \\ -2.0410 \\ 10.7103 \\ 64.4910 \\ 2.8520 \\ 8.2950 \end{pmatrix}$$

因此得到7个信息性状的综合选择指数为：

$$I = 14.9687 \times [x_{1(I)} - \bar{x}_1] - 0.4819 \times [x_{2(I)} - \bar{x}_2] - 2.0410 \times [x_{3(I)} - \bar{x}_3] + 10.7103 \times [x_{1(HS)} - \bar{x}_1] + 64.4910 \times [x_{1(HO)} - \bar{x}_1] + 2.8520 \times [x_{2(HO)} - \bar{x}_2] + 8.2950 \times [x_{3(HO)} - \bar{x}_3]$$

为了衡量该选择指数的效果，可采用式（8-11）至式（8-13）计算有关指标：

$$r_{HI} = \sqrt{\frac{b'DAw}{w'Gw}} = \sqrt{\frac{416.516}{512.607}} = 0.9014$$

$$\Delta H = i\sqrt{b'DAw} = 20.4087i$$

$$\Delta a' = \frac{ib'DA}{\sqrt{b'DAw}} = (0.3068 \quad 0.8443)i$$

若采用这一指数对公羊A进行遗传评估，则公羊A的选择指数为：

$I_A = 14.9687 \times (3.10-3.00) - 0.4819 \times (39.00-38.90) - 2.0410 \times (11.00-10.10) + 10.7103 \times (3.05-3.00) + 64.4910 \times (3.02-3.00) + 2.8520 \times (39.50-38.90) + 8.2950 \times (10.50-10.10) = 6.4663$

利用这一方法，可以针对候选个体不同的信息来源计算出个体综合选择指数值，以及利用该指数评定个体综合育种值的准确性。

第三节 约束选择指数与最宜选择指数

一、约束选择指数与最宜选择指数的概念

在多性状遗传改良中，希望在一些性状改进的同时，保持另一些性状不变，即约束选择指数；或者控制某些性状以适当的比例按要求改进，即最宜选择指数。例如，在蛋鸡选育中，希望在增加产蛋数的同时，尽量保持蛋重不下降；在奶牛育种中，希望在增加产奶量的同时，仍能保持一定的乳脂率；在猪育种中，提高胴体瘦肉率时，保持肉质性状良好等。

显然，上述的两种选择指数都是通过对性状的改进施加某种限制来达到其目的，因而均可看作有约束的选择指数，统称为约束选择。应该指出的是，所谓最宜选择指数，并不是指这一选择指数是最优的。理论研究表明，对选择性状的任何约束都将导致预期总的综合育种值进展下降，因此对性状的改进施加约束应慎重考虑，不适当的约束会极大地降低综合指数的选择效率。

二、约束选择原理

约束选择指数是建立在综合选择指数基础上，通过一定方式施加约束条件来实现的。因

此，综合育种值（H）和选择指数（I）仍由式（8-1）和式（8-2）定义。为了对某些性状的遗传进展施加一定的约束，需要引入如下的约束矩阵 $\boldsymbol{R}$，即：

$$\boldsymbol{R} = \begin{bmatrix} r_{11} & r_{12} & \cdots & r_{1s} \\ r_{21} & r_{22} & \cdots & r_{2s} \\ \vdots & \vdots & & \vdots \\ r_{n1} & r_{n2} & \cdots & r_{ns} \end{bmatrix}$$

这里，n 为式（8-1）中目标性状的数目，s 为施加约束的性状数，$\boldsymbol{R}$ 中的每一列向量对应于一个约束性状。在该列向量中，对应于约束性状的元素取值为1，其余元素取值为0，这样使得 $\boldsymbol{R'a}$ 只含有约束性状的育种值向量，从而实现对其中某些性状施加约束条件。如果限制约束性状按比例向量 $\boldsymbol{k'} = (k_1 \quad k_2 \quad \cdots \quad k_s)$ 变化，采用 Lagrange 乘子法，引入一个不定乘子向量 $\boldsymbol{\lambda}$，则可以得出如下的求解方程：

$$\begin{bmatrix} \boldsymbol{b} \\ \boldsymbol{\lambda} \end{bmatrix} = \begin{bmatrix} \boldsymbol{P} & \boldsymbol{DAR} \\ \boldsymbol{R'A'D} & \boldsymbol{O} \end{bmatrix}^{-1} \begin{bmatrix} \boldsymbol{DAw} \\ \boldsymbol{k} \end{bmatrix} \tag{8-23}$$

在实际应用中直接求解此方程即可，如果应用分块求逆法解出其逆矩阵可得到：

$$\boldsymbol{b} = [\boldsymbol{I} - \boldsymbol{P}^{-1}\boldsymbol{DAR}(\boldsymbol{R'A'DP^{-1}DAR})^{-1}\boldsymbol{R'A'D}]\boldsymbol{P}^{-1}\boldsymbol{DAw} + \boldsymbol{P}^{-1}\boldsymbol{DAR}(\boldsymbol{R'A'DP^{-1}DAR})^{-1}\boldsymbol{k} \tag{8-24}$$

式中：$\boldsymbol{I}$ 为单位矩阵。

此式即为最宜选择指数的计算公式。显然，当 $\boldsymbol{k}=0$ 时，即保持所有约束性状不变，则有：

$$\boldsymbol{b} = [\boldsymbol{I} - \boldsymbol{P}^{-1}\boldsymbol{DAR}(\boldsymbol{R'A'DP^{-1}DAR})^{-1}\boldsymbol{R'A'D}]\boldsymbol{P}^{-1}\boldsymbol{DAw} \tag{8-25}$$

该式即为约束选择指数计算公式。下面给出在两类特定条件下的简化形式：

1. 只有个体本身成绩记录，且不含选种辅助性状 这时 $\boldsymbol{D}=\boldsymbol{I}$，$\boldsymbol{A'}=\boldsymbol{A}$，这实际上就是经典选择指数，因此可得到：

（1）最宜选择指数（$\boldsymbol{b}_O$）：

$$\boldsymbol{b}_O = [\boldsymbol{I} - \boldsymbol{P}^{-1}\boldsymbol{AR}(\boldsymbol{R'AP^{-1}AR})^{-1}\boldsymbol{R'A}]\boldsymbol{P}^{-1}\boldsymbol{Aw} + \boldsymbol{P}^{-1}\boldsymbol{AR}(\boldsymbol{R'AP^{-1}AR})^{-1}\boldsymbol{k} \tag{8-26}$$

（2）约束选择指数（$\boldsymbol{b}_R$），这时 $\boldsymbol{k}=0$，即保持所有约束性状不变，因此：

$$\boldsymbol{b}_R = [\boldsymbol{I} - \boldsymbol{P}^{-1}\boldsymbol{AR}(\boldsymbol{R'AP^{-1}AR})^{-1}\boldsymbol{R'A}]\boldsymbol{P}^{-1}\boldsymbol{Aw} \tag{8-27}$$

2. 有多种信息来源

（1）合并选择指数（$\boldsymbol{b}_C$），这时只有各种亲属的一个性状信息，无约束性状，$\boldsymbol{w}=\boldsymbol{I}$，$\boldsymbol{R}=\boldsymbol{O}$，因此：

$$\boldsymbol{b}_C = \boldsymbol{P}^{-1}\boldsymbol{AD} \tag{8-28}$$

（2）个体育种值估计（$\boldsymbol{b}_H$），这时无约束性状，$\boldsymbol{R}=\boldsymbol{O}$，因此：

$$\boldsymbol{b}_H = \boldsymbol{P}^{-1}\boldsymbol{DAw} \tag{8-29}$$

三、约束选择指数选择效果的预估与计算示例

为了度量指数选择效果，可采用以下3个指标进行度量。

1. 综合育种值估计准确度 r_{HI}

$$r_{HI} = \frac{\text{Cov}(H, I)}{\sigma_H \sigma_I} = \frac{\boldsymbol{b'DAw}}{\sqrt{(\boldsymbol{b'Pb})(\boldsymbol{w'Gw})}} \tag{8-30}$$

这里，G 表示目标性状间的育种值方差、协方差矩阵。

2. 综合育种值选择进展 ΔH

$$\Delta H = i r_{HI} \sigma_H = i \frac{\text{Cov}(H, I)}{\sqrt{V(I)}} = i \frac{b'DAw}{\sqrt{b'Pb}} \quad (8-31)$$

3. 各性状育种值选择进展 Δa

$$\Delta a' = i \frac{b'DA}{\sqrt{b'Pb}} \quad (8-32)$$

【例 8-3】采用例 8-1 的资料说明约束选择指数的计算方法。假设选择目标有所改变，为了保持肉质不发生大的改变，在以后世代的选择中希望保持瘦肉率不变，试制订一个约束选择指数，并计算例 8-1 中给出的个体指数值。

显然，这时的约束矩阵为 $R' = (0 \ 0 \ 1)$，约束比例向量 $k = (0)$，$D = I$，$A' = A$。由表 8-1 资料及式（8-23）可得到：

$$\begin{pmatrix} b \\ \lambda \end{pmatrix} = \begin{pmatrix} P & AR \\ R'A & O \end{pmatrix}^{-1} \begin{pmatrix} Aw \\ k \end{pmatrix}$$

$$= \begin{pmatrix} 0.122\,5 & -14.844\,4 & -0.174\,7 & -0.110\,0 \\ -14.844\,4 & 4\,257.562\,5 & -35.398\,1 & -5.681\,4 \\ -0.174\,7 & -35.398\,1 & 4.708\,9 & 2.166\,1 \\ -0.110\,0 & -5.681\,4 & 2.166\,1 & 0.000\,0 \end{pmatrix}^{-1} \begin{pmatrix} -4.650\,8 \\ 542.181\,5 \\ 30.573\,2 \\ 0 \end{pmatrix}$$

$$= (-11.808\,3 \quad 0.104\,2 \quad -0.326\,4 \quad 15.575\,3)'$$

所以，当需要保持瘦肉率不变时，这 3 个性状的约束选择指数为：

$$I_r = b'x = -11.808\,3 x_1 + 0.104\,2 x_2 - 0.326\,4 x_3$$

为衡量该选择指数的选择效果，可采用式（8-30）至式（8-32）计算有关的指标。由于这时 $k = (0)$，$D = I$，$A' = A$，有：

$$b'Pb = b'Aw = 101.457\,5$$
$$b'A = (-0.976\,6 \quad 222.732\,5 \quad 0)$$
$$b'Ab = 34.750\,8$$
$$w'Aw = 744.083\,0$$

其他度量指标与例 8-1 相同，因此：

$$r_{HI} = \frac{b'Aw}{\sqrt{(b'Pb)(w'Aw)}} = \frac{101.457\,5}{\sqrt{101.457\,5 \times 744.083\,0}} = 0.369\,3$$

$$\Delta H = i \frac{b'Aw}{\sqrt{b'Pb}} = \frac{101.457\,5}{\sqrt{101.457\,5}} i = 10.072\,6 i$$

$$\Delta a' = i \frac{b'A}{\sqrt{b'Pb}} = i(-0.097\,0 \quad 22.112\,7 \quad 0.000\,0)$$

由该选择指数计算出 A、B 两个体指数值为：

$I_A = -11.808\,3 \times (2.75 - 2.80) + 0.104\,2 \times (700.0 - 650.0) - 0.326\,4 \times (60.5 - 60.0)$
$\quad = 5.637\,2$

$I_B = -11.808\,3 \times (2.70 - 2.80) + 0.104\,2 \times (680.0 - 650.0) - 0.326\,4 \times (61.0 - 60.0)$
$\quad = 3.980\,4$

第八章 种畜的遗传评估（二）：多性状育种值估计——选择指数

比较约束与非约束选择指数可以看出，约束后的选择效果大大降低，其估计准确度由 0.6867 降低为 0.3693，综合育种值进展由 18.7309i 降为 10.0726i。而且，计算出的候选个体选择指数值也发生了改变。由此可见，对目标性状的约束会导致选择指数发生较大的变化，甚至不同候选个体的综合指数值的相对大小顺序也要改变，直接影响选择结果。

习　题

1. 综合育种值和综合选择指数各指什么？两者有何不同？
2. 简述经典的综合选择指数制订方法，并说明如何衡量指数选择的效果。
3. 确定性状经济加权值的方法有哪些？
4. 应用选择指数法时有哪些限制条件？
5. 用例 8-2 中公羊本身的净毛量（x_1）、体重（x_2）和毛长（x_3）资料制订一个经典选择指数，并分析该指数的选择效果。
6. 在习题 5 中，如果约束体重保持不变，试制订一个约束选择指数，分析该指数的选择效果，并与习题 5 结果进行比较。
7. 在习题 5 中，如果净毛量每代遗传改进量为 0.4 kg，试制订一个最宜选择指数，分析该指数的选择效果，并与习题 5、习题 6 结果进行比较。
8. 由某奶牛场的资料分析得到 3 个性状：305 d 产奶量 x_1（kg）、乳脂率 x_2（%）和乳脂量 x_3（kg）的表型、遗传参数及性状经济加权值，现确定选育目标是提高 305 d 产奶量 x_1 和乳脂量 x_3 的综合育种值，乳脂率 x_2 作为选种辅助性状。根据选育方案，有下列 2 个信息来源可供选择种公牛：① 公牛 50 个半同胞姐妹的 x_1、x_2 和 x_3 的平均表型值；② 公牛的 50 个半同胞女儿的 x_1、x_2 和 x_3 的平均表型值。试制订一个公牛综合选择指数，并评价选择效果。

性状	单位	$\bar{x}$	w	h^2	σ_P^2	x_1	x_2	x_3
305 d 产奶量（x_1）	kg	5 039.63	0.1	0.14	1 171.38	—	−0.06	0.91
乳脂率（x_2）	%	3.65	—	0.06	0.31	−0.40	—	0.35
乳脂量（x_3）	kg	184.58	12.50	0.12	45.72	0.95	−0.10	—

第九章
种畜的遗传评估（三）：BLUP 育种值估计

第七、八章介绍了种畜遗传评估的意义与基本概念以及传统的单性状和多性状个体育种值的估计方法。随着数理统计学与线性模型理论、计算机科学与互联网技术的迅速发展，家畜个体育种值的估计方法发生了根本的变化。以美国动物育种学家 C. R. Henderson 为代表所发展起来的现代育种值估计方法——BLUP（best linear unbiased prediction，最佳线性无偏预测）育种值估计法，将畜禽遗传育种的理论与实践带入了一个新的发展阶段。目前在世界各国，尤其是发达国家，这种方法已得到广泛应用并已成为家畜遗传评估的规范方法，在畜禽重要经济性状的遗传改良中发挥着越来越重要的作用。

本章将主要介绍畜禽遗传评估中 BLUP 育种值估计的基本原理和使用方法。由于 BLUP 要涉及线性模型及其他一些预备知识，故先将这些预备知识作一简要介绍。接着介绍什么是 BLUP 以及混合模型方程组的推导、算法和估计的准确性，并同时介绍构建混合模型方程组所必需的个体间加性遗传相关矩阵及其逆矩阵的计算；介绍各种不同情况下用于育种值估计的线性模型和相应的混合模型方程组，评价各种模型相对优劣及其使用的注意事项；举例说明单性状和多性状 BLUP 育种值估计的具体步骤和策略；为深化对 BLUP 育种值估计的理解，还将简介 BLUP 育种值估计的相关软件。

第一节 有关预备知识

一、分块矩阵、逆矩阵和广义逆矩阵

1. 分块矩阵（block matrix） 用水平和垂直虚线将矩阵分为若干小块，此时的矩阵称为分块阵，其中的小块称为子阵（sub-matrix），例如：

$$A = \begin{pmatrix} a_{11} & a_{12} & \vdots & a_{13} & a_{14} \\ a_{21} & a_{22} & \vdots & a_{23} & a_{24} \\ \cdots & \cdots & \cdots & \cdots & \cdots \\ a_{31} & a_{32} & \vdots & a_{33} & a_{34} \\ a_{41} & a_{42} & \vdots & a_{43} & a_{44} \\ a_{51} & a_{52} & \vdots & a_{53} & a_{54} \end{pmatrix} = \begin{pmatrix} \bm{A}_{11} & \bm{A}_{12} \\ \bm{A}_{21} & \bm{A}_{22} \end{pmatrix}$$

2. 逆矩阵（inverse matrix） 对于一方阵 $\bm{A}$，若存在另一矩阵 $\bm{B}$，使得 $\bm{BA}=\bm{I}$，则称 $\bm{B}$ 为 $\bm{A}$ 的逆矩阵，并表示为 $\bm{A}^{-1}$。$\bm{A}^{-1}$ 存在的先决条件是：①$\bm{A}$ 必须是方阵；②$\bm{A}$ 的行列式 $|\bm{A}| \neq 0$。二者关系为：

$$\bm{AA}^{-1} = \bm{A}^{-1}\bm{A} = \bm{I}$$

逆矩阵对于线性方程组的求解是十分有用的，例如对于方程组：$Ax=r$，若 A 为方阵且可逆，则在等式两边同时左乘 A^{-1}，可得 $x=A^{-1}r$。

3. 广义逆矩阵（generalized inverse matrix）　对于任一矩阵 A，若有矩阵 G，满足 $AGA=A$，则称 G 为 A 的广义逆，记为 A^-，即：

$$AA^-A = A$$

当 A 为方阵且满秩时，则 A^- 唯一为 A^{-1}。对于任意矩阵 A，A^- 必存在，且有无数个。对于一个非满秩矩阵 A，A^- 的求解步骤如下：

① 确定 A 的秩。
② 获得一个 A 的一个满秩子方阵 A_{11}，其秩等于 A 的秩。
③ 将 A 分块为：

$$A = \begin{pmatrix} A_{11} & A_{12} \\ A_{12} & A_{22} \end{pmatrix}。$$

④ 计算的广义逆矩阵为：

$$A^- = \begin{pmatrix} A_{11}^{-1} & O \\ O & O \end{pmatrix}$$

对于线性方程组 $Ax=r$，A 通常是不满秩的，其解为 $x=A^-r$，由于 A 的广义逆有无数多个，所以有无数多个 x。如果 A 有 q 列，G 是 A 其中一个广义逆矩阵，$Ax=r$ 的解为：

$$\bar{x} = Gr + (GA - I)Z$$

这里，Z 是长度为 q 的任意向量。下面讨论一下在后面应用很多的 $XR^{-1}X$ 的广义逆，这里，X 是一个行大于列，且秩小于列的矩阵；R 是对角方阵；让 G 代表它的任何广义逆矩阵，则有下列性质：

① $X'R^{-1}XGX' = X'$ 或 $XGXR^{-1}X = X$。
② $GX'R^{-1}$ 是 X 的一个广义逆。
③ 无论 G 是否对称，XGX' 始终是对称的，且对所有的 $XR^{-1}X$ 的广义逆是唯一的。
④ 若有向量 k，使得 $1'=kX$，则 $1'R^{-1}XGX'=1'$。
其中，1 为元素全为 1 的向量。
这些结果对后面的推导是非常重要的。

二、随机向量、期望向量、方差-协方差矩阵和正态分布

1. 期望向量、方差-协方差矩阵　设 x_1、x_2、$\cdots$、x_n 是 n 个随机变量，令
$\mu_i = E(x_i) = x_i$ 的数学期望，
$\sigma_i^2 = \text{Var}(x_i) = E(x_i - \mu_i)^2 = x_i$ 的方差，
$\sigma_{ij} = \text{Cov}(x_i, x_j) = E(x_ix_j) - E(x_i)E(x_j) = x_i$ 和 x_j 的协方差，
将这 n 个随机变量和它们的期望、方差和协方差用向量和矩阵表示为：

$$x = \begin{pmatrix} x_1 \\ x_2 \\ \vdots \\ x_n \end{pmatrix}, \quad E(x) = \mu = \begin{pmatrix} \mu_1 \\ \mu_2 \\ \vdots \\ \mu_n \end{pmatrix}, \quad \text{Var}(x) = V = \begin{pmatrix} \sigma_1^2 & \sigma_{12} & \cdots & \sigma_{1n} \\ \sigma_{12} & \sigma_2^2 & \cdots & \sigma_{2n} \\ \vdots & \vdots & & \vdots \\ \sigma_{1n} & \sigma_{2n} & \cdots & \sigma_n^2 \end{pmatrix}$$

一个方差-协方差矩阵（variance-covariance matrix）应当总是正定或半正定的对称方

阵。让 x 作线性变换 $y = Ax$，则 y 的期望向量（expectation vector）和协方差矩阵为：

$$E(y) = E(Ax) = A\mu$$
$$\begin{aligned}\mathrm{Var}(y) &= E(Axx'A') - E(Ax)E(x'A')\\ &= AE(xx')A' - AE(x)E(x')A'\\ &= A[E(xx') - E(x)E(x')]A'\\ &= AVA'\end{aligned}$$

2. 正态分布 对一个随机向量 x，其多变量正态分布密度函数为：

$$f(x) = (2\pi)^{-0.5n} |V|^{-0.5} \exp\{-0.5(x-\mu)'V^{-1}(x-\mu)\}$$

用符号表示为：$x \sim N(\mu, V)$，这里 V 是 x 的方差-协方差矩阵。在本章中几乎所有的统计方法都依赖于观察值变量呈多变量正态分布。

三、线性模型

（一）模型

在统计学中，模型（model）是描述观察值与影响观察值变异性的各因子之间的关系的数学方程式。所有的统计分析都是基于一定的模型基础上的。一个模型应恰当地表示数据资料抽样性质和所要解决的生物学问题。这里，存在 3 种不同水平的模型。

（1）真实模型：非常准确地模拟观察值的变异性，模型中不含有未知成分，对于生物学领域的数据资料来说，真实模型几乎是不可能的。

（2）理想模型：根据研究者所掌握的专业知识建立的尽可能接近真实模型的模型，这种模型常常由于受到数据资料的限制或过于复杂而不能用于实际分析。

（3）操作模型：用于实际统计分析的模型，它通常是理想模型的简化形式。

在建立一个操作模型之前，研究者必须先建立一个理想模型。研究者通过对数据和来源的限制适当简化理想模型，从而获得操作模型。遵循这个构建模型的步骤，研究者能够确切地知道哪一个假设条件需要被添加，因而能够判断操作模型的好坏。

影响观察值的因子也称为变量，例如奶牛的产奶量受它的产仔年龄、产仔季节、遗传潜力和空怀天数等因子的影响。它们可分为两类：一类是离散型的，通常表现为若干个有限的等级或水平，如场、年、季对产奶量的影响，通过统计分析，可估计这类因素的不同水平对观察值的效应的大小，或检验不同水平的效应间有无显著差异；另一类是连续型的，它呈现连续性变异，它们通常是作为影响观察值的协变量（回归变量）来看待的，如宰前活重对背膘厚度的影响，通常需要估计的是观察值对这一变量的回归系数，有时一个连续型变量也可人为地划分成若干等级而使其变为离散型变量。

离散型因子又可进一步分为固定因子和随机因子。区别一个因子是固定因子还是随机因子，主要看样本的取得方法和研究目的。如果对于一个因子，有意识地抽取它的若干个特定的水平，而研究的目的也只是要对这些水平的效应进行估计或进行比较，则该因子就是固定因子，它的不同水平的效应就称为固定效应，如年度效应。反之，若一个因子的若干水平可看作来自该因子的所有水平所构成的总体的随机样本，研究的目的是要通过该样本去推断总体，则该因子就是随机因子，它的不同水平的效应就称为随机效应，如个体的遗传效应。

（二）线性模型

所谓线性模型（linear model）是指在模型中所包含的各个因子是以相加的形式影响观

察值,即它们与观察值的关系为线性关系,但对于连续性的协变量也允许出现平方或立方项。线性模型适合大多数生物学环境。

一个线性模型应由 3 个部分组成:①数学方程式;②方程式中随机变量的期望和方差及协方差;③假设、约束和限制条件。

下面以一个例子来加以说明。

【例 9-1】表 9-1 中有 8 头母牛乳脂量的生产成绩,请分析不同产犊季节和不同初产年龄对乳脂量的影响。

表 9-1 母牛乳脂量的生产成绩表

分组		初产年龄(等级)		
		1	2	3
产犊季节	1	114 150	143	145
	2		109 163 117	103

可建立如下的线性模型:

$$y_{ijk} = \mu + a_i + b_j + e_{ijk}$$

式中:y_{ijk} 为第 i 个产犊季节、第 j 个初产年龄等级、第 k 头母牛的乳脂量;μ 为总平均值;a_i 为第 i 个产犊季节固定效应;b_j 为第 j 个初产年龄等级固定效应;e_{ijk} 为随机残差效应。

期望和方差为:

$$E(y_{ijk}) = \mu + a_i + b_j, \qquad E(e_{ijk}) = 0$$
$$V(y_{ijk}) = V(e_{ijk}) = \sigma_i^2。$$

此模型的假设和约束条件包括:①所有母牛都来自同一品种;②所有母牛都在相同的环境下以相同的饲养方式饲养;③所有的母牛都来自同一公牛;④所有的母牛的母亲对母牛的乳脂量无影响等。

矩阵表达式为:

$$\mathbf{y} = \begin{pmatrix} y_{111} \\ y_{112} \\ y_{121} \\ y_{131} \\ y_{221} \\ y_{222} \\ y_{223} \\ y_{231} \end{pmatrix} = \begin{pmatrix} 114 \\ 150 \\ 143 \\ 145 \\ 109 \\ 163 \\ 117 \\ 103 \end{pmatrix} = \begin{pmatrix} 1 & 1 & 0 & 1 & 0 & 0 \\ 1 & 1 & 0 & 1 & 0 & 0 \\ 1 & 1 & 0 & 0 & 1 & 0 \\ 1 & 1 & 0 & 0 & 0 & 1 \\ 1 & 0 & 1 & 1 & 0 & 0 \\ 1 & 0 & 1 & 0 & 1 & 0 \\ 1 & 0 & 1 & 0 & 1 & 0 \\ 1 & 0 & 1 & 0 & 0 & 1 \end{pmatrix} \begin{pmatrix} \mu \\ a_1 \\ a_2 \\ b_1 \\ b_2 \\ b_3 \end{pmatrix} + \begin{pmatrix} e_{111} \\ e_{112} \\ e_{121} \\ e_{131} \\ e_{221} \\ e_{222} \\ e_{223} \\ e_{231} \end{pmatrix}$$

(三)线性模型的分类

线性模型可以从不同的角度进行分类,从其功能上分,可分为回归模型、方差分析模型、协方差分析模型、方差组分模型等；按模型中含有的因子个数，可分为单因子模型、双因子模型、多因子模型；按模型中因子的性质，可分为固定效应模型、随机效应模型和混合模型。这里介绍按因子的性质分类的三种模型。

(1) 固定效应模型：如一个模型中除了随机误差外，其余所有的效应均为固定效应，则称此模型为固定效应模型或固定模型（fixed model）。

(2) 随机效应模型：若模型中除了总平均数 μ 外，其余的所有效应均为随机效应，则称此模型为随机效应模型或随机模型（random model）。

(3) 混合模型：若模型中除了总平均数 μ 和随机误差之外，既含有固定效应，也含有随机效应，则称之为混合模型（mixed model）。

一般地，对于任一混合模型，都可用矩阵的形式表示为：

$$y = Xb + Zu + e$$

式中：y 为所有观察值构成的向量；b 为所有固定效应（包括 μ）构成的向量；X 为固定效应的关联矩阵；u 为所有随机效应构成的向量；Z 为随机效应的关联矩阵；e 为所有随机误差构成的向量。

若上式中的 Zu 不存在时，则它变为固定模型：

$$y = Xb + e$$

若上式中的 $Xb = 1\mu$ 时，则它变为随机模型：

$$y = 1\mu + Zu + e$$

其中，1 为元素全为 1 的向量。

因此，固定模型和随机模型均可看成是混合模型的特例。

第二节 BLUP 的基本原理

一、BLUP 的由来

传统的育种值估计方法主要是选择指数法，这个方法的基本假设是，不存在影响观察值的系统环境效应，或者在使用前剔除了系统环境效应。在这一假设的基础上，由选择指数法得到的估计育种值具有如下性质：①是真实育种值 A 的无偏估计值；②估计误差的方差最小，这意味着估计值的精确性最大；③群体按估计育种值排序与按真实育种值排序相吻合的概率最大。

遗憾的是这个基本假设在几乎所有情况下都是不能成立的，例如乳用母牛饲养在管理条件不同的牛群中，这样对公牛产奶量育种值估计，必须按其女儿的牛群效应来校正。通常的做法是将个体的表型值减去与其同群同期的所有其他个体的平均数，从而达到对系统环境效应进行校正的目的。但这样做有一个重要缺陷，那就是如果在不同群体或不同世代之间个体存在着固定的遗传差异，则这种差异也被随之校正掉了，因而所得到的估计育种值就不再是无偏估计值，选择指数法的上述理想性也就不再成立。

为克服以上缺陷，美国学者 Henderson 于 1948 年提出了 BLUP 方法，即最佳线性无偏预测，这个统计方法可同时估计固定效应（例如系统环境效应）和育种值。因此，传统的选择指数是具有已知固定效应的 BLUP 方法的一种特殊情形，BLUP 方法是选择指数法的一个推广，因而在上述假设不成立时其估计值也具有以上理想性质。随着计算机技术的高速发展，这一方法的实际应用成为可能，目前它已成为世界各国(尤其是发达国家)家畜遗传评定的规范方法。下面简要介绍这一方法。

一般混合模型可表示为：
$$y = Xb + Zu + e \tag{9-1}$$

式中：y 为所有观察值构成的向量；b 为所有固定效应（包括 μ）构成的向量；X 为固定效应的关联矩阵；u 为所有随机效应构成的向量；Z 为随机效应的关联矩阵；e 为随机残差向量。

随机变量的数学期望：
$$E(b) = b, \; E(u) = 0, \; E(e) = 0, \; E(y) = Xb$$

方差-协方差矩阵结构：
$$\mathrm{Var}\begin{bmatrix} u \\ e \end{bmatrix} = \begin{bmatrix} G & O \\ O & R \end{bmatrix}$$

这里，G 和 R 是已知的正定矩阵，相应地：
$$\mathrm{Var}(y) = V = \mathrm{Var}(Zu + e) = \mathrm{Var}(Zu) + \mathrm{Var}(e) + 2\mathrm{Cov}(Zu, e') = ZGZ' + R$$
$$\mathrm{Cov}(y, u') = \mathrm{Cov}(Zu + e, u') = \mathrm{Cov}(Zu, u') + \mathrm{Cov}(e, u') = ZG$$
$$\mathrm{Cov}(y, e') = R$$

如果 u 被分成 n 个因子：$u' = (u_1' \; u_2' \; \cdots \; u_n')$，
$$\mathrm{Var}(u) = \mathrm{Var}\begin{bmatrix} u_1 \\ u_2 \\ \vdots \\ u_n \end{bmatrix} = \begin{bmatrix} G_{11} & G_{12} & \cdots & G_{1n} \\ G_{12}' & G_{22} & \cdots & G_{2n} \\ \vdots & \vdots & & \vdots \\ G_{1n}' & G_{2n}' & \cdots & G_{nn} \end{bmatrix}$$

每个 G_{ij} 假设是知道的。

二、BLUP 的基本理论

可估函数：$K'b + M'u$，

预测函数：$L'y$，

预测误差（PE）：$K'b + M'u - L'y$。

对式（9-1）模型进行 BLUP 分析的实质是利用观察值的一个线性函数 $L'y$ 对固定效应 b 和随机效应 u 的任意线性可估函数 $K'b + M'u$ 进行估计和预测，要求同时满足预测的无偏性和预测误差方差最小（最佳）两个条件，由此得到 b 的最佳线性无偏估计值（BLUE），u 的最佳线性无偏预测值（BLUP）。

让 $K'b + M'u$ 的期望等于 $L'y$ 的期望，保证 b 的估计达到无偏，有：
$$E(K'b + M'u) = L'Xb = E(L'y) = K'b$$
$$L'X - K' = 0$$

预测误差方差：
$$\mathrm{Var}(K'b + M'u - L'y) = \mathrm{Var}(M'u - L'y)$$
$$= M'\mathrm{Var}(u)M + L'\mathrm{Var}(y)L - M'\mathrm{Cov}(u, y)L - L'\mathrm{Cov}(y, u)M$$
$$= M'GM + L'VL - M'GZ'L - L'ZGM$$
$$= \mathrm{Var}(PE)$$

要保证前面的无偏条件 ($L'X-K'=0$)，现在将 Lagrange 乘子 2θ 引入预测，强迫达到无偏，从而获得 F（Lagrange 函数）：

$$F = \text{Var}(PE) + 2(L'X - K')\theta$$

求 L 和 θ 的导数，并令为 0：

① $\dfrac{\partial F}{\partial L} = 2VL - 2ZGM + 2X\theta = 0$

② $\dfrac{\partial F}{\partial \theta} = 2(L'X - K') = 0$

这时由①式有：

③ $L = V^{-1}ZGM - V^{-1}X\theta$

将 L 代入②式，这时能求出 θ：

$$\theta = (X'V^{-1}X)^{-}(X'V^{-1}ZGM - K)$$

将 θ 代入③式有：

$$L = M'GZ'V^{-1} + K'(X'V^{-1}X)^{-}X'V^{-1} - M'GZ'V^{-1}X(X'V^{-1}X)^{-}X'V^{-1}$$

如果让：

$$\hat{b} = (X'V^{-1}X)^{-}X'V^{-1}y \qquad (9-2)$$

这时：

$$L'y = K'b + M'GZ'V^{-1}(y - X\hat{b})$$

上式就是 $K'b + M'u$ 的最佳线性无偏预测，$\hat{b}$ 是 b 的广义最小二乘估计值。让 $K' = 0$，$M' = I$，这时，$K'b + M'u = u$，有：

$$L'y = \hat{u} = GZ'V^{-1}(y - X\hat{b}) \qquad (9-3)$$

要注意的是，由 BLUP 法所提供的最佳线性无偏预测值是有前提的。它们是：①所用的表型信息必须真实可靠，系谱资料必须正确完整；②所用的模型是真实模型；③模型中的随机效应的方差组分或方差组分的比值已知。

三、混合模型方程组

在式（9-2）和式（9-3）中涉及了对观察值向量 y 的方差协方差矩阵 V 的逆矩阵 V^{-1} 的计算，V 的维数与 y 中的观察值个数相等，当观察值个数较多时，V 变得非常庞大，V^{-1} 的计算就非常困难乃至根本不可能实现，为此 Henderson 提出了 $\hat{b}$ 和 $\hat{u}$ 的另一种解法——混合模型方程组法（mixed model equations，MME）。

1. 混合模型方程组的推导 将上边①和②式写成矩阵形式：

$$\begin{pmatrix} V & X \\ X' & 0 \end{pmatrix} \begin{pmatrix} L \\ \theta \end{pmatrix} = \begin{pmatrix} ZGM \\ K \end{pmatrix}$$

让：

$$S = G(Z'L - M) \text{ 或 } M = Z'L - G^{-1}S$$

这时，方程可被重写为：

$$\begin{pmatrix} R & X & Z \\ X' & O & O \\ Z' & O & -G^{-1} \end{pmatrix} \begin{pmatrix} L \\ \theta \\ S \end{pmatrix} = \begin{pmatrix} 0 \\ K \\ M \end{pmatrix}$$

求解这个方程组的第一行,得到 L:

④ $L = -R^{-1}X\theta - R^{-1}ZS$

将 L 代入另外两个方程中,有:

⑤ $X'(-R^{-1}X\theta - R^{-1}ZS) = (X'R^{-1}X\theta + X'R^{-1}ZS) = K$

⑥ $Z'(-R'-X'\theta - R^{-1}ZS) - G^{-1}S = (Z'R^{-1}X'\theta + Z'R^{-1}ZS + G^{-1}S) = M$

将⑤和⑥写成矩阵形式有:

$$-\begin{pmatrix} X'R^{-1}X & X'R^{-1}Z \\ Z'R^{-1}X & Z'R^{-1}Z + G^{-1} \end{pmatrix} \begin{pmatrix} \theta \\ S \end{pmatrix} = \begin{pmatrix} K \\ M \end{pmatrix}$$

要求得该方程组,必须获得 $\begin{pmatrix} X'R^{-1}X & X'R^{-1}Z \\ Z'R^{-1}X & Z'R^{-1}Z + G^{-1} \end{pmatrix}$ 的一个广义逆:

$$\begin{pmatrix} C_{xx} & C_{xz} \\ C_{zx} & C_{zz} \end{pmatrix}$$

这时:

$$\begin{pmatrix} \theta \\ S \end{pmatrix} = -\begin{pmatrix} C_{xx} & C_{xz} \\ C_{zx} & C_{zz} \end{pmatrix} \begin{pmatrix} K \\ M \end{pmatrix}$$

将 S 和 θ 代入④式,有:

$$L'y = (K' \quad M') \begin{pmatrix} C_{xx} & C_{xz} \\ C_{zx} & C_{zz} \end{pmatrix} \begin{pmatrix} X'R^{-1}y \\ Z'R^{-1}y \end{pmatrix}$$

$$= (K' \quad M') \begin{pmatrix} \hat{b} \\ \hat{u} \end{pmatrix}$$

所以有:

$$\begin{pmatrix} X'R^{-1}X & X'R^{-1}Z \\ Z'R^{-1}X & Z'R^{-1}Z + G^{-1} \end{pmatrix} \begin{pmatrix} \hat{b} \\ \hat{u} \end{pmatrix} = \begin{pmatrix} X'R^{-1}y \\ Z'R^{-1}y \end{pmatrix} \quad (9-4)$$

式(9-4)就是 Henderson(1949)首次提出的混合模型方程组,这个方程组不涉及 V^{-1} 的计算,而需要计算 G^{-1} 和 R^{-1},G 的维数通常小于 V,对它的求逆常常可根据特定的模型和对 u 的定义而采用一些特殊的算法,R 的维数虽然和 V 相同,但它通常是一个对角阵或分块对角阵,很容易求逆。因而比用式(9-2)和式(9-3)在计算上要容易得多。在实际中还有:

$$\text{Var}(u) = G = A\sigma_u^2, \quad \text{Var}(e) = R = I\sigma_e^2 \quad (9-5)$$

式(9-4)可简化为:

$$\begin{pmatrix} X'X & X'Z \\ Z'X & Z'Z + kA^{-1} \end{pmatrix} \begin{pmatrix} \hat{b} \\ \hat{u} \end{pmatrix} = \begin{pmatrix} X'y \\ Z'y \end{pmatrix} \quad (9-6)$$

这里,$k = \sigma_e^2/\sigma_u^2$。

2. 混合模型方程组的求解 从理论上说,总可通过对系数矩阵求逆的方法来求混合模型方程组的解。但在实际中通常方程组的系数矩阵都很大而无法求逆。因而要采用某种迭代方法来求解方程组,常用的迭代方法有高斯-赛德尔(Gauss-Seidel)迭代法、雅可比(Jacobi)

迭代法和逐次超松弛（succesive over-relaxation）迭代法。经典的解法一般是先求出方程组的系数矩阵和等式右边的向量，建立方程组，然后迭代求解。对于动物模型来说，混合模型方程组往往是十分庞大的，用经典的迭代解法由于受计算机内存的限制很难求解，这在很大程度上限制了动物模型 BLUP 的应用范围。Schaeffer 和 Kennedy 及 Misztal 和 Gianola 分别提出了混合模型方程组的另一种解法——间接解法，这种解法不需建立方程组，而是在每次迭代中读入原始数据包括性状观测值和系谱记录，并同时计算该次迭代的解，故这种解法又称为对数据迭代（iteration on data）。用这种解法，使得动物模型 BLUP 的广泛实际应用成为可能。

3. 混合模型方程组的度量 用式（9-3）的系数矩阵广义逆可得到该式参数估计量和预估量的方差和协方差，令：

$$\begin{bmatrix} C_{xx} & C_{xz} \\ C_{zx} & C_{zz} \end{bmatrix}$$

为式（9-4）的系数矩阵的一个广义逆，则：

$$\mathrm{Var}(\hat{b}) = C_{xx}$$
$$\mathrm{Var}(\hat{u}) = G - C_{zz}$$
$$\mathrm{Cov}(\hat{b}, \hat{u}) = O$$
$$\mathrm{Var}(\hat{u} - u) = C_{zz}$$
$$\mathrm{Cov}(\hat{b}, \hat{u} - u) = C_{xz}$$

用矩阵表示为：

$$\mathrm{Var}\begin{bmatrix} \hat{b} \\ \hat{u} \end{bmatrix} = \begin{bmatrix} C_{xx} & O \\ O & G - C_{zz} \end{bmatrix} \tag{9-7}$$

$$\mathrm{Var}\begin{bmatrix} \hat{b} \\ \hat{u} - u \end{bmatrix} = \begin{bmatrix} C_{xx} & C_{xz} \\ C_{zx} & C_{zz} \end{bmatrix} \tag{9-8}$$

由此可得第 i 个个体的育种值估计值的准确度（估计值与真值的相关）为

$$r_{u_i \hat{u}_i} = \frac{\mathrm{Cov}(u_i, \hat{u}_i)}{\sigma_{u_i} \sigma_{\hat{u}_i}} = \frac{\sigma_{\hat{u}_i}^2}{\sigma_{u_i} \sigma_{\hat{u}_i}} = \frac{\sigma_{\hat{u}_i}}{\sigma_u} = \sqrt{(\sigma_u^2 - d_{u_i}\sigma_e^2)/\sigma_u^2} = \sqrt{1 - d_{u_i} k} \tag{9-9}$$

式中：d_{u_i} 为 C_{zz} 中与个体 i 对应的对角线元素，$k = \sigma_e^2/\sigma_u^2$。

4. 个体间加性遗传相关矩阵 A 的计算 个体加性遗传相关矩阵或分子亲缘相关矩阵（因为其中的元素是个体间亲缘相关系数计算公式中的分子）A 是非奇异对称矩阵，可以通过递推的方式构建，其方法如下。

（1）构造所有个体的系谱列表，对每一个体都列出其个体号、父亲号和母亲号（如果已知），为计算方便，最好将所有个体用自然数从 1 开始连续编号。

（2）构建 **A**，假设系谱表的前 b 个祖先个体是非近交且无亲缘关系的个体，则在 **A** 的左上角构成一单位矩阵，其余个体按以下规则添加到 **A** 中，其规则如下：

①个体 t 的父母未知时：

$$a_{tt} = 1, \ a_{ti} = a_{it} = 0, \ i = 1、2、\cdots、t-1$$

②个体 t 的父或母为 p 时：

$$a_{tt} = 1, \ a_{ti} = a_{it} = 0.5 a_{ip}, \ i = 1、2、\cdots、t-1$$

③个体 t 的父母已知为 p 或 q 时：
$$a_{tt}=1+0.5a_{pq}, \quad a_{ti}=a_{it}=0.5(a_{ip}+a_{iq}), \quad i=1、2、\cdots、t-1$$

5. 个体间加性遗传相关矩阵逆矩阵 $\boldsymbol{A}^{-1}$ 的计算　在混合模型方程组的构建过程中，需要有 $\boldsymbol{A}^{-1}$。从理论上说，$\boldsymbol{A}^{-1}$ 可通过对 $\boldsymbol{A}$ 求逆，但当 $\boldsymbol{A}$ 很大时，对它求逆就十分困难乃至根本不可能。Henderson（1975）发现一个可以从系谱直接构造 $\boldsymbol{A}^{-1}$，不需要先构造 $\boldsymbol{A}$ 的简捷方法，正是由于这一方法的提出，才使得动物模型 BLUP 在家畜育种中的广泛应用成为可能。这个方法可归纳如下。

(1) 构造所有个体的系谱列表，对每一个体都列出其个体号、父亲号和母亲号（如果已知），为计算方便，最好将所有个体用自然数从 1 开始连续编号。

(2) 为了计算 $\boldsymbol{A}^{-1}$，可利用三角阵的特性，将 $\boldsymbol{A}$ 分解，先构建三角矩阵 $\boldsymbol{L}$。可采用构建 $\boldsymbol{A}$ 类似的规则计算，即有：

①个体 t 的父母未知时：
$$l_{tt}=1, \quad l_{ti}=0, \quad i=1、2、\cdots、t-1$$

②个体 t 的父或母为 p 时：
$$l_{ti}=\begin{cases} 0.5l_{pi} & i=1、2、\cdots、p \\ 0 & i=p+1、p+2、\cdots、t-1 \end{cases}$$
$$l_{tt}=\sqrt{1-\sum_{i=1}^{p}l_{ti}^2}=\sqrt{0.75-0.25f_p}$$

③个体 t 的父母已知为 p 或 q，假设 $p<q$，这时：
$$l_{ti}=\begin{cases} 0.5(l_{pi}+l_{qi}) & i=1、2、\cdots、p \\ 0.5l_{qi} & i=p+1、p+2、\cdots、q \\ 0 & i=q+1、q+1、\cdots、t-1 \end{cases}$$
$$l_{tt}=\sqrt{1+0.5\sum_{i=1}^{p}l_{pj}l_{qj}-\sum_{i=1}^{q}l_{ti}^2}=\sqrt{0.5-0.25(f_p+f_q)}$$

(3) 若令 $\boldsymbol{D}$ 为 $\boldsymbol{L}$ 的对角线元素组成的对角阵，$\boldsymbol{T}$ 为对角线元素全部用 1 替代后的 $\boldsymbol{L}$，则有：$\boldsymbol{A}^{-1}=(\boldsymbol{T}^{-1})'(\boldsymbol{D}^{-1})^2(\boldsymbol{T}^{-1})$。这里，先计算 $(\boldsymbol{D}^{-1})^2$，并记为 $\boldsymbol{B}$。

(4) 令 $\boldsymbol{A}^{-1}=\boldsymbol{B}$，给 $\boldsymbol{B}$ 中加入已知父母的个体的有关元素以构成 $\boldsymbol{A}^{-1}$，其规则如下：

如果双亲已知为 p 和 q：

要加入的数值	$\boldsymbol{A}^{-1}$ 中的位置
$-0.5b_{ii}$	$(p, i), (i, p), (q, i), (i, q)$
$0.25b_{ii}$	$(p, p), (p, q), (q, p), (q, q)$

如果个体 i 父或母已知为 p：

要加入的数值	$\boldsymbol{A}^{-1}$ 中的位置
$-0.5b_{ii}$	$(p, i), (i, p)$
$0.25b_{ii}$	(p, p)

如果是一个非近交群体，则可按以下规则直接构建 $\boldsymbol{A}^{-1}$，规则如下：

如果双亲已知为 p 和 q：

要加入的数值	A^{-1} 中的位置
2	(i, i)
-1	$(p, i), (i, p), (q, i), (i, q)$
0.5	$(p, p), (p, q), (q, p), (q, q)$

如果个体 i 父或母已知为 p：

要加入的数值	A^{-1} 中的位置
4/3	(i, i)
-2/3	$(p, i), (i, p)$
1/3	(p, p)

第三节 BLUP 育种值估计模型

BLUP 本身实际上可看作一个一般性的统计学估计方法，但它特别适合用于估计家畜的育种值。在用 BLUP 方法时，首先要根据资料的性质建立适当的模型。目前在育种实践中普遍采用的是动物模型（animal model），除此以外，常用的模型还有公畜模型（sire model）、公畜-母畜模型（sire - dam model）、外祖父模型（maternal grandsire model）等，但它们都可看成是动物模型的某种简化形式。

一、动物模型

在混合模型中，若随机效应包含所有信息个体本身的加性遗传效应，则称这种模型为个体动物模型。其一般形式为：

$$y = Xb + Za + e \tag{9-10}$$

式中：y 为观察值向量；b 为所有固定环境效应向量；X 为 b 的关联矩阵；a 为个体育种值向量；Z 为 a 的关联矩阵；e 为随机残差向量。

模型中随机效应的分布情况为：

$$E(a) = 0, E(e) = 0, E(y) = Xb$$

$$\mathrm{Var}\begin{bmatrix} a \\ e \end{bmatrix} = \begin{bmatrix} A\sigma_a^2 & O \\ O & I\sigma_e^2 \end{bmatrix}$$

式中：A 为个体间加性遗传相关矩阵。

混合模型方程组为：

$$\begin{bmatrix} X'X & X'Z \\ Z'X & Z'Z + A^{-1}k \end{bmatrix} \begin{bmatrix} \hat{b} \\ \hat{a} \end{bmatrix} = \begin{bmatrix} X'y \\ Z'y \end{bmatrix} \tag{9-11}$$

其中：

$$k = \frac{\sigma_e^2}{\sigma_a^2} = \frac{\sigma_y^2 - \sigma_a^2}{\sigma_a^2} = \frac{1 - \sigma_a^2/\sigma_y^2}{\sigma_a^2/\sigma_y^2} = \frac{1-h^2}{h^2}$$

由于个体的基因一半来自父亲，另一半来自母亲，所以任一个体的育种值可表示为：

$$a_i = 0.5a_s + 0.5a_d + m_i$$

式中：a_s 为个体 i 父亲的育种值；a_d 为个体 i 母亲的育种值；m_i 为基因从亲代到子代传递过程中由于随机分离和自由组合所造成的随机离差，称为孟德尔抽样（Mendelian sampling）离差。

于是动物模型（设所有个体都有一个观察值）可重写为：

$$y = Xb + 0.5Z_s a_s + 0.5Z_d a_d + m + e \tag{9-12}$$

式中：a_s 为父亲育种值向量；Z_s 为 a_s 的关联矩阵；a_d 为母亲育种值向量；Z_d 为 a_d 的关联矩阵；m 为孟德尔抽样离差向量。

二、公畜模型

将式（9-12）中的最后 3 项（$0.5Z_d a_d + m + e$）合并成随机误差项，这就成为了公畜模型，其一般形式为：

$$y = Xb + Zs + e \tag{9-13}$$

式中：s 为公畜 1/2 的加性遗传效应向量，即 $0.5a_s$；Z 为 s 的关联矩阵。

模型中随机效应的分布情况为：

$$E(s) = 0, E(e) = 0, E(y) = Xb$$

$$\mathrm{Var}\begin{pmatrix} s \\ e \end{pmatrix} = \begin{pmatrix} A_s \sigma_s^2 & O \\ O & I\sigma_e^2 \end{pmatrix}$$

式中：A_s 为公畜间加性遗传相关矩阵。

混合模型方程组为：

$$\begin{pmatrix} X'X & X'Z \\ Z'X & Z'Z + A_s^{-1} k \end{pmatrix} \begin{pmatrix} \hat{b} \\ \hat{s} \end{pmatrix} = \begin{pmatrix} X'y \\ Z'y \end{pmatrix} \tag{9-14}$$

其中：

$$k = \frac{\sigma_e^2}{\sigma_s^2} = \frac{\sigma_y^2 - \sigma_s^2}{\sigma_s^2} = \frac{4 - h^2}{h^2}$$

公畜模型只可用来估计公畜的育种值，而且有 3 个重要假设：①公畜在群体中与母畜的交配是完全随机的；②母亲之间没有血缘关系；③每个母亲只有一个后代，即一个公畜的所有后代都是父系半同胞。

三、公畜-母畜模型

为了弥补公畜模型的缺陷，可以引入母畜效应，即将式（9-12）中的最后 2 项（$m+e$）合并为随机误差项，以消除母畜对公畜效应的影响，这就是公畜-母畜模型。其一般形式为：

$$y = Xb + Z_s s + Z_d d + e \tag{9-15}$$

式中：s 为公畜 1/2 的加性遗传效应向量；Z_s 为 s 的关联矩阵；d 为母畜 1/2 的加性遗传效应向量；Z_d 为 d 的关联矩阵。

模型中随机效应的分布情况为：

$$E(s) = 0, E(d) = 0, E(e) = 0, E(y) = Xb$$

$$\mathrm{Var}\begin{pmatrix} s \\ d \\ e \end{pmatrix} = \begin{pmatrix} A_s \sigma_s^2 & O & O \\ O & A_d \sigma_d^2 & O \\ O & O & I\sigma_e^2 \end{pmatrix}$$

式中：A_d 为母畜间加性遗传相关矩阵。

混合模型方程组为：

$$\begin{bmatrix} X'X & X'Z_s & X'Z_d \\ Z'_sX & Z'_sZ_s+k_1A_s^{-1} & Z'_sZ_d \\ Z'_dX & Z'_dZ_s & Z'_dZ_d+k_2A_d^{-1} \end{bmatrix} \begin{bmatrix} \hat{b} \\ \hat{s} \\ \hat{d} \end{bmatrix} = \begin{bmatrix} X'y \\ Z'_sy \\ Z'_dy \end{bmatrix} \qquad (9-16)$$

其中：

$$k_1=\frac{\sigma_e^2}{\sigma_s^2}=\frac{4-2h^2}{h^2},\ k_2=\frac{\sigma_e^2}{\sigma_d^2}=\frac{4-2h^2}{h^2}$$

显然，该模型同样仅适用于后裔测定的父、母亲育种值预测。利用这一模型可以提供全同胞个体平均育种值的预测，因而较公畜模型优越。该模型的假设条件为：①有记录的动物不是其他动物的双亲；②双亲无记录；③没有显性效应和母体效应。

四、外祖父模型

将式（9-12）中的 a_d 再按 a_i 的方式作进一步的剖分，然后在模型中保留父亲效应和母亲的父亲（外祖父）效应，其余遗传效应均归入随机误差，这样就构成了外祖父模型。其一般形式如下：

$$y = Xb + Z_ss + Z_gg + e \qquad (9-17)$$

式中：g 为外祖父 1/4 的加性遗传效应向量；Z_g 为 g 的关联矩阵。

模型中随机效应的分布情况为：

$$E(s) = 0, E(g) = 0, E(e) = 0, E(y) = Xb$$

$$\mathrm{Var}\begin{bmatrix} s \\ g \\ e \end{bmatrix} = \begin{bmatrix} A_s\sigma_s^2 & O & O \\ O & A_g\sigma_d^2 & O \\ O & O & I\sigma_e^2 \end{bmatrix}$$

式中：A_g 为外祖父间加性遗传相关矩阵。

混合模型方程组为：

$$\begin{bmatrix} X'X & X'Z_s & X'Z_g \\ Z'_sX & Z'_sZ_s+k_1A_s^{-1} & Z'_sZ_g \\ Z'_gX & Z'_gZ_s & Z'_gZ_g+k_2A_g^{-1} \end{bmatrix} \begin{bmatrix} \hat{b} \\ \hat{s} \\ \hat{g} \end{bmatrix} = \begin{bmatrix} X'y \\ Z'_sy \\ Z'_gy \end{bmatrix} \qquad (9-18)$$

其中：

$$k_1=\frac{\sigma_e^2}{\sigma_s^2}=\frac{16-5h^2}{h^2},\ k_2=\frac{\sigma_e^2}{\sigma_g^2}=\frac{16-5h^2}{h^2}$$

其假设条件为：①有记录的动物不是其他动物的双亲；②双亲无记录；③每个母畜只有一个后代，且外祖母只有一个女儿；④母畜在外祖父所有女儿中随机抽样。

第四节 单性状的 BLUP 育种值估计

上面讲述了 BLUP 法的基本理论，现在以一个实际的例子说明单性状 BLUP 育种值估计的方法。

【例 9-2】某种猪场有如下种猪性能测定资料，测定性状为达 100 kg 日龄，已知该性状的遗传力为 $h^2=0.33$，试对该性状资料进行个体育种值估计。

第九章 种畜的遗传评估（三）：BLUP育种值估计

表 9-2 种猪达 100 kg 日龄记录

猪场	个体	父亲	母亲	达 100 kg 日龄
1	1	—	—	140
1	2	—	—	152
1	3	1	—	135
2	4	1	2	143
2	5	3	2	160

（一）个体间加性遗传相关矩阵 A 及 A^{-1} 的计算

构建 A，参照第二节的方法，可得 5 个个体间的加性遗传相关矩阵为：

$$A = \begin{pmatrix} 1 & 0 & 0.5 & 0.5 & 0.25 \\ 0 & 1 & 0 & 0.5 & 0.5 \\ 0.5 & 0 & 1 & 0.25 & 0.5 \\ 0.5 & 0.5 & 0.25 & 1 & 0.375 \\ 0.25 & 0.5 & 0.5 & 0.375 & 1 \end{pmatrix}$$

$a_{11}=1$，$a_{22}=1$，$a_{12}=a_{21}=0$

$a_{33}=1$，$a_{13}=a_{31}=0.5a_{11}=0.5$

$a_{55}=1+0.5a_{32}=1$，$a_{51}=a_{51}=0.5(a_{13}+a_{12})=0.5×(0.5+0)=0.25$

构建 A^{-1}，参照第二节的方法，需先计算 L：

$$L = \begin{pmatrix} 1 & 0 & 0 & 0 & 0 \\ 0 & 1 & 0 & 0 & 0 \\ 0.5 & 0 & \sqrt{3/4} & 0 & 0 \\ 0.5 & 0.5 & 0 & \sqrt{1/2} & 0 \\ 0.25 & 0.5 & \sqrt{3/16} & 0 & \sqrt{1/2} \end{pmatrix}$$

$l_{11}=1$，$l_{21}=0$

$l_{31}=0.5l_{11}=0.5$，$l_{33}=\sqrt{1-l_{31}^2}=\sqrt{3/4}$

$l_{41}=0.5(l_{11}+l_{21})=0.5$，$l_{42}=0.5l_{22}=0.5$，$l_{44}=\sqrt{1-(l_{41}^2+l_{42}^2)}=\sqrt{1/2}$

所以：$\text{diag}(D^{-1})^2=(1, 1, 4/3, 2, 2)$

按第二节，令 $A^{-1}=B$，将其他元素添加到 A^{-1}：

$$A^{-1} = \begin{pmatrix} \dfrac{11}{6} & \dfrac{1}{2} & -\dfrac{2}{3} & -1 & 0 \\ \dfrac{1}{2} & 2 & \dfrac{1}{2} & -1 & -1 \\ -\dfrac{2}{3} & \dfrac{1}{2} & \dfrac{11}{6} & 0 & -1 \\ -1 & -1 & 0 & 2 & 0 \\ 0 & -1 & -1 & 0 & 2 \end{pmatrix}$$

（二）计算个体育种值

根据资料性质，可对种猪达 100 kg 日龄写出如下动物模型：

$$y_{ij}=h_i+a_j+e_{ij}$$

式中：y_{ij} 为第 i 猪场、第 j 个体的观测值；h_i 为第 i 猪场的效应；a_j 为第 j 个体的育种值；e_{ij} 为随机残差。

用矩阵形式表示，则对于该资料有：

$$y = Xb + Za + e$$

$$y = \begin{pmatrix} 140 \\ 152 \\ 135 \\ 143 \\ 160 \end{pmatrix} = \begin{pmatrix} 1 & 0 \\ 1 & 0 \\ 1 & 0 \\ 0 & 1 \\ 0 & 1 \end{pmatrix} \begin{pmatrix} h_1 \\ h_2 \end{pmatrix} + \begin{pmatrix} 1 & 0 & 0 & 0 & 0 \\ 0 & 1 & 0 & 0 & 0 \\ 0 & 0 & 1 & 0 & 0 \\ 0 & 0 & 0 & 1 & 0 \\ 0 & 0 & 0 & 0 & 1 \end{pmatrix} \begin{pmatrix} a_1 \\ a_2 \\ a_3 \\ a_4 \\ a_5 \end{pmatrix} + \begin{pmatrix} e_{11} \\ e_{12} \\ e_{13} \\ e_{24} \\ e_{25} \end{pmatrix}$$

由此可得：$X'X = \begin{pmatrix} 3 & 0 \\ 0 & 2 \end{pmatrix}$，$X'Z = \begin{pmatrix} 1 & 1 & 1 & 0 & 0 \\ 0 & 0 & 0 & 1 & 1 \end{pmatrix}$，$Z'X = (X'Z)'$

$$Z'Z = \begin{pmatrix} 1 & 0 & 0 & 0 & 0 \\ 0 & 1 & 0 & 0 & 0 \\ 0 & 0 & 1 & 0 & 0 \\ 0 & 0 & 0 & 1 & 0 \\ 0 & 0 & 0 & 0 & 1 \end{pmatrix}, \quad X'y = \begin{pmatrix} 427 \\ 303 \end{pmatrix}, \quad Z'y = \begin{pmatrix} 140 \\ 152 \\ 135 \\ 143 \\ 160 \end{pmatrix}$$

由于：$k = \dfrac{1-h^2}{h^2} = \dfrac{1-0.33}{0.33} = 2.0303$

于是，参照式（9-11）可得混合模型方程组为：

$$\begin{pmatrix} 3 & 0 & 1 & 1 & 1 & 0 & 0 \\ 0 & 2 & 0 & 0 & 0 & 1 & 1 \\ 1 & 0 & 4.722 & 1.015 & -1.354 & -2.030 & 0 \\ 1 & 0 & 1.015 & 5.061 & 1.015 & -2.030 & -2.030 \\ 1 & 0 & -1.354 & 1.015 & 4.722 & 0 & -2.030 \\ 0 & 1 & -2.030 & -2.030 & 0 & 5.061 & 0 \\ 0 & 1 & 0 & -2.030 & -2.030 & 0 & 5.061 \end{pmatrix} \begin{pmatrix} \hat{h}_1 \\ \hat{h}_2 \\ \hat{a}_1 \\ \hat{a}_2 \\ \hat{a}_3 \\ \hat{a}_4 \\ \hat{a}_5 \end{pmatrix} = \begin{pmatrix} 427 \\ 303 \\ 140 \\ 152 \\ 135 \\ 143 \\ 160 \end{pmatrix}$$

方程组的解为

$(\hat{h}_1 \quad \hat{h}_2 \quad \hat{a}_1 \quad \hat{a}_2 \quad \hat{a}_3 \quad \hat{a}_4 \quad \hat{a}_5)'$
$= (142.8373 \quad 151.1220 \quad -2.4408 \quad 3.0236 \quad -2.0948 \quad -1.3711 \quad 2.1270)$

第五节　多性状的 BLUP 育种值估计

BLUP 原理同样可用于对多个性状进行育种值估计，当要对个体在多个性状上的育种值进行估计时，可以分别对每一性状单独进行估计（如第四节所介绍的），然后根据性状之间的相对经济重要性进行综合，也可以利用一个多性状模型对多个性状同时进行估计。由于同时进行估计时考虑了性状间的相关，利用了更多的信息，同时可校正由于对某些性状进行了选择而产生的偏差，因而可提高估计的准确度。提高的程度取决于性状的遗传力，性状间的相关和每个性状的信息量。当性状间不存在任何相关时，多性状的育种值估计等价于单性状的育种值估计。如每个性状的遗传力都相似，性状间的相关都是正的，每一个体都有所有性状的观察值，则多性状的育种值估计并不能使估计的准确度得到显著提高。当然，将 BLUP 用于多性状的育种值估计时，其相应的混合模型方程组将变得更为复杂，故在计算上所遇到的困难就会更大。在这里，仅以两性状动物模型 BLUP 法为例简单讨论多性状动物模型 BLUP 的方法问题。

假设有性状 1 和 2 可用如下的模型表示：

$$\begin{cases} \boldsymbol{y}_1 = \boldsymbol{X}_1 \boldsymbol{b}_1 + \boldsymbol{Z}_1 \boldsymbol{u}_1 + \boldsymbol{e}_1 \\ \boldsymbol{y}_2 = \boldsymbol{X}_2 \boldsymbol{b}_2 + \boldsymbol{Z}_2 \boldsymbol{u}_2 + \boldsymbol{e}_2 \end{cases} \tag{9-19}$$

$$\boldsymbol{y} = \begin{pmatrix} \boldsymbol{y}_1 \\ \boldsymbol{y}_2 \end{pmatrix}, \quad \boldsymbol{X} = \begin{pmatrix} \boldsymbol{X}_1 & \boldsymbol{O} \\ \boldsymbol{O} & \boldsymbol{X}_2 \end{pmatrix}, \quad \boldsymbol{b} = \begin{pmatrix} \boldsymbol{b}_1 \\ \boldsymbol{b}_2 \end{pmatrix}, \quad \boldsymbol{Z} = \begin{pmatrix} \boldsymbol{Z}_1 & \boldsymbol{O} \\ \boldsymbol{O} & \boldsymbol{Z}_2 \end{pmatrix}, \quad \boldsymbol{a} = \begin{pmatrix} \boldsymbol{u}_1 \\ \boldsymbol{u}_2 \end{pmatrix}, \quad \boldsymbol{e} = \begin{pmatrix} \boldsymbol{e}_1 \\ \boldsymbol{e}_2 \end{pmatrix}$$

式（9-19）可写成如下矩阵形式：

$$\boldsymbol{y} = \boldsymbol{X}\boldsymbol{b} + \boldsymbol{Z}\boldsymbol{u} + \boldsymbol{e}$$

模型中随机效应的分布情况为：

$$E(\boldsymbol{u}) = \boldsymbol{0}, \quad E(\boldsymbol{e}) = \boldsymbol{0}, \quad E(\boldsymbol{y}) = \boldsymbol{X}\boldsymbol{b}$$

令

$$\boldsymbol{G}_0 = \begin{pmatrix} g_{11} & g_{12} \\ g_{21} & g_{22} \end{pmatrix}, \quad \boldsymbol{R}_0 = \begin{pmatrix} r_{11} & r_{12} \\ r_{21} & r_{22} \end{pmatrix}$$

其中，g_{11} 和 g_{12} 分别为第一个性状和第二个性状的加性遗传方差，g_{12} 为两个性状间的遗传协方差，r_{11} 和 r_{22} 为第一个性状和第二个性状的误差方差，r_{12} 为性状间的误差协方差。

于是：

$$\operatorname{Var} \begin{pmatrix} \boldsymbol{u} \\ \boldsymbol{e} \end{pmatrix} = \begin{pmatrix} \boldsymbol{A} g_{11} & \boldsymbol{A} g_{12} & \boldsymbol{O} \\ \boldsymbol{A} g_{12} & \boldsymbol{A} g_{22} & \boldsymbol{I} r_{11} & \boldsymbol{I} r_{12} \\ \boldsymbol{O} & & \boldsymbol{I} r_{12} & \boldsymbol{I} r_{22} \end{pmatrix}$$

式中：$\boldsymbol{A}$ 为个体间加性遗传相关矩阵。

令

$$\boldsymbol{G}_0^{-1} = \begin{pmatrix} g^{11} & g^{12} \\ g^{12} & g^{22} \end{pmatrix}, \quad \boldsymbol{R}_0^{-1} = \begin{pmatrix} r^{11} & r^{12} \\ r^{12} & r^{22} \end{pmatrix}$$

则

$$\boldsymbol{G}^{-1} = \begin{pmatrix} \boldsymbol{A}^{-1} g^{11} & \boldsymbol{A}^{-1} g^{12} \\ \boldsymbol{A}^{-1} g^{12} & \boldsymbol{A}^{-1} g^{22} \end{pmatrix}, \quad \boldsymbol{R}^{-1} = \begin{pmatrix} \boldsymbol{I} r^{11} & \boldsymbol{I} r^{12} \\ \boldsymbol{I} r^{12} & \boldsymbol{I} r^{22} \end{pmatrix}$$

参照式（9-6），混合模型方程组为：

$$\begin{pmatrix} \boldsymbol{X}_1'\boldsymbol{X}_1 r^{11} & \boldsymbol{X}_1'\boldsymbol{X}_2 r^{12} & \boldsymbol{X}_1'\boldsymbol{Z}_1 r^{11} & \boldsymbol{X}_1'\boldsymbol{Z}_2 r^{12} \\ \boldsymbol{X}_2'\boldsymbol{X}_1 r^{12} & \boldsymbol{X}_2'\boldsymbol{X}_2 r^{22} & \boldsymbol{X}_2'\boldsymbol{Z}_1 r^{12} & \boldsymbol{X}_2'\boldsymbol{Z}_2 r^{22} \\ \boldsymbol{Z}_1'\boldsymbol{X}_1 r^{11} & \boldsymbol{Z}_1'\boldsymbol{X}_2 r^{12} & \boldsymbol{Z}_1'\boldsymbol{Z}_1 r^{11} + \boldsymbol{A}^{-1} g^{11} & \boldsymbol{Z}_1'\boldsymbol{Z}_2 r^{12} + \boldsymbol{A}^{-1} g^{12} \\ \boldsymbol{Z}_2'\boldsymbol{X}_1 r^{12} & \boldsymbol{Z}_2'\boldsymbol{X}_2 r^{22} & \boldsymbol{Z}_2'\boldsymbol{Z}_1 r^{12} + \boldsymbol{A}^{-1} g^{12} & \boldsymbol{Z}_2'\boldsymbol{Z}_2 r^{22} + \boldsymbol{A}^{-1} g^{22} \end{pmatrix} \begin{pmatrix} \hat{\boldsymbol{b}}_1 \\ \hat{\boldsymbol{b}}_2 \\ \hat{\boldsymbol{a}}_1 \\ \hat{\boldsymbol{a}}_2 \end{pmatrix} = \begin{pmatrix} \boldsymbol{X}_1'\boldsymbol{y}_1 r^{11} + \boldsymbol{X}_1'\boldsymbol{y}_2 r^{12} \\ \boldsymbol{X}_2'\boldsymbol{y}_1 r^{12} + \boldsymbol{X}_2'\boldsymbol{y}_2 r^{22} \\ \boldsymbol{Z}_1'\boldsymbol{y}_1 r^{11} + \boldsymbol{Z}_1'\boldsymbol{y}_2 r^{12} \\ \boldsymbol{Z}_2'\boldsymbol{y}_1 r^{12} + \boldsymbol{Z}_2'\boldsymbol{y}_2 r^{22} \end{pmatrix}$$

(9-20)

解此方程组就可得到 $\boldsymbol{u}_1$ 和 $\boldsymbol{u}_2$ 的 BLUP 估计值。得到各个个体两个性状的估计育种值后，可用性状经济重要性进行加权计算综合育种值。即 i 个体综合育种值为：

$$I_i = w_1 EBV_{i1} + w_2 EBV_{i2} \tag{9-21}$$

在实际育种程序中，多个性状估计育种值经常用经济权重综合成一个均值为 100 的相对选择指数，即：

$$I_i = 100 + w_1(EBV_{i1} - \overline{EBV_1}) + w_2(EBV_{i2} - \overline{EBV_2}) \qquad (9-22)$$

这里，$\overline{EBV_1}$ 和 $\overline{EBV_2}$ 分别为第一个性状和第二个性状估计育种值的平均值。

下面以一个实例来说明两性状 BLUP 的育种值的估计方法。

【例 9-3】在例 9-2 的基础上增加一个达 100 kg 背膘厚度，试以两个性状资料进行个体育种值估计。

表 9-3　种猪达 100 kg 日龄和达 100 kg 背膘厚度测定记录

猪场	个体	父亲	母亲	达 100 kg 日龄（d）	达 100 kg 背膘厚度（mm）
1	1	—	—	140	13
1	2	—	—	152	14
1	3	1	—	135	12
2	4	1	2	143	13
2	5	3	2	160	16

表 9-4　猪两个性状的表型、遗传参数和经济加权值

性　状	单位	w	h^2	σ_P^2	x_2	x_3
达 100 kg 日龄（x_2）	d	−0.6	0.33	225	—	0.55
达 100 kg 背膘厚度（x_3）	mm	−0.8	0.50	1.44	0.45	—

（表中右边 2 项的右上角为表型相关，左下角为遗传相关）

根据资料性质，可对种猪达 100 kg 日龄和达 100 kg 背膘厚写出如下动物模型：

$$y_{ijk} = h_{ij} + a_{ik} + e_{ijk}$$

式中，y_{ijk} 为第 i 性状，第 j 猪场，第 k 个体的观测值；h_{ij} 为第 i 性状，第 j 猪场的效应；a_{ik} 为第 i 性状，第 k 个体的育种值；e_{ijk} 为随机残差。

$$\boldsymbol{X}_1 = \boldsymbol{X}_2 = \begin{pmatrix} 1 & 0 \\ 1 & 0 \\ 1 & 0 \\ 0 & 1 \\ 0 & 1 \end{pmatrix}, \quad \boldsymbol{Z}_1 = \boldsymbol{Z}_2 = \begin{pmatrix} 1 & 0 & 0 & 0 & 0 \\ 0 & 1 & 0 & 0 & 0 \\ 0 & 0 & 1 & 0 & 0 \\ 0 & 0 & 0 & 1 & 0 \\ 0 & 0 & 0 & 0 & 1 \end{pmatrix}$$

由例 9-2 得到：

$$\boldsymbol{A}^{-1} = \begin{pmatrix} \frac{11}{6} & \frac{1}{2} & -\frac{2}{3} & -1 & 0 \\ \frac{1}{2} & 2 & \frac{1}{2} & -1 & -1 \\ -\frac{2}{3} & \frac{1}{2} & \frac{11}{6} & 0 & -1 \\ -1 & -1 & 0 & 2 & 0 \\ 0 & -1 & -1 & 0 & 2 \end{pmatrix}$$

由表 9-4 资料可计算出性状间的遗传和误差方差及协方差为：

$$\boldsymbol{G}_0 = \begin{pmatrix} 78.750\,0 & 3.388\,5 \\ 3.388\,5 & 0.720\,0 \end{pmatrix}, \quad \boldsymbol{R}_0 = \begin{pmatrix} 146.250\,0 & 0 \\ 0 & 0.720\,0 \end{pmatrix}$$

它们的逆矩阵为：

$$\mathbf{G}_0^{-1} = \begin{pmatrix} 0.0159 & -0.0749 \\ -0.0749 & 1.7416 \end{pmatrix}, \quad \mathbf{R}_0^{-1} = \begin{pmatrix} 0.0068 & 0 \\ 0 & 1.3889 \end{pmatrix}$$

将它们代入式（9-20），可得：

$$
\mathbf{M} \begin{pmatrix} \hat{h}_{11} \\ \hat{h}_{12} \\ \hat{h}_{21} \\ \hat{h}_{22} \\ \hat{a}_{11} \\ \hat{a}_{12} \\ \hat{a}_{13} \\ \hat{a}_{14} \\ \hat{a}_{15} \\ \hat{a}_{21} \\ \hat{a}_{22} \\ \hat{a}_{23} \\ \hat{a}_{24} \\ \hat{a}_{25} \end{pmatrix} = \begin{pmatrix} 2.9036 \\ 2.0604 \\ 54.1671 \\ 36.1114 \\ 0.9520 \\ 1.0336 \\ 0.9180 \\ 0.9724 \\ 1.0880 \\ 18.0557 \\ 19.4446 \\ 16.6668 \\ 18.0557 \\ 18.0557 \end{pmatrix}
$$

其中系数矩阵 $\mathbf{M}$ 为：

$$
\mathbf{M} = \begin{pmatrix}
0.0204 & 0.0000 & 0.0000 & 0.0000 & 0.0068 & 0.0068 & 0.0068 & 0.0068 & 0.0068 & 0.0000 & 0.0000 & 0.0000 & 0.0000 & 0.0000 \\
0.0000 & 0.0136 & 0.0000 & 0.0000 & 0.0000 & 0.0000 & 0.0000 & 0.0000 & 0.0000 & 0.0068 & 0.0068 & 0.0068 & 0.0068 & 0.0068 \\
0.0000 & 0.0000 & 4.1667 & 0.0000 & 0.0000 & 0.0000 & 0.0000 & 0.0000 & 0.0000 & 1.3889 & 1.3889 & 1.3889 & 0.0000 & 0.0000 \\
0.0000 & 0.0000 & 0.0000 & 2.7778 & 0.0000 & 0.0000 & 0.0000 & 0.0000 & 0.0000 & 0.0000 & 0.0000 & 0.0000 & 1.3889 & 1.3889 \\
0.0068 & 0.0000 & 0.0000 & 0.0000 & 0.0359 & 0.0080 & -0.0106 & -0.0137 & -0.0159 & -0.0374 & -0.0374 & -0.0374 & 0.0000 & 0.0000 \\
0.0068 & 0.0000 & 0.0000 & 0.0000 & 0.0080 & 0.0386 & 0.0080 & -0.0159 & -0.0159 & 0.1498 & -0.0374 & -0.0374 & 0.0749 & 0.0749 \\
0.0068 & 0.0000 & 0.0000 & 0.0000 & -0.0106 & 0.0080 & 0.0359 & 0.0000 & -0.0159 & 0.0499 & -0.1373 & -0.0374 & 0.0749 & 0.0000 \\
0.0068 & 0.0000 & 0.0000 & 0.0000 & -0.0137 & -0.0159 & 0.0000 & 0.0386 & 0.0000 & -0.0374 & 0.0749 & 0.0749 & 0.0000 & -0.1498 \\
0.0068 & 0.0000 & 0.0000 & 0.0000 & -0.0159 & -0.0159 & -0.0159 & 0.0000 & 0.0386 & 0.0749 & 0.0749 & 0.0749 & 0.0000 & -0.1498 \\
0.0000 & 0.0068 & 1.3889 & 0.0000 & -0.1373 & -0.0374 & 0.0499 & 0.0749 & 0.0000 & 4.5818 & 0.8708 & -1.1611 & -1.7416 & 0.0000 \\
0.0000 & 0.0068 & 1.3889 & 0.0000 & -0.0374 & -0.1498 & -0.0374 & 0.0749 & 0.0000 & 0.8708 & 4.8721 & 0.8708 & -1.7416 & -1.7416 \\
0.0000 & 0.0068 & 1.3889 & 0.0000 & 0.0499 & -0.0374 & -0.1373 & 0.0000 & 0.0749 & -1.1611 & 0.8708 & 4.5818 & 0.0000 & -1.7416 \\
0.0000 & 0.0068 & 0.0000 & 1.3889 & 0.0749 & 0.0749 & 0.0000 & -0.1498 & 0.0000 & -1.7416 & -1.7416 & 0.0000 & 4.8721 & 0.0000 \\
0.0000 & 0.0068 & 0.0000 & 1.3889 & 0.0749 & 0.0749 & 0.0000 & 0.0000 & -0.1498 & 0.0000 & -1.7416 & -1.7416 & 0.0000 & 4.8720
\end{pmatrix}
$$

此方程组的解为:

$(h_{11}\ h_{12}\ h_{21}\ h_{22}) = (143.080\ 7\ \ 150.967\ 6\ \ 13.085\ 9\ \ 12.936\ 9)$

$(\hat{a}_{11}\ \hat{a}_{12}\ \hat{a}_{13}\ \hat{a}_{14}\ \hat{a}_{15}) = (-2.865\ 7\ \ 4.371\ 7\ \ -3.748\ 0\ \ -1.089\ 5\ \ 2.154\ 4)$

$(\hat{a}_{21}\ \hat{a}_{22}\ \hat{a}_{23}\ \hat{a}_{24}\ \hat{a}_{25}) = (-0.227\ 8\ \ 0.510\ 2\ \ -0.540\ 2\ \ 0.062\ 3\ \ 0.063\ 9)$

根据式（9-21），综合育种值为:

$(H_1\ H_2\ H_3\ H_4\ H_5) = (1.901\ 7\ \ -3.031\ 2\ \ 2.681\ 0\ \ 0.063\ 9\ \ -1.343\ 8)$

根据式（9-22），选择指数为:

$(I_1\ I_2\ I_3\ I_4\ I_5) = (101.739\ 4\ \ 96.806\ 5\ \ 102.518\ 7\ \ 100.441\ 6\ \ 98.493\ 9)$

第六节　BLUP 育种值的准确性与重复率

无论估得的单性状 BLUP 育种值，还是由多性状模型估得的多性状 BLUP 育种值，或者是由单个性状的估计育种值（如猪的达 100 kg 日龄育种值和背膘厚度育种值）以不同的加权综合成的育种值指数（EBV index），都有个估计准确性的问题。

估计育种值准确性（准确度，accuracy）的定义是真实育种值与估计育种值之间的相关（r_{AA}）。也就是说，估计育种值的准确性用 r_{AA} 来度量。估计育种值（estimated breeding value, EBV）准确性的平方则称为"估计育种值重复率（repeatability of EBV）"或称为"估计育种值可靠力（reliability of EBV）"。在加拿大一般称为估计育种值重复率，而在美国一般称为估计育种值可靠力。但这里的重复率不能混同于性状的重复率。

估计育种值的重复率是表征 EBV 可靠性的一个非常重要的参数和指标。EBV 重复率说明的是同一个体不同次遗传评估所得 EBV 值之间变化的可能性。变化越小，说明 EBV 越稳定、越可靠。

有一条规律：估计个体育种值时所利用的亲属信息越多，EBV 的准确性就越高，反映在重复率值上就越大。反之，重复率值越大，就表示 EBV 的准确性越高，EBV 值就越稳定。如果 EBV 的重复率已达 90%，即使以后遗传评估时再增加新的亲属信息，EBV 也不会有大的变化。但若重复率在 50% 以下，则 EBV 会发生大的变化。

表 9-5 给出了一个不同信息量（即新增加不同头数后裔的资料）情况下 EBV 重复率发生变化的例子。

表 9-5　90% 置信度下猪后裔头数不同时 EBV 的重复率

（引自 Sullivan 等，1991）

后裔头数	达 100 kg 日龄 EBV		背膘厚度 EBV		EBV 指数	
	重复率	真实育种值所处范围	重复率	真实育种值所处范围	重复率	真实育种值所处范围
0	35	±6.5	47	±1.5	41	±38
5	57	±5.2	63	±1.2	60	±32
10	68	±4.5	72	±1.1	70	±27
20	78	±3.8	81	±0.9	80	±22
50	89	±2.7	90	±0.6	90	±16

譬如，有 A、B 两头公猪，达 100 kg 日龄的 EBV 均为－10 d，但 A 公猪缺乏后代信息，B 公猪有 50 头后代的信息。从表 9-5 可知，A 公猪重复率为 35%，真实育种值的范围为－10±6.5＝－3.5～－16.5 d；而 B 公猪重复率为 89%，真实育种的范围为－10±2.7＝－7.3～－12.7 d，变异范围明显缩小。也就是说，B 公猪该性状的 EBV 的准确性、可靠性大大高于 A 公猪。

另外，EBV 的重复率的大小与性状的遗传力也有关系。性状的遗传力越高，EBV 重复率就越高。如猪达 100 kg 日龄的遗传力一般为 0.3，背膘厚度的遗传力一般为 0.45，那么 EBV 的重复率后者高于前者。

由动物模型 BLUP 所估得的育种值一般都带有重复率的估计值。北美奶牛业发达国家要求发布的育种值具有 60% 以上的重复率，同时要在 10 个以上的畜群有女儿的记录。

对于同一个个体育种值的估计，在一生中应进行多次。因为开始只有父母亲的育种值，后来才有本身及其同胞的育种值，最后才可能有后代的育种值，而且后代越来越多。只有在最后阶段对该个体估计的育种值才可能向真实育种值靠拢。所以，对同一个体的育种值进行多次估计，才能真正发现顶尖公畜。以牛为例，一头顶尖公牛，即使它死亡了，其冻精也能较长期地被利用，它的儿子中还很可能出现优秀的继承者，又可将其选留下来。当一头公牛有了 50～100 头女儿的泌乳记录时，该公牛的估计育种值可以说是很可靠了。若一头公牛有数百、数千、成万头女儿的泌乳记录，此时的 EBV 重复率甚至可达到 99%。因此，不断地收集亲属信息，持续、动态地对公畜进行遗传评估是多么的重要，特别是当留下极个别的绝无仅有的优秀公畜并大量生产和利用其冻精时，对于畜群的改良作用将会是极大的。

第七节　BLUP 育种值估计软件

如果说模型是 BLUP 法的关键，那么，计算问题则是 BLUP 法的难点。从第五节可以看出，仅仅 5 个个体 2 个性状就产生很大的方程组，而对于猪、鸡等畜禽在 BLUP 法中所涉及的线性方程组是非常大的，对一些跨群（场）的遗传评估，方程组个数可达几万至几十万，如此大数量的方程组用手工计算是根本不可能的。世界各国育种学家在 BLUP 法的计算问题上做了大量的工作，已开发出相应的电脑软件，如国外的 PEST、GENSIS、PIGBLUP 和 GRAMBLUP 等，这些软件已商品化，在世界各国广泛应用。国内，中国农业大学开发的 GBS（猪种场管理与育种分析系统）以及四川农业大学和重庆市养猪科学研究院联合开发的 NETPIG（种猪场网络管理系统）已开始在国内推广使用。下面对一些常用的遗传评估软件进行介绍。

一、PEST

PEST 是由美国 Illinois 大学 Groeneveld、Kovac 和 Wang（1990）开发研制的多性状遗传评估软件，其英文全文名为 Multivariate Prediction and ESTimation，目前已在世界各国广泛应用。

该系统的基本特征如下。

① 能够处理缺失值。

② 建立一些或全部性状的结构矩阵。

③ 估计任何固定和随机效应。
④ 处理任何协变量。
⑤ 建立动物的血缘相关矩阵。
⑥ 计算近交系数。
⑦ 提供遗传组模型。
⑧ 估计杂合误差方差。
⑨ 估计育种值时可以利用旧的计算结果继续迭代求解，而不必重新计算。
⑩ 使基础亲本的平均育种值为零。
⑪ 固定及混合多变量模型的假设检验。
⑫ 个体动物模型、公畜模型、公畜-母畜模型的 EBV_s 计算。
⑬ 估计 BLUP 的误差方差和 BLUE（最佳线性无偏估计）的标准误。
⑭ 建立固定和随机效应的协方差矩阵。

根据性能测定和生产数据，PEST 提供了基于 30 多种数学模型的单性状或多性状 BLUP 育种值的计算，包括固定模型、个体动物模型、公畜模型、公畜-母畜模型和外祖父模型等。为了满足实际育种的需要，系统还提供了可自行定义性状、修改模型和设定参数的余地。PEST 可以在不同的操作系统下运行。

二、PIGBLUP

PIGBLUP 软件是由澳大利亚 New England 大学和动物遗传育种协会（AGBU）联合开发的，1989 发行了第一版，从那时起版本不断更新，目前 PIGBLUP 已开发成网络版 PBSELECT，育种者不需要知道具体的统计和遗传理论就可以自由使用该系统。PIGBLUP 是一种专为育种猪场设计使用的现代遗传评估系统，PIGBLUP 主要包含种猪评估、遗传进展分析、选配和育种经济分析四个模块，模块之间相辅相成。PIGBLUP 附带的工具还包括 PB-MARKER、PBSAMA 和 GENETIC AUDIT，它们使用户更加有效监测猪场育种程序运行状态。目前，PIGBLUP 已国际化，正在多个国家使用。

三、GBS/GPS

GBS（种猪场管理与育种分析系统）由中国农业大学动物科技学院和南京丰顿科技有限公司联合研制开发，经过数次升级已更新至 5.0 版。该系统专用于猪场管理和种猪遗传评估，十分适合大型种猪生产集团使用，并支持联合育种方案。该系统通过 BLUP 方法估计个体育种值，能处理固定模型、随机模型和混合模型，主要支持 Windows 系统。该软件提供简便界面供用户根据需求修改遗传评估模型，其遗传评估模块可独立在其他畜禽、水产育种中使用，并可扩展至 Linux 等平台。

GPS 是由北京佑格科技发展有限公司联合中国农业大学动物科技学院开发的生产管理与育种数据处理软件。GPS 是中文 WINDOWS 下的管理信息系统。该系统的育种核心模块和 GBS 相同，其主要优势是将生产管理和育种有效结合，包括数据登记、生产统计、生产计划、成本核算、育种分析和系统管理等模块。该系统现已更新到基于 Internet 版的 KFNets 猪场综合管理信息系统。

四、NETPIG

NETPIG（种猪场网络管理系统）是四川农业大学动物科技学院和重庆市养猪科学研究院（系统指导：李学伟、王金勇；程序设计：徐顺来）联合研制开发 WINDOWS 界面的种猪场网络管理系统。该系统采用 DELPHI5.0 编写，数据库使用 SQL SERVER 7 大型数据库，于 2001 年初完成，并不断更新，具有强大的网络功能、海量的数据存储能力、高速的数据处理能力、极高的数据保障能力和安全的多级密码身份认证机制，能满足多用户及多数据库操作。特别是育种模块，借鉴了加拿大、丹麦等国的成功经验，应用先进的数学模型进行育种值估计，非常易于实现"联合育种"。系统主要包含生产管理和育种管理两大模块，模块之间相辅相成，数据共享，完全无缝衔接。

1. 生产管理模块 这是种猪场管理的基本模块，能自动生成各类统计报表，能进行各种畜牧兽医生产数据的查询；能自动生成公猪卡片、母猪卡片；能随时对各类数据进行统计分析；能根据亲缘系数拟定最佳配种计划；能智能化地对数据进行检验，保证数据的完整性、可靠性等。

2. 育种管理模块 此模块借鉴国外发达国家先进的、成熟的经验，并结合国内种猪场的实际情况量身定做而成，包括智能化的性能测定数据录入、功能强大的统计查询、先进的遗传评估等功能模块。

遗传评估功能模块自动从性能测定库提取数据，采用先进的 BLUP 方法对种猪的产肉性能及繁殖性能进行遗传评估，评估结果更加准确地反映了种猪的种用价值，为种猪场选种提供科学依据。整个遗传评估操作过程非常简单，只需选择猪的品种和评估的年度，系统自动输出结果。

该模块有两个版本：一个用于遗传评估中心，遗传评估中心通过该模块对整个地区的所有种猪进行统一遗传评估并将结果在网上发布。另一个用于猪场，各种猪场用于进行场内遗传评估，以解决场内选种与遗传评估中心发布遗传评估结果的时间差问题，为选种作一定参考。

运行环境：NETPIG 在 WINDOWS 98/ME/NT/2000/XP 上都能运行；最低要求：①CPU：奔腾Ⅱ 233；②内存：64M；③硬盘剩余空间：500M；④颜色：16 位色；⑥ Pwin98 中文版。

五、Herdsman

Herdsman 由美国普渡大学和 S&S 公司联合开发，1985 年发行了第一版，之后软件不断升级，现更新至 Herdsman 2005 版。该系统是美国种猪登记协会 STAGES 和加拿大种猪遗传改良中心 CCSI 的核心软件，用户需每年根据规模大小支付费用，在北美种猪业的市场占有率超过 80%。该系统擅长生产管理，数据收集界面简便高效，生产统计功能强大，可生成 100 多种报表和 20 种图表以及 8 项任务列表，及时帮助猪场发现和解决问题。该系统提供总产仔数、产活仔数、初生窝重、断奶窝重、平均日增重、饲料转化效率、活体背膘厚度等常规生产性状 BLUP 动物评估模型，能方便计算 EBV 或 EPD（预期后代差异），并将各性状 EBV 按需要组合成多种选择指数。该系统的主要优势是对纯种和杂种均能跟踪并进行遗传评估，同时，通过群间评估集成核心群、扩繁群和商品群的数据信息，指导种猪场适时引种。但是该软件根据支付费用决定是否开放遗传评估模型的修改权限,限制了该软件在中国的广泛使用。目前国内用户主要采用软件默认的育种值估计模型,用户不能根据需要进行调整。

习 题

1. 分别简述模型、线性模型和混合模型。
2. BLUP 的基本含义是什么?
3. 与传统的选择指数法相比,BLUP 育种值估计法有何优越性?应用 BLUP 法的前提条件是什么?
4. 简述动物模型 BLUP 及其优点。
5. 现有某猪场达 100 kg 体重背膘厚度资料,如下表:

个体	父亲	母亲	性别	年份	达 100 kg 体重背膘厚度
3	—	—	1	1	16
4	1	—	2	1	18
5	1	2	1	1	15
6	1	2	2	1	14
7	3	4	1	2	12
8	3	6	1	2	17
9	3	6	2	2	13

试完成以下工作:
(1) 为此资料设计一个模型。
(2) 写出个体间的分子亲缘相关矩阵 (A) 及其逆矩阵 (A^{-1})。
(3) 写出混合模型方程组 (设达 100 kg 体重背膘厚度的遗传力为 0.5)。
(4) 求出所有个体的背膘厚度的估计育种值。
6. 何谓估计育种值重复率?它能说明什么问题?

第十章
质量性状与阈性状的选择

前几章讨论了数量性状选择的一般原理和方法。在畜禽常见性状中,除了数量性状之外,还有另外两类性状,那就是质量性状(qualitative trait)和阈性状(threshold trait)。质量性状和阈性状的选择方法也是育种学中的重要研究内容。本章将对质量性状和阈性状的选择问题进行讨论。

第一节 家畜质量性状与阈性状的概念

质量性状是指同一种性状的不同表型之间不存在连续性的数量变化,而呈现质的中断性变化的那些性状,一般用描述性语言而不是数字予以记录,如公鸡的冠形(单冠、玫瑰冠、胡桃冠等)、牛的毛色(黑白花毛、红白花毛、黑毛、灰毛等)、ABO血型和遗传缺陷等均属于质量性状。质量性状的遗传基础是单基因或少数几个基因。阈性状是另一类介于数量性状与质量性状之间,不同于数量性状或质量性状,表型呈非连续型变异,与质量性状类似,但遗传基础又与数量性状类似,受多基因制约的特殊性状,如抗病性状等。因为阈性状受多基因制约,所以它有一个潜在的连续分布,但它的表现却受阈值(threshold)的限制,即在相同阈值范围内,无论其基因型值是否相同,均具有同样的表型,超过阈值才表现为另一种表型,所以表型呈现出非连续分布。阈性状多为含一个阈值的性状,通常称为单阈性状(亦称二者居一性状或全有全无性状),含有两个阈值的阈性状称为二阈性状,如羊的产羔数(单羔、双羔和三羔),含有三个或更多阈值的阈性状可称为三阈性状或多阈性状,如多胎家畜的产仔数等。表10-1从7个方面列出了数量性状、质量性状和阈性状的详细区别。

表10-1 质量性状、数量性状与阈性状的比较
(引自盛志廉和陈瑶生,1999)

性 状	质量性状	数量性状	阈性状
性状主要类型	品种特征、外貌特征	生产、生长性状	生产、生长性状
遗传基础	单个或少数主基因	微效多基因系统	微效多基因系统
变异表现方式	间断型	连续型	间断型
考察方式	描述	度量	描述
环境影响	不敏感	敏感	敏感
研究水平	家系	群体	群体
研究方法	系谱分析、概率论	生物统计	生物统计

第二节 质量性状的选择

在传统的观念中，畜禽具有经济价值的性状（经济性状）主要涉及数量性状和阈性状，而多数质量性状一般不具备直接的经济价值。不过，部分质量性状，诸如皮毛外观品质、遗传缺陷（如畸形）、疾病的易患性（liability）、品种外貌特征（如毛色、角形）以及部分非中性遗传标记（如血型、酶型、蛋白质型）等，往往具备直接或间接的经济价值。特别是随着畜禽生产市场化程度的不断提高，与产品外观特性有关的包装性状亦多为质量性状，往往可以迎合、引导消费者的消费心理，如蛋壳颜色、被毛颜色等，这类在纯生物学上不具有任何经济价值的性状在市场条件下也附加了较高的经济价值，因此对质量性状的选择也应引起育种工作者的高度重视。

在确定质量性状选择方法之前，需要先弄清楚以下几个问题：①性状是由一对基因控制，还是由几对基因控制的；②基因间的互作与连锁关系；③理想类型属显性、隐性还是共显性。只有弄清了以上几个特征，才可能确定合适的选择方法。相对于数量性状的选择，质量性状的选择要简单得多，但考虑到数对基因、特别是有互作的数对基因时仍然较为复杂，本节只对单基因质量性状的选择进行讨论。单基因质量性状的选择比较简单，基本方法就是选留理想类型，淘汰非理想类型。下面就从四个方面对质量性状的选择方法进行讨论。

一、为固定隐性性状的选择法

固定隐性性状的选择就是要在群体中淘汰显性基因，保留隐性基因。在理论上，固定隐性性状的选择较为简单。由孟德尔遗传定律可知，隐性纯合子的基因型和表型是完全对应的，因此只要全部淘汰显性个体就能达到很好的选择效果。如果全部选留隐性性状的个体，只需一代就能把显性性状从群体中全部清除，下一代不再分离出非理想的类型。例如，牛的有角性状为隐性纯合性状，要想获得有角牛群，只要把无角牛全部淘汰就可达到目的。但是，这种通过全部淘汰显性个体彻底清除显性基因的选择隐含了一个前提，那就是目标基因座的显性基因的外显率（penetrance）必须是100%，且不发生基因突变。外显率是指在某种环境条件或遗传背景下，有时某显性基因或隐性基因的作用存在着应表现而不表现的现象，如 $A\_\_$ 基因型本应表现为显性，可有时不表现，因而不能被淘汰。显然，在外显率达不到100%时即使全部淘汰显性个体也无法将显性基因一次性从群体中全部清除。另外，由于受基础群规模的限制，在实际操作中为了满足其他限制条件如避免近交系数增长过快等，很难做到仅保留隐性性状个体，往往在保留隐性性状个体的同时还要保留一定比例的显性性状个体。下面讨论部分淘汰显性个体的选择。

假设某性状受 A、a 等位基因控制，A 的基因频率为 p，a 的基因频率为 q，A 对 a 为完全显性。在一个未施加选择的原始群体中，由 Hardy - Weinberg 定律可知，AA、Aa 和 aa 基因型的频率分别为 p^2、$2pq$ 和 q^2。对于保留一定比例显性性状的情形，令淘汰率为 S，则留种率为 $1-S$，选择后各基因型频率的变化如表 10-2。

第十章 质量性状与阈性状的选择

表 10-2 固定隐性基因选择的基因型频率变化

基因型	AA	Aa	aa
起始基因型频率	p^2	$2pq$	q^2
留种率	$1-S$	$1-S$	1
选择后基因型频率	$\dfrac{p^2(1-S)}{1-S(1-q^2)}$	$\dfrac{2pq(1-S)}{1-S(1-q^2)}$	$\dfrac{q^2}{1-S(1-q^2)}$

表 10-2 中分母部分为各分子部分的和。假设选择后 a 基因的频率为 q_1：

$$q_1 = \frac{1}{2} \times \frac{2pq(1-S)}{1-S(1-q^2)} + \frac{q^2}{1-S(1-q^2)}$$

$$= \frac{pq(1-S)+q^2}{1-S(1-q^2)}$$

$$= \frac{(1-q)q(1-S)+q^2}{1-S(1-q^2)}$$

$$= \frac{q-q^2-Sq+Sq^2+q^2}{1-S(1-q^2)}$$

$$= \frac{q-S(q-q^2)}{1-S(1-q^2)}$$

选择后 a 基因频率变化值 Δq：

$$\Delta q = q_1 - q$$

$$= \frac{q-S(q-q^2)}{1-S(1-q^2)} - q$$

$$= \frac{q-S(q-q^2)-q+Sq(1-q^2)}{1-S(1-q^2)}$$

$$= \frac{S(q-q^3-q+q^2)}{1-S(1-q^2)}$$

$$= \frac{Sq^2(1-q)}{1-S(1-q^2)}$$

$$= \frac{Spq^2}{1-S(1-q^2)}$$

当 $S=1$，则 $\Delta q=p$，原群体中的基因频率为 q，选择后新增基因频率为 p，选择后 a 基因总频率为 $p+q=1$，这意味着100%淘汰显性个体，选择一代就能使隐性基因频率达到1。当 $S=0$，则 $\Delta q=0$，则意味着基因频率没有任何变化。

二、为固定显性性状的选择法

为固定显性性状的选择就是要淘汰全部隐性（等位）基因，保留显性（等位）基因，或者说使群体隐性基因的频率等于零，显性基因的频率等于1。要做到这一点并非易事，因为采用表型淘汰法不能将携带有隐性基因而表型为显性的携带者识别出来并加以淘汰，故要设法检出并淘汰杂合子。解决这一问题的方法就是采用基因型选择法。为比较表型选择与基因型选择的效果，现逐一讨论表型选择与基因型选择两种情形。

(一)表型选择

从进化角度讲,隐性基因通常是有害的;从育种角度讲,除隐性的遗传疾患(hereditary disease)基因是有害的之外,还可能出现隐性基因无害但不符合育种或生产要求的情况。当隐性基因有害或不符合生产要求时,就会涉及固定显性基因、淘汰隐性基因的选择。一般情况下,有害隐性基因在自然选择的作用下基因频率较低,但在具有杂合子选择优势的群体中,隐性基因的频率依然可以维持在较高水平。例如,一个经典的例子就是控制海福特牛的侏儒症(dwarfism)基因。控制侏儒症的等位基因为隐性,隐性纯合子表现为侏儒症,侏儒牛往往在1岁前死亡,而杂合子公牛却具有粗壮、紧凑的体躯和清秀的头部,在选种时常被选中。杂合子在选择中比任何一种纯合子都受欢迎,具有明显的杂合子选择优势,这样就使得某些牛群中侏儒等位基因的频率较高。

仅根据表型全部淘汰隐性纯合子的情况既符合隐性纯合致死的自然选择情形,又符合全部淘汰隐性个体的人工选择的情形。现以一对基因为例,假设性状受 A、a 等位基因控制,A 的基因频率为 p,a 的基因频率为 q,A 对 a 为完全显性。全部淘汰隐性基因型后各基因型频率的变化如表 10-3 所示。

表 10-3 根据表型选择固定显性基因的基因型频率变化

基因型	AA	Aa	aa
起始基因型频率	p^2	$2pq$	q^2
留种率	1	1	0
选择后基因型频率	$\dfrac{p^2}{p^2+2pq}$	$\dfrac{2pq}{p^2+2pq}$	0

在任何群体中,可由基因型频率推断基因频率,其中隐性基因频率为杂合子基因型频率的一半加上隐性纯合子基因型频率。经过一代选择后,根据表 10-3 提供的信息可以得到 a 基因频率为:

$$q_1=\frac{p_0q_0}{p_0^2+2p_0q_0}=\frac{q_0}{p_0+2q_0}=\frac{q_0}{(1-q_0)+2q_0}=\frac{q_0}{1+q_0}$$

$$q_2=\frac{q_1}{1+q_1}=\frac{\dfrac{q_0}{1+q_0}}{1+\dfrac{q_0}{1+q_0}}=\frac{q_0}{1+2q_0}$$

......

$$q_n=\frac{q_0}{1+nq_0}$$

上式中 n 为基因频率由 q_0 变化到 q_n 所需代数:

$$n=\frac{q_0-q_n}{q_0q_n}$$

假设某群体的隐性纯合子个体占总体的 $q^2=1/20\,000$,则隐性基因频率为 $q=1/141$;每代淘汰隐性纯合子个体,如果家畜的世代间隔较长,所需时间则非常长,特别是隐性基因频率偏低时,选择进展非常缓慢。不过,当起始隐性基因频率较高或中等时,表型选择还是有明显效果的,可用高、中等基因频率代入上面的公式进行验证。表 10-4 列出了一个用表型选择法淘汰湖北白猪Ⅳ系中呈隐性遗传方式的内陷奶头（inverted teats 或 crater teats）的选择效果的实例。

表 10-4 湖北白猪Ⅳ系内陷奶头表型选择效果

(引自彭中镇等，1986)

	世 代 数				
	G_0	G_1	G_2	G_3	G_4
观察头数	333	170	157	167	155
内陷奶头猪数	39	19	9	5	3
发生率（%）	11.7	11.2	5.7	3.0	1.9

综上可见，表型选择虽有一定效果，但由于显性纯合子与杂合子表型相同，不能区分，以致隐性基因难以从群体中彻底剔除。

（二）基因型选择——测交

1. 测交是识别杂合子、固定显性性状的有效手段 因为显性纯合子与杂合子的表型相同，所以必须采取一种办法将表型为显性的杂合子加以识别，然后按照基因型进行选择，即选留显性纯合子、淘汰杂合子，以达到固定显性性状的目的。这种办法就是测交。

测交（测验交配，test mating）是判断种畜个体的基因型是显性纯合还是杂合的经典遗传检测手段。测交的方法主要有：①让被测种畜与隐性纯合子交配；②让被测种畜与已知杂合子交配；③让被测公畜与已知其基因频率或基因型频率、表型为显性的一般母畜群的随机样本交配；④让被测公畜与其未经选择的女儿或与另一已知为杂合子公畜的女儿交配。无论哪一种测交法，都是以在一定头数的后代中不出现隐性个体的概率来判断被测种畜是否为显性纯合子。但是，测交通常只在完全显性时使用；在不完全显性或共显性时，由于杂合子与显性纯合子在表型上可以区分，不必进行测交试验，直接进行表型选择就能淘汰掉隐性纯合子和杂合子。

仍以一对等位基因 A 和 a 为例，为了彻底淘汰隐性基因 a，应同时采取两种措施：一是利用隐性纯合子 aa 的表型与基因型一致这一特点全部淘汰 aa 个体，二是采取测交法以识别携带有隐性基因 a 的杂合子 Aa，并予以淘汰。

现将几种测交法分别介绍如下。

2. 常用的测交法

（1）被测个体与隐性纯合子交配：让表型为显性的被测个体（基因型未知）与隐性纯合子交配，所在后代中只要出现一头隐性纯合子，便可判定该被测个体为杂合子。但是，当生下一头表型为显性的后代时，却不能判定该被测个体为显性纯合子，因为当表型为显性的被测个体与隐性纯合子交配时，即使该被测个体为杂合子，也有 1/2 的概率产生一头表型为显性的后代。当生下两头表型为显性的后代时，能否判定被测个体为显性纯合子呢？也不能，因为即便该被测个体为杂合子，也有 $(1/2)^2$ 即 25% 的概率产生两头表型全为显性的后代，换言之，若在此时判定被测个体为显性纯合子，则错判概率（或称机误）仍可达 $(1/2)^2 = 0.25$（即 25%）。现在要问：这种测交法要产生多少头表型全为显性（无一隐性个体）的后代时，才能把判定该被测个体为显性纯合子的错判概率（P）降低到 5% 或 1% 以下呢？

设产生表型全为显性的后代数为 n，那么这种测交法在 5%（即 0.05）或 1%（即 0.01）概率水平上判定该被测个体为显性纯合子的错判概率：

$$P=\left(\frac{1}{2}\right)^n \tag{10-1}$$

令 $P=0.05$，则 $n=\frac{\lg 0.05}{\lg 0.5}=4.32$；令 $P=0.01$，则 $n=\frac{\lg 0.01}{\lg 0.5}=6.64\approx 7$。意思是说，此种测交法至少需要生下 5 头或 7 头表型全为显性的后代时，才能将判定被测个体为显性纯合子的错判概率降低到 5%以下或 1%以下。也就是说，当产生 5 头或 7 头表型全为显性的后代时，才有 95%以上或 99%以上的把握判定被测个体为显性纯合子而非隐性基因的携带者。

【例 10-1】 现用测交试验来检测表型为显性黑毛的某公牛是否为隐性的红毛基因（r）携带者。现让此被测公牛与数头隐性纯合红毛母牛（rr）交配，共产下 7 头黑毛犊牛（无一红毛犊牛），这说明有 99%以上的把握判定该被测公牛为显性纯合子（RR）。

【例 10-2】 被测者为 41 号大长通白毛公猪，它与 200 号通城母猪配种，共产仔猪 16 头，全部为白毛（无一非白毛），试判断该公猪是否为显性纯合子。

根据题意，$n=16$，代入式（10-1），可求得判定 41 号公猪为显性纯合子的错误概率 $P=\left(\frac{1}{2}\right)^{16}=0.00002$，表明该公猪为显性纯合子，判定机误只有 0.002%，或者说有 99.998%的把握肯定该公猪为显性纯合子而不是非白毛基因携带者。说明一点：根据研究，控制猪毛色的基因虽涉及数个基因座，但若将毛色仅分为白毛与非白毛两类并选留白毛猪时，可将白毛与非白毛看作一对等位基因的差别来应用毛色测定公式。华中农业大学依此所采取的三种毛色测交措施在固定湖北白猪Ⅲ、Ⅳ系白毛色方面取得了好的效果。

（2）被测个体与已知杂合子交配：前一种测交法的最大优点是所需表型为显性（或正常）的后代头数较少，测验效果很高。但若供作测交用的隐性个体（隐性纯合子）活不到繁殖年龄（如有些遗传病患者），或者隐性个体的来源存在困难，或者出于经济原因无法配备专门用于测交的隐性个体，那么就可选用被测个体与已知杂合子交配的测交法。

由于与已知杂合子交配时，即使被测个体为杂合子，也有 3/4 的概率生下一头表型为显性的后代，如同第一种测交法中所讲过的道理那样，当被测个体与已知杂合子交配生下 n 头全为显性表型（无一隐性个体）的后代时，可在 0.05 或 0.01 概率水平上判定被测个体为显性纯合子的错判概率为：

$$P=\left(\frac{3}{4}\right)^n \tag{10-2}$$

令 $P=0.05$，则 $n=\frac{\lg 0.05}{\lg 0.75}=10.41$；令 $P=0.01$，则 $n=\frac{\lg 0.01}{\lg 0.75}=16.01\approx 16$。意思是说，此种测交法至少需要生下 11 头或 16 头表型全为显性的后代时，才能将判定被测个体为显性纯合子的错判概率降低到 5%以下或 1%以下。也就是说，当生下 11 头或 16 头表型全为显性的后代（无一隐性个体）时，才有 95%以上或 99%以上的把握判定该被测个体为显性纯合子而非隐性基因的携带者。

【例 10-3】 被测者为 69 号大长通白毛公猪，它与 3 头已生过非白毛仔猪的长通和大长通母猪交配，共产下 49 头仔猪，全为白毛，无一非白毛，试判定该公猪是否为显性纯合子。

根据题意，$n=49$，代入式（10-2），$P=(3/4)^{49}=0.000001$，表明 69 号公猪为显性纯合子，错判概率只有 0.0001%，下这一结论的把握相当大。

第十章 质量性状与阈性状的选择

（3）被测公畜与已知其基因频率或基因型频率且表型均为显性的一般母畜群的随机样本交配：第二种测交法与第一种一样，亦需以拥有用于测交的专门个体为前提条件，无疑会增加一定的经济负担。为解决第一、二种测交法所存在的这一困难，Johansson 等（1966）提出了这种测交法，即所谓的自动测交法或后裔调查法。

由于大群中具有不理想性状或有遗传疾患的隐性纯合母畜不能参加繁殖，因此母畜群中只有显性纯合子 AA 与杂合子 Aa 两种，而且其比例为 $\frac{1-q}{1+q} : \frac{2q}{1+q}$，此比例推证如下：

AA 个体出现的概率：

$$P_{(AA)} = D（AA 的频率）= \frac{p^2}{p^2+2pq} = \frac{(1-q)^2}{p^2+2pq+q^2-q^2} = \frac{1-q}{1+q} \quad (10-3)$$

Aa 个体出现的概率：

$$P_{(Aa)} = H（Aa 的频率）= \frac{2pq}{p^2+2pq} = \frac{2q}{p+2q} = \frac{2q}{1+q} \quad (10-4)$$

这样一来，此种测交法中被测公畜要与大群中的两种母畜即 AA 和 Aa 交配。如同在第一、二种测交法中所阐述的思路那样，首先可假定被测公畜为杂合子（Aa），再分析它分别与 AA 和 Aa 交配产下表型全为显性后代的概率。

当 Aa 公畜与频率为 D 的 AA 母畜交配时，产下显性后代的概率为 1；当 Aa 公畜与频率为 H 的 Aa 母畜交配时，一窝产下一个显性后代的概率为 3/4，一窝产下 k 个显性后代的概率则为 $(3/4)^k$。将上述两种交配方式合并考虑，也就是由概率的加法法则可知：Aa 公畜与 AA 和 Aa 母畜交配产下一窝 k 头显性后代的概率为 $1 \times D + (3/4)^k H$。

与式（10-1）、式（10-2）同理，根据 n 头随机母畜每头窝产 k 个显性后代（无一隐性个体）来判定被测公畜为显性纯合子的误判概率：

$$P = \left[D + \left(\frac{3}{4} \right)^k H \right]^n \quad (10-5)$$

式（10-5）适用于多胎动物（multiparous species）。若为单胎动物（monoparous species）则

$$P = \left(D + \frac{3}{4} H \right)^n \quad (10-6)$$

式（10-5）、式（10-6）适用于与配母畜群的基因型频率为已知的情况。

将式（10-3）、式（10-4）分别代入式（10-5）和式（10-6），可得到与配母畜群的基因频率为已知时用于多胎动物的式（10-7）和单胎动物的式（10-8）：

$$P = \left[\frac{1-q}{1+q} + \left(\frac{3}{4} \right)^k \frac{2q}{1+q} \right]^n \quad (10-7)$$

$$P = \left(\frac{1-q}{1+q} + \frac{3}{4} \times \frac{2q}{1+q} \right)^n = \left(\frac{2+q}{2+2q} \right)^n \quad (10-8)$$

【例 10-4】被测验的 895 号大长通白毛公猪与 14 头已知其非白毛基因频率的白毛杂种母猪（7 头大长通、6 头大长长通、1 头大长通 F_1）交配，生下 14 窝共 159 头表型为白毛（无一非白毛）的仔猪，试判定 895 号公猪是否为显性纯合子（注：与配的 14 头母猪非白毛基因频率 $q = \frac{7 \times 0.25 + 6 \times 0.125 + 1 \times 0.0625}{14} = 0.183$）。

根据题意，$k=\frac{159}{14}=11.4$，$n=14$。由式（10-7）可得 $P=\left[\frac{1-0.183}{1+0.183}+\left(\frac{3}{4}\right)^{11.4}\times\frac{2\times0.183}{1+0.183}\right]^{14}=0.007$。由此可判定 895 号公猪为显性纯合子（$P<0.01$），即错判概率仅为 0.7%<1%；也可以说，有 99.3% 的把握认定 895 号公猪为显性纯合子而非杂合子。

（4）被测公畜与自己的女儿或杂合子公畜的女儿交配：Wriedt 和 Mohr（1928）曾建议将被测公畜与其女儿或已知杂合子公畜的女儿配种，以测验该公畜是否携带有害的隐性基因。

① 被测公畜与其未经选择的女儿交配：在这种交配中，女儿只有 AA 和 Aa 两种基因型，而没有 aa 个体，因为如果被测公畜自己的女儿中一旦出现 aa 个体，那么就证明被测公畜已是杂合子，就无需再与女儿交配作测交检验了。既然女儿的基因型只有 AA 和 Aa，那么被测公畜女儿的母亲的基因型则全为 AA，不可能有 Aa。因此被测公畜女儿中的两种基因型及其比例为 1/2 AA：1/2 Aa。

如前已述及的那样，首先可假定被测公畜为杂合子（Aa），那么当它与 1/2 的 AA 女儿交配时产下显性后代的概率为 1，亦即仅根据一头显性后代判定被测公畜为显性纯合子的错判概率为 1；而当被测公畜与另 1/2 的 Aa 女儿交配时，产下显性表型后代的概率为 3/4，亦即仅根据一头显性后代判定被测公畜为显性纯合子的错判概率为 3/4。因此，当被测公畜与其女儿交配产生 n 头表型为显性的后代时判定被测公畜为显性纯合子的错判概率：

$$P=\left(1\times\frac{1}{2}+\frac{3}{4}\times\frac{1}{2}\right)^n=\left(\frac{7}{8}\right)^n \tag{10-9}$$

令 $P=0.05$，则 $n=\frac{\lg 0.05}{\lg 0.875}=22.4$；令 $P=0.01$，则 $n=\frac{\lg 0.01}{\lg 0.875}=34.5\approx 35$。意即对于单胎动物，当被测公畜与其自己的女儿交配时，至少需要产下 23 头或 35 头表型全为显性（无一隐性个体）的后代，才有 95% 或 99% 以上的把握判定被测公畜为显性纯合子，错判概率分别在 5% 或 1% 以下。

对于多胎动物，与前已述及的道理相似，当被测公畜与其 n 头女儿交配，一窝产 k 个表型为显性的后代时，判定被测公畜为显性纯合子的错判概率：

$$P=\left[\frac{1}{2}+\left(\frac{3}{4}\right)^k\times\frac{1}{2}\right]^n \tag{10-10}$$

此种测交法的优点是：能对公畜所有基因座所携带的隐性基因进行测验，因父女间任何一个基因座的基因均有 1/2 的相同可能性。缺点是：后代的平均近交系数达 25%，易造成某些性状的均值下降；会延长世代间隔；所需后代数较多，这使得单胎动物只能用来测验公畜。

② 被测公畜与已知杂合子公畜的女儿交配：同理，杂合子公畜的女儿基因型及其比例亦为 1/2 AA：1/2 Aa，故式（10-9）和式（10-10）同样适用于此种测交法。此法不致延长世代间隔，不会产生近交衰退后果，但是它仅能针对一种隐性基因进行测验，且不易获得大量的已知为杂合子公畜所生的女儿。

（5）被测公畜与其全同胞交配：当一头待测公畜因种种原因不能与自己的女儿测交但有可能与其全同胞姐妹交配或已有与其全同胞姐妹交配所生后代的资料时，则可将后者作为一种测交法加以利用。

被测公畜与其全同胞交配所需的子女数和配偶数与前已讨论的父女交配型测交法完全一样。其原因在于被测公畜的配偶——自己的全姐妹的基因型及其比例同样是 $1/2AA$：$1/2Aa$，现推证如下：

假定被测公畜为杂合子（Aa），并假定其配偶全同胞均为显性表型（隐性纯合子 aa 不可能参加繁殖），那么全同胞就只有 AA 和 Aa 两种基因型，现在要回答的是这两种基因型的比例关系是怎样的。

全同胞群有两个共同祖先，也就是被测公畜与全同胞之间有两个共同祖先，一个是它们的父亲，一个是它们的母亲。当要求符合前述两个假定条件时，父母双方的基因型只有一种可能性：一方为 AA，另一方为 Aa。因此，当 AA 与 Aa 交配时，后代的基因型及其比例为 $1/2AA$：$1/2Aa$。

这种测交法对于牛来说是办不到的，因为一头被测公牛不可能有 23 头或以上的全同胞。对于猪则有可能。此法可对被测公畜是否携带来自其两个共同祖先（即双亲）的任何基因座上的隐性基因进行测验。

三、对伴性性状的选择法

畜禽的性别由性染色体决定，家畜为雄性异配型，家禽为雌性异配型。家畜性染色体 X 和家禽性染色体 Z 上的基因不仅控制性别，还可以控制着其他性状，除少数性连锁数量性状之外，多为等级分明的质量性状，从而导致伴性遗传现象的出现，如芦花鸡的羽毛颜色遗传、快慢羽遗传等。在畜禽生产中，根据生产目的的不同往往需要某一特定性别或优先考虑某种性别用于生产，如蛋鸡需要雌性，肉牛需要雄性等。特别是在蛋鸡的生产中，为减少公雏饲养成本，早期实施性别鉴定是必要的。但是，应用翻肛法人工鉴别雌雄会增加工作量，同时还会增加疫病交叉感染的风险。在家禽育种中，可通过对早期可鉴别伴性性状的选择法，达到早期性别筛选的目的。

现以快慢羽性状为例说明伴性性状用于雌雄鉴别的原理。快慢羽基因位于 Z 染色体上，快羽型鸡种的伴性快羽受隐性基因控制，慢羽受显性基因控制。快慢羽在出雏时可以通过主翼羽和副翼羽的发育特征进行鉴定。当用伴性快羽公鸡与伴性慢羽母鸡交配，子一代快羽全为母雏，慢羽全为公雏，因而在出雏时就可以鉴别雌雄。目前，鸡 Z 染色体上发现的伴性基因已有 10 余个，实际生产中也常用其他伴性性状如羽色性状、矮小性状来实施早期性别鉴定，其基本原理和利用快慢羽性状进行性别鉴定基本一样，此处就不再赘述。

从上述例子可以看出，很多伴性性状的实际应用价值很大，所以对伴性基因的选择是需要引起重视的育种工作内容之一。对伴性基因的选择，没有固定的模式，可以利用品种（系）间杂交实现，也可以在种群内实施选择。在对伴性性状进行选择时，由于异型配子（即 XY 和 ZW）的半合基因无论显性还是隐性，均可直接由表型确定基因型，选择相对简单，但对同型配子（即 XX 和 ZZ）的选择则相对复杂，在没有额外信息的条件下，和常染色体基因一样，只有隐性表型方可确定基因型，而显性表型具有杂合与纯合两种情形，在选择过程中，需依据系谱结构和测交试验进行判定。

伴性基因测交的基本原理和常染色体基因的测交原理是一样的，以家禽性染色体为例，假设被测个体为杂合子的交配方式为 $Z^K Z^k \times Z^k W$，测交后代等比例产生 $Z^K Z^k$、$Z^K W$、$Z^k Z^k$ 和 $Z^k W$ 四种基因型，其中 $Z^K Z^k$ 和 $Z^K W$ 表现为显性，$Z^k Z^k$ 和 $Z^k W$ 表现为隐性，单个显性个体出现的概率为 1/2。如果所生后代中出现一头隐性纯合子,可断定被测个体为杂合子;如果 n 个测交后代中没有出现隐性纯合子,则有 $P=1-(1/2)^n$ 的把握判断被测个体不是杂合子。其他类型的测交推断原理亦可参见前面所讲内容。一般来讲,在进行伴性性状选择时常考虑的内容包括:显性、隐性性状的确定;参选个体基因型的确定;根据系谱信息和繁育体系每一世代的基因型要求(如"祖代—父母代—商品代"繁育体系)制订选配方案。需要注意的是,一个科学的选择方案不仅要考虑各个世代雄性和雌性伴性基因的基因型,还要照顾其他性状的遗传进展以及近交系数增量等。

另外,由于伴性基因存在异型配子和同型配子两种类型,在世代传递过程中,伴性基因频率的变化规律和常染色体基因有所不同。对于伴性基因而言,在同型配子中具有两个拷贝,在异型配子中只有一个拷贝,因此群体中 2/3 的伴性基因储存在同型配子的个体中,只有 1/3 的伴性基因储存在异型配子的个体中。现以表 10-5 资料为例进行说明:

表 10-5 雄性异配型 X 连锁基因的群体遗传结构

	雌性 (XX)			雄性 (XY)	
基因型	$A_1 A_1$	$A_1 A_2$	$A_2 A_2$	A_1	A_2
基因型频率	P	H	Q	R	S

根据表 10-5 给出的数据,以 A_1 的基因频率为例,$p_f = P+1/2H$,$p_m = R$,因为群体中 2/3 的伴性基因储存在同型配子的个体中,1/3 的伴性基因储存在异型配子的个体中,所以 $\bar{p} = 2/3 p_f + 1/3 p_m = 1/3(2P+H+R)$。对于下一代,由于雌性后代分别从雌性、雄性亲代获取 1/2 的伴性基因,而雄性后代只能从雌性亲代继承伴性基因,因此有 $p'_f = 1/2(p_f + p_m) = 1/2(P+1/2H+R)$,$p'_m = p_f = P + 1/2H$。同理,$\bar{p'} = 2/3 p'_f + 1/3 p'_m = 2/3 \times 1/2(p_f+p_m) + 1/3 p_f = 2/3 p_f + 1/3 p_m = 1/3(2P+H+R) = \bar{p}$。可见,不考虑性别,基因频率作为一个整体在群体内并未变动。但是,雄、雌群体中基因频率不同,基因频率在雄、雌群体中并未达到平衡,子代 A_1 的基因频率在雄、雌后代中的变化为:$p'_f - p'_m = -1/2(p_f - p_m) = -1/2(P+1/2H-R)$,数值刚好为亲代两性基因频率差值的一半。按相同的规则推导子二代、子三代以及更多世代,将发现基因频率高低值会在两性之间来回摆动,而且每个世代雄、雌基因频率的差值刚好为上代差值的一半,这样一次一次减半,群体基因频率就会在两性别中达到平衡,即两性基因频率会在群体中达到相等。

四、质量性状基因型的分子生物学检测

对于质量性状而言,有的性状无法直接根据表型判断基因型,或者表型无法直接肉眼观察而需要借助于特定仪器设备进行测定,此时如要获得准确的基因型用于选择则需付出较高的代价。分子生物学检测技术的快速发展为准确鉴定这类质量性状的基因型提供了捷径,并且育种实践中已有多个成功应用的范例。

分子生物学技术的主要检测对象包括蛋白质和 DNA,由此可将其分为生化遗传检测技术和 DNA 分子遗传检测技术两种类型。前者主要检测体液如血浆蛋白质多态或表达水平,通过已知蛋白质变异体形态与质量性状不同表型的对应关系,或者特定蛋白质表达量与质量性状不同基因型的表现阈值间的对应关系,由蛋白质检测结果直接推断基因型,前提是事先需要通过研究确定不同基因型对应的蛋白质水平(或活性)或变异体。例如,可以根据 CK

酶活性表现出来的不同阈值水平来检测猪应激综合征（porcine stress syndrome，PSS）基因座的 3 种基因型。DNA 分子遗传检测技术直接检测质量性状控制座位的 DNA 片段。由于质量性状不同基因型的表现由对应座位不同的突变（如碱基替换、倒位、缺失、转座等）所引起，因而通过 DNA 片段的检测可以直接检测质量性状的不同基因型。当然，实施分子遗传检测的前提是需要事先知道质量性状控制基因在染色体上的位置。仍以猪的 PSS 为例，分子遗传学研究表明，猪骨骼肌肌浆网（SR）钙离子释放通道蛋白（CRC）基因（亦称兰尼定受体蛋白Ⅰ基因，RYR1）cDNA 上第 1 843 位的 C→T 突变可导致 PSS 的发生，即应激敏感基因 PSS^n 为 RYR1/CRC 1 843^T 等位基因，抗应激敏感基因 PSS^N 为 RYR1/CRC 1 843^C 等位基因。针对该突变位点，设计一对特异引物，通过 PCR 扩增出包含该突变位点 DNA 片段，用限制性内切酶进行消化，然后对酶切产物作凝胶电泳，通过电泳后的基因型图谱，可以判断出包括杂合子在内的被检测个体的具体基因型，从而检测出猪 PSS 基因座的基因型。毫无疑问，分子遗传学检测方法在检测效率和准确性方面是至目前为止其他任何质量性状检测方法远不可比拟的，它已成为育种实践中质量性状基因型检测的首选方法。

第三节　阈性状的选择

一、阈性状的特点

质量性状和数量性状的遗传基础和表型分布是完全对应的，但阈性状却不同，它具有潜在和表现两个不对应的分布，一个是造成这类性状的某种物质的浓度或发育过程的速度的潜在的连续分布，具有正态分布或经过统计学转换后具有正态分布的特征，另一个是表型的间断分布，一般用有限几个表现的相对发生率表示，具有二项式或多项式分布的特征。遗传基础和表型分布不对应是阈性状的重要特点。与其他性状相比，阈性状在形式上相当于将一个连续变化的性状按阈值点 n 分成 $n+1$ 个区间，每个区间的所有个体仅取一个相同的表型值，或将每个区间内的潜在连续性变化值用一个类似于质量性状表示方法的指标或整数化哑变量（dummy variable）统一表示。多数阈性状只有一个阈值，只表现出两种变异类型，如疾病的易患性，易患性的变异是呈连续变异的，可简单地认为是机体内由基因编码抗体物质的浓度，当某个体的易患性达到一定的阈值时，该个体表现为患病，这样连续分布的易患性就被阈值区分出一个不连续的发病与正常两部分。实际上，超过 2 个阈值的性状亦有不少，如羊的产羔数一般为 2 个阈值 3 种变异类型的阈性状，多胎动物产仔性状为多阈值点多变异类型的阈性状。但是，一般用作阈性状分析的都是少于 3 个阈值的性状，含有 3 个或更多阈值性状的分析更为复杂。在实践中，如果阈值点达到一定数目（如 3 个以上）同时各区间又有本质上的数量差异时，则直接或经整数化哑变量转换后按大家熟悉的连续性性状来处理，而且阈值点越多，这种处理所带来的偏差也越小。例如，猪的产仔数在本质上属于多阈值多变异类型的阈性状，不属于连续分布的数量性状，但因阈值一般多达 10 个左右，因而实际分析中直接将产仔数当作连续分布的数量性状来处理。

二、阈性状的选择法

阈性状具有明显的生物学意义和经济价值，因而对阈性状的选择具有十分重要的意义。鉴于阈性状的特殊性，阈性状的选择在某些方面具有与数量性状和质量性状的选择不同的特点。按选择方法分类，阈性状的选择方法可分为常规选择法与标记辅助选择法。

（一）常规选择法

常规选择就是依据阈性状的表型信息进行选择。和数量性状一样，阈性状的选择反应也依赖于选择差，但与连续型变异的数量性状不同的是，阈性状的选择差不取决于留种率。原因很简单，仅凭阈性状表型无法区别同一区间内每个个体潜在值的高低，留种就只能是从理想类型中进行随机抽样。由统计学常识可知，随机样本平均值的期望是其所在总体即理想类型组的平均值，不管是理想类型全部个体留种还是部分个体留种，由于是随机抽样，全部留种与部分留种的群体均值没有差别。假设对一个单阈值阈性状进行选择，该阈性状有两种状态，一种为希望增加出现率（亦称发生率或表现率）的理想类型，另一种为淘汰类型。全群均值为两种表型依据各自出现率的加权平均值，对一个特定群体而言，该均值为固定值，取决于两种表型的出现率。如果从理想类型中保留全部个体，留种率最大，选择差为理想类型均值与全群均值的差值；如果只从理想类型中随机选留部分个体，留种率变小，但由于全部留种与部分留种的群体均值没有差别，选择差依然为理想类型平均值与全群均值的差值。所以，阈性状的选择差和留种率没有关系，仅取决于出现率。当然，这只能限于留种率等于或小于出现率的情形，如果留种率大于理想类型的出现率，中选群体纳入了部分淘汰型个体，选择差就会变小，变小的程度和淘汰类型个体选留比例有关。淘汰类型入选比例越大，选择差就越小。除了留种率与出现率相等的情形，在相同留种率下，阈性状的选择差一般总是低于数量性状。

显然，直接根据阈性状的表现值进行随机留种，选择差偏低，选择效率不会很高。欲提高阈性状的选择效率，最佳的方法是能够将理想类型组内具有不同潜在值的个体区分开，针对潜在值的高低进行留种。下面介绍两种策略。

第一种策略，通过环境刺激改变阈性状的出现率，调整阈值的位置使留种率刚好等于出现率。这样就会使原来理想类型中潜在的低值个体改变表型，转移到另外淘汰类型中，全群均值就会因为淘汰类型比例增大而距离理想类型组的均值更远，就会增大选择差，提高选择效率。例如，可以增加处理药物的浓度，使阈值向理想类型端偏移，造成出现率改变，这样就可以通过选择取得更大的进展。顺便提及，利用环境刺激使阈值偏移，可能出现一个重要的遗传现象——遗传同化（genetic assimilation）。遗传同化是指某阈性状在自然状态下不出现，但利用环境刺激可以使其出现，并根据刺激后新表型留种，新表型最终可达到不需额外刺激即能自发出现的现象。遗传同化貌似获得性遗传现象，但本质上不是。实际上，这种发生遗传同化作用的阈性状具有两个阈值，一个是自发阈，在原群体变异之外，另一个是诱发阈，在群体分布潜在范围之内。通过选择，群体均数逐渐向自发阈偏移，当群体均数偏移至一定的尺度时，群体中就会出现自发变异类型的个体，而且随着阈值进一步偏移，自发变异就会以更高的出现率表现出来，而且此时如需提高群体的自发变异频率，可以不需环境刺激而针对已有自发变异进行选择，达到自发变异进一步增加的目的。

第二种策略，即鉴别理想类型中个体潜在值高低的策略，也就是改进、发展和应用阈性状育种值的估计方法，如通过 Logistic 数据变换，并结合系谱信息，估计家系或个体育种值，这样以育种值为基础的选择亦会提高选择效率。

此外，可以利用遗传相关的原理进行间接选择，即估计待选阈性状与其他连续性数量性状间的遗传相关，可通过高遗传相关数量性状的选择，来提高阈性状的选择反应。目前，多阈性状一般是直接当成数量性状进行处理的，这种近似处理必然包括某种程度的误差，所以阈性状的遗传分析方法仍然有很大的发展空间。

（二）标记辅助选择法

进行阈性状标记辅助选择的前提是需要找到控制阈性状变异的主基因或与之关联的DNA标记。主基因的筛选可用候选基因法，而DNA标记的挖掘可用连锁分析法。对于畜禽阈性状的主基因研究，目前发现的主基因有布鲁拉（Booroola）品系母羊产羔数的多胎基因（$FecB$）、爪洼绵羊的多胎基因（$FecJ$）等，并将$FecB$基因定位于编码GnRH受体的基因座上。对于阈性状连锁分析，由于阈性状的特殊性，传统的数量性状QTL定位方法通常不能有效地对其进行QTL定位，一般需要改进或采用全新的QTL定位方法。目前，已报道的阈性状QTL定位方法包括结构异质性阈模型定位法，基于传递不平衡检验（TDT）发展起来的系谱传递不平衡检验（PTDT），复杂系谱分析、回归分析、区间作图，方差分析模型（Xu等，1998）等。总的来讲，除了人和模式动物疾病的易患性研究积累了较多的分子数据之外，在畜禽阈性状的研究中，已积累的标记信息远不及数量性状和质量性状多。目前，已报道的分子标记包括与羊排卵数相关的$GDF9B$基因，与羊产羔数连锁的硫酰胺脱氢酶、蛋白酶抑制物、后转铁蛋白、$PER19$、EGF、$SPP1$和$PDGFRA$等基因，与猪疾病抗性有关的$K88R$、$FUT1$、SLA和$NRAMP$等基因或标记等。通过候选基因法或连锁分析筛选到阈性状的主基因或分子标记后，就可以根据标记信息对阈性状实施标记辅助选择，而标记辅助选择的基本原理、方法和影响因素等内容可参考本教材第二十章第三节。

习　题

1. 名词解释：质量性状，阈性状，包装性状，阈值，分子遗传检测技术，遗传同化。
2. 试比较质量性状、数量性状与阈性状的区别和联系。
3. 常用的测交法有哪些？每种测交法的适用条件是什么？
4. 质量性状的选择方法有哪些？每种选择方法各有何特点？
5. 试比较阈性状、质量性状与数量性状的选择方法。
6. 为测定湖北白猪Ⅲ系第5世代144号白毛母猪是否为白毛色的纯合子，令其与1 864号杜洛克公猪（红毛）配种，生下14头仔猪，全为白毛。试问该母猪是否为显性纯合子。若是，错判概率为多少？
7. 被测者为41号大长通白毛公猪，它与16头已知其非白毛基因频率的白毛杂种母猪（10头大长通、6头大长长通）交配，生下16窝共190头表型为白毛（无一非白毛）的仔猪。试判断该白毛公猪是否为显性纯合子。
8. 欲检测华中农业大学561号大长长通公猪（表型为白色毛）的基因型，让其与32号通城猪（隐性纯合子）交配，生下7头全为白毛的仔猪，又让该公猪与一般母猪群的5头大长长通母猪交配，生下5窝共38头表型全为白毛的仔猪。试分别用两种测交法判定561号公猪是否为显性纯合子。

第四篇　交配系统

育种者选择出优良个体并考虑将它们用作繁殖后代的亲体后，为巩固选种成果，还需审慎地决定它们之间如何配种，即哪头公畜与哪头母畜进行交配。这种按照一定的规则和策略来安排公母畜的交配就称为交配系统（mating system），或称交配体系。通过一系列的选种措施可以选拔出优良的公母畜，而优良的公母畜交配能否产生优良的后代这要看公母畜间的组合是否合适。如果组合不合适，那么选择的作用将无法累积和加强，预期基因型组合的后代将难以产生，畜群性状将无法朝预定育种目标发生遗传性的变化。只有合适的公母畜间的交配才能获得优良的后代。由此可见，交配系统是家畜育种中一项非常重要的措施。

交配系统可分为两大类：一类为随机交配（random mating，panmixia）；另一类为非随机交配（non-random mating），即选配（selected mating）。随机交配是指某个性别的每个个体都有同等的机会与另一个性别中的任何一个个体交配。这是随机交配的经典概念。但有时出于某种育种工作的需要而要求在避免全同胞交配或者同时避免全同胞和半同胞交配的前提下实行随机交配。于是，随机交配出现了两类，一类是完全随机交配；另一类是不完全随机交配，即限制一定程度近交的随机交配。随机交配不同于无计划的随便交配或野交乱配，因为随机交配有其明确的目的，或为选择试验与近交试验中所设立的对照群累代保持平衡状态创造必要条件，或在培育新品系过程中为基因的重新组合创造有利条件等。

非随机交配根据育种者考虑交配双方的个体间关系还是个体所在的群体间的关系而分为个体选配（individual mating）和种群选配（population mating）。在个体选配中又分为亲缘选配（relationship mating）和品质选配（assortative mating）。亲缘选配包括近亲交配（inbreeding）和非近亲交配（outbreeding）；品质选配包括同质交配（positive assortative mating）和异质交配（negative assortative mating）。群体选配可分为纯种繁育（purebreeding，简称纯繁）和杂交繁育（crossbreeding）。

本篇主要讨论近交、品质选配与种群选配（杂交繁育与纯种繁育）。

第十一章 近 交

近交是改良现有畜群品种，培育新品系和新品种不可缺少的有效手段。世界上几乎所有著名的家畜品种在其培育过程中或育成后都使用过近交。但并非任何时候都可使用近交，若使用不当就会有近交衰退的风险，因此对于近交要合理使用。本章主要介绍近交的概念、近交程度的度量、近交衰退、近交的用途与注意事项以及亲缘系数等内容。

第一节 近交的概念与近交程度

一、近交的概念

近交（inbreeding），即近亲交配，是指亲缘关系较近个体间的交配，即交配双方间的亲缘关系较群体中的平均亲缘关系要近。近交所生子女称为近交个体。

二、近交程度

（一）近交程度的衡量方法

对于近交程度的衡量和表示方法主要有罗马数字法和近交系数法。罗马数字法是用罗马数字标志共同祖先在父系系谱和母系系谱中所处位置来表示近交程度的一种方法。由于罗马数字法缺乏具体数字指标，不能确切表达近交程度复杂情况，故本教材不做介绍，读者可参阅有关书籍。

（二）近交系数的概念与计算公式

近交系数（inbreeding coefficient）就是某一个体（二倍体生物）任何基因座上的两个相同基因来自父母的共同祖先（common ancestor，CA）的同一基因的概率，也就是该个体由于父母近交而可能成为纯合子的概率。通俗地讲就是指该个体由于其双亲具有共同祖先而造成这一个体（在任何基因座上）带有相同等位基因的概率。个体近交系数说明该个体由近交而来的程度。个体 X 的近交系数用 F_X 表示，其计算公式如下：

$$F_X = \sum_{CA=1}^{K} (\frac{1}{2})^{n_1+n_2+1}(1+F_{CA}) \qquad (11-1)$$

式中：CA 为个体 X 父母亲的共同祖先；K 为个体 X 父母亲的共同祖先数；n_1 为个体 X 的父亲到共同祖先的世代数；n_2 为个体 X 的母亲到共同祖先的世代数；F_{CA} 为共同祖先的近交系数。

如果共同祖先不是近交个体，此时 $F_{CA}=0$，公式可进一步简化为：

$$F_X = \sum (\frac{1}{2})^{n_1+n_2+1}$$

(三) 近交系数计算示例

【例 11-1】种畜 X 的横式系谱如图 11-1 所示，试计算个体 X 的近交系数。

 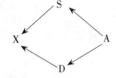

图 11-1　个体 X 的横式系谱　　图 11-2　个体 X 的结构式系谱

首先根据图 11-1 可以判断出 S 和 D 的共同祖先是 A，然后将横式系谱改为结构式系谱（图 11-2），A 是非近交个体，近交系数为 0。

$$F_X = (\frac{1}{2})^{1+1+1} = (\frac{1}{2})^3 = 0.125 = 12.5\%$$

【例 11-2】计算图 11-3 中个体 X 的近交系数。

$$F_X = (\frac{1}{2})^{n_1+n_2+1}(1+F_{CA})$$
$$= (\frac{1}{2})^{2+2+1} \times (1+0) = 0.03125 = 3.125\%$$

【例 11-3】当共同祖先是近交个体时，计算 203 号个体的近交系数（图 11-4）。

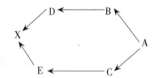 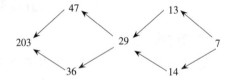

图 11-3　个体 X 的结构式系谱　　图 11-4　203 号个体的结构式系谱

首先计算共同祖先 29 号个体的近交系数：

$$F_{29} = (\frac{1}{2})^{n_1+n_2+1} = (\frac{1}{2})^{1+1+1} = (\frac{1}{2})^3 = 0.125$$

然后再计算近交个体 203 号的近交系数：

$$F_{203} = (\frac{1}{2})^{n_1+n_2+1}(1+F_{29})$$
$$= (\frac{1}{2})^{1+1+1} \times (1+0.125) = 0.14 = 14\%$$

【例 11-4】计算图 11-5 中 526 号个体的近交系数。

首先分析共同祖先的近交情况。267 是 433 与 482 个体的共同祖先，而 350 和 387 不是共同祖先，267 号是非近交个体，其近交系数为 0。连接 433 与 482 的通径链仅一条：433←387←267→

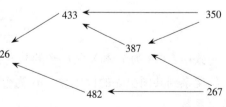

图 11-5　526 号个体的结构式系谱

482，因此：

$$F_{526} = \left(\frac{1}{2}\right)^{n_1+n_2+1} = \left(\frac{1}{2}\right)^{2+1+1}$$
$$= 0.0625 = 6.25\%$$

【例 11-5】计算图 11-6 中个体 X 的近交系数。

首先计算共同祖先的近交系数。对图 11-6 进行分析，E、F 共有 A、B、D 三个共同祖先。A、B 近交系数为 0，D 是近交个体，$F_D = \left(\frac{1}{2}\right)^{0+1+1} = 0.25$。其次确定连接个体 X 的父母（E、F）的通径链。在此共有 5 条：E←C←A→D→F，E←C←A→B→D→F，E←C←B←A→D→F，E←C←B→D→F，E←D→F。然后，将所有通径链和共同祖先按式（11-1）进行累加。得出 $F_X = 0.25$，整个计算过程可列成表格，见表 11-1。

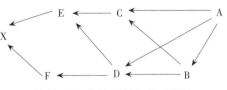

图 11-6　个体 X 的结构式系谱

从以上计算示例可见：①共同祖先与父母相隔的世代数越近，或共同祖先越多，或共同祖先是近交个体时，个体 X 的近交系数越大，表示其父母近交程度越高；②当无共同祖先时，即 X 为非近交后代时，n_1+n_2 则等于无穷大，则 $F_X = 0$；③F_X 值最小为 0，最大为 1，即 F_X 取值范围为 0 到 1 的正数。

为使个体近交系数的计算结果正确，必须做好如下工作：①要有正确的配种记录与系谱材料；②掌握好通径链的追溯规则，如一条通径链中同一个体不能出现两次，在一条通径链内最多只能改变一次方向；③手工计算时，要求能正确地绘制箭形系谱图。

表 11-1　图 11-6 中 F_X 的计算过程信息

（引自 Bourdon，2000）

共同祖先	由父亲经共同祖先至母亲的通径链	$\left(\frac{1}{2}\right)^{n_1+n_2+1}$	$1+F_{CA}$	$\left(\frac{1}{2}\right)^{n_1+n_2+1}(1+F_{CA})$
A	E←C←A→D→F	$\left(\frac{1}{2}\right)^5$	1+0	$\left(\frac{1}{2}\right)^5$
	E←C←A→B→D→F	$\left(\frac{1}{2}\right)^6$	1+0	$\left(\frac{1}{2}\right)^6$
	E←C←B←A→D→F	$\left(\frac{1}{2}\right)^6$	1+0	$\left(\frac{1}{2}\right)^6$
B	E←C←B→D→F	$\left(\frac{1}{2}\right)^5$	1+0	$\left(\frac{1}{2}\right)^5$
D	E←D→F	$\left(\frac{1}{2}\right)^3$	1+0.25=1.25	$\left(\frac{1}{2}\right)^3 \times 1.25$
∑				0.25

三、近交的标准

亲缘关系较近的两个个体至少有一个不太远的共同祖先，但追溯到哪一代有共同祖先时才算是近交，并无一致意见。一般认为查询到它们的祖代或曾祖代即可。如一对配偶，它们在曾祖代或祖代有共同祖先，此两个体的交配就算近交，这只是一种直观衡量法，更准确的衡量用近交系数。一般以近交个体的近交系数≥0.781% 作为判断其父母是否是近交的标准，也有人认为以≥3.125% 作为标准。

在图 11-7 中个体 X 的近交系数为 0.781%，图 11-3 和图 11-8 中个体 X 的近交系数为3.125%，这些图给出了对近交系数0.781%和3.125%之间差异的初步认识。

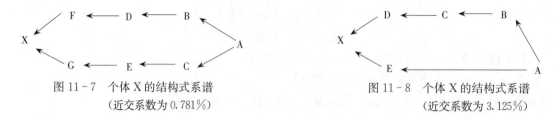

图11-7　个体X的结构式系谱（近交系数为0.781%）　　　图11-8　个体X的结构式系谱（近交系数为3.125%）

第二节　近交的遗传效应

一、近交使纯合子的比例增加

这是近交最基本的遗传效应，以植物的自交为例，若有一对基因T与t，T为控制高秆的基因，t为控制矮秆的基因。设0世代有1 600个个体，基因型全部为杂合子Tt，表现型为高秆，且假定均无选择上的优势，每代都保持1 600个个体。连续世代的自交，其结果是杂合子所占比率逐代减少（每代减少一半），并最终趋于0；而两种纯合子（显性纯合子与隐性纯合子）则逐代增加，并趋近于1（表11-2）。

表11-2　以自交为例说明近交能提高纯合子的比例

世代数	基因型种类与个体数目			杂合子频率	纯合子频率	t基因频率	tt基因型频率
0		1 600Tt		1	0	0.500	0
1	400TT	800Tt	400tt	0.500	0.500	0.500	0.250
2	400TT+200TT	400Tt	200tt+400tt	0.250	0.750	0.500	0.375
3	600TT+100TT	200Tt	100tt+600tt	0.125	0.875	0.500	0.438
4	700TT+50TT	100Tt	50tt+700tt	0.063	0.937	0.500	0.468
5	750TT+25Tt	50Tt	25tt+750tt	0.031	0.969	0.500	0.484

注：引自Harrington（1994），并略有改动。

家畜虽为异体受精动物，不存在自交，但近交后代中纯合子增加、杂合子减少的趋势并无两样，只不过基因纯合化的速度变慢而已，而且越远的亲属交配，纯合化的速度越慢，表11-3中的数字说明了这一点。譬如要达到50%的平均近交系数（近交系数也就是近交所生个体会是同源纯合子的机会，对于一个群体而言，近交系数可反映该群体中纯合子所占比率的可能性），植物的近交只需1代，全同胞交配需3代，较温和的半同胞交配则需6代。

表11-3　某些近交类型连续近交下各世代近交系数的变化

（引自Falconer等，1996）

世代数	植物的自交	全同胞交配	半同胞交配
0	0	0	0
1	0.500	0.250	0.125
2	0.750	0.375	0.219

(续)

世代数	植物的自交	全同胞交配	半同胞交配
3	0.875	0.500	0.305
4	0.938	0.594	0.381
5	0.969	0.672	0.449
6	0.984	0.734	0.509
7	0.992	0.785	0.563
8	0.996	0.826	0.611
9	0.998	0.859	0.654
10	0.999	0.886	0.691
11	.	0.908	0.725
12	.	0.926	0.755
13	.	0.940	0.782
14	.	0.951	0.806
15	.	0.961	0.827
16	.	0.968	0.846
17	.	0.974	0.863
18	.	0.979	0.878
19	.	0.983	0.891
20	.	0.986	0.903

二、近交使群体产生分化

从表 11-2 可见，一个长期自花授粉的闭锁群体，如无选择等因素的干扰，最后就只有两种类型的纯合子，形成两个纯系。若考虑不同对染色体上的两对基因，并假定亲代全为杂合子，则连续自交将会出现 4 种类型的纯合子，形成 4 个纯系。依此类推，随着非连锁基因对数（n）的增加，只要初始群体各基因座均为杂合子，那么自花授粉的最终结果将形成 2^n 个基因型不同的纯系，动物的情况也与上述情况类似，只不过形成各种纯系的时间延长罢了。但近交最终造成群体分化成若干个遗传组成不同但又较纯的小群体（纯系或家系），并使小群体间的差异越来越大的趋势则是必然的。群体的分化为选择创造了有利条件。

三、近交使群体均值下降

随着群体中杂合子比例的逐步降低，群体的平均非加性效应值也逐步减小，因而造成群体均值的逐步下降，产生近交衰退。这亦可应用群体遗传学的原理来作如下证明。

以一个基因座为例，设两个等位基因为 A 和 a，其频率分别为 p 和 q。设 μ_0 代表近交前的群体均值，μ_F 代表近交程度为 F 的群体均值，即近交后的群体均值，d 为杂合子的基因型值（用与两种纯合子的中点值之差表示），d 值依赖于显性度。

前已指出，在一个群体中，平均近交系数 $\overline{F}$（为简单起见，用 F 代之）从理论上讲，可以反映群体中同源纯合子所占比率的可能性。显然，以 F 程度近交时，杂合子将减少 $2pqF$，并平均分给两种纯合子（AA、aa），于是，近交下的群体基因型频率与基因型值的变化如表 11-4 所示。

表 11-4 近交下群体的基因型频率及基因型值的变化

基因型	AA	Aa	aa
基因型值	a	d	$-a$
起始基因型频率	p^2	$2pq$	q^2
近交后基因型频率	p^2+pqF	$2pq-2pqF$	q^2+pqF

从表 11-4 可得：

$$\mu_0 = p^2 a + 2pqd - q^2 a$$
$$= a(p-q) + 2pqd$$
$$\mu_F = (p^2+pqF)a + (2pq-2pqF)d - (q^2+pqF)a$$
$$= a(p-q) + 2pqd - 2pqFd$$

所以，近交衰退量 $=\mu_F-\mu_0=-2pqFd$ \hfill (11-2)

从式（11-2）可见：①F 值越大，即近交程度越高，群体均值下降越多，衰退量越大。②d 值越大，即显性度越大，近交衰退量越高。因此当无显性时，$d=0$，则不会产生衰退，这就是遗传力高的性状（以加性效应为主）不易产生近交衰退的原因。而以非加性效应（含显性效应）为主的低遗传力性状则近交易引起衰退。③群体均值的变化取决于各种基因频率的数量关系，当 p、q 值为最大，即 $p=q=0.5$ 时，$2pq$ 值也最大，此时群体均值降低也最多。

第三节 近交衰退

一、近交衰退表现

近交衰退（inbreeding depression）表现在：生活力降低，繁殖力下降（生前死亡率提高，导致初生窝仔数下降；生后抗病力下降，对急剧变化与应激的环境适应能力减弱，从而仔畜成活率降低），遗传缺陷发生率增高，生长受阻，与生活力有关联的某些数量性状如泌乳量、剪毛量、产蛋数的均值有所下降。

二、近交衰退原因

对于质量性状而言，由于有害基因多属隐性，非近交时，由于杂合子的比例大，隐性基因纯合机会少，其有害作用常被掩盖而不易表现。当近交时，随着隐性纯合子比例的增加，有害基因的作用得以暴露，一些遗传缺陷出现频率逐渐增高原因即在此。对于数量性状，前已述及，由于近交具有使群体均值下降的遗传效应，致使一些数量性状产生不同程度的衰退，特别是遗传力低的性状。

三、近交衰退的表现规律

近交并不总是伴随衰退，近交衰退在不同的畜种、不同品种、不同性状上表现不同。

（1）不同畜种对近交的敏感性、耐受能力有差异，各有其安全极限。一般而言，猪对近交的敏感性比牛、马强，牛、马又比绵羊强。在猪中，连续两代的全同胞交配，就可出现明显的生活力减退。牛不如猪敏感，近交不影响其外形，仅出现怪胎或死胎，并少许影响生长速度。马在近交系数为 6.25% 时，通常无显著不良影响，羊对近交的耐受能力较其他家畜稍高一些。

（2）不同品种近交衰退程度有差异。有长期近交历史的品种近交并不衰退，如湖羊与蓝塘猪。这是因为经过长期的自然选择与人工选择，某些有害隐性基因频率已很低或为零，因而不表现近交衰退。

据考查，江南的湖羊至少有 900 年基本为母子配的历史，但未见因近交明显退化。广东紫金县等地区的蓝塘猪由于长期采用"父老子继，母死女代，代代相传"的单传法，致使群体表型相当稳定。

扩大而言，在许多自花授粉植物如燕麦、豌豆、蚕豆等中，极度的近交未见有衰退现象。而异花授粉植物如玉米则会产生近交衰退。自花授粉植物之所以不产生近交衰退，是因为它们在自然界中早就自行发展成为纯系了。经漫长时间的自然选择作用，淘汰劣系而保存优系，以致绝大多数不利基因都被淘汰，只有少数偶然随机发生突变的基因还会不时地发生作用，但为数甚少。

（3）品系内的不同家系，有的衰退严重，有的轻微或不衰退。

（4）不同的近交程度的后果不一，因其基因纯合化的速度不同。

（5）遗传力不同的性状，近交衰退表现不一。遗传力低的性状如生活力、繁殖力，近交衰退明显；遗传力高的性状近交时基本不衰退；遗传力中等的性状近交衰退程度亦居中。这是由于遗传力低的性状，其基因效应以非加性效应为主，即 d 值较大。由式（11-2）可知，在 F、p 和 q 一定时，d 越大，则近交衰退量越大。遗传力高的性状，由于受控基因的作用类型主要是加性效应，即 d 值很小，故不易衰退。

第四节　近交的用途与注意事项

近交可能会产生衰退现象，但也不能只看到它有害的一面，视其为猛兽仇敌，不论在何种情况均极力避免，这种认识上的片面性与绝对化曾给我国的家畜育种事业带来不少危害。当然，也不能把近交看成是育种的必要手段而争取采用。对于近交要合理利用，既不能一概回避近交，也不能盲目使用近交，要根据育种的目的和需要合理使用。

一、近交的用途

1. 用于固定优良性状　近交可固定优良性状的遗传性，固定优良性状的基因。这是因为近交的遗传效应之一是能使基因趋于纯合，基因纯合既包括优良基因的纯合，也包括不良基因的纯合，优良基因纯合是育种者所希望的，而不良基因的纯合会导致衰退。因此近交的同时必须配合严格选择。单纯近交只能改变群体的基因型频率而不能改变基因频率（表11-2），故要想不断提高群体的优良基因频率，就必须配合严格选择。此用途多用于新品种、新品系的育成过程中。

2. 用于提高畜群的遗传整齐度　前已述及，近交的遗传效应之一是近交能使群体产生分化，比如，n 对基因的杂合子群体可分化出 2^n 种纯合子，此时若能结合选择，即可获得遗传上较整齐、较同质的畜群，这也就是所谓的"提纯"畜群。这种遗传均一的畜群，有利于商品畜禽的生产与遗传改良。在实验动物中连续 20 代以上的全同胞交配或亲子配，后代的近交系数可达 98.6%，即每一基因座的同源纯合的可能性高达 98.6%，其纯度就相当于化学上的分析纯试剂。近交系动物（即纯系动物）在生物学、医学、农业科学领域非常有用，它可以使试验结果在不同的实验室和不同的时间得到重复，而且试验结果可靠，还可用作人类疾病研究的动物模型，这是普通的动物所无法比拟的。

3. 用于使个别优秀个体的特性成为一群家畜的共同特性，以改良畜群 当畜群中出现了个别或极少数特别优秀的个体，尤其是出现了卓越的公畜时，往往需要保持其特性，使其成为一群家畜的共同特性，采用的方法就是近交。因为当较多优良性状一旦好不容易组合在一个个体上时，或当某一性状比同群优秀得多（即该性状在许多基因座都有增效基因）时，若不近交，则卓越个体的优良血统在数代后就会在畜群中消失；若采用远交，那么其子女只会有它的 1/2 的基因，其孙代只会有它的 1/4 的基因，依此按 $(1/2)^n$（n 为代数）下去，那么这头优秀家畜的优良性状组合便会被逐步拆散甚至消失。因此，要保持优良个体的血统必须采用近交的手段，即让该优秀个体的一些后代和它保持最大的亲缘关系，同时后代的近交系数又尽可能地小，以达到既能保持优秀个体的优良性状又不会产生近交衰退的目的。为此，在近交时必须考虑好近交的方式，做好配种计划。图 11-9a、11-9b 和 11-9c 是三种不同的近

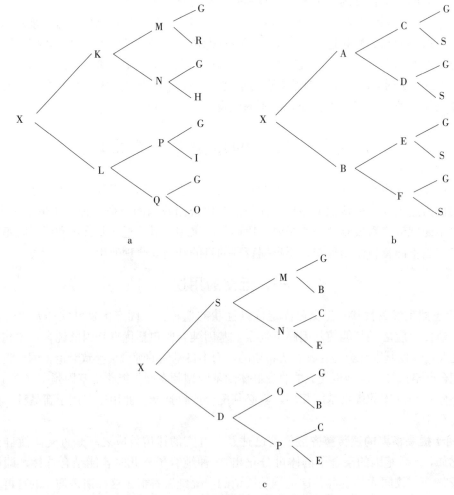

图 11-9 表示三种不同近交方式的系谱

交方式，这三个系谱可说明当要保持优良个体的血统时应采取怎样的配种计划。在这三个系谱中，G 均为个体 X 系谱中的突出祖先。图 11-9a 中，$F_X=0.125$，$R_{XG}=0.4715$，是尽量围绕突出祖先 G 进行近交。图 11-9b 中，$F_X=0.25$，$R_{XG}=0.4472$，这里是围绕 G 和 S 两个共同祖先进行近交，亲缘系数与图 11-9a 相近，但近交系数较图 11-9a 的高。图 11-9c 中，$F_X=0.125$，$R_{XG}=0.2357$，近交系数与图 11-9a 的相等，但亲缘系数是图 11-9a 的 1/2，这是因为在图 11-9c 中有 4 个共同祖先，不是围绕一个共同祖先 G 的近交。由上述三个系谱可见，以图 11-9a 系谱中个体 X 的近交系数最低，而与杰出祖先 G 的亲缘关系又最高，故应采取此种配种计划。同时三个系谱也说明，在建立品系过程（见第十六章）中，应尽量围绕杰出系祖进行近交，对于其他个体最好不安排与之近交。

从上述近交用途可见，近交是改良现有畜群、品种，培育新的品系和品种不可缺少的有效手段。世界上几乎所有著名的家畜品种在其培育过程中或育成后都使用过近交。

二、近交注意事项

由于近交要冒衰退的风险，在近交中应注意尽可能避免衰退产生，同时也要避免不必要的近交。

（1）近交必须伴随以选择。及时淘汰已暴露出的隐性有害基因，提高畜群的遗传素质。

（2）依畜种、品种的不同，根据育种目的与畜群条件，灵活运用近交。适当控制近交程度，随时分析近交结果，必要时转入非近交，从群外引入种畜。

（3）加强对近交后代的饲养管理。因近交后代基因趋于纯合，对外界条件适应面变窄，对变化着的环境较为敏感。

（4）严禁在商品群中进行近交。因商品群无纯化畜群任务，主要任务在提高生活力和繁殖力。只有在宝塔式品种结构的核心群中和在杂交繁育体系的核心群中，才能有计划地使用近交。

第五节　亲缘系数

任何两个个体间的亲缘程度可用亲缘系数（relationship coefficient）来度量。两个体间的亲缘系数，又称为两个体间的遗传相关或亲缘相关。亲缘系数表示两个体拥有来自共同祖先的同一基因的概率，用以说明两个体间亲缘关系的远近或者说遗传相关的程度。其计算公式可用通径系数的方法推导。由于亲缘关系可分为两类，即祖先与后代的亲缘关系和旁系亲属间的亲缘关系，故亲缘系数也分为两类：直系亲属亲缘系数和旁系亲属亲缘系数。

一、直系亲属亲缘系数的计算

首先了解亲子间的通径系数，一切亲属间的相关都可以利用通径系数的方法求得。高等动物的任何个体的遗传基础都取决于其所由形成的两个配子，假定双亲对子女的遗传影响相等，即精子和卵子在决定个体遗传基础中起相等的作用，则配子与个体在遗传上的关系如下：

$$X（个体）=g_1（精子）+g_2（卵子）$$

由 g_1 到 X 的通径与由 g_2 到 X 的通径相等，其系数以 a 代表之。g_1 与 g_2 间的相关以 F 代表之（图 11-10）。

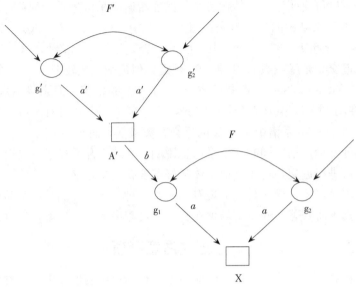

图 11-10 一代通径图
(引自盛志廉等，1995)

根据通径系数原理，决定系数的总和等于 1。

$$2a^2 + 2a^2 F = 1$$
$$2a^2(1+F) = 1$$
$$a^2 = \frac{1}{2(1+F)}$$
$$a = \sqrt{\frac{1}{2(1+F)}} \quad (11-3)$$

从上一代个体 A′ 到配子的通径系数（以 b 表示）就等于两者间的相关 $r_{A'g}$。而个体与其所产生的配子 g 间的相关，等于个体与它所由形成的上一代配子 g′ 间的相关，即 $r_{A'g} = r_{A'g'}$（通径方向改变，相关系数不变）。

由图 11-10 可以看到：

$$r_{A'g'} = a' + a'F' = a'(1+F')$$

所以， $b = r_{A'g} = r_{A'g'} = a'(1+F')$

已知 $a = \sqrt{\dfrac{1}{2(1+F)}}$，同理 $a' = \sqrt{\dfrac{1}{2(1+F')}}$

代入上式 $b = \sqrt{\dfrac{1}{2(1+F')}}(1+F') = \sqrt{\dfrac{1+F'}{2}}$

$$(11-4)$$

由上一代的 A′ 个体到下一代的个体 X，称为一个个体代，或称合子代。由 A′ 到 X 的通径系数是：

$$ba = \sqrt{\frac{1+F'}{2}} \sqrt{\frac{1}{2(1+F)}} = \frac{1}{2}\sqrt{\frac{1+F'}{1+F}}$$

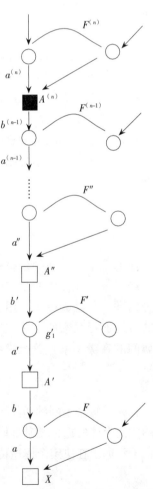

图 11-11 一个祖先与其后裔的通径关系
(引自盛志廉等，1995)

现在，来看由一个祖先到后裔的通径关系（图 11-11）。

前已推导出由 A′ 到 X 的通径系数，由此可推广出 A″ 到 A′ 的通径系数为：

$$P_{A' \cdot A''} = b'a' = \frac{1}{2}\sqrt{\frac{1+F''}{1+F'}}$$

于是，由 A″ 到 X 的通径系数为：

$$P_{X \cdot A''} = \frac{1}{2}\sqrt{\frac{1+F'}{1+F}} \cdot \frac{1}{2}\sqrt{\frac{1+F''}{1+F'}}$$

$$= \left(\frac{1}{2}\right)^2 \sqrt{\frac{1+F''}{1+F}}$$

根据定义 $F = F_X$，$F' = F_{A'}$，…，$\overline{F^{(n)}} = \overline{F_{A^{(n)}}}$

依此类推，由 n 代祖先 $A^{(n)}$ 到 X 的通径系数为：

$$P_{X \cdot A^{(n)}} = \left(\frac{1}{2}\right)^n \sqrt{\frac{1+F_A^{(n)}}{1+F_X}} \tag{11-5}$$

至此，可以得出下列计算直系亲属间亲缘系数的通式：

$$R_{XA} = \sum \left(\frac{1}{2}\right)^N \sqrt{\frac{1+F_A}{1+F_X}} \tag{11-6}$$

式中：R_{XA} 代表个体 X 与个体 A 的亲缘系数，A 代表某一共同祖先；F_A 代表该共同祖先的近交系数；X 代表其后代，F_X 代表该后代的近交系数；N 代表由 X 到 A 的代数（箭头数）。

二、旁系亲属亲缘系数的计算

设 S 与 D 为两个亲缘个体，它们的共同祖先为 A。A 为 S 的 n_1 代祖先，同时又为 D 的 n_2 代祖先（图 11-12）。

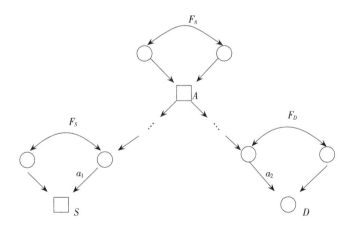

图 11-12　两个亲缘个体间的通径关系
（引自盛志廉等，1995）

根据式（11-6），可得

$$P_{SA} = \left(\frac{1}{2}\right)^{n_1}\sqrt{\frac{1+F_A}{1+F_S}}, \quad P_{DA} = \left(\frac{1}{2}\right)^{n_2}\sqrt{\frac{1+F_A}{1+F_D}}$$

因而
$$r_{SD} = P_{SA} \cdot P_{DA}$$
$$= \left(\frac{1}{2}\right)^{n_1+n_2} \frac{1+F_A}{\sqrt{(1+F_S)(1+F_D)}}$$

如果 S 和 D 还有其他共同祖先，那就还有其他的通径链连接，r_{SD} 就等于通过每一个共同祖先的全部通径链的系数的总和，即

$$r_{SD} = \sum \left[\left(\frac{1}{2}\right)^{n_1+n_2} \frac{1+F_A}{\sqrt{(1+F_S)(1+F_D)}}\right]$$
$$= \frac{1}{\sqrt{(1+F_S)(1+F_D)}} \sum \left[\left(\frac{1}{2}\right)^{n_1+n_2}(1+F_A)\right]$$

或写成：

$$R_{XY} = \frac{\sum \left[\left(\frac{1}{2}\right)^{n_1+n_2}(1+F_A)\right]}{\sqrt{(1+F_X)(1+F_Y)}} \tag{11-7}$$

这就是计算任何两个亲缘个体间或说旁系亲属间亲缘系数的通式。

式中：R_{XY} 代表个体 X 和 Y 间的亲缘系数；n_1 代表个体 X 到共同祖先 A 的代数；n_2 代表个体 Y 到共同祖先 A 的代数；F_X、F_Y 和 F_A 分别代表个体 X、个体 Y 和共同祖先 A 的近交系数。

习 题

1. 名词解释：交配系统，随机交配，近交，近交个体，亲缘系数，共同祖先，近交系数，近交衰退。

2. 试述如何正确地看待近交衰退与近交用途的关系。

3. 为什么近交会产生衰退现象？

4. 有 2 个在 5 个位点上不同的完全纯合的近交系小鼠。

（1）根据下列条件填表：a. 每个显性等位基因对 6 周龄体重的效应为 +3 mg；b. 每个隐性等位基因对 6 周龄体重的效应为 -3 mg；c. 部分显性存在，每个杂合位点的显性效应值为 +2 mg（即杂合子比该位点纯合子育种值增加 +2 mg）；d. 纯合位点的基因型值等于育种值；e. 环境效应见下表；f. 无上位效应存在。

基因型	育种值	非加性效应值	基因型值	环境效应值	表型值（$P-\mu$）
（1）AAbbCCddEE				0 mg	
（2）aaBBccDDee				-3 mg	
（3）（1）×（2）的后代				2 mg	

（2）哪只小鼠在 6 周龄时最重？

（3）哪只小鼠在 6 周龄时最轻？

（4）哪只小鼠是最好的亲本（即育种值最高）？

5. 根据系谱图计算 F_X 和 R_{XA}。

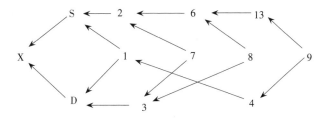

6. 就下列系谱材料计算 F_X 和 R_{SD}。

第十二章
品 质 选 配

品质选配（assortative mating）是指根据性状的表型相似性进行的选配。品质选配可分为同质交配（同型交配，positive assortative mating）和异质交配（异型交配，negative assortative mating）。本章主要介绍同质交配和异质交配的概念、适用时机与评价。

第一节　同质交配

一、概　念

同质交配是指选择表型相似的优良公母畜进行交配，以期获得与亲本相似的优良后代。例如选择体格长的或产量高的公畜与相似的母畜进行交配。提到同质交配时也常常用到相似的与相似的交配、优配优等说法。选择最优个体，实施优配优的策略，就可以提高群体的均值并在一定程度上维持后代的同质性。利用最好的公畜同最好的母畜交配可以增大产生最优秀后代的可能性。利用这种同质交配能够创造出极端个体，如果这种极端个体是公畜，它将会对后代带来极大的影响。为了正确理解同质交配，还应明确以下问题：①同质交配不应只理解为相似的配相似的，产生相似的，而应提高到好的配好的，产生好的。这意味着同质交配不能中等的配中等，更不能差的配差的，这不是抓选配的目的。②同质交配的双方一般无近的亲缘关系，当然同质交配也可与近交相结合。

总之，同质交配的概念表明：①它的目的在于巩固选种的成果，巩固和保持原来理想的优良品质。②为巩固和保持原来理想的优良品质，必须选择在这些相应的品质方面同是理想的公母畜交配，因此同质交配根本没有包含具有相同缺点的公母畜相交配的概念在内。③只能要求选配的公母畜之间在符合育种目标前提下某些或某一主要性状基本相似而且同是优良的理想型，而不可要求公母畜之间在各个方面都完全相同。

事实上，绝对的同质交配是不存在的，若将同质交配绝对化就不可能实施同质交配，因为在各个性状和特征方面都完全相同而且都优良的公母畜是不存在的。

二、适用时机

同质交配的结果能使亲体的优良性状相对稳定地遗传给后代，使该性状得到保持和巩固，并有可能增加优秀个体在群体中的比例。在育种实践中，当育种进行到一定的阶段，群体中出现了理想型的类型之后，就可以采用同质交配的方法，使其尽快固定下来。如果育种者的目标是改变群体的平均生产性能，同质交配也将能实现这一目标。例如，如果奶牛育种者的主要目标是提高产奶量，那么就可以利用产奶量高的母牛与产奶量育种值高的公牛交配，这种选配策略将能明显提高后代群体的产奶量。

三、评　　价

同质交配在育种工作中的作用是明显的，它能保持亲体的理想类型和特征。表型相似的亲体，其基因型相似的可能性较大，实施同质交配有可能获得与亲体相似的特定性状基因纯合的后代，这样就能够保持亲体理想的优良特性。当然，表型相似其基因型不一定相同，或者表型相似基因型也相同但为杂合子，同质交配就达不到稳定亲体遗传性的目的。

同质交配与近交的比较：①同质交配有可能提高纯合子比例，但速度要比近交慢得多，因表型相似不等于基因型相似，但采用特定性状育种值高的配高的可能改善这种情况；②近交可导致所有基因座上纯合子频率的提高，但同质交配只能导致选配时考虑到的特定性状纯合度的提高。因此，同质交配若能与近交相结合，效果将会更好。

第二节　异质交配

一、概　　念

异质交配是指选取表型不相似的公母畜进行交配。具体可分为两种情况：一种情况是选择具有不同优异性状的公母畜进行交配，目的在于将两个性状结合在一起，从而获得兼具有双亲不同优点的后代。当育种者拥有一个在某一性状表现中等的母畜群体时，他会选择一头在该性状上表现优秀的种公畜与之交配。例如选择泌乳量高的牛与乳脂率高的牛相配，选择生长速度快的猪与背膘薄的猪相配，产蛋数多的鸡与蛋重大的鸡相配就是出于这样一种目的。另一种情况是选择在同一性状上优劣程度不同的公母畜相交配，即所谓以好改坏，以优改劣，以优良性状纠正不良性状，目的在于获得某一性状有所改进的后代。例如选择产奶量高的公牛与产奶量低的母牛交配就是异质交配。

在异质交配时，两极端个体交配趋于产生中间类型的个体，减少两极端类型后代产生的概率，因此使后代的表型变异减少，有可能导致后代个体均匀度的增加。

如果育种者的主要目标是增加具有优势的中间类型个体在群体中的比例，异质交配不失为一种较适宜的选配策略。例如在蛋鸡中，有一种性状其中间类型反而具有优势，如蛋重。蛋重小的母鸡可与蛋重育种值大的公鸡交配，在其后代中将会产生较大比例蛋重中等的蛋鸡。

异质交配不能变成矫正交配（corrective mating）。所谓矫正交配是指在同一性状上公母畜各具不同的缺点，试图让这些具有相反缺点的公母畜相配得到正常的后代，从而使缺陷得到矫正，如让凹背黄牛配凸背黄牛等。这种交配实际上是达不到想象中的目的的，是不可能克服缺陷的，相反却有可能使后代的缺陷更加严重，甚至出现畸形。正确的办法是用背腰平直的公牛与凹背母牛配种。

二、适用时机

在杂交育种的开始阶段，为了结合不同亲本的优点以期获得优良的理想型后代，可采用异质交配；或者在改良具有个别缺点而其他性状都优良的母畜时，可选择在母畜具有缺点的性状上特别优异、其他性状也较好的公畜与之交配，以达到以优改劣的目的；或者在纯种繁育的过程中，某些性状近乎达到选择极限；或者遗传纯合度已较高，再继续进行纯种选育群体得不到改良提高，此时可考虑引种，引入优良的基因，扩大遗传基础，其后的选配免不了要进行较大量的异质交配。

三、评　价

异质交配在育种工作中可以起到结合亲体的两种或多种优良性状，为新品系或新品种培育过程中创造理想型个体或类型的作用；或者在改良低产畜群或改良某一性状时起作用。因此，当畜群处于停滞或者低产状态，或者在品系、品种培育初期，为了通过基因重组以获得理想型个体或类型，可采用异质交配。

第三节　品质选配的运用

育种工作者在选配时通常使用一种以上的选配策略，例如在奶牛的选配中，对于产奶量这一性状采用同质交配，选择高产奶量母牛与具有高育种值产奶量的公牛交配，以期获得产奶量高的有价值的优秀后代。同时，为了纠正高产母牛的某些缺陷，可采用异质交配，如高产母牛的乳房松弛、附着性差，可考虑选用所生女儿乳房结实、附着性好的种公牛与之交配，就乳房附着性这一性状而言即为异质交配。在一次交配中，对于不同的性状，可能有的是同质交配，有的却是异质交配。如上例中对于产奶量这一性状而言属于同质交配，对于乳房附着性这一性状而言则属于异质交配，而对于在选配时未曾考虑的性状而言则属于随机交配。

同质交配与异质交配是个体选配中常用的两种方法，有时两种方法并用，有时交替使用，它们互相创造条件，互相促进，很难截然分开。在同一畜群中，一个时期以以结合不同亲体优良性状为目的的异质交配为主，而另一个时期则以以固定理想型个体为目的的同质交配为主。在不同畜群中，一般而言，育种群以同质交配为主，繁殖群则主要采用异质交配。总之，在育种实践中，同质交配与异质交配应能结合使用，让畜群既克服缺点，又巩固优点。

习　题

1. 何谓品质选配、同质交配和异质交配？
2. 如何合理应用同质交配和异质交配？
3. 如何评价同质交配和异质交配？

第十三章
种群选配——杂交繁育与纯种繁育

本章所说的种群（population）主要是指品种、品系或品种内的类群。种群选配是考虑交配双方各自所处的种群是属于同一种群还是不同种群。本章主要介绍杂交繁育和纯种繁育的概念、作用及方法。

第一节 杂交繁育

一、杂交繁育的概念与作用

杂交繁育（crossbreeding）是指不同品种以至不同种属个体间进行交配繁殖，同时进行选育提高的方法。一般把不同品种间的交配称为杂交；不同品系间的交配称为系间杂交；不同种或不同属间的交配称为远缘杂交。

杂交的作用之一是杂交利用。所谓杂交利用，就是通过杂交的方法利用杂种优势和亲本性状的互补性，旨在提高商品畜禽的商业价值，提高商品生产水平。这种利用杂种优势和亲本性状互补性以提高商品生产的杂交方法，就称为经济杂交（production crossing）。经济杂交又称为商品性杂交（commercial crossing）。经济杂交利用了非加性基因效应（通过杂种优势）和加性基因效应（通过互补性）两方面的遗传变异。杂种优势与互补性的结合，既能改良繁殖性状，又能提高生产性状的整体水平。杂交利用是一个很复杂的问题，有关内容可参看第五篇。

杂交的作用之二是杂交育种。通过杂交能够使基因得到重新组合，其结果是不同品种所具有的优良性状有可能集中到一个杂种群中，为培育新品种和新品系提供素材；通过杂交还能起到改良作用，既能迅速提高低产畜群的生产性能，也能较快地改变一些种群的生产方向。

二、杂交的遗传效应

杂交的遗传效应与近交的遗传效应相反。一是杂交使杂合子的比例增加，从而使群体的平均非加性值随之增加，因而造成群体均值的上升；二是杂交使群体趋于一致，如两个纯系杂交的子一代全为杂合子，个体间表现整齐一致，从而使产品更能适应市场的需要，也便于实施规模化经营与现代化生产管理以及"全进全出"卫生制度的执行。

三、杂交繁育的种类

杂交繁育的种类依据交配双方所在种群的性质可分为杂交（crossing）、系间杂交（line

crossing, line cross) 和远缘杂交（hybridization, distant crossing）；依据杂交的作用和目的可分为经济杂交、级进杂交（grading‐up, grading）、引入杂交（introductive crossing）和育成杂交（crossbreeding for formation a new breed）。有关经济杂交和育成杂交将分别在第十四章和第十七章论述，这里仅介绍级进杂交、引入杂交和远缘杂交。

1. 级进杂交 又称改造杂交或吸收杂交，是一种为迅速改造低产畜群或改变畜群生产方向而用本地低产母畜与某一优良品种公畜连续数代进行回交的杂交方法。目的在于迅速改造低产畜群或改变畜群生产方向。级进杂交也用于使一个血统混杂的群体变为一个特定的品种类型。级进杂种中含优良品种的"血液"比例（血统百分率）可用公式 $1-(1/2^n)$ 计算。式中，n 为级进代数，如当 $n=1$ 时，优良品种的"血液"占 50%；当 $n=2$ 时，则优良品种的"血液"占 75%；当 n 分别为 3、4 和 5 时，优良品种的"血液"则分别占 87.5%、93.75%和96.88%。一般认为，级进四代杂种或级进五代杂种[此时可称为高代级进杂种（high grade）]可视为纯种。对于性能优良的高代级进杂种，不少国家的品种协会准其在品种登记册中登记。

级进杂交与其他杂交方法相比具有两个突出特点：一是可增加优良品种的头数，扩大将来选种的遗传基础；二是可避免大量引进种畜，节省引种费用。开展级进杂交时应注意的问题是不能盲目追求级进代数。若当地饲料条件较差或所采用的优良品种缺乏适应当地气候条件的能力，宁可级进代数低些，否则级进杂种含外来品种血统越高，不良影响越明显。

2. 引入杂交 引入杂交也称导入杂交，是一种当原品种较好但存在个别突出缺点急需改良，而依靠纯种繁育又不易短期见效时，引入少量其他优良品种"血液"以克服其缺点的杂交方法。引入杂交的方法是在条件较好的种畜场内将一小部分原品种母畜与引入品种公畜杂交一次，然后挑选出优良的 F_1 母畜与原品种公畜回交一或两次（使该畜群含有 1/4~1/8 的外血），再进行杂种的自群繁育，以固定理想的回交杂种。待遗传性稳定后再视情况用它来与其他未经杂交过的畜群配种，使更多畜群或整个品种也得到改良。这种杂交方法只允许用来改良原品种的个别缺点，而不能丧失原品种的主要特点。

3. 远缘杂交 不同种、不同属，甚至血缘关系更远的动物之间的交配称为远缘杂交。远缘杂交的杂种优势比种内杂交大，是畜牧业重要的生产方式之一。在养马业及养牛业中已经开展了大量的杂交利用工作，因为远缘杂交能创造出在生物界中原来没有的杂种群，所以具有重要的理论与实践意义。但远缘杂交时存在杂交不孕和杂种不育的问题，这使远缘杂交的利用具有很大的局限性。目前在家畜中所进行的远缘杂交工作大多是种间杂交，少部分是属间杂交。驴（*Equus asinus*）与马（*Equus caballus*）杂交，是种间杂交，公驴与母马杂交所产生的杂种称为骡，公马与母驴杂交所产生的杂种称为駃騠。骡的役用性能、抗病力、生活力均超过其双亲，駃騠的性能不如骡。这两类杂种，公母均无生殖能力，但不少国家有母骡产仔的报道。

黄牛（*Bos taurus*）与牦牛（*Bos grunniens*）杂交为种间杂交，公黄牛与母牦牛杂交所产生的一代杂种称为犏牛，犏牛的役用性能、抗病力、生活力都超过其双亲，产肉量和产奶量均比牦牛有所提高，其他性能也优于双亲，母犏牛可育，公犏牛不育，所以无法固定这些优良性状。

黄牛与瘤牛（*Bos indicus*）杂交为种间杂交，与其他的种间杂交不同的是其杂交后代无论雄性或雌性育性均正常。应用乳用及肉用品种牛与当地瘤牛杂交，其后代的遗传变异较大。由于杂种是可育的，故可利用种间杂交培育新品种。到目前为止，应用这种杂交方法在全世界已培育出至少 30 个新品种。牙买加霍卜牛（Jamaica Hope）含有 80％的娟姗牛（Jersey）血统、15％沙希瓦牛（Sahiwal）血统以及 5％荷斯坦牛血统，于 1952 年宣布为新品种。澳大利亚乳用瘤牛（Australian milking zebu）是用娟姗牛与沙希瓦牛或辛地红牛（Red Sivdhi）杂交育成。西波维牛（Sibovey）原产古巴，由 5/8 荷斯坦牛与 3/8 瘤牛育成。采用种间杂交方法育成适应于热带的肉用品种也很多，并已取得很大的经济效益。

番鸭（*Anas cairina moschata* L.）与家鸭（*Anas bochas domestica* L.）杂交，为属间杂交。中国福建、广东、台湾等省利用公番鸭与母家鸭杂交，产生的杂种具有早期生长速度快、瘦肉率高、肉质鲜美等优点，但杂种无生殖能力。

第二节　纯种繁育

纯种繁育（purebreeding）也称为本品种选育，指同一品种个体间进行交配繁殖，同时进行选育提高的方法，简称纯繁。在畜牧业中，纯种（purebred）是指那些能证实其父母属于同一品种的个体。纯种有时也指群体，即由这些个体组成的畜群或品种。通过级进杂交产生的级进四代以上的杂种，只要其特征特性与改良品种基本相同，便可视为纯种。实际上，纯种一词并无遗传学上的严格含义，只是家畜育种上沿用下来的习惯词而已。

纯种繁育一般在优良品种中采用。优良品种既指国外良种，也指地方良种和新培育品种；既包括主要生产性状表现好的品种，如荷斯坦牛、长白猪、美利奴羊、来航鸡等，也包括某些方面具有特色的品种，如以产仔数多著称于世的太湖猪、生产世界羔皮珍品的湖羊、生产中国特有的优质二毛裘皮的滩羊和药用品种丝羽乌骨鸡等。良与不良是相对的，它可能随着时间的推移或生态环境的改变而转化。同时，优良品种还存在不同程度的缺点，需要克服，即使是优点，也还存在再提高的潜力。因此，对优良品种也存在一个改良的问题，纯种繁育就是一种改良现有优良品种的重要方法。

一、纯种繁育的任务

纯种繁育的任务主要有三个方面。

1. 提高　尽管进行纯种繁育的品种或畜群，其优良基因频率较高，但仍需开展经常性的遗传改良工作。一旦人工选择停止，自然选择就可能对人工选择的成果起破坏作用，导致优良基因频率下降，产生品种或畜群的退化现象。因此，对现有品种，必须通过连续选择等措施，使其提高到一个新水平，既巩固和发展优良性状，又克服其不良性状。

2. 提纯（purify）　这是指通过近交和选择，使那些控制主要性状的各基因座，尽可能有较多座位的优良基因达到纯合状态。只有使群体达到一定的纯度，群体平均育种值才能进一步提高，高产基因型才能稳定，用其做杂交亲本，才能获得高度而稳定的杂种优势，才能增强杂种群体的一致性。

3. 保种　保护好遗传资源，无论当前或未来，都具有重要意义。只有搞好保种工作，才可能为育种者随时提供育种素材和基因来源。特别是在当前面临世界性的家畜遗传资源危机，中国又拥有能适应复杂多样的生态环境、具有许多独特性状的丰富品种资源，保种就显得更为重要。

二、纯种繁育的方法

(一) 选种与近交

选种是纯种繁育中最基本、最重要的技术环节和措施。在纯种繁育过程中，选种必须坚持不懈地连续进行，其原理和方法已在前面占用数章篇幅详加阐述，足见其重要性。

因时因畜群制宜，以不同形式将选种与近交结合也是必要的。选种与近交结合在纯种繁育中是必要的，这已在近交的用途与注意事项一节中讨论过。另外，选种与近交结合的有效形式之一是培育新品系，它既可使培育中的品系群得到提高，又可由于其群体较小而易于提纯；同时又可把一个品种所要重点改良的性状分散在不同畜群中来完成。在一个品种中，若能建立若干个各具不同特长、相互隔离的品系，再进行系间结合，接着又在其后代中培育新品系，如此循环往复，就有可能使品种质量逐步得到提高。因此，培育新品系是加速现有品种改良的重要措施之一。

(二) 针对不同类别的品种采取相应的措施

对于地方品种、新育成品种和引入品种在纯种繁育过程中所采取的措施在侧重点上有所不同。

1. 地方品种 (indigenous breed, local breed)　地方品种在选育前要进行全面深入的品种资源调查，摸清品种分布，品种的数量、质量与公畜的血统数，形成历史以及产区的自然和经济条件，明确它的特征特性、主要优缺点。地方品种是在种种特定的生态条件下经过长期选择而育成的，具有较好的适应性和抗逆性，有的在生产性能上也不乏优点，但大多数地方品种选育程度相对较低，主要生产性能水平相对地还不高。对于地方品种的纯种繁育对策是：在加强保种工作的同时，可利用其遗传变异程度较大的特点加强选择，有条件和有必要时尚可适当采用引入杂交，针对其突出缺点，引入少量外血以克服其个别的突出缺点，加快其改良步伐。只要使用得当，不改变该品种的主要特点，引入杂交仍不失为纯种繁育的辅助措施。

2. 新育成品种 (newly developed breed)　对于新育成的品种和品系，除继续加强种畜测定、遗传评估、强度选择外，还应抓好提纯、稳定遗传性的工作，以及推广与杂交利用工作。绝不能像某些新品种那样，在通过鉴定、审定与获奖后便放松或基本放弃种畜的测定、选种工作，甚至让其自生自灭。

3. 引入品种 (国外引入品种，exotic breed)　引入外来品种应有计划，不可滥引。引入后的开始阶段对某些品种而言，应着重考查其适应性，并逐步转入选育提高、改造创新阶段。若引种地的生态环境与原产地相差悬殊，则应采取措施，加强其风土驯化（详后）。引入品种还应集中饲养、繁育。具体措施如下：

(1) 创造条件，防止退化：为使引入品种尽快地适应新地区的条件，防止退化，必须进行慎重过渡，开始应尽量创造与原产地相似的饲养管理条件，以后随着适应性的增强再逐步改变为新地区条件。但仍然要保证引入品种的营养需要，采取相应的饲养管理方式。

(2) 集中饲养、繁殖，逐步推广：由于引入品种数量较少，应选择适合的地区进行集中饲养繁殖，然后根据引入品种对当地的适应情况逐步推广。

(3) 加强选种选配，合理培育利用：在纯种繁育过程中，要严格选种，合理选配，加强培育，保证出场种畜的质量一定要符合该品种的标准。要注意选留对当地适应性强的合格种畜参加配种，严格淘汰表现退化的个体，同时要防止配种负担过重，做到合理利用。

（三）风土驯化

从外地或从境外将属于优良品种、品系或类群的畜禽引入当地，直接推广应用或作为育种材料使用的工作，称为引种。引种时可以直接引入种畜，也可以引入良种公畜的精液或优良种畜的胚胎。前已指出，对于某些引入品种，引入后还要考虑其对当地生态环境的适应性，提高其风土驯化能力。下面对风土驯化的一些问题进行讨论。

1. 风土驯化的概念与意义 风土驯化（acclimatization）是指生物群体迁移后对新生态环境适应的过程。所谓生态环境（ecotope, ecological environment）是指环境中对生物的生存和发展，以及对其生长发育、繁殖和分布具有决定性影响的诸生态因子（ecological factor），如气候生态因子（纬度、海拔、气温、气压、光照、降水量等）、生物生态因子（植物、微生物、寄生虫等）所汇合成的一个相互影响、相互制约的复合体。适应（adaptation）是指生物受到异常环境的刺激而产生的生理和遗传的反应，这种反应可使有机体保持与外界环境的动态平衡，使其易于在变化了的环境条件下生存和发展。在畜牧业中，为了满足当地对优良品种、品系的迫切需要，或为了丰富其家畜种类，常需从外地或国外引入优良的品种、品系，有时还需引入新的畜种。但由于对驯化中的一些规律认识不足，引种失败或造成不应有损失的情况时有发生。因此，研究引入家畜在新的环境条件下的风土驯化过程具有重要的意义。

2. 风土驯化成功的标志及其制约因素 对于家畜而言，风土驯化成功的标志应是被引入品种或种类适应新的生态环境，能将这种适应性遗传给后代，具体表现在不仅能生存、正常的生长和繁殖，且能基本保持其原有的生产水平和产品品质。然而，不同的引入品种和种类，其风土驯化程度、对不利环境条件所产生的反应的调整能力即适应性（adaptability）不都是一样的，它们可随品种、种类的不同，以及该品种、种类原产地与引种地生态环境的差异程度而有差别；同时，保持其原有的性能不等于不发生其遗传变异。

特定的家畜种类及其品种的正常生活与生产都需要与之相适应的生态环境，对各种生态因子都有其耐受限度（适应范围），且在耐受限度内又有一个最适范围。在各生态因子中，又常有对它们起主导作用的主导因子（其余为从属因子）。如细毛羊要求温暖干旱、半干旱的气候条件，对干热、干寒也有一定的适应能力，但湿热与湿寒皆对细毛羊不利，特别是湿热。气温和湿度就是它的主导因子。至于化学生态因子（饲料、土壤、水等的化学组成、营养物质等）和生物生态因子则与气候因子密切相关。

风土驯化的成功，其过程大致有两种情况，一种是直接适应，即家畜在新环境条件下，在生理上和行为上产生一系列反应，直至基本适应新环境为止。这种新环境条件一般处于该种家畜或品种的耐受限度内，但超越了最适范围。另一种是通过遗传基础的定向改变。原群体中本来就存在大量的遗传变异（由基因突变、染色体畸变、基因重组所造成），但在原产地条件下有很多变异得不到表现，一旦移到新环境中，如果环境条件与原产地相差悬殊，超越了该畜种或品种的耐受限度，其中的一些类型就会产生种种不适应的反应，甚至发病、死亡；而某些类型则因有适应性变异而保留下来，经过一定世代，在自然选择和人工选择的作用下，就可能定向累积适应性变异，使适应基因的累积剂量增大，从而改变了原群体的基因频率，取得风土驯化的成功或基本成功。因而风土驯化能否成功，主要取决于：①各畜种或各品种对生态环境中主导生态因子的适应范围的大小。例如，对于同一环境因素，有些品种

（如荷斯坦牛、长白猪、大白猪、杜洛克猪、来航鸡等）的适应范围较广，就较易于风土驯化。②引种地与原产地（或分布区域）生态环境的差异程度。如荷斯坦牛，即使其适应范围广，但引到印度、南美等热带国家，却往往会产生令人沮丧的结果。荷斯坦牛也曾被引入海拔为3 658m的拉萨，由于不适应普遍患高山病，泌乳量急剧下降，死亡率达58%；将它移至海拔为2 927m的地区，结果死亡停止，病牛逐渐恢复健康。

3. 风土驯化工作可采取的措施

（1）考察拟引入家畜品种或种类的基本特征特性、分布区域、所处的生态环境及其中的主导生态因子，以及对这些因子的耐受限度与最适范围，研究原产地与引种地在各环境因素之间的差异。然后再决定是否引入，何季节引入，放在何地饲养。这一点是风土驯化成功的重要依据。

（2）在超越耐受限度的情况下，可采取逐步迁移法，使其对环境条件的适应，逐步地从一个水平过渡到另一个水平。逐步迁移实际上是通过逐步的筛选以逐步累积适应性变异的过程。这样做可能更有利于风土驯化的成功。同逐步迁移法类似的方法是级进杂交，旨在通过逐步增加引入品种的血统以拉长迁移的时间。

（3）幼龄迁移。一般说来，动物的可塑性、适应的速度同引入个体年龄有关。在性成熟前后迁移似较合适。

（4）加强人工选择与培育。这是因为耐受程度与最适范围并不固定，即使是在同一品种内，也随个体、年龄和生理状况的不同而有差异。

三、纯种繁育的目的和用途

纯种繁育的目的与用途大致有以下四个方面：①为杂种优势利用提供质量好、纯合度较高的杂交亲本；②为对低产品种或畜群进行杂交改良提供优良种畜；③为培育新品系、新品种及有关研究工作提供育种素材和基因来源；④为乳牛业等畜牧生产部门直接提供商用家畜。

习 题

1. 名词解释：杂交繁育，系间杂交，远缘杂交，纯种繁育，引种，风土驯化。
2. 杂交繁育的种类有哪些？
3. 地方品种、新育成品种和引入品种在纯种繁育时各采取哪些措施？

第五篇　杂种优势利用

家畜育种的三大基本技术是选种、近交和杂交。第十三章第一节已指出，杂交（杂交繁育）的范围较广，其作用有二，一是杂交利用，二是杂交育种。杂交利用实际上主要是利用杂种优势（虽然还要利用亲本性状的互补性）。杂种优势利用是一个很复杂的问题，故专辟第五篇予以介绍。

本篇分为两章，第十四章讨论什么是杂种优势，如何解释这种现象，它的表现是否有规律可循，为什么要利用杂交法来生产商品畜禽（奶牛除外）以及在商品畜禽生产中如何利用杂种优势与各亲本性状的互补性。第十五章则将杂种优势利用的讨论引向深入，介绍什么是配套系，什么是配套系育种（即配套系的培育），配套系在生产商品畜禽中的地位如何，为什么要培育我国自己的配套系，培育配套系一般要经历哪几个步骤，其中的基本步骤是什么，配套系的利用有何主要特点等。

第十四章

杂种优势的表现规律及其在商品畜禽生产中的利用

第一节 利用杂交法生产商品畜禽的意义

一、杂交能获得杂种优势

杂种优势（heterosis, hybrid vigor）是一个普遍的生物学现象。杂交是畜牧生产中的一种主要方式，因为杂交可以充分利用种群间性状的互补性，尤其是可以充分利用杂种优势。我国劳动人民早在 2 000 多年前就用马、驴杂交来生产骡，骡比马、驴具有更好的耐力和役用性能，因而即使不能繁殖也仍深受人们欢迎。至于种内的品种间杂交在我国也开展得很早。远在汉唐时代，人们就从西域引进大宛马与本地马杂交产生优美健壮的杂种马，并总结出"既杂胡种，马乃益壮"的宝贵经验。近代育种学在杂种优势利用方面发展更为迅速。1909 年 Shull 首先建议在生产上利用玉米自交系杂交。1914 年他又提出"杂种优势（heterosis）"这一术语。之后又经过许多人的不懈努力，玉米杂种优势利用在理论上和生产实践上都取得了完整的系统的成就。在玉米自交系杂交的启示下，近一个世纪来杂种优势利用得到了广泛普及。目前，在一些畜牧业较先进的国家中，80%～90%的商品猪产自杂种猪，肉用仔鸡几乎全是杂种，肉牛、肉羊、蛋鸡选育等也是广泛采用杂交以利用杂种优势。杂种优势利用是一项系统工程，它既包括对杂交亲本种群的选优提纯，又包括杂交组合的筛选和杂交工作的组织，既包括纯繁，又包括杂交。

（一）杂种优势的概念与度量

1. 杂种优势的概念 不同种群（品种、品系或其他类群）杂交所产生的杂种往往在生活力、繁殖力、生长势等方面优于其纯种亲本的现象称为杂种优势。

2. 杂种优势的度量 常用杂种优势量或杂种优势率度量杂种优势的大小。

在两品种（品系）杂交情况下，杂种优势量（amount of heterosis, H）是指 F_1 的平均性能优于两亲本平均性能的部分，如 A 品种（品系）与 B 品种（品系）杂交，则 F_1 的杂种优势量 $H = \overline{F_1} - \frac{1}{2}(\overline{A} + \overline{B})$，于是 $\overline{F_1} = \frac{1}{2}(\overline{A} + \overline{B}) + H$，即 F_1 的平均性能＝双亲均值＋杂种优势量。

杂种优势也常以相对值即杂种优势率（fraction of heterosis）H 表示：

第十四章 杂种优势的表现规律及其在商品畜禽生产中的利用

$$H = \frac{\overline{F}_1 - \frac{1}{2}(\overline{A}+\overline{B})}{\frac{1}{2}(\overline{A}+\overline{B})} \times 100\% \qquad (14-1)$$

【例 14-1】A、B 两品种猪 35 d 平均窝重分别为 98 kg 和 106 kg，A 与 B 品种杂交 F_1 代 35 d 平均窝重 113 kg，则：

F_1 的杂种优势量：
$$H = \overline{F}_1 - \frac{1}{2}(\overline{A}+\overline{B})$$
$$= 113 - \frac{1}{2} \times (98+106) = 11 \text{（kg）}$$

杂种优势率：
$$H = \frac{\overline{F}_1 - \frac{1}{2}(\overline{A}+\overline{B})}{\frac{1}{2}(\overline{A}+\overline{B})} \times 100\% = \frac{113-102}{102} \times 100\% = 10.8\%$$

在三元杂交情况下，如 C♂×（A×B）♀，杂种优势率用下式估算：

$$H = \frac{\overline{F}_T - (\frac{1}{4}\overline{A}+\frac{1}{4}\overline{B}+\frac{1}{2}\overline{C})}{\frac{1}{4}\overline{A}+\frac{1}{4}\overline{B}+\frac{1}{2}\overline{C}} \times 100\% \qquad (14-2)$$

式中：$\overline{F}_T$ 为三元杂种群体均值，$\overline{A}$、$\overline{B}$、$\overline{C}$ 分别为 A、B、C 品种（品系）的群体均值。

式（14-1）和式（14-2）是杂种优势率度量的常用公式。但对实际杂交而言，由于母体效应、性连锁以及父母本群体因选择强度不同导致基因频率差异等原因，同样两个种群间的正交与反交所得到的杂种平均生产性能可能不同。因此，为了消除这一影响，有时对杂种优势量和杂种优势率按下式度量：

$$H = \frac{1}{2}(\overline{y}_{AB}+\overline{y}_{BA}) - \frac{1}{2}(\overline{y}_A+\overline{y}_B)$$
$$= \frac{1}{2}(\overline{y}_{AB}+\overline{y}_{BA}-\overline{y}_A-\overline{y}_B)$$
$$H = \frac{H}{\frac{1}{2}(\overline{y}_A+\overline{y}_B)} \times 100\% \qquad (14-3)$$
$$= \frac{\overline{y}_{AB}+\overline{y}_{BA}-\overline{y}_A-\overline{y}_B}{\overline{y}_A+\overline{y}_B} \times 100\%$$

式中：$\overline{y}_{AB}$ 为 A 和 B 两种群的平均性能；$\overline{y}_A$ 为 A 种群的群体均值；$\overline{y}_B$ 为 B 种群的群体均值。

若把正交的杂种优势记为 H_{AB}，反交的杂种优势记为 H_{BA}，则二者分别与正交和反交平均的杂种优势的差异为：

$$H_{AB} - H = \overline{y}_{AB} - \frac{1}{2}(\overline{y}_A+\overline{y}_B) - \frac{1}{2}(\overline{y}_{AB}+\overline{y}_{BA}-\overline{y}_A-\overline{y}_B)$$
$$= \overline{y}_{AB} - \frac{1}{2}(\overline{y}_{AB}+\overline{y}_{BA}) \qquad (14-4)$$
$$= \frac{1}{2}(\overline{y}_{AB}-\overline{y}_{BA})$$

同理

$$H_{BA} - H = \frac{1}{2}(\bar{y}_{BA} - \bar{y}_{AB}) \quad (14-5)$$

可见，只有 $\bar{y}_{AB} = \bar{y}_{BA}$ 时，用正交和反交所求得的杂种优势才相同。对杂种优势率而言也一样。

3. 杂种优势的实质

已知：$P = G + E$

式中：P 为表型值；G 为基因型值；E 为环境效应值。

又 $P = A + D + I + m + f + e$

式中：A 为加性效应；D 为显性效应；I 为上位效应；m 为母体效应；f 为父体效应；e 为随机环境效应（E 可进一步剖分为母体效应、父体效应和随机环境效应）。

据此，各亲本群及杂种群的群体均值为（随机环境效应的平均值为零）：

$$\bar{P}_A = \bar{A}_A + \bar{D}_A + \bar{I}_A + \bar{m}_A + \bar{f}_A$$

$$\bar{P}_B = \bar{A}_B + \bar{D}_B + \bar{I}_B + \bar{m}_B + \bar{f}_B$$

$$\bar{P}_{AB} = \frac{1}{2}\bar{A}_A + \frac{1}{2}\bar{A}_B + \bar{D}_{AB} + \bar{I}_{AB} + \bar{m}_B + \bar{f}_A$$

$$\bar{P}_{BA} = \frac{1}{2}\bar{A}_A + \frac{1}{2}\bar{A}_B + \bar{D}_{BA} + \bar{I}_{BA} + \bar{m}_A + \bar{f}_B$$

由此，根据正交、反交以及正反交所估计的杂种优势量分别为：

$$H_{AB} = \bar{P}_{AB} - \frac{1}{2}(\bar{P}_A + \bar{P}_B)$$

$$= \frac{1}{2}\bar{A}_A + \frac{1}{2}\bar{A}_B + \bar{D}_{AB} + \bar{I}_{AB} + \bar{m}_B + \bar{f}_A -$$

$$\frac{1}{2}(\bar{A}_A + \bar{A}_B + \bar{D}_A + \bar{D}_B + \bar{I}_A + \bar{I}_B + \bar{m}_A + \bar{m}_B + \bar{f}_A + \bar{f}_B)$$

$$= \left[\bar{D}_{AB} - \frac{1}{2}(\bar{D}_A + \bar{D}_B)\right] + \left[\bar{I}_{AB} - \frac{1}{2}(\bar{I}_A + \bar{I}_B)\right] + \frac{1}{2}(\bar{m}_B - \bar{m}_A) + \frac{1}{2}(\bar{f}_A - \bar{f}_B)$$

同理，$H_{BA} = \bar{P}_{BA} - \frac{1}{2}(\bar{P}_A + \bar{P}_B)$

$$= \left[\bar{D}_{BA} - \frac{1}{2}(\bar{D}_A + \bar{D}_B)\right] + \left[\bar{I}_{BA} - \frac{1}{2}(\bar{I}_A + \bar{I}_B)\right] + \frac{1}{2}(\bar{m}_A - \bar{m}_B) + \frac{1}{2}(\bar{f}_B - \bar{f}_A)$$

因此，$H = \frac{1}{2}(\bar{P}_{AB} + \bar{P}_{BA}) - \frac{1}{2}(\bar{P}_A + \bar{P}_B)$

$$= \frac{1}{2}(\bar{D}_{AB} + \bar{D}_{BA} - \bar{D}_A - \bar{D}_B) + \frac{1}{2}(\bar{I}_{AB} + \bar{I}_{BA} - \bar{I}_A - \bar{I}_B) \quad (14-6)$$

据式（14-6）可知，杂种优势主要同显性效应和上位效应有关，其间的关系为：杂种的显性效应和上位效应越大，杂种优势越高；但亲本群的显性效应和上位效应越大，杂种优势却越低。这说明在忽略上位效应时，亲本群的纯合程度越好，杂种优势量越大。在此，需要注意不论正交还是反交，其杂种优势量除了显性效应和上位效应部分外，尚包含一定的母体效应和父体效应。

（二）杂种优势的遗传学解释

杂种优势现象早已为人们所发现，也为各种学派所公认，但对于杂种优势的遗传机制尚无完善解释。主要有以下三种假说。

1. 显性学说 显性学说（dominance hypothesis）由 Bruce 等于 1910 年首先提出，此后，Jones(1917) 更进一步加以补充。该假说认为，有利于个体的等位基因一般为显性，或至少是部分显性；而不利的（含有害的）等位基因则为隐性。当两个遗传组成不同的近交系杂交得到 F_1 时，各杂合位点上的显性等位基因就可掩盖其相对的不利隐性等位基因的作用，从而以长补短，使 F_1 表现出优势来。对于数量性状，这里所称的显性（等位）基因后来称为增效（等位）基因（increasing allele），而隐性（等位）基因称为减效（等位）基因（decreasing allele）。数量性状由多个基因座的基因控制。所以，具有显性基因（增效基因）的基因座越多，杂种优势程度就越大。以猪的日增重为例，假定两品系是相对等位基因的纯合子，且假定该性状受控于 3 对基因，每对显性基因决定 220 g 的日增重，每对隐性基因决定 180 g 的日增重。由于 A 对 a、B 对 b、C 对 c 均为完全显性，故在表型效应上 $Aa=AA>aa$，余类推。两品系杂交，结果如图 14-1。由图 14-1 可见，由于杂交，两亲本的显性基因相互补充，F_1 的显性基因位点增多，使 F_1 表现出优势来。

P　　　$AabbCC$　　　×　　　$aaBBcc$
　　　（220+180+220=620 g）　↓　（180+220+180=580 g）
F_1　　　　　　　$AaBbCc$
　　　　　　　（220×3=660 g）

图 14-1　显性学说图例

2. 超显性学说 超显性学说（overdominance hypothesis）亦称杂合性说或等位基因互作说。由 Shull 和 East 分别于 1908 年首先提出，East 于 1936 年又作了进一步的阐述。该学说假定等位基因间不存在显隐性关系，杂种生活力的提高来自杂合性本身，即杂合子（如 a_1a_2）优于任何纯合子（如 a_1a_1 与 a_2a_2）。杂合基因座越多，则杂种优势越明显。杂合子优于纯合子来源于等位基因间的相互作用，以猪的日增重为例，假定纯合态的 a_1a_1、a_2a_2、b_1b_1、b_2b_2、c_1c_1、c_2c_2 的表型效应均为 200 g，杂合态的 a_1a_2、b_1b_2、c_1c_2 的表型效应均为 220 g，则 F_1 优势的产生如图 14-2 所示。后来有些学者认为，不仅等位基因间存在互作，非等位基因间也存在着各种类型的互作，在这种情况下，杂种优势还可能进一步提高。

P　　$a_1a_1b_1b_1c_1c_1$　　×　　$a_2a_2b_2b_2c_2c_2$
　　　（200×3=600 g）　↓　（200×3=600 g）
F_1　　　　　$a_1a_2b_1b_2c_1c_2$
　　　　　　（220×3=660 g）

图 14-2　超显性学说图例

3. 遗传平衡学说 遗传平衡学说（genetic equilibrium hypothesis）认为显性学说和超显性学说在对杂种优势遗传机制解释上都不全面。因为杂种优势在遗传上的成因很复杂，有时一种效应相对于另一种效应起主要作用；也可能在控制一个性状的许多对基因中，有的是不完全显性，有的是完全显性，有的是超显性；有的基因之间有上位效应，有的基因之间没有上位效应。所以杜尔宾（1961）认为："杂种优势不能用任何一种遗传原因解释，也不能用一种遗传因子相互影响的形式加以说明。因为这种现象是各种遗传过程相互作用的总效应，所以根据遗传因子相互影响的任何一种方式而提出的假说均不能作为杂种优势的一般理论。尽管其中一些假说，特别是上述两种假说都与一定的试验事实相符，无疑包含一些正确的看法，但这些假说都只是杂种优势理论的一部分。"许多研究都对这一观点给予了更多的支持和佐证。例如，人们在蛋白质、DNA等各种不同水平上均发现存在大量多态现象。这种多态现象是维持群体杂种优势的一个重要因素，它可以增强群体的适应能力，保持群体的生活力旺盛，故可认为是对超显性学说的支持。但随着分子遗传学研究的深入，对基因的认识已有很大改变，发现基因间的作用相当复杂，难以明确区分显性、超显性、上位等各种效应。

（三）杂种优势的类型

杂种优势一般分为个体杂种优势（individual heterosis）、母本杂种优势（maternal heterosis）和父本杂种优势（paternal heterosis）三种类型。

1. 个体杂种优势 亦称后代杂种优势（offspring heterosis）或直接杂种优势，是指杂种仔畜本身呈现出的优势。首先表现在杂种仔畜比纯种仔畜在哺乳期间的生活力提高，死亡率降低，生长也较快；其次表现在断奶后的生长速度等也有所提高。

2. 母本杂种优势 是指用杂种代替纯种做母本时母畜所表现出的优势。表现在 F_1 母畜比纯种母畜产仔多，泌乳力强，体质更强健，易饲养，利用期延长。

3. 父本杂种优势 是指杂种代替纯种做父本时公畜所表现出的优势。一般表现在杂种公畜比纯种公畜精液品质好，性欲强。如在猪中，父本杂种优势表现为杂种公猪比纯种公猪性成熟期有所提前、睾丸较重，射精量较大，精液品质好，受胎率较高，青年杂种公猪还具有性欲更强的特点。

父本杂种优势或母本杂种优势又可泛称为亲本杂种优势（parental heterosis）。尽管母本杂种优势和父本杂种优势都可用来改良繁殖性能，但一般说来，母本杂种优势要比父本杂种优势重要些。

二、杂交有可能获得亲本性状的互补性

互补性（complementarity）是指通过杂交，各个亲本所具有的不同优点即优良性状往往可能相互补充而集中体现在同一杂交后代个体上的现象。这种互补性使得商品畜禽的优点比任何纯种亲本都全面，从而提高了商品畜禽的商品价值和经济价值。正因为如此，Moav（1966）把从互补性得来的好处定义为利润杂种优势（profit heterosis）。下面举几个例子加以说明。

适应能力强的海福特（Hereford）牛与母性能力（mothering ability）强的安格斯（Angus）牛杂交，可实现不同突出特点的相互补充，使得 F_1 兼具有适应能力强和母性能力强的优点。

猪中胴体瘦肉率与肉质往往存在遗传拮抗，影响了在品种内通过选择法同时改良此两性状的遗传进展，即使不存在拮抗作用，要在品种内同时改良它们也需要相当长的时间。若能采用瘦肉率高的种群与另一肉质好的种群杂交，则可解决此两性状间的拮抗作用，且能充分利用性状互补，在较短时间内生产出瘦肉率较高、肉质也好的商品猪，获得较显著的经济

效益。

再举一体现性状互补原理生产优质黄羽鸡的例子。先用生长快的国外引进肉用型公鸡与产蛋较多的国外引进肉用型母鸡杂交，在 F_1 母鸡中选择生长较快、产蛋较多的个体再与我国的三黄鸡（生长较慢，就巢性即抱窝性强，但肉质好）的公鸡配种，生产出的商用三元杂种鸡（称作仿土黄鸡）生长加快，肉质又好，抗逆性也强，在我国南方和东南亚市场十分畅销，其较高的售价可以弥补因生长速度仍比不上外种鸡而带来的较高生产成本。

注意：不同杂交组合的亲本性状互补性可能不同，甚至有很大差异，这取决于杂交方式以及亲本间在性状上的差异程度。另外，用专门化父系（specialised sire line）与专门化母系（specialised dam line）杂交要比通用品系（dual-purpose line）之间的杂交互补性更明显，比如，用繁殖性状优良的种群做母本，生长、胴体性状优良的种群做父本，互补性会更大。

综上可知，商品性杂交即经济杂交（见第十三章第一节），既能利用基因的非加性效应（通过杂种优势），又能利用基因的加性效应（通过性状互补性）。看来，杂种优势与互补性相结合，既能改良繁殖性状，又能改良生产性状。

第二节　杂种优势的表现规律

杂种优势量的变化很大，它取决于杂交亲本（如亲本间的遗传差异与亲本的遗传纯度）与环境。不同性状的杂种优势水平也有很大差别。

一、杂交亲本间的遗传差异越大，杂种优势越明显

若有两个群体 P_1 和 P_2，其等位基因 A 与 a 的频率不同，设 P_1 群体的频率为 p 与 q，P_2 群体的频率为 p' 与 q'，频率差 $y=p-p'=(1-q)-(1-q')=q'-q$，于是 $p'=p-y$，$q'=q+y$。由于 $\mu=a(p-q)+2dpq$，这里，a、d 和 $-a$ 分别为基因型 AA、Aa、aa 的基因型值，因而

$$\mu_{P_1}=a(p-q)+2dpq$$
$$\mu_{P_2}=a(p-y-q-y)+2d(p-y)(q+y)$$
$$=a(p-q-2y)+2d[pq+y(p-q)-y^2]$$
$$\mu_{\overline{P}}\text{（亲本均值）}=1/2\,(\mu_{P_1}+\mu_{P_2})$$
$$=a(p-q-y)+d\,[2pq+y(p-q)-y^2]$$

为求 μ_{F_1} 值，可列出如下棋盘格：

			P_1 的配子	
			A	a
			p	q
P_2 的配子	A	$p-y$	$p(p-y)$	$q(p-y)$
	a	$q+y$	$p(q+y)$	$q(q+y)$

将三种基因型的基因型值乘其频率并总加得：

$$\mu_{F_1} = a(p^2 - py) + d[p(q+y) + q(p-y)] - a(q^2 + qy)$$
$$= a(p-q-y) + d[2pq + y(p-q)]$$

$$H_{F_1}（F_1 的杂种优势量）= \mu_{F_1} - \mu_{\overline{P}} = dy^2$$

若考虑所有基因座的联合效应，并假定各基因座的效应是加性的，则 H_{F_1} 可表示为各基因座 dy^2 之和：

$$H_{F_1} = \sum dy^2 \tag{14-7}$$

从式（14-7）可见，两杂交亲本间基因频率之差 y 越大，具有这种差异的基因座越多，F_1 的杂种优势量就越大。

因此，宜选用遗传起源不同和亲缘关系相距较远的甚至是地理起源上不同的纯种（以上可在一定程度上反映亲本间遗传组成的差异）做杂交亲本；对于现有的来源不清的杂种母畜群可用遗传起源上与之无相关的公畜配种；在评价和选择杂交方式时，亦应考虑商品畜的两亲本间是否有最大的遗传差异；另外，回交将会降低杂种优势率。

二、杂交亲本越纯，后代优势越明显

从式（14-7）中可看出，只有当两个亲本的遗传纯度高且为相对等位基因的纯合子时，亲本间基因频率之差 y 才能达到最大值，F_1 的优势量才能大。因而两亲本的遗传纯度对杂种优势的影响也很大。

用一个假设的例子说明。设仔猪初生重由 2 对等位基因（Aa，Bb）控制，并设不同基因座具有相同的加性效应，其中 A 和 B 为 $200 g$，a 和 b 为 $100 g$，等位基因间完全显性；显性效应为 $120 g$。不同基因型的亲本间杂交具有不同的杂种优势结果，见表 14-1。

表 14-1 不同杂交组合的杂种优势率

杂交组合编号	Ⅰ		Ⅱ		Ⅲ			
P	$AAbb \times aaBB$		$AAbb \times aaBb$		$Aabb \times aaBb$			
效应	600 g	600 g	600 g	620 g	620 g	620 g		
F_1	$AaBb$		$\frac{1}{2}AaBb$	$\frac{1}{2}Aabb$	$\frac{1}{4}AaBb$	$\frac{1}{4}aaBb$	$\frac{1}{4}Aabb$	$\frac{1}{4}aabb$
效应	840 g		840 g	620 g	840 g	620 g	620 g	400 g
F_1 均值	840 g		730 g		620 g			
F_1 优势率	40%		12%		0			

由表 14-1 可看出：①亲本间的遗传纯度越高，即亲本的纯合基因座越多，杂种优势越明显。但还需诸亲本的遗传差异大。②亲本的遗传纯度越高，后代越一致。

综上可见，在实践中为获得较大的杂种优势，宜提倡采用有一定遗传纯度的品系作为杂交亲本，用未纯化过的亲本杂交，杂种优势将受到限制，故有必要在育种场按计划培育或保持一些品系。用差异较大的两个有一定遗传纯度的品系杂交，不仅杂种优势较之品种间杂交明显，且优势稳定，杂种均一性好。在实践中如何判断种群的纯度呢？一是经长期严格选择加适度近交、性状变异系数小的畜群一般较纯；二是长期实行高度近交的群体应较纯，长期由地理因素隔离的群体应该说一般也较纯。

三、同类型杂种互交，杂种优势量逐代下降

同类型杂种互交，杂种优势量将逐代下降，证明如下：

F_1 互交得到的 F_2，其基因频率为 $(p-y/2)$，$(q+y/2)$，因为 $\mu=a(p-q)+2dpq$

所以
$$\mu_{F_2}=a(p-1/2y-q-1/2y)+2d(p-1/2y)(q+1/2y)$$
$$=a(p-q-y)+d[2pq+y(p-q)-1/2y^2]$$
$$H_{F_2}=\mu_{F_2}-\mu_{\bar{P}}=1/2\,dy^2=1/2H_{F_1} \qquad (14-8)$$

由公式（14-8）可见，F_2 的杂种优势量仅为 F_1 的一半。同理，以后各世代的优势量均按上一代的半数递减。这实际上也反映了亲本间的遗传差异程度对杂种优势的影响。

举例说明：根据显性学说设 $A\_$ 与 $B\_$ 的效应均为 330 g，aa 与 bb 的效应均为 270 g，让 $AAbb$（其效应为 600 g）与 $aaBB$（其效应亦为 600 g）杂交，所产生的 F_1 为 $AaBb$，按前述假设，其效应应为 660 g，即 F_1 的杂种优势量为 60 g，接着让 F_1 互交，F_2 应有 9 种基因型，同学们可自行计算，F_2 群体 9 种基因型的效应平均值按假设应为 630 g，也就是只有 30 g 优势，优势量比 F_1 减少了一半。可以预计到，以后各世代的优势量将逐代递减 50%。

因此，在商品生产中不论采用何种杂交方式，都不能让同一种类型的 F_1 或者商品代的个体进行互交。互交不仅使杂种优势量降低，且由于基因的分离重组，互交后代还显得十分不整齐。

四、不同类性状的杂种优势程度不同

不是所有的性状均能呈现杂种优势。遗传力高的性状如胴体性状，当杂交时，无论两亲本的遗传差异程度有多大，一般只呈现低的或不呈现杂种优势；反之，遗传力低的性状，如繁殖力与生活力，则可呈现较高的杂种优势，其原因可用式（14-7）说明。该式中的 d 为杂合子的基因型值（用与两纯合子的中点值之差度量），亦即该基因座的基因的显性效应。遗传力高的性状主要以基因的加性效应为基础，非加性基因作用（显性效应和上位效应）很小甚至不具有此种效应，故对高遗传力性状而言，H_{F_1} 甚小或为零。可见，杂种优势一般只出现于非加性基因作用为主的性状。

因此，对于低遗传力性状，由于选择一般不易奏效，而杂交能使其获得杂种优势，故杂交法已成为改良繁殖力、生活力性状的主要手段。而对于高遗传力的性状，由于一般不能指望杂种会超过双亲均值，故要使这些性状在商品群中表现良好，就只有在育种群中采用纯种繁育法对这些性状进行强度选择、严格选留（精选）。

五、环境对杂种优势表现的影响

杂种优势常受到环境条件如营养水平、饲养制度、温度、健康状况等的影响。应该给予杂种以相应的饲养管理条件，以保证杂种优势能充分表现。虽然杂种的饲料利用能力有所提高，在同样条件下，杂种比纯种表现更好，但是高的生产性能是需要一定物质基础的。在基本条件不能满足的情况下，杂种优势不可能表现。

还有一些试验发现，大多数性状（生长速度明显除外）在较差的环境下，其杂种优势量似乎比在较好环境下还要高。

第三节 利用杂种优势与互补性的措施

一、选用适宜的杂交方式，提倡品系间杂交

(一) 杂交方式的种类

杂交方式（crossing form）是商品性杂交中常用到的一个术语。杂交方式若按种群间的交配方法分类，可分为固定杂交（specific crossing）和轮回杂交（rotational crossing）两大类。固定杂交又称为专一性杂交、定型杂交（static crossing）或不连续杂交（discontinuous crossing），包括二元杂交（two-way cross）、回交（backcross）、三元杂交（three-way cross）和四元杂交（four-way cross）。轮回杂交又称为连续杂交（continuous crossing），包括两品种轮回杂交（2-breed rotation crossing）、三品种轮回杂交（3-breed rotation crossing）等。两品种轮回杂交又称为交叉杂交（criss crossing）。杂交方式若按种群类型分类，则可分为品种间杂交（breed crossing）、品系间杂交（line crossing）和顶交（top cross）三类。

1. 二元杂交 二元杂交既指二品种杂交，也指二品系杂交。二元杂交就是用两个不同品种或品系进行杂交，所产生的二元杂种全部作为商品用。二元杂种无论公母全部不作种用，不再继续配种繁殖（图14-3）。

二元杂交生产组织简单，收效迅速，且能充分获得个体杂种优势。举例说明，若有二元杂交：A×B→(AB)，由于A和B均属纯种，二元杂种（AB）每一基因座的一个等位基因来自A，另一个等位基因来自B，因此二元杂种可获得100%的个体杂种优势（表14-2）。但二元杂交未能提供获得母本或父本杂种优势的机会。

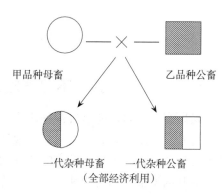

图14-3 二品种杂交模式图

表14-2 不同杂交方式的三种杂种优势率

杂交方式	商用后代符号	各种杂种优势率		
		个体杂种优势	母本杂种优势	父本杂种优势
纯种繁育		0	0	0
二元杂交 A♂×B♀	(AB)	1	0	0
回交：				
A♂或B♂×(AB)♀	A(AB)或B(AB)	1/2	1	0
(AB)♂×A♀或B♀	(AB)A或(AB)B	1/2	0	1
三元杂交 C♂×AB♀	C(AB)	1	1	0
四元杂交 AB♂×CD♀	(AB)(CD)	1	1	1
轮回杂交				
两品种		2/3	2/3	0
三品种		6/7	6/7	0

二元杂交的缺点是不能利用母本杂种优势和父本杂种优势,特别是不能利用母本杂种优势。不能利用母畜繁殖性状的杂种优势是其严重不足。繁殖性状遗传力低,杂种优势比较明显,不利用这方面的杂种优势是很可惜的。

2. 回交 回交有如表 14-2 所示的两种形式,一种是 F_1 母畜与任何一个亲本的公畜回交,另一种是 F_1 公畜与任何一个亲本的母畜回交。因为母本杂种优势一般比父本杂种优势重要,所以,回交中常用杂种母畜做母本。若用杂种母畜做母本,则回交可获得 100% 的母本杂种优势。回交是在强调利用母本杂种优势以改良母畜的繁殖性能的情况下提出的。缺点是只能获得 50% 的个体杂种优势。

3. 三元杂交 三元杂交是指二品种(品系)杂交所得到的 F_1 母畜,再用第三个品种(品系)的公畜与之配种,所生后代(称作三元杂种)全部作商品用(图 14-4)。这种杂交方式能充分利用 F_1 的母本杂种优势,也能充分利用个体杂种优势。另外,三元杂交比二元杂交能使商用后代更好地利用互补性,三元杂种有可能表现出三个不同品种(品系)的优点。

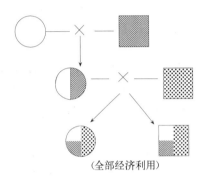

图 14-4 三元杂交模式图

下面从原理上说明三元杂交总的说来要比二元杂交更为理想的理由,为更具体起见,解释时以猪为例。

(1) 三元杂交具有二元杂交同样的优点,即能充分利用表现在杂种仔畜身上的个体杂种优势。个体杂种优势在猪上表现为:F_1 仔猪比纯种仔猪在哺乳期间的生活力提高,死亡率降低,生长也稍快,从而使 F_1 仔猪的断奶窝重大为提高,其优势率一般为 25%~30%;断奶至上市体重的日增重也有 5%~10% 的优势。

(2) 三元杂交还能利用二元杂交无法利用的母本杂种优势。表现在猪中,F_1 母猪比纯种母猪:①产仔多,F_1 母猪的初生窝仔数的优势率一般为 5%~10%,比方说两纯种亲本平均每窝产 10 头,则 F_1 母猪可多产 0.5~1 头。而用纯种做母本时,不论用哪一个品种的公猪杂交,纯种母猪的初生窝仔数与纯繁时并没有两样。②泌乳多,体质强健,故 F_1 母猪能把更多的仔猪哺育到断奶。正由于 F_1 母猪具有产仔多和泌乳多、体质强健等优点,就使得 F_1 母猪断奶窝重的优势率在二元杂交 25%~30% 的基础上又高出 25% 左右,这是个了不起的数字,所带来的经济效益是可观的。③易饲养,性成熟稍提前,利用期稍延长。

(3) 三元杂交生产的商品畜禽(三元杂种)比二元杂交生产的商品畜禽(二元杂种)在亲本性状的互补性上表现得更好。

从以上三条中的猪例可见,利用 F_1 母猪无论从提高产仔数、改良繁殖性能,还是从提高综合经济效益看,都是十分重要的。但在评价三元杂交与二元杂交时切勿绝对化,比如有些山区或偏远区域结合当时当地实际情况也可采用二元杂交方式;在被划定的地方猪遗传资源保护区内则应在纯繁的同时只允许开展二元杂交而不能推行三元杂交。

4. 四元杂交 四元杂交是指两种截然不同的二元杂种相互交配(比如 AB ♂×CD ♀),所生后代[比如"(AB)(CD)"](称作四元杂种)全部供作商品用。由于四元杂种的父本和母本都是杂种，因此这种杂交方式能同时充分开发母本杂种优势、父本杂种优势和个体杂种优势。另外，四元杂交在互补性的利用上可能比三元杂交更好，商用后代所具有的优良性状可能更加全面。

有人担心用杂种公畜配种会扩大商品畜群的变异程度。这应具体情况具体分析。比如同类型的 F_1 互配时，后代群体（F_2）的性能性状的变异程度肯定会比上一代扩大；但在四元杂交时，由于父母代中的公畜和母畜在遗传起源上彼此截然不同、差异很大，故后代的变异一般不会加大。

5. 轮回杂交 轮回杂交指二三个或更多个品种的个体轮流杂交，各世代的杂种母畜除选留一部分优秀者用于繁殖外，其余的母畜和全部公畜均供作商品用（图 14-4）。其目的是要做到在若干年内全部使用自己生产的母畜，而又能获得一定程度的杂种优势。

轮回杂交的优点是：①所有母畜全是本场生产的杂种（图 14-5），可不从其他畜群引进母本，纯种也可少养，还可少冒疫病传染的风险，因此从管理和健康角度看是其最大优点。②能在连续世代获得一定程度的杂种优势（表 14-3）。

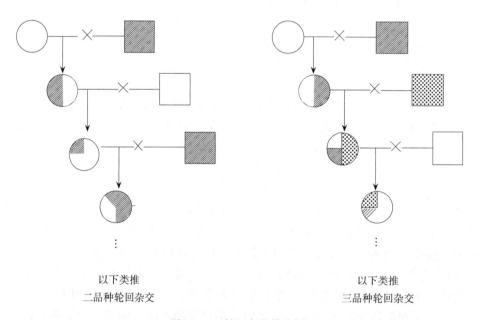

图 14-5 轮回杂交模式图

轮回杂交的缺点是：①不能获得父本杂种优势；母本杂种优势和个体杂种优势也降低了（三品种轮回杂交与三元杂交相比，母本杂种优势和个体杂种优势都丧失 1/7，即 14.3%；二品种轮回杂交与三元杂交相比，两类杂种优势丧失得更多，均丧失 1/3），这是由于每次参加轮回交配的父本与母本间不存在 100% 的遗传差异。②一般不能很好地利用亲本性状的互补性，也不符合目前国情，不利于选用地方品种做母本，因为参与轮回杂交的品种无法固定谁做父本、谁做母本（而这又与现代育种要求父母本的性状应各有侧重点相违背）。③不可能考虑终端父本（terminal sire）问题，而终端父本对商品畜的遗传影响很大。④不利于取得终产品规格的一致性，不利于集约化生产体系实施全进全出的畜群更新和卫生制度。因此，像猪、禽等繁殖周期短的动物没必要使用轮回杂交方式；在牛等动物中使用，也应考虑选用体形和性能两方面基本相当的品种参与轮回，否则其商用后代的体形等性状将参差不齐。

表 14-3 轮回杂交的两种形式

二 品 种						三 品 种						
交　配		后代的"血液"比例（来自不同亲本的）		杂合性		交　配		后代的"血液"比例（来自不同亲本的）			杂合性	
父	母	A	B	母本	后代	父	母	A	B	C	母本	后代
A	B	1/2	1/2	0	1	A	B	1/2	1/2	0	0	1
A	(AB)	3/4	1/4	1	1/2	C	(AB)	1/4	1/4	1/2	1	1
B	A(AB)	3/8	5/8	1/2	3/4	A	C(AB)	5/8	1/8	1/4	1	3/4
A	B[A(AB)]	11/16	5/16	3/4	5/8	B	A[C(AB)]	9/16	5/16	1/8	3/4	7/8
⋮	⋮	⋮	⋮	⋮	⋮	⋮	⋮	⋮	⋮	⋮	⋮	⋮
到达平衡时的世代												
t		1/3	2/3	2/3	2/3			1/7	2/7	4/7	6/7	6/7
$t+1$		2/3	1/3	2/3	2/3			2/7	4/7	1/7	6/7	6/7
$t+2$		1/3	2/3	2/3	2/3			4/7	1/7	2/7	6/7	6/7

注：①母本的杂合性代表母本杂种优势，后代的杂合性代表个体杂种优势。

②轮回杂交后代到达平衡（稳定）时后代的"血液"比例 $K=a/(2^n-1)$，式中 n 为参加轮回的品种数，a 为几何级数（1、2、4、8⋯），a 的连续个数等于 n。例如三品种轮回杂交时，$n=3$，a 为 1, 2, 4，故到达平衡（稳定）时后代的"血液"比例 $K=\frac{a}{2^n-1}=\frac{1}{2^3-1}:\frac{2}{2^3-1}:\frac{4}{2^3-1}=\frac{1}{7}:\frac{2}{7}:\frac{4}{7}$。

③轮回杂交后代到达平衡（稳定）时杂种优势率（包括母本杂种优势与后代杂种优势）的估计式为 $\frac{2^n-2}{2^n-1}$，式中 n 为参加轮回的品种数。将 2 和 3 分别代入上式中的 n，得 $\frac{2}{3}$ 和 $\frac{6}{7}$，说明二品种轮回杂交后代到达平衡时的杂种优势率为 $\frac{2}{3}=66.7\%$，三品种轮回杂交时为 $\frac{6}{7}=85.7\%$。

6. 顶交　顶交是指近交公畜与另一品种的非近交群体中的母畜之间的交配。顶交是 20 世纪 30 年代和 40 年代在猪、鸡中用高度近交法培育近交系以及逐步开展近交系间杂交以后出现的。当时有人发现近交系母畜在不少性状上（如初生窝仔数、泌乳力、生活力、体质强健性与饲养管理容易程度上）比非近交系母畜差得多，于是提出了这种顶交的杂交方式。

顶交的优点是：生产者可免去购买和饲养大量近交母畜，只需饲养数量不多的近交公畜，从而减少了投资、降低了成本。但其缺点是：非近交群体母畜不纯，会影响杂交效果。于是有人提出下列补救办法，即令近交系♂×（近交系×近交系）♀。

与顶交相对的是底交（bottom cross），即非近交公畜与不同品种的近交母畜之间的交配。底交除育种工作的特殊需要外，在生产中无实际意义。

上述各种杂交方式都各有其优缺点，也都有其各自的适用范围和前提条件。因此，在进行商品性杂交时，要根据具体情况，从杂种优势与亲本性状互补性的利用上并从生产角度考虑其适用性与经济效益，对各种杂交方式作出综合评价。

（二）品系间杂交的优越性

当有较纯的品系可供挑选，且又适于在杂交体系中利用时，则宁愿用品系而不用品种。因为遗传差异较大的品系间杂交要比品种间杂交优越，表现在杂交后代有以下特点：①杂种优势更明显；②杂种优势更稳定；③整齐度更好。

但品系有两类，一类是通用品系（dual-purpose line），亦称一般品系（single line），即既可用作父系又可用作母系的品系，另一类是专门化品系（specialized line，见第十五与十六章）。已经证明，属于不同种群的专门化父系和专门化母系之间的杂交在以上三方面要比通用品系之间的杂交效果更好。因此，大力开展品系间杂交已势在必行。

二、确定最佳杂交组合

不同的杂交组合（cross combination），甚至是相同的两亲本的正交和反交，它们的杂交效果不一定相同甚至有很大差异。因此，在一定地域和条件下开展商品畜禽生产，推广某种杂交组合，事先必须经过论证或试验，才能确定推广什么样的杂交组合。因此，确定杂交组合是杂交利用中的一个重要环节。顺便提到，杂交组合也称杂交模式。杂交模式（crossing pattern）是杂交方式与亲本（品种或品系）搭配（包括先后顺序与具体位置）的总称。

（一）确定最佳杂交组合的两种基本方法

1. 推断法

（1）依据实践经验推断。根据对各种杂交方式与各品种、品系的了解，根据对父母本的要求和杂种优势表现规律，参照有关经验与以往杂交试验结果及可能的饲料条件，来推断、论证哪种杂交模式最符合最佳的要求。

（2）参照以往杂种优势预测研究结果，推断哪几个杂交组合可能会生产出较理想的商品畜禽。

2. 试验法 由于目前尚不能对杂交效果进行准确预测，故推断法并不完全可靠。所以在推断的基础上，可选定有限数目的杂交组合开展杂交组合试验，亦即进行配合力测定。

（二）配合力与配合力测定的意义

1. 配合力 配合力（combining ability）是指亲本性状相互配合的一种能力。1942年，Spraque等提出了两种配合力，即所谓的一般配合力和特殊配合力。

（1）一般配合力：被测种群（如A）与其他一系列种群（如B、C、D…）杂交所得各种 F_1 某一性状的平均成绩被定义为该种群（如A）的一般配合力（general combining ability，Gca）。种群A的一般配合力可记为GcaA或Gca(A)，有时记为 $F_1(A)$。

如果一个品种与其他品种杂交经常能得到较好的效果，那么就可以说它的一般配合力好。

一般配合力主要由基因的加性效应所决定。这是因为非加性效应（包括显性效应与上位效应）在各杂交组合中有正有负，在各种 F_1 的平均值中已相互抵消，剩下的遗传效应就是加性效应了。因多基因的加性效应就是育种值，故一般配合力所反映的也就是该种群与其他一系列种群的平均育种值，而育种值是可以通过选择来提高的，因此要提高一般配合力主要是通过纯种内的选择而不是杂交。

（2）特殊配合力：一特定杂交组合所生 F_1 的成绩与该二亲本种群一般配合力的均数之

差，称为该杂交组合的特殊配合力（specific combining ability，Sca）。它反映的是该组合较之二亲本种群的平均一般配合力的优劣程度。例如，让 A、B 两种群杂交，则该杂交组合的特殊配合力为：

$$Sca(AB) = \frac{AB+BA}{2} - \frac{Gca(A)+Gca(B)}{2}$$

式中：$Sca(AB)$ 为该杂交组合的特殊配合力；AB 和 BA 分别代表正交组合 A♂×B♀ 所生 F_1 的成绩和反交组合 B♂×A♀ 所生 F_1 的成绩［正反交所生 F_1 成绩的均值可记为 $F_1(AB)$］；$Gca(A)$ 和 $Gca(B)$ 分别代表种群 A 和 B 的一般配合力。

无疑，F_1 的成绩超出二亲本平均一般配合力越多，则该杂交组合的特殊配合力越好。尽管特殊配合力的值与杂种优势量有所不同，但二者无本质区别。

前已讲过，一般配合力主要由多基因的加性效应所决定，而特殊配合力的遗传基础则为多基因的非加性效应。这很易理解，$F_1(AB)$ 的值应包括加性效应（诸杂交亲本均值）和非加性效应，因此，$F_1(AB)$ 超出双亲平均一般配合力即超出双亲平均育种值的部分应是非加性效应。所以，内蒙古农牧学院主编的《家畜育种学》教材这样给特殊配合力下定义："特殊配合力是两个特定种群之间杂交所能获得的超过一般配合力的杂种优势"。

2. 配合力测定的意义 配合力是选择亲本种群、评估杂交组合优劣的重要依据之一。多年来的杂交实践表明，优良的种群不一定就是优良的杂交亲本。一般说来，还需要进行配合力测定，进行配合力分析，以了解各种杂种的表现，预测特定亲本和亲本组合与后代间的关系。配合力测定的目的就是要鉴别出具有高的一般配合力的亲本以及高的特殊配合力的杂交组合。配合力测定是生产现代商品畜禽的繁育体系中不可缺少的一环，是改良商品畜禽的重要措施之一。

（三）配合力测定的方法——双列杂交试验

要进行配合力测定和分析，目前最有效的方法是通过双列杂交试验。

Griffing(1956) 根据双列杂交中所包括的部分不同，将双列杂交法（diallel cross）划分为两大类型，即完全双列杂交法（complete diallel cross）与不完全双列杂交法（incomplete diallel cross）。不完全双列杂交法又分为 3 个不同的类型。或者说，双列杂交法共有 4 个不同的类型。

1. 完全双列杂交法 即多个种群之间进行所有可能的相互交配。如有 p 个种群，若相互杂交，则共有 p^2 种的交配（配对）。其中包括三个部分：p 个种群纯繁，$p(p-1)/2$ 个正交组合，$p(p-1)/2$ 个反交组合。如 $p=4$，即有 4 个不同的种群，它们既做父本又做母本，彼此进行所有可能的交配，则在 $4^2=16$ 种配对中，有 4 个纯繁组、6 个正交组合和 6 个反交组合。如 $p=3$，则有 3 个纯繁组、3 个正交组合和 3 个反交组合。

说明一点，由于畜牧业中不易做到各个配对的家畜头数是相等的，因此一般较难应用传统的双列杂交分析法，故采用 Harvey 于 1960 年提出的次级样本含量不等资料的最小二乘分析法（least-squares analysis）进行分析。

完全双列杂交的统计模型为：

$$Y_{hijk} = \mu + a_h + p_{1ii} + g_{2i} + g_{2j} + m_{2j} + c_{2ij} + r_{2ij} + e_{hijk}$$

式中：μ 为次级样本含量相等时的总体平均数；a_h 为第 h 种交配类型（纯繁或杂交，纯繁时 $h=1$，杂交时 $h=2$）所有后代的共同效应；p_{1ii} 为第 i 个种群公畜与第 i 个种群母畜交配所生后代的共同效应（即纯繁效应）；g_{2i}、g_{2j} 分别为第 2 种交配类型（杂交）中第 i 个和第 j 个种群的一般配合力效应；m_{2j} 为第 j 个种群的母体效应；c_{2ij} 为特殊配合力效应；r_{2ij} 为正反交效应；e_{hijk} 为随机误差。

根据上述模型按最小二乘分析法即可计算出各种效应值；再通过方差分析法，求出各种 F 值，进行 F 检验，最后进行多重比较。

完全双列杂交法的优点是可提供较充分的信息来估计正反交效应与母体效应，进行全面的配合力分析；并可用于数量性状的其他遗传育种问题的研究。此法在植物育种中用得较多，在鸡中也有应用，但在其他畜种用得很少，原因在于规模较大，花费过多。

2. 不完全双列杂交法与家畜育种中常用的方法 不完全双列杂交法即缺乏部分组合或纯繁组的双列杂交。它又分为 3 个不同的类型，或者说可分为 3 种不同的情形：①只设亲本纯繁组与正交组合，共有 $p(p+1)/2$ 个配对，或者说共有 $p(p+1)/2$ 个组（组合）；②只设正交组合和反交组合，共有 $p(p-1)$ 个配对；③只设正交组合，配对数为 $p(p-1)/2$。

畜牧业中最常用的方法是第一种情形的不完全双列杂交法，即只设置亲本纯繁组与正交组合的不完全双列杂交法。常用的杂交组合试验即按此设计。

这种畜牧业中最常用的不完全双列杂交法的统计模型为：

$$y_{hijk} = \mu + a_h + p_{1ii} + r_{2ij} + e_{hijk}$$

式中：μ 为次级样本含量相等时的总体平均数；a_h 为第 h 种交配类型（纯繁或杂交）所有后代的共同效应；p_{1ii} 为纯繁效应；r_{2ij} 为正交效应；e_{hijk} 为随机误差。仍按最小二乘分析法计算出有关效应值，并进行显著性检验。

（四）杂交组合试验注意事项

总体上应遵循以下四个重要原则：①对照的原则；②随机的原则；③重复的原则，即样本含量问题；④均衡的原则，也称一致的原则，即试验中的各组除处理因素外的所有非处理因素（如参试对象本身、外界条件、测试条件）均应均衡一致，以消除非处理因素对试验的影响。

具体到杂交组合试验应注意以下问题。

1. 参试组数 应尽可能压缩参试组数。在一般情况下，按前已讨论的不完全双列杂交法中的第一种情形只设亲本纯繁组与正交组合即已足够。除满足某种研究需要外，不必设立反交组合，即使证明反交组合效果理想，也不易推广。但应设亲本纯繁对照组，以便从试验数据计算得到杂种优势率估值。正交组合也不宜过多，应在推断、论证和周密调查研究基础上只让极少的正交杂交组合参试。

2. 每组试畜头数 每组试畜要有足够数量，此因：①样本越大，抽样误差越小，所得结果越能代表总体情况；②重复数较多，可降低试验误差，对试验误差才能正确估计。每组试畜少，特别是在 μ_1、μ_2、…、μ_k 间差异较小时，进行差异显著性检验，易犯 II 型错误，容易把真差错判为误差。因此，每组试畜过少，结论不可靠，试验白做。但样本含量也不能太大，不能盲目追求大样本，一是没有必要，二是造成人、财、物的浪费。一般说，每组样本含量在 30 个或稍多即可，但不能少于 30 个。总之，在总规模不可能大时，宁可根据已有知识和信息压缩组合数求得每组的适宜含量，也不可盲目追求组合数，冒提高犯 II 型错误概率之险。

3. 试畜的产生 各组合（含纯繁组）样本应具有对各自总体的代表性，符合随机抽样的原则。

样本的内部构成比（如性别比例）应符合总体的性质。

杂交组合试验通常易发生临时凑合试畜的情况，应予避免。应坚持试验设计式的杂交组合试验，并有经过论证的杂交组合试验设计方案。试验应从亲本之间的杂交配种开始，这样才便于有计划地考虑参与配种的杂交亲本个体在质量上对各自种群的代表性以及遗传基础的广泛度（尽可能有较多的血统），才能选出符合设计要求的仔畜参加杂交组合对比试验。

4. 创造一致的对比条件 如各组试畜的性别、起始体重、出生胎次等要一致；试畜的出生日期应接近；预试期各组相同；各组所处的条件如栏别、饲料、饲养水平、饲养方式、饮水条件等要力求一致，各组畜栏可插花式地安排，饲养方式宜用不限量自由采食方式（设自动饲槽）；测试条件各组也应一致，比如测定同一指标时，每一个组都应由同一人来做，否则易造成人员误差，人员误差属系统误差，应予避免。

三、搞好杂交亲本的选优提纯，提高二亲本的特殊配合力

要有效地利用杂种优势与互补性，除注意选用合适的杂交方式与杂交组合外，尚应做好杂交亲本的选优提纯工作。

（一）亲本种群的选优提纯

选优指的是通过累代选拔优良个体来提高杂交亲本群体主要性状的平均水平，达到提高一般配合力的目的。

提纯是指通过近交加选择的方法提高亲本群体的遗传纯合度与个体间的遗传相似性。前面讲过，杂交亲本越纯，后代优势越明显（但杂交亲本遗传差异要大），一致性越好。可见，亲本群体遗传纯合度的提高，直接关系到后代的杂种优势表现。不仅如此，亲本群体纯合度的提高，还有利于扩大杂交亲本间的基因型差异。

选优提纯的较好方法之一是建立品系。用此法来选优提纯亲本种群，其优点是品系比品种小，容易选优提纯。

综上所述，亲本的选优提纯无论对于诸亲本均值的提高还是后代优势与整齐度的获得都起着重要作用。只要回忆前面讨论过的"杂种性能＝诸亲本均值＋杂种优势量"就能清楚地理解为什么搞好杂交亲本的选优提纯是商品性杂交的重要措施之一。

（二）提高特殊配合力的选择法

做好杂交亲本的工作之一是提高某一杂交配对之间的特殊配合力。

提高特殊配合力水平的方法一般有两种：反复选择法和正反交反复选择法。但在畜牧业中常用的、有实际意义的是正反交反复选择法。下面对两种方法作一简介。

1. 反复选择法 反复选择法（recurrent selection，RS）是提高两杂交亲本间特殊配合力的方法之一，由赫尔（Hull）于1945年为改进玉米的特殊配合力时提出。方法是：将一基因型不均一的混杂群体作为受测群体（常为母畜），用另一由高度近交法产生的近交系（大部分基因座被认为已纯合，常称之为测试品系）与之杂交（测交），后代表现最佳的受测群体的个体则被选留下来彼此交配（纯繁），纯繁后代中的大部分个体又复与测试品系杂交而受到检验，如此周而复始连续进行（图14-6）。RS法的实质是通过杂交后代的杂种优势表现来进行选择以及在此基础上的纯繁。其最终目的在于提高受测群体的纯合度，并企图使两杂交亲本成为好的杂交组合。比方说，测试品系的某基因座的基因型为 aa，则希望受测群

体通过与测试品系的测交以及群内选择使自身的 A 基因频率逐代提高并成为 AA 纯合群体。按照杂种优势理论,基因型分别为 aa 和 AA 的两纯合群体杂交,其杂种优势肯定明显且稳定,即该杂交组合的特殊配合力已得到提高。

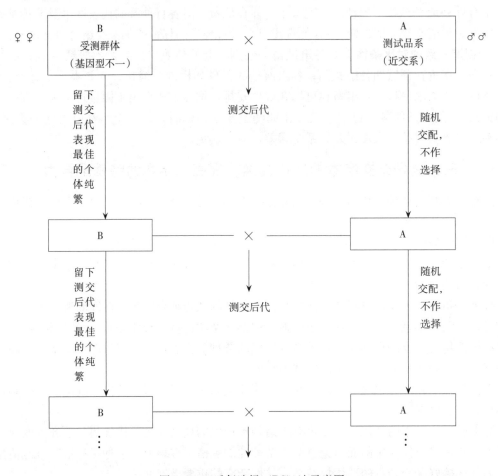

图 14-6　反复选择(RS)法示意图

2. 正反交反复选择法　正反交反复选择法(reciprocal recurrent selection,RRS)是在 RS 法基础上发展起来的提高杂交亲本间特殊配合力的方法,由康斯托克(Comstock)等于 1949 年提出。其思路与方法是:对两个遗传混杂(基因型不一)的非近交群体的每一种畜,按其正反交杂种成绩主要是杂种优势表现进行评定,其中能产生最佳杂交效果的个体则留下纯繁,纯繁后代再进行正反杂交,如此周而复始,继续进行(图 14-7)。最后两杂交亲本群体可能成为一个好的配对,从而提高了该杂交组合的特殊配合力。其理论依据是:杂种优势如果明显则说明,对于一个基因座而言,杂交双方可能均已接近成为纯合子(分别为不同的等位基因的纯合子),否则,后代不可能表现出明显的杂种优势。

RRS 法较 RS 法更符合畜牧业实际,更具实践意义,但由于个体评定均依赖于杂交后裔成绩,故两法都存在世代间隔较长的缺点。目前,RRS 法在畜牧实践中尚未得到普及,对其效果亦存在不同看法,但仍不失为提高二亲本特殊配合力、可供选用的选择法。

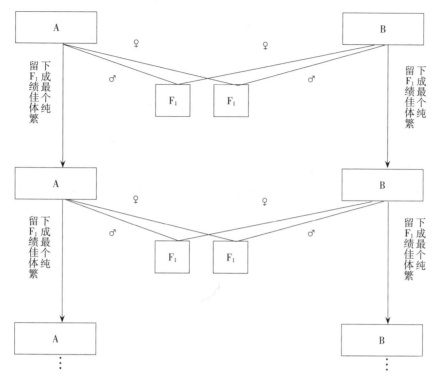

图 14-7 正反交反复选择（RRS）法示意图

四、建立科学的杂交繁育体系

（一）杂交繁育体系的层次与组成

杂交繁育体系（crossbreeding system for commercial production）是有效地开展畜禽育种和杂交利用的一种组织体系。在杂交繁育体系中，既有纯种繁育，又有杂交利用；既有技术性工作，又有周密的组织工作。

1. 宝塔式繁育体系的层次 在国外，一般用宝塔（pyramid）形状来形象地说明繁育体系的结构与层次。就一个品种而言，宝塔式繁育体系一般含三个层次，即核心群 [nucleus, nucleus herd（flock）]、繁殖群 [multiplier, multiplying herd（flock）] 和商品群 [commercial, commercial herd（flock）]（图 14-8），有时则只有两个层次（核心群和商品群）。就杂交繁育体系而言，一般含四个层次（核心群、纯繁群、杂交繁殖群和商品群）。

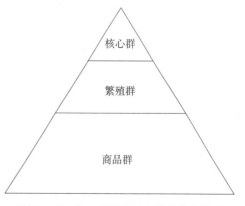

图 14-8 含三个层次的宝塔式繁育体系

下面以三元杂交 [C♂×（A♂×B♀）♀] 为例对四个层次加以说明。

位居塔尖的第一层次（顶层）为核心群。三元杂交共有 3 个核心群。核心群数量很少，通常只占该品种总头数的很小比例，但在本品种和商品畜禽的遗传改良中起着核心作用。核心群在杂交繁育体系中担负杂交亲本的选优提纯任务，即按各该品种在杂交体系中所起作用对相应性状进行科学测定与连续且高强度的选择，力求获得最大的年遗传进展。核心群的公、母畜来自育种群中经科学测定、严格选拔出来的优良个体，有时也来自其他核心群或下面层次中经严格生产考核性能特别优良的种畜。

由于只有对顶层核心群的选择才具有持久和累加的效应，而对较低层的选择不具有这种效应（因已改良的基因会很快脱离这个宝塔），因此，对核心群的测定与选择必须不惜投入资金、人力与物力。

第二层次称为纯繁群（纯种的扩繁群）。由于一般只让母系设立纯繁群，故第二层次又被称为母本纯繁群。其任务是扩繁核心群的种畜，以满足杂交对母本种畜在数量上的需要。繁殖群的种畜来自核心群。

第三层次称为杂交繁殖群。其任务是开展 A♂×B♀，并推广 F_1 仔母畜。

第四层次称为商品群。其任务是开展 C♂×AB♀，并饲养商用后代 C（AB），作为商品上市。商品群母畜主要来自繁殖群，少部分来自核心群。

生产上常提到曾祖代、祖代、父母代与商品代等概念，现以四元杂交为例用图 14-9 表示即可理解。

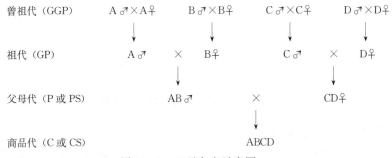

图 14-9 四元杂交示意图

（GGP，great grandparents；GP，grandparents；P，parents；PS，parents stock；C，commercial；CS，commercial stock。若四元杂交体系无纯繁群，则曾祖代群即核心群；若设立了纯繁群，则曾祖代群为纯繁群）

2. 商品畜生产繁育体系的组成 以猪的三元杂交体系为例说明商品畜生产繁育体系的组成。它包括以下组成部分。

（1）原种猪群（场）：即育种猪群（场），是指经过高度选育的种猪群，应包括母本原种群和第一、二轮杂交父本的选育群。原种猪场的主要任务是通过选择改良原种猪品质，不断提高年遗传进展，或培育专门化品系，为下一级种猪群（繁殖群）提供高质量的更新猪。

原种猪场应有较强的技术力量，采用先进技术进行原种猪选育工作，故育种设备要齐全，育种手段要先进科学，并要求运用于育种实际，有好的选育效果。

原种猪场要有明确的育种目标，不同阶段都要有可供检查的经济技术指标。在经营管理上要有一套先进的办法，调动广大育种科研人员和饲养人员的工作积极性。

原种猪场的猪群必须健康无病，最好建立 SPF（specific pathogen free，无特定病原体）猪群。每头猪的生产性能指标要有详细的记录，技术档案资料要完整系统。要定期进行主要传染病的检疫与监测，经常性地进行环境卫生大消毒，确保种猪健康。

（2）种猪测定站：为不断提高种猪质量，改善种猪性能，每个种猪场都应有供本场使用的测定场所。测定猪舍应按种猪测定要求进行规划、设计、建造。种猪测定站不能与原种猪场建立在一起，以防疫病传播。种猪测定站的任务：主要对原种猪群进行测定，为选种提供依据，为引种者提供参考资料。测定站的测定条件要相对稳定，测定规模应依原种猪数和供测猪数量而定。供测猪数量的确定又应服从场内测定方案中关于核心群规模及其留种率与年更新率的规定，并考虑市场对测定猪数量的需求。

（3）人工授精站或称种公猪站：原种猪场为适应育种需要，往往多留种公猪，其公猪留种数量要多于一般生产场的几倍至十多倍，而且这些公猪都是经过性能测定后质量较好的公猪。为了充分利用优良公猪，可以建立人工授精站（种公猪站），以人工授精形式提高优良公猪利用率，减少繁殖场和商品生产场饲养种公猪的数量，降低生产成本，并达到缩短改良时距的目的。

（4）种猪繁殖场：任务是扩大繁殖纯种母猪，同时研究适宜的饲养管理方法和优良的繁殖技术，保证母猪多产、多活、全壮，育成猪生长发育快，饲料利用率高。

（5）杂种母猪繁殖场：即杂交繁殖场，任务是用第一母本的母猪与第一父本杂交生产一代杂种（F_1）母猪。一代杂种（F_1）母猪同样要进行选择，选择生产性能优良、体形好、有效乳头多、体质健壮的小母猪供杂交生产使用。

（6）商品猪场和专业饲养户：任务是用终端父本公猪与一代杂种（F_1）母猪配种，开展商品猪生产，满足市场需要。

（二）改良时距与缩短改良时距的措施

1. 改良时距的概念与意义 宝塔式繁育体系结构内的基因流向是从顶层核心群流向底层商品群。这意味着商品代畜群的累积遗传进展（accumulative genetic progress）来源于核心群所获得的改良。若核心群未获得遗传进展，那么其他层次也就得不到改良。然而，即使核心群取得了进展，也不等于商品群就立即得到改良，因为这种进展从最高层依次传递到最底层需要时间。为使商品畜群迅速得到遗传改良，就需缩短传递时间。为此，Robertson等（1951）第一次提出改良时距的概念，Bichard（1971）又对此概念作了进一步的讨论。此后，在理论、计算法和应用上又为其他学者所发展。改良时距（improvement lag），或称遗传时距（genetic lag），是指任何两个相邻层次间性能的差异，因此，这一术语又可译为改良差距。由于改良差距通常用有利基因（或说遗传进展）沿宝塔往下传递每经一个层次所需要的年数来度量（用之以代表相邻层次性能上的差异），所以，改良时距又可定义为遗传进展从一个层次向下传递到另一层次所需的时间（年）。总的改良时距则是所有相邻层次间时距之和，但用每一层次的基因比例加权。为了通俗表达，亦可将改良时距简单定义为：遗传进展从顶层核心群向下传递到商品群，使商品群也得到改良所需要的时间（年）。因此，必须设法缩小改良时距，加快核心群遗传进展在繁育体系中的传递速度。

缩小改良时距有着重要意义：①可使商品畜群及时享受到育种群的改良成果，从而加快商品畜禽的遗传改良；②在经济上，商品畜禽的快速改良使得对育种群的大量投入能迅速地、成百倍地得到回收。

2. 影响改良时距的因素 影响因素有三个：①宝塔式繁育体系层次的数量。比如取消纯繁群这个层次并扩大核心群，不仅能保证下面层次对种畜的需要，还有利于核心群种畜质量的提高，同时可促进核心群直接向杂交繁殖群和商品群供种、供精，从而加快了下面层次畜群的改良速度。②较低层次所用公、母畜的来源与个体质量（遗传优越性）。如纯繁群、杂交繁殖群和商品群的公畜或使用的精液来自核心群的比例越大，个体质量越好，则改良时距越短，图14-10可说明这一点。③各层次畜群的年龄结构。纯繁群、杂交繁殖群和商品群中年轻公母畜的比例越大，则改良时距越短。

可见，争取有利基因从核心群迅速传递到商品群是商品畜禽生产繁育体系建设中的关键问题之一。结合我国当前情况尤为如此。

顺便指出，以上讨论的都是基因从核心群往下流动。由于没有基因往上流入核心群，因此这种方案称为闭锁核心群育种方案（closed nucleus breeding scheme）。这种情况在实践中最为常见。然而仍可发现，在较低层的畜群中存在着很大的变异，以至出生于较低层次的某些个体其性能反而比更高层次的某些个体好。因此，将种畜从较低层向较高层次甚至向核心群（如果个体很

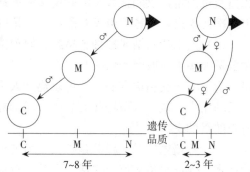

图14-10 改变宝塔较下层次公猪的来源，可导致改良时距的变化示意图
（引自彭中镇等，1994）

优秀的话）转移就具有很大的意义。另外，有时核心群为了满足育种的要求，需要扩大自己畜群的遗传基础，或者进行超多产选择，也会出现从较低层猪群引进种畜的情况。这就等于开放了核心群。开放核心群有其一定的优点，年选择反应可能提高，核心群的近交增量也可能降低。因而出现了所谓的开放核心群育种方案（open nucleus breeding scheme）。这一方案被定义为：核心群向较低层次中的最好个体开放，从而导致基因向两个不同方向流动，既往下又向上。广义的开放核心群育种方案还包括从别的核心群引入种畜的情况。开放核心群对于商品畜生产繁育体系的建设具有一定意义。

一个完整的繁育体系，首先要求核心群有较大年遗传进展，而且要争取核心群的这一改良成果能迅速地传递到最底层。因此，繁育体系实际上是一个遗传进展的产生与传递体系。

3. 缩短改良时距的措施 为加快核心群的遗传进展传递到商品群的速度，缩小改良时距，根据我国情况，在杂交繁育体系建设中应着重采取以下措施。

（1）人工授精中心所用公畜，必须是来自育种场或种畜测定中心的最优秀公畜。开展配套杂交的场，所用公畜应来自育种场或质量高的公畜人工授精中心，开展杂交的群（场）与人工授精中心，均不得从纯繁场引入公畜，不得自己繁殖配种用公畜。

（2）无必要设立父本纯繁群，特别是终端父本纯繁群。社会所需父本公畜数量少，育种群已能满足需要。父本育种场一般不应出售母畜。

（3）母本纯繁群更新所用公畜必须来自育种群，不宜由本群选留补充，也不宜来自其他母本纯繁群。更新用母畜，一部分亦应来自育种群。

（4）母本纯繁群、杂交繁殖群和父母代种畜的年龄结构应合理，年更新率不能过低。

（5）育种场出售的父本公畜和母本公、母畜，种畜测定中心出售公畜，均应按质论价、分级作价、保证质量。一般应在测定期结束后出售，并给客户以证明。经育种场和种畜测定中心测定过的公畜，最好的应输送到人工授精中心或用于更新核心群；中等的酌情处理；最差的淘汰，禁止作为种畜出售。

第十四章 杂种优势的表现规律及其在商品畜禽生产中的利用

只有做好以上工作，商品群才能充分享受高层次群（场）的改良成果，才能提高育种产出，使核心群为遗传改良所投入的大量资金迅速地、成百倍地回收，使产品具有较强的竞争力。

习 题

1. 名词解释：杂种优势，杂种优势率，一般配合力，特殊配合力，改良时距，正反交反复选择法。
2. 为什么要利用杂交法来生产商品畜禽？
3. 杂种优势有哪几种类型？杂种优势能固定吗？
4. 杂种优势的表现有哪些规律？
5. 杂交亲本种群为什么要选优提纯？
6. 商品畜禽生产常用的杂交方式有哪些？这些杂交方式各有什么特点？
7. 怎样建立科学的杂交繁育体系？为什么说杂交繁育体系就是一个遗传进展的产生与传递体系？
8. 简述影响改良时距的因素。可采取哪些措施来缩短它？

第十五章
配套系培育及其利用

畜禽配套系的培育及其在商品生产中的利用优势明显，是杂种优势利用的深入，已成为在当今养禽业和养猪业中推进产业化发展、提高商品生产水平的举措之一。我国在这方面已取得一定进展。农业部已颁布《畜禽新品种配套系审定和畜禽遗传资源鉴定办法》（2006年6月），国家畜禽遗传资源委员会又颁布《畜禽新品种配套系审定和畜禽遗传资源鉴定技术规范（试行）修订稿》（2010年10月）。在鸡中，我国已创造出较多自己的配套系，其次是在鸭中，在猪中也先后培育出一些配套系，并经国家畜禽品种审定委员会审定；对引进的蛋鸡、肉鸡、鸭以及猪的配套系的推广利用也得到主管部门的支持。配套系的引进、利用与自主创新在我国禽、猪商品生产中已发挥出重要作用，尤其在养鸡业中。然而，在认识、技术和组织工作上仍存在一些亟待解决的问题。本章将对配套系的概念、培育畜禽配套系的必要性、配套系的培育方法与推广利用特点进行讨论。

第一节 配套系的概念

一、配套系的定义

在专门化品系选育基础上，以几个组的专门化品系（3个或4个品系为一组）为杂交亲本，通过杂交组合试验筛选出其中的一个杂交组合作为"最佳"杂交模式（crossing pattern），再依此模式进行配套杂交所得到的产品——商品畜禽即称为hybrids，也就是国人所称的配套系。前面已提及：杂交模式＝杂交方式＋亲本搭配＝杂交组合。

当然，这里说的杂交亲本（我们称之为"亲本系"或"亲本品系"）不一定100%都是专门化品系，部分亲本系也可以是合成品系，或者地方小型品种猪中的近交系与封闭群等较纯的群体等，它们都可以按其在杂交体系中所处地位参加杂交组合试验。

如果对此定义做进一步的伸展与解析，可理解到，这种商品畜禽是依靠一个经专门试验筛选且经生产检验证明是可靠的、用固定的几个专门化父、母系按固定的杂交方式像"配方"一样杂交生产出来的。由此推知，广义的配套系亦可理解为：配套系是依杂交组合试验筛选出的已被固定的杂交模式生产种畜禽和商品畜禽的配套杂交体系。

自然地，就出现了某某配套系的曾祖代、祖代、父母代种猪/种禽，某某配套系商品猪/商品禽（图15-1、图15-2）以及配套杂交、系间配套杂交、三系配套杂交、三系配套、品系配套等叫法。由此也可将配套系称作杂交配套系或商品杂交配套系。只要正确理解配套系的真正含义，无论何种叫法都不会误解它们。

不管有多少相关术语或者对配套系概念有什么争议，都应承认一个事实：要是被称

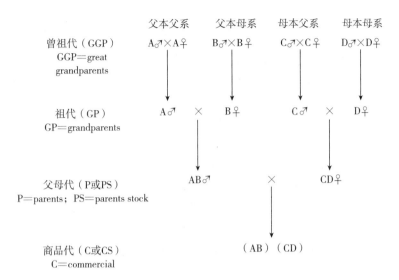

图 15-1 四系配套杂交模式图
（A、B、C、D 均为品系代号）

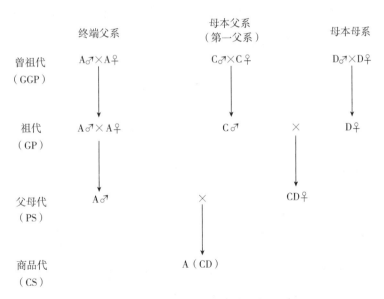

图 15-2 三系配套杂交模式图
（A、C、D 均为品系代号）

为配套系的商品畜禽的产肉、产蛋等性能表现不出色、不稳定、市场竞争力不强、没法推广开，仅限于本企业使用，市场价值和综合效益都不高，甚至配套系审定后不久即消失，那么这个配套系就没多大意义，前景堪忧。因此，衡量配套系的质量与生命力最终要看其商品代、商品畜禽的表现，看实实在在的推广量，看用户是否认可、是否引进配套系种畜禽。这也就是配套系为何指的是用多个专门化品系按照杂交试验筛选出来的"最佳"模式进行杂交所获得的商品畜禽的根本原因。可见，前一狭义的配套系定义是最基本的。

二、配套系一词的来历及与之对应的英语表达词

配套系这一汉语术语是由我国学者提出的，优点在于形象和通俗。从英文文献中可体会到：配套系即 hybrids，如施格配套系记为 Seghers hybrids。hybrids 在猪中也称 hybrid pigs/hybrid swine，多译作杂优猪，在鸡中也称 hybrid chicken，多译作商品杂交鸡。英文文献中的 hybrids 这一术语十分重要，对于理解配套系的含义很有帮助，有利于正确认识配套系的概念与实质。

配套系在英文文献中的对应词除 hybrids 外，还有 commercial line。Mc Glone 等在 commercial line 一节中指出：commercial line 是北美和西欧用得最多的商品猪类型（type），商业种猪公司一般不卖纯系（purebred lines）的公、母猪，只卖来自遗传系（genetic lines）也非来自品种的 hybrid animals；该节还专门介绍了 PIC 和 DeKalb（迪卡）猪，并提到了英国的 NPD（recently purchased by PIC）、Cotswold（科茨沃尔德）和 Newsham 猪及其他欧洲国家的 Seghers（施格）、NPD 和 Dalland（达兰）猪。

第二节　为何要培育配套系

一、配套系商品畜禽比一般商品畜禽具有更大的优越性

（一）配套系商品畜禽具有更大优越性的表现

（1）杂种优势更明显。

（2）商品代性能更好且全面（优良性状较其曾祖代、祖代、父母代都多），有的学者甚至将其称为"全能"猪等。

（3）配套系商品鸡、鸭、猪的商品价值高，能带来显著的经济效益。PIC 猪之所以享誉全球，正是由于其商品肉猪优异。

（二）配套系商品畜禽具有更大优越性的原因

1. 从培育措施上分析

（1）杂交亲本不同：配套系商品畜禽的杂交亲本多为专门化品系（specialized line），包括专门化父系（specialized sire line）和专门化母系（specialized dam line）；而一般的商品畜禽的杂交亲本多属通用品系（dual-purpose line），又称一般品系（single line），或者品种。

（2）杂交亲本间是否已配套不同：生产配套系商品畜禽的杂交模式，已通过杂交组合试验证明它在一定条件和一定期限内相对最佳，值得将此杂交模式固定下来，可继续按此配方配套杂交、配套制种供种、配套生产。也就是说不论是哪个父系和母系，在杂交体系中都已各就各位，一般不得随意变动，除非市场发生了变化。

而生产通用品系间杂种的杂交模式，由于未经专门试验，难于定型，难于坚持，可以变动，除非有特殊规定（如规定某地区只能推广某种杂交模式）。

2. 从遗传学原理和生产角度分析

（1）专门化品系配套杂交能使杂种优势更为明显：原因如下。

①专门化品系的遗传纯度相对较高；杂种优势表现规律之一是杂交亲本越纯，后代的个体杂种优势越明显。因此，配套系的父母代种猪和商品猪均可获得更明显的个体杂种优势；三系配套时，父母代母猪还可获得更明显的母本杂种优势；四系配套时，父母代公猪、母猪

可获得更明显的父本杂种优势和母本杂种优势。

②专门化品系间的遗传差异较品种间的遗传差异大：杂种优势表现规律之二是杂交亲本间遗传差异越大，杂种优势越明显。因此配套系的种猪与商品猪杂种优势更明显。有人怀疑四系配套时，父母代公、母猪是杂种可能会影响到商品猪身上表现的杂种优势。其实不然，因为它们是不同类型的杂种，彼此间的遗传差异仍然很大。

③配套系培育过程中必须进行杂交组合比较试验，恰恰是这一措施有可能将有关性状的杂种优势更加明显的"最佳"杂交组合筛选出来。

（2）专门化品系的配套杂交所产生的商品畜禽更能充分反映亲本性状的互补性：原因如下。

① 专门化父系和母系的选育过程，有可能使每个系均具有各自的突出优点。

② 不同亲本优点的互补性，可随亲本数目的增加而增强。配套系培育所用专门化品系数目我国已规定必须在三个以上。

③ 因预先做过杂交组合试验，故可能将互补性最强的组合挑选出来。

（3）专门化品系的遗传纯度较高，可带来配套系商品代群体的性能稳定、整齐度好、产品规格化程度高。

二、配套系的商业应用更适合于产业化经营，有助于畜禽业的产业化发展

产业化的基本特征是：以市场为导向，以效益为中心，对某种经济如畜禽业经济的重点产品，按市场化、社会化、集约化的要求，形成多层次、多形式的有某种特色的产业实体，以达到产业区域化、组织集团化、经营市场化、管理企业化、服务社会化、效益最大化的目标。其实质内容就是生产专业化。

由于配套系的商业应用，生产配套系商品畜禽这种产品需要按照筛选出的"最佳"杂交模式进行配套杂交，依代次组装、分层次制种。如以四系配套杂交为例，需按以下代次、层次进行：在纯繁场进行纯繁制种，提供单性别种畜→在杂交繁殖场进行杂交制种，提供单交种畜→再进行第二次杂交，提供双交后代，即商品畜禽。注意：纯繁场或育种企业只肯向下一级杂交繁殖场或者用户提供亲本系的单一性别种畜。这样异常严格的制种、供种方式给企业与用户带来了互利双赢。因为强调杂交模式的定型与此种供种方式才能使用户重复其优良性能而获得预想的经济收益，也才有利于企业本身立于不败之地。这种真正的分层次、专业化的生产方式无疑会为从事配套系培育的育种企业发展产业化经营创造有利条件。

三、培育我国自己的禽猪配套系有其必要

原因有二。

1. 配套系有其优越性 已如上述。

2. 我国具有得天独厚的宝贵地方畜禽资源 若能在配套系培育中，将经一定程度选育的纯种地方猪作为母本母系加以利用，一是有可能培育出具有中国特色、能满足多样化市场需求的配套系名牌；二是作为配套系培育的育种素材来利用，有利于推动地方猪的保护工作。有个不错的例子，滇撒猪配套系就是以云南地方品种撒坝猪的专门化母系为母本母系经三系配套杂交培育出来的。

综上可见，配套系的培育和利用属于杂种优势利用的范畴，是杂种优势利用的深入，是杂种优势利用的高级形式。配套系不是品系，也不是品种，不能说配套系是由几个专门化品系所组成的，只能说专门化品系是配套系的亲本品系。

第三节 畜禽配套系的培育方法

一、应参照国家相关技术规范执行

全国的猪/禽配套系培育工作都应参照国家相关技术规范执行。国家畜禽遗传资源委员会文件《畜禽新品种配套系审定和畜禽遗传资源鉴定技术规范（试行）修订稿（2010.10）》规定猪/禽配套系审定的基本条件是："除具备新品种审定的基本条件外，还要求具有固定的杂交模式，该模式应由配合力测定结果筛选产生"。审定的其他条件参见上述文件，配套系还应有相应的商品名称。

在适用于猪/禽配套系审定的新品种审定基本条件中还有几点值得注意：血统来源基本相同；有明确的育种方案；至少经过4个世代的连续选育，核心群有4个世代以上（鹌鹑要求6个世代以上）的系谱记录；健康水平符合有关规定；经中间试验增产效果明显。

二、培育步骤

借鉴国外经验，参照国家法规，结合编者见解，从实际出发，配套系培育应按以下程序与步骤进行。根据当前国情，第二、第三个步骤应是基本的，不可或缺，杂交组合试验更是其中最重要但又最容易被看轻或由于经济原因最难于实施的步骤。

（一）育种素材的搜集与评估

畜牧业发达国家的一些大型家禽、猪育种公司一般都建有大的、多样化的素材群，如蛋鸡和肉鸡素材群一般都保存数十个种群（品种或品系），以便依据对不同国家市场、不同消费者需要变化趋势的预测，作出选育目标的决策，适时地培育出新的专门化品系［家禽中常称为纯系（pure line）］。建立育种素材群的过程，实际上是一个引种的过程。如施格集团为培育猪的配套系，从世界各地，主要是欧美国家，先后引进了20多个品种与品系。迪卡公司也拥有16个育种素材猪群。PIC公司也保存包括我国梅山猪在内的多个群体，还组建和选育出具有差异的、分散在世界各地的、基本能满足不同生产者和消费者需要的27个纯系（遗传系），其中在英国、法国和美国就有近20个具有不同遗传特性的品系。它们的配套系种猪也已分布30多个国家。

引种后都要经过性能观测、评估并保存。保存的方法类似于传统的遗传资源保存法，旨在尽可能地防止某些等位基因的丢失。

（二）培育若干个专门化父系和母系

此步骤是要选出合适的种质资源，采用合适的方法，培育出若干个各具特长的专门化父系和母系。配套系商品畜禽的质量在很大程度上取决于各亲本品系的质量。

1. 关于选育方案 选育方案必须明确：①是培育父系还是母系。②每个系的特长是什么，指标多高。③性状间是否存在拮抗情况，能否分别在不同的系中来选择。④新品系基础群如何组建。对质量、规模与血统（家系）数如何要求。⑤用什么方法加快主选性状的遗传进展。繁殖性状与产肉性状各用何种途径来改良。⑥最终达到何种遗传纯度以及如何达到。

2. 关于基础群组建　一开始应摸清现有各品种畜群家底：譬如对来自不同国家、不同场、不同血统以及不同家系的畜群，从档案到现场，了解它们的性能与外形，梳理出各自的优缺点；统计分析各种性能与外形的总体水平与变异度；编制猪群系谱图，标出个体近交系数，分析彼此间的亲缘关系。若血统数（三代之内无亲缘关系的家系数）过少，变异度小，或性能偏低，则应引种。

3. 关于专门化品系的选育法　可灵活掌握，不拘一格，讲求实效。应根据各系培育目标、预计在杂交体系中所处位置与各场情况来确定。可以是纯繁（品种内或品系内选择），亦可杂交合成；可以是群体继代选育建系法，亦可结合近交建系或系祖建系中可取之处，亦可加以改进或数法结合进行。

关于群体继代选育建系法，要注意的是该法的第一阶段为"实施开放策略选组基础群阶段"，第二阶段为"闭锁繁殖选育阶段"。在第一阶段首先要对现有畜群调查摸底，然后按设计进行引种，再由经性能测定证明在该系主要选择性状上表现优良的个体组成基础群。进入第二阶段实行一年一个世代的多世代闭锁繁殖、随机交配、严格测定和选择。注：不能把群体继代选育建系法等同于闭锁选育法，因为第一阶段往往需要开放。

对于在品种内选育以低遗传力性状如总产仔数为突出特点的专门化母系，则须采用特殊的选择法，具体方法可参见本教材第十六章第五节。

场内测定与选择时尽可能结合基因/标记辅助选择和基因组选择，建议采用两阶段选择法。

4. 我国优异地方品种在某些配套系的亲本系中应占有一定位置　有条件时，可考虑在地方品种中选育专门化母系作为配套系的亲本。甚至可试着在国外引进品种中导入我国优异地方品种血液培育合成系作为配套系的亲本品系。

（三）开展数个杂交组合的比较试验，筛选"最佳"组合

理论与实践均表明，配合力测定即杂交组合试验这一步骤是不能省略的。

1. 杂交组合试验注意事项　杂交组合试验是件十分费钱之事，总规模不可能很大，应当争取以最少的花费获得高效、可靠的结果。建议在开展数个杂交组合比较试验时要注意以下六点。

（1）宁可在用推断法即根据已有知识和经验、对各亲本和各杂交组合特点的初步了解、对父母本的要求（如杜洛克和皮特兰猪就没有必要作为母本来参加杂交组合试验）和杂种优势表现规律的基础上，压缩参试组合数，以求得每组的适宜样本含量，也不能以牺牲样本含量为代价、盲目追求参试组合数，导致冒提高犯 II 型错误概率之险。每个杂交组合的测定头数一般至少 30 头，胴体组成与肉质测定头数也必须维持此数。样本含量越大，抽样误差越小，所得结果越能代表总体情况；样本含量小，特别是在 μ_1、μ_2、$\cdots$、μ_k 间差异较小时，进行差异显著性检验，易犯 II 型错误，易把真差错判为误差。为了不盲目追求大样本，事先估计每组最低样本含量也是个重要问题。

（2）应设亲本品系纯繁对照组。每个纯繁组的样本含量应和各杂交组合相同，至少为 30。

（3）应有经过论证的试验设计方案，且从选取亲本及其配种抓起，不可临时凑合参试个体。

（4）各组内参试个体的确定，宜采用分层按比例随机抽样法。

(5) 为各组各个体创造相对相同的环境条件。特别要对极易忽视的一个问题采取对策，即让全部参试个体都能自由采食（每个个体都能随时采食到饲料，不计个体采食量，只按组统计群体耗料量），不能限量饲喂。为此，应自制或购置科学设计的自动（落料）食槽。

(6) 避免产生系统误差，如分组时的分配误差以及测定时的人员误差与顺序误差。

2. 确定参试组合的一个实际问题 以猪为例。有些在世界上广为分布的品种如原产丹麦的兰德瑞斯猪（我国称之为长白猪）被引入不同国家后，由于消费要求、选种标准、饲料条件、生态环境方面的不同，有的还存在来源上的差异，使得不少国家的兰德瑞斯猪已成为自己国家的独立的品种了。有些国外学者发表论文在描述试验材料时，常在"Landrace"前冠上自己国家的名字，这绝非偶然。如德国，1953 年宣布育成了德国长白猪（German Landrace pigs）。在来源上的差异，仅编者即可举出三个例子：挪威长白猪（Norwegian Landrace pigs）是利用 1900 年引进的丹麦猪与当地中白猪杂交选育而成的；德国长白猪是由 1904 年引进的丹麦猪与大白猪杂交育成的；美国长白猪（American Landrace pigs）则是在 1934 年和 1954 年引进的丹麦长白猪与挪威长白猪的基础上育成的，显然属于不同的品种。

基于上述，在培育配套系过程中进行杂交组合试验设计时，可以经过引证将有些欧美国家的长白猪视为独立的品种，大白猪和杜洛克猪也有类似情形。因此，常用到的两个"外三元"杂交组合——杜长大［杜洛克×（长白×大白）］和杜大长［杜洛克×（大白×长白）］，实际上就远不止两个杂交组合。面对此情，拟进行杂交组合试验的企业，都应事先预估宜用哪几个国家的哪几个品种组合起来，作为参试组合更为合适。

（四）进行品系配套杂交制种和生产商品猪，边中试边推广

分三步走：第一步，配套杂交制种。指按筛选出的"最佳"杂交模式进行配套杂交，依代次组装、制种，将种畜禽推向市场，启动商品生产。以四系配套杂交为例，首先是纯繁制种，提供单性别种畜，即 A♂×A♀→A♂；B♂×B♀→B♀；C♂×C♀→C♂；D♂×D♀→D♀；接着是第一次杂交制种，提供单交种畜，即 A♂×B♀→AB♂；C♂×D♀→CD♀；最后是第二次杂交，提供双交后代，即商品畜禽：AB♂×CD♀→（AB）（CD）。第二步，小试。第三步，边中试，边推广。

至此，可认为配套系已培育成功。但培育成功后仍需继续对亲本系改良，继续测定与选择。没有亲本系的"水涨"，就不会有终产品的"船高"。另外，专门化品系存在维持的问题，有些系需要维持多年，有些系则随着市场的变化而较早地被更新。在加拿大工作的楼梦良博士在介绍家禽育种新技术时谈到："世界上不少的蛋鸡纯系经闭锁选育并维持了 30 年之久。各公司都有自己的一套纯系的选育、复制、维持与利用的程序"。

配套系商品鸡、猪的性能比较全面，有时甚至被称为"全能"鸡、"全能"猪，但要注意，不能用商品代公母畜禽进行互配繁殖再用于商品生产，否则后代分离严重，杂种优势与性能迅速下降。

三、工作流程

猪禽配套系培育工作流程见图 15-3。

第十五章 配套系培育及其利用

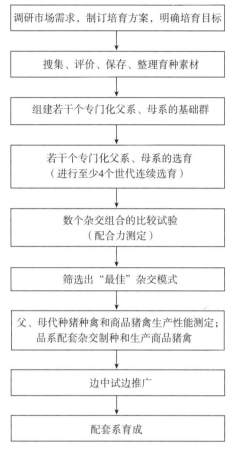

图 15-3 猪禽配套系培育工作流程

四、培育工作中当前存在的主要问题

以猪为例。

(1) 在参与配套系培育的杂交亲本种群中，专门化品系占比少。专门化品系总数也偏少，较难满足培育多样化的配套系的需要，也难于组织有效的杂交组合试验。有的专门化品系，专门化程度不够高，特点不够突出。专门化父系和母系分化不明显、差异不大。在纯种中选育高产仔母系的方法不够正确或规范。

(2) 专门化品系的选育不够严格和科学，与"至少经过 4 个世代的连续选育"和"有 4 个世代以上的系谱记载"的要求有一定距离。有的并不"连续"，而是断断续续，不能清楚说出选育措施与选育年份，材料零散；有的只有最后一两个世代的性能记录。在选种的核心措施——性能测定方面，有的基本上未列出或者不列出每个世代的入测头数、始测和结测日龄与体重、选留头数、留种率、主选性状育种值、选择差、选择强度以及平均近交系数。主要性状有的未经校正。也少见总结出在选育方法上有何创意，甚至还有的在选育方法（包括生产性能测定）上只见口号而不见具体措施与数据。

(3) 有的品种内高产仔系的培育竟然在短短数年内就获得遗传进展，但未说明对这种遗传力低的性状是怎样通过选择取得遗传进展的，采取的是何种特殊选择法，或者已列出选择法，但空洞无物。

（4）有的配套系报道只有亲本品系最后一两个世代的成绩，以及商品代的性能表现，而缺乏配套系父母代公猪（四系配套杂交情况下），或者父母代母猪（三系配套杂交情况下）的性能表现。

（5）对杂交组合试验的必要性认识不足。导致有的配套系培育过程中未开展或基本未开展杂交组合试验。有些虽已开展杂交组合试验但不规范，体现不出试验设计的对照、随机、重复、均衡四原则。表现在：①盲目追求参试组合数，参试组合偏多。②每组的样本含量过少。③未设亲本纯繁对照组，缺乏各类杂种优势数据。④试验期中为试畜创造相对一致的环境条件做得不够，特别是未真正做到自由采食。⑤有的不列出每组试猪的头数。⑥极端的情况是：根本不组织同期对比的杂交组合试验，只有近几年来零星进行的少量且十分粗放的小型杂交试验所得到的带经验性的数据，且不交代试验年份与所处条件，也不经任何统计处理就"拼凑"出所谓的"最佳"杂交组合的结论。各组合若不进行同期对比，统计技术又未跟上，后果是各参试组合缺乏可比性，甚至得出错误结论。

（6）配套系培育中的两个关键步骤——选育专门化品系和开展杂交组合试验十分费钱，但投入不足，联合机制尚未建立。

第四节 配套系推广利用的特点

配套系推广利用的主要特点是：培育配套系的企业只能严格按既定的（已固定的）杂交模式配套地向用户供种，一般只向用户提供亲本系的单一性别的种畜禽。

培育配套系的企业颇强调杂交模式的定型与此种供种、推广方式绝非偶然。因为只有这样，才有利于已定型的"配方"——杂交模式的实现；只有此种供种方式才能最大限度地让商品畜禽达到原已达到的高而稳定的杂种优势、强的性状互补能力以及经济技术指标，才能使用户从其优良性能获得预想的经济收益；企业本身也才能立于不败之地。总之，此种供种方式更有利于企业与用户互利双赢。

习 题

1. 何谓配套系（狭义、广义）？配套系与品种有何不同？有人说"配套系由多个专门化品系所组成"，这种说法错在哪里？
2. 简述配套系的优越性。为什么会有这些优越性？
3. 培育配套系一般要经历哪几个步骤？关键步骤是什么？
4. 配套系培育过程中为何要抓住杂交组合试验这个环节？

第六篇　新品系与新品种的培育

　　以上各章已对家畜育种的三大基本技术环节——选种、近交、杂交，以及相关问题进行了详细的阐述。本篇的第十六章和第十七章将讨论如何把它们综合运用于新种群——新品系和新品种的创造中去。

第十六章 新品系的培育

第一节 品系的概念与类别

一、品系的概念

品系（line，strain）一词在畜牧生产和畜牧科学上应用已久，随着畜牧业生产水平和育种技术的提高，品系繁育方法的不断改进，品系的概念也在不断发展。

品系有较多类别。不同类别的品系在概念上有所差别，但仍有其共同点。总的说来，品系是指具有共同的、但又有别于其他群体的突出特点（突出优点），并能将这些特点相对稳定地遗传下去，且有一定的遗传纯度，个体间有一定程度的亲缘关系，有一定数量（但比品种的数量少得多）的种畜群。品系可在品种内培育（作为品种的结构单位），亦可用不同的品种或品系杂交在杂种的基础上育成。

二、品系的类别

按照我国学者陈效华从历史发展的角度对品系的分类，家畜的品系大体可分为单系、近交系、群系和专门化品系等几类。他把培育单系、近交系、群系的方法分别称为系祖建系法、近交建系法和群体继代选育法。

（一）单系

单系（monoancestor line）是指在品种内以一头卓越个体（系祖）为中心所建立起来的，使各个体都基本具有系祖突出特点（在外貌特征和某些经济性状方面）的品系。卓越的系祖通常是公畜而不是母畜，这是因为公畜的后代比母畜多，这样就能提高后裔测定的准确性，从而更好地证明该系祖是卓越的。

建立单系的育种法称为系祖建系法。此法强调某些个体与该系祖保持较高程度的亲缘关系，并试图使卓越系祖的突出特点在其后代中得到反映，使该畜群具有与系祖类似的突出特点。

该法在已发现并已通过后裔测定证明系祖确为出类拔萃者时使用。

单系在历史上出现最早，其建系法是人们在发现某些优良畜群往往是个别优秀个体的后代的基础上发展起来的。

单系多以该系祖的编号或名字命名。

（二）近交系

近交系（inbred line）是指采用高度近交法建立起来的一个遗传纯度和遗传相似性较高或很高的群体。

使用的近交程度依畜种而异。在一般家畜中要求后代的近交系数达到 37.5%；对于鸡，要求至少达到 50%；对于小鼠等实验动物，要求连续进行全同胞交配或亲子交配 20 代以上，近交系数和亲缘系数分别超过 98.6% 和 99.6%，个体间的遗传相似程度几乎达到同卵双生间的程度。

猪、鸡中近交系的培育，是在玉米自交系双杂交（double cross）育种法取得成功的启示下进行的。到 20 世纪 50 年代，在猪、鸡中已累积了一定量的工作，如美国曾培育 100 余个近交系数在 30% 的猪近交系，英国曾建立起 146 个近交系数达 40% 或 40% 以上的大白猪近交系，但由于近交过程中近交衰退严重（主要是初生窝仔数低，初生重和断奶重小），仅有极少数近交系能生存下来而未见成效；在鸡中，由于体小，繁殖力比猪高，对近交的耐受力比猪强，近交系的培育获得了一定效果，在生产中取得了一些成就，但建系成本很高。由于在畜禽中还未能得到像玉米那样的效果，在实践中基本上放弃了通过培育近交系以提高商品生产的这一途径。

（三）群系

群系（polyancestor line）是指由群体继代选育法建立起来的、某一两个性状较突出且个体间差异较小的多系祖品系。

此法明确地提出品系育成时必须达到一定的标准，如猪群系的主要标准是：①性状突出，整齐度较好。性状突出指的是育成时该系特长（某一两个性状）明显，群体平均水平较高。②群体平均的同源纯合子概率和个体间平均亲缘相关程度达到一定水平。具体要求平均近交系数达 10%～13%（最高不超过 15%）；平均亲缘系数在 20% 以上（这意味着各个体间平均相当于半同胞间的遗传相似性），同时任意抽出两个体彼此间的亲缘系数都在 10% 以上（这意味着最低要达到堂兄妹间的遗传相似性）。③达到以上要求的个体有一定数量。

群体继代选育法有别于系祖建系法和近交建系法，比较注意先开放以建立基础群，保证基础群的质量，后闭锁以继续选优提纯。闭锁不是绝对的，闭锁阶段视情况亦可采用不完全闭锁形式。此法是群体遗传学和数量遗传学应用于家畜育种的产物，是以个体为研究对象转变为以群体为主要研究对象的结果。

群体继代选育法主要用来改良遗传力高或中等的性状。对于像初生窝仔数那样的遗传力低的性状，群体继代选育法无能为力。

群系多以该品系的特长命名，如快长系等。

（四）专门化品系

专门化品系（specialized line）是指具有某方面突出优点，并专门用于某一配套系杂交的品系。它包括专门化父系（specialized sire line）和专门化母系（specialized dam line）两类。

专门化品系不但在经济性状上具有特长，而且具有两个特点：①宜于用作杂交父本还是母本已经固定，因而专门化品系有专门化父系和专门化母系之别；②最适于与特定的品系杂交，表现出良好效果。

专门化父系与母系的概念是由史密斯（C. Smith, 1964）提出的。他所依据的原理是，确定每个系的育种目标要根据它在杂交体系中所起的作用，因此他认为，杂交父母本所选择的性状应有所不同，父系可考虑选择生长速度与胴体组成，而母系则选择初生窝仔数。

专门化品系是通用品系（general purpose line）亦即一般品系（single line）的反义词。

专门化品系较之于通用品系有以下优点：①生产性状与繁殖性状分别在不同的系中进行选择，一般情况下比在一个系中同时选择效率更高，特别是当这两类性状存在不利的遗传相关时；②专门化品系间杂交的互补性更为明显。专门化品系的建系法，前述的几种方法均可采用，但以群体继代选育法居多。

（五）合成品系

其实，合成品系（synthetic line）一词，只是为了强调有些品系是在两个或两个以上品种或品系有计划杂交得到的杂种基础上选育出来的系，而不论其采用何种建系法。

在培育合成品系时，参与杂交的品种和品系数往往不加限制。有些育种者采用很多的品种或品系，在数年间实行自由杂交，并实施个体选择。

建立合成品系的优点是，通过杂交可扩大变异，能较快地育成理想中的杂交亲本。不过，此法基础群宜大，否则不易成功。

第二节　培育新品系的意义

（一）可为商品生产中的杂交利用提供良好亲本

理论与实践证明，隶属于不同品种或遗传来源不同的品系间的杂交，比品种间杂交优越。由于品系群体相对较纯，属不同品种的品系间杂种优势更明显且稳定；后代群体的一致性较好，更能适应集约化大生产对商品畜禽规格化的要求。另外，专门化品系间杂交的互补性更为明显。一些具有很高的负遗传相关的性状（如产蛋数与蛋重），很难在同一选择群体中兼得，若能在不同的品系（如专门化母系和父系）中来解决，然后进行系间杂交，就可使商品用后代的性能更为全面，如商品鸡既具有较多的产蛋数又有较大的蛋重。

（二）可为配套系培育过程的第一阶段提供专门化品系作为亲本系

在配套系培育过程中，首先需要培育若干个专门化父系和专门化母系，然后选择多个专门化父系和多个专门化母系进行杂交组合试验，筛选"最佳"组合，确定"最佳"杂交模式，再依此模式进行配套杂交。因此，新品系培育是配套系培育的基础和前提，没有优良的专门化品系就无法开展配套系培育。

（三）可加速现有品种的改良

把一个品种需要重点改良的性状分散在不同种畜群中来完成，即在一个品种中建立若干个各具不同特长、相互隔离的品系，然后进行系间结合，再在其后代中培育新品系，如此循环往复，就能使品种质量逐步得到提高。

畜禽的性状极其复杂，一个品种需要重点改良的性状往往较多。例如，细毛羊既要提高剪毛量、净毛率、毛的细度和密度以及油汗品质等，也要提高生长速度、繁殖率等，同时也要求它具有强的抗病力、适应性和生活力。如果同时选择这么多性状，其选择差必然要降低，从而使遗传改进缓慢，收效甚微；如果顺序选择，逐个提高，不但费时，有时甚至还不可能，因为有的性状之间呈现负相关（如产奶量与乳脂率）。但是，倘若将这些性状的改良提高任务分别在不同畜群中去完成，每个品系只重点选育某一性状，则这些性状就容易得到提高。在这些性状都得到提高之后，再通过有计划的系间杂交，就可将这些性状在更高一级的水平上结合起来，形成兼有多个优良性状的新品系。如此不断地分化，又不断地综合，就能使品种的质量不断地在新的水平上得到全面提高。

(四) 可促进新品种的育成

在新品种培育过程中适时建立品系，不但有利于理想型杂种群遗传性的稳定，而且也是完善品种结构、系统地建立品种的异质性所必需的。各国许多新品种的育成过程中都建立过若干品系。

讨论至此，应该介绍品系繁育一词了。品系繁育（linebreeding），又译作品系育种，狭义的仅指培育新的品系本身，广义的则不仅指建系，还包括如上所述的品系的利用。

第三节 系祖建系法

系祖建系法是建立单系（单系祖系）的方法，是一种经典的、在历史上出现最早的建系法。

此法的基本思路是：①让一头卓越系祖（outstanding ancestor in the pedigree）的后代尽可能地与该系祖（即品系的创始祖）保持较高程度的亲缘关系，但后代个体本身的近交系数要尽可能地小，即进行温和形式的近交。②卓越的系祖通常是公畜而不是母畜。当然，必要时也可以是母畜。

这种建系法的实质和目的是要使卓越系祖的特点在其较多的后代中得到反映，以促进群体的改良。因此，当人们发现某公畜经后裔测定证明其确实卓越时，就可围绕它进行建系工作。

此法在方法上灵活机动，不拘一格。关键在于如何发现系祖以及怎样让系祖的后代与系祖保持较高程度的亲缘关系，让系祖的特点基本上成为一群种畜的特点。

van L. D. Vleck 等（1987）在其著作中曾绘制系祖建系法图解，可作为保持与卓越系祖有较高亲缘关系而后代的近交系数不高的一个例子（图 16-1）。

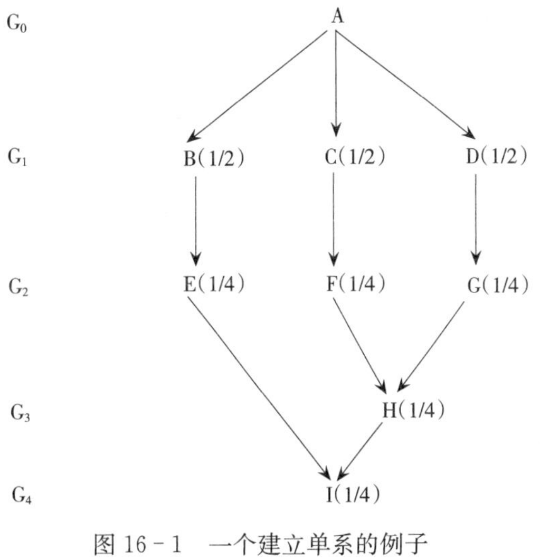

系祖建系法大体可分为下述三个阶段。

第一阶段：发现和鉴定系祖阶段。在平日观察和个体选择的基础上选拔出一两头优秀个体，再进行后裔测定，检测出一头确实具有独特优点（或者说具有优良类型）的卓越公畜作为该品系的系祖。对于质量性状，必要时应进行测交（测交实际上也是一种后裔测定）。体质外形亦需兼顾。只有在掌握了充分、可靠的信息证明该公畜确能将其独特优点遗传给后代时，才能确定该公畜为系祖而进入下一阶段。

第二阶段：选择培育系祖的继承者阶段。选择与系祖无亲缘关系但特点相似的尽可能多的优良母畜为系祖的配偶进行非近交，再从其雄性后代中通过性能测定与后裔测定筛选出系祖的主要继承者与一般继承者。非近交一次还是两次则视情况而定。

第三阶段：加强系祖对后代的遗传影响而进行近交的阶段。一般进行围绕系祖的中等程

图 16-1 一个建立单系的例子
(引自 van L. D. Vleck 等，1987)

[图中说明如何使系祖 A 的后代与 A 保持较高的亲缘关系。括号内的数字是亲缘系数。G_0 (generation 0) 表示零世代，G_1 (generation 1) 表示一世代，余类推。经计算，个体 I 的近交系数为 3.125%，I 与 A 的亲缘系数为 24.6%]

度的、温和的近交。必要时也可采取较高程度的近交甚至进行父女交配。最后，与系祖具有相似优点、拥有一定数量的公母畜群就构成了一个单系。

总之，此法无固定交配模式可循，以能将一头卓越公畜所特有的优良性状变为一群种畜所共有的优良性状为准绳。

系祖建系法的不足之处是系祖较难选到，不易获得；系祖的后代一般难于继承系祖的特点，更难于超过系祖的水平，系祖水平成了该系的上限；建系时间较长；品系寿命较短，不易保持。

第四节　群体继代选育法

前已指出，建立群系的育种法称为群体继代选育法。

一、建系方法

建系方法分为两个阶段。

（一）实施开放策略选组基础群阶段

基础群是建系的素材，组建得好坏关系到未来品系的质量，务必要十分重视这一阶段的工作。

对于将作为品系基础群的畜群，应进行全面摸底，分析经过努力能否达到育种方案规定的目标，优势何在，问题在哪里，然后按基础群的要求把基础群建好，打好建系的基础。

总结过去建立群系的经验，依据数量遗传学原理，基础群须符合以下要求。

1. 遗传基础较为广泛　只有做到这一点，基因来源才可能比较丰富，才有可能使控制主选性状的所有基因座均含有增效等位基因，增效等位基因（increasing allele）是指产生加性效应的多基因中起增效作用的等位基因，其相对的等位基因称为减效等位基因（decreasing allele）或中性基因，方可为闭锁繁殖后通过基因重组出现更多类型的基因组合（包括极端组合）和更优个体打好基础。从这一观点出发，绝不能要求基础群是整齐的，与此相反，还应要求有较大的遗传变异。

为达到遗传基础较为广泛的要求，应做到基础群的所有公畜彼此间无相关（彼此无亲缘关系），母畜间低相关，也就是说全部公畜都来源于不同血统，母畜来源于较多的血统，而要做到这些往往需要求助于引种，除非近期从不同场已引入过较多的血统。

以湖北白猪Ⅳ系组建基础群过程中扩大遗传基础的措施作为例子加以说明。该品系在组建基础群的过程中，要求基础群主要通过引种的办法形成几个彼此间无亲缘关系的小群。1979年从通城猪中心产区通城县的4个乡（公社）、11个村（大队）引进了7个血统的通城母猪28头，将其配成6个配种小群；然后从4个场引进6个血统的英、法、瑞典长白公猪共13头，每血统2～3头，分别与1个小群的通城母猪杂交，产生长通母猪。各血统的长通F_1母猪再分别与一个血统的英国大白公猪（从6个场引进，每场1个血统，共11头）交配，产生大长通母猪。与此同时，又引用丹麦长白6个血统共12头公猪，按不同血统分别与各血统的长通母猪或大长通母猪配种（尚有其他杂交模式）。1982年秋组建起Ⅳ系基础群，含长白血51.4%（其中丹麦长白33.1%，英、法、瑞长白18.3%）、大白血31.2%、通城猪血17.4%。此时，从对基础群所绘制的猪群系谱图可明显地看出有6个相互隔离的小群体。此例是通过杂交方法建立基础群的例子，在品种内建系仍然要通过对外开放即引种来扩大畜群的遗传基础。

2. 质量较好　使基础群质量较好的意思是：除上述通过扩大遗传基础使整个畜群在更

第十六章 新品系的培育

多的基因座上拥有增效等位基因外,还要考虑如何才能使畜群主选性状的增效基因频率有所提高,从而提高主选性状的选择和改进潜力。

要达到这一要求,可同时采取以下两项措施:①在引种过程中注意引入优良母畜和优秀公畜。即引种不单纯是为了扩大遗传基础。②对"纳新"后的畜群认真进行性能测定和遗传评估,以较高的选择强度选拔出在不同程度上具有该品系预期特点的基础群的个体。必须是在采取了以上措施后才能转入闭锁繁殖选育阶段,否则将难于达到育种方案规定的目标。

应认识到:对质量差的群体进行闭锁,不论怎样去做基因重组的工作,怎样去选择,作用都不会大。

现仍以华中农业大学湖北白猪选育研究组在湖北白猪Ⅳ系基础群选组过程中的做法作为例子加以说明。

该系在选组基础群过程中十分注意对参与杂交的亲本个体及其杂种的选择:①引种时注意被引入个体的质量。②从长通小母猪开始即实行性能测定,并按选择指数排序决定去留。③在基础群(零世代)公母猪的确定上更加重视性能测定,尽可能地扩大候选群(增加入测头数)、缩小留种率,以加大选择差和选择强度。该系零世代的 7 头公猪和 49 头母猪是从 85 头公猪测定群和 248 头母猪测定群中选拔出来的。公猪的留种率为 8.2%,母猪的留种率为 19.8%。测定期日增重的选择差,公、母猪分别为 1.78 个标准差($1.78\sigma_P$)和 $0.63\sigma_P$(即选择强度分别为 1.78 和 0.63);活体背膘厚的选择差,公、母猪分别为 $1\sigma_P$ 和 $0.35\sigma_P$;选择指数的选择差,公、母猪分别为 $1.08\sigma_P$ 和 $0.49\sigma_P$。

3. 规模适中 基础群的规模:猪至少 5 头公猪和 40 头母猪,最好 10 公 100 母;鸡至少 100 只公鸡和 500 只母鸡,最好 200 公 1 000 母。各世代的规模基本不变。规模过小,会降低主选性状的所有基因座均具有增效等位基因的概率;近交增量(ΔF)将过高。规模也不能过大,过大则基因的纯合难度将加大,也难于办到,亦无必要。品系的规模相对而言是比较小的,小则易于提纯,这正是品系优越性的表现之一。

(二)闭锁繁殖选育阶段

闭锁繁殖选育的含义是:闭锁繁殖 4~5 个世代(猪 4~5 年),中途一般不引入外血;必须进行选育工作。

闭锁繁殖选育的目的有二:①使群体的平均近交系数逐代自然上升,让主选性状的基因纯合度和个体间的遗传相似性有所提高。若在中途发现严重的质量问题以致工作不能继续下去或者已掌握社会上有极好个体特别是公畜的信息时,应考虑引入新的基因资源,然后恢复闭锁。②使主选性状取得年遗传进展,其遗传水平最终超过基础群。

闭锁繁殖选育的措施如下。

(1) 中途一般不引入外血。旨在使平均近交系数逐代上升;不致延缓优良性状的基因固定时间。

(2) 各世代规模相对稳定。任意扩大,会提高实际上的留种率,降低选择差;任意缩小,可能导致近交增量的突然加大。故应尽可能控制各世代规模的波动。

(3) 在闭锁繁育阶段的前期,着重抓好基因重组。让基因充分重组是为了出现更多种类的基因组合,包括优秀的组合,供选择之用。让基因充分重组的措施有:①进行避开全同胞交配的随机交配。因较高程度的近交有碍基因的重新组合。②各公畜与配母畜数量相等。③各家系等数留种,举猪中例子说明,若 G_0 为 6 公 30 母,则从 G_0 的每一头种公猪的后代中于测定结束时留下一头确能用于配种的 G_1 代后备公猪,从 G_0 的每一头种母猪的后代中于测定结束时留下一头确能用于繁殖的 G_1 代后备母猪。

(4) 在闭锁繁育阶段的后期,着重抓好基因纯合。措施有:①实施完全的随机交配,对近交程度不加任何限制,包括允许进行全同胞交配在内,有意识地通过近交,促使群体较快地纯合。②优秀公畜可多配母畜。③各家系不等数留种,甚至可淘汰掉个别家系。到后期往往优秀家系留种较多,有必要打破家系界限进行选配。

(5) 科学测定、准确评估、严格选留(强度选择)贯穿此阶段的始终。当然,如前所述,选组基础群阶段照样要抓好测定、评估与选择工作。

一般只进行个体本身性能的测定,不进行后裔测定。但有些畜种特殊,也进行后裔测定,下面将讨论到。

(6) 力求缩短世代间隔,正常情况下世代一般不重叠。旨在加快改良速度,缩短品系育成年限。但顶尖公畜和母畜(特别是公畜)可延长其使用季节和胎次。

缩短世代间隔应当以好中求快为原则。假如选育的个体一代比一代好,世代间隔越短,遗传进展越快;如果下一代不如上一代,那么世代间隔越短,衰退越快。因此,缩短世代间隔必须在保证子代优于上代的前提下进行。对于顶尖的公、母畜(特别是公畜),除多留其后代外,可适当延长其使用季节和多产几胎,以便增加优良等位基因频率。也就是说,特别优秀个体是否继续留下投入下一个生产周期,应权衡提高一代遗传进展和缩短世代间隔两者的具体得失来决定。

种畜是否进行后裔测定?如对于蛋鸡以产蛋性能为特长的评选的选育,由于公鸡不表现产蛋性能,此时可对公鸡进行后裔测定。如片面追求缩短世代间隔,就会产生很大的盲目性。具体操作时可将选育群分为两部分,一部分是由当年种鸡组成的一般选育群,另一部分是精选群,其中公鸡都应经过后裔测定,母鸡则全部是初产的,但也可以包括一些特别优秀的非初产母鸡。蛋鸡的群体继代选育建系模式如图 16-2 所示。

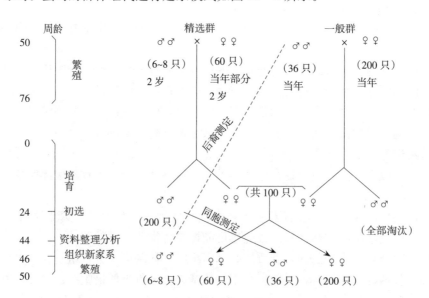

图 16-2　蛋鸡群体继代选育建系示意图
(引自内蒙古农牧学院,1987)

下面讨论闭锁繁殖代数的估算方法。究竟闭锁繁殖几个世代好？可按下列群体遗传学公式估算。

$$\Delta F = \frac{3}{32\,N_m} + \frac{1}{32\,N_f}$$

此式适用于公母头数不等，闭锁繁殖，随机交配，且各家系等数留种的情况。

$$F_t = 1 - (1 - \Delta F)^t$$

式中：N_m 和 N_f 分别为每个世代参加繁殖的公、母畜头数；ΔF 为群体每世代平均近交系数的增加量（即近交增量）；t 为世代数；F_t 为第 t 个世代时的群体平均近交系数。

示例：某一正在选育的实行闭锁繁殖、随机交配和各家系等数留种的猪品系，其规模为6公30母，求 ΔF；要求育成时平均近交系数为0.1，即10%，预计该品系需闭锁繁殖几个世代？

$$\Delta F = \frac{3}{32 \times 6} + \frac{1}{32 \times 30} = 0.016\,7$$

已知 $F_t = 0.1$，则

$$0.1 = 1 - (1 - 0.016\,7)^t$$

所以

$$t = \frac{\lg 0.9}{\lg(1 - 0.016\,7)} = 6.26\,(\text{代})$$

即预计该品系闭锁繁殖7个世代。

现以6公30母的规模为例，制订猪的品系培育过程中世代繁殖模式，如表16-1。

表16-1 猪的群体继代选育建系法世代繁殖一般模式

世代	种公母猪数	断奶时总头数（估）	所生第一胎仔猪					
			入测		结束测定			
			头数①	入测率	头数	选留数②	留种率	
基础代（零世代）	♂6 ♀50	♂200 ♀200	50 150	25% 75%	50 150	6 50	12% 33%	
1世代 2世代 ⋮ 5世代			同基础代（零世代）					

注：①有条件时，断奶后选为测定群的头数可多于此数。
②结束测定时（如100 kg）的实际留种数应多于此数，因为公猪达配种月龄时有效公猪数可能不到6头，母猪配种分娩后的有效母猪数也可能不到50头。

二、群体继代选育法的优缺点

此种建系法首创于加拿大。自20世纪60年代末期起，此法在日本盛行，被称为系统造成，他们用此法育成了许多猪的新品系。后来该法传到了中国，并被中国育种学学者称为群体继代选育法。由于这种方法简单易行，对畜群规模要求不大，且有一定的现代数量遗传理论作基础，因而一时风行全国育种界，取得了较好的效果。群体继代选育法的理论基础正如我国动物数量遗传学科泰斗吴仲贤教授在《统计遗传学》中所指出的："我们不能单独考虑个体的成绩，而不问其配偶所属群体的水平。这可能是现代育种学与经典育种学的最大区别之点"。本教材主审在制定湖北白猪新品种育种方案过程中曾就群体继代选育法与系祖建系法讨教他予以点评，吴仲贤教授在复函中的原话是："系祖建系法是育种家选定一头公畜作为系主，令其后代血统尽量接近系主，因此即使达到与之非常相近，也永远不能超过它，因为系主或系祖本身的水平成了此系的上限。群体继代选育是按各代成绩最优的牲畜选拔，经过若干代后会发现群体中的优良牲畜多数与某几头最优祖先的血统最近，也就是说，通过实践会发现某一头或几头祖先可以算作这群牲畜的系祖，这是没有上限的，因而群体继代选育可以继代提高。另一说法是系祖建系的系祖是育种者主观确定的，虽然好但不一定最好，而继代选育的系祖是客观实践产生的，而且没有上限，因此一定是好而且能继代提高。所以有了群体继代选育就可不用系祖建系法了。"他的赐教在理论上给予了协作组准备灵活采用群体继代选育法建立新品系有力的支撑，大大增强了采用群体继代选育法的信心。

群体继代选育法的优点从实践的角度可归纳如下。

（1）建系速度一般较系祖建系法快，历时较短。因该法被用来改良遗传力高和中等的性状，个体选择即可取得成效，不必采用后裔测定，这也为加快世代周转、缩短世代间隔创造了条件，如果能保证下代质量胜过上代，遗传改进就能加快。

（2）尽管少数优秀个体可能延长使用季节，但总的说来，世代一般较为分明，这会给世代间的对比带来方便。这一点较受育种工作者的欣赏。

（3）既进行了近亲交配，又能控制近交速率上升不过快。不会冒近交衰退、淘汰过多、经济代价过高的风险。

（4）品系育成时的质量较易保证。如果基础群的建立与后续工作做得严谨，品系育成时主选性状的平均水平肯定能超过基础群，也就是说基础群的水平不可能是该系的上限。

（5）对群体规模的要求不是很高，但又必须达到一定规模。

（6）较易保持。这十分有利于发挥其在杂交体系中的作用。

此种建系法的缺点如下。

（1）基础群是否符合要求难于预测。

（2）要求的条件较高。

（3）此种建系法不适于用来建立高繁殖力的品系（原因见第五节品种内专门化母系的培育）。

三、群系的保持

品系的育成不等于育种工作的结束，应不失时机地转入保持（maintenance）阶段，群系也一样。群系的寿命应当有一定的长度，以便发挥其在商品生产中的作用，除非已有别的品系或者有更好的品系替代它。

群系保持的实质是保持群系被承认时的遗传特性，使之在计划保持期限内不发生显著变化。

保持的时间一般可考虑为6～10年。

群系保持的基本要求是：①一般不引入外血，不发生遗传性污染，除非在使用一段时间后并且人工授精中心或别的核心群已有顶尖种畜特别是公畜/精液需要引进或准备培育新的品系时。②保留品系育成时种公畜和种母畜的2/3以上头数的血液。③控制近交速率。适当压低年平均近交系数的增长，一般认为宜压缩至品系育成时的1/2左右。④适当延长世代间隔。⑤继续进行性能测定与选择，使品系的特点能得到进一步改进。现以假想例子做以下估算：设 ΔF 为 1%，世代间隔为 2.5 年，则每年的近交增量为 0.4%，10 年总共上升 4%，15 年上升 6%。这时，应该说，又有新的品系出来替代了。

保持的具体措施有：①压低年近交增量。增加种公畜头数（一般可增加 50% 以上）；每头公畜与配等数的母畜；转入非近交的家系间轮回交配；原则上采用各家系等数留种方式；适当延长世代间隔，适度降低年更新率。②继续进行严格的测定与选择以及合理的同质与异质交配，使该品系的特长更为明显。

四、应注意和值得讨论的问题

（一）坚持开放与闭锁相结合

实施开放策略即引入外血。也就是向群外开放，向其他平均育种值高的核心群开放，从这些核心群里引入多个血统的优良和优秀个体。引入外血，一可以扩大遗传变异，二可以引入优良等位基因（对于数量性状而言即增效等位基因），提高群体的优良（增效）等位基因频率，从而为下一步采取措施产生基因重组（基因的自由组合和连锁基因间的交换，是造成不同基因的重新组合从而出现新性状组合类型的两个重要原因，是自然界里或在人工条件下生物发生变异的重要来源）出现极端基因型以及新性状组合类型和超亲个体创造良好条件。

闭锁则与开放相反，即不引入外血。短期不引入外血可为通过近交加选择等措施提高群体中产生同源纯合子（由于父母近交而产生的纯合子称为同源纯合子）的概率，使增效基因纯合的机会增加，从而提高群体的平均产量。

畜群只有通过扩大变异和基因纯化两种措施相互交替、循环往复地进行，才能不断地提高性能的平均水平，从而达到改良畜群的目的。理解这一点十分重要。

根据上述原理，在群体继代选育建系过程中要善于把握好开放与闭锁两个阶段，给予同等重视。另外，两个阶段的划分不是绝对的，应视畜群当时情况而采取灵活、切合实际但又有理论依据的各项措施来达到前述目的。也不可因为国外有文献将此法称为闭锁群育种法（closed-herd breeding；closed-flock breeding）而就认为群体继代选育法纯粹是一种闭锁核心群育种法。

（二）把握群体继代选育法实质，灵活采取建系措施

与系祖建系法相比较，群体继代选育建系法有如下特点，这也就是群体继代选育建系法的实质。

(1) 通过基因重组发挥数头优良公畜和若干头有一定水平母畜的整体作用，而不只是围绕一头卓越公畜进行工作。

(2) 主要用来改良一两个遗传力高或中等的生产性状，这与系祖建系法是用来尽可能地使一头出类拔萃的公畜的优良特性（类型）成为一群家畜的特性有所不同。故不强调后裔测定，一般只进行性能测定，也不能用来改良繁殖性状。

(3) 既重视采用近交但又注意使用温和的和渐进式的近交（即让近交速率随世代的推移而逐步提高），尽可能不冒近交衰退、大量淘汰、经济代价过高的风险，且服从于闭锁后的前期有利于基因重组、后期有利于性状的相对固定和基因的相对纯化。而系祖建系法为使群体表现出类似于其一系之祖（系祖）的整体优良特性，则可采用从中度到较高程度不等的近亲交配，但力使后代的近交系数不过大。

(4) 采取"好中求快"。只有在能保证获得理想的一代遗传进展的情况下才可以尽量地

缩短世代间隔，加快改良速度。不可孤立地一味追求世代间隔的缩短。必须随时掌握性状的选择强度、表型标准差、遗传力，以及选择（或育种值估计）的准确性等信息，并及时采取有力措施使其发生有利于提高一代遗传改进量的变化，使缩短世代间隔真正能成为提高年遗传改进量的重要措施。

只有全面理解上述实质，才能随时根据每个畜群的具体情况与当前进展灵活地采取相应措施来达到原定建系目标，才不至于将前面所介绍的群体继代选育法的一些原则性措施当成教条而绝对化。

（三）处理好建系过程中的几个关系

在根据畜群的具体情况与当前进展灵活地采取各种建系措施时，要处理好下述几方面的关系：①闭锁繁殖选育阶段开始后全闭锁与不完全闭锁的关系；②一代选择进展与世代间隔的关系；③随机交配与选配的关系；④各家系等数留种与非等数留种的关系。

以上有些关系前面已讨论过，现适当作些补充。

有时，在品系培育的中途会发现主选性状的变异过小，一代进展停滞；或者通过国家或地域性种畜遗传评估系统所进行的育种值跨场比较发现了顶尖公畜又需要将其（或精液）引入时，即可打破闭锁，采取引入优异基因资源的办法以提高选择差，从而提高一代遗传进展。

随机交配的主要目的在于促使各种可能有的基因重组类型（包括所希望的极端基因组合）得以出现。为达到这一目的，尚需配合以各家系等数留种的措施。但随机交配与各家系等数留种只是闭锁繁育阶段前期要执行的措施。在闭锁繁育阶段后期，由于基因纯合、个体间的遗传相似性上升为主要矛盾，基因的充分重组应降为次要矛盾，因此此两措施可放宽要求，此时更应着眼于群体而适当跳出"家系"的框框。另外，当发现有的个体或家系（尤其是公畜或父系家系）在性能或外形上特别优异时，不仅可让有些优异个体多利用一段时间，让有些优异公畜多配一些母畜，而且还应采取选配的办法，也就是使用同质交配以期获得与其相似的后代，扩大该家系的成员数；使用异质交配以改良较之逊色的个体或家系。

（四）既要保持品系，又要考虑更新

前面介绍过群系的保持，现在再次强调群系保持的意义。培育新品系的目的是为了利用，品系育成后的一段时间内不加利用就没有必要去培育新品系；另外，培育新品系需付出大量的投入，因此必须让其在杂交体系中发挥一段时间的作用方可得到回报。绝不能像有的新品系那样"品系鉴定之时，即品系走向灭亡之日"。这不仅仅是资金的严重浪费，更是遗传资源的严重浪费。

然而，也应考虑到推陈出新的问题。故在新品系育成后的适当时机，可做些提高该品系或培育新品系的尝试性试验。试验的种类可有三种：一是再度开放，即引进新血统、新基因，使其提高一步；二是选择同品种的具有别的特长的其他品系与之"杂配"，进行"性状综合"；三是引入其他品种的适量"血液"。目前，国家间交流种畜或精液、胚胎频繁，国外已有不少畜禽优良种质进入我国，应加以利用。我国自己的一些珍贵、稀有的地方畜禽遗传资源也应加以利用。国内有的育种场也已选育出高质量的种畜。所有这些均可作为育种素材的候选者，为新品系的选育和品系的更新服务，以适应多样化的和变化着的种畜市场和商品性杂交的需要。

第五节　品种内专门化母系的培育

专门化父系和母系培育的重要性已如前述。相对而言，专门化母系的培育要比专门化父系困难，主要是因为在杂交体系中常要求母系具有繁殖性能高（主要是产仔数高）这一突出特点。但产仔数这一性状的遗传力往往很低，选择强度又不易提高，因此在纯种内采用一般选择法极难取得遗传进展。因此，专辟一节简述难度较大的在品种内培育以产仔数为突出特点的专门化母系的方法（在杂种基础上培育产仔数高的专门化母系相对容易）。为使同学能初步掌握解决问题的思路，达到举一反三的效果，下面以猪为例加以具体说明。

一、确定主选性状

在猪中，专门化母系应以繁殖性状中的哪个具体性状为其突出特点和主要选择性状呢？这是首先要解决的问题。

有些人提出应以断奶窝重为其主选性状。实际上，将初生窝仔数（litter size at birth）作为主选性状要优于断奶窝重（litter weight at weaning）。此因：①从遗传学和综合经济效益的观点看来，初生窝仔数是猪繁殖性状中最重要的性状，尽管单纯从短期获利看，似乎断奶窝重更为重要。②初生窝仔数记录容易。③可供利用的信息量大。初生窝仔数的记录窝数一般多于断奶窝重的记录窝数。④断奶窝重受人为因素的影响更大。因此，初生窝仔数是猪繁殖性状中最重要的性状。

然而，猪的初生窝仔数有两个组分性状——总产仔数（total number born）和产活仔数（number born alive）。那么又以哪一个作为主选性状更合适呢？根据当前国情，总产仔数更为适宜，理由是：对产活仔数难于准确记录，在度量方法上难于掌握，不易统一，记录的数据更易受到人为因素的影响。

除初生窝仔数外，在必要和可能时，亦可选取初产日龄（age at first farrowing，母猪头胎产仔时的日龄），或者产仔间隔（farrowing interval，母猪前、后两胎产仔日期间隔的天数）同时作为母系的选择性状。

需要指出的是，近年来丹麦在长白和大白猪繁殖性状的选育上改用 LP5（出生 5 日龄活仔数），其权重占全部选育性状的 27%，取得了较好的选择效果。

二、个体选择难于改良初生窝仔数的原因

在猪中，在纯种内实行个体选择法难于改良初生窝仔数的主要原因如下。

(1) 初生窝仔数的遗传力低（国内外报道均约为 0.1）。

(2) 选择强度小。母猪该性状的选择差和选择强度小，因一个场的母猪规模一般不大。由于该性状在公猪不表观，故公猪的选择差和选择强度为零。

从公式 $R = Sh^2 = i\sigma_p h^2$ 可看出，以上两条严重地制约了该性状的一代遗传改进量。

(3) 延长了世代间隔。此因产仔性状到一定年龄才表现，又因其重复率低（一般约为 0.15），故须等到有 3~4 胎的产仔成绩后才能对母猪进行产仔性状的选择。因此，年遗传改进量就更小了。

(4) 大窝可能存在负的母体效应使得初生窝仔数的表型选择难于奏效。母体效应（ma-

ternal effects）即母体环境的效应（影响）。在此特指出生于并被哺育于大窝的小母猪相对容易遭受营养上的竞争从而引起不良的生理刺激，导致断奶重的下降和生殖系统的发育受到不良影响，以至于它们在配种分娩后初生窝仔数反而变少了。

由于存在上述四方面的困难，研究者们一般认为，在一个较小的闭锁群内依据母猪本身的初生窝仔数连续进行若干世代的选择即所谓的多世代选择法（multi-generational selection）是无效的。一些多世代选择试验也证明了这一点。

三、采用超常法培育专门化母系

超常法也就是经改进的选择法，这种超常选择法有以下几种。

（一）超多产选择法

超多产选择法（hyperprolific selection）的基本思路是：①将选择扩展到大群体而不局限于闭锁群中，以便于通过极小的留种率来提高选择强度，让极小比例的个体作为下一代的亲体，也就是说，用极高的选择强度来部分弥补初生窝仔数遗传力低的缺陷。②为克服性状重复率低的缺陷，并试图将负的母体效应降低到最低程度（据研究，第一胎的负母体效应可能最大），因此可利用多个胎次的产仔成绩来选择母猪。

具体做法如下。

（1）借助于国家的或大型育种公司的大规模的母猪繁殖力记录系统（有的国家称作窝记录系统）和中心数据库，从大范围（许多猪场）、大数量的品种登记母猪中，发掘其中连续数胎产仔均多的极少量的超多产母猪（hyperprolific sow）。

（2）将这些超多产母猪集中到一个种猪场中来。

（3）进行超多产公猪即产仔遗传水平高的公猪的培育。方法是：将这些被集中的超多产母猪所生出的公猪与无亲缘关系的超多产母猪配种，生下的公猪再次与无亲缘关系的超多产母猪回交，直至后代群体平均含有7/8或更高的超多产母猪"血液"为止。

（4）让超多产母猪群及其后代母猪与多产性遗传水平高的、经改良过的公猪配种，扩大繁殖，从而育成一个与超多产母猪遗传品质相近的超多产母系即高产仔母系。

这样的母系即可作为生产商品猪的母本使用。多产性遗传水平高的公猪尚可作为人工授精公猪充分加以利用。

实施超多产选择法的关键在于已建立起大规模的窝记录系统。法国的这一系统是1970年建成的，1973年有了首批超多产母猪。英国PIC公司早已将分散于英、德、美等国的大量母猪的窝记录存入中心数据库，供选择初生窝仔数之用。

（二）采取家系指数选择法，终生重复估计育种值

家系指数选择法（family index selection）即复合育种值选择法。家系指数是指将被评估个体的多种亲属、同一种亲属的多个个体、一个个体的多次记录的信息按一定方法复合到一个指数中。

选择方法一般是：在仔猪断奶时，对各窝的小公母猪依据该窝总产仔数的家系指数大小评定它们的产仔遗传潜能，来决定该窝是否参加达到上市体重日龄（days of age at an ideal market weight）和活体背膘厚（live backfat thickness）等产肉性状（也称生产性状）的性能测定中去，若家系指数符合要求则可参加下一步的性能测定，这称作产肉性状与繁殖性状的协同选择。家系指数选择亦可单独用于对任何年龄的公母猪个体的评估。

家系指数法由于可提高育种值估计的准确性（尤其是对低遗传力的繁殖性状，以及在终生重复估计个体育种值时），因此可提高初生窝仔数的一代遗传进展。但这种准确性程度取决于亲属种类的数量，同一种亲属的个体数以及一个个体的记录次数，亲属种类越多、每种亲属的个体越多，一个个体的记录次数越多，则育种值估计的准确性越高，因此终生重复估计育种值为估计准确性的提高创造了条件。

家系指数选择法的困难在于：①除利用本场留下的亲属产仔信息外，还应追踪到繁殖群和外场去，因为有些亲属已转群或已售出。②母猪群的规模宜大。因不少窝可能由于家系指数不够选种标准而被排除在日龄、膘厚的测定之外，而日龄、膘厚等的性能测定又要求有较多血统的仔猪入测。因此，只有较大的母猪群规模，才能同时兼顾两类性状选择时对猪群规模的要求。

（三）超多产选择法与家系指数选择法的结合与发展

由于跨场遗传评估技术、BLUP育种值估计技术与因特网技术的发展，对母猪产仔性能的表型选择已发展到依据其育种值进行选择，对公猪产仔性能的选择亦可依据其亲属信息进行，因而超多产选择法与家系指数选择法的各自优势自然而然地结合了起来，加上跨场遗传评估与终生重复评估新技术给它们注入的新的活力而有了新的发展。

两法的结合与发展在做法上的要点是：①既依据母猪本身的，也依据其多个亲属的多个个体的多次记录，从许多猪场中以很小的中选率筛选出超多产母猪并将它们集中起来。②与此同时，根据公猪的完全家系指数（即指数中含其母亲、母亲的全同胞与半同胞、父亲的全同胞与半同胞、父亲的母亲等多种亲属的多次记录资料），以极小的中选率从很多猪场中筛选出产仔遗传水平高的公猪。③利用这些公猪或其精液与超多产母猪配种扩群形成高产仔母系。

（四）间接选择法

正在研究的用来间接改良猪的初生窝仔数的指示性状（indicators）主要有排卵数、胚胎存活率、子宫容积、子宫长度以及公猪的睾丸大小等。选择与猪初生窝仔数有相关的这些指示性状时，可有只选择其中一项或同时选择几项两种方法。内容较多，在此不予赘述。

（五）DNA标记（基因）辅助育种法

经改进的并尚在发展中的前述选择法尽管对猪初生窝仔数的遗传改良正起着或将起着重要作用，但其选择的准确性毕竟有限，而且世代间隔较长，花费较大。因此，若能从DNA分子水平上识别出猪初生窝仔数的相关基因或候选基因甚至是主基因，那么，在与前述数量改良技术（数量遗传学指导下的育种技术）结合的情况下，采用标记辅助选择（MAS）和标记辅助渗入（MAI）技术，一定会大大加快初生窝仔数的改良速度。不过，目前研究出的与其有关联的候选基因（详见第二十章第二节）的选择效果虽有一些报道，但尚须通过大群体的反复试验予以验证。

四、注意事项

（1）提升对专门化母系培育中某些问题的认识。目前存在的问题如父系、母系的分化一般不明显，专门化程度不够高，母系特点不突出等亟待解决，也须努力创造条件，改进高产仔母系培育中存在的方法上的问题。

（2）在专门化母系培育中，可根据具体情况适当引入我国地方品种"血液"。地方品种的许多特色性状是外国品种所不能比拟的。在配套系培育过程中,应注意在地方品种中培育专门化母系。

(3) 虽然在品种中用正确的方法可以培育出高产仔母系,但仍应认识到在杂种基础上培育高产仔母系仍然是十分必要的,只是各有其不同的目的与适用范围而已。另外,由于初生窝仔数的遗传特点,杂交法仍然是改良猪初生窝仔数最重要的途径。

第六节　特定突变个体的发现与扩群

在自然突变或人工诱变的条件下,遗传信息的改变可发生在染色体水平上,也可发生在 DNA 分子水平上。染色体结构和数目的改变称为染色体畸变（chromosomal aberration）。DNA 分子结构发生的变化称为基因突变（gene mutation）。在动物育种实践中,无论是染色体畸变还是基因突变都有可能产生对人类有利的突变个体,这些突变个体可能是非常理想的育种素材。例如实验动物裸鼠就是一种对人类有利而对其生存有害的基因突变动物,这种鼠无毛、无胸腺,是免疫学研究的理想实验动物。

在动物育种实践中要特别注意发现对人类有利的突变个体,尤其是实验动物和毛皮兽。在畜禽的饲养管理过程中要特别注意其表型变化,必要时应进行遗传检测,为发现特定的突变个体打下基础。对于那些对人类有利的突变个体,可采取育种手段进行固定和扩群,有条件时还应考虑培育出新的遗传类型或品系。

现以 13/17 染色体易位纯合子猪的培育为例加以说明。猪的染色体数目为 38 条,1989 年孙金海在加系长白猪群中发现了 13/17 染色体罗伯逊易位,研究发现 13/17 易位携带者（$2n=37$）比正常核型猪（$2n=38$）具有更快的生长速度（提高 10% 左右),属于对人类有利的变异。于是 1991 年通过 13/17 易位杂合子猪半同胞交配获得了稳定遗传的 13/17 易位纯合子猪（$2n=36$),在此后的十几年时间里对这种新遗传类型家猪的种质特性、遗传机制、分子遗传基础、杂交利用等进行了系统研究,取得了许多重要的研究成果。目前,正在进行 13/17 易位纯合子猪群的产业化开发利用已取得了较好的社会经济效益。

习　题

1. 名词解释:品系,单系,近交系,群系,专门化品系,合成品系,系祖法,群体继代选育法,品系繁育。
2. 为什么要培育新品系?
3. 简述系祖建系法的目的、基本思路与关键所在。
4. 试比较系祖建系法与群体继代选育法,并说明各适于在什么情况下应用。
5. 群体继代选育法可分为哪两个阶段?对基础群应有哪些要求?
6. 建立群系的过程中为何要求基因能充分得到重组又要求基因有一定的纯度?
7. 采用群体继代选育法建系时应注意哪几个问题?
8. 欲用群体继代选育法培育猪的新品系,已确定规模为 6 公 50 母,育成时平均近交系数为 0.1,求在各家系等数留种时和随机留种时的 ΔF 与闭锁繁殖选育所需的世代数。提示:随机留种时 $\Delta F = 1/8 N_m + 1/8 N_f$。

第十七章
新品种的培育

当前畜禽育种上的国际新动向和主流是培育新的专门化品系与推行品系间杂交（包括品系间的配套杂交），这是因为：第一，培育一个畜禽新品种投资大、费时长，制订的目标性状一般比培育新品系多，遗传性的固定相对困难，要求育成时的畜群规模大；而新品系的培育由于畜群规模不大，选择的性状少，因而投资少，见效快。第二，在畜群整齐度和优良性能的全面性（即亲本性状的互补性）上对现代商品畜群的要求越来越高，还要求商品畜群易于饲养（涉及个体杂种优势）、其母本具有好的繁殖性能（涉及母本杂种优势），而这些要求只有在使用彼此间遗传差异大的专门化品系进行合理的杂交时才比较容易做到。

尽管如此，在畜禽中进行培育、创造新品种的工作仍十分重要，尤其是需要培育能适应我国各种特殊生态环境或抗逆性、抗病性较强的高产品种以及能生产特殊产品的品种。另外，我国还比较缺乏有自主知识产权且有国际竞争力的畜禽新品种，亟待变种畜禽进口国为出口国。本章主要讨论培育新品种的目的与方法。

一、培育新品种的目的

培育畜禽新品种主要有以下目的。

（一）为获得能适应特殊生态环境或抗逆性、抗病性较强的高产品种而培育新品种

美国育成的红毛色肉用型圣格鲁迪牛（Santa Gertrudis）是这方面的一个成功例子。它是用英国的肉用短角（Shorthorn）母牛与美国的婆罗门（Brahman）公牛（婆罗门牛对热带干旱的条件能很好地适应，并且不得焦虫病）杂交育成的。1910年开始杂交，1940年育成。育成时含5/8短角牛血液，3/8婆罗门牛血液。圣格鲁迪牛兼具有短角牛的生长快、屠体品质优良与婆罗门牛的抗蜱虱、耐热和耐粗等特性。

中国草原红牛（Grassland Red）的育成是另一个成功的例子。它是本着育成一个既适应内蒙古锡林郭勒盟和河北张家口地区海拔1 200～1 500 m寒冷干旱的高原地区的特殊生态环境、又高产（产奶量较高、产肉量较多）的兼用型品种的目的而进行的。草原红牛是用原产英国的乳肉兼用短角牛与蒙古牛杂交育成的。吉林、辽宁、河北和内蒙古等省、自治区在1949—1958年间开始用短角牛改良蒙古牛。1966年以后，当级进杂交出现理想型公母牛时，开始用级进三代理想型公牛配二代或三代理想型母牛的固定杂交试验。1973年正式开始杂种自群繁育（横交）。1974年又从美国、加拿大等国引进乳肉兼用短角公牛，1980年又一次开始杂种的自群繁育。1985年经国家鉴定验收，正式命名为中国草原红牛。1987年达14万头。中国草原红牛平均产奶量为1 800～2 000 kg，较蒙古牛提高了3～5倍；产肉量比同龄蒙古牛提高40%～60%；在以放牧为主的条件下，宰前给予短期育肥，屠宰率可达53.8%，

净肉率达 45.2%。

我国地域辽阔，自然条件相差很大。没有哪一个品种会完全适应所有条件。因此，可在分析必要性与可能性的基础上培育出有自己特色的、能适应各自生态环境的品种。

（二）为满足特殊生产或产生新型产品之需而培育新品种

譬如，肥肝（fatty liver）是欧洲人食谱中的名菜。它细嫩、鲜美可口，风味独特，营养丰富。肥肝是鹅、鸭等水禽经强制填饲后，肝脏沉积大量脂肪，重量比普通肝增加 5～10 倍的一种脂肪肝。与普通肝相比：①水分显著减少；②类脂（如卵磷脂等）浓度提高；③不饱和脂肪酸含量增加；④酶的活性显著提高。我国 1981 年开始试产肥肝，经 10 年努力，已开始批量外销。但仍需要培育专门用于生产肥肝的水禽新品种。

（三）为振兴我国的畜禽种业和畜牧业经济、变种畜禽进口国为出口国而培育新品种

随着我国经济与社会的迅猛发展、人民生活水平的提高和产业结构的调整以及进入 WTO 之后所面临的新形势与我国畜牧业的产业化，对瘦肉型猪、肉鸡、蛋鸡、细毛羊、肉牛、乘用马等经济类型也提出了紧迫的培育出有我国自主知识产权且有国际竞争力的新品种的要求。我国必须改变依赖进口种畜的局面。只有创造性地进行自主选育，开发出能适应市场、有自身特色、有比较优势、质量过硬的种畜禽产品，才能在面对进入中国市场的国外竞争对手和剧烈的市场竞争中立于不败之地，才能为振兴我国的畜牧业作出贡献。

二、培育新品种的方法

主要有选择育种法与杂交育种法两种。

（一）选择育种法

选择育种法的理论基础是选择的创造性作用，亦即选择能扩大变异，积累和加强变异以及决定变异的方向，从而使畜群产生新的个体，发生根本改变。

历史上多采用选择育种法。有不少采用此法培育出新品种的实例，但这些新品种多为十分古老的品种，且培育时间相当长。如我国的荣昌猪、秦川牛、湖羊、滩羊等和国外的海福特牛等都是用选择育种法培育出来的。

海福特牛是英国所育成的古老的肉用品种之一。18 世纪中叶，随着英国工业革命的发展，对肉品的社会需求急剧增加，许多专门化肉用品种应时而育成。海福特牛即是在此种条件下对当地牛向着肉用方向在品种内进行长期选育而培育成的。在培育过程中，为提高早熟性与肉的品质，Tomkins 采用近交和严格淘汰的方法进行选育，于 1790 年宣布海福特牛育成。1846 年建立海福特牛纯种登记簿，1876 年成立海福特品种协会，1883 年转为"封闭式"品种登记，即只登记双亲在本品种良种登记簿上登记过的牛。海福特牛属中小型早熟肉用品种。成年公牛体高 134.4 cm，体重 850～1 100 kg，成年母牛体高 126 cm，体重 600～700 kg。毛色暗红色，具"六白"特征，即头、垂皮、鬐甲、腹下、四肢下部和尾帚一般为白色。分有角与无角两种。

湖羊是从南下的蒙古羊中选出来的。湖羊外形像蒙古羊，但羔皮品质优异（羔皮白色、花纹美观），繁殖能力特别强，每胎产羔 2 只以上。

根据选择的原理和通过选择培育新品种的实践经验，可将选择育种法的要点归纳如下。

（1）长期选择某种数量性状可能育成新品种。例如湖羊、新汉县鸡和澳洲黑鸡的培育。

（2）系统选择某种质量性状同样可能育成新品种。在家畜中有些性状如毛色和角的有无

第十七章 新品种的培育

以及家禽的冠形等质量性状,根据遗传规律采取长期选择等措施,也可以育成新品种。譬如,安格斯(Angus,Aberdeen-Angus)品种肉牛,一般全身黑色,体小无角,颈部粗壮,体躯丰满,背腰平宽,肉质良好,但也有有少量红毛的个体。这些红色和黑色的安格斯牛在很多性状上是基本一致的,但因安格斯品种要求全身黑色,故红牛常被淘汰。其实,红色个体在经济价值上,也就是在肉牛生产上一点都不逊色,因此,通过选择育种又培育了一个肉牛新品种——红色安格斯牛。

(3)选择有益突变也能培育新品种。例如,安康(Ancon)绵羊是赖特(Seth Wright)于1791年在于美国新莫兰的一个农家的羊群中所发现的一只突变羊个体(腿非常短且弯的公羊羔)的基础上培育而成的。该公羊羔对羊毛产量影响不大,由于它不能跳过一般栅栏,易于管理,于是用它育成了一个腿短但身体长的新品种。后来经研究知道,这种短腿突变属于隐性遗传。

(二)杂交育种法

到19世纪中叶,由于育种家们考虑到育种速度和经济的问题,于是从这时起培育牛、猪、马、羊新品种时,几乎都采用了在杂交的基础上培育新品种的方法,这就是杂交育种法。例子很多,不胜枚举。

用于培育新品种的杂交育种法又称为育成杂交法(crossbreeding for formation a new breed)。育成杂交法是一种为结合2个或2个以上品种(类群)的不同优点而采用适当的方式进行杂交,然后进行理想型杂种的自群繁殖和选育以创造新品种的方法。目前,育成杂交法已成为一种培育家畜新品种的重要且常用的方法。因此,下面分别介绍育成杂交法的分类以及用育成杂交法培育新品种的三个阶段。

三、育成杂交法的分类

(一)根据所用品种个数分类

1. 简单育成杂交 指只用2个品种进行杂交来培育新品种。这种育种方法简单易行,新品种的培育时间较短,成本也相对较低。采用这种方法,要求2个品种包含所有新品种的育种目标性状,优点能互补。几个常见的通过简单杂交育成的家畜品种,如表17-1所示。

表17-1 几个用简单育成杂交法育成的品种

(引自张沅,2001)

畜种	新品种名称	参与杂交的2个品种名称
猪	新金猪	辽宁本地猪、巴克夏猪
	新淮猪	淮猪、大约克夏猪
	三江白猪	当地民猪、长白猪
牛	草原红牛	蒙古牛、乳肉兼用短角牛
	圣格鲁迪牛	婆罗门牛、短角牛
	婆罗格斯牛	婆罗门牛、安格斯牛
绵羊	哥伦比亚羊	林肯羊、兰布列羊
	杜泊羊(Dorper)	有角陶赛特羊、波斯黑头羊
	派伦代羊(Perendale)	雪维特羊(Cheviot)、新西兰罗姆尼羊

2. 复杂育成杂交 用3个以上的品种杂交培育新品种，称为复杂杂交育种。如果根据育种目标的要求，选择2个品种仍然满足不了要求时，可以多用1~2个甚至更多一些品种，以丰富杂交后代的遗传基础，但是不可用过多的品种。杂交所用的品种越多，后代的遗传基础越复杂，需要的培育时间也往往相对越长。在运用的品种较多时，不仅应根据每个品种的性状或特点，很好地确定父本或母本，进行个体的严格选择，还要认真推敲先用哪两个品种，后用哪一个或哪几个品种。因为后用的品种对新品种的遗传影响和作用相对较大。这是杂交育种工作中常用的另一种方法，通过它也已培育出不少新品种。譬如，新疆毛肉兼用细毛羊、东北毛肉兼用细毛羊、内蒙古毛肉兼用细毛羊和北京黑猪等品种，都是由3个以上品种杂交培育出来的（表17-2）。杂交方式可灵活掌握，如新疆细毛羊（中国育成的第一个绵羊新品种）是用当地的哈萨克羊和蒙古羊两种粗毛母羊和从苏联引进的高加索细毛羊和泊列考斯细毛羊的公羊杂交育成的。杂交阶段主要采用级进杂交法，然后选择级进三四代的理想的杂种公、母羊进行横交固定。1953年鉴定，1954年农业部批准正式命名为新疆毛肉兼用细毛羊。

表17-2 几种用复杂育成杂交法育成的新品种

（引自张沅，2001，稍有改动）

畜种	新品种名称	参加杂交的品种名称
羊	新疆细毛羊	哈萨克羊、蒙古羊、高加索细毛羊、泊列考斯细毛羊
	内蒙古细毛羊	蒙古羊、苏联美利奴羊、高加索细毛羊、新疆细毛羊
	考力代羊（Corriedale）	莱斯特羊、林肯羊、美利奴羊
牛	三河牛	蒙古牛、西门塔尔牛、雅罗斯拉夫牛、堆莫戈尔牛、短角牛、瑞士褐牛、后贝加尔牛、西伯利亚牛
	中国荷斯坦牛	乳用荷斯坦牛、兼用小型荷斯坦牛、当地黄牛、三河牛、滨州奶牛
	肉牛王（Beefmaster）	海福特牛、短角牛、婆罗门牛
猪	北京黑猪	北京本地猪、定县猪、巴克夏猪、约克夏猪
	泛农花猪	河南本地黑猪、中型约克夏猪、苏白猪
	上海白猪	上海本地猪、约克夏猪、苏白猪
	湖北白猪	长白猪、大白猪、通城猪、荣昌猪
	阿泊加猪	菲律宾本地猪、长白猪、约克夏猪

（二）根据育种目标分类

1. 改变家畜主要用途的育成杂交 如将毛质欠佳、满足不了纺织需要的肉用、兼用型绵羊与细毛羊杂交，培育细毛羊或半细毛羊新品种。

改变家畜主要用途的杂交育种，一般要选用一个或几个目标性状符合育种目标的品种，连续几代与地方品种杂交，在得到质量性状与数量性状均满足要求的杂交后代后，进行自群繁育。我国的东北细毛羊就是用这种方法育成的。东北本地羊属于蒙古羊，主要生产方向是肉用，耐粗放饲养，抗病能力和耐寒能力强。20世纪50年代初用兰不列羊、苏联美利奴细毛羊、高加索细毛羊、阿斯卡尼细毛羊等品种杂交改良东北本地羊。随后还用新疆细毛羊、斯达夫细毛羊等品种公羊与本地母羊杂交。1956年在杂种羊中选择理想公母羊进行横交试验。1959年成立的东北细毛羊育种委员会制订了具体的育种规划和育种目标，并开展联合育种。1967年经鉴定认为基本达到育种目标。目前，东北细毛羊体质结实，结构匀称，被毛全白，产毛量高，遗传性稳定，成为我国主要的细毛羊品种。

2. 提高生产性能的育成杂交 譬如，北京黑猪、新淮猪、中国荷斯坦牛和草原红牛的培育等都是具体的例证。前面已对中国草原红牛的育成作了介绍，在此就不举例详加说明了。

3. 提高适应性和抗病力的育成杂交 许多著名的畜禽品种都有最适宜自己生活和发挥最好生产潜力的自然环境条件，当把这些品种引入到环境条件不同的地区时，要求这些品种对新环境有一定的耐受能力。于是就有必要培育具有适应性强和抗病力好的品种。国外用婆罗门牛培育的圣格鲁迪牛和用菲律宾猪培育的阿泊加猪，就是为了这一目的而应用杂交育种方法培育成功的抵抗能力强且生产性能高的品种。我国地域辽阔，生态环境不仅复杂，有些还极为特殊，如青藏高原的低压高寒、南方等地的高温多雨。因此，有必要培育抗逆性强的品种。婆罗门牛对热带干旱的条件能很好地适应，并且不得焦虫病。为了增进牛的耐热和抗病能力，在炎热地区多用它与其他品种杂交。前面介绍的圣格鲁迪肉用牛就是用婆罗门牛与短角牛杂交育成的。这个新品种能耐炎热和抗焦虫病。根据在我国广西饲养的情况来看，圣格鲁迪肉用牛能适应亚热带气候和放牧饲养，在草地上增重迅速，产肉率高，牛肉呈大理石纹状，嫩而多汁，对亚热带疾病有较好的抵抗力。我国南方应用婆罗门牛与本地黄牛杂交，在有计划的杂交和选育下，是非常有可能培育成既耐热、又具有较高生产性能的新品种的。

来航鸡的抗马立克病品系是美国培育的新型品系。养鸡业每年受鸡病的威胁很大，其中马立克病造成的死亡率在一些国家达60%。英国研究者指出，鸡对马立克病的抵抗力可以遗传，并证明抗病力不影响鸡的生产性能，因而可进行抗病育种。来航鸡抗马立克病品系的育成，为今后培育新抗病品系和品种展示了宽广的前途。在海福特牛与短角牛的杂交后代中，鉴定出一个抗牛蜱的等位基因，这个基因属显性遗传，抗蜱效应极高。所以，培育出携带这个主基因的品系或品种，将能有效地防止牛蜱病的发生。

许多绵羊品种中有抗线虫的个体，这种抗线虫能力能遗传给后代，由多基因控制，其遗传力为0.2~0.3。例如，肯尼亚的红马赛羊和道泊羊，以及澳大利亚美利奴羊中，都有抗线虫的个体。通过适当的育种措施，就能够培育出抗线虫的绵羊品系，也能够把这种抗病力转移到别的绵羊品种和品系中。绵羊的抗寒力由多基因控制，有明显的品种间差异。抗寒力是绵羊的体温调节能力的反应，在寒冷的冬季，抗寒力强的羊能更有效地减少散热和增加产热量，从而提高自身在严寒中的生存能力。绵羊抗寒力的遗传力一般为0.3，因而对抗寒力的选择是有效的。对苏格兰黑面羊的抗寒力进行选择，已取得显著的选择反应，使羔羊在冬季的生活力得到提高。

（三）根据育种工作的起点分类

1. 在现有杂种群基础上的育成杂交 用外来品种与地方品种杂交，常常希望短期内能提高地方品种的生产性能，取得立竿见影的效果。但是这种"短、平、快"的改良效果不能持久，也不能稳定遗传，而且改良后的家畜既不像地方品种，也不如引进品种。于是，人们希望以这些杂种家畜为基础，培育一个兼具当地品种和引进品种优点的新品种。

譬如我国的三河牛、三河马等就都是在群众性杂交改良基础上培育的。三河牛是产于呼伦贝尔盟额尔古纳旗、陈巴尔虎旗以及滨洲铁路西段沿线的良种牛。它是多品种杂交的产物，它们祖先的杂交已有大量各式各样的杂种后代，并且其中有相当数量的个体在生产上都已合乎优良个体的要求，但仍不能成为一个新品种。因此，在 1949 年后停止了杂交，1955 年建立了专门培育三河牛的牧场，开始了有计划的良种培育工作。尤其是自 1959 年全国家畜育种工作会议以后，进行了大量的工作，基本上形成了红白花的乳肉兼用牛和黑白花乳用牛两大类型，生产性能显著提高。

中国荷斯坦牛实际上也是在杂交改良的基础上培育成的著名品种。据载，早在 1840 年已有荷兰黑白花牛输入我国，后来在相当长的一段时间里又相继从德国、日本、美国和俄国引进一部分黑白花牛。各种类型和各种来源的黑白花牛在我国不同地区经长期的选育、驯化，特别是与中国的黄牛杂交，逐渐形成了中国黑白花奶牛的雏形。中华人民共和国成立后，在 20 世纪 50 年代先后从日本、荷兰、苏联引入部分种牛。特别是 1978 年以来，又大量引进了美国、加拿大、丹麦的黑白花奶牛及其冷冻精液和胚胎，或纯繁或与中国黑白花奶牛杂交，到 20 世纪 80 年代中期经国家鉴定，已正式确认为中国黑白花奶牛新品种。为了适应现代育种与国际联合育种的需要，1993 年又将中国黑白花奶牛改名为中国荷斯坦牛（Chinese Holstein）。

2. 有计划从头开始的育成杂交 培育家畜新品种是畜牧业生产上的一项基本建设。为了保证进度和保证质量，一般应在工作开始前根据国民经济的需要、当地的自然条件和基础家畜的特点，进行细致的分析和研究，然后以现代遗传育种科学的理论为指导，制订出目的明确、依据可靠、目标具体、方法可行、措施有力和组织周密的育种计划。在执行计划中要严格选择杂交品种和个体，培育工作要做好。有计划从头开始的杂交育种可使工作少走弯路，加快进度，缩短育种时间，并且育出高质量的新品种。

拉康伯（Lacombe）猪的育成是由位于加拿大 Alberta 省的 Lacombe 农业研究站在 Stothart 与 Fredeen 博士指导下于 1947 年有计划地开始的。由于计划性强（在 2 年的研究准备基础上于 1946 年成立专门的小组制订育种计划），所用的育种时间较短，而且效果较好。拉康伯猪是用长白（Landrace）猪、巴克夏（Berkshire）猪与捷斯特白（Chester White）猪杂交育成的。育成时含 56% 的长白猪血液、23% 的巴克夏猪血液和 21% 的捷斯特白猪血液。在培育过程中，用 60 头母猪和 10 头公猪组成基础群，进行群体继代选育。他们十分重视性能测定（共测定 258 头公猪和 840 头母猪）和强度选择，并开展了毛色测交，获得了较大的遗传进展。经过一系列有目的、有计划的选育，终于育成了体格大、毛色白、繁殖力高（每头母猪年产断奶仔猪 20 头）、生长快（达 90～99 kg 活重的日龄为 140～160 d）、瘦肉率高、杂交配合力好的新品种，并于 1958 年开始推广。

中国美利奴羊的培育也是有计划从头开始的。1972 年，以澳洲美利奴羊为父本，波尔华斯羊、新疆细毛羊和军垦细毛羊为母本，进行有计划的复杂育成杂交，1985 年 12 月经鉴定验收，正式命名为中国美利奴羊。新品种的育种方向以提高羊毛长度、密度和净毛率为主攻性状，育种过程中实行了外貌综合鉴定，并结合对净毛量的选择。

四、育成杂交法培育新品种的三个阶段

育成杂交法培育新品种的整个过程大致可分为三个阶段：杂交创新阶段、自繁固定阶段、扩群提高阶段。但在此之前必须在掌握国内外进展，调查分析当地自然经济条件、市场走向与潜在需要以及品种资源情况的基础上，制订好科学、周密且可行的育种方案，确定好育种目标以及在未来的商品性杂交体系中新品种所能起到的作用与所占的位置。

（一）杂交创新阶段

此阶段的目的与任务是：采用杂交手段（将具有不同优良性状的不同品种进行杂交），实现基因重组，扩大遗传变异（产生各种变异类型，包括新类型），通过测定、选择和选配，创造出兼具诸杂交亲本优点的新的理想型杂种群。

杂交方式、杂交模式、参与杂交的品种数目以及哪一个世代横交，必须视育种目标和具体情况而定。

杂交方式有多种，可灵活掌握。可以是吸收式的（如新疆细毛羊）、引入式的（如新狼山鸡）、轮回式的（如北京花猪），也可以是混合式的（如北京黑猪）。

参与杂交的品种数目，可以是两个、三个，甚至四个。

在杂交模式上，杂交前要努力搜集优良品种，并研究哪个品种适于做父本，哪个品种适于做母本。如果有条件，事前也应做些试验（如杂交组合试验），为育种方案的制订、杂交模式的确定提供必要的依据。复杂育成杂交时，还要考虑最后用什么品种好。联系前面讨论过的培育新品种的目的，参与杂交的品种中应有地方品种，否则目的就达不到，也失去了培育新品种的积极意义。

用来杂交的个体也要严格选择，看其是否具备品种的典型性，在性能上是否突出或有特点，或者是否来自著名的家系或品系（必须有引进单位或本单位的可靠系谱与测定记录作依据），对公畜尤其重要。即使是本地母畜，至少也要设法选到体质结实、外形好以及繁殖力高的，不能随便拿来杂交。对各代杂种也必须进行有关性状的测定与遗传评估，选择最好是高强度的，选留率一定要低（体现选择是严格的），否则无法选到真正的理想型杂种个体。

杂交究竟进行到哪一代为宜？这要看杂交阶段采用的是哪种杂交方式，如引入（杂交）式的杂交代数一般很低。总之，理想型的杂种才是追求的目标，代数可灵活掌握。有时，虽然代数不高，但已达到了理想型要求，也应停止杂交；而那些没有达到理想型标准的个体，则应多杂交一代。然而，不能认为代数越高越好，要珍惜本地品种的优点。如果代数过高，影响了适应性和削弱了本地品种的优点，便应立即纠正。

（二）自繁固定阶段

这一阶段从杂种自群繁殖（inter-se mating among crosses）起至稳定遗传性为止。

自繁固定阶段的目的是：产生优良性状组合能稳定遗传的理想型群体；完善品种结构。

任务是：①通过杂种自群繁殖（或称横交，即杂种群内理想型个体的相互交配）产生分离，为稳定遗传性创造条件，并从后代中尽可能地选到更理想的个体；②通过近交、同质交配加选择，稳定由理想型个体所组成的群体的遗传性，固定优良性状，并缩短育种年限；③完善品种结构，建立数个品系（杂交阶段即应准备或开始建立品系）。

为了固定理想的优良类型，必须使用近交。对于个别十分突出的理想型杂种公畜，为了迅速地巩固其优良特性并使其特性能传递给后代，甚至可连续进行父女交配或兄妹交配。乌克兰草原白猪是世界上快速培育新品种的典型例子之一，对种猪极其严格的挑选和较高度的近交大有帮助。回顾历史，几乎没有一个通过杂交方法培育的新品种不曾进行近交的。当然，使用的近交程度需要结合具体情况加以选用，还必须与水平很高的选种技术和合理的饲养管理条件相配合，否则将带来不良后果。

在选择理想型杂种准备自群繁殖的过程中，对特别具有某一重要优点且相当突出的个体，可考虑围绕其建立品系。

要处理好接近理想型的个体。在自群繁殖工作中，原则上应是优良的理想型配优良的理想型，但是理想型仍有高低之分。所以，一方面要做好优良个体的选配，另一方面也要处理好接近理想型个体的选配工作。对已可划归理想型类群的个体，要尽可能选用经后裔测验证明确实优良的理想型公畜与它们相配，以使它们的后代有较大的提高。当然，未达理想型指标的不宜自群繁育，体质不佳或外形失格的应坚决淘汰。

还要考虑基因型与环境互作的问题。必须在与未来推广地区相近或略好的饲养水平和管理条件下进行测定选择。譬如，要培育适宜放牧的家畜就必须加强放牧，要培育能大量利用青绿饲料的家畜就必须在幼年即开始给予大量青绿饲料。同理，培育耐寒或耐热的家畜品种也必须给予它们相应的环境条件。

（三）扩群提高阶段

此阶段的目的是：最后达到品种应具备的条件；置于生产中进行初步考核。

任务是：①扩大数量与分布地区；②开展杂交试验，提出杂交利用方法；③继续选育提高。

在自繁固定阶段虽然培育了理想型群体或品系，但是在数量上毕竟较少，还不易避免不必要的近交；在数量上也还没有达到成为一个品种的起码标准。再则，没有一定的数量，便不可能有较高的质量，数量多才有利于发挥选种和选配的作用，以进一步提高品种的水平。因此，在这一阶段要有计划地进一步繁殖出更多的已定型的理想型。

自繁固定阶段的工作，一般都是在育种场内进行的。现在需要向外地推广，以便更好地扩大数量和发挥理想型群体的作用。为了使之具有较大的适应性，也需要向外地推广。所以，推广工作是培育新品种工作中的一个重要内容。

在自繁固定阶段中建立的品系，因为时间不长，一般都是独立的、相互隔离的。为建立整体的品种结构和提高群体质量，应有目的地选出各品系中部分优秀个体彼此进行配种，使它们的后代获得2个或2个以上品系的优良特性。这样一方面可以将品种的质量在原有的水平上提高一步，同时品种在结构上也可以进一步健全，从而使一个新的家畜类群达到符合新品种的要求。

扩群提高阶段还应继续做好性状测定、选种、选配以及饲养管理等一系列工作。不过这一阶段的选配有着鲜明的特点，那就是不一定再强调同质选配了，而且开始转入非近交。

习　题

1. 名词解释：选择育种法，育成杂交法。
2. 简述育成杂交法的分类。
3. 简述用育成杂交法培育新品种的步骤。

第七篇　育种新技术

DNA 分子标记技术与繁殖生物技术的迅速发展及其与家畜育种的结合，将家畜育种推向了一个新阶段。尽管总的说来这些技术在育种实践中的应用还处于尝试阶段，但从长远看，这些技术的实施和应用肯定会越来越达到育种者可以接受的范围，并将在育种实践中得到广泛应用。本篇将介绍家畜育种中的某些新技术，主要包括胚胎生物技术、转基因动物技术，以及 DNA 分子标记技术应用于家畜育种实践所建立起来的技术体系。

第十八章
胚胎生物技术与育种

胚胎生物技术在畜牧业和家畜育种中得到越来越广泛的应用，是继家畜人工授精、同期发情之后重要的家畜繁殖新技术。本章简要介绍几种胚胎生物技术及其对家畜改良的作用。

一、胚胎的冻存与移植

胚胎的冷冻保存研究方面最初面临的三大难题是：胚胎的质量和收集时间的控制；快速冷冻方法的摸索；抗冻剂的应用。研究人员采用了同期发情、超数排卵和人工授精技术、液氮冷冻、加入 DMSO 或甘油进行冷冻等方法解决了上述难题。

1973 年，世界上第一头冷冻胚胎移植的牛诞生，之后冻胚移植技术对促进畜牧业的发展起到了重要作用。胚胎移植（embryo transfer）是指从性状优良母畜（供体）体内取出早期胚胎移植到性状一般母畜（受体）体内继续发育以生产优良仔畜。胚胎移植技术有以下优点：①如果与供体母畜交配的公畜也是优秀的，则可通过胚胎移植生产较多的优良胚胎；②可以提高优良母畜的利用率，使优良母畜在一生中生产较多可移植胚胎，这项技术对于世代间隔较长的单胎动物具有重要意义；③胚胎移植还是一项重要的基本技术，体外受精、核移植、基因转移等技术均必须通过胚胎移植才能得到后代；④冷冻胚胎可以进行长距离运输，相对运输活畜而言，大大降低了费用。

二、体外受精

体外受精（*in vitro* fertilization）是指在体外进行精卵结合的技术。相对于体内受精而言，体外受精的一个主要优点是无需对母畜的发情期进行控制，可以在相对短的时间间隔内多次从一头优秀母畜体内收集卵子；另一个优点是可以从非常年轻的母畜体内收集卵子，进行体外培养成熟，缩小世代间隔。它与超数排卵相结合，将成为体外生产众多优良胚胎的手段，有助于胚胎移植前建立起优良的胚胎库。体外受精的缺点是费用高，成功率较低，表现在妊娠胚胎数占移植胚胎数的百分率（妊娠率）低，体外受精率和受精卵体外培养的卵裂率较低；有时还会出现畸形后代；优良母畜活体取卵技术亦存在困难。家畜中自 1959 年获得"试管兔"以来，在兔、牛、绵羊、猪、水牛、山羊中均已获得"试管动物"。总之，这项技术还有待进一步提高。

三、胚胎的性别鉴定

鉴定胚胎性别的目的是在出生前确定胚胎的性别，或者使出生后所在畜群的性别比例发生改变。胚胎的性别鉴定 (sexing; sex diagnosis) 对于畜牧生产和家畜育种来说，至少有以下几方面的意义：①可提高畜牧生产的经济效益。譬如，在奶牛业、奶羊业和蛋鸡产业中，可借助此项技术生产出更多的母牛、母羊和母鸡；在肉牛生产中，可借之生产出更多的公牛。与母牛相比，育成公牛的生长速度快，单位增重耗料少，产肉量多。②可提高某个性别的选择强度。③可获得较大的遗传进展。④胚胎的性别鉴定结合附着（着床）前的基因诊断，可用来清除呈伴性遗传方式的遗传疾患。⑤胚胎移植前若经性别鉴定，可以只移植所需性别的胚胎，而且那些必须借助胚胎移植才能得到后代的技术如体外受精、核移植、基因转移等也从中得到好处。因此，家畜中的胚胎性别鉴定可使数种生物技术的育种价值和经济价值倍增。

早期胚胎的性别鉴定，一般是从一个胚胎中取得少数几个细胞进行诊断分析从而鉴别出胚胎的性别，具体方法需要根据不同发育阶段胚胎细胞的数目和胚胎功能来决定。但总的原则是方法必须具有较高的敏感性及可重复性，对胚胎成活没有影响，操作简单且成本较低。目前，家畜的早期胚胎性别鉴定技术已经可以用于实际生产。鉴定的方法主要有以下几种。

1. 细胞遗传学方法 此法包括染色体核型分析及荧光标记分子原位杂交技术（FISH）。胚胎性别鉴定可以通过核型分析来进行，即利用 X、Y 染色体在形态上的差异，通过判定胚胎细胞性染色体是 XX 还是 XY 来鉴定胚胎的性别。这种方法鉴定胚胎性别的准确率很高，但需要用分裂中期的细胞获得高质量的中期染色体分裂相才能作出鉴定，因此难度较大，费时较多，并需要有非常熟练的技术经验，且采集较多的细胞对胚胎有伤害，会降低胚胎性别鉴定后移植的妊娠率，不适用于生产实际。FISH 法是用特异性序列片段探针如 Y 染色体探针与通过杂交的方法进行性别鉴定，该方法在细胞分裂间期或分裂中期都可以杂交，准确率也很高。1991 年 Cotinot 等从牛 Y 染色体特异序列区分离出 54 bp 的特异序列 BC1.2，为胚胎性别鉴定提供了工具。但该方法对每一种动物都必须寻找特异的探针，其使用也受到了限制。

2. 免疫学方法 包括细胞毒性分析法和间接免疫荧光法。细胞毒性分析法是将胚胎培养在含有 H-Y 抗血清与补体（豚鼠血清）的培养液中进行培养，H-Y 抗体可以与 HY+ 胚胎（雄性胚胎）结合，有 H-Y 抗原的胚胎表现出一定的细胞溶解，阻滞胚胎发育，受影响的胚胎即为雄性胚胎，经培养后发育正常的为雌性胚胎，进行移植就可使母畜只生雌性，但该方法以破坏雄性胚胎为代价，很少采用。间接免疫荧光法是将 8 细胞至囊胚期胚胎与一抗 H-Y 抗体反应 30 min，再用异硫氰酸盐荧光素 (FITC) 标记的山羊抗鼠 γ 球蛋白作为二抗共同培养，随后镜检，有荧光素的胚胎判为雄性，该法对胚胎损害不大，准确率比较高，猪、绵羊和牛雌性鉴定准确率分别可达 81%、85% 和 89%。此法的缺点是 H-Y 抗血清的特异性较差。

3. 生物化学分析方法 生物化学分析方法是指通过测定与 X 染色体相关联的酶活力来鉴定性别的方法。在胚胎发育的早期，为维持性别之间的基因平衡，雌性个体每个细胞中的一条 X 染色体是失活的。因此，在失活前雌性胚胎 X 染色体连锁酶的活性是雄性的 2 倍。据此对 X 染色体相关酶葡萄糖六磷酸脱氢酶 (G6PD)、次黄嘌呤核糖基转移酶 (APRT) 的活性分析可鉴别雌雄胚胎，但由于 X 染色体失活的时间可能很短暂，确切时间也不清楚，往往易造成误判，因此很少被采用。

4. 分子生物学方法 在胚胎性别鉴定方面，目前普遍应用的且有效的方法是通过分子生物学的方法，如通过聚合酶链式反应（polymerase chain reaction，PCR）的方法对 Y 染色体上带有雄性特有的 DNA 片段进行扩增。该法设计并合成一对与 Y 染色体特异性片段两端互补的小片段单链核苷酸引物（长度在 20bp 左右），并在胚胎分割技术的支持下，分割很少的胚细胞，利用其 DNA 为模板进行 PCR 扩增。将扩增产物进行电泳检测，出现特异带的为雄性胚胎。1990 年 Herr 等首先成功建立了牛胚胎性别鉴定的 PCR 法。目前在猪、羊等家畜中也能够成功应用该法进行性别鉴定。PCR 鉴定胚胎性别的成功，使胚胎的性别鉴定技术达到了新的水平，该法具有快速、敏感、简便、经济、特异性强等优点，在家畜早期胚胎性别鉴定中占有越来越重要的位置。但该法在研究简易快速的胚胎切割取样技术、冷冻胚胎的取样与保存等技术方面还需进一步提高。

四、动物克隆技术

动物克隆（cloning）技术是指生产两个或更多个在遗传上完全相同的动物胚胎或个体的方法，也就是人工诱导的无性繁殖技术。动物克隆技术主要有胚胎分割和核移植。

胚胎分割（embryo splitting）是一种通过显微操作技术将早期胚胎切割为两半或更多部分，然后分别移植给不同受体母畜产下同卵双生或同卵多生的技术。克隆动物（cloned animal）最早是用胚胎分割得到的。胚胎分割的优点是：①可提高整胚利用率，成倍增加胚胎数，用于良种扩群，用于引进优质冻胚后试图得到更多胚胎。②可成倍提高胚胎移植效率，降低成本。家畜中，绵羊、山羊、牛、兔、猪、马的二分胚（半胚）移植已成功，其中绵羊、山羊和牛已有四分胚移植后代。我国除马外，对家畜胚胎进行的半胚分割均已成功。如冯书堂等（1993）曾移植 86 个二分胚获得 23 头正常仔猪。胚胎分割技术的问题是效率低，猪的胚胎就胚胎分割而言似比牛更敏感，故猪的胚胎分割效率更低。

目前核移植已经成为动物克隆的主要技术。通过核移植进行动物克隆是一种与胚胎分割完全不同的技术。核移植（nuclear transplantation）是指将供体细胞（核）移入未受精的去核卵母细胞中，经供体核与受体细胞质的融合以及分裂、发育，得到克隆胚胎，再植入受体内以获得子代的技术。核移植依供体细胞的不同，主要分为胚胎细胞核移植（核供体细胞为早期胚胎的卵裂球）和体细胞核移植（核供体细胞为成体的或胎儿等的体细胞）。家畜胚胎细胞核移植首先由 Willadsen（1986）用绵羊试验成功。相继取得成功的是牛、兔、猪和山羊。以上克隆家畜在我国均有，并在国际上首次获得山羊胚胎细胞核移植后代。在我国实现胚胎的细胞连续核移植的家畜也只有山羊。在猪，Prather 等（1989）首次报道获得胚胎细胞核移植后代。胚胎细胞核移植技术目前已趋于成熟。1997 年，Wilmut 等用 1 只 6 岁母绵羊的体细胞——乳腺细胞（绝大多数为乳腺上皮细胞）作为核供体培育出世界上首例体细胞克隆羊多利（Dolly）。Dolly 的成功克隆使人们认识到可以利用体细胞进行动物克隆。不久，在家畜中又报道了体细胞克隆牛。体细胞克隆山羊也已在中国诞生。这些标志着在使高度分化的体细胞去分化、重获全能性方面取得了突破。

码 18 原核注射

五、胚胎生物技术对家畜改良的作用

胚胎冻存由于胚胎的代谢完全停止而得以长期保存，从而使高遗传价值个体和品系的冻胚利用不受时空限制，大大便利胚移计划的完成。牛、羊冻胚已基本进入产业化阶段。猪胚胎冻存仍处于研究时期，冷冻-解冻胚胎存活率不高且不稳定。

核移植（特别是连续克隆胚胎并移植）应用于家畜改良的优点在于：在不发生突变的情况下从一头合意的个体（育种值高的优秀个体、近交系个体、转基因动物个体、濒危动物或品种个体、特定试验个体等）仅通过一代繁殖即可获得较多或很多基因型完全相同的个体，即让供体的基因得以大量复制，因而对于短期内提高畜群理想基因频率、对于新性状的稳定遗传、对于转基因动物的扩群与外源基因稳定表达、对于拯救濒危动物或家畜品种、对于提供宝贵的动物实验材料都有着潜在的应用价值。体细胞核移植的成功为在这些方面的应用提供了更大潜力和更可靠、更实用的技术保证。在育种实践中，通过克隆得到的动物品系称为克隆品系（clonal line）。通过克隆可以使具有遗传上优良性状的个体数目在短时间内大量增加，然而这并不是一项持续进行遗传改良的技术，在获得优良的克隆品系后，应通过对不同的优质克隆品系进行杂交创造新的变异，进一步进行测定、选择，找到更好的个体，再进行克隆、测定与选择，才能使群体的遗传素质得到大幅度提高。克隆技术在育种中的应用也有其弱点：例如如果仅对一个群体中的个别个体进行克隆得到一个优良的克隆品系而淘汰群体中的其他个体，其结果是该群体的遗传变异立即降为零，失去进一步遗传改良的潜力，而且还会造成过度近交；另外，优良高产的克隆品系可能会比一般的群体抗病力低。总之，育种工作者在应用这些新技术制订育种方案时应全面考虑这些新技术在育种中的优势和不足，以达到遗传改良的目的。

习题

1. 什么是胚胎移植？其优点表现在哪些方面？
2. 简述胚胎生物技术在家畜育种中的作用。
3. 什么是核移植和克隆品系？动物克隆技术在家畜育种中的应用有哪些优缺点？

第十九章
转基因动物技术与育种

20世纪80年代初发展起来的转基因动物技术在畜牧生产中展示了广阔的应用前景。该技术可改造动物的基因组，有效改良畜禽的经济性状，在短时间内培育出新品系。尽管转基因动物技术还有许多关键性的技术问题需要突破，但随着基因工程技术的不断发展，转基因动物技术将会不断得到完善，从而在未来的畜牧业生产中发挥重要作用。本章将简要介绍转基因动物技术及其在育种中的应用。

第一节 转基因动物技术

转基因动物（transgenic animal）指借助分子生物学与繁殖生物技术将已知的外源基因导入生殖细胞、早期胚胎干细胞或早期胚胎细胞，并整合到受体细胞的基因组中所培育出的携带有外源基因并能遗传的动物个体或品系。导入并能表达的基因称为转基因（transgene），而整个技术则称为转基因技术（transgenic technique）。

一、常规技术

生产转基因动物的流程包括受体细胞制备、供体DNA制备、基因导入受体细胞以及获得了外源基因的生殖细胞或胚胎植入受体动物体内。

基因导入受体细胞的常规技术主要有显微注射法、逆转录病毒感染法、精子载体法、胚胎干细胞介导法等。

1. 显微注射法 是指通过显微注射技术将目的基因注射入受体细胞中。Gordon等（1980）将显微注射技术用于小鼠受精卵的基因导入，建立了显微注射的转基因方法。Palmilter等（1982）将生长激素基因导入小鼠的受精卵，获得"巨型小鼠"。随后，转基因鱼、转基因兔、转基因绵羊、转基因猪、转基因山羊等相继成功。该方法具有简单、稳定等优点；但它不能控制转基因的整合位点及整合的拷贝数，在研究基因的结构、功能及表达调控上存在较大困难。

2. 逆转录病毒感染法 是指通过逆转录病毒感染，可将插入病毒基因组的异源基因转移到宿主中。该方法优点是感染效率高，宿主范围宽，而且逆转录病毒感染法导入外源基因时，外源基因多属单拷贝整合。其缺点是被导入的基因大小受限制。

3. 精子载体法 将精子与外源DNA共同培养，体外受精，然后将带有外源基因的胚胎植入假孕体。此法简单易行，对仪器设备要求不高，但效果不稳定，可重复性差。

4. 胚胎干细胞介导法 先将目的基因整合到胚胎干细胞，再将转入外源基因的胚胎干细胞重新导入囊胚或进行克隆，可培育转基因个体。胚胎干细胞被认为是最理想的受体细胞，是转基因动物、细胞核移植、基因治疗等研究领域的一种新的试验材料，具有广泛应用前景。但其缺点是细胞不易建株，在小鼠上应用比较成功，而在其他大动物上的应用尚处于探索阶段。

二、转基因克隆动物技术

将动物克隆技术、核移植技术与转基因技术相结合生产转基因动物的技术称为转基因克隆动物技术。在世界上首例体细胞克隆绵羊多利（Dolly）在英国 Roslin 研究所诞生之后，该所 Schnieke 等（1997）结合核移植技术又获得一些转基因绵羊，被称为波利（Polly），这些母羊的细胞中含有人类凝血因子Ⅸ基因，从而开创了将克隆技术与转基因技术结合起来制作转基因动物的历程。转基因克隆动物技术的要点是：将外源基因导入体细胞或胚胎干细胞，然后对此种细胞进行培养并通过分子生物学方法选择其中带有外源 DNA 的细胞作为核供体，再经核移植过程获得转基因动物。

码 19　MSTN 恩施黑猪克隆流程图以及转基因技术

采用转基因动物技术在育种中可快速培育出新的整合有外源基因的转基因动物品系。但通过转基因技术生产的第一代转基因动物不是纯合子，还必须经过选种选配才能获得纯合的转基因动物，外源基因才能在后代中稳定遗传。

三、转基因动物新技术

转基因动物是指利用现代生物技术手段，稳定改变动物的遗传密码，从而达到改变动物表型，如提高在生长、繁殖、肉质和抗病等方面的性能，或者使动物能够生产原本不能生产的珍稀药用蛋白的目的。传统的转基因技术是基于胚胎干细胞和同源重组实现动物基因组定向改造，但是该技术打靶效率低，加之农业动物胚胎干细胞技术尚不成熟，严重制约了动物分子设计育种领域的研究进展。因此，开发新型基因组编辑技术十分重要。人工核酸酶介导的基因组编辑技术通过特异性识别靶位点造成 DNA 双链断裂，引起细胞内源性的修复机制来实现靶基因的修饰。与传统的转基因技术相比，人工核酸酶技术打靶效率高，这对于基因功能的研究、探索动物分子设计育种和构建人类疾病动物模型具有重要的意义。人工核酸酶技术有 3 种类型：锌指核酸酶（zinc finger nucleases，ZFN）技术、类转录激活因子核酸酶（transcription activator-like effector nucleases，TALEN）技术及规律成簇的间隔短回文重复序列（clustered regularly interspaced short palindromic repeats，CRISPR）技术。基因组编辑技术可以在动物中实现基因定点敲除、敲入、单碱基突变或修复、基因表达激活或抑制等。该技术的出现将极大降低动物基因打靶的难度，为动物分子设计育种提供多种手段。如可在动物中实现无标记转基因，使转基因从外源基因随机整合向定点整合转变。可实现精准的基因定点敲除、大片段删除、SNP 修复或突变、单碱基编辑等。还可从非条件型表达向条件型表达控制转变，开创了基因组编辑育种的新时代。

1. ZFN 技术　锌指核酸酶，又名锌指蛋白核酸酶，是一类人工合成的限制性内切酶，由锌指 DNA 结合域（zinc finger DNA-binding domain）与限制性内切酶的 DNA 切割域（DNA cleavage domain）融合而成。研究者可以通过加工改造 ZFN 的锌指 DNA 结合域，使其靶向定位于不同的 DNA 序列，从而使得 ZFN 可以结合复杂基因组中的目的序列，并由 DNA 切割域进行特异性切割。该技术与细胞内 DNA 的双链断裂修复机制结合即可实现在生物体内对基因组进行编辑。

目前，研究人员利用 ZFN 技术已成功制备了多种动物修饰模型。主要应用案例有：①制备和培育具有"双肌"表型的肌肉生长抑制素纯合子突变猪。肌肉生长抑制素（myostatin，MSTN）基因，简称肌抑素，是一种能抑制动物骨骼肌生长发育的负调控因子。牛、羊、犬和猪中 MSTN 基因突变可导致肌肉肥大或"双肌"表型（double-muscled，DM）。研究人员利用 ZFN 技术，构建了肌肉生长抑制素纯合子突变梅山猪。与野生型猪相比，MSTN 基因纯合突变猪的肌肉块显著增加，且脂肪沉积明显减少。②制备转人源化溶菌酶基因奶牛。奶牛乳腺炎严重危害奶业发展，利用 ZFN 与体细胞核移植技术，研究人员将人的溶菌酶（lysozyme，hLYZ）基因编码序列特异性插入牛的 β-酪蛋白（β-casein）位点，成功在牛中表达了人的溶菌酶基因。研究发现，该转基因牛分泌的乳汁可高效杀死金黄色葡萄球菌。③制备模拟人类疾病的动物模型。小型猪和人在生理解剖、营养代谢、生化指标等特征上有较大的相似性。有研究发现，人的 PKD1 和 PKD2 基因突变能导致常染色体显性多囊肾病（autosomal dominant polycystic kidney disease，ADPKD）的发生。利用 ZFN 技术，研究人员构建了等位基因敲除（mono-allelic knockout，KO）的 PKD1 小型猪模型。与野生型猪相比，在 PKD1 等位基因敲除仔猪中，该基因的 mRNA 和蛋白表达水平均降低。达到 6 月龄时，PKD1 基因敲除猪的肾出现明显的囊肿，到 11 月龄时会形成肝肾囊肿，这为研究人的肾囊肿疾病的形成机理提供了一个动物模型。

2. TALEN 技术 类转录激活因子核酸酶技术（TALEN 技术）是继 ZFN 技术之后发展起来的第二代基因组编辑技术。其中 TAL 效应因子（TAL effector，TALE）最初是在一种名为黄单胞菌（Xanthomonas sp.）的植物病原体中发现的，这些 TALE 具有 DNA 特异性识别单位和序列特异性结合能力，进入植物细胞后，可以作用于特异性的基因启动子来调节转录。研究者通过将 FokⅠ核酸酶与一段人造 TALE 连接起来，实现了基因组定点编辑，并由此发展成 TALEN 技术。TAL 效应子可被设计识别和结合所有的目的 DNA 序列。TAL 效应核酸酶可与 DNA 结合并在特异位点对 DNA 链进行切割，从而导入新的遗传物质。相比于 ZFN 技术，TALEN 技术可以靶向更长的基因序列，并且相对更易于构建。

目前，TALEN 技术在动物基因组编辑中也有多种成功的应用案例。主要应用案例有：①制备小型化基因敲除猪。利用 TALEN 技术和手工克隆方法（handmade cloning，HMC），研究人员制备了生长激素受体（growth hormone receptor，GHR）基因敲除的巴马香猪。研究表明，在第 20 周时，GHR 基因纯合子敲除猪的体重仅为野生型巴马香猪的一半。②制备抗结核的转基因牛。牛结核分枝杆菌可感染包括牛和人在内的多种哺乳动物，导致结核病，对全球公共卫生以及农业造成严重威胁。以往研究表明，小鼠 SP110 基因能够控制巨噬细胞内结核分枝杆菌（Mycobacterium tuberculosis）的生长。利用 TALEN 技术，研究人员将小鼠的 SP110 基因插入牛的基因组中，得到的转基因牛表现出了对牛结核分枝杆菌（Mycobacterium bovis）感染的抗性。③制备异种器官移植猪模型。自交系小型猪（inbred mini-pigs）是人类异种器官移植的理想来源。研究人员利用 TALEN 技术，成功构建了 α-1,3-半乳糖基转移酶（α-1,3-galactosyltransferase，GGTA1）等位基因敲除猪，其靶位点的突变效率较高。研究发现，GGTA1 基因敲除仔猪细胞中 α-Gal 表位缺失，与野生型猪相比，从 GGTA1 基因敲除仔猪体内分离的成纤维细胞，可有效抑制来自含有补体的正常人血清的裂解能力。

3. CRISPR/Cas9 技术 ZFN 技术与 TALEN 技术定向打靶均依赖于设计和合成与 DNA 序列特异性结合蛋白模块，步骤较为烦琐。与此不同的是，CRISPR/Cas 系统介导的基因组编辑技术，使用一段序列特异性向导 RNA 分子（small guide RNA），进而引导人工核酸内切酶与靶标结合来实现基因组的定向编辑。CRISPR/Cas 系统根据功能元件的不同可以分为 Ⅰ 类系统、Ⅱ 类系统和 Ⅲ 类系统。Ⅰ 类和 Ⅲ 类 CRISPR/Cas 系统进行干扰时需要 crRNA 和 Cas 蛋白两种元件的参与，Ⅱ 类 CRISPR/Cas 系统包括 crRNA、tracrRNA（反式激活的 crRNA）和 Cas 蛋白三种元件。不同类型 CRISPR/Cas 系统完成干扰的步骤也有所不同。其中 Ⅱ 类 CRISPR/Cas9 系统最先在改造后用于小鼠和人类基因组编辑，同时也是目前研究最为充分的系统。

目前，基于 CRISPR/Cas9 系统介导的第三代基因组编辑技术，已成功应用于动物、植物和微生物等诸多物种的基因组改造。主要应用案例有：①制备 *MSTN* 敲除的"双肌"动物模型。利用 CRISPR/Cas9 技术，已获得具有典型"双肌"表型特征的山羊、犬、猪和兔等模型。②制备抗病动物模型和高通量功能基因筛选。目前利用 CRISPR/Cas9 技术，已成功制备了抗蓝耳病的 *CD163* 基因敲除猪。利用 CRISPR/Cas9 全基因组文库筛选技术策略，研究人员可实现高通量筛选到抵抗病毒感染的宿主关键因子，特别是有望筛选到病毒的受体基因，为抗病毒育种提供新的靶点。③制备模拟人类疾病动物模型。利用 CRISPR/Cas9 技术，研究人员靶向特异敲除了猪的 IgM 重链基因，成功获得 B 细胞缺陷型猪。利用 CRISPR/Cas9 和体细胞核移植技术，研究人员成功培育出世界首例亨廷顿舞蹈病基因敲入猪，精准地模拟出人类神经退行性疾病。④制备能降低猪源性病毒感染的器官移植猪的模型。目前异种器官移植被认为是解决供体器官短缺现状的一种有效方法，猪的生理和器官大小与人类似，但猪基因组内的内源性逆转录病毒（PERV）存在跨物种间感染风险，以猪源器官作为移植供体移植人体后可能导致 PERV 感染。利用 CRISPR/Cas9 技术，国外公司与一些中国学术实验室合作，成功创建了 37 头 *PERV* 基因缺失型小猪。有病毒学专家指出，这项技术的成功意味着通过基因工程手段，将有可能获得不被人体免疫系统排斥的安全型替代器官。

与传统转基因技术相比，基因组编辑育种技术优势明显，其可在无需引入外源基因的条件下，直接对动物自身基因组进行改造，产生与自然突变或物理、化学诱变类似的突变体。而传统转基因技术，则需导入外源基因，且其插入位点具有随机性。对于基因组编辑育种技术，业内专家建议，应避免使用"转基因"字眼以降低公众舆论压力，或可采用"精准育种技术"或"分子编写育种"等概念；另外因为检测不到外源基因，大量的育种新产品不应作为转基因产品来管理。但按照我国《转基因管理条例》第一章第三条规定，"农业转基因生物是指利用基因工程技术改变基因组构成，用于农业生产或者农产品加工的动植物、微生物及其产品"。由此，我们认为，基因组编辑技术既然是在动物基因组水平的遗传修饰，那么则属于基因工程领域，理所当然应当受到转基因监管。纵观动物育种研究的历史长河，不难看出，生物技术的创新和发展对动物分子设计育种的研究起着重要的推动作用。在后基因组时代，以 CRISPR/Cas9 技术为代表的新型基因组编辑技术，必将引领动物分子设计育种领域的快速发展。

第二节　转基因动物技术的意义

转基因技术的根本意义就是它能克服固有的生殖隔离，实现物种间或分类学上相距更远的种群间遗传物质的交换。转基因技术已经成为生命科学领域中重要的生物技术之一，给工农业生产和国民经济发展带来了巨大的影响。转基因动物技术在生命科学、临床医学、食品工业、畜牧业生产和环境保护等重要领域有着巨大的实用价值。在家畜中，此项技术主要具有以下几方面的意义。

一、改良经济性状

应用转基因技术可以加快畜禽经济性状的改良进程，使选择效率提高。如转生长激素基因的动物可在生长速度、饲料效率、产奶量、产毛量等性状上得到提高。

二、改良抗病性

应用转基因技术还可以提高动物抗病性。如对一些种属特异性疾病，可以首先找到抗该病的动物，从中克隆出目的基因，再将其导入易感动物品种的基因组，使目的基因能够在宿主基因中表达，由此可培育出抗该病的动物新品系。如有人将抗流感病毒基因转入猪体内，使转基因猪增强了对流感病毒的抵抗能力。

三、转基因动物作为生物反应器生产重组蛋白

利用转基因动物生产人类药用蛋白等产品，是目前世界上转基因研究的热点之一。如通过动物乳腺生物反应器生产人类药用蛋白的研究已取得成功。这项技术是将外源基因转入动物，获得转基因动物，从动物的乳汁或血液中获得目的产物。抗凝血酶III（AT-III）、葡萄糖苷酶以及第八凝血因子（F-VIII）等是国际上首批转基因动物乳腺表达产品。我国科学家也成功地培育了乳汁中含有活性人凝血因子IX的转基因绵羊。

四、用转基因动物生产移植用器官

人的有些器质性疾病用药物或手术不能治疗，只能靠组织、器官移植才能见效。然而，由于器官供体的严重缺乏，很多患者得不到及时的治疗。已有的研究表明，将转基因猪的器官移植到人体内而又不发生超急性排斥反应是可能的，前景十分好。但要完全实现这一目标尚有难度，途径之一是需要在离体培养的猪细胞中，通过基因敲除技术，将$\alpha-1,3$-半乳糖基转移酶（$\alpha-1,3$-GT）基因敲除掉。

转基因动物技术目前尚存在一些问题，其中最主要的是转基因整合效率低，转基因动物成活率低。另外，已整合的外源基因遗传给后代的概率较低，即外源基因容易从宿主基因中消失，外源基因有时不能表达或表达异常，得不到预期的表型效应，且容易引起动物的遗传缺陷。因此，转基因动物的研究仍是一项复杂的系统工程。但是，随着基因编辑技术，特别是 CRISPR/Cas 系统介导的高效基因定点编辑技术的快速发展，突破了传统转基因技术的局限，可以通过精准育种培育出高产、抗病或肉质好的新品种（系）。

习 题

1. 何谓转基因动物？创造转基因动物的方法有哪些？
2. 简述转基因动物的新进展。

第二十章 分子育种

分子育种（molecular breeding）主要包括分子标记辅助育种（简称 DNA 标记辅助育种）与基因组选择（genomic selection）。DNA 标记辅助育种（DNA marker-assisted breeding）是一种利用 DNA 水平上的（非蛋白质水平上的）分子标记（或称 DNA 标记）对生物群体的性状进行遗传改良的技术。由于现阶段 DNA 标记辅助育种技术一般需要与常规育种技术特别是数量遗传学方法相结合，故在名称中有"辅助"二字。基因组选择则是利用基因组中所有或大部分标记开展基因组育种值预测。DNA 标记辅助选择与基因组选择的主要区别是利用 DNA 标记的规模，前者主要是利用单个或少数 DNA 标记开展育种，而后者则利用很多 DNA 标记（上限是基因组所有标记）开展育种。

根据 DNA 标记的用途，分子育种技术可分为标记辅助选择、标记辅助渗入（marker-assisted introgression）、标记辅助导出（marker-assisted extragression）、标记辅助预测（marker-assisted prediction）、标记辅助近交避免（marker-assisted inbreeding avoidance）、标记辅助杂种优势优化（marker-assisted heterosis maximization）、标记辅助保种（marker-assisted conservation）等。可见，DNA 标记同样可应用于选择、近交、杂交、保种等各个方面。本章将概况性地讨论 DNA 标记，数量性状基因的鉴别定位，DNA 标记在选种、杂交、近交、遗传多样性评估中的应用，以及全基因组关联分析、基因组选择等内容，旨在对 DNA 标记辅助育种技术及其相关知识有一初步的了解，为分子育种的简单应用和进一步学习奠定基础。

需要说明，本章所讨论的分子育种的内容只是狭义的。广义的分子育种除 DNA 标记辅助育种技术外，还应包括转基因动物技术、动物克隆技术和胚胎生物技术等。事实上，现代生物技术间总有着千丝万缕的联系，如有些胚胎生物技术也应用到了分子生物学技术，而转基因动物技术和动物克隆技术离不开胚胎生物技术等。转基因动物技术、动物克隆技术和胚胎生物技术已成为现代选种、杂交和保种的某个技术环节。上述种种技术的综合运用，大大地促进了分子育种甚至常规育种方法与技术的发展。

第一节 遗传标记

遗传标记是指能够遗传的、可以识别的并能明确反映遗传多态性的生物特征。遗传标记大致包括形态标记、细胞学标记、蛋白质标记和 DNA 标记四类。对遗传标记的研究使人们揭示了生物界的许多重要规律。从 19 世纪孟德尔利用豌豆的形态标记研究性状间的相互关系提出性状的分离和自由组合定律，再到 20 世纪初摩尔根从对果蝇的研究发现连锁定律，从 20 世纪 70 年代至今的蛋白质标记、DNA 标记，遗传标记已经广泛应用于遗传作图、数量性状基因座（quantitative trait loci，QTL）定位、动植物的标记辅助选择、转基因、基因缺失或克隆动物的鉴定、畜产品外源 DNA 鉴定、遗传资源的保存利用及进化等领域中。

一、理想的遗传标记的特征

理想的遗传标记应该具有以下特征：①具有多态性，即具有 2 个或 2 个以上的等位基因；②共显性，即在杂合子中通过一定方法可以检测到 2 个等位基因的存在；③不具有上位性，即与一个位点相关的表现型不受其他位点基因型变化的影响；④表现稳定，对环境的变化不敏感，在不同的环境下表现一致；⑤标记的数量较多；⑥按简单孟德尔规律遗传。形态标记常常不能完全满足上述要求。

二、遗传标记的种类

（一）形态标记

形态标记是指具有明显遗传多态性（遗传变异）的外观性状，也称"形态标记性状"。典型的形态标记用肉眼即可识别和观察到；广义的还包括那些借助简单测试即可识别的某些性状如生理特征、生殖特性等。在家畜中，主要有毛色和体形特征等。这些标记可以作为品种的特征标记。形态标记材料的收集在遗传资源及育种中都具有极其重要的价值，并受到各国研究者的重视。在家畜中，毛色遗传标记是一类极其重要的形态标记，决定毛色的基因较少，毛色属于质量性状。在有些物种中，决定毛色的基因间相互作用较为复杂，除了决定毛色的主基因外，还常常有许多修饰基因影响毛色的形成。形态标记的缺点十分明显：①很多情况下为非中性标记；②数量少，多态性差；③必须在一定发育阶段或特定组织器官中才能检测；④往往存在基因互作，使得不同遗传背景下常表现不同的表现型。

（二）细胞学标记

细胞学标记指那些能明确显示遗传多态性的细胞学特征。最常见的细胞学标记是染色体的结构特征（染色体结构上的遗传多态性）和数目特征。染色体是遗传物质（DNA）的主要载体，染色体的结构特征和数目的变化可能会对个体的表现型产生重要影响。染色体的结构特征是指染色体的核型和带型。染色体的这些特征反映了物种的特征。染色体的核型特征是指染色体的长度、着丝粒位置和随体有无等，研究染色体的核型特征可能发现染色体的缺失、重复、倒位和易位等遗传变异；染色体的带型是指染色体经处理或染色后，染色体上显示的染色深浅不同的带纹的宽窄和位置顺序等。根据染色处理方法，可将染色体的带型分为 C 带、R 带、Q 带、G 带和高分辨 G 带，银染核仁组织区（Ag-NORs）等。染色体的数目特征是指细胞中染色体的数目，如单倍体、多倍体、缺体等，可反映整倍性、非整倍性的变异等。在家畜中，主要研究已被证明多态性明显的 C 带多态性及银染核仁组织区多态性。

与形态标记相比，细胞学标记具有多态性更丰富、不受发育阶段或特定组织器官类型限制等优点，但这种标记需要经过细胞培养，不适于大批量样本的同时检测，因而限制了其应用。

（三）蛋白质标记

蛋白质标记也称生化标记，是一类较早期的分子标记，通常包括酶蛋白质和非酶蛋白质两类标记。在家畜中，已被广泛研究的主要是多态性较为丰富的白细胞抗原型、红细胞抗原型和血液蛋白质（酶）型。与形态标记、细胞学标记相比，蛋白质标记数量上更丰富，受环境影响小，能更好地反映遗传多态性。蛋白质标记已被广泛应用于物种起源与演化研究、种质鉴定与遗传分类等领域。然而，蛋白质标记仍存在诸多不足，如每一种同工酶标记都需要特殊的显色方法和技术，而且局限于反映基因组编码区的表达信息等，更关键的是标记的数量和多态性远不及 DNA 标记，因此限制了这类标记的使用。尤其是在数量性状基因座定位和标记辅助育种方面，其局限性显得更为突出。

（四）DNA 标记

DNA 标记（DNA marker）又称 DNA 分子标记（molecular marker）。从 DNA 水平上能反映核苷酸序列的任何差异的标记都可称为 DNA 分子标记。由于任何生物都存在庞大的基因组 DNA 序列，因此 DNA 标记的数目可以说是无限的。1980 年，Botstein 发现了限制性片段长度多态性（RFLP）可以作为遗传标记，之后 DNA 作为遗传标记技术得到迅速发展。与以往的遗传标记相比，这类标记不受环境、年龄、组织的限制，具备了理想遗传标记的所有特征，它的出现受到了遗传育种研究者的极大重视。理想的 DNA 标记除具备前面提到的理想的遗传标记的特点外，还应该具有在基因组中大量存在及均匀分布、信息量大、分析效率高、检测手段简便快捷、易于实现自动化、开发和使用成本低等特点。

三、DNA 标记的类型

DNA 标记有 Ⅰ 类标记与 Ⅱ 类标记之分，Ⅰ 类标记指的是功能基因，Ⅱ 类标记指的是匿名 DNA 序列标记（markers based upon anonymous DNA sequences），如微卫星标记等。从遗传方式上，DNA 标记可以分为显性和共显性标记；从碱基序列变异类型上，DNA 标记可分为碱基替换、插入、缺失，或串联重复数目的变异等类型。

（一）基于单碱基突变的 DNA 标记

单核苷酸多态性（single nucleotide polymorphism，SNP）是指在某个 DNA 区域的单碱基替代，而且这种替代在群体中表现出显著多态。如果 SNP 出现在一个功能基因的编码区或非编码区，其突变可能会对基因的功能产生影响，进而对其控制的性状产生作用。对于这样的 SNP，常常有必要开发高通量检测多个样本的基因型方法以便进行进一步的标记-性状关联分析。SNP 作为遗传标记有以下优势：①SNP 分布广泛，数量多。无论是基因的编码区、非编码区，都可能存在大量的 SNP，例如人类基因组中每 1 000 个核苷酸就有一个 SNP，人类 30 亿个碱基中共有 300 万个以上的 SNP。②SNP 适于快速、规模化检测。SNP 是一种二态的标记，即二等位基因（biallelic），非此即彼，在基因组筛选中 SNPs 往往只需有无的分析，而不用分析片段的长度，这就利于发展自动化技术筛选或检测 SNP。③由于只存在一对等位基因，因此 SNP 等位基因频率容易估计，易于基因分型。下面介绍 SNP 的几种基本检测方法。

1. 限制性片段长度多态性（restriction fragment length polymorphism，RFLP） 限制性内切酶是可以切割 DNA 上具有特殊序列特征的酶，其识别的 DNA 序列常为 4、6 或 8 个碱基的长度。如果组成 DNA 的 4 个碱基以相同的概率出现，则一个识别 6 个碱基的限制性内切酶会在每隔 4 096（4^6）个碱基处有一个切点。一个 10^9 bp 大小（中等大小）的基因组则会产生 250 000 个 DNA 片断。当 DNA 上有碱基突变时，常常仅一个碱基的变异就会阻止限制酶在那个区域的作用，因此在突变和不突变的个体间会产生长度的多态性。对 DNA 进行酶切后，电泳，并将 DNA 转移到支持物（如尼龙膜）上，用特异的标记过的 DNA 进行杂交检测，即可检测到在该限制酶位点上不同的等位基因。

2. 聚合酶链式反应-限制性片段长度多态性（polymorase chain reaction and restriction fragment length polymorphism，PCR-RFLP） PCR-RFLP 技术问世后，传统的通过分子杂交进行限制酶位点突变检测的技术便为 PCR-RFLP 所取代。PCR-RFLP 又称作切割扩增多态序列（cleaved amplified polymorphic sequence，CAPS），是指用 PCR 方法首先扩增 DNA 上的多态区域，然后对产物进行酶切，检测多态的方法。此法通过对酶切产物进行电泳便可以对不同的等位基因进行区分，是一种非常普遍应用的分子标记检测方法。

3. 单链构象多态性（single strand conformation polymorphism，SSCP） 当双链 DNA 在 95 ℃ 变性变成单链 DNA 后，单链 DNA 就会形成一种二级结构，碱基序列的不同会导致二级结构的不同，这种不同可以通过其在非变性聚丙烯酰胺凝胶中的迁移速度不同被检测出来。据估计，此技术对于小于 200 个碱基对的 DNA 片段上碱基变异的检出率为 100%。当要检测的 DNA 片段较长时，检出率会降低。SSCP 的优越性在于不需要测序就可以快速检出碱基突变。

（二）基于重复序列变异的 DNA 标记

1. 小卫星标记和 DNA 指纹图 DNA 序列中存在中等程度重复序列和高度重复序列。由于高度重复序列经超离心后，以卫星带出现在主要 DNA 带的邻近处，所以也被称为卫星 DNA。小卫星 DNA（minisatellite）又称可变数目串联重复（variable number tandem repeat，VNTR），由 15~65 bp 的基本单位串联而成，总长通常不超过 20 kb，重复次数在群体中是高度变异的。这种可变数目串联重复序列决定了小卫星 DNA 长度的多态性。小卫星 DNA 具有高度的可变性，不同个体彼此不同，与人的指纹一样，具有专一性和特征性，因此被称作 DNA 指纹（DNA fingerprint）。小卫星 DNA 可用 Southern 分子杂交方法检测，由于一小段序列在所有个体中都一样，称为核心序列，这些核心序列可作为分子探针，与不同个体的 DNA 进行分子杂交，就会呈现出各自特有的杂交图谱。高分辨率的 DNA 指纹图通常由 15~30 条带组成，看上去就像条码一样。DNA 指纹区中的绝大多数区带是独立遗传的。因此，一个 DNA 指纹探针能同时检测基因组中数十个位点的变异性。DNA 指纹区带遵循简单的孟德尔遗传方式。后代图中的每一条带都可以在双亲之一的图中找到，子女中的一条带不能在其父母的图中找到（基因自发突变的结果）的概率极低。

2. 微卫星 微卫星 DNA（microsatellite，microsatellite DNA）是一种广泛分布于真核生物基因组中的简单重复序列，每个重复单元的长度在 1~10 bp 之间，如 TGTG…TG=$(TG)_n$ 或 AATAAT…AAT=$(AAT)_n$ 等，不同数目的核心序列呈串联重复排列，并呈现出长度多态性。在基因组中，因每个微卫星序列的基本单元重复次数在不同基因型间差异较大，从而形成其座位的多态性。由于每个微卫星座位两侧的侧翼序列（flanking region）一般是相对保守的单拷贝序列，据此设计特异性引物来扩增单个微卫星序列，然后可经聚丙烯酰胺凝胶电泳、染色，通过比较谱带的相对迁移距离，或通过基因扫描（genescan）检测便可知不同个体在某个微卫星座位上的多态性。

（三）基于随机扩增的多态 DNA 标记

1. 随机扩增多态 DNA（random amplified polymorphic DNA，RAPD） 利用一系列随机排列的寡核苷酸（通常为十聚体）为引物，对所研究的基因组 DNA 进行 PCR 扩增。扩增产物通过聚丙烯酰胺或琼脂糖凝胶电泳分离后，经 EB 染色或放射自显影来检测扩增产物 DNA 片段的多态性，这些扩增 DNA 片段的多态性反映了基因组相应区域的 DNA 多态性，称为随机扩增多态 DNA 标记。RAPD 所用的一系列引物各不相同，但对于任一特定的引物来说，它同基因组 DNA 序列有其特定的结合位点，如果基因组在这些区域发生 DNA 片段的插入、缺失或碱基突变，就可能导致这些结合位点的分布发生相应的变化。通过对 PCR 产物的检测即可探知基因组 DNA 在这些区域内的多态性。进行 RAPD 分析时使用引物数很多，虽然对每一个引物而言，其检测基因组 DNA 多态性的区域是有限的，但利用一系列引物则可使检测区域覆盖整个基因组。因此，RAPD 可以对整个基因组进行多态性检测。RAPD 标记的主要缺点表现在它是一种显性标记，一条 RAPD 产物的存在并不能区别与之相关的位点是纯合的还是杂合的。

2. 扩增片段长度多态性（amplified fragment length polymorphism，AFLP）　扩增片段长度多态性是基于 PCR 技术扩增基因组 DNA 限制性片段，基因组 DNA 先用限制性内切酶切割，形成分子质量大小不等的随机限制性片段，然后将双链接头连接到 DNA 片段的末端，作为引物结合位点。根据接头的核苷酸序列和酶切位点设计引物，通过接头序列和 PCR 引物的识别，只有那些与引物的选择性碱基严格配对的 DNA 片段才能被扩增出来，扩增产物通过聚丙烯酰胺凝胶电泳将特异的限制性片段分离。AFLP 标记所检测的多态性是酶切位点的变化或酶切片段 DNA 序列的插入与缺失，本质上与 RFLP 一致。但它比 RFLP 要简单得多，而且可通过控制引物随机核苷酸的种类和数目来控制选择不同的 DNA 片段以及扩增 DNA 片段的数目。它既有 RFLP 的可靠性，又有 RAPD 的简便性，不仅具备多态性丰富、不受环境影响、无复等位效应的特点，还具有带纹丰富、不需要预先知道基因组序列信息、灵敏度高、快速高效等特殊优点。

四、DNA 标记的选用

根据目的和对象的不同，可以选用不同的标记进行研究。例如家畜中用作遗传作图的标记多数是微卫星标记，用候选基因法进行性状-标记关联分析的标记是功能基因中的突变，数量性状基因座定位用的标记多数也是微卫星标记。表 20-1 列出了几种标记的比较。

表 20-1　遗传标记比较

（引自 Vienne，2003）

标记	是否中性	数目	是否共显性	是否单一位点	多态性	是否受组织器官及发育阶段限制	标记是否位于编码区
形态	否	有限	很少	是	低	是	—
同工酶	是	有限	是	是	低	是	是
RFLP	是	无限	是	是	高	否	可是可不是
微卫星	是	无限	是	是	非常高	否	否
RAPD	是	无限	否	否	非常高	否	可是可不是
AFLP	是	无限	否	否	非常高	否	可是可不是
SNP	是	无限	是	是	中等	否	可是可不是

第二节 数量性状基因的鉴别与定位

一、数量性状基因概念的发展

传统的数量遗传理论以多基因（polygene）假说为基础，它的核心内容为数量性状由大量的效应微小并可加的基因所控制，这些基因的遗传行为符合孟德尔定律。同期提出的纯系学说（pure line theory）认为基因型间的不连续效应可通过环境效应加以修饰，从而使数量性状表型最终呈现出与实际观察相符的连续性变异。长期以来，由于缺乏剖解、分析单个基因的手段和方法，传统数量遗传学只能借助于复杂的数学方法和计算技术对导致某个数量性状变异的所有基因的总效应进行研究，不能用经典的孟德尔遗传方法来研究单个基因对数量性状的作用。随着分子生物学技术的发展和渗透，动物育种已逐渐从数量性状的表型操作深入到了基因型操作，人们对数量性状的遗传基础亦有了更深的认识，与多基因理论所描述的有所不同，发现在控制某一性状的基因系统中，各基因的效应并不完全相等。多数情况下，在控制数量性状的基因体系中，除了多基因即微效基因的作用外，同时还存在大效应位点的分离信息。研究表明，在一个自然群体中，随便一个多态位座与生物表型变异之间存在相关性的概率很小，控制数量性状变异的基因不是完全随机地分布在染色体上，而是较集中地分布于彼此相近的染色体区域内，并以某种方式成簇聚集，在结构上形成一种紧密连锁的基因簇（gene cluster）。

据此，有学者提出了数量性状基因座（quantitative trait locus，QTL）的概念，即在基因组中占据一定染色体区域，控制同一性状的一组微效多基因的基因簇，通常将这些基因座位称为数量性状基因。一般认为，QTL是指影响数量性状变异的染色体区段，而不是一个确定的基因座（locus），通常该区段包含了数十到数百个不等的基因座。对于整个QTL，与孟德尔遗传因子相比较，具有结构松散、簇内各微效基因重组率高的特点。在控制一个性状的所有QTL中，通常都存在一个或数个效应较大的QTL，它们能单独解释表型总变异的10%～50%甚至更多，当其中一个位置明确的基因座效应达到一定阈值时，即可将该位置处的基因称为主基因（major gene）。主基因是相对于微效基因而言的，又称主效基因，它是指能对数量性状（或阈性状）的表型值产生巨大效应的单个基因或基因座。有时候，主基因也指一个抽象存在的基因，但不明确其具体位置。究竟基因效应多大时，才可称该基因为主基因，目前尚无统一定论。不过，通常认为效应在0.5至1个表型标准差及以上的基因可称为主基因。目前的检测水平一般只能发现可单独说明表型变异的3%以上的QTL。简单地看，一个QTL的效应值用两种纯合基因型值差的一半来表示，同时用对应于数量性状的表型标准差来度量，一般当QTL效应值等于或超过半个表型标准差时就认为该QTL具有中等以上的效应。从理论上讲，借助与QTL呈连锁关系的DNA标记信息，可以确定单个QTL效应、QTL在染色体上的精确位置及多QTL间的互作效应等。

二、数量性状基因的鉴别方法

在DNA标记出现以前，鉴别数量性状主基因的主要方法有：①偏离正态分布检测法，包括观察值分布的斜峰度或峰态检验、家系内方差的异质性检验、亲子回归的非线性检验以及方差和生产成绩的相关性检验等；②结构探测数据分析法（structure exploratory data analysis，SEDA），代表性方法为主基因指数法（major gene index，MGI）；③分离分析法

(segregation analysis)，其代表是综合分离分析法。但这些方法只能探知主基因的存在与否，不能确定所鉴别基因在染色体上的具体位置。步入基因组和后基因组时代后，定位控制遗传疾病和数量性状基因的理论、方法已经成熟。对各畜禽主要经济性状主基因和 QTL 进行鉴别和定位已成为现阶段动物分子数量遗传学领域的研究重点之一，因为这是实施分子育种（如标记辅助选择）的前提。目前，利用 DNA 标记鉴别数量性状基因的方法主要包括候选基因法（candidate gene approach）和基因组扫描（genome-wide scan）两种方法。

（一）候选基因法

候选基因是指已知生物学功能和序列，并参与目标性状生长发育过程或可能会导致目标性状表型大幅变异的功能基因。这些基因可能是结构基因、调节基因或是性状直接相关组织或器官内生化代谢途径调节成员的编码基因。候选基因法的基本原理是假设所选标记或基因本身就是影响性状的主基因，根据已有的生理、生化背景知识，直接从已知或潜在的基因系统中挑选出可能对该性状有影响的候选基因，也可利用比较医学、比较基因组学等的研究结果，将其他物种（如人类、小鼠等）中发现的控制某些同类或相似性状的基因作为畜禽经济性状的候选基因。选定候选基因后，利用分子生物学技术研究这些基因和相关的 DNA 标记对某种数量性状的遗传效应，筛选出对该数量性状有影响的主基因和 DNA 标记，并估计出它们对数量性状的效应值。

候选基因法的一般分析步骤包括：①选择可能的候选基因，除了分析单倍型，一般因全基因序列较长而需确定待扩增的局部片段；②根据待扩增局部片段的序列信息设计用于扩增基因的引物序列；③检测扩增片段内的突变，根据突变建立高效简便的基因分型技术以揭示候选基因内的多态性；④选择用于进行候选基因分析的群体，获取目标性状的表型资料，并对群体内每个个体进行基因型检测；⑤分析候选基因多态性与生产性状变异的关系；⑥为了排除候选基因与控制目标性状的 QTL 在分析群体中暂时处在连锁不平衡状态，或存在候选基因效应由分析群体遗传背景的互作引起的可能性，需要进一步证实所发现的候选基因与性状关系的真实性。最严密的验证方法是在分子生物学水平证实基因的变异能带来真实的表型突变，如作物中的互补性试验，但该策略在畜禽中很难实施，而畜禽候选基因效应的真实性通常是通过同一群体的更多世代或不同群体是否具有相同或类似遗传效应作为进一步印证。

候选基因法具有不需要特殊试验设计、统计检验效率较高、成本低廉、操作简便、检测方案易于实施、适用于除高度连锁不平衡群体之外的任何群体以及可直接运用于分子育种实践等优点。不过，候选基因法的缺点也很明显。一方面，确定候选基因的过程是一个含有较多主观推测成分的过程，候选基因效应的真实性在畜禽中缺乏有效的分子生物学验证手段，而与之配套的下游统计分析方法亦不能直接判定所筛选的候选基因是目标性状的主基因还是与 QTL 连锁的间接标记；另一方面，人们确定候选基因多基于激素调控、生化路径、比较生物学等背景信息，这使得可用的候选信息十分有限，信息瓶颈的限制已成为候选基因法明显的缺点之一。

（二）基因组扫描

基因组扫描是指在资源群体中利用均匀分布在全部染色体上的数十、数百乃至数千个 DNA 标记与目标性状表型信息进行连锁分析、连锁不平衡分析和传递不平衡检验，以扫描到性状控制座位所在的染色体位置，它是目前定位 QTL 特别是未知 QTL 的最常用方法。由于在畜禽基因组扫描中最常用的分析方法是连锁分析（常称为标记-QTL 连锁分析），因而在多数情况下基因组扫描与连锁分析可以相互替代。不过，单标记或少量标记亦可做连锁分析，因而基因组扫描相当于全基因组连锁分析，二者在规模上有细微差别。另外，有时基因组扫描特指用代表性差异分析（RDA）、基因组错配扫描（GMS）和比较基因组杂交（CGH）等高通量技术对基因组顺序特征进行扫描，即仅指分子生物学操作部分。一般来说，有表型（经济性状或遗传疾病）就可以肯定在基因组中有它的基因；有基因则在基因组中必有其位置（座位）；该基因座（QTL）与基因组中的另一座位（如多态 DNA 标记）之间必有某种联系（要么自由组合，要么连锁不平衡），如果是连锁不平衡关系则用统计分析可以得到二者之间的遗传距离，从而将该 QTL 定位。

QTL 定位的基本原理是：当多态 DNA 标记与 QTL 存在连锁不平衡时，因为不同距离的 DNA 标记与 QTL 的连锁紧密程度不同，标记基因型间的均值因 QTL 不同基因型的作用而呈现差异，如果 DNA 标记与 QTL 间的连锁距离越远，那么 DNA 标记与 QTL 间的重组率就越高，高的重组率会使更多比例的低值 QTL 基因型"掺入"本来代表高值 QTL 基因型的标记基因型中，这样标记基因型间的均值差异就越小，反之则越大。根据这一原理可借用统计分析手段将各个标记与 QTL 间的关联程度检测出来。补充说明一下，所谓连锁不平衡（linkage disequilibrium）是指基因组中不同基因座间存在的非随机关联，即不同基因座的非等位基因间的非随机组合。不同基因座位于同一连锁群内（即同一染色体上）是产生连锁不平衡的直接原因（虽然遗传共适应机制也可导致暂时的连锁不平衡，但通常情况下可以不予考虑），换言之即可通过连锁不平衡关系判定不同座位是否位于同一染色体上。现以单标记情形为例简要说明利用连锁不平衡关系进行 QTL 定位的思路：将 QTL 和标记作为两个不同的基因座，如果 QTL 和标记位于同一染色体上，那么二者必然就存在连锁不平衡关系，如果存在连锁不平衡关系，就可以估计连锁不平衡程度的大小，连锁不平衡程度越大，QTL 与标记的距离就越近，这样通过比较不同的标记就可将该 QTL 定位于连锁距离最近的标记处（旁）。

基因组扫描的一般分析过程是用所选 DNA 标记与目标性状的假想 QTL（putative QTL）进行"捆绑"关系判断，将目标性状的 QTL 与多个 DNA 标记一一进行分析，当发现 QTL 与某个 DNA 标记之间毫无连锁时，即重组率为 50%，则可将其从该 DNA 标记附近"排除"；如果发现它与某个 DNA 标记之间有一定程度的连锁，即 0＜重组率＜50%，则知道 QTL 已在该 DNA 标记附近；如果它与某个 DNA 标记之间没有重组，即重组率为 0，并且个体数（实质是重组事件数）又达到统计学要求时，可推断该 DNA 标记已经非常靠近 QTL 或本身即为 QTN。除了 QTL 的位置判断外，连锁分析的内容还包括 QTL 效应大小估计和作用方式判定等。有时候，通过细胞遗传学的方法或其他信息断定控制某性状的基因位于某条染色体上甚至染色体的某区段内后，可以只用该染色体上或该区段内相对少量的标记进行连锁分析，从而极大地降低分子生物学实验成本。

基因组扫描法可按多种标准进行分类，如按分析方法可分为连锁分析法、连锁不平衡分析法和传递不平衡检验法等；按定位时所涉及分子标记数目可分为单标记定位法、区间定位法和复合区间定位法等；按参数估计的算法可分为方差分析法、回归分析法、矩法、最大似然法和贝叶斯法等；按参数分布假设可分为参数分析法和非参数分析法；按标记分布范围可分为全基因组扫描法和部分基因组扫描法；按标记密度可分为粗略定位法和精细定位法；按研究群体的性质可分为近交系杂交法（如 F_2 设计法和回交设计法）和远交分离群体分析法（如女儿设计和孙女设计）等。

基因组扫描的步骤一般包括：①进行资源群体试验设计，选择数量性状具有相对差异的近交系 A 和 B 或远交群体（家系），进行杂交或选配，获得分离世代群体或系谱信息完整的分离家系；②选择合适标记，检测分离群体内个体各标记的基因型，进行严格的性能测定，获得个体的准确表型值；③分析 DNA 标记和数量性状之间是否存在连锁，检测 QTL 的位置，并估计相应参数。需要说明的是，虽然统计模型的配合和算法的选择在基因组扫描分析中很重要，但基因组扫描结果的正确性主要取决于所用资源群体的质量，而一个资源群体质量的高低又主要取决于该群体内个体在世代传递过程中由减数分裂积累的有效重组事件数目，以及性状表型值测定的准确性。

用常规连锁分析对 QTL 定位一般只能将其定位在约 20 cM 的区间内，当 QTL 粗略定位后，可在该区域内选择覆盖密度更高的 DNA 标记并扩大资源群体数量做进一步的精细定位，将其定位于更狭小的区域，再结合候选基因法策略很可能找到该性状的主基因。从粗略定位到精细定位、从精细定位再到具体基因的过程称为定位克隆、位置克隆（positional cloning）或图位克隆（map-based cloning）。瑞典科学家 L. Andersson 利用位置克隆方法在猪、鸡中成功鉴定了数个基因，从他 2004 年的综述中可以发现，在畜禽中对于单基因性状已经成功克隆并鉴定了其致因突变（causative mutation）的基因已超过 20 个。随着基因组测序工作的完成，位置克隆方法将会更加显示出其优势，基因的鉴定也会更加快速。

三、QTL 定位的必备条件

对 QTL 进行定位需要一定的必备条件。首先，需要一定饱和程度的基因图谱，这样就可以选择合适的遗传标记，以检验在至少多于一个世代的减数分裂过程中积累的重组事件。此处合适的含义是指遗传标记应具备良好的特性，如有一定的多态性（一般多用 II 型 DNA 标记，如微卫星标记）、能覆盖全基因组、标记密度适宜、标记与标记间的距离相对均匀等。其次，需要一定规模的资源群体，包括各个体的 DNA 样品、系谱信息和性能测定数据等。再次，对 QTL 定位是通过性状-标记关联分析，将 QTL 定位到染色体上某一标记旁或区间内，这意味着要求标记与 QTL 是连锁的，换句话说，连锁不平衡是 QTL 定位的理论基础，这也是 QTL 定位最为关键的条件。另外，还有其他一些必要条件：如要求知道标记在世代间的分离传递模式，即要求知道群体的遗传构成（如 F_2 群体、BC 群体、三交群体或高代互交群体等），以便于根据各类基因型的理论比例估计重组和连锁；需要具备一定的样本含量，这样才可能检测出减数分裂中的重组事件，同时一定的样本含量也是参数估计的基本统计学要求；以及其他一些"琐碎"条件如一定的资金投入、必备的分子生物学实验仪器、计算机设备和相关软件（如 LINKAGE、MAPQTL、CRIMAP、GENEHUNTER 和 QTDT 等）或自编软件的语言平台等。

四、畜禽主基因、候选基因与 QTL 研究进展

对主基因和 QTL 的研究、鉴别和利用，是畜禽遗传育种学界的重大课题，已成为当前遗传育种研究的一个重要内容。主基因的研究与发现经历了一个由偶然发现到自觉探寻的过程。自从偶然发现肉牛的双肌基因（double muscle gene）后，人们就开始有计划地挖掘控制数量性状变异的主基因或巨效 QTL。特别是随着畜禽遗传连锁图谱的日益饱和与 DNA 标记检测技术的迅速发展，相继有多个畜禽经济性状的主基因被揭示出来。一般来说，确定主基因的方式有三类：①由数量性状（或阈性状）的变异模式来判定明显存

码 20 　MSTN 基因检测

在于常染色体或性染色体上的孟德尔基因,如绵羊的 *FecB* 基因、*FecX* 基因;②一些遗传方式已经明确的遗传缺陷基因经进一步与某经济性状作关联分析后,认定为该性状的主基因,如鸡的性连锁矮小基因、裸颈基因和快慢羽基因,猪的氟烷敏感性基因,显然这些基因都是一因多效基因;③完全借助统计分析的方式,即根据分子标记连锁图谱与目标性状的连锁分析确定主基因,如牛第 4 号染色体上影响产奶性状的 *Weaver* 基因。显然,前两种方式只能确定主基因是否存在,而要明确主基因的真实位置,还需进一步进行染色体定位,如羊 *FecB* 基因被进一步定位于 GnRH 受体基因,猪氟烷敏感基因被定位于兰尼定受体蛋白Ⅰ基因(*RYR*1)。

除上述基因外,目前已发现了多个畜禽经济性状主基因或候选基因。例如,在猪中发现的基因包括肉质性状的主基因酸肉基因(RN),以及与主要经济性状相关的多个候选基因,如与产仔数有关的 *ESR* 基因、促卵泡素 β 亚基基因、视黄酸受体 γ(retinoic acid receptor gamma,RARG)基因、视黄醇结合蛋白 4(retinol binding protein 4,RBP4)基因、骨桥蛋白(osteopontin,OPN)基因、骨形成蛋白 15(bone morphogenetic protein - 15,BMP15)基因、褪黑激素受体ⅠA(melatonin receptor ⅠA,MTNRIA)基因、转铁蛋白(TF)基因以及促乳素受体(prolactin receptor,PRLR)基因等,与抗病性有关的大肠杆菌 K88 受体基因、主要组织相容性复合体(MHC)即白细胞抗原复合体(SLA complex)等,与生长速度相关的 *GH* 基因、*IGF* 基因、垂体转录因子(PIT1)基因等,与采食量、食欲可能有关的缩胆囊肽(CCK)基因、CCK 受体基因,与胴体品质相关的激素敏感脂肪酶(hormone-sensitive lipase,HSL)基因、脂蛋白脂酶(lipoprotein lipase,LPL)基因、瘦素基因及瘦素受体基因、血清后白蛋白(PO-2)基因等,与肉质相关的 *MyoD* 基因家族、钙蛋白酶抑制蛋白(CAST)基因等,以及与肌内脂肪含量(IMF)相关的心脏脂肪酸结合蛋白质(H-FABP)基因、脂肪组织脂肪酸结合蛋白(A-FABP)基因和 *MI* 基因等。

在 QTL 研究方面,积累了更多的研究数据。以猪为例,De Koning 等(1999)利用 127 个微卫星标记将背膘厚 QTL 定位在 7 号和 2 号染色体上,同时将肌内脂肪含量 QTLs 定位在 2、4、6 和 7 号染色体上;Renard 等(1996)在 7 号染色体上发现 2 个肉质性状 QTLs;Bidanel 等(1996)在主要组织相容性复合体区域发现一个肌肉中雄烯酮水平(与公猪气味有关)QTL;Wilkie 等(1996;1999)将子宫角长和排卵数的 QTL 分别定位于

码21 氟烷敏感基因检测

5、7 号染色体及 8 号染色体的 Sw444 - S088 和 Sw905 - Sw444 区域,将初生重和死胎数的 QTL 定位于 4 号染色体的 Sw2509 - S0835 区,将死胎数 QTL 定位在 SSC9 的 S0025 - S0064 区,将黄体数 QTL 定位于 7、8 号染色体,将妊娠期 QTL 定位于 1、9 和 15 号染色体。此外,研究者将肌纤维数 QTL 定位在 12 号染色体上;将肌肉嫩度 QTL 定位在 4、7 和 15 号染色体上;将平均背膘厚和腹肥肉率 QTL 定位在 4 号染色体上;将脊椎数 QTL 定位在 1、7 号染色体上。综合来看,生长和背膘厚的 QTL 在 1、2、3、4、6、7、8、13、14 和 15 号等染色体上均有发现,肉质性状的 QTL 在 2、3、4、6、7、12 和 15 号等染色体有分布,而繁殖性状的 QTL 则被定位到 1、4、5、6、7、8 和 9 号等染色体上。其他畜禽,特别是家禽和奶牛,被鉴定出的主基因和已定位的 QTL 数亦很多,限于篇幅,此处不再赘述。

第三节 DNA 标记在选种中的应用——标记辅助选择

一、标记辅助选择的概念与前提

长期以来，经典数量遗传学将数量性状作为一个整体来处理，因而以经典数量遗传学为理论基础的选择方法只能针对表型或基于表型的选择指数或育种值，无法直接选择基因型。当性状的遗传基础较为简单或者虽较复杂但加性效应组分比例较大时，这种选择方法是非常有效的。但畜禽的不少经济性状为低遗传力的数量性状，其表型变异中非加性遗传方差和环境方差组分较大，因而选择往往是低效的。间接选择基因型的常规育种方法存在周期长、效率低等诸多缺点，要提高选择效率，最理想的方法是直接对基因型实施选择。其实，有学者早在 1923 年就曾提出利用标记和遗传图谱进行辅助选择以加速生物的遗传改良进度，这实际上也是标记辅助选择(marker-assisted selection, MAS)思想的最早提出，而 Neimann - Sorenson 和 Robertson 也早在 1961 年就开始了标记辅助选择的理论研究。标记辅助选择是利用重要经济性状的主基因或与 QTL 紧密连锁的 DNA 标记来改良畜禽经济性状的现代选种技术，它综合利用了 DNA 标记信息、个体表型信息和系谱信息，是分子生物技术与传统育种技术的结合，其主要作用是通过检测 DNA 标记来改变性状受控有利等位基因的频率，从而对以表型值或育种值为基础的常规选择进行补充或替代。

根据标记辅助选择的内涵不难理解，标记辅助选择的前提包括：①必须具备一定密度的 DNA 标记图谱以获得足够数量的标记。②标记检测和分析成本必须低于利用标记信息产生额外遗传进展所获得的育种效益，否则标记辅助选择就没有任何实践意义。由于分子生物学检测费用昂贵，因而满足这一前提的关键是建立起经济、准确、高效、简便的标记检测技术以大规模地检测基础群内个体的标记基因型。③被用来选择的 DNA 标记必须与控制目标性状的 QTL 紧密连锁或已筛选到主基因，换言之就是需要所用标记与控制目标性状的 QTL 的连锁距离不能超过某一范围或标记本身就是控制目标性状的主基因，这也是实施标记辅助选择最重要的前提。④还需要一定的选择理论与技术的支持，否则育种工作者将面对大量标记却无从利用。需说明的是，有些文献对利用连锁标记和主基因实施辅助选择是区别对待的，分别称为标记辅助选择与基因辅助选择。事实上，主基因也是一种标记，因此本章不作区分而统称为标记辅助选择。虽然分子标记包括蛋白质标记，甚至在某些情况下还包括染色体水平的标记等，但非 DNA 水平的标记在数量和多态性上很难满足标记辅助选择高效实施的条件。随着高密度分子连锁图谱的建立、DNA 分子标记检测成本的降低和标记辅助选择理论的逐步完善，DNA 分子标记辅助选择正在逐渐成为畜禽育种新的强有力工具。

二、影响标记辅助选择进展的因素

标记辅助选择的基本环节包括：①主基因或大效应 QTL 连锁标记的鉴定、效应估计与验证或能直接获取公认的有效标记。②建立低成本、准确、高效率、操作简便的基因分型技术。③对育种基础群的主基因或紧密连锁 DNA 标记进行大规模的基因型检测。④根据基因型、系谱信息和目标性状表型值，进行标记辅助遗传评定。⑤规划育种方案。针对主基因或连锁标记两种不同的情形，结合遗传评定结果，制订有利等位基因纯合的选择方案。⑥选种选配。在满足近交系数与血统数等限制条件的前提下，选留有利等位基因纯合或高值基因型的个体。⑦对于复杂方案的标记辅助选择，在有利等位基因纯合的过程中，还需要同时利用BLUP技术监测背景基因型值的同步变化，选留背景基因型值与有利等位基因纯合方向变化一致的个体。说明一下，这里所提背景基因特指除目标基因（即标记辅助选择的直接对象）之外的所有基因，包含两部分：一是目标性状表型直接相关基因以外的全部基因（即通常意义上的背景基因），二是在表型直接相关基因中除目标基因之外的所有基因。另外，我国已加入WTO，还有一个需要注意的环节，那就是对于直接使用已经得到专利保护的标记，如猪产仔数的ESR基因标记，使用时应向专利拥有者或代理商交纳相应的费用或需得到免费使用的正式许可。

从上述环节可以看出，标记辅助选择实施过程的复杂性并不亚于常规BLUP选择。在理论上，上述每个环节均可能存在影响标记辅助选择进展的一个或多个因素。通常，影响标记辅助选择效率的可能因素如下。

（1）主基因或QTL真实效应的大小以及估计偏差：一般来说，主基因或QTL的效应越大，选择也越有效。当然，这不是绝对的，有研究指出，在某些条件下标记辅助选择效率与效应大小并非严格的直线关系。主基因或QTL真实效应的估计偏差也是影响标记辅助选择效率的关键因素之一，Wilcox等（2002）认为对QTL效应的无偏估计（unbiased estimates of QTL effects）可显著提高标记辅助选择的效率，过高或过低估计QTL的效应都会降低标记辅助选择的效率。

（2）QTL与DNA标记的连锁距离及其在每个家系中的连锁相是否相同：DNA标记与QTL连锁距离越近，即标记与主基因或QTL间的重组率越小，标记辅助选择的效率就越高；而基础群中各家系QTL与标记连锁相不同会显著延缓标记辅助选择的进展。

（3）育种群中QTL的分离状态与连锁标记多态性的高低：QTL的分离状态决定了有利等位基因起始频率，而起始基因频率的大小可影响选择进展的大小。另外，QTL不同等位基因是致使个体值有高有低的根本原因，如果QTL不分离，针对标记选择显然无效，这种情形在直接利用其他群体筛选出的连锁标记或公认标记进行特定群体的标记辅助选择时尤其要注意。原因很简单，因为育种群与定位群中的QTL分离状态不一定相同。一般来说，在不同群体中检测的QTL一致性较低，而在同一群体不同世代中检测QTL的一致性较高。对于连锁标记，最好具有与QTL等位基因数目相对应的合适多态性。QTL与标记等位基因数目不对应，即连锁标记的多态性过高或过低均会给选择效率带来负面影响，这是因为如果多个QTL等位基因对应一个标记等位基因，选择某一标记等位基因则可能导致高低值个体同时中选，就会降低选择差；如果一个QTL等位基因对应多个标记等位基因，选择某一标记等位基因，只能使部分高值个体中选，就会降低留种率。

（4）选择过程中QTL与标记发生新的重组：Smith等（1993）指出重组是制约标记-QTL连锁关系用于选择的最大障碍，理由是重组会降低连锁不平衡，从而降低标记辅助选择的效率。如果在选择过程中发生了新的重组，在没有实行逐代监测的条件下会严重降低选择差进而缩小选择进展。

（5）QTL间的互作、QTL与背景基因型间的互作以及QTL与环境间的互作：互作可能是影响标记辅助选择效率最复杂的因素。QTL间互作大小直接影响着选择效率，多QTL对选择的影响较为复杂，通常来说多QTL因具有复杂的遗传基础（如交互作用和基因多效性）而使得其聚合、固定效率不及单 QTL 高。QTL 与背景基因型间的互作可能导致选择进展的不稳定，而 QTL 与环境间的互作可能影响育种效果与推广效果的不一致性。研究表明，QTL 在不同遗传背景、不同分离世代中的稳定遗传对选择有利，如果 QTL 效应在世代间有明显变化，针对每个世代重新构建包含标记信息的选择指数比一次性的选择指数更为有效。

(6) 被选性状本身的特性，如性状度量的难易程度、性状的选择强度和性状的遗传力等：通常，难以度量或测定成本很高的性状、限性性状、抗病性状和个体生命中晚期才表现的性状，使用标记辅助选择的效率较其他选择方法更高，如 Meuwissen 和 Goddard (1996) 的模拟研究发现，屠宰后的胴体性状，在 QTL 可解释 33% 遗传变异的条件下，标记辅助选择所获得的额外选择反应可达到 30%~64%。研究表明，在一定条件下，标记辅助选择效率随着选择强度的升高而增加。性状的遗传力是影响标记辅助选择效率的关键因素之一。一般来说遗传力越高则标记辅助选择效率降低，这是因为遗传力高的性状，根据表型就可较有把握地对其实施选择，此时分子标记提供信息量较少，标记辅助选择效率随性状遗传力的增加反而显著降低。Moreau 等 (1998) 认为在群体大小有限的情况下，对低遗传力的性状标记辅助选择的相对效率较高，但存在一个合适的遗传力，在此限之下标记辅助选择的效率亦会降低，通常认为遗传力在 0.3~0.4 之间为宜。鲁绍雄等 (2003) 也认为当选择性状的遗传力和 QTL 方差为中等水平时，标记辅助选择可望获得理想的效果。

(7) DNA 标记的数目与类型：DNA 标记的数目并非越多越好，使用过多的标记往往会引入更多的估计噪音 (estimation noise) 而对选择不利，最佳的标记数往往取决于群体大小和所使用的遗传参数。Gimelfarb 和 Lande (1994) 发现利用 6 个标记时的标记辅助选择效率高于利用 3 个标记时的效率，但利用 12 个以上的标记时反而导致选择进展的减少。标记辅助选择效率随标记数增加先增后减，在标记数目与选择效果上往往具有峰值效应。不过，对一个确定的 QTL 进行选择，使用位于 QTL 两侧的两个标记比一个标记的选择效果更好。DNA 标记的类型除了影响标记辅助选择的成本外，对选择效率本身也有较大的影响，如共显性标记通常比显性标记的效果好，而且有研究提示在不同的世代或在遗传结构不同的育种群中，不同的标记类型可能具有不同的优势。

(8) 控制同一性状的 QTL 数目及其遗传构筑 (genetic architecture)：模拟研究发现在性状受控 QTL 数目较少时，QTL 数目的增加可提高标记辅助选择的效率，但随着性状 QTL 数目的进一步增加，可能由于标记与 QTL 间的重组加剧以及 QTL 间的连锁影响效应估计准确性等原因，使得选择所需世代数也跟着增加，标记辅助选择的效果反而降低。特别是当 QTL 间存在连锁，两个连锁的 QTL 可能会导致检测到位于它们之间的一个"幻象 QTL"(pseudo - QTL 或 ghost QTL)，利用虚假信息进行标记辅助选择将会降低选择进展；如果两个 QTL 以相斥相连锁，选留理想的重组个体则需要更大的群体规模或增加更多的世代，对多个 QTL 进行选择时，相引相比相斥相的效率更高；此外，QTL 的遗传方式也对选择效率有影响，如显性遗传 QTL 的选择效率相对更高。

(9) 某些 QTL 可能存在印记效应 (imprinting effect)：非孟德尔遗传基因座与普通基因座的遗传规律有所不同，二者的选择效率在相同的繁育体系下通常会有一定的差异。

(10) 多性状育种中，不同性状的 QTL 间存在连锁，特别是对一些负遗传相关性状进行选择时其选择效率要降低许多。

(11) 群体规模：一些对标记辅助选择效率的计算机模拟结果表明，群体大小是影响标记辅助选择的关键因素，样本含量小，QTL 或标记连锁 QTL（marked quantitative trait locus，MQTL）效应估计就会不准，从而减少选择进展。群体规模越大，往往选择效率也越高，一般情况下，实施标记辅助选择的群体大小不应小于 200。从上面的讨论也可以看出，群体大小的影响不是独立的，往往和遗传力、DNA 标记数目等其他因素的影响联系在一起。

(12) 选择时间长短：标记辅助选择的相对选择反应与选择世代数密切相关。同单纯的表型选择相比，当考虑到几个连续的选择周期时，计算机模拟结果显示由标记辅助选择所提供的额外的遗传增益会迅速地下降。在较早世代，DNA 标记与 QTL 间存在较高的连锁不平衡，选择效果较为明显，随着世代数的增加，效应较大的 QTL 被固定下来，加上新发生的重组会降低连锁不平衡，标记辅助选择效率会随之降低。因此在长期效应上，标记辅助选择并不比其他选择更有效，特别是标记效应在每一世代中有明显变化但并没被重新评估时，选择效果将变得更差，但如果在选择过程中不断检测出新 QTL 并加以利用则可能维持选择效率。

标记辅助选择的影响因素很多，而各因素的影响往往又是紧密联系的，再加上标记辅助选择是新育种技术，本身的理论尚处于发展中，在现阶段欲将各种因素罗列几乎完全不可能。需指出的是，虽然基本育种原理一致，但由于作物和畜禽有明显不同的特性，已十分成熟的常规育种技术在作物和畜禽中的具体应用具有明显的特色、差异或明显不同的侧重点。但是，现阶段的标记辅助选择并没有明显地体现出类似的特色、差异或侧重点，这既从侧面说明了标记辅助选择远不及常规育种技术成熟，又提示了标记辅助选择将会按适应不同育种对象特性差异的方向而逐步细化的发展趋势。总之，如果不考虑不同育种对象特性的差异与育种组织过程的细节，一般认为标记辅助选择效率主要取决于标记基因与 QTL 之间的连锁距离，距离小则可以提高估计 QTL 等位基因效应的准确程度，标记与 QTL 连锁得越紧密，依据标记进行选择的可靠性就越高，任何减少连锁不平衡的因素如重组，都将降低标记选择的效率。

三、标记辅助选择的方法

DNA 标记在选种上的应用体现在：在现有遗传选择方案中补充遗传标记信息可提高选择的准确性，提供一个额外的选择阶段（比如先对标记基因型进行选择，再根据表型信息进行选择），提高基因导入或清除的效率等。如本章开头所述，分子育种技术除上述应用外，还应包括在杂种优势优化与预测、品种起源、分化和保护、亲子鉴定等其他诸多方面的应用。

到目前为止，人们已经提出了多种标记辅助选择方法的名称。但是，这些方法的分类标准较为混乱，而且某些方法也仅限于名称，在理论研究和应用方面并没有实质性内容。标记辅助选择方法可以按不同标准分类，如按选择基因的数目可分为单基因标记辅助选择和多基因标记辅助选择；如按选择的性状数目可分为单性状标记辅助选择与多性状标记辅助选择；如按性状类型可以分为质量性状标记辅助选择与数量性状标记辅助选择（含阈性状），前者包括监测目标基因行为的前景选择（foreground selection）、恢复遗传背景的背景选择（background selection）、将多个有利目标基因从不同的品种向一个品种渐渗而实现目的基因累加的基因聚合（gene pyramid）和将某有利或有害基因从一个品种导入或清除的基因转移（gene transfer）等，而后者主要包括基因型选择和基因型值选择等；如结合常规育种方法来分，在本品种选育过程中，标记辅助选择包括标记直接辅助选择、标记辅助 BLUP 选择（marker assisted best linear unbiased prediction，MBLUP）、早期选择、限性选择和两阶段选择等；在杂交繁育过程中，标记辅助选择有回交主基因或背景基因型监测、杂交后代横交固定基因组互补监测等。

目前，在理论上有一定研究或在实践中有一定应用的标记辅助选择方法主要包括以下六种。

（一）直接选择

直接选择法是指直接根据标记基因型进行的选择。如果控制某性状的目标基因或 QTL 与某个 DNA 标记紧密连锁，由 DNA 标记基因型可获知目标基因或 QTL 的基因型，那么通过对该 DNA 标记的选择就能实现目标基因或 QTL 的直接选择，所以获得与性状 QTL 紧密连锁的 DNA 标记后，针对标记的选择可等价于对 QTL 本身的直接选择。对于直接标记辅助选择，只要群体规模允许，在理论上只需一代就能完成选择使命。直接选择只利用了标记信息，对于质量性状非常有效。但对于多数数量性状而言，由于数量性状遗传基础的复杂性，涉及背景基因型值、QTL 与背景基因型的互作等因素，仅仅利用标记和 QTL 间的连锁不平衡关系来增加 QTL 有利基因数量很难达到满意的选择效果，如 Zhang 和 Smith（1992）通过计算机模拟研究表明，在一定条件下直接标记辅助选择的效果反而不及常规 BLUP。

（二）合并选择

合并选择指同时利用标记信息、个体信息和系谱信息对个体进行遗传评估与选择。由于合并选择同时利用了标记信息、亲缘关系和数量性状表型值信息，可以更加准确地估计动物个体本身的育种值，进而提高选择效率，加快遗传进展。最为常用的合并选择方案是选择指数法与标记辅助 BLUP 选择（MBLUP）。选择指数法是由分子净值（net molecular score）（即与 QTL 连锁标记提供的效应组分）与个体表型值按一定权重构成选择指数，然后按照该选择指数进行选种。MBLUP 方法是基于主基因-多基因混合模型下的线性模型的具体应用，是常规 BLUP 方法的扩展，亦称 MAS 和 BLUP 综合选择法（COMB）。MBLUP 将基因的效应分为已定位的 QTL 的加性效应和多基因的剩余加性效应两部分，使得个体总的育种值成为 QTL 育种值和剩余多基因育种值之和。由于利用标记信息可以较准确地估计 QTL 的育种值，总的育种值估计的准确性也会有所提高，从而可提高选择的准确性。一般来讲，当遗传力较低或者 QTL 效应较大时，与单纯 BLUP 选择相比，MBLUP 的相对选择优势比较明显，其优越性可达 5% 以上。

（三）两阶段选择

两阶段选择是指分阶段利用标记信息和表型信息进行的选择。其实质是将标记选择与背景基因的选择分为两个阶段单独进行。先利用标记信息进行选择，选择具有理想基因型的个体参加性能测定，再根据性能测定结果用 BLUP 法进行遗传评估，以达到提高选择强度和准确性、减少性能测定所需成本和提高选择效率的目的。两阶段选择由于提高了 QTL 有利基因的频率而大大加快了 QTL 进展，其选择优势或劣势在选择早期较为明显，但在随后选择世代中选择效果则变小或消失，使得长时间选择的总遗传进展并无明显的优势。

(四) 早期选择

早期选择是利用标记信息和系谱信息对个体进行早期选种,以达到缩短世代间隔的目的。有很多重要性状如产量、品质、繁殖力和部分抗病性状等在成熟个体上才能表现出来,因此采用常规育种方法只能对成熟个体进行选择,这对世代间隔长的家畜来说无疑极大地限制了选择效率。而利用 DNA 标记可在早期对幼仔或幼雏(甚至对单胎动物的胚胎)进行检测,很早就可淘汰非理想型个体,这不但加快了遗传进展,而且大大节省了饲养非理想型个体所浪费的人力、物力和财力。显然,实施早期标记辅助选择的前提是必须准确筛选到控制中晚期表现性状的主基因或与 QTL 紧密连锁的有效 DNA 标记。

(五) 回交选择

标记辅助选择最简单的范例,是在回交育种中的应用。把一个优良基因从一个品种转移到另外一个品种中的传统方法是经过多世代的回交育种,在每个回交世代中,育种工作者不仅要选择被转移基因的表型,还要选择轮回亲本的其他性状的表型。在经过若干世代的回交后代中,除目标等位基因外,还有与之连锁的相当长的累赘染色体片段(所谓累赘染色体片段是指来自供体品种基因组中与目标基因连锁的、对受体品种性状改良无益甚至有害的染色体片段),而该片段代表了供体的背景基因,对受体品种性状改良不利,必须予以清除。如用传统回交方法将质量性状的优良基因转移到待改良品种中,回交 20 代以上还可能带有 100 个以上的其他非期望基因。对于数量性状基因的转移,累赘片段的清除效率将更差。标记辅助选择在一定程度上可克服上述困难,在有利基因定向转移的同时可实现连锁累赘的快速清除,这是因为利用 DNA 标记可准确选择出那些目标基因与累赘片段已发生重组的个体,加快了供体染色体累赘片段的清除速度,从而提高了育种效率。另外,应用标记辅助选择后,对隐性性状可以进行不间断的回交(传统回交是隔代回交),从而提高基因的回交转移速度。

(六) 多性状选择

常规育种实践中,多性状选择一般是通过综合选择指数来实现的。多性状标记辅助选择一般也是通过构建含有 DNA 标记信息的多性状选择指数来实现,其具体技术路线如下:①由 QTL 图谱找出被选择性状的连锁最紧密的遗传标记及其对于被选择性状的标准效应;②确定各性状的权重,其正、负表示性状值的增加或减少,0 表示不变;③测定分离世代中每一个体的涉及选择性状的所有遗传标记;④通过标记构建选择目标性状有利基因型的选择指数,其具体过程为:设目标性状有 k 个,共涉及 m 个标记,性状值依标记编码的标准回归系数为 b(若某性状与某标记无关,则 $b=0$),则有标准回归系数矩阵为 $\boldsymbol{B}=(b)_{m\times k}$,$k$ 个性状的权重向量为 $\boldsymbol{W}=(w)_{k\times 1}$,分离世代中 n 个个体的 m 个标记矩阵为 $\boldsymbol{M}=(x)_{n\times m}$,式中的 x 为标记的编码值 $+1$, 0, -1。因此,每一个个体都有一个根据于遗传标记、QTL 效应和性状相对重要性的多性状选择指数 $S=MBW$,根据 S 即可能选出符合育种目标的个体。该选择指数只是一个纯理论性的初步探讨,在运用于各具体选择方案时需根据具体情况进行适当补充和发展。

在常规育种中,多性状选择面临着一个重要问题,那就是某些性状间的不利负相关。数量遗传学已证实,畜禽许多经济性状间呈不利的负遗传相关,选择一类性状往往导致另一类性状变差,二者较难实现同时改良。在多数情况下,性状间不利负相关的主要遗传组分是由两性状的主基因或主效 QTL 以相斥相连锁所致。显然,通过 DNA 标记的监测可以准确地将二者的重组个体挑选出来，从而实现不利负相关性状的同时改良。但是，在理论上并不是所有负相关性状的同时改良都能靠标记辅助选择解决。如果不利负相关是由某主效基因的一因多效机制导致，即该基因对一个性状起正效应，同时对另一个性状起负效应，那么标记辅助选择也无能为力。当然，后者一般不是导致性状负相关的主要遗传机制，因此对大多数性状而言，标记辅助选择可依据重组基因型来进行直接选择，可同时选择多个性状，也不会相互影响，从而大大提高育种效率。

第四节　DNA标记在杂交中的应用

一、标记辅助渗入

通过杂交的方法将某个感兴趣性状的有利等位基因从一个品种向另一品种渗入，即所谓的标记辅助渗入（marker-assisted introgression，MAI）。DNA标记在一个辅助渗入的育种程序中有两种用途：一是作为要渗透基因的标签，以鉴定受体品种是否已经得到供体基因，此时DNA标记与有利的等位基因是共分离（cosegregation，即不同标记基因由于紧密连锁一起分离的行为）的；二是可以用于检测受体品种的遗传背景在通过杂交进行标记渗入后是否得到了恢复（确定背景基因型是供体品种的还是受体品种的）。渗入方案开始是两个品种（一个是该基因的供体，另一个是该基因的受体）杂交，然后通过几代回交和横交，结合基因（与标记）的分型和选择，使有利等位基因在受体品种中得到固定但整体的遗传基础不变。一个例子是曾将大白猪的应激抵抗（氟烷阴性）等位基因渗入比利时皮特兰品种，并使与之紧密连锁的标记（GPI）一并被渗入，经三次回交培育出了氟烷阴性皮特兰品系。

二、杂种优势预测

杂种优势是一种非常复杂的遗传现象，在动植物中，常常需要用大量的品种或品系进行杂交组合试验，才能发现优良组合进行推广应用，浪费金钱和时间。因此，经济有效地预测杂种优势一直是育种工作者的重要课题。概括起来，杂种优势的预测可以包括以下几种方法。

（一）根据生理生化代谢过程预测

杂种优势是体内许多生理生化过程造成的一系列代谢活动的综合作用的最终体现。苏联学者以大麦为材料，发现将两亲本细胞的线粒体取出来混合后其氧化磷酸化效率和呼吸强度高于各亲本单独的线粒体，因此认为杂种优势的产生可能与线粒体的氧化磷酸化效率和呼吸强度有关。这种方法的缺点是不能反映由于核基因差异产生的杂种优势。

也有人认为，杂种优势是各种酶类的反应达到最佳平衡的结果。在植物中，不少学者对双亲及其后代的同工酶活性差异进行过研究并发现酶谱具有差异的双亲产生的后代有杂种优势。

（二）根据遗传距离预测

许多研究者认为，亲本的遗传差异越大即遗传距离越远，亲本间不同等位基因数目越多，则杂种优势越强。随着基因组研究的不断发展，应用DNA标记进行动植物亲本异质性的评价及其与杂种优势的表现的相关研究也有了很大进展，为人们探索亲本异质性与杂种优势的相关提供了有力工具。在水稻杂种优势研究中，张启发等（1994）提出了两种评价亲本异质性的方法：一般异质性（general heterozygosity），指用研究中所有分子标记而计算出亲本的异质性；特殊异质性（specific heterozygosity），指仅应用对性状有显著效应的标记而分析亲本的异质性。他们发现特殊异质性与 F_1 杂种优势有显著的正相关。可见，在应用分子标记进行杂种优势预测时，有条件的情况下，应有选择的应用。在猪的研究方面，施启顺等（2002）的研究表明，不同杂交组合亲本间由 DNA 标记估计的遗传距离与 F_1 的生长、胴体性状的杂种优势率一般呈显著的正相关。

（三）根据 QTL 的互作方式预测

尽管 DNA 标记被认为是测定亲本间遗传距离的理想工具，但 DNA 标记测定的遗传距离与杂种优势的关系在不同的研究中有较大差异。有人认为，这可能与测定遗传距离时所用的标记与数量性状的连锁与否有关。动植物的多数经济性状都是由多基因控制的，影响这类性状的 QTL 是否与杂种优势有关引起了许多研究者的兴趣。已有研究表明，QTL 的杂合性与杂种优势呈一定的正相关。其原因可能是 QTL 间的显性、上位等多种效应作用的结果。

（四）根据 DNA 甲基化预测

DNA 甲基化，特别是胞嘧啶的甲基化（^{5m}C），在真核生物中广泛存在。DNA 甲基化及其生物学功能的研究一直是分子生物学领域的研究热点之一。研究表明，DNA 甲基化可能是影响基因转录活性的原初反应机制，大量实验结果表明，DNA 甲基化与细胞内的多种生物学功能如调节基因的表达、染色体异质化、肿瘤细胞发生等相关。DNA 甲基化是否也参与了杂种优势有关的基因表达调控也引起了研究者的兴趣。有人提出 DNA 甲基化与玉米的杂种优势有关，另有研究者发现在水稻杂种中总体上甲基化程度与杂种优势不相关，而某些特异位点上甲基化程度的改变却对杂种优势有显著效应。在家畜中这方面的研究还较少，但应该是一个值得引起重视的研究方向。

（五）根据基因表达差异预测

任何性状的杂种优势的表现都是与之有关的基因表达的结果，那么，亲本间基因的表达差异是否会影响杂种优势的产生呢？答案是肯定的，例如 mRNA 差异显示法在几种植物中的研究结果表明，亲本间、亲本与杂种间基因表达的差异可能与杂种优势有关。程宁辉等（1996）、杨金水等（1996）分别以玉米和水稻为研究材料，运用差异显示技术检测亲本与 F_1 之间的 mRNA 差异表达，结果发现，双亲与 F_1 间的基因表达确实发生了明显的改变。王栋等（2004）利用 mRNA 差异显示技术对鸡杂种和纯种基因差异表达及其与杂种优势的关系进行了研究，发现了一个只在杂种表达的 cDNA 片段，认为该 cDNA 片段在鸡纯种和杂种中的差异表达可能与杂种优势形成有关。Sun 等（2005）应用差异显示技术检测了纯种和杂种鸡之间肝脏组织基因的差异表达，发现杂种和纯种之间基因表达存在明显的差异，并通过对各种基因差异表达模式与肉用性状的杂种优势率进行相关分析说明杂种优势的形成与某些基因的差异表达有关。目前，基因芯片技术的发展为这方面的研究奠定了良好基础，使得同时研究成千上万基因的表达、发现控制性状的基因的网络作用方式成为可能。牛、鸡和猪等畜禽商业芯片已经问世，为找到可能与杂种优势相关的基因提供了直接工具。目前这方面的报道仍然很少，在基因表达差异与杂种优势预测方面有必要进行深入的研究。

第五节　DNA 标记在近交和遗传多样性评估中的应用

一、DNA 标记在近交中的应用

近交系数的计算是一项常规的育种工作。传统的方法是利用系谱资料计算近交系数，其最大的优点是不用花费人力、物力进行任何实验室工作而得到相关数据。随着 DNA 标记技术的发展，应用标记信息进行近交系数的计算也被许多研究者采用，这在没有很好的系谱记录的群体近交系数的计算中具有很大价值。利用 DNA 标记可估测相关个体的任何交配形式后代的近交系数。Christensen 等（1994）在父女交配后代中检测了 21 个信息丰富的标记，37 头猪的实际平均近交系数变化范围在 6%～42%，平均为 25%，结果表明，利用标记估测的平均近交系数与实际计算的基本相符。

假定 F_{gen} 为基于标记估算的个体近交系数，H_e 为群体期望杂合度（expected heterozygosity），H_o 为实际观察到的群体观测杂合度（observed heterozygosity），则估算个体标记近交系数的公式为：

$$F_{gen} = (1/n) \sum_{L=1}^{n} (1 - H_{oL}/H_{eL})$$

式中：H_{eL} 为 L 位点上的期望杂合度（$L=1$、2、3、$\cdots$、n）；H_{oL} 为 L 位点上的观察杂合度。

Baumung 等的模拟结果表明，在随机交配的群体中，当标记数目小于 100 个时，基于标记估算的近交系数要小于基于系谱资料计算的近交系数；但当所选的标记为 200 个均匀分布的标记时，个体标记近交系数与系谱近交系数非常相近。

二、DNA 标记在遗传多样性评估中的应用

家畜遗传改良当今和未来的进展从某种意义上讲取决于是否拥有多样化的、遗传基础广泛的和优异的育种材料，因此遗传多样性的评估十分重要。在这方面研究中，DNA 标记也同样优于其他层次的遗传标记，这是国际动物遗传育种界获得的重要结论。这是由于用 DNA 标记度量遗传多样性和遗传变异更准确、更直接和客观。在生物进化过程中由遗传原因譬如单个碱基的替换、DNA 片段的插入、缺失、易位、倒位或者序列的重复等所引起的遗传变异，由于它能直接反映基因组的碱基序列的变异，因而能更直接地揭示群体间和群体内的遗传变异。当然，用 DNA 标记作为工具所得到的结果还是应与传统方法收集到的材料与提出的见解相结合综合地予以评估。目前，国外运用 DNA 标记特别是微卫星标记技术来评估猪的遗传多样性进行了较多的工作，并已取得一定成效。我国在这方面的研究也已取得了良好进展。

第六节　全基因组关联分析与基因组选择

一、从基因组扫描到全基因组关联分析

随着高密度 SNP 芯片数据与深度测序数据的不断积累，全基因组关联分析（genome-wide association studies，GWAS）作为单基因关联分析与基因组扫描（即连锁分析）的替

代者，逐渐走上了历史舞台，正在成为当前统计基因组学的主角。在深入了解和学习全基因组关联分析方法之前，首先需要弄清楚全基因组关联分析与前面所讲的连锁分析、关联分析之间的区别与联系。连锁分析，特别是较早的连锁分析通常只能利用微卫星标记或者可粗略代表基因组的低密度分子标记。连锁分析所用的分子标记虽然要求能够大致覆盖基因组，但其密度并不能真正代表基因组。与此同时，连锁分析严格依赖于分子标记的遗传分离模式（如 F_2、BC 群体的分离比例不同，从而导致表型的理论分布亦不同），并在此基础上依据连锁假设作出统计推断。在连锁分析中，分子标记本身并不是 QTL，而是假定与 QTL 连锁，因而需要通过 tag 标记来推断 QTL 的参数，包括分子标记与 QTL 之间的连锁距离以及 QTL 效应大小等。基因组扫描（连锁分析）虽然着眼于整个基因组，但由于受到实验成本与高通量基因分型技术不成熟等因素的限制，实际使用的微卫星或低密度标记只能稀疏地分布在基因组上，基因组绝大部分区域是空白的，这使得 QTL 刚好落到稀疏标记上的概率极低，而 QTL 落在没有标记的空白区的概率极高，所以只能借用连锁的概念，通过分子标记来间接推断 QTL 的特性。与连锁分析不同，候选基因的关联分析原则上不需要连锁的概念，因为关联分析直接假定候选基因本身就是影响性状的基因。

基于高密度分子标记的全基因组关联分析在一定程度上兼具了基因组扫描与关联分析的特点，一是具有基因组扫描的全基因组特点，二是跟候选基因关联分析一样，分子标记与 QTL 连锁的假设不再是必需的。原因很简单，因为在高密度分子标记图谱中，QTL 不再是"虚"的，而是可以物化到具体分子标记上的变异体（variant），而高密度图谱中每个分子标记基本上可以代表自己，不需要通过与其连锁的其他分子标记来代替，即原则上可以认为显著 SNP 本身就是 QTL。以人类基因组的数据为例，《Nature》杂志 2015 年 10 月 1 日出版的文章报道，人类基因组约拥有 8 470 万个 SNPs，如此庞大的 SNPs 已基本上囊括基因组中每一个潜在的致因突变（causal mutation），每个 SNP 严格地代表了自己，此时再假设实物化的 SNP 与"虚"的 QTL 相连锁已完全多余。所以，全基因组关联分析可以简单地理解为全基因组水平的候选基因分析，在统计上不再需要连锁假设。从单个标记来看，由于不考虑连锁，全基因组关联分析要比基因组扫描分析更为简单，但从所有标记来看，由于分子标记数目的大大增加，全基因组关联分析的计算量反而比基因组扫描更大。需要指出的是，虽然全基因关联分析原则上不需要连锁的假设，但目前绝大多数全基因组关联分析仍难以使用整个基因组的所有标记，所以显著关联标记（如 SNP）本身就是 QTN（quantitative trait nucleotide），还是与目标 QTL 紧密连锁，仍然需要谨慎下结论。目前，尽管连锁假设在全基因组关联分析中不是必需的，但在利用中等密度的分子标记做全基因组关联分析时，只要群体适合推断连锁（如家系群体），在实现 GWAS 分析过程中利用连锁假设仍然是合理的，在实际研究中不少研究者在做全基因组关联分析时仍然使用了连锁分析的思路和方法，甚至将连锁分析与关联分析组合起来，但这并不妨碍全基因组关联分析不需要连锁假设的理论基础。

在探索畜禽经济性状分子遗传基础的过程中，经历了从单标记、低通量/低密度再向高密度/高通量方向的发展，所利用的方法亦经历了从单基因关联分析、基因组扫描再到全基因组关联分析的发展。目前，随着高通量分型技术成本的下降和统计分析方法的迅速发展，全基因组关联分析正在成为解析人类复杂性状、作物农艺性状、畜禽经济性状分子遗传基础的默认方法。

二、全基因组关联分析

全基因组关联分析是指利用一定的统计方法从基因组范围内筛选控制目标性状或与目标性状相关联的变异体（variant）。所谓的变异体主要是指单核苷酸多态，即 SNPs，在特定情况下亦包括其他类型的多态分子标记，如插入/删除（insertions/deletions，InDels）标记、拷贝数变异体（copy number variants，CNVs）标记或其他基因组结构变异标记。全基因组关联分析的本质是基因组水平的候选基因分析，其基本原理与关联分析相类似。全基因组关联分析建立在 CD-CV 假说（common disease-common variant hypothesis）基础之上，CD-CV 假说为全基因组关联分析提供了理论基础。虽然该假说是以 disease 而不是 phenotype/trait 字眼命名，但其他生物学表型（或性状）的全基因组关联分析也遵循了同样的假说基础。尽管目前常规全基因组关联分析不考虑低基因频率的标记，只重点关注常见变异体（common variant），但越来越多的基因组深度测序发现稀有变异体（rare variant）也是基因组变异的重要组成部分，稀有变异体的全基因组关联分析也开始受到关注。与 CD-CV 假说相对应的是 CD-RV 假说（common disease-rare variant hypothesis），而 CD-RV 假说是稀有变异体全基因组关联分析的理论基础。稀有变异体的全基因组关联分析与常规全基因组关联分析在分析技术上有一定差异，本章不对其进行讨论，有兴趣的同学可以阅读相关文献，自行学习和掌握相关的理论与方法。下面，来了解一下全基因组关联分析的步骤。

全基因组关联分析的第一步是构建群体，获取有效的原始数据。用于全基因组关联分析的群体可以是有亲缘关系的家系群体，也可以是无关个体组成的群体；可以是专门的遗传交配设计群体，也可以是自然群体。与连锁分析不同，全基因组关联分析对群体没有特别严格的要求，几乎适用于任何群体。在群体适用的广泛性上，全基因组关联分析与传统的关联分析是一样的。

全基因组关联分析的第二步是对原始数据的质控分析。在进行正式的全基因组关联分析之前，一般需要对原始数据做质控分析，包括表型与基因型数据。和大多数统计分析一样，表型数据需要根据描述性参数判定、校正或剔除异常值，也包括对缺失值的处理等。对于基因型数据，全基因组关联分析常常需要过滤掉单态和稀有变异体。单态标记（monomorphic marker）不提供任何有效的信息，需要去除，而低基因频率的座位可能导致假阳性结果，除了针对稀有等位基因的特殊全基因组关联分析外，在执行全基因组关联分析之前一般也需要去掉稀有变异体。在实践中，常常以 5% 或 1% 作为过滤稀有变异体的阈值。对于缺失基因型，在样本含量很大的情况下可以直接去掉缺失数据的个体，但实际操作中，更多的是利用基因型填补（genotype imputation）策略补齐缺失数据。所谓基因型填补，是指依据已分型位点的基因型对数据缺失位点或未分型位点进行基因型预测。目前，已发展出多种基因型填补方法，包括利用参考群体 LD 数据的推断方法、利用遗传规律的概率推断方法等，其中最简单的填补方法是直接用平均基因型值代替缺失基因型值。在对全基因组关联分析原始数据的预处理中，有时候还需要检测基因型数据是否存在群体分层现象，特别是无关个体组成的全基因组关联分析群体。如果存在群体分层现象，在全基因组关联分析的模型中一般需要考虑加入校正群体分层的协变量（如基因型矩阵的前 5~10 个主成分）。总之，准确、有效的原始数据是保证全基因组关联分析结果可靠的基本保障，所以合理、有效的质控分析对于全基因组关联分析是不可缺少的步骤之一。

全基因组关联分析的第三步是构建合理的数学模型，开展 SNP 与表型之间的关联性检测。目前，完成全基因组关联分析可以使用多种分析模型，但主流模型可大致分为 GLM 模型和混合线性模型两大类。GLM 属于固定效应模型，其特点是计算速度快、可处理大数据，其缺点也很明显，那就是 GLM 模型无法有效处理混杂效应（confounding effect），其分析结果的准确性依赖于群体遗传结构的复杂性。对于群体遗传结构不是特别复杂的群体，比如由无关个体构成的全基因组关联分析群体，一般通过在 GLM 模型中添加协变量的方式就可以得到较为准确的结果。目前，在人类遗传学研究中广泛使用的全基因组关联分析工具 PLINK，其核心数学工具就是 GLM 模型。混合线性模型在近 20 年来也得到了越来越广泛的运用，即使在广泛使用 PLINK 工具的人类遗传学领域，混合线性模型也开始受到高度的重视，混合线性模型俨然已有逐渐成为全基因组关联分析标准工具的趋势。与 GLM 模型相比，混合线性模型可以应对更为复杂的数据结构，可以有效地处理混杂因子，所以在通常情况下，基于混合线性模型的全基因组关联分析结果亦更为可靠。虽然混合线性模型在多数统计指标上要优于 GLM 模型，但它也有明显的缺点，那就是速度较慢，计算资源需求大，尤其是对于大数据的处理面临着巨大的挑战。对于全基因组关联分析原始数据而言，基因型数据呈现越来越庞大的趋势，以人类全基因组关联分析数据为例，$100\,000 \times 2\,000\,000$ 的数据规模目前已是十分普遍。所以，如何有效地运用混合线性模型处理数十万、数百万乃至上千万级别的大数据集，是当前全基因组关联分析面临的重要现实问题。针对混合线性模型的计算问题，发展可有效处理大数据的新算法是全基因组关联分析发展最活跃的领域。迄今为止，已经发展了多个可有效处理大数据的全基因组关联分析方法。通常，基于混合线性模型的全基因组关联分析采用了单 SNP 循环的计算策略，即前景 SNP 作为固定效应，由基因组全部 SNPs 构建基因组关系矩阵估计随机效应，依此每个 SNP 循环一遍，获得每个 SNP 的效应值与 P 值等参数。在理论上，由于每个 SNP 的效应不同，所以循环估计每个 SNP 的效应时，每一轮都需要重新估计随机效应项的方差参数，这需要耗费很长的计算时间。因此，优化混合线性模型算法的一个方向就是简化每个 SNP 循环过程中的运算步骤。在华裔学者张志武博士提出的混合线性模型的压缩算法中，除了用聚类方法挑选出代表性 SNP 构建基因组关系矩阵外，同时还使用了 P3D 近似计算策略。在 P3D 策略中，随机效应项的方差参数只估计一次，在后面每轮循环时，使用固定的方差参数，不再重新估计，这样可以明显提高混合线性模型的计算速度，而且其计算结果与每轮重新估计方差参数的计算结果没有明显差异。另一类更为快速的算法是运用矩阵"谱分解"法，该法通过对基因型矩阵或部分基因型矩阵的 SVD 分解或对基因组关系矩阵的 Eigen 分解，在此基础上以向量化的方式而不是单个 SNP 循环的方式求解混合方程组。通常，在混合线性模型似然函数的优化过程中，需要优化的方差参数包括遗传方差和残差方差，但在谱分解法中，只需要优化二者的比值，而不是同时优化残差方差和遗传方差，这样减少了计算时间，如 EMMA/EMMAX、FaST-LMM 等均采用了大致类似的计算策略。此外，两步法也是可以明显提升全基因组关联分析计算速度的策略，如 GenABEL、BOLT-LMM 等。在两步法中，复杂模型分析只需要运行一次，在由复杂模型提取的残差基础上，再利用更为简单、更为快速的 score test 或 GLM 估计残差与每个 SNP 之间是否存在关联。在常规混合线性模型中，每个 SNP 均需要执行一次标准混合线性模型的求解，而两步法则避开了这种耗时的循环过程，所以两步法的计算速度得以明显提升。除了算法发展外，全基因组关联分析程序的编译工具或实现语言环境也对速度有实质性的影响。R、Fortran、C/C++ 等是实现全基因组关联分析的常用语言平台，相对而言 R 虽然易学，但其运行速度相对更慢，而 C/C++ 语言环境或用 C/C++ 编译的全基因组关联分析程序，其运行速度更快。例如，一款名为 GCTA 的全基因组关联分析工具虽然只是利用 REML 算法，但其编译工具是 C++，所以 GCTA 仍能满足较大规模数据的全基因组关联分析。同样，GenABEL 最初只有 R 语言版，目前也发展出了更快速的 C 语言版。此外，面对越来越庞大的表型与基因型数据，并行计算也是实现大数据全基因组关联分析的重要策略。

全基因组关联分析的第四步是对全基因组关联分析结果的可视化与统计学评价。第三、第四步亦可以归为一步，但全基因组关联分析结果的展示与统计学评价涵盖了较多的内容，所以在此处将其分为两步来阐述。全基因组关联分析属于高通量分析技术，一次全基因组关联分析可以产生大量的分析结果，需要用合适的可视化方法直观地展示分析结果。根据全基因组关联分析结果可以绘制多种多样的可视化图形，但最为常见的可视化图是曼哈顿图（Manhattan plot）。图 20-1 给出了一个由人类全基因组关联分析结果绘制的曼哈顿图。曼哈顿图中每个点代表一个 SNP，其横轴代表染色体序号，纵轴代表每个 SNP 的 $-\log_{10}(P)$ 值，通过图中阈值线，可以清楚地看出基因组中达到显著或极显著水平的 SNPs。由于全基因组关联分析通常是对每个 SNP 循环而得到统计值，所以在确定显著性阈值时不能用单次统计检验 P 值的 0.05 或 0.01 作为显著性标准，而是需要经过多重校正。在统计学中，有多种的多重校正方法，但全基因组关联分析中最常用的多重校正方法是 Bonferron 校正法。举例给予说明，如果总共检测了 n 个 SNPs，在 0.05 和 0.01 水平经过 Bonferron 校正后的显著性阈值分别为 $-\log_{10}(0.05/n)$ 和 $-\log_{10}(0.01/n)$。在文献中，常常看到有些学者直接用 7 作为 $-\log_{10}(P)$ 的阈值，那是因为目前全基因组关联分析的 SNP 数量一般在百万级，经过 Bonferron 校正后其 $-\log_{10}(P)$ 值刚好超过 7。如果全基因组关联分析所用 SNP 数量只有几万，可以用直接 5 作为 $-\log_{10}(P)$ 的 Bonferron 校正阈值。需要提到的是，在一些研究文献中，研究者不管实际全基因组关联分析所使用 SNPs 的规模，而是机械地直接用 $-\log_{10}(P)$ 值 5 或 7 作为显著性的判断标准，严格来讲这是不严谨的。除曼哈顿图外，较为常见的全基因组关联分析结果图还有 QQ 图（QQ-plot）。绘制 QQ 图的作用之一是用来评估全基因组关联分析结果的可靠性，通过 QQ 图可大致判断是否存在系统性的"膨胀因子"

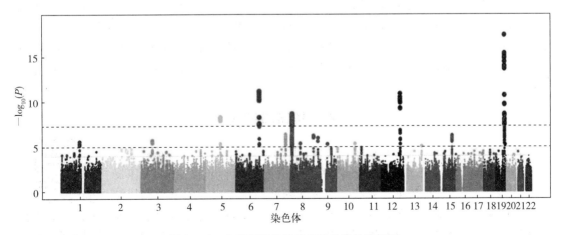

图 20-1 全基因组关联分析结果的曼哈顿图

(inflation factor)的影响,如果 QQ 图的整体或大部呈现偏移,则说明极有可能存在某个未被纳入模型的系统效应的影响,此时就需要重新考虑全基因组关联分析线性模型的组成,这就涉及模型选择与评价的问题。当然,全基因组关联分析模型选择与优化的依据并不仅仅限于此。对于同一数据集,可以构建出不同的全基因组关联分析模型,选用一个好的模型开展全基因组关联分析,结果当然更为可靠。所以,在做全基因组关联分析时,有时候需要比较不同模型的优劣,需要根据客观的统计评价指标选择一个优化模型。在全基因组关联分析中,选择混合线性模型常用 BIC(bayesian information criterion)、AIC(akaike information criterion)等标准,其计算公式为$(-2LL+kp)$,式中 LL 为似然函数的 log 值,p 为模型参数的个数,当 k 为 2 时公式计算结果为 AIC 值,当 k 为 $\ln(n)$ 时则为 BIC 值,其中 n 为样本含量。

前面第一步到第四步构成了单次全基因组关联分析实验的统计分析内容,但全基因组关联分析还包括其他非必需的 post-GWAS 内容。例如,对单次全基因组关联分析筛选出的阳性 SNP 做后续验证。通过一次全基因组关联分析结果筛选出的阳性 SNP 不一定是生物学上真正有效应的 SNP,常常需要配合后续生物学验证实验或者在另外的全基因组关联分析群体中重复实验结果。有时候,设计、执行与表型变异有关的湿实验验证非常困难,可以通过网络资源如 GO 注释对全基因组关联分析结果开展初步的数字化验证。事实上,除了跨群验证、湿实验验证之外,全基因组关联分析的 post-GWAS 包括了很多内容。特别需要提及的是,当用中等密度的 SNPs 开展全基因组关联分析,后续靶向精细定位仍然是必要的。当然,如果 SNPs 密度足够高,也就没有开展后续精细定位实验的必要。另外,还可以对全基因组关联分析结果开展二次分析,如 meta 分析等。学术界一般将全基因组关联分析结果的二次分析称作 summary statistics 分析。Summary statistics 分析不是全基因组关联分析的必需步骤,但是它是全基因组关联分析的重要内容。虽然 summary statistics 分析在多数时候独立于全基因组关联分析,但也可以把它纳入全基因组关联分析过程,达到对分析结果作第二次修正的效果,例如新出现的 BOLT-LMM 全基因组关联分析方法,就利用了 LD 分数回归(LD score regression)的 summary statistics 方法对分析结果作第二次修正。

在全基因组关联分析领域,除了针对 common variant 的常规全基因组关联分析外,还有专门针对稀有变异体的全基因组关联分析(rare variant test)、基于信号通路的全基因组关联分析(pathway-based GWAS, gene set-based GWAS 或 groupwise GWAS)、表型关联分析(pheWAS)以及整合多重组学数据的多组学全基因组关联分析(multi-omic GWAS)等,这些内容也构成了全基因组关联分析的重要主题。限于篇幅,此处不再对这些内容作一一陈述。

三、基因组选择

动植物育种经历了从表型选择、指数选择/育种值选择,再到基因组选择(genomic selection)的发展。基因组选择由 Meuwissen 等于 2001 年提出,是最新一代的育种技术。随着高通量基因分型技术成本的下降和统计分析技术的完善,基因组选择在不久的将来必然会逐渐成为最重要的主流育种手段。本部分主要介绍基因组选择的相关内容。首先,需要掌握基因组选择的概念。所谓基因组选择(genomic selection)(在特定语境下亦称

码 22 基因组选择育种统计模型介绍

基因组预测，genomic prediction），是指利用全基因组分子标记对个体基因组育种值实施预测。与传统 BLUP 育种方法相比，基因组选择利用的信息来源有差别。传统 BLUP 方法利用系谱资料，而基因组选择则主要利用全基因组标记的信息，有时候也结合了系谱信息，比如在大家畜中广泛应用的一步法 ssBLUP。

基因组选择与全基因组关联分析在逻辑上是联系在一起的。较早出现的单基因关联分析，催生了分子标记辅助选择技术的出现。与此相类似，基因组选择的出现也是以全基因组关联分析为基础的。在发展逻辑上，基因组选择可以视为全基因组关联分析向育种应用层面的延伸发展。不过，由于与目标性状显著关联的分子标记往往只能解释一部分遗传方差，即存在所谓的缺失遗传力（missing heritability）现象，仅用全基因组关联分析筛选出的显著关联分子标记预测基因组育种值，其准确性并不高，所以在实际开展基因组选择时，往往跳过全基因组关联分析这一环节，而是直接利用全基因组标记开展训练（training）和预测（prediction）。这样做的好处有两点：一是可以利用基因组中所有的标记，包括全基因组关联分析无法检出的小效应标记，这样在理论上比只利用大效应标记更为准确；二是避开全基因组关联分析对标记效应进行估计的耗时步骤，从而使得利用基因组选择预测基因组育种值的计算负担大大地减小。所以，基因组选择在逻辑上依赖于全基因组关联分析，但在实际操作时又可独立于全基因组关联分析。

现在来了解一下基因组选择预测基因组育种值的原理。可以这么简单地理解，一个个体某性状的好与坏主要取决于该个体携带了什么样的基因，换个角度说，一个个体的性状育种值可以认为是由该个体携带相关基因的效应累加而成的。所以，如果事先知道每个基因的效应值，对于任意个体，只要知道它的基因组成，就可以逆向推测该个体在某性状上的潜在表现。

下面再来了解一下目前有哪些基因组选择方法。迄今为止，基因组选择已经发展出了数十余种常见的方法，包括 G-BLUP、贝叶斯法（如 Bayes A、Bayes B 等）、随机回归、惩罚回归（penalized regression）（如 ridge 回归、lasso 回归和 elastic-net 回归）、机器学习（如支持向量机，support vector machine，SVM）、随机森林（random forest）、偏最小二乘回归、主成分回归、Bayesian lasso 回归等。在这些方法中，目前使用最为广泛的方法主要包括 G-BLUP、贝叶斯法与随机回归等。

G-BLUP 是最佳线性无偏预测法，但与传统 BLUP 预测相比，由于 G-BLUP 使用全基因组分子标记构建方差-协方差矩阵，在亲缘关系矩阵的量化上比系谱更精确，因而在理论上可以获得比传统 BLUP 更准确的预测。G-BLUP 根据基因组标记构建遗传关系矩阵来预测 GEBV，所以不论基因组标记数量如何，除了遗传关系矩阵的计算量与标记数目有关之外，G-BLUP 混合线性方程组的维数只与样本含量有关，即使面对数量庞大的高密度分子标记，求解 G-BLUP 混合线性方程组的计算量也不会增加，因而 G-BLUP 具有计算速度快的优点。与 G-BLUP 方法不同的是，其他绝大多数基因组选择方法主要是根据每个分子标记的效应来预测基因组育种值，所以这些方法的计算量通常会随着基因组标记数目的增加而明显增加，对于数百万级、上千万级 SNPs 矩阵的基因组预测，其计算将会变得非常的困难。研究表明，G-BLUP 法的预测准确性相对较高，再加上 G-BLUP 混合方程组的维数与标记数目无关，计算速度快，所以 G-BLUP 是目前较常用的基因组选择方法之一。另一类预测准确性较高的基因组选择方法是贝叶斯法，其中根据对 SNP 效应及其方差先验分布假设的不同，贝叶斯方法又分为 Bayes A、Bayes B、Bayes C、Bayes D、Bayesian SSVS 和

Bayesian LASSO 等。总体来说，贝叶斯法的参数估计一般使用 MCMC（Markov Chain Monte Carlo）法，往往涉及大规模的抽样过程，求解过程相对较慢，但因其使用了先验信息，预测效果一般都比较好。当然，对于不同特性的数据集，比如大效应标记与小效应标记比例不同的数据集，不同贝叶斯方法的预测准确性也是有一定差异的，这就要求在运用贝叶斯方法作基因组预测时，需要根据实际数据的特点选择最优的贝叶斯方法。除 G-BLUP、贝叶斯法外，机器学习也被证明是一种准确性很高的预测方法。机器学习包括两个步骤，一是对训练集开展训练、学习，二是根据训练学习结果对测试集（待预测个体）的基因组育种值展开预测。目前，应用最多的机器学习方法是支持向量机回归，在比较不同基因组选择方法准确性的文献中，支持向量机回归已被多个研究证明是预测准确性较高的方法之一。此外，惩罚回归也是较常用的基因组选择方法之一。在惩罚回归中，ridge 回归、lasso 回归与 elastic-net 回归各具特点，ridge 回归主要实现组选择（group selection），即可以同时选中一组共相关的标记，lasso 回归正好相反，lasso 回归往往只能选择一组相关标记中的一个，而 elastic-net 回归在二者之间采取了折中的策略，即实现部分组选择。由于 elastic-net 回归兼顾了 ridge 回归和 lasso 回归的特点，在某些情况下 elastic-net 回归可以取得更好的预测效果。有研究显示，随机森林的预测效果通常也较好，某些情况下其准确性优于 G-BLUP 与贝叶斯法。基因组选择方法很多，此处不再一一列举，对于每种基因组选择方法的统计学原理，本章也不对其展开详细的介绍，对统计学原理感兴趣的同学可以课后自行阅读学习。总体上，对于基因组选择方法，一般存在预测准确性相对较高的"通用"方法，但这不是绝对的，最终预测效果通常依赖于数据集的具体特性。所以，在开展基因组选择时，应该根据数据集的特点，选择最为合适的基因组选择方法。

目前，最常用的基因组选择工具包括 R 和一些专用软件包，比如 R 的 rrBLUP 包、GenSel 等。下面是利用 R 的 rrBLUP 包实现基于 GBLUP 方法的基因组选择的一个例子：

```
library(rrBLUP)
X1<-cbind(y,geno)
MCD<-vector()
for(j in 1:10){
Xt<-X1[sample(1:nrow(X1)),]
k=5;C<-vector()
folds<-cut(seq(1,nrow(Xt)),breaks=k,labels=FALSE)
for(i in 1:k){
testIndexes<-which(folds==i,arr.ind=TRUE)
test<-Xt[testIndexes,]
train<-Xt[-testIndexes,]
y.train<-train[,1]
X.train<-train[,-1]
X.test<-test[,-1]
y.test<-test[,1]
pred<-kinship.BLUP(y=y.train,G.train=X.train,G.pred=X.test,K.method="GAUSS")$g.pred
C[i]<-cor(pred,y.test)
```

```
}
MCD[j]<-mean(C)
}
print("Mean accuracy is");mean(MCD)
print("SD of accuracy is");round(sd(MCD),digits = 3)
```

上面的 R 程序为基因组选择的交叉验证代码，代码中 y 为表型，geno 为基因型矩阵，k 为交叉验证（cross-validation）的倍数，由 Pearson 相关系数判断预测的准确性。运行程序后，可以得到 k 倍交叉验证（k-fold cross-validation）的基因组选择的平均准确性及标准误。对于其他基因组选择方法，绝大多数都有公开的免费工具，大家可参考相关软件的使用手册，课后自行学习、掌握。

四、基因组选择应用于畜禽育种实践的几点讨论

在国际上，基因组选择已经在奶牛、肉牛、猪的育种实践中大规模应用，而国内基因组选择的应用则相对落后，只在奶牛和部分猪的育种企业开展尝试性应用，基因组选择还不是开展实际育种的主要手段。导致我国基因组选择应用相对落后的原因是多方面的，主要原因在于育种工作者主动利用新技术的意识不足，以及目前投入成本仍然相对较高。总体来说，要理解基因组选择的应用，应将其放在动物育种的大框架内来理解。基因组选择作为传统育种技术的一种升级发展，与利用传统 BLUP 方法获得个体育种值的原理基本相似，基因组选择的目的也是获得某性状个体遗传值的预测，并以此为基础开展选种选配的实际育种操作。当然，这种简单理解主要是从一个性状育种的角度来考虑的，实际上这是远远不够的，因为只是利用基因组选择获得某性状更为准确的基因组育种值，极大地浪费了基因组选择所具有的高通量优势。对于绝大多数经济性状的育种来说，传统的 BLUP 方法已被育种实践证明是非常有效的。畜禽育种是需要考虑经济成本的生产活动，如果针对单性状育种，目前的基因组选择成本偏高，相对优势不明显，其必要性是值得怀疑的，至少目前执行单性状的基因组选择，育种成本与育种收益还不能平衡，二者走势曲线的交叉点还未到来。相反，利用基因组选择执行多性状的综合选择可以充分利用边际效益，极大地降低育种成本，从而更好地体现出基因组选择相较于传统 BLUP、标记辅助选择的相对优势。基因组选择利用了全基因组标记，而高密度的基因组标记原则上包含了所有或绝大多数经济性状的遗传指示信息，因而用基因组选择开展多性状综合选择的理论保障是没有问题的。所以，基因组选择在育种中的应用，其重点不是如何获得个体基因组育种值的准确预测，而是如何实现多个性状的综合选择，即实现多性状间的协同改良。

执行基因组选择，需要尽可能地考虑多个性状，但考虑所有性状也是不切实际的。虽然基因组选择的准确性高，但随着性状数目的增加，其遗传改良速度将会明显降低。所以，一种可行的做法是只考虑育种实践中常用的主选性状，这样既可以充分利用基因组选择的优势，又可以获得可以接受的遗传改良速度。目前，利用二代、三代深度测序技术在全基因组范围开展家畜的高通量基因分型的成本依然太高，定制基因分型芯片是一种可行的策略。针对家畜育种常用的主选性状，根据这些主选性状的分子遗传基础，定制专用基因组选择芯片，这样可以降低基因组选择的实验成本，使基因组选择技术应用于畜禽育种实践成为可

能。上述讨论仍然是偏理论的，实际应用起来肯定会遇到各种各样需要解决的问题。作为一种尚处于发展和完善中的新育种技术，有足够的理由相信，在不久的将来，基因组选择将会逐渐取代传统 BLUP 与分子标记辅助选择技术，成为育种实践中的主流育种技术。

习　题

1. 何谓 DNA 标记？何谓 DNA 标记辅助育种？
2. 何谓 QTL？QTL 具有何种特点？
3. 进行 QTL 定位的方法有哪些？
4. 进行 QTL 定位需要哪些条件？
5. 影响标记辅助选择的因素有哪些？
6. 简述标记辅助选择的主要方法。
7. 何谓标记辅助渗入？试设计一个应用标记辅助渗入法以改良某种家畜性状的方案。
8. 杂种优势预测的方法有哪些？
9. 何谓基因组选择？基因组选择有哪些方法？
10. 简述传统关联分析、基因组扫描与全基因组关联分析的区别与联系。

第八篇　地方畜禽遗传资源

遗传资源是自然界中各种生物在进化历程中形成的一类相似有机体，具有相同的遗传特性，并能将这种特性代代相传下去。动物遗传资源（animal genetic resource，AnGR）属于生物遗传资源的一部分，是指动物本身及其生殖细胞、胚胎和基因物质等遗传材料。

家畜遗传资源作为畜牧业生产的基础，是育种素材的直接来源，同时它又是畜牧业可持续发展的保障，能够满足未来对畜产品类型、数量及质量不断变化的需求。因此，家畜遗传资源对于畜牧业乃至整个大农业生产有着非常重要的作用。

当前，随着畜牧业生产向规模化和集约化发展，家畜遗传资源在全球范围内面临着利用与保护的不平衡状态。一方面，性能高产但趋同的少数品种在生产中得到广泛使用，占据主导地位；另一方面，大量生产性能不高，但某方面种质特性独特、遗传多样性非常丰富的家畜品种受到忽视，在生产中所占比重越来越少，规模呈萎缩趋势。对地方畜禽遗传资源进行合理的保护、评估和利用已是一项十分紧迫的任务。

通过对本篇的学习，旨在掌握畜禽遗传资源的评估（评价）方法，理解畜禽遗传资源保护的理论和技术，提高对地方畜禽遗传资源重要性的认识。

第二十一章
地方畜禽遗传资源的评估

家畜的三个基本分类单元——种、品种和品系是家畜遗传资源的基本组成部分。品种作为家畜遗传资源多样性的主要表现，是遗传资源研究的重要对象。

家畜遗传资源的实质是基因资源（gene resource），是特定基因及各种基因组合汇集在一起的基因库（gene pool）。

地方畜禽遗传资源的评估大致可从两个方面开展，一是对种质特性进行评估，二是对遗传多样性进行评估。做好这两方面的评估（评价）是家畜遗传资源保护和利用工作的基础。

通过本章的学习，应该理解家畜种质特性的概念和评估内容，掌握家畜遗传多样性评估的指标和方法。

第一节　种质特性的评估

一、种质特性的概念与研究意义

种质特性（germplasm characters）即遗传特性（genetic characters），是指作为遗传资源的某一种群所具有的有别于其他种群，并能稳定遗传的特性。种质特性是家畜品种的固有属性之一。自野生动物被驯化成家畜开始，人类就一直在利用其种质特性，并不断进行改良和提高，向着最有利于人类的方向发展。

家畜品种种质特性的研究，具有以下几方面的意义。

（1）种质特性研究是资源保护的基础和依据之一。只有研究清楚品种的种质特性，才能依其特性的重要程度，结合群体规模现状，确定出不同级别的保护对象，采取不同形式的保护措施。

（2）通过种质特性研究，有可能发现新的遗传资源或发掘出新的珍贵性状，为畜禽种质创新及育种提供可用素材。

（3）种质特性信息有助于拓宽畜产品的开发种类或开发渠道，促进畜牧业的增产增效及农民的增收。

（4）种质特性的研究结果能增强加快资源保护工作的紧迫感，在实际中切实贯彻保种措施的执行。

（5）种质特性评估研究可为进一步进行同（品）种异名研究和对品种进行遗传分类提供重要依据，也有助于揭示品种的起源、演化等问题。

二、种质特性评估的内容

对种质特性的评估，就是有计划地对家畜特定群体的表型、解剖、生理生化特征、生产性能、繁殖特点及环境适应性等方面进行准确观测和度量，获取能够真实反映该种群各方面特征的性状信息或指标，进而归纳出该种群的共同特征，发现与其他种群所具有的显著不同特点，同时对其优缺点进行评价。家畜种质特性评估的内容可大致归纳如下。

（1）表型特征：主要包括毛色（羽色）等外部特征与体型特点等。

（2）生长、胴体及产品品质特征：参照国家、畜牧行业所制订的测定规范与国外经验，结合具体情况对与生长、胴体和产品品质相关的各个性状进行测定，并对数据结果进行科学的校正和处理。

（3）繁殖特点：主要包括公、母畜的繁殖生理特点、繁殖性能和繁殖效率（如每头母猪年提供断奶仔猪数、牛群的受配率与产犊率等）。

（4）抗逆性和抗病力：抗逆性包括家畜对各种逆境，如对恶劣、极端的生态环境的适应性、耐粗饲能力和耐粗放管理能力等。这些指标可以通过对家畜种群的实地观测、调查或做专题研究得到。

抗病力主要包括一般抗病力、特殊抗病力以及抗应激能力。一般抗病力主要指机体对病原微生物的防御反应以及免疫系统的发育程度（免疫性能）等。

（5）机体解剖生理生化特征：主要包括心血管形态机能特征、血液生理生化特征、淋巴系统特征、消化系统形态机能特征和呼吸系统特征。

（6）由上述研究内容所总结出的特色性状。

（7）特色性状相关基因。

联合国粮食及农业组织（FAO）和环境规划署（UNEP）是全球家畜种质特性评估和遗传资源保护的倡导者和组织者。20世纪80年代初，FAO组织相关领域专家对一些主要家畜品种的种质特性展开评估，评估依据主要基于：①特异性，包括家畜生产性能、适应性、对环境应激的耐性及对某种病/虫的抗性等；②种群数量，包括其分布范围、现存种群数量及变化趋势（增或减）、公母畜数量等。由此确定了第一批优先保护对象，制订出全球动物遗传资源清单和全球监测名录。

我国政府对地方家畜品种资源调查和种质特性评估工作也极为重视。2005年底颁布的《中华人民共和国畜牧法》专门把"畜禽遗传资源保护"紧随"总则"列为第二章，并在第十二条明确指出，"国家对珍贵、稀有、濒危的畜禽遗传资源实行重点保护"。1976年初，畜禽品种调查被列为全国重点研究项目，由中国农业科学院牵头组织开展全国性调查，历时九载，于20世纪80年代中期陆续出版了《中国猪品种志》《中国家禽品种志》《中国牛品种志》《中国羊品种志》《中国马品种志》5卷志书，其中涉及某些品种的种质特性内容。此外，科研工作者还立项对如猪、鸡、黄牛等中的少数品种的生态特征和种质特性进行了专门的研究，对这些地方畜禽品种的优良种质特性有了进一步的了解。2003年国家家畜禽遗传资源管理委员会组织制定了《畜禽遗传资源调查技术手册》。2004年选择辽宁、福建、四川和贵州四个省开展了调查试点工作，2006年农业部印发《全国畜禽遗传资源调查实施方案》，资源调查工作全面展开，内容之一便是对现今地方畜禽品种的现状及种质特性再次进行调查和描述。编写出版了《中国畜禽遗传资源志》（共分七卷，分别为《猪志》《家禽志》《牛志》《羊志》《马驴驼志》《蜜蜂志》《特种畜禽志》）。关于种质特性，仅靠调查是不够的，尚需有专项基金对地方畜禽的种质特性作深入一步的较全面的系统研究。

第二节 遗传多样性的评估

一、遗传多样性的概念与研究意义

遗传多样性（genetic diversity）也称基因多样性（gene diversity），是生物多样性（biological diversity，biodiversity）的一个重要层次。

对家养动物而言，遗传多样性主要是指同一品种内不同个体间的遗传变异程度或者种内不同品种间的遗传变异程度的总和。

研究遗传多样性在家畜育种中的意义在于：①遗传多样性的丰富程度是遗传资源是否被保住的重要指标。若品种内的遗传变异程度低，则遗传基础狭窄，有些基因座的等位基因可能已不存在。因此，没有丰富或比较丰富的遗传多样性，就不能说遗传资源被保住了。②只有做好遗传多样性的调查与评估工作，才能更好地摸清遗传资源家底，进一步明确哪些是濒危的或者是急需抢救的品种。③只有在做好遗传多样性调查与评估基础上的品种资源遗传分类工作，才能更好地明确品种的优先保护次序以及可延缓保护或不予保护的品种。

二、度量遗传多样性不同水平的标记及其检测方法简述

遗传多样性程度的度量与评估要按照实际情况利用不同水平的标记如形态水平、细胞水平、分子水平的标记进行检测。当前主要利用染色体水平、蛋白质水平和 DNA 水平以及表观遗传水平的标记来进行，其中又以 DNA 分子标记用得最为普遍。下面对主要标记的多态性及其检测方法作一简述。

1. 染色体多态性　动物中的染色体多态性是指染色体组型特征的变异，包括染色体数目的变异（整倍性或非整倍性）和染色体结构的变异（缺失、重复、倒位、易位等）。其中染色体结构的变异主要体现在染色体的形态（着丝点位置）、缢痕、随体和带型等核型特征上。其中染色体分带（chromosome banding）技术是鉴别染色体多态性的重要方法。该方法借助于一套特殊的处理程序，使染色体显现出深浅不同的带纹。常见染色体带型多态性包括 C 带、G 带、R 带、Q 带，以及银染核仁组织区（Ag-NORs）多态和 Y 染色体多态等。在家畜中，主要研究多态性明显的 C 带多态性及银染核仁组织区多态性上。通过分带机理的研究，可获得染色体在成分、结构、行为和功能等方面的信息。

2. 蛋白质多态性　指功能相同的蛋白质存在两种或两种以上的变异体的现象，主要指血型、同工酶和同位酶等。在家畜遗传多样性检测中，最常用的是一些遗传方式明确、多态较丰富的红细胞抗原型、白细胞抗原型和血液蛋白质（酶）型。早期，人们利用凝胶电泳技术结合酶的特异性染色对动物群体遗传变异的定量研究，打开了用一种全新的方法研究天然群体变异的大门。这种方法就是后来在系统学和进化研究领域广泛应用的同工酶电泳技术（isozyme electrophoresis）。其基本原理是根据不同蛋白质所带电荷性质不同，通过蛋白质电泳或色谱技术以及专门的染色反应，将酶的多种形式转变为肉眼可辨的酶谱带型，从而鉴别不同的基因型。

3. DNA 多态性　DNA 多态性主要通过各种 DNA 标记进行检测。DNA 标记具有种种优势：①数量多；②多态性丰富；③多呈中性突变，所受选择压力低；④不易受生理期和外界环境等因素影响；⑤呈共显性或完全显性遗传。由于分子标记的巨大优越性，近年来在生物

科学领域中的应用相当广泛。根据所依赖的技术手段的不同，较为常用的 DNA 分子标记包括三大类：第一类是以杂交技术的分子标记，如限制性片段长度多态性标记（RFLP）、数目可变串联重复多态性标记（VNTR）；第二类是基于 PCR 技术的分子标记，如随机扩增多态性 DNA 标记（RAPD）、DNA 指纹标记（DAF）、序列特征化扩增区域标记（SCAR）、扩增片段长度多态性标记（AFLP）、简单重复序列标记（SSR）、内部简单重复序列标记（ISSR）等；第三类是基于测序和 DNA 芯片技术的分子标记，如表达序列标签标记（EST）和单核苷酸多态性标记（SNP）。DNA 分子标记类型及检测方法参见第二十章第一节。

其中，在检测及评估家畜遗传多样性时，以下这些方法得到了较为广泛的应用。例如：限制性片段长度多态性，是根据不同品种（个体）基因组的限制性内切酶的酶切位点碱基发生突变，或酶切位点之间发生了碱基的插入、缺失，导致酶切片段大小发生了变化，这种变化可以通过特定探针杂交进行检测，从而可比较不同品种（个体）的 DNA 水平的差异（即多态性），多个探针的比较可以确立生物的进化和分类关系；扩增片段长度多态性对基因组 DNA 进行双酶切，形成分子质量不同的随机限制片段，再进行 PCR 扩增，根据扩增片段长度的多态性的比较分析，可用于构建遗传图谱、标定基因和杂种鉴定以辅助育种；随机扩增多态性 DNA 是利用随机引物对目的基因组 DNA 进行 PCR 扩增，产物经电泳分离后显色，分析扩增产物 DNA 片段的多态性，此即反映了基因组相应片段由于碱基发生缺失、插入、突变、重排等所引发的 DNA 多态性；微卫星 DNA 座位数目多，多态性丰富，且适用于大规模的荧光标记检测分析。线粒体 DNA 呈现出独特的母系遗传方式，利用单倍型序列能够追溯到种群起源及分化关系。SNPs 座位数目适中，结果可比性强，是今后进行家畜遗传多样性检测的主要工具。

三、遗传多样性的评估指标

前文已提到，评估遗传多样性程度多用到 DNA 分子标记。下面主要列出应用 DNA 分子标记中最常用到的微卫星 DNA 标记检测技术获得的数据来衡量、评估家畜品种间及品种内遗传多样性的一些指标。

（一）品种间的遗传多样性的评估指标

（1）不同群体的个体相似概率（the probability of identity of two individuals, chosen at random from different population）：指从两个不同群体内随机抽取两个个体，它们所有基因型相一致的概率。主要用来衡量两个群体间相似程度的高低。

$$G_1 = \prod_{i=1}^{r} \left(\sum_{j=1}^{n_i} q_{ij}^2 q_{ij}'^2 + 4 \sum \sum q_{ij} q_{ij}' q_{ik} q_{ik}' \right) \tag{21-1}$$

式中：q、q' 分别为两个群体中同一基因座上相对应的等位基因频率。

（2）群体间遗传距离（genetic distances between populations）：用来衡量群体间遗传差异大小或遗传关系远近的量化指标。遗传距离与群体间相似系数呈反比关系，遗传关系越近的群体，它们在所有座位的基因型越趋相同，遗传距离就越接近 0。反之就越大。

基于遗传频率的遗传距离计算方法有多种，尤以 Nei 氏标准遗传距离（Nei's standard genetic distance）最为常用。

$$J_X = \sum_{i=1}^{r}\sum_{j=1}^{k} X_{ij}^2/n \qquad J_Y = \sum_{i=1}^{r}\sum_{j=1}^{k} Y_{ij}^2/n \qquad J_{XY} = \sum_{i=1}^{r}\sum_{j=1}^{k} X_{ij}Y_{ij}/n$$
$$D_s = -\ln[J_{XY}/(J_X J_Y)^{1/2}] \qquad (21-2)$$

式中：J_X、J_Y 分别为群体 X、Y 的遗传相似系数；J_{XY} 为两群体的遗传相似系数；X_{ij}、Y_{ij} 分别为群体中第 i 个座位上第 j 个等位基因的频率；D_s 为 Nei 氏标准遗传距离。

【例 21 - 1】现有 4 个比利时猪品种 Belgian Landrace (BL)、Belgian Negative (BN)、Large White (LW) 和 Pietrain (P)，其样本含量分别为 200、213、122 和 215。利用 7 个微卫星 DNA 标记对上述 4 个品种的遗传结构进行检测，所得等位基因频率结果见表 21 - 1。试分析这 4 个品种内的遗传变异度以及品种间的遗传关系。

表 21 - 1 4 个比利时猪品种在 7 个微卫星 DNA 座位上的等位基因频率

（引自 van A. zeveren 等，1995）

	BL	BN	LW	P		BL	BN	LW	P
DA_1E_6 (bp)					DB_1D3 (bp)				
76	0.002 5	0.000 0	0.000 0	0.000 0	246	0.002 5	0.000 0	0.008 3	0.000 0
78	0.035 0	0.051 6	0.000 0	0.002 3	248	0.005 0	0.014 1	0.004 1	0.000 0
80	0.012 5	0.004 7	0.004 1	0.002 3	250	0.429 6	0.323 9	0.132 2	0.150 2
82	0.002 5	0.009 4	0.000 0	0.004 7	252	0.168 3	0.211 3	0.466 9	0.356 8
84	0.002 5	0.000 0	0.000 0	0.000 0	254	0.022 6	0.025 8	0.057 9	0.035 2
86	0.000 0	0.009 4	0.000 0	0.000 0	256	0.005 0	0.002 3	0.053 7	0.000 0
88	0.197 5	0.302 8	0.000 0	0.076 7	258	0.020 1	0.011 7	0.033 1	0.000 0
90	0.015 0	0.000 0	0.000 0	0.002 3	260	0.057 8	0.061 0	0.045 5	0.007 0
94	0.065 0	0.075 1	0.008 2	0.004 7	262	0.005 0	0.018 8	0.037 2	0.023 5
96	0.362 5	0.300 5	0.204 9	0.162 8	264	0.067 8	0.016 4	0.078 5	0.401 4
98	0.260 0	0.164 3	0.668 0	0.658 1	266	0.000 0	0.000 0	0.008 3	0.002 3
100	0.040 0	0.075 1	0.106 6	0.083 7	268	0.000 0	0.009 4	0.000 0	0.002 3
102	0.005 0	0.007 0	0.008 2	0.002 3	270	0.062 8	0.089 2	0.004 1	0.000 0
DA_1G_1 (bp)					272	0.143 2	0.216 0	0.053 7	0.018 8
155	0.000 0	0.002 3	0.008 2	0.004 7	274	0.010 1	0.000 0	0.016 5	0.002 3
159	0.000 0	0.007 0	0.008 2	0.000 0	DB_3F_1 (bp)				
161	0.002 5	0.004 7	0.012 3	0.000 0	111	0.000 0	0.037 9	0.000 0	0.000 0
167	0.000 0	0.004 7	0.000 0	0.000 0	113	0.012 5	0.018 8	0.004 1	0.042 1
169	0.782 5	0.814 6	0.659 8	0.111 6	117	0.000 0	0.035 5	0.008 2	0.007 0
171	0.027 5	0.065 7	0.008 2	0.065 1	119	0.152 5	0.222 7	0.364 8	0.098 1
173	0.180 0	0.089 2	0.299 6	0.804 7	121	0.832 5	0.687 2	0.623 0	0.843 5
175	0.000 0	0.002 3	0.000 0	0.014 0	123	0.002 5	0.004 7	0.000 0	0.009 3
177	0.007 5	0.009 4	0.004 1	0.000 0					

(续)

	BL	BN	LW	P		BL	BN	LW	P
DB_2G_3 (bp)					DG_3D_5 (bp)				
184	0.030 6	0.021 1	0.024 6	0.102 3	174	0.002 6	0.030 1	0.000 0	0.000 0
196	0.005 1	0.002 3	0.004 1	0.002 3	176	0.030 6	0.123 5	0.024 6	0.034 9
198	0.091 8	0.054 0	0.036 9	0.141 9	178	0.010 2	0.003 0	0.004 1	0.004 7
200	0.160 7	0.124 4	0.135 2	0.032 6	182	0.007 7	0.006 0	0.004 1	0.000 0
202	0.079 1	0.025 8	0.077 9	0.311 6	184	0.010 2	0.036 1	0.053 3	0.025 6
204	0.002 6	0.002 3	0.032 8	0.014 0	186	0.005 1	0.021 1	0.143 4	0.007 0
206	0.568 9	0.694 8	0.520 5	0.279 1	188	0.002 6	0.006 0	0.008 2	0.002 3
208	0.061 2	0.075 1	0.151 6	0.116 3	190	0.000 0	0.006 0	0.000 0	0.000 0
212	0.000 0	0.000 0	0.016 4	0.000 0	192	0.000 0	0.018 1	0.000 0	0.000 0
DG_1C_{11} (bp)					194	0.372 4	0.427 8	0.221 3	0.127 8
147	0.000 0	0.000 0	0.000 0	0.002 3	196	0.349 5	0.250 0	0.184 4	0.607 0
151	0.535 0	0.511 7	0.471 3	0.337 2	198	0.117 3	0.051 2	0.118 9	0.048 8
153	0.002 5	0.000 0	0.000 0	0.000 0	200	0.020 4	0.003 0	0.012 3	0.014 0
155	0.105 0	0.150 2	0.008 2	0.025 6	202	0.002 6	0.000 0	0.032 8	0.009 3
157	0.000 0	0.018 8	0.000 0	0.000 0	204	0.045 8	0.003 0	0.123 0	0.072 1
159	0.050 0	0.042 3	0.204 9	0.007 0	206	0.000 0	0.000 0	0.020 5	0.004 7
173	0.110 0	0.140 8	0.000 0	0.041 9	208	0.000 0	0.003 0	0.008 2	0.000 0
175	0.180 0	0.131 5	0.295 1	0.567 4	210	0.012 8	0.012 0	0.028 6	0.023 3
177	0.010 0	0.004 7	0.004 1	0.018 6	212	0.007 7	0.000 0	0.012 3	0.018 6
179	0.007 5	0.000 0	0.016 4	0.000 0	214	0.002 6	0.000 0	0.000 0	0.000 0

由上述等位基因频率数据分别计算得到各个品种在各个微卫星DNA座位的多态信息含量、遗传杂合度和有效等位基因数,见表21-2。

表21-2 4个比利时猪品种内的遗传变异

微卫星座位	多态信息含量				遗传杂合度				有效等位基因数			
	BL	BN	LW	P	BL	BN	LW	P	BL	BN	LW	P
DA_1E_6	0.72	0.74	0.45	0.49	0.75	0.78	0.50	0.53	4.1	4.5	2	2.1
DA_1G_1	0.31	0.31	0.40	0.31	0.35	0.32	0.47	0.34	1.6	1.5	1.9	1.5
DB_1D_3	0.73	0.76	0.73	0.63	0.75	0.79	0.74	0.69	4.1	4.8	3.9	3.2
DB_2G_3	0.60	0.47	0.65	0.75	0.63	0.49	0.68	0.78	2.7	2	3.1	4.5
DB_3F_1	0.25	0.43	0.38	0.26	0.28	0.48	0.48	0.28	1.4	1.9	1.9	1.4
DG_1C_{11}	0.62	0.64	0.58	0.49	0.66	0.68	0.65	0.56	2.9	3.1	2.8	2.3
DG_3D_5	0.68	0.70	0.85	0.58	0.72	0.73	0.86	0.60	3.6	3.8	7.2	2.5
平均	0.56	0.58	0.58	0.50	0.59	0.61	0.63	0.54	2.9	3.1	3.3	2.5

由表 21-2 可看出，LW 品种在 3 个统计指标上的数值均高于其他 3 个猪品种，因而 LW 品种内的遗传变异程度最高，其余依此为 BN、BL 和 P。

计算出 4 个品种之间的 Nei 氏最大遗传距离、Nei 氏标准遗传距离和 Nei 氏最小遗传距离，见表 21-3。

表 21-3　4 个比利时猪品种间的遗传距离

品　种	Nei 氏最大遗传距离	Nei 氏标准遗传距离	Nei 氏最小遗传距离
BL - BN	0.010 5	0.026 4	0.028 7
BL - LW	0.050 7	0.138 4	0.166 1
BN - LW	0.059 7	0.169 8	0.207 6
LW - P	0.093 2	0.247 3	0.259 9
BL - P	0.129 5	0.352 7	0.387 7
BN - P	0.170 0	0.506 3	0.540 8

由表 21-3 可知，依 3 种不同遗传距离测定结果，BL 和 BN 之间的遗传距离均最小，即它们之间的遗传关系最高。BN 和 P 间的遗传距离最大，即它们之间的遗传关系最低。

(3) 聚类分析（cluster analysis）：在遗传距离基础上，可进一步通过数学方法以树状图形式，将所研究多个群体间的遗传关系形象表示出来。常用聚类方法主要有 类平均法（unweighted pair group method with arithmetic means，UPGMA）、最小进化法（minimum evolution，ME）、邻接法（neighbor-joining，NJ）、最大简约法（maximum parsimony，MP）、最大似然法（maximum Likelihood，ML）以及贝叶斯法（Bayesian）等。同时，采用 Bootstrap 等方法对所得聚类图中各分支的可靠程度进行检验。

(二) 品种内遗传多样性的评估指标

1. 分子评估指标

(1) 等位基因频率（allele frequencies）：基因频率（gene frequency）又称等位基因频率，是指在特定基因座上，某一等位基因在该基因座上所有等位基因中所占比例。对于不同群体或同一群体的不同世代，基因频率可能会发生变化，导致群体遗传结构出现差异。微卫星 DNA 属于共显性遗传，对检测群体内所有个体的基因型进行直接统计，便可得到某一等位基因的基因频率。

$$p_i = \frac{m}{2n} \qquad (21-3)$$

式中：m 为第 i 个等位基因在检测群体内出现的次数；n 为检测个体数。

(2) 多态信息含量（polymorphism information content，PIC）：在连锁分析中一个遗传标记多态性可提供的信息量的度量。它是一个亲本为杂合子，另一亲本为不同基因型的概率。现常用来衡量座位多态性高低的程度。

$$PIC = 1 - \sum_{i=1}^{n_i} p_i^2 - \sum_{i=1}^{n_i-1}\sum_{j=i+1}^{n_i} 2p_i^2 p_j^2 \qquad (21-4)$$

式中：n_i 为该座位上等位基因数目。

(3) 杂合度（heterozygosity）：在群体遗传学中，杂合度分为两种，一种是实际杂合度（observed heterozygosity，H_o），指检测群体内杂合子所占比率，另一种是期望杂合度（ex-

pected heterozygosity，H_e），也常称为理论杂合度（theoretical heterozygosity）或基因多样性（genetic diversity），是指在检测群体内随机抽取两个等位基因，它们各不相同的概率。后者更适宜于群体遗传变异的度量。对于不同基因座，杂合度可能不同，因此多以所有检测基因座杂合度的平均值来表示群体的总体杂合度。

$$h_i = 1 - \sum_{i=1}^{n_i} p_i^2$$

$$H_o = \sum_{i=1}^{n_i} h_i / r \quad (21-5)$$

式中：h_i 为某座位的期望遗传杂合度；H_o 为平均杂合度；r 为所检测的座位数目。

2. 基于群体遗传学的评估指标

（1）有效等位基因数（effective number of alleles）：理想群体中（所有等位基因频率相等），一个基因座上产生与实际群体中相同杂合度所需的等位基因数目。实际计算中，有效等位基因数多用遗传纯合度（即 $1-H_e$）的倒数来衡量。

$$n_e = 1 / \sum_{i=1}^{n_i} p_i^2 \quad (21-6)$$

（2）同一群体的个体相似概率（the probability of identity of two individuals, chosen from at random within a population）：从同一群体内随机抽取两个个体，两者所有基因型相一致的概率。主要用来衡量群体遗传纯合程度的高低。

$$G_2 = \prod_{i=1}^{r} \left(\sum_{j=1}^{n_i} q_{ij}^4 + 4 \sum \sum q_{ij}^2 q_{ik}^2 \right) \quad (21-7)$$

（3）基因流（gene flow）：指生物个体从其发生地分散出去而导致不同种群之间基因交流的过程，可发生在同种或不同种的生物种群之间。在动物中，是由不同繁育种群间个体的偶然交配导致的遗传交换，是一个种群的基因进入到另一个种群（同种或不同种）的基因库，使接受者种群的基因频率发生改变。

$$N_m = (1 - Fst) / 4Fst \quad (21-8)$$

式中：N_m 代表每一代迁入的有效个体数，即基因流的估计值；Fst 代表遗传分化系数。

通过 MIGRATE-N 软件中的 Bayesian inference 的策略估算群体间的长期基因流流向。也可运用 BayesAss 软件来计算近期的基因流。

（4）公畜血统数检查法：除上述几种侧重于利用实验数据度量品种内遗传多样性程度的评估方法之外，还有一种在实践中能够立即应用并能间接推断品种内遗传多样性程度的评估方法——公畜血统数检查法。

其理论依据是：群体遗传学已证明，若不存在选择、迁移的影响，遗传漂变与近交是导致等位基因丢失的主要原因，而有效群体规模（有效群体大小，有效群体含量，effective population size）是影响遗传漂变程度和近交增量（上下两代平均近交系数之差）的主要因素。根据相关研究，保种效果主要取决于头数较少的性别（即公畜）的实际头数，即很大程度上取决于彼此无亲缘关系的公畜数量，也就是说要有适当数量的公畜血统。因此，公畜血统数应是品种调查和经常性的品种遗传多样性监测的一项必不可少的内容，也是衡量一个品种保种效果的重要指标之一（详见第二十二章）。

第八篇 地方畜禽遗传资源

习 题

1. 何谓家畜遗传资源？家畜遗传资源有何重要性？
2. 何谓种质特性？简述家畜种质特性研究的意义。家畜种质特性评估的主要内容有哪些？
3. 何谓遗传多样性？家养动物遗传多样性主要指什么？研究遗传多样性在家畜遗传资源保护中的意义何在？度量与评估遗传多样性主要应用什么标记？
4. 何谓 DNA 标记？利用微卫星 DNA 标记评估品种间与品种内的遗传多样性的主要指标有哪些？在实践中用来间接推断遗传多样性程度的是一种什么方法？
5. 利用 4 个微卫星 DNA 标记检测三个群体（X、Y、Z）的遗传多样性得到如下结果，试分析这三个群体的遗传多样性，并计算出它们之间的 Nei 氏标准遗传距离。

基因座位		A			B				C		D				
等位基因		A_1	A_2	A_3	B_1	B_2	B_3	B_4	C_1	C_2	D_1	D_2	D_3	D_4	D_5
基因频率	X	0.2	0.3	0.5	0.2	0.1	0.4	0.3	0.5	0.5	0	0.2	0.3	0.4	0.1
	Y	0.4	0.2	0.4	0.1	0.3	0.4	0.2	0.4	0.6	0.2	0.3	0.3	0.1	0.1
	Z	0.4	0.4	0.2	0.2	0.2	0.3	0.3	0.3	0.7	0.3	0.2	0.4	0	0.1

第二十二章
地方畜禽遗传资源的保护

从国外引入瘦肉型品种，对提高我国生猪出栏率、胴体重、瘦肉率与养殖效益起到了好的作用。但由于这些引入品种与地方品种的杂交利用的无序化和盲目性，加上地方品种纯繁一般经济效益低，致使不少地方畜禽品种濒危，或濒临灭绝或已灭绝，有些等位基因可能已从地球上消失。尽管近年来我国畜禽遗传资源保护工作取得了显著成效，全国已累计抢救性地保护了 39 个濒临灭绝的地方品种，保护了 249 个地方品种，开发利用的步伐也在加快，政策法规体系进一步健全，但由于各种原因，我国超过一半的地方品种的数量呈下降趋势，畜禽地方品种资源仍然面临严峻形势和危机。我们仍应增强地方畜禽遗传资源保护工作的紧迫感。如何有效保护并合理利用地方畜禽遗传资源，已成为畜牧业生产以及可持续发展研究的一项重要议题。

通过本章学习，应该理解家畜遗传资源保护的概念、任务、目的和意义，以及保种的目标，掌握保种的基本原理和措施，以及新技术在家畜保种中的应用。

第一节 遗传资源保护的概念、任务和意义

一、保种的概念与实质

保护品种资源/遗传资源习惯上简称为保种。保种一般指保留好现有家畜品种，使之不遭混杂和灭绝。但这一概念只能反映对保种的起码要求。由于品种资源实质上是一种基因资源，它汇集了控制遗传性状的所有基因或基因组合，所以保种实质上是指将品种视为遗传资源/基因资源而保存其基因库，尽可能少使等位基因丢失，无论它们在目前是否有用或无用、有利或不利。

二、保种的任务、目的和意义

（一）任务

由上述保种实质不难看出，家畜保种的任务是尽可能少丢失品种基因库中的每一个基因座上的等位基因，保持或恢复品种内丰富的遗传多样性和遗传变异。联合国粮食及农业组织（FAO）对保种的定义分为两个层次，一是保护（conservation），二是保存（preservation）。保护是指人类保存和利用品种资源以使其对当前生产产生一定效益，且又能保护其遗传变异和进化潜力来满足未来的发展和需要。这种保护包含了对家畜遗传资源的保存、持续利用、恢复和改善，作用是积极的。保存仅是指采用遗传隔离方法来维持家畜品种资源的存在，而不包括对其遗传变异或进化潜力的保留。家畜中重点保护品种的保种指的应是前一个层次上的保护。

（二）目的

保种的目的是为了利用，包括当前和未来的利用。这两方面都很重要，但眼下只考虑当前利用的偏多，缺乏长远利用的谋划和举措。我们忧心品种保不住，即得不到有效保护。应当认识到，为了实现实质意义上的保护，要尽可能做到随时为育种提供基因来源和原始素材，包括为当前所用和为今后长远所用。因此，绝不能一切都以目前有用或无用为转移。为了未来家畜育种事业的需要，为了人类的长远利益，有必要保存那些一时没有经济利益，而具有潜在利用价值的品种，以保持人类拥有的畜禽品种内遗传变异的广泛度和基因的多样化。

现时被认为无用的基因将来可能有用，其原因有：第一，未来市场对肉类和畜产品的要求会越来越多样化，会提出新的需求。譬如，18世纪人们开始对脂肪有了爱好，后来出现了著名的脂肪型猪品种，19世纪由于市场对瘦肉需求的刺激，于是有了腌肉型猪品种的问世；原来供玩赏的斗鸡科尼什（Cornish）鸡，后来才发现可利用其肉用性能，被育成为最畅销的父本材料，被归为肉用型鸡；意大利的矮小型来航鸡过去不受重视，后来发现它体格小、耗料少、饲养密度大、成本可降低，才在肉鸡和蛋鸡业中加以利用提高了经济效益；法国的夏洛来（charolais）牛的"双肌"（腿肉圆厚且向后突出），原被认为属病理现象（肌肉肥大），后才发现是一优良产肉特性而被利用。第二，世界性的粮食危机，极端的气候条件，突发性的环境灾难将可能发生，面对这些，耐粗放饲养与耐苦性（hardiness）、抗逆性（逆境抗性，stress resistance）、对某些疾病的抵抗力等性状，以及相关基因的有利等位基因可能会变得很有用，地方品种作为杂交亲本或者培育新品种的原始材料的价值不可低估。第三，现代商业品种的选择极限可能会到来。作为丰富原始素材的地方品种有助于上述问题的解决。

因此，在对地方品种的利用上，只有既着手当前又着眼未来，才有可能提出正确的、科学的、有效的保种目标和保种方案。绝不能一味强调客观条件，降低对保护地方品种目标的要求。

（三）意义

一个家畜地方品种或类群的形成，往往需要花费以世纪计的时间，但要毁灭这个品种却十分容易。从宏观看，由丰富的品种资源累积起来的遗传变异极为多样，是一个难得的极大的基因库。但品种同时具有可耗竭性（exhaustible），若某一品种消亡或灭绝，从自然界中永久消失，则很难再恢复，或者说不可复得，携带的某些等位基因也将随之丢失。

就社会发展而言，品种内的遗传多样性越丰富，就越能适应环境和社会经济条件的变化，越能满足人们不同需求、适应消费者不同爱好的变化。

西方发达国家在畜牧生产史上先是破坏原有品种，然后又再"寻觅、收集和保护"的教训需要借鉴。

总而言之，品种资源的保护无论对于当前畜牧业生产，或者对于我国和世界未来畜牧业和育种业的可持续发展，均有着十分重要的意义。

第二节 保种的必要性

如同本章前言所指出的，畜禽地方品种资源至今仍然面临严峻形势和危机，保种工作刻不容缓。

第二十二章 地方畜禽遗传资源的保护

一、全球面临品种资源危机

当前正面临着全球性的品种资源危机,已出现遗传资源枯竭的严重威胁。这突出地表现在以下方面。

码 23　品种资源网站

(1) 地方品种个数急剧减少。1999 年,FAO 组织开展全球家畜品种资源调查,在所统计的 35 个物种 6 165 个品种中,有 740 个品种已经灭绝,531 个濒临灭绝,1 092 个处于濒危状态,非危机的只有 2 395 个,其余则状况不清楚。较 1995 年调查相比,灭绝、濒临灭绝及濒危的品种占总品种数的比例分别增加 82.09%、37.54% 和 19.02%。其中欧洲畜禽品种的处境更为严峻,在 1 844 个地方品种中,有 638 个品种处于高度濒危状态,占其总数的 35%。2004 年,据联合国粮食及农业组织(FAO)估计,全球有 35% 的家畜品种和 63% 的家禽品种面临灭顶之灾,世界上畜禽品种仍以每周 1~2 个品种的速度消失,其中灭绝速度最快的畜种是马、牛和猪。

我国地方品种资源的形势也不容乐观,在 1976—1986 年开展的第二次全国畜禽品种资源普查中,共计有 385 个地方品种。与 20 世纪 50 年代统计资料相比,有 10 个地方品种消失,8 个品种濒临灭绝,20 个品种的数量大幅度减少。据不完全统计,2000 年调查的 17 个省的 331 个类群中,处于濒危或将要灭绝的类群为 59 个,另有 7 个类群已经灭绝。同时约有 93% 的猪、44% 的马和驴、35% 的牛、20% 的家禽、15% 的绵山羊种质资源受到不同程度的威胁。2008 年,据研究表明:我国已有 19 个地方品种灭绝,37 个地方品种受严重威胁。

据农业部(2012 年)调查显示,我国畜禽资源总体下降趋势仍未得到有效遏制,几十个地方品种处于濒危状态。农业部表示,近年来我国畜禽遗传资源保护与开发利用取得积极成果,地方畜禽品种包含 500 多个,一些地方品种经过保护和选育,生产性能得到了显著提高,但是畜禽资源依然呈现下降趋势。截至目前,超过一半的地方品种数量呈下降趋势,濒危和濒临灭绝品种约占地方畜禽品种总数的 18%。

(2) 有些地方畜禽品种处于濒危状态(表 22-1),有些品种已经灭绝,遗传资源损失巨大。

表 22-1　我国地方畜禽遗传资源濒危品种*
(引自《全国畜禽遗传资源保护和利用"十三五"规划》)

畜种	濒危	濒临灭绝	灭绝	小计
猪	淮猪(山猪、灶猪、皖北猪)、马身猪、大蒲莲猪、河套大耳猪、汉江黑猪、两广小花猪(墩头猪)、粤东黑猪、隆林猪、德保猪、明光小耳猪、兰屿小耳猪、华中两头乌猪(赣西两头乌猪)、湘西黑猪、仙居花猪、官庄花猪、闽北花猪、莆田猪、嵊县花猪、赣中南花猪、玉江猪、滨湖黑猪、确山黑猪、安庆六白猪、湖川山地猪(罗盘山猪)	岔路黑猪、碧湖猪、兰溪花猪、浦东白猪、沙乌头猪	横泾猪、虹桥猪、潘郎猪、雅阳猪、北港猪、福州黑猪、平潭黑猪、河西猪	37
家禽	金阳丝毛鸡、边鸡、浦东鸡、萧山鸡、中山沙栏鸡、四川麻鸭、云南麻鸭、雁鹅、百子鹅、阳江鹅、永康灰鹅	彭县黄鸡	烟台糁糠鸡、陕北鸡、中山麻鸭	15
牛	太行牛、复州牛、徐州牛、温岭高峰牛、樟木牛、阿尔泰白头牛、海仔水牛、大额牛(独龙牛)	舟山牛、蒙山牛	上海水牛、荡脚牛	12

(续)

畜种	濒危	濒临灭绝	灭绝	小计
羊	兰州大尾羊、汉中绵羊、岷县黑裘皮羊、承德无角山羊、马关无角山羊		临沧长毛山羊	6
其他	鄂伦春马、晋江马、宁强马	敖鲁古雅驯鹿、新疆黑蜂		5

* 根据联合国粮食及农业组织推荐标准，某一品种出现下列情况之一即可判定为濒危：繁殖母畜在 100～1 000 头（只）之间或繁殖公畜在 5～20 头（只）之间；种群总数量虽然略高于 1 000 头（只），但呈现出减少的趋势，且纯种母畜的比例低于 80%。出现下列情况之一即可判定为濒临灭绝：繁殖母畜总数量低于 100 头（只）或繁殖公畜低于 5 头（只）；种群数量低于 1 000 头（只），且呈现减少趋势。

二、我国地方畜禽品种的遗传变异即遗传多样性在缩小

前述品种资源危机不可避免地会引起遗传变异（genetic variability）的变窄和遗传多样性的日益贫乏。对于目前家畜品种资源，无论是在品种内或是在品种间，均面临着遗传多样性和遗传变异下降的危险。一些表面看起来已保存下来的种群，实际上都是些小规模的近交群体，遗传多样性水平极低。

从 20 世纪 90 年代起，利用 DNA 标记进行家畜遗传多样性检测和评估的工作已大量展开。FAO 和国际动物遗传学会（ISAG）陆续提出了"家养动物多样性监测"（measurement of domestic animal diversity，Mo-DAD）和"家畜品种间遗传距离测定"计划，并推荐了用于各物种遗传多样性检测的微卫星 DNA 座位。欧盟已启动并完成了"欧洲牛、猪遗传多样性保护和利用"等第五框架计划项目。ECONOGENE 协作组开展了欧盟和相邻国家的绵、山羊遗传多样性及其经济利用价值的研究。在我国，农业部先后组织实施"地方猪品种遗传距离测定""地方鸡品种遗传多样性研究"和"地方牛、绵羊、山羊品种遗传距离测定"等项目。

已完成的研究结果表明，多数地方畜禽品种的遗传多样性明显低于商业化品种或以前同类品种的研究报道，少数甚至处于极低水平。如法国 Basque 猪、Limousin 猪的遗传杂合度只有 0.35 和 0.43，而商用型大白猪的遗传杂合度为 0.55 左右；英国海福特牛现今遗传杂合度显著低于其在 20 世纪 60 年代的水平；我国地方猪品种的平均遗传杂合度普遍小于以往研究结果。

在我国，由于用引入品种与地方畜禽品种进行盲目杂交，加上地方品种纯繁效益低，导致不少地方品种或类群的纯种母畜数量逐渐下降，纯种公畜头数与血统数锐减，品种内的遗传变异即遗传多样性正在不断缩小。近年来保种形势虽有好转，但总起来看仍十分严峻，地方品种资源的潜在危机不容忽视。

三、我国地方品种是宝贵的遗传资源库

我国是世界上畜禽遗传资源最为丰富的国家。2016 年据农业部调查统计，在我国已发现的地方品种为 545 个（表 1-1），约占世界畜禽遗传资源总量的 1/6。同时，许多地方品种还具有优良的种质特性和多样化的生产力类型，如适于腌制优质火腿的金华猪、烧烤用的巴马香猪和北京鸭，产肥肝为主的建昌鸭；高产仔数的太湖猪、一胎多羔的湖羊；世界著名

的产裘皮的宁夏滩羊和中卫山羊；产绒量高的辽宁绒山羊；具有药膳价值的丝羽乌骨鸡；还有适于生物医学用的多种小型猪等。这些地方品种在我国畜牧业生产及新遗传资源形成过程中发挥了重要作用。此外，以地方品种为主要育种素材，培育了Z型北京鸭、川藏黑猪配套系等50个新品种和配套系。目前，黄羽肉鸡占据我国肉鸡市场近半壁江山，山羊绒质量、长毛兔产毛量、蜂王浆产量等居国际领先水平。30余个地方品种，如梅山猪、北京鸭、丝羽乌骨鸡、鲁西黄牛等，已输出到亚洲、欧洲、美洲及大洋洲的一些国家和地区，对改良国外的畜禽品种起到了积极作用。

第三节 保种的目标

为了"有效保护"[《全国生猪遗传改良计划（2009—2020）》]品种遗传资源，必须明确保种目标。

一、总 要 求

"确保重要资源不丢失，种质特性不改变，经济性状不降低"（《全国畜禽遗传资源保护和利用"十三五"规划》）；"确保受保护品种不消失，主要种质特性不降低，保种能力进一步增强"[《全国生猪遗传改良计划（2009—2020）》]。

二、品种内保种目标

1. 保种群体（含保种场/保护区/人工授精站）**规模适度**（特别是公畜规模）、**遗传多样性丰富** 这一保种目标也可称为保品种内遗传多样性，即保规模、保血统。

丰富的遗传多样性也就是广泛的遗传变异。就一个品种而言，保种的主要目标就是最大限度地保存其遗传多样性。只要留心FAO一些专家有关动物遗传资源（animal genetic resource，AnGR）保护（不管是品种内还是品种间）的著述和制定的文件，基本上都脱离不了遗传多样性这样的词汇。不注重、不讨论遗传多样性，就谈不上保种、谈不上保种方案。

如何保存遗传多样性？一般通过降低近交增量（近交速率）和遗传漂变的影响，避免群体遗传变异减小，力使等位基因丢失速度最小化（FAO，1998）。极易理解，保种群体的适度规模是关键措施。换言之，只有通过合理的规模才能降低保种群体的近交系数的增量和遗传漂变对它的影响，避免保种群体的遗传变异的变窄。若群体遗传变异日趋缩小，遗传多样性日益贫乏，公畜数与血统数日趋减少，用前述保种任务和保种目标的总要求来衡量，保种前景令人担忧。由上可见，丰富的遗传多样性是保住品种资源的首要指标。

适度规模如何估算？要使用后面将谈到的"有效群体规模（有效群体大小，effective population size）"这一概念，并用之换算成易于操作的实际群体规模。下面以猪为例，作者认为，可设地方品种保种群体（含保种场、保护区与人工授精站）50年内的平均近交系数不超过5%（似比设100年内平均近交系数不超过10%要好，因为10%已到品系育成时的起码要求，亦即品系个体间的平均亲缘系数约为20%，这已接近半同胞间的遗传相似性，与对保种群体的要求相悖，又设世代间隔为三年，实行各家系等数留种，后面将谈到，根据群体遗传学公式估算，应保存约30头彼此无亲缘关系的公猪（即30个血统的公猪）；由于有效群体大小的提高与近交增量（ΔF）的降低主要取决于数量较少性别一方即公畜头数的增加，因此，只要求出需要保存的公猪血统数即可。此时求 ΔF 的公式可以简化为 $\Delta F=3/(32N_m)$。

不少品种，在品种内面临着遗传多样性和遗传变异下降的危险，少数甚至处于极低水平。一些表面看起来已保存下来的品种、类群，实际上都是些小规模的近交群体，遗传多样性水平极低。

但必须指出：关于基因库的保存，动物有别于植物。动物只能在两性繁殖、基因反复进行分离和重组过程中，力争较少地丢失等位基因。要求每一个等位基因都不丢失，使品种保持不变是不可能的。

因此，每个国家级保护品种、类群的领军人应该按照群体遗传学的方法结合专业知识估算出本保种群体的应有规模。估算方法可再具体参见本章后面例 22-4 和例 22-5。若规模不够要求，应予以解决，这里提出一种自行增加公猪血统数的回交法（图 22-1）供参考。

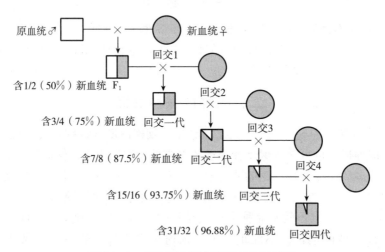

图 22-1 创建新血统公猪回交法示意图
(引自彭中镇和曹建华，2009)

现对实施图 22-1 所示回交法作如下说明：①在地方品种的保护区或分布区域的该品种母猪群中，寻找若干头与同品种现有公猪均无血缘关系的母猪（这些母猪可被认为是属于新的血统的母猪）引回保种场。②用保种场现有血统的公猪与引回的新血统母猪配种，生下 F_1（这里的 F_1 应理解为遗传学上的 F_1，即不同血统公母猪所生后代）。③用 F_1 中的公猪与前述引入的新血统母猪进行回交（最好不近交）。依此回交 3 次或 4 次，所产出的回交三代或回交四代按理论推测可能含有 15/16（93.75%）或 31/32（96.88%）的引入母猪的"血液"，此时从回交三代或回交四代猪群中选留出来的符合要求的公猪，便可认为是新血统的公猪了。这里强调一点，采用回交法必须早动手，抢时间，因为随着社会上母猪数量的减少，母猪群的血统数也在减少。

2. 基于基因型与环境相互作用原理，通过控制保种环境保特性，即保优良种质特性
保护本品种的优良种质特性，保住其特色性状，应是保种的目标之一。

保住特色性状的措施主要是基于基因型与环境相互作用的原理，无论是在保种时或者在测定、选种时，都要让保种群种畜生活在形成该品种但又有所改善的、与将来农村推广地区条件相似或略好的、土洋结合的"吃、住"环境条件下。这样培养或者选留出来的种畜，一才能适应农村条件，二才能保住其优良种质特性。

以猪为例，具体措施有三个。

（1）营养水平中等或偏上。这既能满足正常生长需要，又利于保持地方猪的优良特性。

（2）后备猪舍和测定猪舍忌洋化，应土洋结合，选用坐北朝南单列式，南面每栏均设与猪床面积相当的舍外小运动场，以保证后备种猪或测定种猪能得到一定量的自由运动，并得到太阳光的照射。

（3）保种场内务必辟有青饲料地，做到精饲料、青绿饲料科学搭配，设计的精、青比例常年坚持；地方品种猪的饲粮中有一定占比的青绿多汁饲料，譬如精饲料：青绿饲料可为3：1。

3. 分时段定出保种性状指标，采取保种与选种措施，使优良种质特性不降低 通过对一个地方品种的生产性能，分时段定指标，并采取保种措施以及繁殖、肥育、屠宰测定，与/或性能测定和选种措施，观察、监测这些性状是否降低或提高。这一愿望是好的。但要达到主要种质特性不降低的要求，措施还不够明确，方法显得单一，存在跟上面讨论的两个保种目标及其措施相结合的空间。

问题还在于此法花费过大，保种单位和国家恐难于承担，可行性、操作性不够。根据生物统计学的原理，每个性状每次同期测定的活体或胴体性状测定的样本含量都应在30头以上，以求得样本对总体（品种）的代表性。样本太小，很可能浪费资源，监测、测定徒有虚名，得出的结论不可靠甚至错误。更担心的是难于坚持，因为分时段还有下一个、两个……时段需要持续下去。再加上我国有这么多的畜种，每个畜种又有不少的国家级重点保护品种，看来此法不够现实，也难于检查，到头来恐怕是一纸空文。有的地方品种的保种方案还打算在此时段内于保种核心群中搞群体继代选育法、搞BLUP遗传评估，测定期结束还要测活体背膘厚度与活体眼肌面积，甚至要同时建立各有特点的几个品系，把保种原则与方法基本上理解为选种原则与方法，就更难成为现实了。

看来，只有努力实现保种规模、创造适合于保种的环境，加上"以利用促保种"的措施才能从根本上保住主要的种质特性。其中，又应以适度的保种群规模特别是公畜规模（即彼此无亲缘关系的公畜头数或说公畜血统数）为首要，因为有数量才会有质量，品种才不至于因近交而退化，才能把住主要的种质特性不降低的第一道关。在此基础上，再按各类品种的实际情况，筹划如何结合种质特性的监测、测定工作，才比较实际。

第四节 小群体活畜保种的基本原理

一、活畜保种在小群体里进行是必然趋势

如前所述，家畜保种的实质是要保存种群的基因库，尽可能不使等位基因丢失。根据群体遗传学 Hardy-Weinberg 平衡定律，要求保种群应是一个大群体，个体间随机交配，且不存在选择、突变、迁移和遗传漂变等影响基因频率改变的因素。但在实际应用中，利用随机交配的大群体进行保种难以实施，也无必要。随着家畜杂种优势利用的推广，一些品种的规模，特别是公畜数量和公畜血统数目正逐渐减少，因此在小群体中进行活畜保种乃必然趋势。

二、小群体繁殖将带来等位基因的丢失

用于活畜保种的小群体往往是一个闭锁的有限群体,不可避免地将受到影响群体遗传平衡因素的作用,最终导致基因的丢失。其中,遗传漂变和近交是两个主要因素。

1. 遗传漂变(genetic drift) 由抽样所引起基因频率随机波动(随机增减)的现象,称为遗传漂变,或称遗传漂移。一般而言,群体规模越大,遗传漂变程度越小,即基因频率的随机变化小;群体规模越小,遗传漂变程度越大,即基因频率的随机变化大,等位基因丢失的概率越大。遗传漂变可能会造成下述极端变化情况:任何等位基因的一个(如 B)丢失,而另一个(如 b)则被固定。如果一个保种群中基因丢失过多,那么保种工作便失败了。

2. 近交(inbreeding) 在一个小群体中,即使完全随机交配,近交仍不可避免。因为小群体繁殖,平均亲缘系数较大群体高。近交将使群体内纯合子频率升高,遗传纯合度增加,其结果是一部分等位基因纯合,另一部分等位基因丢失。群体规模越小,近交发生概率越高,平均近交系数提高越快。因此,小群体繁殖的后果可作为近交的后果来看待。举一极端情况来说明:譬如某基因座有 B 和 b 两个等位基因,一旦近交,该基因座有可能被纯合,若 b 纯合,则 B 被丢失。

三、遗传漂变与近交是导致等位基因丢失、关系保种成败的主要因素

由第三节可以看出,家畜保种工作成效的关键在于降低遗传漂变对小规模保种群的影响,控制好近交,而群体大小又是影响遗传漂变程度和近交速率的主要因素。群体有效含量是度量群体遗传漂变效应和反映群体平均近交系数增量大小的最重要指标。要保持一个品种的优良性状不丢失,必须保持群体有适当的有效含量。

1. 遗传漂变对保种的影响 遗传漂变通过影响保种群体中基因频率的改变从而对保种工作产生影响,且保种群体中基因频率的波动与群体大小密切相关。

2. 近交对保种的影响 近交容易产生近交衰退,导致有效群体数量剧减。近交将使群体内纯合子频率升高,遗传纯合度增加,其结果是一部分等位基因纯合,另一部分等位基因丢失。但是在有限个体数的保种小群体中,近交或多或少无法避免,因此,不得不通过购进外场不同血统的公畜的手段以减少近交衰退对保种的影响。

四、有效群体含量与近交增量

(一)有效群体含量(N_e)与近交增量(近交速率,ΔF)的概念

据前所述,群体大小(population size)是影响遗传漂变程度和近交增量的主要因素。但在实际的留种群体或繁殖群体中,规模相同的群体,其公母畜比例并不一定相同。为了便于比较,Wright(1931)引入了有效群体含量(有效群体规模,effective population size,N_e)的概念。

有效群体含量是指实际群体的遗传漂变程度与近交速率相当于理想群体(idealized population)时的个体数。换句话说,也就是指在遗传漂变程度和近交增量上,实际群体的个体数相当于理想群体的个体数。其中,理想群体是指公母各半、随机交配、规模恒定、世代间不重叠且不存在选择和突变的群体。

(二) 有效群体含量与近交增量的关系

有效群体含量与近交增量（近交速率，ΔF）的关系可以用如下公式表示：

$$\Delta F = \frac{1}{2N_e} \tag{22-1}$$

式中：ΔF 为近交增量（increment of inbreeding coefficient），或称近交速率（rate of inbreeding）。N_e 越大，ΔF 就越小。因此，有效群体含量是影响近交速率，进而影响保种效果的根本因素。

(三) t 世代时的平均近交系数（F_t）

当初始群体 G_0 的近交系数为 0 时，到 t 世代时，其近交系数 F_t 与近交增量 ΔF 有以下关系：

$$F_t = 1-(1-\Delta F)^t \tag{22-2}$$

(四) 随机留种时的近交增量

在随机留种，且公母畜数目不等时，有效群体含量按下式计算：

$$N_e = \frac{4N_m N_f}{N_m + N_f} \tag{22-3}$$

式中：N_m 为种公畜数目；N_f 为种母畜数目。

由式（22-1）可得：

$$\Delta F = \frac{1}{8N_m} + \frac{1}{8N_f} \tag{22-4}$$

【例 22-1】 设一个保种群中有 10 头种公畜，50 头繁殖母畜，采用随机交配、随机留种方式。试计算：(1) 该畜群的有效群体含量；(2) 闭锁繁殖 10 个世代时的近交系数，假定 G_0 的近交系数为 0；(3) 近交系数达到 5% 时的世代数。

解：(1) $$N_e = \frac{4 \times 10 \times 50}{10 + 50} = 33.3$$

这说明，在相同的遗传漂变程度与近交增量下，实际群体的 60 头相当于理想群体的 33.3 头。

(2) $$\Delta F = \frac{1}{2N_e} = \frac{1}{2 \times 33.3} = 0.015$$

进一步由式（22-2）得：

$$F_{10} = 1-(1-0.015)^{10} = 0.14$$

(3) 由式（22-2）可得：

$$0.05 = 1-(1-0.015)^t$$

$$t = \frac{\lg(1-0.05)}{\lg(1-0.015)} = 3.4 \approx 4$$

(五) 各家系等数留种时的近交增量

在各家系等数留种，且公母畜数目不等时，有效群体含量按下式计算：

$$N_e = \frac{16N_m N_f}{N_m + 3N_f} \tag{22-5}$$

式中：N_m 为种公畜数目；N_f 为种母畜数目。

由式（22-1）可得：

$$\Delta F = \frac{1}{2N_e} = \frac{3}{32N_m} + \frac{1}{32N_f} \qquad (22-6)$$

【例 22 - 2】设有以下 4 个保种群，A：10 ♂，50 ♀；B：15 ♂，50 ♀；C：10 ♂，20 ♀；D：10 ♂，200 ♀。若均采取随机交配和各家系等数留种方式，试分别计算这 4 个保种群的有效群体含量、近交速率及近交系数达 5% 时的世代数。

解：对保种群 A 来说，

$$N_e = \frac{16 \times 10 \times 50}{10 + 3 \times 50} = 50.00$$

$$\Delta F = \frac{1}{2N_e} = \frac{1}{2 \times 50} = 0.0100$$

$$t = \frac{\lg(1 - 0.05)}{\lg(1 - 0.01)} = 5.1 \approx 5$$

类似地，对其他 3 个保种群分别进行计算。计算结果整理如表 22 - 2。

表 22 - 2　随机交配、各家系等数留种的 4 个保种群

保种群	群体规模	有效群体含量	近交速率	近交系数达 5% 时的世代数
A	10 ♂，50 ♀	50.00	0.0100	5
B	15 ♂，50 ♀	72.73	0.0069	7
C	10 ♂，20 ♀	45.71	0.0109	5
D	10 ♂，200 ♀	52.46	0.0095	5

从表 22 - 2 及与例 22 - 1 结果对比，可初步发现如下规律。

(1) 保种效果主要取决于数量较小的性别（即公畜），即在保种成效上主要依靠增加公畜数目。

(2) 各家系等数留种方式比随机留种方式的保种效果好。

（六）各世代有效群体含量不同时的平均有效群体含量

如果群体在不同世代的规模不断发生变化，那么 t 个世代的平均有效群体含量即为各世代有效群体含量的调和均数。

$$N_e = t \Big/ \Big(\frac{1}{N_{e_1}} + \frac{1}{N_{e_2}} + \cdots + \frac{1}{N_{e_i}} \Big) \qquad (22-7)$$

式中：N_{e_i} 为第 i 个世代的有效群体含量。

又根据式 (22 - 1)，可得：

$$\Delta F = \frac{1}{2t} \Big(\frac{1}{N_{e_1}} + \frac{1}{N_{e_2}} + \cdots + \frac{1}{N_{e_i}} \Big) \qquad (22-8)$$

由上式可知，有效群体含量特别小的世代对平均有效群体含量的影响最大。若有效群体含量在某一世代急剧下降，将会对整个群体遗传结构产生明显影响，即所谓的"瓶颈效应"（bottleneck effect）。这种影响即使在群体恢复原样后仍将持续很长时间。对于保种群，应极力避免这种现象的发生。

【例 22 - 3】某保种群 5 个世代的有效群体含量为 15、100、150、300 和 320，试计算其平均有效群体含量。

解：
$$N_e = \frac{5}{\frac{1}{15} + \frac{1}{100} + \frac{1}{150} + \frac{1}{300} + \frac{1}{320}} = 56$$

第五节 小群体活畜保种的关键与措施

从第四节小群体活畜保种的基本原理不难看出，保种的关键在于如何抑制遗传漂变程度和控制近交增量。

在实践中，小群体活畜保种应遵循如下原则，并采取相应的措施。

第一，要有适当的群体规模，最重要的是有一定数量的彼此间无亲缘关系的公畜（即一定的公畜血统数）。因为遗传漂变的程度和近交增量的大小主要取决于数量小的性别，也就是公畜，这已为第四节所证明。究竟需要保存多少头公畜，应以需要控制的近交增量来决定。

【例 22-4】 设某地方品种猪中心产区（指县）保种群体（含保种群、保护区和人工授精站）中，采取随机交配和各家系等数留种方式，要求 50 年内平均近交系数（F_t）为 0.05 即 5%（意即不超过 0.05），若世代间隔为 3 年，试计算至少要保存多少头彼此无亲缘关系的公猪（即多少个血统的公猪）？

解：据题意世代间隔为 3 年，那么世代数 $t=50/3=16.7$（代），又 F_t（t 世代时的平均近交系数）$=0.05$，代入式（22-2）得：

$$0.05 = 1-(1-\Delta F)^{16.7}$$
$$(1-\Delta F)^{16.7} = 1-0.05$$
$$1-\Delta F = \sqrt[16.7]{0.95} = 0.996\,933$$
$$\Delta F = 0.003\,067 \text{（即 } 0.306\,7\%\text{）}$$

实际群体中，母畜数量远多于公畜，故 $\frac{1}{32N_f}$ 很小，可略去不计。此时式（22-6）可简化为：

$$\Delta F = \frac{3}{32N_m} \quad \text{（} N_m \text{ 为种公畜头数，实际上是种公畜血统数）}$$

由此可得：

$$0.003\,067 = 3/(32N_m)$$
$$N_m = 3/(0.003\,067 \times 32) = 30.56 \approx 31 \text{（头）}$$

答：应保 31 个公猪血统才能使在 50 年内达到的平均近交系数控制在 5% 或 5% 以内。

【例 22-5】 设某地方品种目前只有 15 个公猪血统，试问在例 22-4 同样条件下保存好这目前的 15 个公猪血统的情况下，再过 50 年保种群体的平均近交系数（F_t）会达到多高？

解：(1) 按题意 $N_m=15$，求 ΔF。

$$\Delta F = \frac{3}{32N_m} = 3/(32 \times 15) = 0.006\,25 \quad \text{（即 } 0.625\%\text{）}$$

(2) 将 ΔF 代入 $F_t=1-(1-\Delta F)^t$，又由例 22-4 知 $t=16.7$（代），则

$$F_t = 1-(1-0.006\,25)^{16.7}$$
$$= 1-0.993\,75^{16.7}$$
$$= 1-0.900\,6 = 0.099\,4 \text{（即 } 9.94\%\text{）}$$

答：在保住现有的 15 个公猪血统的情况下，50 年内该品种保种群体的平均近交系数可能会达到 9.94%。

若以我们所认为的 50 年内的平均近交系数应不超过 0.05（即 5%）为标准，显然，0.099 4（即 9.94%）是高了，原因是彼此间无亲缘关系的公畜少了即公畜血统少了。因此，在可能情况下，应设法增加公畜血统。若某品种公猪血统数不够，需要增加公猪血统数时可采用回交法，这已如上述。就某些公猪血统数不足而又须重点保护的品种而言，维持现有的公猪血统已属最低要求，应能做到也必须做到，不能放任自流让公猪的血统数再减少。如果是严要求，还应尽可能地增加公猪血统，所谓的公猪血统（lineage, descent）数，一般是指种公猪群体中三代之内彼此无亲缘关系的家系数。正如前面已讨论过的，以 50 年内保种群体的平均近交系数不超过 5%（即 0.05）来考虑某个品种应有多少个公猪血统是比较合适的。

若经费允许，即可用回交法自行创建新血统公猪。

第二，采用各家系等数留种方式。从每头公畜的后代中留一头公畜，从每头母畜的后代中留一头母畜作为种用。

第三，在专门的核心保种群内不进行断奶后性状（postweaning trait）的性能测定与选择。品系选育群（另组群进行）和中心产区地方品种公猪性能测定站除外。

第四，实行避开全同胞、半同胞交配的不完全随机交配，每头公畜配等量母畜。最好采用亚群（或组）间的轮回交配法或血统间的轮回交配法。

第五，给予合理的保种环境（详见本章第三节）。

第六，延长世代间隔，并避免瓶颈效应（即群体规模在某一世代突然缩小）的发生。

第七，条件允许情况下，采用 DNA 标记（最好是 FAO 和国际动物遗传学会推荐的微卫星 DNA 座位）对群体的遗传变异程度进行检测和评估。法国 Basque 猪、Limousin 猪的遗传杂合度只有 0.35 和 0.43，而商用型大白猪的遗传杂合度为 0.55 左右；英国海福特牛现今遗传杂合度显著低于其在 20 世纪 60 年代的水平；我国地方猪品种的平均遗传杂合度普遍小于以往研究结果。标记辅助保种 DNA 标记（DNA marker）又称 DNA 分子标记（molecular marker）。

家畜遗传改良当今和未来的进展从某种意义上讲取决于是否拥有多样化的、遗传基础广泛的和优异的育种材料，因此遗传多样性的评估十分重要。在这方面研究中，用 DNA 标记度量遗传多样性和遗传变异更准确、更直接和客观，也同样优于其他层次的遗传标记，这是国际动物遗传育种界获得的重要结论。在生物进化过程中由遗传原因譬如单个碱基的替换、DNA 片段的插入、缺失、易位、倒位或者序列的重复等所引起的遗传变异，由于它能直接反映基因组的碱基序列的变异，因而能更直接地揭示群体间和群体内的遗传变异。当然，用 DNA 标记作为工具所得到的结果还是应与传统方法收集到的材料与提出的见解相结合综合地予以评估。目前国外运用 DNA 标记特别是微卫星标记技术来评估猪的遗传多样性进行了较多的工作，并已取得一定成效。我国在这方面的研究也已有了好的开端。

第六节　生物技术保种

小群体活畜保种形式是当前乃至将来很长一段时间内保种的主要形式。随着超低温冷冻技术、繁殖生物学和分子生物学等领域技术的发展，以种质冻存和核移植为手段的生物技术逐渐在家畜保种研究中得到尝试和应用。生物技术保种已成为家畜保种的一种新颖补充形式。

一、种质冻存保种

家畜种质材料经采集、严格检测和处理后，置于超低温条件下（如－80 ℃低温冰柜，－196 ℃液氮罐）进行长期冷冻保存，在需要之时将其解冻复苏，用来重新繁育出具有原来种质特性的个体。冷冻精液和冷冻胚胎是用来超低温保存种质的两种主要形式，冷冻卵细胞技术在发展之中，冷冻细胞株作为一种新的种质保存材料，也已引起重视。现今奶牛、鸡的精液冷冻和人工授精技术在畜牧业生产中已广泛应用，奶牛、黄牛、水牛、绵羊、山羊的冻精基本商品化，猪、马等家畜的精液冷冻技术有待完善。

FAO与有关国家合作，先后建立了7个区域性家畜种质库进行种质材料的低温保存，这7个国家包括亚洲的中国和印度，非洲的埃塞俄比亚和塞内加尔，拉丁美洲与加勒比地区的阿根廷、巴西与墨西哥。在国内，国家家畜基因库（北京）主要承担着我国主要家畜品种的冻精和冻胚保存任务，目前已收集有39个牛、绵羊、山羊品种的冻精和冻胚，保存的物种及其规模还将继续扩大。

不过，种质冻存作为一种保种方式，还存在值得商榷之处。冷冻精液和卵细胞保存的方法属于单倍体保种，它们携带的只是父亲或母亲单方面遗传信息，仅能保存优良基因型的一半，很难保存品种的全部优良特性，并且重建品种资源群体需要的时间长。冷冻胚胎保存属于二倍体保种方法，虽保存的是基因型，但都是未经验证的基因型。同时为了尽量避免丢失重要的生物学特性，需保存胚胎的数目要尽可能地多。此外，冷冻精液、卵细胞和胚胎的存活率、复苏率及受胎率还需进一步提高。因此，种质冻存只能作为活体保种外的一种辅助保种方法。

二、核移植技术保种

以体细胞克隆为核心的核移植技术也是一种潜在而有效的保种手段。克隆在保护生物学领域是指利用家畜胚胎或机体某一部分的细胞来生产后代的过程，属于无性繁殖方式。胚胎克隆较为成熟，但该技术主要应用于畜牧业生产，且克隆胚胎与冷冻胚胎一样都是未经验证的基因型，在保种上意义不是很大。

1997年绵羊"多利"（Dolly）在英国罗斯林研究所的诞生标志着体细胞克隆技术的成功，这是繁殖生物学领域的一大突破，打破了原来的"已分化细胞不具备全能性"的定论。从理论上讲，对于一个具有生物活性的体细胞，均可以借助这种克隆技术完整地复制出生物原型。换言之，只要保存家畜的生物组织或细胞，便可以在未来需要之时将其进行克隆得到。继Dolly之后，人们又陆续成功获得了体细胞克隆牛、山羊、猪、兔、小鼠和猴等。随后几年里，体细胞克隆技术研究进展不断深入，意大利科学家通过自体克隆方法得到克隆马，亦即代孕母畜就是提供细胞核的供体母畜。我国科研工作者利用异体克隆技术成功得到濒危动物北山羊。异体克隆为自体繁殖障碍、濒危和珍稀家畜物种保种提供了更为便利的途径，国外一些研究者也尝试将其用于印度野牛、欧洲盘羊等野生动物的保护。

作为新近发展起来的一项技术，体细胞克隆用于家畜保种同样存在一些问题。理论上，由克隆所得个体在遗传上是同质的（若不考虑细胞质遗传）或基本同质的（若考虑细胞质遗传），因而克隆技术只能实现个体基因型的复制，不可避免地会丢失其他个体所携带的特异基因；克隆所得群体的遗传多样性程度下降；克隆动物易发生早衰现象（presenility，即由端粒缩短影响到DNA正常复制，导致一些与衰老有关疾病的发生）。实践中，体细胞克隆技术难度较大，实验成功率较低，因此造成体细胞克隆花费昂贵，在一定程度上限制了其应用。

第七节 地方畜禽品种保护的途径

随着科技的发展，利用现代生物学技术，开展深度基因组重测序，建立国家级核心基因库和区域性基因库，也成为一个重点保护机制。

2016年，农业部在《全国畜禽遗传资源保护和利用"十三五"规划》中指出，研究建立地方家畜遗传材料制作与保存配套技术体系，逐步实现国家家畜基因库遗传物质保存自动化、信息化和智能化。适当集中保种力量，统筹规划国家级核心基因库和区域性基因库建设，制订基因库保种计划，逐步完善畜禽遗传资源交换机制，提高保护效率。

一、原地保护

原地保护（就地保护，on site conservation 或 in situ conservation）即原产地品种资源保护以活体保种为主，活体保种是通过在资源原产地建立保种场和保护区等方式进行活体保存。其优点是品种来源丰富，品种的适应性强，需要时能迅速扩充品种的数量。缺点是需占用较大场地，组织管理工作复杂，受环境影响较大（自然条件和疫病等因素），所需保种维持费用较高，优秀群体和个体生理利用年限短；同时原产地活体保种对技术要求较高，需要地方政府在政策和资金等方面的大力支持。

目前条件下，大多数原产地活体保种由于受到资金、技术、管理等客观条件的限制，保种效果较差，保种效率较低，要做到严格按照保种理论，达到保持品种遗传结构不变的目标难度很大。为加强对地方品种的保护，国家已投入了大量资金，在全国各地建立了一大批各具特色的优良地方品种资源场，保证了我国畜禽品种资源保护工作有序的进行。2016年，据农业部调查统计，我国已经成功建立了158个国家级畜禽遗传资源保种场。通过组建畜禽遗传资源保护与利用创新联盟，建立省级保种协作组，完善联合协作资源保护机制。同时，还鼓励有条件的省份组织开展"省级主管部门＋县市政府＋保种场"三方协议保种，完善畜禽遗传资源的保护体系。江苏等省创新保种机制，积极探索"省级主管部门＋县市政府＋保种场"三方协议保种试点。截至2016年，通过遗传物质交换、建立保种场等方式，全国累计抢救性保护了大蒲莲猪、萧山鸡、温岭高峰牛等39个濒临灭绝的地方品种（表22-3），保护了249个地方品种。

表22-3 采取抢救性保护措施保留下来的品种

[引自《全国畜禽遗传资源保护和利用"十三五"规划》（农办牧〔2016〕第43号）]

数量	品种名称
19	马身猪、大蒲莲猪、河套大耳猪、汉江黑猪、两广小花猪（墩头猪）、粤东黑猪、隆林猪、德保猪、明光小耳猪、湘西黑猪、仙居花猪、莆田猪、嵊县花猪、玉江猪、滨湖黑猪、确山黑猪、安庆六白猪、浦东白猪、沙乌头猪
6	金阳丝毛鸡、边鸡、浦东鸡、萧山鸡、雁鹅、百子鹅
5	复州牛、温岭高峰牛、阿尔泰白头牛、海仔水牛、大额牛（独龙牛）
4	兰州大尾羊、汉中绵羊、岷县黑裘皮羊、承德无角山羊
5	鄂伦春马、晋江马、宁强马、敖鲁古雅驯鹿、新疆黑蜂

二、异地保护

异地保护（移地保护，off site conservation 或 *ex situ* conservation）即迁离原产地的保护，又分为异地活体保护和异地生物技术保种。我国畜禽品种大多数仍在原产地活体保护，仅有少数品种迁移出原产地进行保护，同时开展一些科学研究工作，如家禽中的北京油鸡、丝毛乌骨鸡、萧山鸡等，引入到江苏省家禽科学研究所，建立保种群进行保种研究。猪品种中的香猪、五指山猪引入中国农业大学和中国农业科学院北京畜牧兽医研究所进行纯繁，与原产地保种相比，这种方式容易导致畜禽品种发生风土驯化等影响原品种特点的变化。异地生物技术保种是畜禽品种资源保护的重要手段，可采取保存畜禽精液、卵母细胞、胚胎、基因组 DNA（在此基础上构建 DNA 文库）和其他可用于保种的现代生物技术。目前人工授精技术已广泛用于畜牧业生产，这项技术对家畜品种性能的提高起到了巨大作用，为家畜繁殖新技术在畜牧业生产上的应用提供了便利条件，而且世界多数国家都在建立各种动物精液库、基因库。家畜精液冷冻保存不受时间、空间的限制，冷冻精液制作适于现代化生产，人工授精技术的普及提高了种公畜的配种效能。目前奶牛、黄牛、水牛、牦牛、绵羊、山羊的人工授精技术已在畜牧业生产中广泛应用。

三、离体保护

离体保护（*in vitro* conservation）是指利用现代技术，尤其是低温技术，将生物体的一部分进行长期储存，以保存物种的种质资源。随着繁殖生物技术的发展，以胚胎移植为核心发展起来的一些新技术都可用于遗传资源保存，而且会提高用于此目的的配子和胚胎冷冻的效率。在目前技术水准下，冷冻保存牛、羊的精子和胚胎是可行的。对于难以进行精子和胚胎冷冻保存的畜种（如猪、家禽、马驴等），收集其组织（特定组织的细胞系或生殖细胞），对组织细胞建立细胞系或细胞株进行低温长期保存。

第八节　中国地方畜禽的遗传资源保种单位

我国十分重视地方畜禽的遗传资源保种单位的建设。《中华人民共和国畜牧法》规定，地方畜禽遗传资源的保护任务由遗传资源保种场、遗传资源保护区、遗传资源基因库三个单位来承担。农业部于 2006 年发布的《畜禽遗传资源保种场保护区和基因库管理办法》又指出，为了加强畜禽遗传资源的保护与管理，根据《中华人民共和国畜牧法》的有关规定，由农业部负责全国畜禽遗传资源保种场、保护区、基因库的管理，并负责建立或者确定国家级畜禽遗传资源保种场、保护区和基因库。

该管理办法规定了畜禽遗传资源保种场、保护区、基因库的含义：①保种场，是指有固定场所、相应技术人员、设施设备等基本条件，以活体保护为手段，以保护畜禽遗传资源为目的的单位。②保护区，是指国家或地方为保护特定畜禽遗传资源，在其原产地中心产区划定的特定区域。③基因库，是指在固定区域建立的，有相应人员、设施等基础条件，以低温生物学方法或活体保护为手段，保护多个畜禽遗传资源的单位。基因库保种范围包括活体以及胚胎、精液、卵、体细胞、基因物质等遗传材料。

自 2008 年至 2016 年，农业部先后分批总共公布了国家级畜禽遗传资源保种场 158 个、国家级畜禽遗传资源保护区 23 个、国家级畜禽遗传资源基因库（包括活体库与遗传物质冻存库）6 个。

根据国家文件精神及十余年来我国的实践，我国畜禽遗传资源保种场、保护区、基因库的功能定位可概括如下。

1. 遗传资源保种场 ①负责在各地方畜禽遗传资源原产地（中心产区）内，将地方品种（类群）中尽可能多的血统（三代之内彼此无亲缘关系的各个家系称为不同血统）公畜和遗传基础较广泛的地方品种（类群）母畜收集起来，使之建设成为保种的核心基地，成为保存地方品种（类群）的主要场所；②在按保种目标现有公畜血统数不足时，负责增加一定数量的公畜血统；③按照群体遗传学原理采取相应措施有效地保存本遗传资源，保存好品种内的遗传多样性；④在近似原地方畜禽所处生态环境（如饲料类型与组成、营养水平、管理方式）的条件下，基本保持其独特的种质特性而不发生质的改变；⑤创造条件，开展中心产区种公畜的集中性能测定，以选出优良公畜分批更新中心产区内的地方品种（类群）的种公畜，逐步改良本品种的某些弱势性状；⑥开发特色畜产品/肉产品，以利用促保种；⑦辅导中心产区内保护区的保种工作，提高其保种技术，稳定本品种母畜数量。

2. 遗传资源保护区 出于安全保种、多点保种的考虑，在有关畜禽遗传资源原产地（中心产区）内，划定由纯种母畜较集中、有纯繁习惯的若干乡镇片区组成。保护区担负区内地方品种（类群）的保护任务，包括保存地方品种中的少数公畜血统，稳定区内地方母畜的饲养量；主要施行纯种繁殖，在有效保种的基础上亦可开展有指导的二元杂交，但严禁三元杂交，严禁非规划品种公畜或其精液进入保护区。

3. 遗传资源基因库 畜禽遗传资源基因库分为两类：①遗传物质冻存基因库。负责对原产我国的需重点保护的珍贵、稀有、濒危畜禽遗传资源的精液、胚胎及其他遗传物质按技术规程进行制作、保存和质量检测，建立完整系统的技术档案。②异地（迁地）活体保种基因库。负责对从异地来的几个品种（类群）的活体集中进行保存，保存条件与保种场基本相同。

第九节 活畜保种新理论的探索

我国学者盛志廉（1989）提出了一种新的活畜保种理论即系统保种（systematic conservation）理论。其主要内容是，将同一种家畜的全部品种视为一个统一的繁殖系统或基因系统，在同一个种内统一规划保种目标（即特异性状，包括目前看来是有益或无益的性状），将这些保种目标通过系统规划分配到各个品种中，同时注意将有关特异性状安排在表现最突出的品种中加以保存。每个品种分担保护 2~3 个保种性状。最后将保种性状纳入该品种的选育计划，或保持原状或继续改进，务必能保持原有特色。这样以选为保，边保边选，在品种改进中保留其特色，在保留品种特色的前提下改良品种，达到一种动态保种的效果。

系统保种理论的特色在于，它认为家畜保种重在保存基因或基因组合的种类，而不是品种的数目。一种基因，只要它没有在自然界中消失，就可以复制，能够重新创造出来；保存特异性状，并不是重叠有共性的性状，如猪的矮小基因，香猪、五指山猪、藏猪都有，版纳微型猪和台湾山地猪中也有，不必在所有品种中都力争保住矮小基因。系统保种是将各品种的独特保种改为整个物种系统的保种。它又是动态变化的，当不同基因或性状出现明显变化时或当人们对不同基因或性状保存价值发生变化时，保护方案可适时作出相应的变化。

在系统保种理论基础之上，盛志廉等人综合了我国 90 个地方品种的遗传特性，从中选取 20 个特性作为保种目标，结合地方畜禽品种资源数据库已有信息，利用系统分配多目标规划数学模型，提出了地方猪种遗传特性的建议保存方案。

第十节 《中华人民共和国畜牧法》中关于"畜禽遗传资源保护"的规定

《中华人民共和国畜牧法》由十届全国人大常委会十九次会议通过，并予以公布。自 2006 年 7 月 1 日起施行。2015 年 4 月 24 日经中华人民共和国第十二届全国人大常委会第十四次会议通过修订，并予以公布和施行。《中华人民共和国畜牧法》中把"畜禽遗传资源保护"紧随"总则"安排在第二章（第九条至第十七条），运用法律手段对加强畜禽遗传资源的保护做出了全面规定。现将该章全文转录于下。

第九条 国家建立畜禽遗传资源保护制度。各级人民政府应当采取措施，加强畜禽遗传资源保护，畜禽遗传资源保护经费列入财政预算。畜禽遗传资源保护以国家为主，鼓励和支持有关单位、个人依法发展畜禽遗传资源保护事业。

第十条 国务院畜牧兽医行政主管部门设立由专业人员组成的国家畜禽遗传资源委员会，负责畜禽遗传资源的鉴定、评估和畜禽新品种、配套系的审定，承担畜禽遗传资源保护和利用规划论证及有关畜禽遗传资源保护的咨询工作。

第十一条 国务院畜牧兽医行政主管部门负责组织畜禽遗传资源的调查工作，发布国家畜禽遗传资源状况报告，公布经国务院批准的畜禽遗传资源目录。

第十二条 国务院畜牧兽医行政主管部门根据畜禽遗传资源分布状况，制定全国畜禽遗传资源保护和利用规划，制定并公布国家级畜禽遗传资源保护名录，对原产我国的珍贵、稀有、濒危的畜禽遗传资源实行重点保护。省级人民政府畜牧兽医行政主管部门根据全国畜禽遗传资源保护和利用规划及本行政区域内畜禽遗传资源状况，制定和公布省级畜禽遗传资源保护名录，并报国务院畜牧兽医行政主管部门备案。

第十三条 国务院畜牧兽医行政主管部门根据全国畜禽遗传资源保护和利用规划及国家级畜禽遗传资源保护名录，省级人民政府畜牧兽医行政主管部门根据省级畜禽遗传资源保护名录，分别建立或者确定畜禽遗传资源保种场、保护区和基因库，承担畜禽遗传资源保护任务。享受中央和省级财政资金支持的畜禽遗传资源保种场、保护区和基因库，未经国务院畜牧兽医行政主管部门或者省级人民政府畜牧兽医行政主管部门批准，不得擅自处理受保护的畜禽遗传资源。畜禽遗传资源基因库应当按照国务院畜牧兽医行政主管部门或者省级人民政府畜牧兽医行政主管部门的规定，定期采集和更新畜禽遗传材料。有关单位、个人应当配合畜禽遗传资源基因库采集畜禽遗传材料，并有权获得适当的经济补偿。畜禽遗传资源保种场、保护区和基因库的管理办法由国务院畜牧兽医行政主管部门制定。

第十四条 新发现的畜禽遗传资源在国家畜禽遗传资源委员会鉴定前，省级人民政府畜牧兽医行政主管部门应当制定保护方案，采取临时保护措施，并报国务院畜牧兽医行政主管部门备案。

第十五条 从境外引进畜禽遗传资源的，应当向省级人民政府畜牧兽医行政主管部门提出申请；受理申请的畜牧兽医行政主管部门经审核，报国务院畜牧兽医行政主管部门经评估论证后批准。经批准的，依照《中华人民共和国进出境动植物检疫法》的规定办理相关手续并实施检疫。从境外引进的畜禽遗传资源被发现对境内畜禽遗传资源、生态环境有危害或者可能产生危害的，国务院畜牧兽医行政主管部门应当协商有关主管部门，采取相应的安全控制措施。

第十六条 向境外输出或者在境内与境外机构、个人合作研究利用列入保护名录的畜禽遗传资源的，应当向省级人民政府畜牧兽医行政主管部门提出申请，同时提出国家共享惠益的方案；受理申请的畜牧兽医行政主管部门经审核，报国务院畜牧兽医行政主管部门批准。向境外输出畜禽遗传资源的，还应当依照《中华人民共和国进出境动植物检疫法》的规定办理相关手续并实施检疫。新发现的畜禽遗传资源在国家畜禽遗传资源委员会鉴定前，不得向境外输出，不得与境外机构、个人合作研究利用。

第十七条 畜禽遗传资源的进出境和对外合作研究利用的审批办法由国务院规定。

习 题

1. 简述保种的概念、实质、任务和目的。
2. 保种的意义何在？为什么说畜禽保种工作刻不容缓？
3. 为何要明确保种的目标？你认为品种内的哪个保种目标最重要？为什么？品种内的三个保种目标有何内在联系？如何实现这些保种目标？
4. 为什么活畜保种在小群体里进行是必然的？为什么说小群体内繁殖最终将导致等位基因的丢失？导致等位基因丢失的主要因素有哪些？
5. 何谓有效群体含量与近交速率？
6. 熟记式（22-1）、式（22-2）、式（22-4）和式（22-6），并明确式中各符号所代表的意义。
7. 在某一保种群中，有种公畜10头，繁殖母畜50头。试计算：（1）采用随机留种的群体平均近交速率。（2）采用各家系等数留种的群体平均近交速率。（3）假定初始群体的近交系数为0，在各家系等数留种方式下，第5世代时的群体平均系数。
8. 某封闭群体在4个相继世代中各世代的群体规模如下表。假定实行随机交配和随机留种方式。试计算这4个世代的平均有效群体含量和近交速率。

	世代			
	1	2	3	4
公畜	10	8	15	30
母畜	50	100	70	500

9. 某一保种群在各家系等数留种、随机交配的情况下，要求100年平均近交系数不超过0.10，世代间隔定为2.5年。试计算：（1）平均近交速率。（2）繁殖母畜数分别为100和300时，所需保种的公畜血统数。

10. 小群体活体保种的关键是什么？为什么？由此应采取哪些措施？

11. 生物新技术保种的途径有哪些？谈谈你对生物技术保种的看法。

12. 何谓原地保护、异地保护和离体保护？

13. 我国地方畜禽遗传资源保护任务由哪三个单位来承担？请简述它们的功能定位。

14. 通过互联网，利用联合国粮农组织家畜多样性信息系统（http：//www.fao.org/dad‐is）或国家家养动物资源平台（http：//www.cdad‐is.org.cn），分别收集你家乡主要地方家畜品种的信息。

第九篇 育种工作的组织

家畜育种工作任务的完成,除需要掌握和运用育种的理论与技术外,还必须做好组织工作。本篇仅从国情出发,对我国家畜育种工作的组织问题进行讨论。

第二十三章 我国家畜育种工作的组织

要完成家畜育种工作任务,除需要掌握和运用育种的理论与技术外,还必须做好组织工作,创新组织与管理方式,特别是要做好顶层设计,这样才能使我国的家畜育种工作不断上台阶,逐步提高育种工作的质量与效益。

本章首先简述了我国畜禽遗传改良计划的总体目标和主要任务,评述了该计划的意义与亮点,强调了该计划实施中需要明确的重点、难点与抓手,并对今后深入组织好该计划实施的几个问题进行了讨论;随后就改革创新地方品种资源管理方式进行了探索性的研讨;最后就提高自主创新能力、培育具有我国特色的品牌畜禽新品种问题提出了建议。

第一节 全国畜禽遗传改良计划

一、全国畜禽遗传改良计划的总体目标与主要任务

全国畜禽遗传改良计划包括《中国奶牛群体遗传改良计划(2008—2020)》《全国生猪遗传改良计划(2009—2020)》《全国肉牛遗传改良计划(2011—2025》《全国蛋鸡遗传改良计划(2012—2020)》《全国肉鸡遗传改良计划(2014—2025)》,相继于2008年4月、2009年8月、2011年11月、2012年12月、2014年3月发布并启动实施。

(一)《全国生猪遗传改良计划(2009—2020)》

1. 总体目标 着力推进种猪生产性能测定,建立稳定的场间遗传联系,初步形成以联合育种为主要形式的生猪育种体系;加强种猪持续选育,提高种猪生产性能,逐步缩小与发达国家差距,改变我国优良种猪长期依赖国外的格局;猪人工授精技术加快普及,优良种猪精液全面推广应用,全国生猪生产水平明显提高;开展地方猪品种保护、选育和杂交利用,满足国内不同市场和日益增长的优质猪肉市场需求。

2. 主要任务 ①制定遴选标准,严格筛选国家生猪核心育种场,作为开展联合育种的主体力量。②在国家生猪核心育种场开展种猪登记,健全种猪系谱档案。③规范种猪生产性能测定,获得完整、正确的性能记录。④在核心育种场间开展遗传交流与集中遗传评估,提高场间种猪的关联性程度,为逐步实现种猪的跨场联合遗传评估(joint genetic evaluation)、场间性能比较和跨场选种创造条件,不断提高种猪生产性能。⑤建设用于核心育种群公猪精液交换,以及用于社会化遗传改良与生猪良种补贴的两类种公猪站。⑥充分利用优质地方猪种资源,在有效保护的基础上开展有针对性的杂交利用和新品种、配套系的培育。

(二)《中国奶牛群体遗传改良计划(2008—2020)》

1. 总体目标 中国荷斯坦牛(China Holstein)品种登记工作覆盖全国,奶牛生产性能

测定规模不断扩大，全国青年公牛联合后裔测定稳步推进，优秀种公牛冻精全面普及推广，奶业优势区域成母牛年平均产奶量达 7 000 kg，奶牛遗传改良技术逐步与国际接轨，奠定奶业发展的优良种源基础。

2. 主要任务　①在牛群中实施准确、规范、系统的个体生产性能测定，获得完整、可靠的生产性能记录，以及与生产效率有关的繁殖、疾病、管理、环境等各项记录。②在牛群中通过个体遗传评定和体型鉴定，对优秀牛只进行良种登记，选育和组建高产奶牛育种核心群，不断培育优秀种牛。③组织大规模的青年公牛联合后裔测定，经科学、严谨的遗传评定选育优秀种公牛，促进和推动牛群遗传改良。④在牛群中应用和提高人工授精技术，大量推广使用验证的优秀种公牛冷冻精液，快速扩散优良公牛遗传基因，改进奶牛群体生产性能。

（三）《全国肉牛遗传改良计划（2011—2025）》

1. 总体目标　培育 5~8 个肉牛新品种，品种登记覆盖到主要品种，实现全部肉牛种公牛的生产性能测定和遗传评估，青年公牛后裔测定率达到 50% 以上，引进品种采精公牛自给率达到 80% 以上，冷冻精液基本普及推广，肉牛屠宰胴体重提高 15%~20%，奠定肉牛业发展的优良种源基础。

2. 主要任务　①制定遴选标准，严格筛选国家肉牛核心育种场，作为开展肉牛育种和提供优秀种公牛的主体力量。②在国家肉牛核心育种场开展种牛登记，建立健全种牛系谱档案，完善育种信息记录制度。③规范种牛生产性能测定、青年公牛后裔测定、种牛健康状况和遗传评估，获得完整、正确、可靠的生产性能记录，作为选种育种依据。④充分合理利用现有育种基础，科学规划，制订选育技术方案，培育肉牛新品种。

（四）《全国蛋鸡遗传改良计划（2012—2020）》

1. 总体目标　培育 10 个具有重大应用前景的蛋鸡新品种，国产品种商品代市场占有率超过 50%；提高引进品种的质量和利用效率；进一步健全良种扩繁推广体系；提升蛋鸡种业发展水平和核心竞争力，形成机制灵活、竞争有序的现代蛋鸡种业新格局。

2. 主要任务　①持续选育已育成品种；培育地方特色蛋鸡新品种。②打造一批在国内外有较大影响力的"育（引）繁推一体化"蛋种鸡企业，完善蛋种鸡生产技术与生产管理，建设国家蛋鸡良种扩繁推广基地，满足蛋鸡产业对优质商品雏鸡的需要。③在育种群和扩繁群净化主要垂直传播疫病，定期检验其净化水平。④完善蛋鸡生产性能测定技术与管理规范，建立由核心育种场、标准化示范场和种禽质量监督检验机构组成的性能测定体系。

（五）《全国肉鸡遗传改良计划（2014—2025）》

1. 总体目标　培育肉鸡新品种 40 个以上，自主培育品种商品代市场占有率超过 60%。提高引进品种的质量和利用效率，进一步健全良种扩繁推广体系。提升肉鸡种业发展水平和核心竞争力，形成机制灵活、竞争有序的现代肉鸡种业新格局。

2. 主要任务　①遴选和建设肉鸡核心育种场。②培育黄羽肉鸡新品种，持续选育已育成品种；培育达到国际先进水平的白羽肉鸡新品种。③打造一批在国内外有较大影响力的"育（引）繁推一体化"肉种鸡企业，建立国家肉鸡良种扩繁推广基地，满足市场对优质商品鸡的需要。④净化育种群和扩繁群主要垂直传播疾病，定期监测净化水平。⑤制定并完善肉鸡生产性能测定工作，建立性能测定体系。⑥保护利用地方鸡种资源。

二、制订与实施全国畜禽遗传改良计划的意义与亮点

1. 意义　全国畜禽遗传改良计划是我国第一份全国性的畜禽遗传改良计划。它的制订

和实施是一件我国从事种畜禽产业的生产者和科技工作者期盼已久的大事，是我国畜禽育种发展史上的一个新的里程碑。全国畜禽遗传改良计划反映了现代畜禽育种科技水平，且切合国情，具有我国特色，并在主要方面开始与国际接轨。它的落实，对于统一业界认识、凝聚各方资源、促使畜禽遗传改良工作有序和有重点地推进、推动主要经济性状的全国平均遗传水平的提高、稳定和满足特定市场需求以及强农惠农都将起到重要作用。全国畜禽遗传改良计划应是今后一个时期发展我国畜禽育种产业的指导性文件。

2. 亮点 ①该计划被称为遗传改良计划，而不是育种计划。对我国公众来讲，遗传改良较通俗易理解，避免了对一些术语含义的误解，引导公众认识到不仅种畜要遗传改良，肉畜也要遗传改良；不仅要重视引入品种的遗传改良，也要重视原产我国的"珍贵、稀有、濒危"等遗传资源的保护、利用、评估和本品种选育。②全国畜禽遗传改良计划规定要专门设立国家畜禽核心育种场。这反映国家抓住了遗传改良工作的重点。③全国畜禽遗传改良计划提出要建立性能测定与遗传评估体系，这在我国正式文件中尚属首次。④明确地提出要建立全国种猪遗传评估中心、中国荷斯坦牛遗传评定中心、中国奶牛数据中心、国家肉牛遗传评估中心等机构，这对实施联合遗传评估（跨场遗传评估）、提供有关技术支持、研究制定有关技术体系（如我国奶牛遗传评定测定日模型技术体系）、开发有关网络平台是一大组织保障。⑤在我国首次提出遗传交流这个名词，在猪、肉牛的国家核心育种场之间开展持续的遗传交流，以增强场间的遗传联系，为场间个体 EBV 或群体平均 EBV 的比较、排名创造前提条件。⑥将种公畜站和人工授精体系作为全国畜禽遗传改良计划的主要内容之一，在《全国生猪遗传改良计划（2009—2020）》中，还提出建立两类种公猪站的任务。⑦将"地方猪的保护、选育与利用"作为《全国生猪遗传改良计划（2009—2020）》的六大内容之一，并明确指出选育与利用必须建立在有效保护的基础上，提示必须把握住地方猪工作的方向。

三、全国畜禽遗传改良计划实施中需要明确的重点、难点与抓手

（一）重点在遴选和建设国家畜禽核心育种场

以猪为例。《全国生猪遗传改良计划（2009—2020）》实施的重点无疑是遴选和建设国家生猪核心育种场。以此为重点是因为核心育种场是开展联合育种的主体力量，是实现遗传改良的核心基地。以其为重点依据充分。《全国生猪遗传改良计划（2009—2020）》通篇体现国家对核心育种场的期望与关注。《全国生猪遗传改良计划（2009—2020）》既对核心育种场进行动态监管，严格要求，又全力以支持，生猪产业政策将适当向国家核心育种场倾斜。《国家生猪核心育种场管理办法（试行）》更规定：核心育种场"优先享受《全国生猪遗传改良计划（2009—2020）》相关政策、资金和技术支持，优先使用遗传交流优秀公猪精液"。故核心育种场无理由不为国家种畜禽的高质量发展而贡献智慧和力量。

（二）难点在实现育种值的跨场比较

同一品种的个体在不同核心育种场之间进行育种值的比较、统一排名和选种称为育种值的跨场比较，在国外多称为育种值的跨群比较（comparisons of EBV across herds）。为通俗起见，我国常将育种值的跨场比较称为联合遗传评估。

遗传评估从组织工作角度讲可分为两种：一种是群内遗传评估（within-herd genetic evaluation），另一种是跨群遗传评估（across-herd genetic evaluation）。群内遗传评估是基础，是起码要做到的；跨群遗传评估是最终要解决的，是当前遗传评估工作中的瓶颈，是我

们要努力创造条件逐步实现的，也是我们不能自满懈怠的理由。若能实现场间的育种值或育种值指数的比较和跨场排名，那么小到一个局部地区，大到一个地域乃至全国，甚至如奶牛那样大到在全球范围进行跨国遗传评估（across country genetic evaluation），其作用都是很大的，而且，范围越广，作用越大。奶牛育种产业还将积极争取加入国际奶牛育种组织，实现国内育种数据与国际遗传评估接轨。

跨群遗传评估实际上是遗传改良计划的主线。澳大利亚的《全国猪改良计划》（National Pig Improvement Program，NPIP）具有说服力。据 Crump 等（2004）报道，该计划于 1995 年制订，其内容实际上是一个猪的跨群遗传评估系统（across-herd genetic evaluation system），跨群遗传评估贯穿整个计划。说明跨群遗传评估应是一条主线。缺乏它，《全国生猪遗传改良计划（2009—2020）》意义便打了折扣。但在我国要实现它，困难还较多，要有一个过程，必须以攻关精神迎难而上。

个体 EBV 的跨场比较和排队以至跨群选种的好处是：①使育种群的规模实实在在得以扩大，必然加速种猪的遗传改良并带动商品群遗传水平与效益的提高。②大型种公猪站所需顶尖公猪在来源、数量与质量上有了基本保证。因参与联合育种的各场种猪的主要性状可作比较，使得在大范围内发现极少数优秀甚至顶尖公猪的概率大大提高。③不同场也可根据主要性状的平均遗传水平相互比较，育种组织或品种协会亦可据之排出场的名次，像加拿大那样。这样就有助于发现每个统计年名列前 10% 或 20% 的最好的种公母猪；有助于各场不断提升遗传核心群的质量以及客观评价自身育种工作并加以改进；有助于推行种猪优质优价政策和引种；亦可增强广告中数据的可信度。④各场由此增进了对彼此猪群和公猪的了解，遗传交流将变得更为顺利，有力地增强或维持场间遗传联系。总之，良性循环将持续产生。

（三）重要抓手在种畜性能测定与公畜的遗传选择

1. 种畜性能测定　有关文件已提出对于种猪性能测定以场内测定为主、中心测定站测定为辅。这里主要讨论种畜性能的场内测定。

种畜性能测定是实施《全国生猪遗传改良计划（2009—2020）》的重要抓手之一。三大育种技术的核心技术是选种，而性能测定又是选种中最基础的工作。由于场内测定期长、测定数量大、投入大、要求严格而科学，故也是最难迈好的一步。因此，对受测各个体的性能测定，必须在合理且相同的舍内外环境条件下进行，并考虑基因型与环境互作原理的应用，必须避免任何系统误差的产生。这样才能获得正确、准确、个体间有可比性的性能数据。否则，育种值的估计再准确、留种率再小、猪群年更新率再高都是徒劳的。即使是在场间种猪遗传联系较大的情况下，跨场遗传评估结果也不能用来进行场间种猪的比较，更不能进行跨场选种，结果有违《全国生猪遗传改良计划（2009—2020）》想扩大我国育种群的初衷。以上说明，场内测定是为遗传评估打基础的，甚至是遗传改良工作最基础性的工作。但到目前为止，场内测定问题仍然不少，主要出在环境条件"相同""一致"上。因此，场内性能测定不能不成为落实《全国生猪遗传改良计划（2009—2020）》的重要着力点。

2. 公畜的遗传选择与大型种公畜站　公畜的遗传选择与大型种公畜站的建立是实施全国畜禽遗传改良计划的另一重要抓手。

以猪为例。种猪的选择首重公猪。公猪的遗传选择已日益成为关键课题。国外已有 Safranski 等（2008）和 Baas 等（2003）关于公猪遗传选择的思考、公猪选择指南、AI 计划中的公猪选择等内容的报道；有的国家如加拿大在公布跨群遗传评估结果时，公母猪的列表分开；各品种 AI 公猪的评估结果集中在一起。对 AI 公猪特别是大型 AI 中心的 AI 公猪，还要收集其后代的性能数据，以对 AI 公猪进行再次评估，试图发掘顶尖公猪（top boar）。

着力优秀种公猪的自主培育、系统选拔与扩大利用，特别是顶尖公猪的刻意发掘对于实施遗传改良计划十分重要，此因种公猪特别是 AI 公猪对生猪遗传改良的贡献远超种母猪，原因只举两点：一是 AI 公猪配种量大，后代增加，遗传影响面广，加快了猪群改良。Bailey 等（2008）报道，加拿大魁北克省约有 90% 的商品猪群用鲜精配种，使得 1983—2003 年间背膘厚度降低 7 mm，达 100 kg 日龄提前 26 d。二是 AI 能大大提高公猪的选择强度，从而提高一代遗传进展，改良下一代，特别是在有大型公猪站且使用最好的公猪情况下。Vangen 等（1997）报道，若在纯繁中 100% 地使用 AI，可使公猪的选择强度提高 10 倍。

公猪站是良种繁育体系和全国猪联合育种不可或缺的组成部分，有必要提升对 AI 公猪和公猪站地位与重要性的认识：①若大型公猪站拥有全国一流公猪，且重视其精液使用到较多核心群并能深入到繁育体系的塔底，而将优良基因迅速扩散下去，则可加速大量猪群的改良。②可增强遗传联系。当 AI 公猪在不同猪场都有后代时，猪场间遗传联系就开始建立起来了。若公猪站布局合理，且各公猪站重视场间遗传联系的建立，较有计划地开展 AI，这种遗传联系就更能增强。因此，公猪站在建立和增强场间遗传联系上的作用广泛、快速而持久，是繁育体系其他组成部分无法替代的。

四、深入组织好全国畜禽遗传改良计划实施的几个问题

（一）提升对育种工作核心技术——选种的四环节的认识

种畜选种的四环节如图 23-1 所示。以猪为例。

第一环节，性能测定：①每品种的核心群入测仔猪规模按要求，最好实施全群测定（complete herd testing），而非只测定主观认为最好的仔猪。②入测仔猪必须进行全国统一的 15 位个体编号，实现个体编号的唯一性。③系谱记录与血统清晰可靠。④主测性状的确定符合要求。⑤称重与背膘厚度测定必须使用标准笼秤和 B 型超声波测膘仪。⑥测定环境，一要合理，包括营养水平并已考虑到基因型与环境的相互作用；二要让各个体所处环境相同，包括气候条件、测定舍类型、自由采食食槽类型、营养、管理等一切条件。⑦测定数据真实、完整，正确，个体间具可比性。

第二环节，遗传评估：①按全国种猪遗传评估中心常用动物模型 BLUP 法进行遗传评估。各性状 EBV 计算采用各自的育种值估计模型，再计算父系和母系的选择指数。②若实施跨场联合遗传评估，必须由全国种猪遗传评估中心进行（按场间是否有一定程度的遗传联系即关联度来决定）。③评估所需数据的上报及评估结果的反馈按规定执行。以上为传统选择法的要求。若同时进行基因组选择法，参见图 23-1、图 23-2。

第三环节，种畜选留：①留种率，公猪一般为 1%～3%，母猪 10%～15%。②（真实）留种率=（结测时选留头数/结测时供测群头数）×100%。测定期中途被售出和被淘汰的供测猪不能算入结测时供测群头数。

第四环节，畜群更新：在核心群中，一般公猪只使用 1 年，母猪使用 2 年，故公猪的年更新率为 100%，母猪的年更新率为 50%。

（二）着力应用基因组选择技术与传统选择技术相结合

基因组选择（genomic selection，GS）技术是目前动植物育种领域最前沿的遗传评估和选择技术，该技术于2001年由Meuwissen等首次提出。基因组选择原理、方法、工具和应用于家畜育种方面的优势已于第二十章第六节讨论，这里只补充组织工作和GS应用进展方面的内容。

用图解的方法突出其在组织工作中将基因组选择法与传统选择法紧密结合（图23-1），并简单地描绘基因组选择的基本流程（图23-2）。

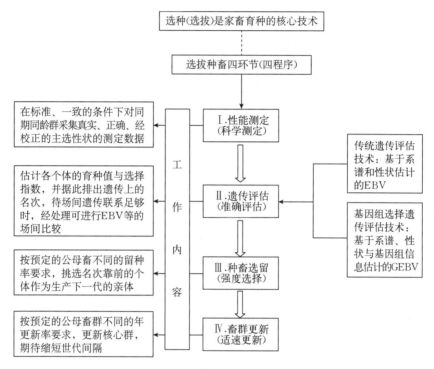

图23-1 种畜选种的四环节图解
（括号内为各环节的基本要求）

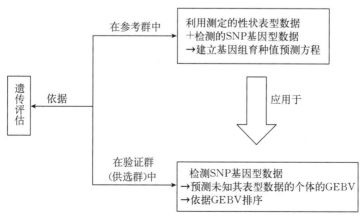

图23-2 基因组选择基本流程图

1. 基因组选择的主要方法　可概括为利用参考群中个体的全基因组高密度标记信息（主要为 SNP）和表型信息，建立相应的统计模型，预测出验证群（供选群，亦称候选群）所未知其表型数据的个体的基因组育种值（genomic estimated breeding values，GEBV），再依据 GEBV 排序。从图 23-2 可见，学界极少数人士所认为的有了基因组选择就不用辛辛苦苦地做生产性能测定，甚至传统的数量性状遗传分析也过时了的看法毫无科学依据，亦无可行性。

2. 基因组选择技术在奶牛和猪上研究与开发应用简况

（1）奶牛：①2006 年，伴随牛全基因组序列的发布，Schaeffer（2006）对基因组选择在奶牛育种体系中的应用进行了经济学分析。结果显示，基因组选择将会降低 92% 的育种成本。此后，基因组选择的研究和应用报道不断呈现。②全基因组选择可以准确估计没有女儿生产记录的青年公牛的基因组育种值，因此认为该法对奶牛育种规划起到很好的优化作用。③张沅等（2012）在《奶牛分子育种技术研究》一书中概述了基因组选择在奶牛群体中大规模应用的情况：国际公牛评估服务中心（International Bull Evaluation Service）亦常简称为国际公牛组织（INTERBULL，http：//www.interbull.org/）对其成员的调查显示，至 2010 年有 11 个成员在其奶牛育种群中应用了基因组选择。基因型测定范围包括从验证公牛到泌乳母牛和小母牛。从已有应用结果发现，基因组育种值的准确性高于传统育种值。在我国，奶牛基因组选择研究已于 2008 年展开。初步分析表明，产奶性状的基因组育种值准确性为 0.60~0.75。

（2）猪：Meuwissen（2016）认为，可预见到基因组选择是猪遗传育种业的一次新的革命。①Lillehammer 等（2011）通过随机模拟的方式比较了传统选择及基因组选择等方法在母系繁殖性状选择上的效果，包括遗传进展、选择准确性和近交系数在内的一系列指标的差异，结果表明基因组选择的选择效果最好，基因组选择能显著提高种猪的繁殖力。②Tribout 等（2012）等也用随机模拟方式对公猪两个同等重要的经济性状的基因组选择效果进行研究，结果表明基因组选择能较大幅度和持久地提高遗传进展。Kanno 等（2013）的研究得到了相似的结论。③Wellmann 等（2013）利用低密度芯片对一个父系猪群进行的全基因组选择研究表明，在 SNP 数目少于 1 000 时，仍能很好地进行全基因组选择。④Abell 等（2014）开发了一套可用于猪养殖生产中实施全基因组选择的管理工具，该工具将在一定程度上为基因组选择育种工作提供便利。⑤Knol 等（2016）报道，使用基因组选择技术与传统的选择技术相比，猪的 8 个性状的遗传进展增加了约 55%，取得了很大的经济效益。

从 2011 年 10 月起，丹育（DanAVI）种猪公司在猪中率先运用基因组选择。随后各国大型猪育种公司如 PIC、TOPIGS、Hypor 等也引入了基因组选择。①丹育种猪公司主要针对抗病性、饲料转化率和肉质等难以测定且遗传力低的性状进行基因组选择。对公猪膻味也进行了基因组选择研究，并计划推出无膻味公猪肉。②TOPIGS 种猪公司也于 2012 年初宣布，在猪育种中针对公猪膻味、饲料转化率等性状采用全基因组选择，以期提高种猪竞争力。③Hypor 种猪公司于 2012 年 6 月 15 日报道，已为客户提供采用基因组选择育成的猪。④2013 年，我国首例采用基因组选择技术评估并选留的 1 头杜洛克特级公猪在广东温氏食品集团诞生。

从图 23-2 可看出，进行基因组选择还有赖于对参考群（亦称资源群）进行严格的个体主选性状的测定，取得真实、正确、精确的表型数据。也就是说，测定仍然要坚持并加强，注意基因组选择与传统选择两者间的交叉融合，优势互补。

（三）对场内测定进一步严要求，用好和提高遗传力，精细管控测定环境

各畜种遗传改良计划发布以来，政界、学界、种畜企业界齐心协力，做了许多扎实有效的工作，编制了与全国畜禽遗传改良计划相配套的实施方案、管理办法、技术规范等并付诸实施；出版有份量著作，如在猪上的《全国生猪遗传改良计划工作手册（2013）》《全国猪育种方案与工作细则（修改稿）（2011）》《全国种猪遗传评估信息网用户手册（2011）》和《种猪性能测定实用技术》等，促进了种畜禽育种工作取得了非凡进步。畜禽育种工作质量仍有提高的空间，今后要梳理存在的短板并补齐，加快推进高质量发展，这对于负责顶层设计部门与联系专家尤为重要。

1. 从影响选择反应的基本因素说起 第五章第一节曾列出选择反应公式的两种表达形式：

$$R = i\sigma_P h^2 \tag{5-4}$$

$$R = i\sigma_A h \tag{5-5}$$

但奇怪的是，如在猪中，近年我国遗传改良计划相关的著作、学术论文、学术报告和知识性手册中一般见到的是式（5-5），却极少出现式（5-4）或对式（5-4）中影响因素进行的解析与应用，自然无法在实施场内性能测定和选择中将以下两个极为重要的措施——"充分利用好性状遗传力"及由遗传力概念推衍出来的"精细管控测定环境"摆到应有的位置上。

下面列举和引证一些经典、权威著作或部分参考资料，他们都没有忽略"选择反应（R）＝选择强度×性状表型标准差×性状的遗传力"这一看来简单但对实践富有指导意义的公式，并且一般还把这一公式放在前面，接着才是公式"选择反应（R）＝选择强度×性状育种值的标准差（或称加性遗传标准差，它能反映群体遗传变异的大小，因此也可简称为遗传变异）×选择的准确性（即育种值预测的准确性，亦即表型值与育种值的相关系数）"。

2. 列举和引证早期名著或其他著述中的预期选择反应公式

（1）D. S. Falconer 的《Introduction to Quantitative Genetics》从第一版（1960）到他与 T. F. C. Mackay 合著的第四版（1996）（中译本有杨纪珂与汪安琦，1965；储明星，2000）中，选择反应的第 1 个公式"$R = i\sigma_P h^2$"和第 2 个公式 $R = i\sigma_A h$ 的排序始终未变，更未丢掉第 1 个公式。Falconer 还指出，鉴于 $h = \sigma_A/\sigma_P$，便可把第 1 个公式写成以下形式：$R = i\sigma_A h$；而且注明这后一公式有时可用来比较不同的选择方法。注意：Falconer 书中尚有一个"提高选择反应"的标题，指出可采用提高遗传力的方法，即通过注意饲养管理技术降低环境变异（即环境方差）来提高选择反应。记住：Falconer 说的是，遗传力在实践中是可以提高的。这为加大遗传改良进量和重视测定环境提供了有力的理论支撑，值得我们重新学习和在性能测定资料和测定实践中加以体现。

（2）吴仲贤的《统计遗传学》（1977）中也提出了 ΔR_e（预期选择反应）$= i\sigma_P h^2$ 这一公式，另一含有 σ_A 的公式则在后面的不同的选择方法中予以具体化。

（3）美国普渡大学 R. B. Harrington（1995）和科罗拉多州立大学 R. M. Bourdon（2000）的两本动物育种的著作都同时列出了上述两个预期遗传进展的公式。特别是后一著作还专门设置了以下对性能测定有很大指导意义与应用价值的标题：遗传力与选择；遗传力与管理；提高遗传力的方法；环境的一致性；同期群（contemporary group，也可意译为同期同龄群）的概念、作用与重要性；性状比值（trait ratios）等。

（4）台湾朱瑞明与李坤雄的著作（1992）在"影响改良速度的因素"一节只提了以下 4 个因素：遗传力、性状的变异、选拔强度、世代间隔的长度。可见其中遗传力和表型方差的重要性。

3. 关于利用和提高遗传力

（1）利用遗传力：

① 主测（主选）高和中等遗传力的性状：从前述选择反应公式可见，遗传力越高，选择反应越大。还可从遗传力概念来理解：遗传力越高的性状其群体表型值差异（用表型值方差表示）越接近其育种值差异（用育种值方差表示），个体表型值的优劣名次越接近其育种值的优劣名次，对此性状进行个体选择的准确性越高、效果也越好。因此，要主选高和中等遗传力的性状，当然也要主测它们。

适于个体选择的性状在猪主要指生长性状（含能活体测定的背膘厚度等性状），有些国家则称之为断奶后性状（postweaning trait）。

② 对于遗传力低的繁殖性状如产仔数，个体选择效果甚微，一般用杂交法改良（见第十四章第二节）。若在品种内选择改良，则需要超大群体（联合多场含纯繁场）为供选群，采用极高选择强度加上家系指数选择法和亲属的三胎记录才能见效（见第十六章第五节）。

（2）提高遗传力：可通过缩小环境方差（环境效应的方差，V_E）来实现。道理如下：由于 $h^2 = V_A/V_P = V_A/(V_A + V_E)$，因此 V_E 越小，则 h^2 越高，一代遗传进展越大。缩小环境方差可提高遗传力，且可用遗传力的概念说明测定环境相同的必要性与重大意义。

① 假设上式中 $V_E = 0$，即环境对每个受测个体的性能都无影响，则 $h^2 = 1$，此时按表型值排队与按育种值排队并无两样，选择准确性可达到最高。当然 $V_E = 0$ 不可能做到，但可推知，V_E 越小，环境对受测个体性能的影响越小，求遗传力的等式右边的分子 V_A 值（育种值方差）与分母 V_P 值（表型值方差）越接近，即根据表型值排队的名次与根据育种值排队的名次越接近一致，说明 V_P 的选择准确性越高。

② 测定群体的环境方差小，意味着各测定个体性能受到几乎同等程度环境的影响，此时可以相信，各受测个体间的表型差异几乎代表了育种值差异（即遗传差异），这说明在相同的环境下测定所有个体十分必要。换句话说，我们必须人为地尽可能考虑消除环境对表型的影响，使个体间的遗传差异能显示出来。

4. 关于精细管控测定环境　上述道理可说明：为了能正确地测出"竞赛"的名次，采取缩小环境方差的办法，即"精细管控测定环境"十分必要。针对当前薄弱环节，提出以下看法与建议。

（1）在测定环境的总要求上：

① 合理：包括饲养管理标准化；在"基因型与环境互作（$G \times E$）"原理指导下安排好舍内外环境条件。研究证明，测定环境不同，种猪遗传上的优劣名次很可能也不同。因此，性能测定环境应与商品生产环境基本一致或较之略好，售出的种猪才能耐受商品生产环境。纯种育种者不能溺爱其猪，不能竭力消除自然选择的作用。

② 一致：竭尽全力使全部受测个体都处于相对相同条件下，无一例外，才能缩小环境方差。第一，缩小环境方差可使遗传力得以提高，从而提高一代遗传进展；第二，缩小环境方差才有可能提高依据表型值选择育种值的准确性，使根据表型值排出的名次更接近于根据育种值的排名。建议受测猪必须全部采用自由采食饲喂方式，规定同一品种、同一性别都要使用同一种设备（或者全自动饲喂测定设备，或者单纯自动落料食槽），世界各国场内测定早已采用自由采食等做法，都是基于上述道理。

（2）针对当前薄弱环节，在使"测定环境"科学化、规范化上的建议：

① 为改变当前著述中很少有较全面系统地讨论"测定环境"问题及其基础知识的现状，建议修订著述时，专辟"测定环境"一节。

② 必须设置公猪和母猪分开的专用测定猪舍。建筑类型上，一般应采用半开放式、坐北朝南的单列式设计，才能做到在相同环境下测定所有个体。考虑到基因型与环境的互作，视情况可在南向设小运动场。当前资料极少提及设置专用测定舍的情况，建议加以补救。

③ 性成熟稍早的测定公猪一般可采用单栏喂养，避免测定后期由于不同公猪性欲强弱不一所造成的爬跨、射精上的个体差异，造成测定结束时排名不公正和错排的后果。

④ 不可将同一品种、同一性别的受测猪分散于不同类型、不同条件如不同采食设备的猪舍中进行性能测定，更不可插入原生产用猪舍里，亦不可在其原来所在场或圈舍中进行。

⑤ 严禁采用或变相采用定时、定量的限食（限制饲喂）方式。限食无法避免强（强悍者）夺弱（温驯者）食造成的个体间由环境引起的采食量和生长性能的差异。所有受测猪应一律自由采食。对于同一品种、同一性别的测定猪舍要么都采用全自动饲喂测定系统，要么都采用单纯的自动落料食槽（饲槽加料斗）。必须改变全自动饲喂测定系统在场内测定场合只是出于测定个体采食量和个体饲料转化率的看法。为在测定环境一致的前提下使受测猪都采用自由采食方式，建议同一类猪中可在两种自由采食设备中按实情选用一种。

⑥ 在下达各核心场填报全自动饲喂测定设备的品牌、型号、数量的同时，建议增报其他种类的自由采食设备详情，以及全场分品种、分公母的入测头数和两种设备使用分配情况，还要真实上报采用定时、定量的限食方式的品种、公母数量上的分布情况。

（3）关于测定数据的校正：对科学测定出来的数据进行校正才有意义。不正确的数据无法经校正变成正确、有效的数据。Bourdon（2000）指出，只有"已知的环境效应（known environmental effects）"的数据才可考虑数学上的校正。Bourdon（2000）以及 Lasley（1978）还介绍一种"性状比值"的科学、适用校正法。据彭中镇等（2011）报道，湖北白猪新品种Ⅲ系和Ⅳ系培育过程中一直在采用此法。所谓性状比值，即个体表型值与同一性状群体均值之比。如某个体日增重比值＝该个体日增重（g）/同期同龄同性别同出生胎次日增重群体均值（g）。用性状比值作比较标准，在一定程度上排除了由于不同出生日龄、不同出生胎次所造成的差异，如果遗传与环境的互作不太重要的话。然后再对校正值计算其估计育种值，再纳入选择指数式。其他校正方法如最小二乘分析法等均可采用。但有一与《全国生猪遗传改良计划（2009—2020）》相关的著述写道："允许个体间存在一定程度的环境差异，各个个体仍然可在其原来所在的场或圈舍中进行性能测定（称为场内测定或现场测定），然后用适当的统计学方法对个体间的环境差异进行校正。这种校正虽然难免存在一定的误差，但性能测定成本很低，测定规模几乎不受限制，适合于大规模的遗传评定，而且不存在传播疫病的风险"。对此段话我们无法认同，因为：一是有违每个场必须有专用的测定舍的要求。二是在许多环境差异无法说明其为已知环境效应时，在原圈舍中进行性能测定很可能得到的是错误数据。错误的数据再校正，得出的结果仍然是错误的。无形中让场方放松要求，将贻害无穷。三是迎合了少数场对场内测定只想走过场、上交数据了事、测定成本越低越好的心理。四是更重要的是无法从这些核心场获得真实、正确的测定数据，后续的评估、选留、更新、选配等将大打折扣，甚至无效。

5. 关于制订《全国生猪核心育种场内性能测定方案》的建议

（1）制订场内测定方案的必要性：

① 性能测定是一切选种工作的基础，场内测定涉及的核心育种场多，环境复杂多样，实现统一要求不易，有赖于如专用的方案、管理办法等机制加以约束，测定数据才可能做到正确、真实、场内个体间才具可比性。

② 国外早有为两种测定方式分别制订测定方案的成功先例。美国 NSIF 发布的 1996 年版《猪改良计划指南》，其内容有 6 个部分：前言；种猪选择基本原理；场内测定方案（on-farm programs）；上市猪的评价；中心测定方案（central test programs）；种猪测定后的管理。《加拿大猪改良计划》1985 年由加拿大猪改良中心（CCSI）发布，场内测定计划（home herd test program）与站测定计划是分开编写的。

建议《全国生猪核心育种场内性能测定方案》除具有规范、规程与流程等特征外，还应含有体现科学性、说理性和必要的与时俱进的内容，让读者与执行者获得为何要这样做的知识，取得触类旁通的效果。

（2）《全国生猪核心育种场内性能测定方案》内容的建议：

① 种猪选种基础知识：包括影响选择反应（含两公式）的因素；提高选择反应与改良速度及提高遗传力的措施；选种四环节（科学测定、准确评估、强度选择、适速更新）的把握；群内育种值估计与选择指数的种类；跨群育种值的估计。

② 种猪场内性能测定：包括场内测定的地位（相对于中心测定）与作用；场内测定规模（分品种）；入测猪的选择与全群测定；主测性状及其测定与评估选留方法（对生长性状与产仔性状分别叙述）；测定环境（基本要求为合理并一致；实施同期同龄比较的意义与措施；对测定专用猪舍建筑类型的基本要求；一律采用自由采食饲喂方式及其意义，自由采食两类设备的设置与使用要求；一律自由饮水；测定猪舍环境的调控；营养水平与管理要求）；对其他测定设施设备的要求（如称重、测膘等）；场内测定程序；性状度量值的校正；个体编号系统（ID）（identification system for the animals）与个体标号；系谱档案与记录系统；测定群的生物安全；不同擅长场内测定技术人员的配备；附件（如非主测性状的定义与度量方法）。

第二节　改革创新地方畜禽品种资源管理方式

广义上，地方畜禽品种资源管理应涵盖资源的调查、发掘（发现新的遗传资源、新的变异类型或新的种质特性）、收集、评估（评定）、监测、保护、利用（包括纯繁利用、杂种优势利用与产品开发）、选育（这里一般指本品种选育）、创新（利用优异地方遗传资源作为素材育成新的育种材料、品系或品种）等诸方面。

在联合国粮食及农业组织（FAO）有关地方畜禽品种资源和保护遗传学文献（期刊文章、专著、论文集）里大都能看到"管理"二字。在我国，20 世纪 90 年代文献中使用较多，后来"管理"二字被逐渐淡化，建议实时酌情使用。

一、急需结合大数据处理技术建立国家级保护品种濒危风险监测与防控信息管理体系

（一）我国地方畜禽保种成效明显但品种风险犹存、形势不容乐观

以猪为例。

1. 历经 2006 年起的全国性畜禽遗传资源调查、总结提高、编辑出版《中国畜禽遗传资源志 猪志》等工作，我国的遗传资源保护利用又取得新的显著成效　①进一步证实我国确系畜禽遗传资源较为丰富的国家之一；②发掘了新的遗传资源或新性状；③推动了一些濒临灭绝的品种得到抢救；④保种能力进一步增强，国家级遗传资源保种场、保护区、基因库有了发展；⑤发现或培养了一些保种和利用工作做得好或较好的先进典型；⑥促使了某些品种主管部门加强了保护利用工作，其中部分品种的保种、开发利用步伐明显加快，有的还有创新性发展，如举办各具特色的文化活动，有的还建起了系统产业或成为脱贫中的重要产业，资源优势开始向经济优势转化；⑦遗传材料的采集、更新、冻存和相关新技术得到发展；⑧一些以地方品种为素材培育的新品种和配套系通过了审定，或者正在培育中，新的品系培育也在准备立项进行；⑨有的地方品种有价值的种质特性被发现，并正在其形成的遗传机制、遗传基础研究及具有突出特性群体的形成上获得原创性进展。以上这些成效与发现期望得到保护并发扬光大。

2. 地方品种的保种形势依然严峻，风险犹存　风险表现在以下两个方面。

（1）品种责任主体上存在的问题所导致的风险：有的国家级保护品种中心产区县市的主管部门保种工作责任主体不明，放任品种自生自灭。有的品种主管部门在该品种可能产生濒危风险面前麻木不仁，或不敢作为，或慢作为、乱作为，或消极表态，致使以往所取得的保种利用成果已走上回头路或有这种趋势。

（2）从品种本身规模（数量）方面的统计指标不合理体现出来的风险：经对前述国家级猪保护品种/类群资料分析，发现存在以下问题：①一些品种的总头数分不清是中心产区的还是分布区域的，有些品种/类群内又分为不同的"亚型"即类型，也看不明白每个"亚型"的中心产区有多少数量。②有的品种数量不区分是保种场还是和扩繁场、保护区一起的。③不重点突出保种场数量的描述。④有的国家级保护品种说不清是否建立了实实在在的保种场。⑤有的保种场只有种猪总数而不分公、母猪各自数量。⑥44 个国家级保护品种/类群中只有 16 个品种/类群有公猪的家系数（血统数）的数据。⑦有的品种公猪数较多，但血统数太少，如×××猪品种的一个保种场有 28 头公猪，但只有 7 个血统，另一××猪品种的一个保种场有 32 头公猪，但只有 6 个血统。这些数据又能说明什么问题？看起来 32 头公猪头数不少，但实质上很少，因为家系数（血统数，即彼此无亲缘关系的公猪组）只有 6 个，这将导致遗传基础十分狭窄，遗传变异极小，品种难于保住，这些例子说明如果只报公猪数量，用处十分有限。⑧有几个省（自治区）的国家级品种/类群的所有品种基本上均注明了公猪的血统数，而有另外几个省（自治区）则没有一个品种/类群上报了公猪的血统数。

动态监测和统计公畜血统数（家系数）为何十分重要呢？第二十二章第一节中写到：保护品种资源/遗传资源习惯上简称为保种。保种实质上是指将品种视为遗传资源/基因资源而保存其基因库，尽可能少使等位基因丢失，无论它们在目前是否有用。只有从此概念出发，才有可能理解透在统计公、母畜数量的同时必须统计、监测其中公畜血统数的重要性，公畜血统数是绝对不能回避的。下面将从 2 个视角进一步考查这一重要性。

一是从保种理论（实际上也包括保种措施）考查血统数（家系数）的重要性。

编者考查了几本保种著作，发现袁志发（2011）从"理想小群体"的概念出发，到从理论上阐述保种措施，字里行间都衬托了家系的重要性。

袁志发指出："假定一个自体受精的二倍体生物大孟德尔群体，进行随机交配……这样的随机交配大孟德尔群体称为基础群……从基础群的配子库中，随机抽取 $2N$ 个配子结合成 N 个且发育成熟的繁育个体，采用这种抽样方法形成第一代（$t=1$）的都拥有 N 个繁育个体的若干个亚群系统，如果这些亚群满足如下 4 个条件：从亚群配子库中随机抽取 $2N$ 个配子结合成 N 个繁育个体，构成下一代的亚群；亚群间相互隔离（编者注：这一点很重要，这个亚群就会成为一个独立的血统）；亚群内无突变和选择发生；亚群的世代间可明确区分，即世代无重叠，则称该亚群为理想小群体。"编者认为：从以上"理想小群体"的概念可理解到，每个理想小群体就是一个独立的血统。既然如此，对于由"理想小群体"概念出发而推导出来的一系列公式，在理解时就自然也可以把血统的观念摆进实际问题中。袁志发（2011）和本教材第二十二章第四节中均指出：有效群体含量（N_e）取决于性别数目少的一方，近交增量（ΔF）亦取决于性别数目少的一方。这说明不必过度强调保种群的公母比例，在保种时既要保持其血统，又要防止近交系数增大过快。

二是从遗传多样性视角考查血统数（家系数）的重要性。

第二十二章第三节中品种内保种目标部分已详述，保种的首要目标就是"保品种内遗传多样性，即保规模、保血统"。接着的解析说明，若品种内的遗传多样性丰富，遗传变异程度则高，血统数必然很多。第二十一章第二节还指出：品种内的遗传多样性亦可用公畜血统数检查法来评估。FAO（1998）一书更具体指出：保种方案旨在保持品种内的遗传变异即遗传多样性，这就需要避免近交，为此必须让保种群体产生或引入新的无相关个体（new unrelated animals，即彼此无亲缘关系的个体），使其出现更多的独立家系即独立血统。

（二）防控风险必须找出风险源

从前面编者对保种形势的分析以及随后引用的评述可见，造成我国畜禽品种濒危风险的各种原因似可集中到一个主要源头，即在认识上对地方品种现有数量特别是公畜的数量状况未能从本质上提高到品种内遗传多样性是否贫乏、遗传变异是否狭窄等的高度来衡量，以及在实践中可用来评估品种内遗传多样性水平的公畜家系数（血统数）知识也较缺乏，在行动上便造成不重视调查统计工作中将各品种的血统数反映出来，最终导致对当前保种形势的严峻程度以及已出现的品种濒危风险估计不足，甚至误判。

在对上述情形心中无数的情况下，对重点品种存在的具体风险及其原因便难于确定；防范意识更难建立，或者对于构建能帮助预测品种濒危风险的、借助大数据技术监测品种风险的信息管理体系的必要性也认识不上去；或者由于人手不够，加上缺乏能掌握海量监测数据的大数据处理等最新技术的人才而感到困难重重。还有，由于对沿用传统的保种管理做法已习以为常，很容易造成对潜在风险的忽视，进而导致品种濒危风险的累加和放大。

（三）结合大数据、云计算和"互联网＋"等最新技术打造科学、理性、有效的品种风险动态监测与防控信息管理体系的必要性

大数据（big data）一词最早出现于 1997 年。邬贺铨（2016）认为：大数据的处理可推动数据存储、数据挖掘以及提供数据挖掘结果服务等多个层次的数据服务；也可保障数据安全。基于云计算（cloud computing）的大数据处理技术的功能就更为强大。无疑，大数据处理技术对于建立畜禽品种风险监测信息管理体系，面对采集来的海量数据的存储、挖掘等有着意想不到的效果。在全球、全国信息化快速发展的大背景下，要求畜禽品种资源风险监测与防控信息管理体系的工作能达到信息化、科学化与精细化，建立大数据处理平台是必需的。这一信息管理体系建立的作用无论范围与质量都远远超过已建立的中国畜禽遗传资源动态信息网。此信息管理体系的建立除对于品种保护中存在的濒危风险进行动态监测、防控化解外,还能有针对性地推动我国畜禽国家保护品种的其他管理工作的高质量发展。海量数据信息从哪里来?大数据不会白来,必须靠人来采集,靠人来扩充数据源。

(四)品种濒危风险动态调查监测需要采集的数据源

这里品种资源风险指的是濒危(endangered)风险。风险宁可设计得更大一些,动态调查监测水平就会更加提升,监测就会力求好和快。

陈鹏(2014)认为:风险监测(risk monitoring)是运用各种风险监测手段,持续对可量化的风险指标和不可量化的风险因素进行监测,动态捕捉风险变化趋势,分析风险状况。而风险防控(risk prevention and control)是指采取措施清除和减少风险事件发生的可能性,或减少风险造成的损失。风险监测是风险防控的手段。风险防控是风险监测的目的。从上述概念可见,要建立国家级保护品种濒危风险监测与防控信息管理体系必须对全国159个国家级畜禽保护品种的所有信息进行动态调查监测。但编者建议以42个国家级猪保护品种作为试点先行。

下面首先梳理一下以地方猪为例的品种濒危风险动态调查监测需要扩充采集的几方面数据源。说明一点:下面还插进了说明保种工作水平的4个方面。保种工作水平的监测是由FAO提出的。

1. 基本信息的采集

(1) 基本情况:①品种/类群名称。②中心产区地名(保种工作责任主体的县)。若一个品种/品群下面确需分出类型,则以数量最多类型所属县为中心产区。③分布区域。

(2) 中心产区里担负保种、利用、选育的单位情况(参考图23-3):①国家级保种场:担负中心产区地方品种及公猪血统的保存任务。②纯母扩繁保种场。③保护区:由哪几个保护片区组成,每个保护片区的名称及所在乡(镇)与涵盖村的名称。④县生猪人工授精中心:服务于全县各保护片区及邻近商品生产企业母猪的输精,保存地方品种部分公猪的血统。⑤保护片区人工授精站:直接服务于所在保护片区农户所养母猪的输精,也分担部分公猪血统保存的任务;各站名称与地址。⑥中心产区公猪性能测定站。⑦产品开发部门:所属厂、店及分销点、专卖点等;产品开发种类与品牌。⑧种猪企业。⑨上述场站的养殖废弃物处置与资源化利用设施。以上酌情含注册名称、法人代表姓名、所有制、详细地址、邮编、联络方式。

2. 畜群数量与公畜血统数的动态调查监测 主要查清地方品种种公猪头数及血统数、地方品种能繁母猪数。①保种场:地方品种能繁母猪数;地方品种种公猪头数及血统数;其他品种种公猪头数与能繁母猪数。②纯母扩繁保种场:同保种场。③保护区:每个保护片区分别填写地方品种能繁母猪数,其他品种的能繁母猪数。④猪人工授精站:每个站分别填写地方品种种公猪头数及血统数,以及其他品种种公猪头数;地方品种和其他品种猪头数、能繁母猪数。⑤饲养地方品种的种猪企业。⑥中心产区(由上述数据求和)。

3. 保种工作水平(Ⅰ):对保种相关组织体系总体架构的评价 图23-3为保种相关组织体系总体架构及各组成部分(国家级保种场、纯母扩繁保种场、保护区、猪中心人工授精站、保护片区猪人工授精站、地方品种公猪性能测定站、肉品开发公司)之间功能流向图解。图23-4则是参照NY/T 2971—2016《家畜资源保护区建设标准》并结合保护区实际绘出的,可以作为图23-3的补充。综合图23-3和图23-4可看出:搞好两图中各组成部分的建设，完成各自的职能，并处理好各组成部分之间功能流向，明确责任主体与依托关系，就能在提升国家级保种场建设水平的基础上，着力向中心产区（全县）延伸拓展保种、利用、选育工作，并为遗传资源创新、种质特性评价奠定更好的基础。

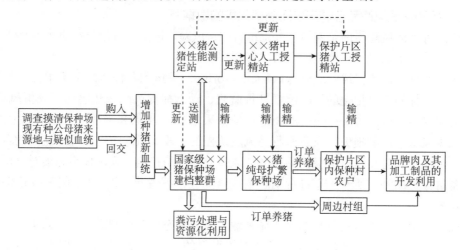

图 23-3　××县××品种猪的保种相关组织体系总体架构及各组成部分间的功能流向图解
（图中公猪性能测定站的测定猪来源于国家级××猪保种场、××猪纯母扩繁保种场以及保护片区保种村农户；输精用于纯繁或二元杂交）

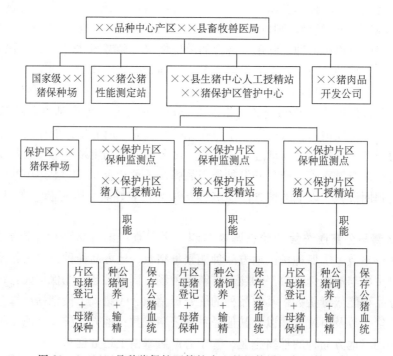

图 23-4　××品种猪保护区管护中心的机构设置与职能示意图
（主要参照 NY/T 2971—2016《家畜资源保护区建设标准》并结合当前保护区实际绘制。其中的 4 个术语家畜资源保护区、管护中心、保护区保种场、监测点来自 NY/T 2971—2016，其定义见该标准）

4. 保种工作水平（Ⅱ）：保种相关组织体系各组成部分建设情况的调查监测

（1）保种场：①基础设施设备。②原有公猪血统是否得到保存。③若公猪血统数不够，是否已增加公猪血统数。方法一是到保护区选购新血统公猪，二是采用回交法自行创建新血统公猪（见第二十二章第三节）。是否做到保种场公猪涵盖该品种的所有血统，每血统1头。④保种方法是否到位：含留种方式，防止近交，世代间隔年数，猪群年龄结构；营养水平与管理方式（是否有利于保留品种特性，如猪舍结构是否为单列式，是否设置户外小运动场，是否已划定青饲料地，饲粮中是否有一定占比的青绿饲料）。⑤系谱、记录是否科学完整真实；是否建立统一的个体编号系统。⑥猪场管理信息系统软件配备情况。⑦选种是否采用花费少又有实效的传统式选种措施。⑧留住、用好技术与管理人才情况。

（2）保护区：①保护区管护中心/生猪中心人工授精站建设情况。②保护区的划定与标志牌（碑）的设置。③全县保护片区保种监测点/保护片区猪人工授精站数量。房舍建筑、人工授精设备配备维护情况，公猪饲养、采精、精液品质检查、输精、保种、登记等工作及职工生活情况，站点的4项职能（保存地方公猪血统；养好种公猪保证精液品质，提高一次输精受胎率；稳定地方母猪饲养量；依法开展品种登记）履行情况。④严格管控保护区的全部公猪、严禁外种公猪或其他精液进入保护区。⑤保护片区内的母猪，纯繁与二元杂交的比例；调动母猪户纯繁积极性情况；片区内严禁三元杂交、不养一代杂种母猪情况。⑥开办保护区保种场情况。

（3）本品种选育：①县局独揽全县所有中外公猪的引种、更新、使用、淘汰四权情况。②办县地方品种公猪性能测定站情况。③国家级保种场在完成保种任务前提下兼顾低成本的常规选种情况。④培育品系情况。

（4）地方猪开发利用之一——土猪肉及制品的开发：①土猪肉走进酒店、超市和开设专卖店。②开发土猪肉深加工系列产品。③推进"互联网＋"土猪肉开发产业。④获注册商标、专利、行业企业标准、地理标志保护产品、无公害食品认证、特色食品认证情况。

（5）地方猪开发利用之二——杂种优势利用：①过去进行的杂交组合试验情况。②县内分地域采用不同杂交模式的杂种优势利用区划情况。③建立杂交繁育体系情况。

（6）地方猪开发利用之三——作为育种素材培育新品种新品系情况：①在地方品种内纯选培育，还是以地方品种为母本杂交培育。②培育的技术路线、过程与创新点。③新品种或品系的特色。④推广与效益。

（7）优良种质特性评估研发情况：①中外品种间与地方品种间种质特性比较试验。②本品种优良特性的测定与开发。③地方猪优异性状的发现、形成机制与遗传基础的研究与利用。

5. 保种工作水平（Ⅲ）：品种内遗传多样性丰富程度（遗传变异大小）的调查监测 可定期应用SNP芯片对该地方品种中心产区（全县）的种公猪和国家级保种场的种母猪进行全基因组扫描，根据一些分子和群体遗传学指标对品种内遗传多样性进行度量和评估，以了解该品种遗传多样性在某一时段的动态变化。

与此同时，定期应用间接推断品种内遗传多样性程度的评估方法——公猪血统数检查法进行动态评估。另外，可定期在保种场计算群体的平均近交系数与亲缘系数，用以辅助评估。

6. 保种工作水平（Ⅳ）：品种主要性状动态变化的调查监测 这主要依靠本体系构建的需要或者结合某项目来进行。但必须有专门的设计书，有计划、规范地开展。样本含量：生长肥育性状与屠宰测定必须在30头或30头以上；总产仔数性状越大越好。每头母猪最好有连续3胎以上（头胎、二胎、三胎及以上）的产仔记录，并将各胎总产仔数校正到4～5胎的水平。

（五）建议农业农村部设置体系的专门机构

建议我国农业农村部组建国家畜禽品种濒危风险监测防控委员会，依靠各方配合，有关财政、计划、环保等部委派专人参与，国家畜禽遗传资源委员会各专业委员会也派人手参加。委员会下设监测防控指挥中心、监测防控技术中心和专家组，委员会均有全职人员。

指挥中心的职能：①代表品种风险监测防控体系的政府层次，履行体系法定职责。②协调各方关系。③负责立项建立风险监测防控设施。④主持与具体组织体系的各种监测调查工作。⑤主持体系的各种规划与汇报、巡查、抽查、培训、责任、奖惩等制度的制定与执行。⑥监督各品种拟订和执行公猪血统的保持与扩增计划。⑦监控处置突发事件（如体系被削弱、组成部分被撤销、保种群规模与公畜血统数缩减、血统数扩增计划实施中止）。⑧制订信息登记、统计工作打假条例。

技术中心职能：①全面负责大数据处理、云计算、"互联网＋"等技术平台用于打造品种风险动态监测与防控信息管理体系的工作。②制订数据挖掘、采集、储存、分享制度。③设计各种信息采集、登记与统计工作表格。④制定实时监控处置突发事件的管理办法并协助指挥中心执行。⑤编制猪的品种资源风险分级评估标准。

专家组职能：①分畜种分区域深入各国家级保护品种的巡察和抽查有关监测调查工作并向指挥中心与技术中心通报。②协助指挥中心解决组织体系各组成部分监测调查工作中的困难。③分工主持有关组织体系组成部分的品种登记工作。④协助指挥中心监督各品种拟订和执行公猪血统的保持与扩增计划。⑤督察各片区猪人工授精站公猪的精液品质与配种工作及表格的填写、统计质量。⑥协助技术研发中心编制品种资源风险分级评估标准。

（六）建好种畜个体系谱，把好监测数据的采集登记统计质量关，降低表格空白率，防范弄虚作假行为

（1）数据与统计是推动品种风险动态调查监测和推动保种利用工作高质量发展的坚强保障。因此，必须对完善国家级保护品种濒危风险与防控信息管理体系过程中的一切数据与统计实行全流程管控。

（2）对于品种濒危风险与防控而言，首要的数据是每个个体的系谱记录，只有它才能使监测保种群体规模和家系数以及平均近交系数、亲缘系数和近交增量的计算成为可能。但正如FAO（1998）所强调的还要注意到，统一的个体编号系统是其前提，必不可少。在一个品种内绝不能出现重号现象，即个体编号的唯一性。即使是地方品种，统一的个体编号也是可以做到的，如湖北的通城猪保种场已能做到这一点。

（3）图23-3曾标示：要调查摸清保种场现有种公、母猪来源地与疑似血统，在此基础上通过购入和回交两条途径来增加保种场的新血统。然后进行建档整群，建档中最主要的任务就是要建立好种猪系谱体系：①个体系谱。应包括个体的三代祖先，即父母代（即第一祖代）、祖父母代（第二祖代）、曾祖父母代（第三祖代）。②三代祖先的15位个体编号及所属品种。③个体本身的近交系数。没有可靠的系谱体系资料，就无法弄清楚该保种群体的家系数（血统数）。

若系谱资料不全、系谱不清，除了设法查清系谱资料外，不得已时可用DNA标记技术来检测。该技术在分析群体内亲缘关系、检测种质资源遗传多样性上具有客观和稳定的特点。

（4）各类登记统计表格中的数据均必须严格按照《畜禽品种濒危风险动态监测调查统计工作技术手册》（分基础知识、总论、各论三部分，附索引和名词解释）、《畜禽品种濒危风险动态监测调查与统计管理办法》、《风险动态监测调查与统计实施细则》、《品种风险动态监测调查与统计工作奖励办法》、《提高登记统计数据真实性的意见》、《防范和处理登记统计造假、弄虚作假行为办法》等的要求开展登记、统计工作。登记与统计表格分开设计。应分别注明登记的日期、统计的日期、各方负责人和经办人的姓名（及所在单位、联络方式）并签字。每类登记表格和统计表格之后，均附有目的、方法、依据等方面简短文字说明。

（七）今后工作建议

1. 关于改"对家畜活体遗传资源保护区的审定"为申报某保护区的试验区　为了扩充国家级保护品种濒危风险采集的数据源，也出于安全保种、多点保种的考虑，可鼓励国家级保护品种/类群在中心产区划定遗传资源保护区（在区内可设立数个保护片区），从事纯种母畜的保护以及公畜血统数（家系数）的维持，而不必再另外申请国家级遗传资源保护区，改为根据工作成绩申报品种保护区的试验区。

2. 建议高校动物科学专业开设大数据、云计算、"互联网＋"类似的选修课　为了适应畜禽品种濒危风险监测与防控信息管理体系的建立，急需多学科相互渗透融合人才。对口与在职培养保种类人才很有必要。如在选修课方面，可新开以保种的原理、目标、举措与管理为内容的选修课，如"畜禽保护遗传学（conservation genetics）""地方畜禽遗传多样性保护（conservation of indigenous domestic animal genetic diversity）"，以及"大数据平台下家畜品种濒危风险监测（monitoring the endangered risk of livestock breeds in the context of big data）"等。

二、拓宽地方品种特色畜产品市场开发路径一例："互联网＋"土猪肉开发产业

易观国际董事长兼首席执行官于扬先生，于2007年提出了"互联网化"的理念，之后他在2012年11月易观第五届移动互联网博览会上，又首次提出了"互联网＋"的理念。

2015年全国两会，宣布中国进入新常态，李克强总理在全国两会上再次提出了"互联网＋"的建议，并在《政府工作报告》中首倡"互联网＋"的概念。互联网是一个无处不在的效率提升器，各行各业运用"互联网＋"的本质是用互联网去找到行业的低效点，如潮水一般没过企业营销、渠道、产品、运营各个环节的效率洼池，帮助企业实现增效转型升级。随着与传统行业融合的不断深入，互联网将爆发出更大的正向推动能量。

下面以国家级保护品种通城猪为例说明如何用"互联网＋"这一颠覆性创新思维和工具推动地方品种保护的土猪肉及其制品产业，"互联网＋"怎样才能在通城猪肉开发产业中落地。

1. 用互联网宣传　通城猪肉虽然在肌肉的色泽、嫩度、风味、多汁性、大理石纹等方面表现上乘，较三元猪肉有更好的口感和风味，但是由于其独特价值并未让广大消费者和用户知晓，销售的产品难以赢利、难以打造出强品牌。饲养群体小众、消费群体小众而严重影响了通城猪的产业发展。因此，对通城猪肉的价值进行快速、广泛宣传成为当务之急。互联

网具备传播快、传播广的特点，利用互联网可迅速解决这一难题。用宣传建立认知，引导消费者是非常必要的。只有消费者认知了价值，体味了价值，通过口碑相传，消费市场才会越来越大，通城猪养殖产业才会越来越大，进而才能实现可持续发展。用互联网宣传可采用如下方式。

（1）建设通城猪肉专门网站：平台为王，让编辑写文案，传播价值。用写消费案例事实打动消费者，吸引新用户，保留老用户。

（2）开设通城猪肉公众号：内容为王，让编辑写文案，用事实打动消费者。

（3）开设通城猪肉微信、微博和博客：互动为王，了解消费者真实需求，获得反馈意见，让消费者成为通城猪肉产业的参与者。

总之，只有一切以消费者和用户体验为中心，土猪肉及其制品才能持续形成猪肉开发产业，才能使产品打造成强品牌，提质降本增效。

2. 通城猪肉的营销方式

（1）O2O（on line to off line）模式：①线上（on line）：在淘宝、天猫、京东等平台建商城，开专卖店，宣传、订单、交易。②线下（off line）：人员宣传、订单、交易和配送。

（2）B2C（business to customer）模式：①建通城猪肉实体体验店：让消费者在体验店消费，实现口碑营销的目的。②在商场办专卖店：利用商场消费流动人群达到通城猪肉销售快捷方便的目的。③在社区办专卖店：互联网时代的营销方式是要忘记传统营销渠道，一要回归产品，二要回归社区。做好产品必须研究用户、分析用户需求。深入社区有利于做到这一点，有利于改进产品设计流程，设计出用户可用、易用的产品，在社区照样可做出大买卖。

3. 用"互联网+"来提升通城猪保种、选育和饲养管理水平

（1）保种选育方向上：要围绕猪肉的色泽、嫩度、香气、滋味、多汁性等食用品质，以及营养品质、技术品质努力。

（2）饲养管理方向上：要为通城猪提供有利于保存地方品种猪独特的种质特性的精青饲料搭配和精准饲养管理营养技术，使用无抗生素饲料，如生物发酵饲料，确保通城猪肉的品质，这个工作离不开大数据、互联网的工具。

现在是互联网、大数据、物联网时代，拥抱互联网必将给通城猪肉产业带来革命性的变化。

三、改革种质评价方法：按地域建立地方品种种质特性同期群比较测定站

先介绍同期群的概念。美国种猪测定和遗传评估系统（Swine Testing and Genetic Evaluation System，STAGES）分别对断奶后性状和繁殖性状的同期群的概念作了规定，可供借鉴。现以断奶后性状为例，并结合国情作如下理解：同期群猪指的是相互比较的不同群体（如不同品种）的猪除处于同一测定环境中之外，还要求它们的出生日龄相近且为同性别同出生胎次、来自它们的父亲的家系数、母亲的窝数都相同的猪。但在实践中，如湖北白猪Ⅲ系和Ⅳ系在过去的培育过程中对每世代测定选择中，或者是未来在此按地域建立的种质特性比较测定站进行不同地方品种猪（不论种猪或肥育测定猪）在一起做比较测定时，都不可能

要求所有测定猪和试猪都满足以上所有条件。但在试猪挑选时，在必须符合试验设计条件的前提下，仍可在一起测定一起比较，但要在测定结束统计处理数据时校正数据之后才能做比较，最简单的办法是参见 Lasley（1978）书中介绍的简单易行的性状比值法。此法已在第一节讨论过，不再赘述。

按地域建立种质特性比较测定站是种业的一项基本设施建设，是一项改革创新之举，具体理由还有以下三点。

(1) 有科学规范的比较测定才能有鉴别：

① 比较测定怎样做才算科学规范？一，必须在同期、同场、同舍、同一试验设计方案和同一统计处理方法、同一或同一组员工饲养管理条件下进行比较测定，才能得出数据真实正确、反映客观、反映总体、有所创新的可信结果。二，试验设计方案，必须在试畜来源可靠、样本对总体的代表性强的基础上，严格遵守试验设计四原则即对照、随机、重复、均衡。对照的原则在此例指设立对照组或进行相互对照；随机的原则指试猪的随机抽样、猪栏各品种插花式安排、屠宰顺序与胴体测量剥离顺序的随机化；重复的原则指样本含量合理，一般每品种至少 30 头（全部屠宰、全部剥肉、全部测定肉质），这关系到样本对总体的代表性，关系到能否估计出误差的大小；均衡的原则，一指各品种的试猪在性别比例、父系家系数（血统数，最好在 10 个以上）、出生胎次、窝数、日龄、体重方面一致或相近，二指各品种试猪所处外界条件相同，如不同地方品种肥育猪断奶后性状的比较测定猪舍应该都是单列式且在同一猪舍或同一类型猪舍，每栏向南均有小运动场，栏内的光照、饮水、卫生、防暑保温等设施相同、供自由采食用的自动落料食槽在型式、结构上相同，若采用电子识别自动饲喂计料系统则为同一品牌与型号，饲料配比、饲养水平、青精料比例亦同。

② 反面的例子：杂志上偶有不同地方品种猪的性能比较试验（用引入品种做对照）文章发表。其中，材料与方法部分，几乎不写试验设计，比如比较试验是否是同期同龄同出生胎次同性别比较，各品种试猪遗传基础是否相似，文章无答案。入试时头数不少，但屠宰测定结果缺样本含量、宰前活重、胴体重、屠宰批次等数据，且数据一概不校正，直接就拿来进行方差分析。如果按地域建立了地方品种种质特性同期群比较测定站，这种不严肃的科研态度相信不可能再有市场了。

③ 用一例说明建立测定站才可能集中优势资源得到较可靠的比较结果：畜禽肉的感官（sensor）评鉴是通过感官技术对产品的评价分析，其应用在我国日益受到重视，是因为它具有简便易行、灵敏度高、直观、费用低，以及能适当照顾产品的市场价值和消费者需求的特点。一般以专业感官评鉴小组为主体，吸收个别多学科专家参加。但感官评鉴结果不易量化，且误差影响因素（环境、样品、人员等）多，因此要求较高，评鉴员必须具有畜禽肉感官的基本知识，对其感官的灵敏度、生理状况、评价心理有严格要求，必须达到评价结果准确、重复性好、心理和生理状况稳定，身体状况不会因环境条件不同而影响评价结果，意即每次品评都能更好地进入评价状态，这当然要求有经验的积累。另外，评鉴员应该经培训与考核，培训内容包括食品感官的生理学和心理学基础、味道的标准、熟识度、品尝技巧、描述语言、不同畜种肉类的感官属性、样品的制备与呈送、对环境与设备的要求等。若发现评鉴员评价结果不准确或重复性低，应反复试验，及时纠正。以上肉类感官评价及其要求，只有在设置区域性种质特性比较测定站的情况下，才可能实现，一系列要求包括人力、物力、财力才可能达到，最终品种间肉类感官评鉴结果才能具有足够的可比性和可信度。这也是建

议按地域建立"地方（猪、羊）品种种质特性同期群比较测定站"的原因之一。

（2）集中资源才能办大事：只有集中来自各方的独特资源，才能发挥互补优势，获得意想不到的地方品种间评价的客观结果，更能转变社会对土种的认识，让更多社会力量向保种利用这一公益事业投资。本土种畜及其产品才可能更具市场竞争力，才可能更有利于在培育专门化品系时对所谓专门化性状找得更准更具体。

（3）更有条件与《全国畜禽遗传资源保护和利用"十三五"规划》关于在猪中"探索建设区域性活体基因库"以及在羊中"试点建设国家级区域性活体基因库"进行对接，取得互利双赢的结果。

四、本品种选育管理方式可辟新蹊径：面向全县创办地方品种公猪性能测定站

（一）总的思路

集中财力、设备和人员等资源优势，争取各方投入，面向全县（即品种中心产区）建设一年两期的地方品种公猪性能测定站。每期都要求依规送猪（含保种场、保护区和分布区）、科学测定、准确评估、严格留种、及时更新、真实记录。争取每三年更新一次品种中心产区的全部地方种公猪，从而不断提高保种场、县中心人工授精站和各保护片区人工授精站的地方品种公猪质量，并以此带动整个地方品种在优势性状得到保持的基础上使弱势性状（生长速度、瘦肉占比及体型）缓慢地、累积性地获得遗传改良。

（二）为何要在有效保种基础上开展地方品种公猪的集中测定

（1）中央文件要求在有效保护基础上加强地方品种的本品种选育。

（2）创新地方猪的选育思路，以数量少但遗传影响大的公猪的测定选择为突破口。

① 公猪的选拔远比母猪重要："公猪好好一坡，母猪好好一窝"。说明公猪的遗传影响远大于母猪；公猪头数少，留种率比母猪低，因而选择差加大，公猪更优。

② 只测公猪本身的断奶后性状，不进行同胞的育肥与屠宰测定。测定成本可下降。

③ 从财力看，只能承受起数量少的公猪一方的测定与选种，可行性强于公母猪都测，有利于持续测定。

（3）有了地方品种公猪测定站，保种与选种工作两不误，保种场和测定站的矛盾得到缓解。

（4）建站才能集中资源优势，有利于打好地方品种测定选种这场艰巨的持久战。

（5）有利于争取社会公众支持，助力这项种业基础建设得到长期坚持。

（三）设计理念

1. 根据群体遗传学原理，按达到最佳保种效果的要求，预估全县每年需要更替的公猪头数　比如，按第二十二章所述方法预估全县需保存的公猪血统数，每血统最多2头（其中1头由保种场保存），总共需保存种公猪头数。按种公猪利用年限为3年，每年全县须更新1/3头数。又按地方公猪留种率，则每年需测定公猪头数。

2. 公猪性能测定舍的内外环境应有利于适当保留地方猪的优良特性　如饲粮营养水平；场内必辟青饲料地，精青料科学搭配（精料：青料为3∶1），常年供应。

3. 根据基因型与环境相互作用原理，测定期所处环境与饲养管理条件应与测定结束后的推广地——保种场和人工授精站的条件相近　比如，公猪测定舍应土洋结合，选用坐北朝

南单列式，南向每栏设舍外小运动场，使受测公猪能自由运动、晒到太阳。

4. 公猪测定舍的设计应考虑到地方公猪性成熟早性欲强的特点 比如将结测日期适当提前，缩短性干扰影响期；单栏饲养，避免相互爬跨；设置专门的公猪测定舍；增加隔墙高度，避免部分邻栏公猪爬上隔墙接触自淫。

5. 测定舍及内部设施应有利于缩小环境方差，使所有受测猪都能享受到同等待遇，在同一条件下进行比较 须做到：一，将定时定量、限食方式改为自由采食饲喂方式。每栏配一自动落料的挂墙式自动食槽，让每栏公猪都能吃饱又不浪费料，让它们显示出遗传差异（育种值差异），提高公猪间遗传上的可比性、排名的公正性。二，自由饮水。三，同批测定公猪须饲养在同一栋猪舍内并由同一饲养员饲养。

（四）地方品种公猪集中测定选种实施方案

方案内容建议包括：年测定批次安排；测定期与测定性状；送测、外购测定小公猪的要求；测定程序；测定设施设备（含B超测膘仪、活体称重保定电子笼秤、自动食槽）；测定人员招聘与培训；测定数据的校正与遗传评估；结测公猪的去向——更新；系谱与记录制度；营养水平与饲养管理制度，青饲料地的管理；环境污染及其防制；废弃物处理及资源化利用；生物安全制度；近期年度计划。

第三节 提高自主创新能力，培育具本国特色的中国品牌畜禽新品种，赢得国际竞争优势

一、引进外种成效明显，但要防范有违构建自主育种体系的风险

引进外种已有明显成效，今后仍需对外开放。由于外种猪生长、耗料与胴体组成占优势，因而通过杂交，在提高我国生猪出栏率、胴体重、瘦肉率以及良种覆盖率和养殖经济效益上起到了很好作用。适度（适时、适量、适当）引种即使在将来也不可或缺。与养猪业发达国家间的交流与合作还要继续，何况引种也是育种方法中必不可少的。有些种猪企业在引种后也十分重视消化吸收，为我所用，自主创新。如温氏食品集团股份有限公司与华南农业大学合作，北京市华都峪口禽业有限责任公司等都培育出了具有自主知识产权的种猪和种蛋鸡，值得赞誉和发扬。

但是，要想在全国范围内走出一条中国畜禽自主选育之路，建立自主的育种体系谈何容易。首先，必须争取找出不足、补齐短板。不能盲目认为全国畜禽遗传改良计划公布后短短几年就已解决自主选育之路的问题。其次，要防范有违构建我国自主育种体系的风险。陈瑶生（2012）根据《全国生猪遗传改良计划（2009—2020）》实施初期情况，在《全国生猪遗传改良计划实施与推进》一文中谈到："改革开放以来，国外的生猪育种公司不断地对我国进行种猪直销，并在（我国）国内建立了一些合资和独资的种猪卫星场，通过收集这些种猪场的一线育种数据进行技术控制。国外两个种猪育种组织凭着可信的育种基础性工作，重金吸引了我国众多大中型种猪企业加盟其育种体系，未来几年可能达到若干家。依托国外育种体系的育种，意味着长期为他人积累数据资源，而单向的遗传交流必然产生严重依赖性。如果我国的生猪遗传改良计划不能尽快改善，如果不能尽快建立自主的育种体系，跨国种猪公司必将对我国的种猪育种形成长期的垄断。"编者认为，以上情况经过《全国生猪遗传改良计划（2009—2020）》从技术角度的实施，局部确实会有一定的好转；但对于已经形成了的

风险或风险倾向，还有待下决心准确找出风险源，并经过一段时间的艰苦运作，才有可能化解和防范。

二、以创新和发展理念培育具有中国特色的自主品牌新品种

（一）培育新品种须总结经验教训

1. 成功的典型实例　1985年，我国第一个自主培育的乳用型专用品种——中国黑白花奶牛通过国家审定，1992年更名为中国荷斯坦牛。该品种是在中国奶业协会主持下，由国外引进的荷斯坦牛经纯种繁育以及与地方黄牛杂交并长期选育而成的。中国荷斯坦牛已成为目前我国奶牛的主导品种。北京、上海等大城市郊区奶量单产水平已达6 500 kg，一些规模奶牛场已平均超过9 000 kg，接近国际先进水平。2016年，中国奶牛品种登记总量达到125.1万头；按农业部《奶牛生产性能测定工作办法（试行）》的参测奶牛突破100万头。

在蛋鸡、肉鸡经审定的新品种以及配套系中也有一部分正在育种、繁育体系建设和提高良种供应能力中发挥着重要作用（注意：配套系并非品种，亦非品系，也不能将配套系暂列入品种中，可参考第十五章配套系培育及其利用）。

2. 应该吸取的教训

① 我国已育成不少猪新品种。但部分品种寿命较短，其中有些品种任其自生自灭，个别的更是鉴定、审定之时即品种开始走向"灭亡"之日。

② 不少新品种特点不突出，创新性不明显，强品牌很少，缺乏市场竞争力。

③ 有的品种育成时纵有生命力和开发前景，但由于各种原因，无法再获得资助而被迫中断选育。

（二）如何培育具有中国特色的中国品牌新品种

以猪为例。

1. 构想具有特色的新品种猪可以有5类

（1）特异土种优势种质合成型：50%地方品种，50%引入品种。

特色A：以优良肉质（极品肉、精品肉）或富含对人类健康确有作用的成分为特色。

特色B：以优质、广受消费者欢迎的深加工产品为特色，如全世界著名的西班牙塞戈维亚火腿（Jamones Segovia）。

特色C：以蓝耳病或其他病毒病、细菌病抗病基因纯合型为特色。

特色D：以某一体型特征（如肋骨数较多）为特色。

（2）特异优良种质土种纯选加分子技术选择型：100%地方品种。

（3）改造创新的瘦肉型纯选型：100%引入品种。

① 利用引进猪群（后代将会有较大分离）以及通过遗传交流、引入精液等方式，加上基础群分析等选种、选配方式进行连续世代的高强度选择、传统与基因组等选择技术的结合。

② 性能指数选择结合遗传力中等和高的有利于体质坚实、体型结构或肢蹄结实的选择改良与选配法。如M. Lemmon（2007）曾报道，体型结构好的猪更能适应生产环境。

特色：瘦肉型猪优势性状＋肢蹄结实度特优，或瘦肉型猪优势性状＋好的体型结构，可能具有更强的适应能力。

（4）瘦肉型猪抗逆性遗传选择型。

(5) 瘦肉型猪导入优势性状合成型：导入少量珍贵地方品种血液加强选择。

特色：原引入品种优势性状＋高繁殖力、性情安静＋无应激。

2. 培育路线与方法的讨论

（1）试行在本地域联合数家核心育种场、保种场和大型种公猪站，加上高校科研机构，建立新品种培育联盟，以扩大遗传核心群规模，扩大公猪血统数（遗传基础、遗传变异），尽快实现联盟内部跨场育种值指数排队和选种，并力争出现更多的基因重组类型后代，提高供选群中顶尖个体的占比。

（2）制定好品种特色、创新性、科学性、可行性明显，培育目标明确的新品种培育计划，基础群组建方案，场内测定与跨场遗传评估方案，品种结构组成不可缺少的品系的培育方案，近交用于性状固定方案等以及有关规程、制度与管理办法。

（3）新品种猪按自己决定的培育特色（育种目标）要求，在新品种培育的准备期及开始后的三个阶段，创新引入科学可行手段，并考虑地方品种资源的利用与 G×E 要求。

（4）试行与国外接轨的第一步血统登记与第二步性能登记的品种登记办法。实现所有档案记录与各车间操作的标准化、电子化与智能化。

（5）传统选择育种法与基因组选择法等相结合。

（6）边育种边中试边建杂交繁育体系，并带动周边农户致富。

（7）料、管、病等环节均服从新品种培育工作的质优高效低成本与生物安全要求。

（8）营造能吸引人才、造就人才、用好人才、留住人才的环境。

（9）研究成果与开发产品尽可能申报注册商标、国家专利、行业企业与国家标准、地理标志保护产品、无公害食品认证、特色食品认证，并发表相关论文与专业会议文章。

三、成功培育具有中国特色畜禽新品种的几点认识与期望

1. 市场核心竞争力根本在科技竞争力　因此在新品种培育上，第一，面对激烈竞争，要立足于自身。不能总依靠别人，不能总做时代的落后者、模仿者。面对竞争，不能总受制于人，要安全可控。在学习前人经验并且意识到自己差距的基础上，才能培养和提高独立研发拥有自主知识产权的能力，才能激发加快追赶步伐和弯道超车的动力。培育新品种必须逐步做到凭借自己领域和团队的科技优势和一流质量，赢得打造的新品种成为品牌、技术和质量三大竞争优势的产品。第二，要善于学习。如前所述要向前人学习，但别人走过的路未必要一步步跟随，引进消化的起点要高一些。还要加强基础科学理论学习，求得指导；思考市场变化着的需求也是一种学习。第三，要坚定创新自信，敢想实为。关键在找出科技创新点（最好是原创性、颠覆性创新，有新思路、有假设、有要解决的新问题，总思路要看得远一点）和严谨态度下的设计。第四，要有啃硬骨头和团结的精神。努力提升自己和团队的能力和坚持力，锻出不畏失败的品格和营造容错的氛围，攻坚克难。

2. 做到新品种有特色　没有特色怎么算新？编者只是尝试提出一点设想，并不完备，还要靠众人特别是新一代的中青年人才的智慧加上钻研。培育出一个能赢得国际竞争力的好品种，肯定是一个具有中国特色的民族品牌。但是特色并不是什么都好，只要能突破一点就好。编者在前面"如何培育具有中国特色的中国品牌新品种"中，抛砖引玉写了一点路径上的特色，还有几条其他建议，均供参考。

3. 切忌浮躁情绪，不能有短期行为　必须以奋斗者的面貌出现，靠长期坚持、艰苦奋

斗，靠专业专注、精益求精、工匠精神，靠尊重科研规律，靠把科技与产业是相互影响的共生关系的认识付诸行动。在创新、发展的理念上永不停滞，在失败面前也要前行，在自己和团队取得创新发展、有所突破面前又永不满足，才能以质取胜。关于质量与速度的关系，也要像我们国家一样，应首先求高质量，绝不能快速而不实。何况国际上种畜禽的竞争力越来越强，产品与消费者的关系在变化。

习　题

1. 名词解释：全群测定（complete herd testing），断奶后性状，环境方差，同期同龄群（同期群，contemporary group），血统，性状比值，风险监测，风险防控。

2. 根据你的理解，简述全国畜禽遗传改良计划的意义与亮点。

3. 为什么说育种值的跨场比较是全国畜禽遗传改良计划的主线，又是实现该计划的难点？

4. 简述选种的四环节，对各环节的最基本要求以及各环节的主要工作内容。略述遗传评估环节中传统遗传评估技术与基因组选择技术各基于什么。

5. 为什么要主测（主选）遗传力高和中等的性状？猪的产仔性状的遗传力大概是多少？提高遗传力主要通过什么来实现？缩小环境方差对种畜场内性能测定有哪两方面的意义？

6. 场内性能测定为什么要全面推行自由采食饲喂方式而忌用限食方式？自由采食主要有哪两类设备？

7. 对测定环境的总要求有哪两条？目前对于场内性能测定而言，主要在哪一条上做得还不到位？如何解决它？

8. 广义的地方畜禽品种资源的管理包括哪些方面的工作？

9. 为什么说我国地方畜禽品种濒危风险犹存？主要表现在哪里？这种风险的主要源头是什么？你认为采用大数据处理等新技术进行监测与防控地方品种濒危风险有紧迫感吗？

10. 你认为当前地方畜禽品种特色畜产品市场开发走"互联网＋"特色畜产品开发产业这条路径可行吗？要为之创造一些什么条件？

11. 按地域建立地方品种家畜种质特性同期群比较测定站来挖掘中国地方畜禽品种的优良种质特性（共性与个性）是否比在各场单独做品种种质特性比较试验更具有可比性？为什么？可否得到预想不到的好结果？国家是否有必要为之出台一些鼓励政策以及与现有国家有关计划对接？

12. 面向品种中心产区（全县）创建地方品种公猪性能测定站，是否比在国家级遗传资源保种场内开办有更多的必要性，也可取得更好和持久的效果？在国家和社会融资条件下，出于各地的自愿和决心，能否坚持下去？可否在有条件的品种中心产区先行？

13. 我国目前是否存在有违构建我国自主育种体系的风险？有必要增强风险防控意识和能力吗？

14. 你对当前新品种培育的路线和方法有什么好的建议？

15. 要成功培育出具有中国特色的畜禽新品种，有哪几点认识你有同感？

附 录

附录Ⅰ 习题答案

说明：此处只列出全书习题中计算题的答案，其他的省略。

第 三 章

8. （1）B；（2）A；（3）B。

9. （1）$y=0.855x^{0.98}$，$R^2=0.9992$。

（2）以总重为整体（自变量，x），皮重、骨重、肉重、脂重（皮下脂肪重分别为局部（依变量，y），按列出的异速生长方程求出的 b 值分别为 0.938、0.892、0.924、1.322。

（3）长白猪后躯三块大肌肉即半腱肌、股二头肌、半膜肌均保持最强的生长势，这是其产肉量高的重要因素。三江白猪目前产肉量达不到长白猪水平，与这些大块肌肉的生长势较弱和成熟较早有直接关系。

从此表可见：①民猪均以重量较大的半膜肌为最早熟，而长白猪、三江白猪则以重量较小的股薄肌为最早熟。民猪大块肌肉过于早熟，必然影响肌肉重量的增长。②次早熟的肌肉是：民猪的股薄肌，长白猪的内收肌，三江白猪的半膜肌。次晚熟和最晚熟的肌肉，三个品种均为股二头肌与半腱肌。

第 五 章

3. 下一代鸡群的平均增重是 855 g。

4. （1）$\dfrac{R_f}{R}=\dfrac{1+4\times0.25}{\sqrt{5\times(1+4\times0.10)}}=0.76$。

（2）$\dfrac{R_f}{R}=\dfrac{1+4\times0.5}{\sqrt{5\times(1+4\times0.36)}}=0.86$。

（3）$\dfrac{R_s}{R}=\dfrac{5\times0.5}{\sqrt{5\times(1+4\times0.36)}}=0.72$。

（4）$\dfrac{R_w}{R}=(1-0.5)\times\sqrt{\dfrac{4}{5(1-0.36)}}=0.56$。

5. $I=0.175P_2+0.490P_3$，或 $I=P_2+2.8P_3$。

第 七 章

5. 该个体的个体育种值为 10.7289，估计准确度为 0.4834。

6. 合并指数为：$\hat{A}_x=\overline{P}+0.2763(P-\overline{P})+0.4210(\overline{P}_{FS}-\overline{P})$。

7. 四个个体的优先顺序为：$A_C>A_B>A_D>A_A$。

8. 期望选择反应为：$R_1=i\sigma_A r_{AI}=0.4868i\sigma_A$。

个体单次记录选择预期反应为：$R_i=i\sigma_A h=0.35i\sigma_A$。

个体本身和5个全同胞表型均值的复合选择指数的选择效率高于单一利用个体本身信息，其预期选择反应是后者的1.3909倍。

9. 产奶量指数为：$\hat{A}_x=\bar{P}+0.1750(P-\bar{P})+0.4895(\bar{P}_{HS}-\bar{P})$。

第 八 章

5. 这三个性状的综合选择指数为：$I=\boldsymbol{b}'\boldsymbol{x}=33.1196x_1-0.5584x_2+0.1431x_3$，

综合选择指数的估计准确度为：$r_{HI}=0.6868$，

综合育种值选择进展为：$\Delta H=15.5674i$，

各性状育种值选择进展为：$\Delta \boldsymbol{a}'=i(0.2431\ \ 0.1250\ \ 0.2234)$。

6. 约束选择指数为：$I_r=\boldsymbol{b}'\boldsymbol{x}=33.5076x_1-0.8247x_2+0.3671x_3$，

衡量选择效果的指标：

$$r_{HI}=0.6853$$

$$\Delta H=15.5340i$$

$$\Delta \boldsymbol{a}'=i(0.2448\ \ 0.0000\ \ 0.2360)$$

7. 最宜选择指数为：$I=\boldsymbol{b}'\boldsymbol{x}=38.4512x_1-0.7602x_2+0.2377x_3$

衡量选择效果的指标：

$$r_{HI}=0.4848$$

$$\Delta H=10.9894i$$

$$\Delta \boldsymbol{a}'=i(0.1473\ \ 1.4366\ \ 0.0176)$$

比较习题5、习题6和习题7可以看出，当对性状施加一定的限制条件，会使综合遗传进展和估计育种值的准确度降低。

8. 综合选择指数为：

$$I=\boldsymbol{b}'\boldsymbol{x}=2.6137\times[x_{1(HS)}-\bar{x}_1]+4845.7148\times[x_{2(HS)}-\bar{x}_2]-77.6103\times[x_{3(HS)}-\bar{x}_3]$$
$$-4.3025\times[x_{1(HO)}-\bar{x}_1]-8282.5382\times[x_{2(HO)}-\bar{x}_2]+138.7132\times[x_{3(HO)}-\bar{x}_3]$$

衡量该选择指数效果的指标为：

$$r_{HL}=0.8901$$

$$\Delta H=213.6264i$$

$$\boldsymbol{\Delta a}'=(377.7455\ \ 14.0681)i$$

第 九 章

5. (1) 根据资料性质，可对种猪达100 kg背膘写出如下动物模型：

$$y_{ijk}=h_i+s_j+a_k+e_{ijk}$$

(2) 个体间加性遗传相关矩阵 $\boldsymbol{A}$ 及 $\boldsymbol{A}^{-1}$ 的计算：

$$A = \begin{pmatrix} 1.0000 & 0.0000 & 0.0000 & 0.5000 & 0.5000 & 0.5000 & 0.2500 & 0.2500 & 0.2500 \\ 0.0000 & 1.0000 & 0.0000 & 0.0000 & 0.5000 & 0.5000 & 0.0000 & 0.2500 & 0.2500 \\ 0.0000 & 0.0000 & 1.0000 & 0.0000 & 0.0000 & 0.0000 & 0.5000 & 0.5000 & 0.5000 \\ 0.5000 & 0.0000 & 0.0000 & 1.0000 & 0.2500 & 0.2500 & 0.5000 & 0.1250 & 0.1250 \\ 0.5000 & 0.5000 & 0.0000 & 0.2500 & 1.0000 & 0.5000 & 0.1250 & 0.2500 & 0.2500 \\ 0.5000 & 0.5000 & 0.0000 & 0.2500 & 0.5000 & 1.0000 & 0.1250 & 0.5000 & 0.5000 \\ 0.2500 & 0.0000 & 0.5000 & 0.5000 & 0.1250 & 0.1250 & 1.0000 & 0.3125 & 0.3125 \\ 0.2500 & 0.2500 & 0.5000 & 0.1250 & 0.2500 & 0.5000 & 0.3125 & 1.0000 & 0.5000 \\ 0.2500 & 0.2500 & 0.5000 & 0.1250 & 0.2500 & 0.5000 & 0.3125 & 0.5000 & 1.0000 \end{pmatrix}$$

$$A^{-1} = \begin{pmatrix} 2.3333 & 1.0000 & 0.0000 & -0.6667 & -1.0000 & -1.0000 & 0.0000 & 0.0000 & 0.0000 \\ 1.0000 & 2.0000 & 0.0000 & 0.0000 & -1.0000 & -1.0000 & 0.0000 & 0.0000 & 0.0000 \\ 0.0000 & 0.0000 & 2.5000 & 0.5000 & 0.0000 & 1.0000 & -1.0000 & -1.0000 & -1.0000 \\ -0.6667 & 0.0000 & 0.5000 & 1.8333 & 0.0000 & 0.0000 & -1.0000 & 0.0000 & 0.0000 \\ -1.0000 & -1.0000 & 0.0000 & 0.0000 & 2.0000 & 0.0000 & 0.0000 & 0.0000 & 0.0000 \\ -1.0000 & -1.0000 & 1.0000 & 0.0000 & 0.0000 & 3.0000 & 0.0000 & -1.0000 & -1.0000 \\ 0.0000 & 0.0000 & -1.0000 & -1.0000 & 0.0000 & 0.0000 & 2.0000 & 0.0000 & 0.0000 \\ 0.0000 & 0.0000 & -1.0000 & 0.0000 & 0.0000 & -1.0000 & 0.0000 & 2.0000 & 0.0000 \\ 0.0000 & 0.0000 & -1.0000 & 0.0000 & 0.0000 & -1.0000 & 0.0000 & 0.0000 & 2.0000 \end{pmatrix}$$

（3）混合模型方程组：

$$\mathbf{y} = \begin{pmatrix} 16 \\ 18 \\ 15 \\ 14 \\ 12 \\ 17 \\ 13 \end{pmatrix} = \begin{pmatrix} 1 & 0 & 1 & 0 \\ 1 & 0 & 0 & 1 \\ 1 & 0 & 1 & 0 \\ 1 & 0 & 0 & 1 \\ 0 & 1 & 1 & 0 \\ 0 & 1 & 1 & 0 \\ 0 & 1 & 0 & 1 \end{pmatrix} \begin{pmatrix} h_1 \\ h_2 \\ s_1 \\ s_2 \end{pmatrix} + \begin{pmatrix} 0 & 0 & 1 & 0 & 0 & 0 & 0 & 0 & 0 \\ 0 & 0 & 0 & 1 & 0 & 0 & 0 & 0 & 0 \\ 0 & 0 & 0 & 0 & 1 & 0 & 0 & 0 & 0 \\ 0 & 0 & 0 & 0 & 0 & 1 & 0 & 0 & 0 \\ 0 & 0 & 0 & 0 & 0 & 0 & 1 & 0 & 0 \\ 0 & 0 & 0 & 0 & 0 & 0 & 0 & 1 & 0 \\ 0 & 0 & 0 & 0 & 0 & 0 & 0 & 0 & 1 \end{pmatrix} \begin{pmatrix} a_1 \\ a_2 \\ a_3 \\ a_4 \\ a_5 \\ a_6 \\ a_7 \\ a_8 \\ a_9 \end{pmatrix} + \begin{pmatrix} e_{113} \\ e_{124} \\ e_{115} \\ e_{126} \\ e_{217} \\ e_{218} \\ e_{229} \end{pmatrix}$$

（4）个体1、2、3、4、5、6、7、8和9的育种值为-0.0164、-0.4472、0.0328、0.6381、-0.4660、-0.4448、-0.4792、0.8265和-0.4239。

第 十 章

6. 是显性纯合子，错判概率为0.00006。

7. 可判定41号公猪为显性纯合子，错判概率为0.0018。

8. 用第一种测交方法可判定该公猪为显性纯合子，错判概率（P）只有$0.008 < 0.01$；用第二种测交法不能判定其为显性纯合子，因错判概率（P）达0.333。

第 十 一 章

4. 每个显性等位基因对6周龄的贡献是3 mg，每个隐性等位基因对6周龄的贡献是-3 mg，显性效应为2 mg。

(1) 填表如下：

基因型	育种值	非加性效应值	基因型值	环境效应值	表型值（$P-\mu$）
(1) $AAbbCCddEE$	6	0	6	0 mg	6
(2) $aaBBccDDee$	−6	0	−6	−3 mg	−9
(3) (1)×(2)的后代	0	10	10	2 mg	12

(2) 在 6 周龄时最重的是（3）号小鼠（12 mg）。

(3) 在 6 周龄时最轻的是（2）号小鼠（−9 mg）。

(4) 最好的亲本是（1）号（育种值为最高＝6 mg）。

5. $F_X=0.375$，$R_{XA}=0.4264$。

6. $F_X=0.176$，$R_{SD}=0.3493$。

第 十 六 章

8. ΔF 分别为 0.0163 和 0.0233，代数分别为 6.4 代和 4.5 代。

第 二 十 一 章

5. (1) 3 个品种的遗传杂合度分别为：

$$H_X=0.6363$$
$$H_Y=0.6515$$
$$H_Z=0.6313$$

(2) 3 个品种间的 Nei 氏标准遗传距离为：

$$D_{X,Y}=0.0834$$
$$D_{X,Z}=0.1665$$
$$D_{Y,Z}=0.0455$$

第 二 十 二 章

7. (1) $\Delta F=0.015$。

(2) $\Delta F=0.010$。

(3) $F_t=4.9\%$。

8. (1) 各个世代的有效群体含量分别为：

$N_{e1}=33.33$；$N_{e2}=29.63$；$N_{e3}=49.41$；$N_{e4}=113.21$。

4 个世代的平均有效群体含量为：$N_e=43$。

近交速率为：$\Delta_F=1.16\%$。

9. (1) $\Delta_F=0.002631$。

(2) 在繁殖母畜数分别为 100 和 300 时，所需保留的公畜血统数分别为 41 和 38。

附录Ⅱ 汉英对照名词索引

DNA 标记　DNA marker　267
DNA 标记辅助育种　DNA marker-assisted breeding　265
DNA 指纹　DNA fingerprint　268

B

宝塔　pyramid　217
保护遗传学　conservation genetics　341
贝叶斯法　Bayesian　300
闭锁核心群育种方案　closed nucleus breeding scheme　220
闭锁群育种法　closed-herd breeding, closed-flock breeding　241
标记辅助 BLUP 选择　marker-assisted best linear unbiased prediction, MBLUP　279
标记辅助保种　marker-assisted conservation　265
标记辅助导出　marker-assisted extragression　265
标记辅助渗入　marker-assisted introgression, MAI　265
标记辅助交配　marker-assisted mating　49
标记辅助近交避免　marker-assisted inbreeding avoidance　265
标记辅助选择　marker-assisted selection, MAS　49
标记辅助预测　marker-assisted prediction　265
标记辅助杂种优势优化　marker-assisted heterosis maximization　265
表观遗传修饰　epigenetic modification　49
表基因型修饰　epigenotypic modification　49
表型值　phenotypic value, P　111
濒危　endangered　337
不连续杂交　discontinuous crossing　208
不同群体的个体相似概率　the probability of identity of two individuals, chosen at random from different population　297
不完全双列杂交　incomplete diallel cross　213

C

侧翼序列　flanking region　268
测定站测定　station testing　106
测交　test mating　165
产活仔数　number born alive　243
场内测定　on-farm testing, home testing　106

超多产选择法　hyperprolific selection　244
超显性学说　overdominance hypothesis　203
初情期　puberty　62
初生窝仔数　litter size at birth　243
纯系　purebred line　226
纯系学说　pure line theory　270
纯种　purebred　195
纯种繁育　purebreeding　176
从性遗传　sex-influenced inheritance　42

D

DNA 切割域　DNA cleavage domain　261
DNA 序列标记　markers based upon anonymous DNA sequences　267
大数据　big data　336，340
单核苷酸多态性　single nucleotide polymorphism，SNP　267
单链构象多态性　single strand conformation polymorphism，SSCP　269
单胎动物　monoparous species　167
单态标记　monomorphic marker　285
单系　monoancestor line　232
单向性选择　directional selection　77
等位基因频率　allele frequencies　300
等位基因敲除　mono-allelic knockout　262
底交　bottom cross　211
地方畜禽遗传多样性保护　conservation of indigenous domestic animal genetics diversity　341
地方品种　indigenous breed，local breed　196
顶尖公猪　top boar　328
顶交　top cross　208
定型杂交　static crossing　208
动物模型　animal model　148
独立淘汰法　independent culling method　100
断奶后性状　postweaning trait　314，332
对照群　control herd/control flock　91
多基因　polygenes　270
多世代选择法　multi-generational selection　244
多胎动物　multiparous species　167
多态信息含量　polymorphism information content，PIC　300

E

二等位基因　biallelic　267
二元杂交　two-way cross　208

F

发育　development　54
繁殖群　multiplier，multiplying herd（flock）　217
反复选择法　recurrent selection，RS　215
非加性效应　non-additive effect　111
非近亲交配　outbreeding　176
非随机交配　non-random mating　175
分块矩阵　block matrix　138
分离分析法　separation analysis　270
分裂性选择　disruptive selection　77
分子标记　molecular marker　267
分子净值　net molecular score　281
分子育种　molecular breeding　265
风土驯化　acclimatization　197
风险防控　risk prevention and control　337
风险监测　risk monitoring　337
父本杂种优势　paternal heterosis　204
父母代　parents stock，PS；parents，P　218
父系印记　paternal imprinting　49
复合育种值　composite breeding value　118
附植　implantation　60

G

改良时距　improvement lag　219
改良速度　rate of improvement　82
感官　sensor　343
高代级进杂种　high grade　193
个体标号　individual tagging　336
个体测定　individual testing　107
个体选配　individual mating　176
个体选择　individual selection　94
个体杂种优势　individual heterosis　204
公畜模型　sire model　148
公畜-母畜模型　sire-dam model　148

共同祖先　common ancestor，CA　177
估计传递力　estimated transmitting ability，ETA　111
估计育种值　estimated breeding value，EBV　4
估计育种值重复率　repeatability of EBV　156
固定效应模型　fixed model　142
固定杂交　specific crossing　208
拐点　inflection point　55
广义逆矩阵　generalized inverse matrix　139
规律成簇的间隔短回文重复序列　clustered regularly interspaced short palindromic repeats，CRISPR　261
国际公牛评估服务中心　International Bull Evaluation Service，INTERBULL　330
过渡品种　transitional breed　17

H

合并选择　combined selection　96
合成品系　synthetic line　234
核心群　nucleus, nucleus herd（flock）　217
核移植　nuclear transplantation　258
后代杂种优势　offspring heterosis　204
后裔测定　progeny testing　107
候选基因　candidate gene　48
候选基因法　candidate gene approach　271
互补性　complementarity　204
互作效应　interaction effect，I　111
环境效应　environmental effect，E　111
回交　backcross　208
混合模型　mixed model　142

J

肌肉生长抑制素　myostatin，MSTN　262
基因簇　gene cluster　270
基因多样性　genetic diversity　296
基因库　gene pool　294
基因频率　gene frequency　300
基因型与环境互作　genotype-environment interaction，genotype by environment interaction，$G \times E$　88
基因型值　genotypic value，G　111
基因资源　gene resource　294
基因组扫描　genome-wide scan　271

基因组选择　genomic selection，GS　265，329
基因组印记　genomic imprinting　49
基因组育种值　genomic estimated breeding values，GEBV　330
级进杂交　grading-up，grading　194
加性效应　additive effect，A　111
家禽　domestic fowl　10
家系内选择　within-family selection　96
家系选择　family selection　95
家系指数　family index　118
家系指数选择法　family index selection　244
家畜　domestic animal，livestock　10
家畜行为学　animal ethology　45
家畜育种　animal breeding　1
家养动物多样性监测　measurement of domestic animal diversity，Mo-DAD　306
间接选择　indirect selection　100
兼用品种　dual-purpose breed　18
减效等位基因　decreasing allele　203
交叉杂交　criss crossing　208
交配系统，交配体系　mating system　175
矫正交配　corrective mating　191
经济成熟　economic ripening　62
近交衰退　inbreeding depression　182
近交速率　rate of inbreeding　313
近交系　inbred line　234
近交系数　inbreeding coefficient　176
近交增量　increment of inbreeding coefficient　311
近亲交配　inbreeding　176
经济加权值　economic weights　126
经济性状　economic trait　30
经济杂交　production crossing　193
聚合酶链式反应　polymerase chain reaction，PCR　258
聚类分析　cluster analysis　300
绝对生长　absolute growth　55

K

开放核心群育种方案　open nucleus breeding scheme　220
抗病性　disease resistance　47
拷贝数变异体　copy number variants，CNVs　285
可变数目串联重复　variable number tandem repeat，VNTR　268

克隆　cloning　258
跨国遗传评估　across country genetic evaluation　327
跨群遗传评估方案　across-herd genetic evaluation schemes　327
扩增片段长度多态性　amplified fragment length polymorphism，AFLP　269

L

累积生长　accumulative growth　54
累积遗传进展　accumulative genetic progress　219
类平均法　unweighted pair group method with arithmetic means，UPGMA　300
类转录激活因子核酸酶　transcription activator-like effector nucleases，TALEN　261
离体保护　in vitro conservation　317
理论杂合度　theoretical heterozygosity　301
理想群体　idealized population　310
利润杂种优势　profit heterosis　204
连锁不平衡　linkage disequilibrium　272
连续杂交　continuous crossing　208
两品种轮回杂交　2-breed rotation crossing　208
邻接法　neighbor-joining，NJ　300
卵裂　cleavage　60
轮回杂交　rotational crossing　208

M

美国种猪测定和遗传评估系统　Swine Testing and Genetic Evaluation System，STAGES　342
模型　model　140
母本杂种优势　maternal heterosis　204
母系印记　maternal imprinting　49
目标性状　objective trait　126

N

耐受性　tolerance　47
囊胚　blastula　60
拟合度　goodness of fit　59
逆矩阵　inverse matrix　138
年更新率　annual replacement rate　105

P

胚胎分割　embryo splitting　258
胚胎移植　embryo transfer　256
培育品种　developed breed　17

配合力　combining ability　212
配套系　hybrids, commercial line　224
品系　line, strain　15
品系繁育　linebreeding　235
品系间杂交　line crossing　208
品质选配　assortative mating　176
品种　breed　15
品种间杂交　breed crossing　208
瓶颈效应　bottleneck effect　312

Q

期望杂合度　expected heterozygosity　283
切割扩增多态序列　cleaved amplified polymorphic sequence, CAPS　268
亲本杂种优势　parental heterosis　204
亲代　parents, P　218
亲缘系数　relationship coefficient　185
亲缘选配　relationship mating　176
全国猪改良计划　National Improvement Program, NPIP　327
全基因组关联分析　genome-wide association studies, GWAS　283
全群测定　complete herd testing　328, 348
群内遗传评估　within-herd genetic evaluation　326
群体大小　population size　310
群体观测杂合度　observed heterozygosity　283
群体间遗传距离　genetic distances between populations　297
群体期望杂合度　expected heterozygosity　301
群系　polyancestor line　233

R

染色体分带　chromosome banding　296
人工选择　artificial selection　77

S

三品种轮回杂交　3-breed rotation crossing　208
三元杂交　three-way cross　208
商品代　commercial stock, CS　218
商品群　commercial, commercial herd (flock)　217
商品性杂交　commercial crossing　193
上位效应　epistatic effect, I　111
涉危风险监测　monitoring the endangered risk　341

生产性能　production performance　106
生产性能测定　production performance testing　101
生态选择　ecological selection　76
生态因子　ecological factor　197
生物多样性　biological diversity, biodiversity　296
生长　growth　54
生长波　growth wave　63
生长激素受体　growth hormone receptor, GHR　262
生长顺序　growth order　63
生长速度　growth rate　55
生长梯度　growth gradients　63
生长中心　growth center　65
实际杂合度　observed heterozygosity, H_o　300
实现遗传力　realized heritability　90
世代间隔　generation interval, G_I　82
适合度　fitness　79
适应　adaptation　197
适应性　adaptability　197
手工克隆方法　handmade cloning, HMC　262
数量性状　quantitative trait　30
数量性状基因座　quantitative trait locus, QTL　48
双肌　double-muscled, DM　262
双肌基因　double muscle gene　273
双列杂交法　diallel cross　213
双杂交　double crossing, double cross　233
顺序选择法　tandem selection　99
瞬时生长　instantaneous growth　56
四元杂交　four-way cross　208
随机交配　random mating, panmixia　175
随机扩增多态DNA　random amplified polymorphic DNA, RAPD　268
随机效应模型　random model　142

T

TAL效应因子　TAL effector, TALE　262
胎盘　placenta　60
特殊配合力　specific combining ability, Sca　213
特殊异质性　specific heterozygosity　282
体成熟　conformation ripening　62
体外受精　in vitro fertilization　256

体型　conformation, body type　43

体质　constitution, body constitution　44

通用品系　dual-purpose line, general purpose line　205

通用选择指数　general selection index　125

同胞测定　sib testing　107

同期同龄群（同期群）　contemporary group 331, 342

同一群体的个体相似概率　the probability of identity of two individuals, chosen from at random within a population　301

同质交配　positive assortative mating　176

图位克隆　map-based cloning　273

W

外显率　penetrance　162

完全双列杂交　complete diallel cross　213

晚熟　late-maturing　58

微卫星 DNA　microsatellite, microsatellite DNA　268

位置克隆　positional cloning　273

稳定性选择　stabilizing selection　77

无特定病原体　specific pathogen free, SPF　218

无相关个体　unrelated animals　336

物种　species　15

X

西班牙塞戈维亚火腿　Jamones Segovia　346

系间杂交　line crossing, line cross　193

系统保种　systematic conservation　318

细胞分化　cell differentiation　54

细胞增殖　cell proliferation　54

显性效应　dominance effect, D　111

显性学说　dominance hypothesis　203

线性模型　linear model　140

限制性片段长度多态性　restriction fragment length polymorphism, RFLP　267

相对生长　relative growth　55

相对育种值　relative breeding value, RBV　123

相关生长　correlative growth　58

向导 RNA 分子　small guide RNA　263

小卫星 DNA　minisatellite　268

锌指 DNA 结合域　zinc finger DNA-binding domain　261

锌指核酸酶　zinc finger nucleases, ZFN　261

新育成品种　newly developed breed　196
信息性状　informative trait　126
性别鉴定　sexing, sex diagnosis　62
性成熟　sexual maturity　62
性连锁基因　sex-linked gene　39
性能测定　performance testing　106
性选择　sexual selection　76
性状　trait　30
性状比值　trait radio　331,333
选配　selected mating　175
选择差　selection differential，S　82
选择反应　selection response, response to selection　81
选择强度　intensity of selection，selection intensity　82
选择指数　selection index　125
选择指数法　index selection　100
血统　lineage, descent　314
驯化　domestication　13
驯养　tameness　13

Y

哑变量　dummy variable　171
一般配合力　general combining ability, Gca　212
一般品系　single line　212
遗传多样性　genetic diversity　296
遗传改良　genetic improvement　1
遗传疾患　hereditary disease　164
遗传进展　genetic gain, genetic progress　81
遗传力　heritability　83
遗传漂变　genetic drift　310
遗传平衡学说　genetic equilibrium hypothesis　203
遗传趋势　genetic trend　92
遗传时距，遗传差距　genetic lag　219
遗传特性　genetic characteristics　294
遗传同化　genetic assimilation　172
遗传系　genetic lines　224
遗传相关　genetic correlation　31
遗传印记　genetic imprinting　49
遗传资源　genetic resource　294
已知的环境效应　known environmental effects　333

附 录

异地保护（移地保护） off site conservation (*ex situ* conservation) 317
异速生长 allometric growth 58
异速生长方程 allometric equation 58
异速生长系数 allometric growth coefficient 58
异质交配 negative assortative mating 176
易患性 liability 162
引入品种 exotic breed 196
引入杂交 introductive crossing 194
印记基因 imprinted gene 49
有效等位基因数 effective number of alleles 301
有效群体规模 effective population size 301
有效群体含量 effective population size 301
育成杂交 crossbreeding for formation a new breed 194
育成杂交法 crossbreeding for formation a new breed 249
育种值 breeding value 78
育种值的跨群比较 comparisons of EBV across herds 326
阈性状 threshold trait 161
阈值 threshold 161
原地保护（就地保护） on site conservation (*in situ* conservation) 316
原始品种 primitive breed 17
远缘杂交 hybridization，distant crossing 194
约束选择指数 restricted selection index 125
云计算 cloud computing 336,340

Z

杂合度 heterozygosity 300
杂交 crossing 193
杂交繁育 crossbreeding 176
杂交繁育体系 crossbreeding system for commercial production 217
杂交方式 crossing form 208
杂交鸡 hybrid chicken 224
杂交模式 crossing pattern 212
杂交组合 cross combination 212
杂优猪 hybrid pigs, hybrid swine 224
杂种优势 heterosis, hybrid vigor 200
杂种优势量 amount of heterosis，H 200
杂种优势率 fraction of heterosis 200
杂种自群繁殖 inter-se mating among crosses 253
早熟 early-maturing 58

早熟性顺位　maturing order　58

早衰现象　presenility　315

曾祖代　great grandparents, GGP　218

增效基因　increasing allele　78

正反交反复选择法　reciprocal recurrent selection, RRS　216

质量性状　qualitative trait　161

致因突变　causative mutation　273

终端父本　terminal sire　210

中心测定　central testing　106

种群　population　193

种群选配　population mating　176

种质特性　germplasm characteristics　294

猪繁殖与呼吸综合征　porcine reproductive and respiratory syndrome, PRRS　47

猪应激综合征　porcine stress syndrome, PSS　171

主基因　major gene　270

主基因指数法　major gene index, MGI　270

主要组织相容性复合体　major histocompatibility complex, MHC　47

专门化父系　specialized sire line　205

专门化母系　specialized dam line　205

专门化品系　specialized line　224

专一性杂交　static crossing　208

专用品种　special-purpose breed　17

转基因　transgene　262

转基因动物　transgenic animal　260

转基因技术　transgenic technique　260

子阵　sub-matrix　138

自然选择　natural selection　76

综合育种值　aggregate breeding value　126

总产仔数　total number born　243

祖代　grandparents, GP　218

最大简约法　maximum parsimony, MP　300

最大似然法　maximum likelihood, ML　300

最佳线性无偏预测　best linear unbiased prediction, BLUP　32

最小二乘分析法　least-squares analysis　213

最小进化法　minimum evolution, ME　300

最宜选择指数　optimum selection index　125

主要参考文献

蔡禄,2012. 表观遗传学前沿. 北京:清华大学出版社.

曹胜炎,秦春圃,陈顺友,等,1986. 湖北白猪Ⅲ系生后期生长发育规律的研究. 华中农业大学学报论丛(1):81-105.

常洪,1985. 家畜遗传资源纲要. 北京:农业出版社.

陈国宏,张勤,2009. 动物遗传原理与育种方法. 北京:中国农业出版社.

陈鹏,2014. 火灾风险监测防控. 中国科技信息(18):115-116.

陈润生,1989. 民猪种质特性研究//许振英. 中国地方猪种种质特性. 杭州:浙江科学技术出版社.

陈润生,1995. 猪生产学. 北京:中国农业出版社.

陈润生,等,1981. 东北民猪、长白猪和三江白猪的个别肌肉相对生长模式的研究. 东北农学院学报(2):1-12.

陈伟生,郑友民,2010. 全国种猪遗传评估信息网用户手册. 北京:中国农业大学出版社.

陈瑶生,2012. 全国生猪遗传改良计划实施与推进. 中国猪业(4):26-27.

陈幼春,马月辉,等,2008. 地方、培育、引入品种资源的保存与发展的研究进展. 中国畜牧兽医,35(1):5-11.

第二届遗传学名词审定委员会,2006. 遗传学名词.2版. 北京:科学出版社.

方宣钧,吴为人,唐纪良,2001. 作物DNA标记辅助育种. 北京:科学出版社.

国家畜禽遗传资源委员会,2011. 中国畜禽遗传资源志. 北京:中国农业出版社.

汉蒙,1965. 农畜的繁育、生长和遗传. 汤逸人,译. 上海:上海科学技术出版社.

胡今尧,2005. 养猪及猪的遗传与育种. 北京:中国农业大学出版社.

焦骅,1995. 家畜育种学. 北京:中国农业出版社.

李俊年,阿扎提,1999. 中国美利奴(新疆型)细毛羊遗传参数的估计. 草食家畜(1):21-23.

李宁,2003. 动物遗传学.2版. 北京:中国农业出版社.

李宁,方美英,2012. 家养动物驯化与品种培育. 北京:科学出版社.

联合国粮食及农业组织(FAO),2007. 世界粮食与农业动物遗传资源状况. 杨红杰,译. 北京:中国农业出版社.

联合国粮食及农业组织,1995. 全球动物遗传资源管理//联合国粮食及农业组织. 粮农组织动物生产与卫生文集(104). 北京:中国农业科学技术出版社.

刘榜,2017. 通城猪抗蓝耳病的遗传基础研究进展. 郑州牧业工程高等专科学校学报,1(1):9-13.

刘海良,薛明,陈瑶生,等,2002. 中国种猪遗传评估现状及存在问题. 当代畜牧(11):21-23.

刘震乙,1990. 家畜育种学.2版. 北京:农业出版社.

鲁云飞,王茜,黄文波,等,2012. 畜禽保种群体遗传多样性的模拟. 中国农业科学,45(18):3849-3858.

内蒙古农牧学院,1994. 家畜育种学.2版. 北京:农业出版社.

庞航,1992. 阈性状遗传力的估计方法. 遗传,14(6):37-40.

彭克美,2016a. 动物组织学及胚胎学.2版. 北京:高等教育出版社.

彭克美,2016b. 畜禽解剖学.2版. 北京:高等教育出版社.

彭克美,张登荣,2002. 组织学与胚胎学. 北京:中国农业出版社.

彭中镇, 1994. 猪的遗传改良. 北京: 中国农业出版社.
彭中镇, 曹建华, 2009. 保持或增加公猪血统数是保种工作的当务之急. 养猪 (5): 27-29.
彭中镇, 邓昌彦, 熊远著, 等, 1982. 猪的毛色遗传与毛色测交的初步研究. 华中农学院学报, 1 (3): 55-62..
彭中镇, 刘榜, 樊斌, 等, 2006. 关于保护利用我国地方猪遗传资源的若干建议. 猪业科学 (4): 32-36.
彭中镇, 刘榜, 樊斌, 等, 2015. 如何培育猪的配套系和制定培育方案. 养猪 (1): 65-72.
彭中镇, 刘榜, 余梅, 1999. 生物技术与猪的育种//佚名. 动物遗传育种研究进展. 北京: 中国农业科学技术出版社.
彭中镇, 熊远著, 张省三, 等, 1986. 湖北白猪及其品系选育中若干问题的讨论. 华中农业大学学报 (论丛 [2]): 19-29.
彭中镇, 杨兴柱, 盛志廉, 2001. 对当前我国猪育种工作的思考//佚名. 动物遗传育种研究进展. 北京: 中国农业科学技术出版社.
彭中镇, 赵书红, 刘榜, 等, 2016. 自主育种是中国种猪企业提升种猪竞争力和走向世界的必由之路. 中国猪业, 4: 9-18.
齐守荣, 经荣斌, 刘淑贞, 等, 1989. 中国一些地方猪种生长发育的研究//许振英. 中国地方猪种种质特性. 杭州: 浙江科学技术出版社.
秦浩肆, 2005. 2003年世界畜牧生产统计资料//佚名. 联合国粮食及农业组织 (FAO) 生产年鉴. 中国畜牧兽医, 32 (6): G1-G6.
盛志廉, 陈瑶生, 2000. 数量遗传学. 北京: 科学出版社.
盛志廉, 吴常信, 1995. 数量遗传学. 北京: 中国农业出版社.
师守堃, 1993. 动物育种学总论. 北京: 北京农业大学出版社.
施启顺, 1995. 家畜遗传病学. 北京: 中国农业出版社.
施启顺, 柳小春, 1997. 养猪业中的杂种优势利用. 长沙: 湖南科学技术出版社.
宋方洲, 2011. 基因组学. 北京: 军事医学科学出版社.
孙文荣, 1962. 遗传学与家畜繁育学: 下册. 北京: 农业出版社.
王崇礼, 郑友民, 2013. 全国生猪遗传改良计划工作手册. 北京: 中国农业大学出版社.
王继华, 王茂增, 李连缺, 1999. 家畜育种学导论. 北京: 中国农业科学技术出版社.
王金玉, 1994. 动物育种原理与方法. 南京: 东南大学出版社.
王金玉, 陈国宏, 2004. 数量遗传与动物育种. 南京: 东南大学出版社.
王晓凤, 苏雪梅, 王楚端, 2016. 种猪性能测定实用技术. 北京: 中国农业出版社.
王性善, 陈润生, 汪嘉燮, 1981. 东北民猪、长白猪和三江白猪主要组织异速生长模式的研究. 东北农学院学报, 12 (2): 13-22.
魏珣, 贾敬敦, 孙康泰, 等, 2015. 基于文献计量的世界家畜种业科技创新研究态势分析. 中国农业科学, 48 (13): 2622-2634.
邬贺铨, 2016. 推进中国大数据发展思路与若干建议//佚名. 中国科学院2016高技术发展报告. 北京: 科学出版社.
吴仲贤, 1977. 统计遗传学. 北京: 科学出版社.
吴仲贤, 1980. 动物遗传学. 北京: 中国农业出版社.
徐云碧, 朱立煌, 1994. 分子数量遗传学. 北京: 中国农业出版社.
叶淑红, 2018. 食品感官评价. 北京: 科学出版社.
袁志发, 2011. 群体遗传学、进化与熵. 北京: 科学出版社.
翟中和, 王喜中, 丁明孝, 2011. 细胞生物学. 4版. 北京: 高等教育出版社.
张红平, 李利, 徐刚毅, 等, 2002. 波尔山羊繁殖性状遗传参数的估计. 畜牧与兽医, 34 (7): 1-2.
张家富, 2012. 陆川猪若干种质特性基础研究. 南宁: 广西大学.

主要参考文献

张文灿，2003. 国外畜禽生产新技术. 北京：中国农业大学出版社.

张细权，李加琪，杨关福，1997. 动物遗传标记. 北京：中国农业大学出版社.

张沅，1996. 动物育种学各论. 北京：北京农业大学出版社.

张沅，2001. 家畜育种学. 北京：中国农业出版社.

张沅，张勤，1993. 畜禽育种中的线性模型. 北京：中国农业出版社.

张沅，张勤，孙东晓，2012. 奶牛分子育种技术研究. 北京：中国农业大学出版社.

郑用琏，2012. 基础分子生物学. 2版. 北京：高等教育出版社.

郑友民，耿如林，杨红杰，等. 家畜资源保护区建设标准：NY/T 2971-2016.

中国家畜家禽品种志委员会，1986. 中国家畜家禽品种志. 上海：上海科学技术出版社.

中国科学院生物多样性委员会，1994. 生物多样性研究的原理与方法. 北京：中国科学技术出版社.

中国农业百科全书畜牧卷编辑委员会，1996. 中国农业百科全书：畜牧业卷. 北京：中国农业出版社.

中国畜禽遗传资源状况编委会，2004. 中国畜禽遗传资源状况. 北京：中国农业出版社.

钟金城，陈智华，2001. 分子遗传与动物育种. 成都：四川大学出版社.

朱景瑞，1996. 家畜行为学. 北京：中国农业出版社.

朱瑞明，李坤雄，1992. 猪的世界. 台北：黎明文化事业公司.

法尔康纳 D S，1965. 数量遗传学概论. 杨纪珂，汪安琦，译. 北京：科学出版社.

约翰森 I，伦德尔 J，1982. 遗传学与家畜育种. 浙江农业大学，主译. 上海：上海科学技术出版社.

Falconer D S, Mackay T F C, 2000. 数量遗传学导论. 4版. 储明星，译. 北京：中国农业科学技术出版社.

Palmer J H, Ensminger M E, 2007. 养猪学. 7版. 王爱国，主译. 北京：中国农业大学出版社.

Ahmad H I, Ahmad M J, Asif A R, et al, 2018. A review of CRISPR-based genome editing: survival, evolution and challenges. curr issues Mol Biol., 28: 47-68.

Alan M O' Doherty, David E MacHugh, Charles Spillane, et al, 2015. Genomic imprinting effects on complex traits in domesticated animal species. Frontiers in Genetic (6): 1-16.

Andersson L, Georges M, 2004. Domestic animal genomics: deciphering the genetics of complex traits. Nat Rev Genet, 5: 202-212.

Aulchenko Y S, Ripke S, Isaacs A, et al, 2007. GenABEL: an R library for genome-wide association analysis. Bioinformatics, 23 (10): 1294-1296.

Baas T J, Goodwin R N, Christian L L, et al, 2003. Design and standards for genetic evaluation of swine seedstock populations. J Anim Sci., 81: 2409-2418.

Barker J S F, 1994. A global protocol for determining genetic distance among domestic livestock breeds. Proc. 5th World Congr. Genet. Appl. Livest. Prod, 21: 501-508.

Bi Y, Hua Z, Liu X, et al, 2016. Isozygous and selectable marker-free MSTN knockout cloned pigs generated by the combined use of CRISPR/Cas9 and Cre/LoxP. Sci Rep, 6: 31729.

Bourdon R M, 2000. Understanding animal breeding. 2nd ed. New Jersey: Prentice-Hall, Inc.

Briggs H M, Briggs D M, 1980. Modern Breeds of Livestock. 4th ed. New York: Macmillan Publishing Co., Inc.

Carvantes I, Meuwissen T H E, 2011. Maximization of total genetic variance in breed conservation programmes. Journal of Animal Breeding and Genetics, 128 (6): 465-472.

Chen F, Wang Y, Yuan Y, et al, 2015. Generation of B cell-deficient pigs by highly efficient CRISPR/Cas9-mediated gene targeting. J Genet Genomics, 42 (8): 437-444.

Chen Runsheng, Wang Jiaxie, Wang Xingshan, 1992. Study on the relation growth patterns of individual muscles in Min and Landrace pigs//Chen Runsheng (Ed.). Proceedings of the international symposium on

Chinese pig breeds. Harbin: Northeast Forestry University Press.

Chesnais J P, 12/02/97. The Canadian swine improvement system. http://jah.asci.ncsu.edu/nsif/96 proc/csis.htm.

Crispo M, Mulet A P, Tesson L, et al, 2015. Efficient generation of myostatin knock-out sheep using CRISPR/Cas9 technology and microinjection into zygotes. PLoS One, 10 (8): e0136690.

Crump R, Hermesch S, 2004. The national pig improvement program-update. AGBU. Armidale: Pig Genetics Workshop.

Falconer D S, 1981. Introduction to quantitative genetics. 2nd ed. Longman Group Limited.

Falconer D S, Mackay T F C, 1996. Introduction to quantitative genetics. 4th ed. Harlow Longman Group Limited.

FAO, 1998. Secondary guidelines for development of national farm animal genetic resources management plans. Rome: Management of small populations at risk.

FAO, 1998. Secondary guidelines for development plans. Management of small populations at risk. http://dad.fao.org/en/refer/library/guideline/sml-popn.pdf.

Geldermann H, 1975. Investigations on inheritance of quantitative characters in animals by gene markers. I. Methods. Theor. Appl. Genet. 46: 319-330.

Harrington R B, 1995. Animal breeding: a introduction. Danville: Interstate Publishers, Inc.

He J, Li Q, Fang S, et al, 2015. PKD1 mono-allelic knockout is sufficient to trigger renal cystogenesis in a mini-pig model. Int J Biol Sci, 11 (4): 361.

Hemminki K, Försti A, Bermejo J L, 2008. The 'common disease-common variant' hypothesis and familial risks. PLoS One, 3 (6): e2504.

Hutt F B, Rasmusen B A, 1982. Animal genetics. 2nd ed. New York: John Wiley & Sons Inc.

Huxley J S, 1932. Problems of relative growth. London: Methuen.

Ji L, Zhou X, Liang W, et al, 2017. Porcine interferon stimulated gene 12a restricts porcine reproductive and respiratory syndrome virus replication in MARC-145 cells. Int J Mol Sci., 18 (8): 1613.

Koltes J E, Fritz-Waters E, Eisley C J, et al, 2015. Identification of a putative quantitative trait nucleotide in guanylate binding protein 5 for host response to PRRS virus infection. BMC Genomics, 16: 412-425.

Lasley J F, 1978. Genetics of livestock improvement. 3rd ed. Upper Saddle River: Prentice-Hall, Inc.

Lasley J F, 1987. Genetics of livestock improvement. 4th ed. Upper Saddle River: Prentice-Hall, Inc.

Legarra A, Robert-Granié C, Croiseau P, et al, 2011. Improved lasso for genomic selection. Genet Res (Camb), 93 (1): 77-87.

Legates J E, Warwick E J. 1990. Breeding and improvement of farm animals. 8th ed. New York: McGraw-Hill.

Lemmon M, 2007. Genetic improvement strategies for Chinese swine producers. Whiteshire Hamroc, LLC.

Leon J M, et al, 2006. Genetic parameters and trends for prolificacy in the Segurena breeds of sheep. Proc. 8 World Genet. Conf. Appl. Livest Prod.

Li F, Li Y, Liu H, et al. 2014. Production of GHR double-allelic knockout Bama pig by TALENs and handmade cloning. Yi Chuan, 36 (9): 903-911.

Li K, Chen Y, Moran C, et al, 2000. Analysis of diversity and genetic relationships between four Chinese indigenous pig breeds and one Australian commercial pig breed. Animal Genetics, 31 (5): 322-325.

Li Z, Chen R, Zhao J, et al, 2015. LSM14A inhibits porcine reproductive and respiratory syndrome virus (PRRSV) replication by activating IFN-β signaling pathway in Marc-145. Mol Cell Biochem, 399 (1-2): 247-256.

主要参考文献

Liang W, Ji L, Zhang Y, et al, 2017. Transcriptome differences in porcine alveolar macrophages from Tongcheng and Large White pigs in response to highly pathogenic porcine reproductive and respiratory syndrome virus (PRRSV) infection. Int J Mol Sci., 18 (7): 1475-1491.

Liang W, Li Z, Wang P, et al, 2016. Differences of immune responses between Tongcheng (Chinese local breed) and Large White pigs after artificial infection with highly pathogenic porcine reproductive and respiratory syndrome virus. Virus Res., 215: 84-93.

Lippert C, Listgarten J, Liu Y, et al, 2011. FaST linear mixed models for genome-wide association studies. Nature Methods, 8: 833-835.

Liu X, Wang Y, Tian Y, et al, 2014. Generation of mastitis resistance in cows by targeting human lysozyme gene to β-casein locus using zinc-finger nucleases. Proc Biol Sci, 281 (1780): 20133368.

Loh P R, Tucker G, Bulik-Sullivan B K, et al, 2015. Efficient Bayesian mixed-model analysis increases association power in large cohorts. Nat Genet, 47 (3): 284-290.

Lv Q, Lin Y, Deng J, et al, 2016. Efficient generation of myostatin gene mutated rabbit by CRISPR/Cas9. Sci Rep, 6: 25029.

McGLone J, Pond W, 2003. Pig production: biological principles and applications. Australia: Thomson Delmarlearning.

Meuwissen T, Hayes B, Goddard M, 2016. Genomic selection: a paradigm shift in animal breeding. Animal Frontiers, 6 (1): 6. https://doi.org/10, 2527/af. 2016-0002.

Niu D, Wei H J, Lin L, et al, 2017. Inactivation of porcine endogenous retrovirus in pigs using CRISPR-Cas9. Science, 357 (6357): 1303-1307.

NSIF (National Swine Improvement Federation). Guidelines for uniform Swine improvement programs. Des Moines: National Pork Producer Council.

Pirchner F, 1983. Population genetics in animal breeding. 2nd ed. New York: Plenum Press.

Qian L, Tang M, Yang J, et al, 2015. Targeted mutations in myostatin by zinc-finger nucleases result in double-muscled phenotype in Meishan pigs. Sci Rep, 5: 14435.

Robertson, F W, 1995. Selection response and properties of genetic variation. Cold Spring Harb. Symp. Quant. Biol., 20: 166-177.

Rothschild M F, Ruvinsky A, 1998. Genetics of the pig. Oxon: CABI Press.

Rothschild M F, Ruvinsky A, 2011. The Genetics of the pig. 2nd ed. Oxon: CABI Press.

Safranski T J, 2008. Genetic selection of boars. Theriogenology, 70: 1310-1316.

Schaeffer L R, 1993. Linear models and computing strategies in animal breeding. Guelph: University of Guelph.

Sharpiro L S, 1998. Introduction to Animal Science. Upper Saddle River: Prentice-Hall, Inc.

Spike P L, 2002. Applied Animal Breeding. Des Moines: Iowa State University.

Stufflebeam C E, 1989. Genetics of Domestic Animals. Upper Saddle River: Prentice-Hall, Inc.

Sullivan B P, Chesnais J P, Trus D M, 1991. Questions and answers about swine EBV's. Agricuture Canada.

Sullivan B P, Dean R, 1994. National genetic evaluations for swine in Canada. In Proc. 5th World Congr. Genet. Appl. Liverst. Prod., 17: 382-385.

Toro M, Silio L, Rodriganez J, et al, 1999. Optimal use of genetic markers in conservation programmes. Genet. Sel. Evol., 31: 255-261.

Tribout T, Larzul C, Phocas F, 2012. Efficiency of genomic selection in a purebred pig male line. J Anim Sci, 90: 4164-4176.

van Vleck L D, 1993. Selection index and introduction to mixed model methods. Boca Raton: CRC Press.

van Vleck L D, Pollak E J, Ottenacu E A B, 1987. Genetics for the animal sciences. New York: W. H. Freeman and Company.

van Zeveren A, Peelman L, van de Weghe A, et al, 1995. A genetic study of four Belgian pig populations by means of seven microsatellite loci. J Anim Breed Genet, 112: 191-204.

Vienne D E, 2003. Molecular markers in plant genetics and biotechnology. Enfield NH: Science Publishers.

Weir B S, 1996. Genetic data analysis II. Sunderland MA: Sinauer Associates.

Whitworth K M, Rowland R R, Ewen C L, et al, 2016. Gene-edited pigs are protected from porcine reproductive and respiratory syndrome virus. Nat Biotechnol, 34: 20-22.

Willis M B, 1998. Dalton's introduction to practical animal breeding. 4th ed. Oxford: Blackwell Oxford.

Wu H, Wang Y, Zhang Y, et al, 2015. TALE nickase-mediated SP110 knockin endows cattle with increased resistance to tuberculosis. Proc Natl Acad Sci U S A, 112 (13): E1530.

Xin J, Yang H, Fan N, et al, 2013. Highly efficient generation of GGTA1 biallelic knockout inbred minipigs with TALENs. PLoS One, 8 (12): e84250.

Xu R, Li K, Chen G, et al, 2005. Sequence comparison of MHC class II β (exon 2) and phylogenetic relationship between poultry and mammalian. Agriculture Science in China, 4 (4): 299-309.

Yan S, Tu Z, Liu Z, et al, 2018. A Huntingtin knockin pig model recapitulates features of selective neurodegeneration in Huntington's disease. Cell, 173 (4): 989-1002.

Yang J, Wang J, Kijas J, et al, 2003. Genetic diversity present within the near-complete mtDNA genome of 17 breeds of indigenous Chinese pigs. Journal of Heredity, 94 (5): 381-385.

Zeggini E, 2008. Meta-analysis of genome-wide association data and large-scale replication identifies additional susceptibility loci for type 2 diabetes. Nature Genetics, 40: 638-645.

Zhang Z, Ersoz E, Lai C Q, et al, 2010. Mixed linear model approach adapted for genome-wide association studies. Nature Genetics, 42: 355-360.

Zhao J, Feng N, Li Z, et al, 2016. $2',5'$-Oligoadenylate synthetase 1 (OAS1) inhibits PRRSV replication in Marc-145 cells. Antiviral Res., 132: 268-273.

Zhou P, Zhai S, Zhou X, et al, 2011. Molecular Characterization of Transcriptome-wide Interactions between Highly Pathogenic porcine reproductive and respiratory syndrome virus and porcine alveolar macrophages *in vivo*. Int J Biol Sci., 7 (7): 947-959.

Zhou X, Wang P, Michal J J, et al, 2015. Molecular characterization of the porcine S100A6 gene and analysis of its expression in pigs infected with highly pathogenic porcine reproductive and respiratory syndrome virus (HP-PRRSV). J Appl Genet, 56 (3): 355-263.

Zhou X, Michal J J, Zhang L, et al, 2013. Interferon induced IFIT family genes in host antiviral defense. Int J Biol Sci., 9 (2): 200-208.

Zou Q, Wang X, Liu Y, et al, 2015. Generation of gene-target dogs using CRISPR/Cas9 system. J Mol Cell Biol, 7 (6): 580.